KDS-14 개정판

철근콘크리트구조

윤현도 · 조창근 · 김윤용 · 권성준 · 한병찬
나창순 · 서수연 · 최경규 · 김승훈 · 김선우

도서출판 동화기술

서문

철근과 콘크리트는 현대문명 사회의 편익시설을 구성하는 건설재료이며 또한 현대 인류는 콘크리트 속에서 생활한다고 하더라도 과언은 아니다. 건설기술자로써 인류의 문명을 발전시키고 보다 안전하고 편안한 생활공간을 저비용으로 제공해야 하는 사명을 이루기 위해서는 이러한 재료의 특성에 대한 이해뿐만 아니라 역학의 기본원리와 이러한 재료의 공학적인 특성을 활용한 철근콘크리트구조의 설계방법에 대한 이해가 요구된다.

새로운 성능을 갖는 콘크리트와 보강재에서 대한 사회적 요구와 철근콘크리트구조의 공학적인 설계기술의 발전에 힘입어 국내외 콘크리트구조 설계기준은 3년에서 6년 주기로 개편되고 있으며 이 책은 2021년 개정된 국가건설기준 KDS-14 콘크리트 구조설계기준에 근거하여 각 부재의 설계방법을 다루고 있다.

이 책은 콘크리트구조 설계 및 이해를 위한 목적으로, 서론(1장), 재료(2장), 휨 해석과 설계(3장), 전단설계(4장), 정착과 이음(5장), 사용성 및 내구성(6장), 1방향 슬래브와 연속보(7장), 기둥(8장), 2방향 슬래브(9장), 벽체(10장), 기초(11장), 옹벽과 지하벽(12장)로 구성되어 있으며 각 장별로 기본 이론과 부재 설계법뿐만 아니라 배근상세 등을 다루고 있다.

모든 저자가 대학에서 철근콘크리트구조에 대한 다년간의 강의에 사용하였던 강의노트와 국내기준 개정에 참여하며 수집하고 정리한 자료를 모아서 이 책으로 출간하게 되었지만 여전히 미흡한 부분이 많으며 이러한 부분은 지속적으로 개선할 예정이다. 또한 추가적인 수정이나 보완이 필요한 부분이 있다면 언제든지 의견을 준다면 적극적으로 반영하여 보완할 것이다.

이 책이 출판되기까지 많은 분들의 도움이 있었고 이 자리를 빌어 모두 나열할 수 없지만 감사의 뜻을 표하며 특히 출판을 맡아주신 도서출판 동화기술의 정우용 회장님과 관계자 여러분께 감사의 말씀을 전하는 바이다.

저자 일동

부호

[a, A]

a ① 직사가형 등가응력블록의 깊이
② 전단경간
(최대휨모멘트에서 0인 구간 거리)

A 기초판 바닥 면적

A_1 하중을 받는 기초판 위의 기둥 또는 벽체 면적

A_2 상부면적을 A_1로 하여 측면경사 1 : 2로 내릴 경우, 어느 한 면이 경계에 닿았을 때 측정한 면적

A_c 콘크리트 단면적

A_{ch} 나선철근 원형 기둥에서 지름 d_c 코아콘크리트 단면적

A_g 부재의 전체 단면적

A_s 휨부재의 인장철근량

A_s' 휨부재의 압축철근량

A_{sf} 플랜지 양쪽 날개부분 콘크리트의 압축내력에 대응하는 인장철근의 단면적

A_{sh} 벽체 수평 철근량

$A_{s,\min}$ 최소 휨철근량

A_{sp} 나선철근 단면적

A_{st} 종방향 철근의 전체 단면적

A_{sv} 벽체 수직철근 량

A_{tr} 정착된 철근을 따라서 쪼개질 가능성이 있는 면을 가로질러 배근된 간격 s 이내에 있는 횡방향철근의 전체 단면적

A_v 전단보강스터럽의 단면적

A_{vh} 휨인장철근과 평행한 수평전단철근의 단면적

[b, B]

b ① 단면의 폭
② 부재 복부 폭 b_w와 내민 플랜지 유효길이를 더한 길이, mm

b_0 2방향전단(뚫림전단) 위험단면 둘레길이

b_e 벽체의 유효수평 길이로 $b+4h$ 또는 하중 중심간 거리 중 작은 값

b_w 부재 복부 폭

B 슬래브 중심간 거리

[c, C]

c ① 압축연단에서 중립축까지 거리
② 철근 간격 또는 피복두께에 관련된 계수
③ 흙의 점착력

c_1, c_2 2방향 전단에서 기둥 단면의 가로, 세로 방향 길이

c_{cover} 콘크리트 표면에서 최초 철근 표면까지의 거리(피복두께)

c_c 인장철근과 콘크리트 표면 사이의 최소 두께

c_u 압축철근 영향을 무시하고 계산한 접합부 주위 슬래브 압축대 깊이의 평균값

C ① 압축력
② 보의 비틀림 상수
③ 영향면적에 따른 활하중 감소계수

C_a, C_b 중간대에서 짧은 변(a), 긴 변(b) 방향의 휨모멘트 계수(2방향 보슬래브의 설계용 계수법)

C_c 콘크리트에 의한 압축력

C_f 플랜지 양쪽 날개부분 콘크리트의 압축력

C_m 장주에서 실제 휨모멘트를 등가 균일 분포 휨모멘트로 치환하는데 관련된 계수

C_m, C_v 연속부재 실용해석에서 각각 휨모멘트와 전단력 계수

C_s 압축철근에 의한 압축력

C_w T형 보 복부(web)의 압축력

[d, D]

d 압축연단에서 인장철근의 중심까지의 거리(단면의 유효깊이), mm

d' 압축연단에서 압축철근 중심까지의 거리, mm

d_b 주철근 공칭지름

d_c 나선철근 원형기둥에서 나선철근 외측까지 코아콘크리트 지름

d_{pile} 말뚝의 지름

d_s 스터럽 공칭지름

d_t 압축연단에서 인장연단에 가장 가까운 철근 단면적의 중심까지의 거리

D ① 고정하중
② 원형 단면의 지름

D_b 기초의 자중

D_s 기초 상부에 있는 흙의 무게

[e, E]

e 기둥 축하중 편심거리

E 지진하중

E_b 보의 탄성계수

E_c 콘크리트 탄성계수

E_{cb}, E_{cs} 보와 슬래브의 콘크리트 탄성계수

E_{ci} 콘크리트 초기접선탄성계수

$E_{ci}(t')$ 콘크리트 재령 t'(일)에서 콘크리트의 초기접선탄성계수

E_s 철근의 탄성계수

[f, F]

f 사용하중 상태에서 콘크리트 응력

f_1 나선철근기둥에서 콘크리트 3축 압축응력

f_1, f_2 콘크리트 단면내 주응력

f_{28} 콘크리트의 28일 압축강도

f_3 콘크리트 3축 응력을 일으키는 횡구속 압력

f_c 콘크리트 응력

$f_c(t')$ 재령 t'일에서 콘크리트 압축응력(MPa)

f_{cc} 압축대에 발생하는 콘크리트 평균응력 $(=2/3f_{ck})$

f_{ce} 콘크리트 스트럿의 유효압축강도(MPa)

f_{ck} 콘크리트 설계기준강도(MPa)

f_{cm} 콘크리트의 평균압축강도(MPa)

f_{cr} 콘크리트의 배합강도(MPa)

f_{cu} 콘크리트 28일 평균압축강도

$f_{cu}(t')$ 재령 t'일에서 콘크리트의 평균압축강도(MPa)

f_Q 외력(하중)의 표준편차

f_r 콘크리트 휨인장강도(파괴계수)

f_R 내력의 표준편차

f_s ① 철근 인장응력
② 사용 하중 상태에서 인장 연단에 가장 가까이 배근된 철근의 응력

f_{sp} 콘크리트의 쪼갬인장강도, MPa

f_s' 압축철근의 압축응력

f_{te} 압축대 콘크리트의 인장강도 $(=0.21\sqrt{f_{ck}})$

f_y 철근 설계기준 항복강도, MPa

f_{yt} 스터럽, 띠철근, 나선철근의 설계기준 항복강도

F 유체의 중량 및 압력에 의한 하중

[g, G]

G 전단탄성계수

[h, H]

h ① 부재 단면의 높이
② 개념 부재치수($=2A_c/u$, mm)
③ 기둥에서 좌굴방향 전체 폭
④ 벽체두께
⑤ 옹벽 수직 높이

h_0 옹벽 윗면으로부터 흙의 점착력에 의해 발생하는 부(−)방향 토압의 깊이

h_d ① 전단벽에서 전단위험단면 높이
② 지판두께

h_f 슬래브 또는 플랜지의 두께

h_s 옹벽에서 표면재하 w_s가 작용할 때 환산 높이

h_w 전단벽의 수직 높이

H_A 주동토압의 합력

H_{Ax}, H_{Ay} 주동토압 합력의 x, y방향 분력

H_h 흙, 지하수 또는 기타 재료의 횡압력에 의한 수평방향 하중

H_P 수동토압의 합력

H_v 흙, 지하수 또는 기타 재료의 자중에 의한 수직방향 하중

[i, I]

I ① 단면2차모멘트
② 충격하중

I_b 보의 단면2차모멘트

I_c 기둥의 단면2차모멘트

I_{cr} 균열단면2차모멘트

I_e 유효단면2차모멘트

I_{e1}, I_{e2} 보의 양단에서의 I_e의 값

I_{es} 연속지점 쪽 단부의 I_e의 값

I_{em} 보의 중앙부에서의 I_e의 값

I_g 철근을 무시한 콘크리트 전체 단면의 중심축에 대한 단면2차모멘트

I_s 슬래브의 단면2차모멘트

I_{se} 부재 도심에 대한 철근의 단면2차모멘트

[j, J]

jd 압축력과 인장력의 합력의 중심간 거리

[k, K]

k ① 유효길이 계수(좌굴)
② 휨강성 계수

k_{b0} 슬래브 형상비 계수
($=4/\sqrt{\alpha_s(b_0/d)} \le 1.25$)

k_s 슬래브 크기효과 계수,
($=(300/d)^{0.25} \le 1.0$)

K ① 등분포하중 w에 대한 처짐계수
② 휨강성

K_0 정지토압계수

K_A 주동토압계수

K_b 보의 휨강성

K_c 기둥의 휨강성

K_P 수동토압계수

K_s 골조의 횡강성

K_{tr} 횡방향철근 지수

[l, L]

l 양 부재의 중심기준 경간

l_1 ① 휨모멘트가 계산되는 방향의 기둥 중심간 거리
② 기초의 가로방향의 길이

l_2 ① 휨모멘트를 계산하는 방향과 직각 방향 지지부 중심간 거리
② 기초 세로방향 길이

l_a ① 외부하중에 저항하기 위하여 철근을 절단할 곳에서 연장되는 철근의 여분의 길이
② 2방향 슬래브에서 짧은 변 방향 길이

l_b ① 접합부를 중심으로 보 중앙부까지 거리
② 2방향 슬래브에서 긴 변 방향 길이

l_c ① 기둥의 상하 접합부 중심간 길이

② 벽체에서 지점 간 수직길이

l_d 인장철근 또는 압축철근의 정착길이

l_{db} 기본정착길이

l_{dh} 인장을 받는 표준갈고리 철근의 정착길이 (위험단면과 갈고리 시작점 사이의 직선 묻힘길이+구부림 내면 반지름+철근 지름), mm

l_{hd} 인장을 받는 표준갈고리의 기본정착길이, mm

l_n 부재 순 경간

l_s 압축철근의 이음길이

l_u 압축부재의 비지지 길이, 바닥슬래브로부터 보, 기둥머리, 헌치 등과 같이 기둥을 횡방향으로 지지하는 부재 밑면까지의 순길이

l_w 전단벽 수평 길이

L 활하중

L_{sp} 한바퀴 나선철근 지름 $\simeq \pi d_c$

L_r 지붕활하중

[m, M]

m_c 콘크리트 단위체적질량, kg/m^3

M 휨모멘트

M_0 ① 수평하중에 의한 1차모멘트
② 주동토압이 일으키는 옹벽 전도 휨모멘트

M_1, M_2 각각 압축부재 단부 계수휨모멘트 중 작은 값(M_1)과 큰 값(M_2), M_1/M_2은 양단 휨모멘트가 단일곡률일 경우, 즉 양단 휨모멘트 방향이 다를 경우, 양(+), 이중곡률일 경우 음(−)

M_{1ns}, M_{2ns} 각각 M_1, M_2가 작용하는 단부에서 횡변위를 일으키지 않는 수직하중에 대하여 1차 탄성 골조해석으로 계산한 압축부재 단부 계수휨모멘트

M_{1s}, M_{2s} 각각 M_1, M_2가 작용하는 단부에서 횡변위를 일으키는 하중에 대하여 1차 탄성 골조해석으로 계산한 압축부재 단부 계수휨모멘트(수직하중이 작용하지 않고 횡하중만 작용하는 상태)

$M_{2,\min}$ 장주에서 단부 휨모멘트 중 큰 M_2의 최소값

M_a 처짐을 계산할 때 부재의 최대 휨모멘트

M_c 횡구속 골조의 압축부재 설계용 확대계수 휨모멘트

M_{cr} 휨균열모멘트

M_n 단면 저항휨모멘트

M_{nf} T형 보에서 플랜지와 대응하는 인장철근의 공칭모멘트

M_{nw} T형 보에서 플랜지를 제외한 복부와 대응하는 인장철근의 공칭모멘트

M_R 옹벽에서 전도에 저항하는 휨모멘트

M_s 횡변위를 일으키는 하중에 의한 휨모멘트

M_u 소요(계수) 휨모멘트

M_{ua} 계수 수평하중과 편심 수직하중에 의한 벽체 높이 중앙부의 휨모멘트($P\Delta$효과를 고려하지 않은 값)

[n, N]

n ① 탄성계수 비(E_s/E_c)
② 균열면에 존재하는 스터럽의 수
③ 쪼개질 가능성이 있는 면을 따라 정착되거나 이어지는 철근 수

N_u 소요축방향 하중

[p, P]

P_A, P_P 주동, 수동 토압

P_0 편심이 없는 기둥이 받을 수 있는 최대 중심 축하중

P_b 균형상태에서 공칭 축강도

P_c 좌굴하중

P_n 주어진 편심에서 공칭 축하중

P_{nw} 벽체의 축하중에 대한 강도

P_u ① 계수축하중

② 계수지압력

[q, Q]

q_a 허용지내력

q_e 유효허용지내력

q_i i면에서의 접지압

$q_{\max}$, $q_{\min}$ 옹벽 기초판의 최대, 최소 접지압

q_u 기초설계용 토압

q_{ult} 한계상태의 극한 수직토압

Q ① 구조물에 작용하는 하중에 의한 강도

② 1개 층의 안정성지수(stability index)

③ 구조물에 작용하는 하중에 의한 강도

Q_m 하중(외력)의 평균값

[r, R]

r ① 휨부재에서 곡률반경

② 압축부재의 단면회전반경,

직사각형$=0.3h$, 원형$=0.25h$

R ① 강우하중

② 부재의 저항성능

R_a 말뚝의 허용지지력

R_m 내력의 평균값

R_n 공칭내력

R_u 설계용 말뚝의 반력

[s, S]

s ① 표준편차

② 인장 연단에 가장 가까이 배근되는 철근의 중심 간격

③ 스터럽, 나선철근의 간격

④ 정착길이 l_d 구간 내에 있는 횡방향 철근의 최대 중심간격

s_h 벽체의 수평 철근 간격

s_v 벽체의 수직 철근 간격

S ① 적설하중

② 전단응력점과 연단사이 단면의 중립축에 대한 단면1차모멘트

[t, T]

t 콘크리트 재령(일 day)

t' 임의 재령 또는 크리프에서 하중이 가해질 때의 재령(일, day)

t'_T 20℃가 아닌 T℃에서 양생할 경우 등가재령(일, day)

T ① 인장력

② 외기 또는 양생온도(℃)

③ 온도, 크리프, 건조수축 및 부등침하의 영향 등에 의해서 생기는 하중

T_n 공칭비틀림모멘트

T_u 소요(계수) 비틀림모멘트

[u, U]

u ① 단면적 A_c의 둘레 중에서 수분이 외기로 확산되는 둘레길이(mm)

② 부착응력

U 소요강도

[v, V]

v 전단응력

V 전단력

V_c 콘크리트에 의한 공칭전단강도

V_n 공칭전단강도

V_s 스터럽에 의한 전단강도

V_u ① 소요전단력(계수전단력)

② 1개 층의 수평 계수전단력

[w, W]

w 분포하중

w_c 콘크리트 단위 질량

w_s 표면재하(분포하중)

w_x, w_y 각각 x, y방향의 분포하중

w_u 계수 분포하중

W 풍하중

W/C 물/시멘트 비

[x, X]

x 임의 길이

[y, Y]

y 단면의 중립축으로부터 떨어진 거리

y_t 균열 없는 콘크리트 단면의 중립축에서 인장연단까지의 거리

$\bar{y}$ 임의점에서 도심축까지의 거리

[z, Z]

z 벽체에서 양측에 배치된 휨철근의 떨어진 거리

Z 단면계수

[α, A]

α ① 하중계수
② 스터럽의 방향과 부재축이 이루는 각도
③ 철근의 위치계수
④ 보와 슬래브의 상대강성비

α_H 토피의 두께에 따른 연직방향 하중 H_v에 대한 보정계수

α_m 슬래브의 4변의 평균 상대강성비

α_s 2방향 전단에서 기둥위치 계수

[β, B]

β ① 에폭시 도막계수
② 슬래브 긴 변의 순 경간 / 슬래브 짧은 변의 순 경간
③ 기초판 긴 변의 짧은 변에 대한 비
④ 안전지수

$\beta(f_{cu})$ 콘크리트강도가 크리프에 미치는 영향함수

β_1 콘크리트 단면의 압축연단에서 부터 등가 응력블록의 깊이와 중립축 깊이의 비

β_d 휨철근 절단에서 절단철근량/전체철근량

$\beta_{cc}(t)$ 콘크리트 강도 발현 계산에서 재령에 따른 보정계수

β_{dns} 횡구속 골조에서 각각의 하중조합으로 계산된 최대 계수 축하중에 대한 최대 계수 지속 축하중 비(<1.0)

β_t 슬래브에서 테두리 보의 비틀림변형 구속 능력

[γ, Γ]

γ ① 철근의 크기계수
② 흙의 단위중량

γ_{sat} 포화상태 흙의 단위중량

γ_w 물의 단위중량($=9.81\text{kN/m}^3$)

[δ, Δ]

δ_{ns} 압축부재 양단 사이의 부재 곡률 영향을 반영하기 위한 계수로, 횡구속 골조에 대한 휨모멘드 확대계수

δ_s 횡방향 하중과 수직하중에 의한 횡방향 이동을 반영하기 위한 계수로, 비횡구속 골조의 모멘트 확대계수

$\triangle_0$ ① 기둥에서 원래의 하중(휨모멘트, M_0)에 의한 1차 수평방향 처짐
② 해당 층전단력 V_u에 의한 탄성 1차 해석 결과 층간변위

$\triangle_a$ 기둥에서 Δ_0와 축하중이 만들어 내는 2차 수평처짐

$\triangle_i$ 순간처짐

$\triangle_{i,D}$ 고정하중에 의한 순간처짐

$\triangle_{i,L}$ 활하중에 의한 순간처짐

$\triangle_{sus}$ 장기처짐

$\triangle_{sus,D}$ 지속되는 고정하중에 의한 장기처짐

$\triangle_{sus,L1}$ 지속되는 활하중에 이한 장기처짐

$\triangle_u$ 벽체에서 계수하중에 의한 중앙부 수평방향 처짐

[ϵ, E]

ϵ_{ta} 휨부재이기 위한 최소 변형률로 인장연단

에 가장 가까운 철근의 변형률 ϵ_t의 제한값, $_{\max}(0.004, 2\epsilon_y)$

ϵ_c 콘크리트의 극한 변형률

$\epsilon_{cc}(t, t')$ 콘크리트 재령 t'(일)에서 $f_c(t')$의 응력이 가해졌을 때 시간 t(일)에서 크리프변형률

$\epsilon_{ce}(t')$ 콘크리트 재령 t'(일)에서 $f_c(t')$의 응력이 가해졌을 때의 탄성변형률

$\epsilon_{c\sigma}(t, t')$ 콘크리트 재령 t'(일)에서 $f_c(t')$의 응력이 가해졌을 때, 시간 t(일)에서의 탄성변형률과 크리프를 포함한 전체 변형률

ϵ_s 철근의 단면 중심에서의 변형률

ϵ_s' 압축철근의 변형률

ϵ_{sh0} 개념 건조수축계수

ϵ_t 인장연단에 가장 가까운 철근의 단면 중심에서의 변형률

ϵ_{tt} 인장지배단면이기 위한 최소 변형률, $_{\max}(0.004, 2\epsilon_y)$

ϵ_y 철근의 항복변형률, f_y/E_s

[η, H]

η 기둥 좌굴식에서 $= \sqrt{P/EI}$

[θ, Θ]

θ ① 주응력의 각도
② 흙의 전단파괴면과 주응력면 사이의 각도

[κ, K]

κ_{cr} 철근간격을 통한 균열검증에서 철근의 노출 조건을 고려한 계수

[λ, Λ]

λ 경량콘크리트 계수

$\lambda_\triangle$ 장기 추가처짐의 지속하중에 대한 계수

[μ, M]

μ 마찰계수

[ξ, Ξ]

ξ 지속하중의 시간경과 계수

[ρ, P]

ρ 휨부재의 인장철근비

ρ_h 벽체의 수평철근비

ρ_l 벽체의 수직 철근비

$\rho_{\min}$ 휨철근의 최소 철근비

$\rho_{\max}$ 휨철근의 최대 철근비

ρ_s 나선철근의 바깥선으로 계산한 나선철근 압축부재 심부의 전체 체적에 대한 나선철근 체적비

ρ_w 복부 단면의 휨철근비

ρ' 복철근 직사각형 보의 압축철근비

[σ, Σ]

σ_1, σ_2 흙의 최대, 최소 주응력

σ_n 흙의 직응력

$\sum P_c$ 한 층의 횡방향 변위에 저항하는 모든 기둥의 좌굴 축하중 합

$\sum P_u$ 한 층의 모든 계수 축하중 합

[τ, T]

τ 흙의 전단응력

[ϕ, Φ]

ϕ ① 강도감소계수
② 흙의 내부마찰각

ϕ_0 콘크리트 개념 크리프 계수

$\phi(t, t')$ 콘크리트 크리프 계수

[ψ, Ψ]

Ψ 휨부재의 곡률($=1/r$, $r=$곡률반경)

ψ_A, ψ_B 기둥 양단의 강성비

목차

CHAPTER 01 서론 19

CHAPTER 02 재료 41

CHAPTER 03 휨 해석과 설계 77

CHAPTER 04 전단설계 145

CHAPTER 05 정착과 이음 177

CHAPTER 06 사용성 및 내구성 219

CHAPTER 10 벽체 393

CHAPTER 11 기초 427

CHAPTER 12 옹벽과 지하벽 481

※ 부록은 도서출판 동화기술 홈페이지 자료실에서 확인하실 수 있습니다.

1장 서론

차례

주요개념

허용응력설계법
강도설계법
소요강도
설계강도
하중계수
강도감소계수
설계하중

오늘날 구조물의 형식은 철근콘크리트, 강, 철골철근콘크리트, 프리스트레스트 콘크리트, 석재, 나무, 조적 등 매우 다양하지만 대부분은 철근콘크리트 구조이다.
철근콘크리트는 콘크리트와 철근을 일체화 시킨 구조시스템이다. 어떻게 이질적인 재료가 오랜 시간동안 일체로 거동할 수 있을까?
실제로 어떤 구조와 재료를 선택해서 구조물을 지을 것인가에 관한 문제는 경제성, 구조시스템의 적절성, 설계자와 사용자의 의도 등 여러 가지가 있을 수 있다. 그럼에도 불구하고

오늘날 철근콘크리트가 대부분을 차지하게 된 이유는 무엇일까?
철근콘크리트 구조 부재의 설계방법은 무엇일까?

이 장은 서론으로 철근콘크리트 구조의 성립조건과 역사 그리고 설계방법에 대하여 개괄적으로 설명하였으므로 흥미롭게 읽어 보길 바란다. 그러나 1-3절의 강도설계법 개념은 이 책의 전반에 걸쳐 기본이 되므로 확실하게 이해해야 한다.

1-1 일반사항

1-1-1. 철근콘크리트 구조와 역학적 원리

철근콘크리트 구조(reinforced concrete structure)란 콘크리트(concrete)와 철근(reinforcement)을 상호 보완 · 일체화시킨 구조를 말한다. 오늘날 철근콘크리트 구조는 건축물, 도로, 철도, 상하수도, 플랜트, 교량, 지하구조물, 원자력발전소, 탱크, 저수조, 해양구조 등 다양한 구조물에 이용하고 있다.

이 구조의 역학적 원리를 그림 1.1을 통해 알아보자. 콘크리트는 돌과 같이 압축에는 강하지만 인장에는 약한 취성재료이다. 즉 콘크리트만으로 만들어진 부재가 하중을 받아 균열이 발생하면 갑자기 파괴한다(그림 b). 이때 인장응력이 크게 작용하는 부분에 철근을 적절히 보강하여 우수한 구조성능을 발현한다(그림 c). 물론 서로 다른 두 재료가 일체로 역학성능을 발현하는 것은 다음 세 가지 조건을 만족하기 때문이다.

(1) 콘크리트와 철근 사이에는 부착강도가 커서 일체로 거동한다. (부착력에 의한 철근과 콘크리트의 응력 전달)

(2) 콘크리트는 강 알칼리성(pH 12)이어서 내부 철근이 부식하지 않는다.

(3) 열팽창계수가 거의 같아 온도변화에 따른 추가 응력이 발생하지 않는다. (콘크리트 1.0~1.3×10^{-5} m/℃, 철근 1.2×10^{-5} m/℃)

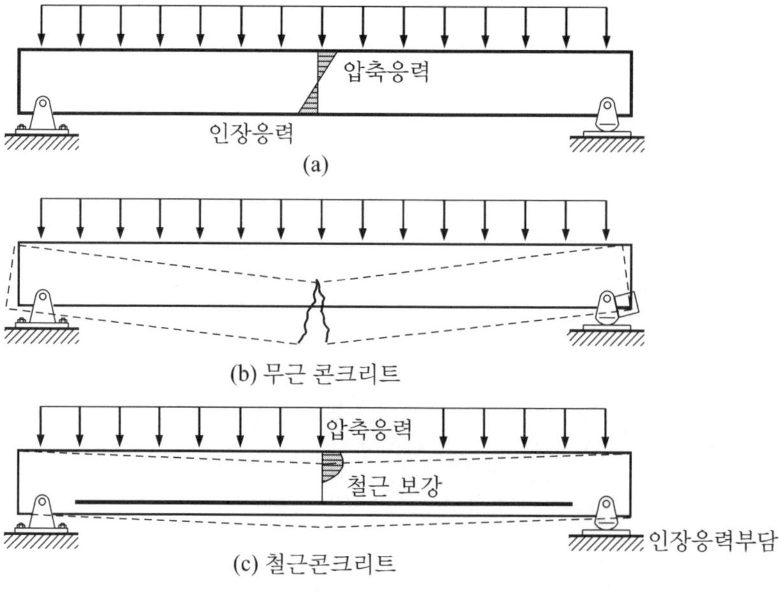

그림 1.1
철근콘크리트 부재의 역학적 원리

1-1-2. 철근콘크리트 구조의 역사

콘크리트는 고대 이집트 피라미드의 건설에도 이용하였으며, 그리스나 로마 시대에도 포졸란과 석회를 섞은 천연시멘트를 건물이나 도로 건설에 사용하는 등 그 역사가 매우 깊은 건설재료이다. 그러나 오늘날과 같은 의미의 콘크리트는 1824년 영국의 아스프딘(J. Aspdin)이 개발한 **포틀랜드시멘트**와 함께 출발했다고 할 수 있다.

한편 철근콘크리트는 1850년 프랑스의 람보트(Rambot)가 콘크리트에 철망을 넣은 보트를 제작한 것이 최초이다. 모니에(J. Monier)는 철망으로 보강한 콘크리트를 이용해서 나무를 심는 통을 고안 하였으며(1867년) 관이나 탱크의 제작에 폭넓게 사용하기 시작했다. 이후 유럽 전역으로 빠르게 보급되었다.

프러시아의 쾨넨(Koenen)은 철근콘크리트 부재의 강도를 계산하는 기본이론을 발표하였다(1866년).

유럽에서는 1891년에서 1894년 사이에 많은 이론과 연구가 진행된 반면, 실제 구조물 적용과 시공기술에 대한 특허 출원은 미국에서 다양하게 이루어졌다. 그 후 세계 각국에서 철근콘크리트를 이용한 많은 구조물이 건설되었으며, 지금도 대표적인 건설재료로 광범위하게 사용하고 있다.

우리나라의 철근콘크리트 이용은 1910년에 준공된 부산세관 본청사가 최초이다. 이후 산업 발달에 따른 건설수요 증가와 함께 우리나라에서 풍부하게 얻을 수 있는 시멘트를 이용한 철근콘크리트 구조물을 널리 건설하고 있다.

표 1.1 콘크리트 및 철근콘크리트 구조의 발전

년 대	내 용
고대 이집트	피라미드 등에 소석고와 혼합물을 석재의 접착제로써 사용
그리스·로마	포졸란과 석회를 섞어서 만든 천연시멘트 이용
1824년	영국의 아스프딘이 석회석과 점토를 조합하여 소성하는 포틀랜드시멘트 개발
1855년	프랑스의 람보트가 철망을 축벽에 넣은 보트를 제작, 제1회 프랑스 만국박람회에 출품
1886년	프러시아 쾨넨에 의해 철근콘크리트 설계이론 발표
1964년	유럽콘크리트 위원회에서 한계상태설계법에 의한 설계기준을 발표
1988년	한국, 극한강도설계법에 의한 철근콘크리트 구조계산 규준 및 해설 제정
1999년	한국, 「건설교통부 제정 콘크리트구조설계규준」 제정
2012년	한국, 「철근콘크리트 구조기준」 개정
2018년	한국, 국가건설기준 코드 체계 표준화, 콘크리트구조설계, KDS 14 20 00 제정
2022년	한국, 콘크리트구조설계(KDS 14 20 00) 개정

1-1-3. 철근콘크리트 부재

철근콘크리트 구조는 그림 1.2와 같이 여러 부재로 구성되어 있다. 구조물의 바닥에 작용하는 하중은 슬래브가 저항하고 반력의 형태로 보에 전달한다. 보는 양단 반력의 형태로 하중을 기둥에 전달하고, 전달된 하중은 기초가 부담한다.

슬래브는 일반적으로 보에 의해 지지되는 보-슬래브이지만 보에 지지되지 않고 직접 기둥에 힘을 전달하는 플랫 슬래브나 플랫 플레이트가 있다. 또한 여러 개의 작은 보로 지지하는 장선 슬래브나 워플 슬래브도 있다. 구조적인 의미로서 슬래브는 힘을 한 방향으로만 전달하는 1방향 슬래브와 양 방향으로 전달하는 2방향 슬래브로 구분한다.

보는 슬래브 하중을 일차적으로 지지하는 작은 보(beam)와 기둥에 직접 하중을 전달하는 큰 보(girder)가 있다.

기둥은 단면의 단변 대 높이 비가 비교적 크지 않은 단주(short column)와, 단변 대 높이 비가 커서 좌굴 등의 2차 효과를 고려해야 하는 장주(long column)로 구분한다.

기초는 상부에 작용하는 하중을 지반에 전달하는 구조부재로 지지 방식에 따라 독립기초, 연속기초, 복합기초, 전면기초, 말뚝기초 등이 있다.

이밖에도 철근콘크리트 구조부재에는 수직 및 수평하중에 저항하는 **내력벽**과 전단벽, 수평 토압에 저항하는 **옹벽**, **지하벽**이 있으며, 층과 층을 연결하는 계단이 있다.

철근콘크리트 구조에서 함께 다루고 있는 구조 중에는, 콘크리트에 응력을 미리 도입함으로써 구조적인 장점을 갖게 한 프리스트레스트 콘크리트 부재, 강재와 철근콘크리트를 합성시킨 합성부재, 부재를 미리 독립적으로 만들어 조립하는 프리캐스트 부재, 무근콘크리트 부재 등이 있다.

1-1-4. 철근콘크리트 구조의 장단점

오늘날 구조 형식은 철근콘크리트(RC), 강(SS), 철골철근콘크리트(SRC), 프리스트레스트콘크리트(PSC), 석조, 목조, 조적 등이 있으며, 어떤 재료를 선택할 것인가는 경제성, 구조시스템의 적절성, 설계자와 사용자의 의도 등 여러 요인에 따라 결정한다.

이 중에서 철근콘크리트를 구조재료로 채택하는 이유는 다음과 같은 장점이 있기 때문이다.

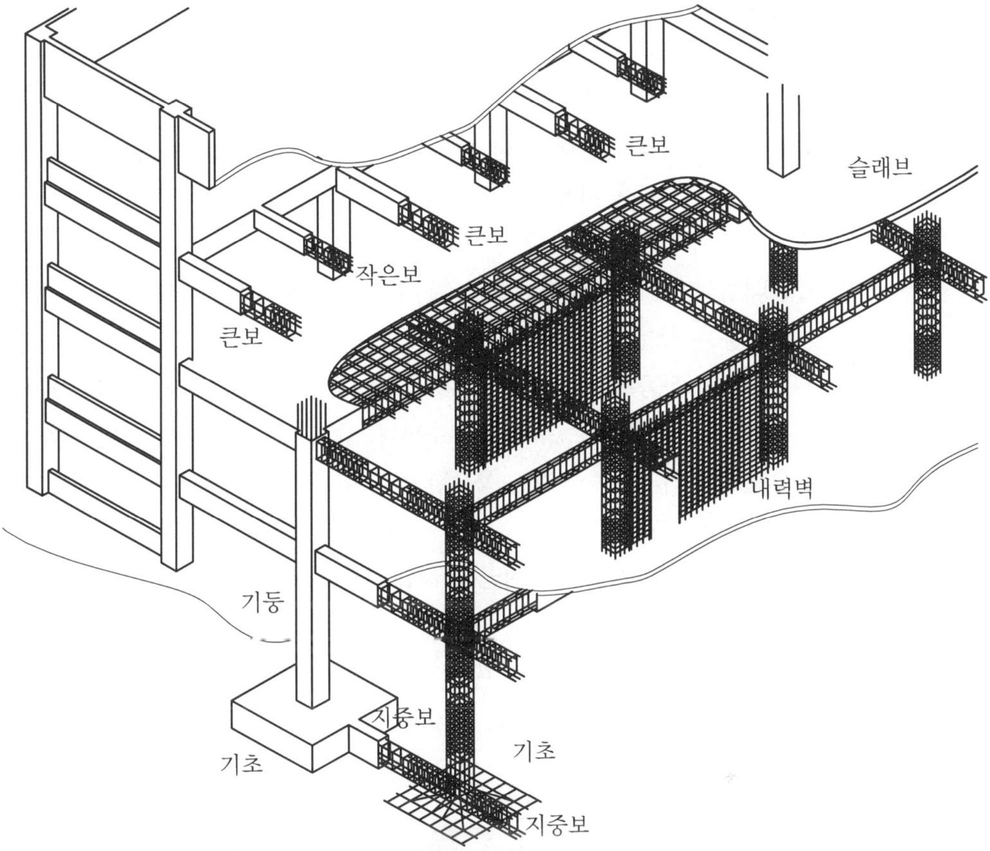

그림 1.2 철근콘크리트 구조 부재의 종류 및 명칭

(1) **경제성** : 철근콘크리트 구조는 강 구조에 비해 재료 단가가 저렴하고, 층고를 낮출 수 있으며, 결과적으로 동일 규모 건물의 생산 단가를 낮출 수 있다.
(2) **구조 미학적 특성에 대한 재료의 적합성** : 콘크리트는 거푸집을 이용하여 형태나 질감을 자유롭게 표현할 수 있기 때문에, 설계자가 계획한 어떤 형태의 구현도 가능하다.
(3) **내화성능** : 철근콘크리트 구조는 특별한 내화피복 없이도 2~3시간의 내화성능을 갖는 내화구조이다.
(4) **우수한 진동특성** : 철근콘크리트 구조는 큰 강성과 부재 자체의 크기 및 중량으로 인하여 진동특성이 우수하다. 그러므로 발전소의 터빈 진동이나 플랜트의 기계진동과 같은 특수한 경우를 제외하고는 부재를 설계할 때 진동검토를 무시한다.
(5) **낮은 유지관리 비용** : 철근콘크리트 구조는 강 구조에 비해 유지관리 비용이 적다.
(6) **재료 획득의 용이성** : 콘크리트의 구성 재료인 모래, 자갈, 시멘트는 세계 어느 곳에서나 쉽게 구할 수 있으며, 철근 역시 비교적 간단한 제조과정을 통해 얻을 수 있다.

그러나 다음과 같은 단점도 있으므로 주의해야 한다.

(1) **낮은 인장강도** : 콘크리트는 압축강도에 비하여 인장강도가 약 1/10로 매우 낮기 때문에 예기치 않은 하중에 의해 균열이 발생할 수 있다.
(2) **거푸집 및 동바리의 필요성** : 철근콘크리트 구조는 강 구조와 다르게 시공공정 상 거푸집 설치, 동바리 존치기간, 해체 공정이 필요하다. 이러한 추가 공정으로 공사기간이 증가할 수 있다.

표 1.2 철근콘크리트 구조의 장단점

장 점	단 점
경제성이 좋음	낮은 인장강도
구조미학적 특성에 대한 재료의 적합성	거푸집 및 동바리 필요
우수한 내화성능	강도에 비한 큰 중량과 체적
우수한 진동특성	시간에 따른 체적의 변화
낮은 유지관리 비용	건물안전성 검사의 어려움
재료획득이 용이	부분적인 파손 및 균열

(3) **강도에 비하여 큰 중량의 체적** : 콘크리트는 강에 비하여 강도가 작기 때문에 필연적으로 큰 중량과 체적이 필요하다. 그러므로 공장과 같이 긴 경간이 필요한 경우는 일반적으로 강구조를 이용한다.

(4) **시간에 따른 체적의 변화** : 강에 비하여 콘크리트의 가장 큰 단점은 건조수축 및 크리프에 의해 부재의 체적이 변화한다는 것이다. 이것은 처짐 증가와 균열의 원인이 된다.

(5) **건물안전성 검사의 어려움** : 철근콘크리트 구조는 완성되고 나면 내부 결함에 관한 검사가 매우 어렵다.

(6) **부분적인 파손 및 균열** : 콘크리트는 취성재료이기 때문에 부재의 모서리가 파손할 수 있다. 또한 구조 안전에 문제가 없더라도 균열이 발생할 수 있으므로 수축·온도철근과 같은 추가 철근 배치를 고려해야 한다.

1-1-5. SI 단위

이 책은 국제단위인 SI 단위계를 사용한다. SI 단위에서 기본단위와 보조단위는 각각 길이(미터, m), 시간(초, s), 질량(그램, g), 각도(라디안, rad)이다.

유도단위인 힘(뉴턴, N)은 "1 N은 1 kg의 질량에 1 m/s^{2}의 가속도를 일으키는 힘"으로 정의할 수 있다. 즉, $F = ma$에서

$$1\,\mathrm{N} = (1\,\mathrm{kg})(1\,\mathrm{m/s^2}) = 1\,\mathrm{kg\cdot m/s^2} \tag{1.1}$$

또한 SI 단위에서는 배수로 $\times 10^{-6}$(micro, μ), $\times 10^{-3}$(milli, m), $\times 10^{3}$(kilo, k), $\times 10^{6}$(mega, M), $\times 10^{9}$(giga, G)의 단위 접두어를 사용한다. 예를 들어, 1,000,000 N$=10^6$ N$=$1 MN으로 표현한다.

이 책에서 사용하는 SI 단위에 대해 좀 더 살펴보자. 먼저 응력의 단위(파스칼, Pa)은 단위면적당 힘(N/m^2)이므로,

$$1\,\mathrm{Pa} = 1\,\frac{\mathrm{N}}{\mathrm{m^2}} \tag{a}$$

$$1\,\mathrm{MPa} = 10^6\,\mathrm{Pa} = 10^6\,\frac{\mathrm{N}}{\mathrm{m^2}} \times \frac{\mathrm{m^2}}{10^6\,\mathrm{mm^2}} = 1\,\mathrm{N/mm^2} \tag{b}$$

이다. 이 밖에도 힘의 모멘트는(N·m), 주파수(헤르츠, Hz=1/s), 에너지, 일, 열량(줄, joule, J, N·m)도 많이 사용하는 유도단위이다.

이러한 SI 단위는 최근 국내에서 표준화 한 것으로, 예전에는 공학단위를 많이

이용하였다. 공학단위는 지구에서 "중량 1 kgf=질량 1 kg인 무게"라는 개념에 근거해서 질량과 힘(무게)을 엄격하게 구별하지 않고 혼용하여 표기하였다. 예를 들어, 힘 1 kgf는,

$$1\,\mathrm{kgf} = 1\,\mathrm{kg} \times 9.81\,\mathrm{m/s^2} = 9.81\,\mathrm{kg \cdot m/s^2} = 9.81\,\mathrm{N} \qquad \text{(c)}$$

의 관계가 성립한다. 응력의 단위 또한,

$$1\,\mathrm{kgf/cm^2} = 1\,\frac{\mathrm{kgf}}{\mathrm{cm^2}} \times \frac{9.81\,\mathrm{N}}{\mathrm{kgf}} \times \frac{\mathrm{cm^2}}{100\,\mathrm{mm^2}} = 0.0982\,\mathrm{N/mm^2} = 0.0982\,\mathrm{MPa}$$

또는

$$1\,\mathrm{MPa} = \frac{1}{0.0981}\,\mathrm{kgf/cm^2} = 10.194\,\mathrm{kg/cm^2}$$

각국의 단위에 대한 SI단위 환산은 부록 1-1을 참고하자.

1-2 철근콘크리트 구조설계법

1-2-1. 구조설계의 목적과 설계과정

구조설계의 목적은 구조시스템 선택과 안전성, 사용성, 내구성 확보를 통하여 설계자 및 건축주에게 가장 경제적이고 신뢰성 있는 구조물을 제공하는 것이다. 철근콘크리트 구조설계 과정을 그림 1.3에 정리하였다. 먼저 구조시스템, 경간, 층고를 결정하면, 하중 흐름에 대한 완전한 이해를 통해 재료 강도와 각 부재 단면 크기를 가정한다. 다음으로 작용 하중에 대한 구조해석을 통해 부재에 발생하는 소요강도를 계산한다. 이제 단면이 저항할 수 있는 설계강도를 계산해서 소요강도 이상이 되는지를 확인한다. 또한 처짐, 균열, 진동과 같은 사용성 뿐만 아니라 내구성도 검토한다. 이 과정에서 처음 가정한 재료강도나 단면 크기의 수정이 필요한 경우 단계를 반복한다.

구조설계는 이 밖에도 보다 경제적인 구조물이 될 수 있는 방안을 끊임없이 모색해야 하며, 설계와 시공에 관련된 여러 제약 조건을 포괄적으로 이해하고 이에 대한 해결책을 제시해야 한다. 그러므로 구조설계는 매우 종합적이며 직관적인 경험과 확률적인 분석을 반영해야 하고, 규준의 안전 규정에 관한 충분한 이해가 필요하다.

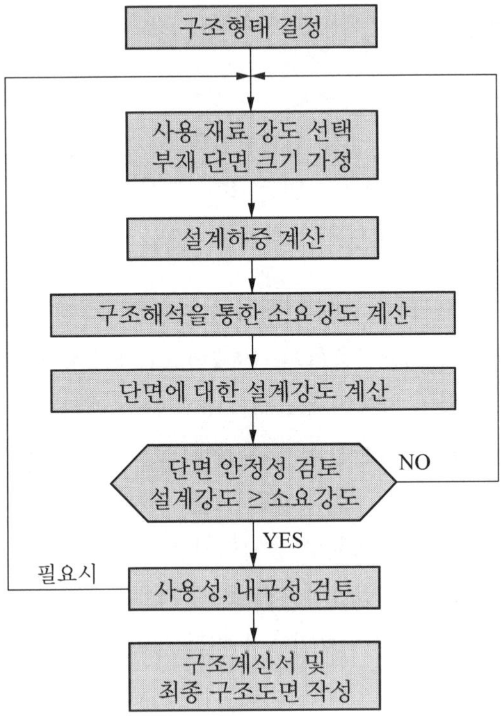

그림 1.3
철근콘크리트
구조설계 순서

1-2-2. 철근콘크리트 구조설계기준의 역사

1950년대까지 철근콘크리트 구조 설계방법은 프랑스의 코아네(E. Coignet)와 테데스코(N. de Tedesco)가 정립한 허용응력설계법(working stress design, WSD)이었다. 이후 여러 가지 파괴모드를 포함해서 철근콘크리트 구조의 한계상태에 대한 다양한 연구 자료가 축적되면서 부재 및 골조의 한계상태에 근거를 둔 설계기준을 개발하여 전 세계에서 사용하고 있다. 현재 각국의 설계기준은 크게 두 가지 부류로 나눌 수 있다.

ACI 318 기준

미국의 「철근콘크리트 구조설계 기준(Building Code Requirements for Reinfor-ced Concrete)」으로 강도설계법(ultimate strength design)이다. 이 기준은 미국뿐만 아니라 북미, 오세아니아 그리고 우리나라 기준의 근간이다.

EC 기준

유럽 콘크리트위원회 CEB에서 제정한 「콘크리트 구조물 설계규준(CEB-FIP

Model Code for Concrete Structure)」으로써, 유럽 여러 나라의 설계 근간이 되고 있다.

이러한 두 가지 설계방법의 큰 흐름은 최근에 들어 서로의 결점을 보완하는 방향으로 진행하고 있는 것이 특징이어서 ACI 318 기준과 EC 기준은 여러 면에서 유사한 내용을 포함하고 있다.

우리나라도 1980년대까지 허용응력설계법을 사용하였는데,「철근콘크리트 계산규준, 대한건축학회, 1972년」이 대표적이다. 1980년 중반 이후 강도설계법으로 개념이 바뀌면서 ACI 318 기준을 기본으로 설계기준이 만들어 졌다. 즉 건축분야에서「극한강도 설계법에 의한 철근콘크리트 구조설계규준, 대한건축학회」, 토목분야에서「콘크리트 표준시방서(설계편), 대한토목학회」가 제정되었다.

두 기준은 대체로 동일했지만 세부적으로 다소 틀린 부분이 있어 실무자에게 많은 혼란이 있었다. 이러한 문제로 두 기준의 통합 필요성이 제기되었고, 1999년 한국콘크리트학회에서 이를 통합하여「콘크리트구조설계 규준, 한국콘크리트학회, 1999」를 제정하였다. 이 기준을 통해 용어, 기호, 구성 체계, 하중계수와 강도감소계수 등을 통합하였다. 이 기준 역시 ACI 318 기준에 근간을 둔 강도설계법이고 부분적으로 허용응력설계법에서 사용했던 구조제한이나 시공방법을 채택하고 있다. 이후 2003년 C·G·S 공학단위에서 국제 표준단위(SI)로의 전면적인 개정이 이루어졌으며, 2007년, 2012년을 거치며 지속적으로 보완·개정하고 있다. 2018년부터 콘크리트학회에서 작성된「콘크리트 구조기준」을 학회기준으로 구분하고 법적 기준은「콘크리트 구조설계기준」(KSD 41 00 00)으로 명명하고 국가건설기준센터(https://www.kcsc.re. kr/)에서 관리하고 있다. 최근 학회기준은 2020년 개정되었고 이를 근거로 법적기준인 콘크리트 구조설계기준이 2022년 개정되었다.

이 책은 SI 단위 및 2022년 개정된 법적기준인「콘크리트 구조설계기준」을 따른다.

1-2-3. 허용응력설계법과 강도설계법

허용응력설계법은 사용하중으로 구조물을 탄성해석하고, 그 중 가장 불리한 응력상태에 대하여 철근과 콘크리트가 허용응력을 넘지 않도록 부재 단면을 계산하는 방법이다.

$$허용응력(f_a) \geq 해석결과에\ 따른\ 응력(f_s) \tag{1.2}$$

이 설계법은 그림 1.4(a)와 같이 재료에 안전율을 도입해서 작은 응력상태를 유지하고, 이 때 재료는 완전 선형탄성체로 가정해서 해석방법을 단순화 한 것이다. 허용응력설계법은 선형이론을 적용하기 때문에 해석과 설계가 간단하다는 이점으로, 1990년대 초반까지도 대부분의 철근콘크리트 구조물 설계방법으로 이용하였다. 그러나 많은 연구가 진행되면서 여러 비합리성과 문제점이 지적되었다.

(1) 실제 콘크리트는 완전 선형탄성체로 거동하지 않는다. 예를 들어 콘크리트는 매우 낮은 응력상태에서도 균열이 발생할 수 있고, 앞으로 배울 크리프

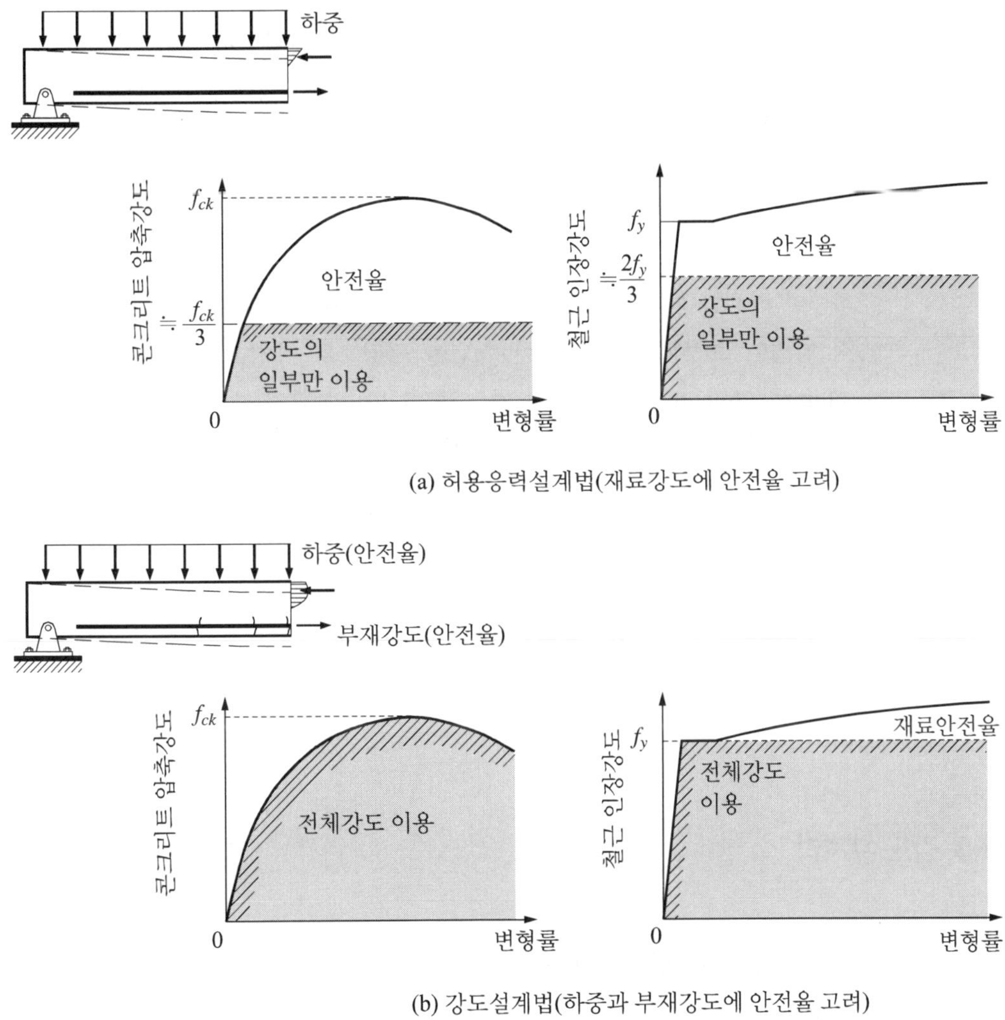

그림 1.4 허용응력설계법과 강도설계법에서 안전율 고려 방법 비교

나 건조수축의 영향을 받는다. 그러므로 콘크리트에 후크의 법칙($\sigma = E\epsilon$) 을 적용하는 것은 비합리적이다.

(2) 철근과 콘크리트는 완전하게 부착되어 있다고 가정한다. 그러나 균열이 발생하고, 변형이 커지면 두 재료의 부착은 완전치 않아 부분적인 미끄러짐이 발생할 수 있다.

(3) 재료에만 안전율을 적용하기 때문에 비경제적인 설계가 되기 쉽다. 예를 들어 구조물에 작용하는 하중은 종류, 위험도, 발생 확률이 모두 다르지만 각각에 적합한 안전율을 고려할 수 없다.

(4) 시공의 품질정도, 부재의 중요도, 부재별 파괴 거동특성 등에 대한 안전율을 적용하기 어렵다. 오직 재료에만 일정한 안전율을 적용한다.

(5) 부재의 파괴거동에 대한 이론과 실제가 잘 부합하지 않는다. 즉 재료가 낮은 응력상태에서 강도를 계산하기 때문에 한계상태에서 파괴강도를 정확하게 예측할 수 없다. 이것은 최근 내진설계에 적용하는 성능설계에 이용하기 어렵다는 뜻이다.

그러므로 콘크리트 부재의 파괴거동 이론과 실제가 잘 부합하고, 예상 최대 하중이 작용할 때 적당한 안전율을 갖고 파괴에 이르도록 설계할 수 있는 합리적 방법이 요구되었다. 이러한 개념을 바탕으로 제정된 설계법이 강도설계법(ultimate strength design)이다. 즉 그림 1.4(b)와 같이 재료 강도는 최대를 사용하는 대신, 하중과 부재 강도에 안전율을 도입하는 방법이다.

우리나라 또한 강도설계법을 구조설계 방법으로 채택하고 있다. 물론 부재의 변형, 처짐, 진동과 같은 사용성 한계를 검토할 때는 허용응력설계법을 부분적으로 도입한다. 재료의 초기응력상태와 밀접한 관계가 있기 때문이다.

이제 이 책의 전반에 걸쳐 다룰 철근콘크리트 구조설계 방법인 강도설계법을 보다 구체적으로 알아보자.

1-3 강도설계법

1-3-1. 강도설계법의 개념

강도설계법의 개념은 다음과 같이 나타낼 수 있다. 구조물에 작용하는 하중에

의한 강도를 Q, 구조부재의 저항성능을 R이라고 하면,

$$R \geq Q \tag{a}$$

을 만족해야 한다. 그러나 가정한 하중이나 부재의 저항성능은 가변적이기 때문에 각각의 항에 안전율이 필요하다.

Q는 하중이 과대하게 오는 경우를 고려해야 하므로 안전율(>1)을, R은 재료의 불균일성, 시공정도 등에 의해 부재의 강도가 예측값 보다 작아질 수 있으므로 안전율(<1)을 고려해야 한다. 즉

$$\phi R_n \geq \alpha Q \tag{1.3}$$

여기서 Q항의 안전율을 하중계수(load factor, $\alpha \geqq 1$)라 하며, R항의 안전율을 강도감소계수(strength reduction factor, $\phi < 1$)라 한다. 또한 하중계수를 고려한 Q항을 **소요강도**라 하며, 강도감소계수를 고려한 R항을 **설계강도**라 한다. 식 (1.3)을 다시 정리하면,

$$\text{설계강도} \geq \text{소요강도} \tag{1.4}$$
$$\phi \times \text{공칭강도} \geq U$$

강도설계법에서 소요강도는 구조물에 작용하는 여러 하중과 안전율인 하중계수를 곱한 값을 조합하여 구조해석을 수행하고 그로부터 얻은 해석결과인 휨모멘트(M_u), 전단력(V_u), 축방향력(P_u), 비틀림(T_u) 등을 의미한다. 설계강도는 부재가 부담할 수 있는 공칭 단면력, 즉 공칭 휨모멘트(M_n), 전단력(V_n), 축방향력(P_n), 비틀림모멘트(T_n) 등에 강도감소계수 ϕ를 곱하여 계산한다. 그러므로 식 (1.4)는,

$$\phi M_n \geq M_u \tag{1.5}$$
$$\phi V_n \geq V_u$$
$$\phi P_n \geq P_u$$
$$\phi T_n \geq T_u$$

1-3-2. 하중계수와 소요강도

구조물에 작용하는 하중은 매우 다양하며 각각 독립적으로 구조물에 작용하는 경우는 거의 없다. 하중의 종류와 특징은 1-4절에서 설명한다. 표 1.3은 기준에서 제시하는 여러 하중 조합에 따른 하중계수와 소요강도를 정리한 것이다. 여기서

표 1.3 여러 하중 조합에 따른 하중계수와 소요강도

소요강도	식
$U = 1.4(D+F)$	(1.6a)
$U = 1.2(D+F+T)+1.6(L+\alpha_H H_v + H_h)+0.5(L_r \text{ or } S \text{ or } R)$	(b)
$U = 1.2D+1.6(L_r \text{ or } S \text{ or } R)+(1.0L \text{ or } 0.65W)$	(c)
$U = 1.2D+1.3W+1.0L+0.5(L_r \text{ or } S \text{ or } R)$	(d)
$U = 1.2(D+H_v)+1.0E+1.0L+0.2S+(1.0H_h \text{ or } 0.5H_h)$	(e)
$U = 1.2(D+F+T)+1.6(L+\alpha_H H_v)+0.8H_h+0.5(L_r \text{ or } S \text{ or } R)$	(f)
$U = 0.9(D+H_v)+1.3W+(1.6H_h \text{ or } 0.5H_h)$	(g)
$U = 0.9(D+H_v)+1.0E+(1.0H_h \text{ or } 0.5H_h)$	(h)

여기서,

D=고정하중, L=활하중, S=적설하중, W=풍하중, E=지진하중,

F=유체의 중량 및 압력에 의한 하중,

H_h=흙, 지하수 또는 기타 재료의 횡압력에 의한 수평방향 하중,

H_v=흙, 지하수 또는 기타 재료의 자중에 의한 수직방향 하중,

L_r=지붕활하중, R=강우하중,

T=온도, 크리프, 건조수축 및 부등침하의 영향 등에 의해 생기는 단면력,

α_H=토피의 두께(h)에 따른 수직방향 하중 H_v에 대한 보정계수

$h \le 2\text{m}$에 대해서 $\alpha_H = 1.0$ (1.7a)

$h > 2\text{m}$에 대해서 $\alpha_H = 1.05 - 0.025h \ge 0.875$ (b)

하중계수를 고려한 하중을 **계수하중**(factored loads) 이라고 부르기도 한다. 이를 이용해서 모든 조건에 대해 구조해석을 실시하고, 가장 불리한 조건인 최대 소요강도 U를 선택한다.

표에서 하중계수는 각 하중의 특징에 따라 다른 값을 갖는다. 예를 들어 고정하중(1.2) 보다 활하중(1.6)의 하중계수가 큰 이유는 활하중의 변동성이 많이 때문이다. 또한 확률적으로 여러 하중이 동시에 작용할 확률은 그렇지 않은 경우보다 작으므로, 이를 고려해서 하중계수가 상대적으로 작다. 하중 조합 과정에서 주의가 필요한 사항은 앞으로 다룰 부재설계에서 다시 살펴보기로 하고, 여기서는 몇 가지만 확인해 두자.

(1) 식 (1.6)은 구조물에 작용할 가능성이 있는 모든 하중을 대상으로 조합을 결정한 것이다. 당연히 고려하지 않는 하중은 0이다. 예를 들어 식 (1.6b)에서 고정하중과 활하중만 고려할 경우는 다음과 같다.

$$U = 1.2D + 1.6L$$

(2) 각 하중 조합을 적용할 때, 특히 부호에 주의해야 한다. 예를 들어 D, L, W, E, H_h, H_v 및 F의 영향은 서로 상쇄될 수 있으므로 축방향 인장력, 부(−) 반력 또는 반대의 휨을 유발시킬 수 있다. 이 이유로 식 (1.6) 안에 "또는(or)"이란 표현이 들어 있다. 예를 들어 식 (1.6g)에서 $1.6H_h$ 또는 $0.5H_h$로 표현한 것이 둘 중 하나의 조합만을 고려하면 된다는 의미가 아니다. 두 경우를 모두 고려해서 해석해 보아야 하며 구조물에 불리한 조건을 선택한다.

(3) 차고, 공공집회 장소 및 L이 $5.0\,\mathrm{kN/m^2}$이상인 모든 장소 이외에는 식 (1.6c)~식 (1.6e)에서 활하중 L에 대한 하중계수를 0.5로 감소시킬 수 있다. 활하중 비중이 크지 않은 구조물에서 확률적으로 여러 하중이 동시에 작용할 확률이 작다는 사실을 반영한 것이다.

(4) 구조물에 충격의 영향이 있는 경우 활하중 L을 충격효과 I가 포함된 $(L+I)$로 대체하여 식 (1.6)을 적용한다.

1-3-3. 강도감소계수와 설계강도

부재의 공칭강도를 정확하게 계산했다 하더라도, 실제 부재 강도는 이보다 낮을 가능성이 많다. 이러한 이유는

(1) 사용 재료와 공정상 품질관리 정도(시공능력)
(2) 시공오차로 인한 부재 크기의 변동 가능성
(3) 구조설계 계산과정에서 절삭 등에 의한 오차

등이다. 이밖에도,

(4) 부재의 연성 능력 및 안전에 관한 신뢰성
(5) 구조물에서 부재의 중요도

를 반영하기 위해서 표 1.4와 같은 강도감소계수 ϕ를 적용한다.

표에서 인장지배단면 부재는 ϕ값(=0.85)이 상대적으로 크다. 이것은 부재의 거동이 철근의 항복에 좌우되며, 철근의 강도감소 효과는 콘크리트에 비하여 작기 때문이다. 반면 기둥과 같이 축하중을 대부분 부담하는 압축지배단면은 콘크리트의 성능이 부재 거동을 좌우하고, 파괴시 구조물에 심각한 피해를 일으키기 때문에 ϕ값(=0.65)이 상대적으로 작다.

표 1.4 강도감소계수

부재 또는 하중의 종류	강도감소계수 ϕ
(1) 인장지배단면	$\phi = 0.85$
(2) 압축지배단면 – 나선철근 규정에 따라 나선철근으로 보강된 부재 – 기타 철근 콘크리트 부재	 $\phi = 0.70$ $\phi = 0.65$
(2) 변환구간단면 (공칭강도에서 최외단 인장철근의 순인장변형률 ϵ_t가 압축지배와 인장지배단면 사이인 경우로 3장에서 자세히 다룬다)	ϵ_t가 압축지배 변형률 한계에서 인장지배 변형률 한계로 증가함에 따라 ϕ값을 압축지배단면에 대한 값에서 0.85까지 선형으로 증가
(3) 전단력과 비틀림모멘트 (4) 콘크리트의 지압((5), (6) 제외) (5) 포스트텐션 정착영역 (6) 스트럿 - 타이 모델 – 스트럿, 타이, 절점 및 지압부 – 타이 (7) 무근콘크리트의 휨모멘트, 압축력, 전단력, 지압력	$\phi = 0.75$ $\phi = 0.65$ $\phi = 0.85$ $\phi = 0.75$ $\phi = 0.85$ $\phi = 0.55$

1-3-4. 구조안전성과 안전율

앞에서 살펴보았지만 강도설계법에서 하중계수와 강도감소계수는 확률을 기초로 한 신뢰성 해석에 의해 결정한 것이다. 그림 1.5와 같이 외력과 내력의 정규확률분포를 생각해 보자. 외력 분포(Q)가 내력 분포(R)를 초과하는 빗금 친 부분에서는 구조물이 파괴할 수 있다. 이와 같은 파괴가능 영역을 안전지수 β로 표현하면,

$$\beta = \frac{R_m - Q_m}{\sqrt{f_R^2 + f_Q^2}} \tag{1.8}$$

여기서 R_m, Q_m는 각각 내력과 외력의 평균값을 나타내며, f_R, f_Q는 각각 내력과 외력의 표준편차이다.

식 (1.8)에서 부재의 파괴가능성은 내력평균값과 외력 평균값의 차가 크면 감소하고, 내력과 외력의 분포 표준편차가 크면 증가한다.

예를 들어 부재가 고정하중(D)과 활하중(L)을 받는 경우, 하중계수는 각각 1.2와 1.6이므로 안전율 FS는,

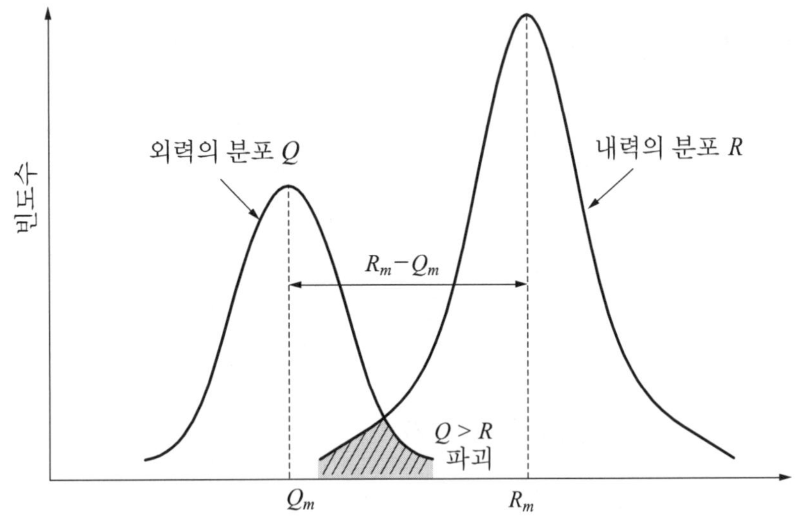

그림 1.5 외부 하중과 내부저항력의 분포

표 1.5 강도감소계수 및 고정하중에 대한 활하중 비율별 안전율

ϕ	0.85				0.75				0.65			
L/D	0	1	2	3	0	1	2	3	0	1	2	3
FS	1.41	1.65	1.73	1.76	1.60	1.87	1.96	2.00	1.85	2.15	2.26	2.31

$$\mathrm{FS} = \frac{1.2D + 1.6L}{D + L}\left(\frac{1}{\phi}\right) = \frac{1.2 + 1.6(L/D)}{1 + (L/D)}\left(\frac{1}{\phi}\right) \tag{1.9}$$

표 1.5에 강도감소계수별, 활하중과 고정하중의 비율별 안전율 값을 정리하였다. 휨을 받는 부재에서 인장지배단면($\phi = 0.85$)일 때 안전율은 1.41~1.76이다. 반면 기둥과 같은 압축지배단면($\phi = 0.65$)은 1.85~2.31이다. 이상의 결과에서,

(1) 기둥과 같이 압축력이 지배하고, 파괴할 때 건물에 심각한 피해가 예상될 때는 안전율이 크고, 보와 같이 연성적인 거동을 하는 부재는 안전율이 상대적으로 작다.

(2) 활하중이 고정하중에 비하여 큰 경우에는 하중의 불확실성이 커지므로, 안전율이 증가한다.

기준에서 정하고 있는 하중계수와 강도감소계수에 의한 안전율은 설계강도 이하로 될 확률이 1/100 정도이고, 초과하중이 작용할 확률이 1/1,000 정도를 고려한 수치이다. 그러므로 실제 구조물이 파괴될 확률은 1/100,000 정도이다.

1-4 설계하중

구조물에 작용하는 하중에는 고정하중, 활하중, 풍하중, 적설하중, 지진하중, 토압과 수압 이외에도 프리스트레스트 힘, 크레인 하중, 진동, 충격, 건조수축, 크리프, 온도변화, 탄성수축, 받침점의 부동침하 등 다양하다. 여러 하중에 대한 계산은 부록 1-2나 「건축물 하중기준 및 해설, 2009」를 참고하면 된다. 대표적인 하중의 특징을 살펴보자.

1-4-1. 고정하중, D

고정하중(dead load)이란 구조물의 수명 기간 중 항상 작용하는 하중으로써 자중, 고정된 기계설비, 칸막이벽과 같은 비구조 부재, 각종 마감재 등을 포함하는 하중이다. 구조물 자체의 무게는 대표적인 고정하중이다. 예를 들어 콘크리트의 무게(단위체적 중량)는 $23\,kN/m^3$, 철근콘크리트는 $24\,kN/m^3$이며 체적을 곱하여 하중을 계산한다. 각종 마감재는 구조설계 당시 결정되지 않으므로 1식으로 계산한다. 자세한 사항은 부록 1-2-1을 참고하자.

고정하중은 건물에 작용하는 가장 기본적인 하중이며 대부분 수직하중이다. 또한 시간 및 장소에 따른 변화가 적기 때문에 계산이 쉽고 신뢰성이 높다.

1-4-2. 활하중, L

활하중(live load)이란 구조물을 사용하면서 발생하는 하중을 말한다. 예를 들어 건축물에서는 사람, 가구, 이동칸막이, 창고의 저장물, 설비기계 등의 하중, 교량이나 주차장에서는 차량에 의한 하중이다. 활화중은 적재하중이라고도 한다.

활하중은 측정하기가 어렵고 구조물의 사용용도에 따라 변동이 커서 분포 특성을 파악하기가 어렵다. 그러므로 일반적으로 등분포하중으로 가정하는데 이를 등분포활하중이라 하며 부표 1.2.4에 나타냈다. 물론 이 값은 최소값이며 구조물의 실제 상황에 맞추어 활하중을 증가시킬 필요도 있다. 예를 들어 사무실 건물에 이동 경량칸막이벽의 설치가 예상되는 경우는, 이를 고려해서 등분포활하중에 1 kN/m^2을 추가해야 한다. 다만 활하중이 4 kN/m^2 이상인 경우는 제외 할 수 있다.

한편 도서관 서고나 주차장 차량과 같이 구조물에 집중적으로 작용하는 활하중은 집중활하중으로 고려하며 부표 1.2.5에 나타냈다. 집중활하중은 부재에 최대응력이 발생하는 위치에 적용해야 한다. 예를 들어 공장이나 창고건물의 지붕구조에 하중을 계산할 때는 주요 구조부재 또는 트러스 하현재의 임의 절점에 최소 10 kN의 집중하중을 추가해야 하며, 기타 용도의 지붕구조에는 최소 1 kN의 집중하중을 추가한다.

물론 활하중이 구조물 바닥 전체에 등분포할 확률은 매우 작기 때문에 다음과 같이 영향면적에 따른 감소계수(C)를 계산해서 활하중을 저감시킬 수도 있다.

$$C = 0.3 + \frac{4.2}{\sqrt{A}} \tag{1.10}$$

여기서 C=영향면적에 따른 감소계수, A=영향면적($A \geq 36\ \text{m}^2$)이다. 상세한 사항은 하중 기준과 부록 1-2-2를 참고하자.

1-4-3. 적설하중, S

적설하중(snow load)은 지붕에 쌓인 눈의 무게에 의한 하중으로 부록 1-2-3과 같다. 적설하중은 구조물이 위치한 지역의 기상조건이나, 건물 지붕의 형상 및 경사 등에 많은 영향을 받는다. 대부분의 지역에서 지상 적설하중(S_g)은 5 kN/m²이다. 그러나 울릉도나 대관령과 같이 눈이 많이 내리는 지역은 7 kN/m²를 적용한다. 이밖에도 기본 적설하중계수 C_b, 노출계수 C_e, 온도계수 C_t, 건물의 중요도 계수 I_g를 고려한다. 예를 들어 평지붕의 적설하중 S_f는,

$$S_f = S_g \cdot C_b \cdot C_e \cdot C_t \cdot I_s \tag{1.11}$$

평지붕이 아닌 경사 지붕일 때에는 경사 정도에 따라 눈이 녹아 흘러내릴 수 있으므로, 지붕 경사도 계수 C_s를 고려한다. 즉,

$$S_s = C_s \cdot S_f \tag{1.12}$$

상세한 사항은 하중기준과 부록 1-2-4를 참고하자.

1-4-4. 풍하중, W

풍하중(wind load)이란 바람에 의하여 구조물에 가해지는 하중을 말한다. 이러한 바람이 건물과 부딪치면, 건물을 밀어내거나 또는 건물 주위에 복잡한 소용돌이를 형성하면서 흡입하는 힘을 발휘한다.

풍하중은 구조 골조용, 지붕 골조용, 그리고 외장 마감재용 풍하중으로 분류하며, 이중에서 구조 골조용 풍하중(W_f)을 구조설계에 이용한다. 구조 골조용 설계풍력 p_f와 유효수압면적 A를 고려하면,

$$W_f = p_f \cdot A \tag{1.13}$$

풍하중과 다음절의 지진하중은 구조물에 작용하는 대표적인 수평하중이다. 또한 구조물의 높이에 따라 증가하는데 일정 높이 이상인 구조물(초고층 건물이나 광고탑)은 대부분 지진하중보다 풍하중이 지배한다.

1-4-5. 지진하중, E

지진(earthquake)이란 지각의 이동에 의해 축적된 변형에너지가 더 이상 견디지 못하고 방출되면서 지반이 심하게 흔들리는 자연현상이다. 이 때 흔들림이 구조물에 작용하는 힘을 **지진하중**(earthquake load)이라 한다.

지진에 의한 지반가속도 a가 구조물의 하부에 전달될 때, 건물이 완전 강체라면 $F = ma$만큼의 관성력이 구조물의 수평하중으로 작용할 것이다. 여기서 m은 구조물의 질량이다. 그러나 구조물은 완전한 강체가 아니기 때문에 실제 지진하중 E는 구조물의 감쇄를 고려해야 한다. 또한 지진 주기와 구조물의 진동주기가 같으면 공진이 일어날 수 있으므로 이에 대한 검토도 중요하다. 기본적으로 우리나라에 발생할 지진 크기를 예측하는 것도 확률론적 문제이다. 그러므로 설계용 지진하중을 정확하게 도출하는 것은 매우 어렵다.

일반적으로 구조물에서 지진하중을 계산하고 골조에 적용해서 해석하는 방법은,

(1) 지진하중을 정적인 등가의 정적 수평하중으로 치환하여 해석하는 **등가정적해석**(equivalent static analysis method)

(2) **동적해석**(dynamic analysis method)

- **응답스펙트럼**(response spectrum)에 의한 구조물의 **모드해석**(mode analysis)
- **시간이력해석**(time history analysis)

을 사용한다. 구조물의 중요도가 크지 않거나 저층일 경우는 간편한 등가정적해석을 많이 사용하고, 고층건물이나 중요도가 큰 구조물은 동적해석을 이용한다. 일반적으로 동적해석은 복잡하기 때문에 해석프로그램을 이용한다. 이 때 중요한

점은 구조물의 모드에 대한 신중한 고려와 판단이 필요하다는 것이다. 해석프로그램은 설계과정을 도와줄 뿐이다. 답은 온전히 독자가 판단해야 한다.

부록 1-2-5에 지진하중에 대한 상세한 규정을 정리하였다.

1-4-6. 기타 하중

앞에서 언급한 하중 이외에도 충격하중(impact loads), 수평토압(earth pressure), 부력, 유체압력, 2차 효과에 의한 추가하중 등 여러 하중이 있다.

충격하중 I는 주차장, 하역장, 창고바닥, 엘리베이터 샤프트 등과 같이 동적하중이 작용하는 구조물에서 고려해야 하는 하중이다. 테러에 의한 폭발은 어떨까? 필요하다면 적절한 크기를 가정해서 구조물에 하중으로 작용시켜야 한다.

수평토압(H_h)는 옹벽이나 지하외벽에 작용하는 흙에 의한 하중이다. 부력은 지하수위 상승으로 기초판 하부에 수직(수직하중의 역방향)으로 작용하거나 또는 옹벽에 수평으로 작용한다. 유체압력(F)는 수압에 의한 수평하중이라고 생각하자.

추가하중은 크리프, 건조수축, 온도변화 등에 의해 구조물에 추가되는 하중으로 관련 장에서 자세히 다룬다.

1–5 연습문제

[1-1절]

1-1.1 철근콘크리트가 구조부재로써 사용될 수 있었던 역학적 특성에 대하여 설명하라.

1-1.2 철근콘크리트 구조의 장단점에 관하여 설명하라.

[1-2절]

1-2.1 구조설계과정을 간단히 설명하라.

1-2.2 허용응력설계법의 특징과 오늘날 사용하지 않는 이유를 설명하라.

1-2.3 강도설계법의 근본적인 원리를 설명하고 허용응력설계법과 비교하라.

1-2.4 강도설계법에서 사용성 검토에는 부분적으로 허용응력설계법을 도입하고 있다. 그 이유를 설명하라.

[1-3절]

1-3.1 강도설계법에서 강도감소계수(ϕ)의 도입 이유를 설명하라.

1-3.2 구조물 해석 과정에서 고정하중, 활하중, 풍하중만을 고려하는 경우 하중조합을 결정하라.

1-3.3 구조물 해석과정에서 고정하중, 활하중, 지진하중만을 고려하는 경우 하중조합을 결정하라.

1-3.4 콘크리트 구조기준을 이용하여 설계된 구조물이 극한 한계상태에 도달하여 파괴될 가능성은 얼마인가?

[1-4절]

1-4.1 설계하중의 종류와 각각의 특성에 관하여 설명하라.

1-4.2 철근콘크리트 보에서 자중을 포함한 고정하중 100 kN/m, 활하중 150 kN/m 일 때 계수하중을 구하라.

1-4.3 다음 자중을 포함한 $D = 20$ kN/m, $L = 30$ kN/m 의 등분포하중을 받는 경간 7 m 의 단순보에서 최대 소요 휨모멘트와 전단력을 구하라.

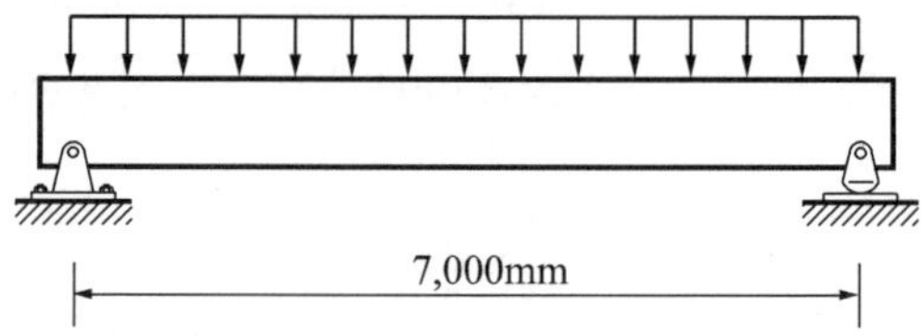

1-4.4 다음 조건에서 바닥 슬래브 단위 폭 1 m에 작용하는 계수하중을 구하라.

슬래브 두께 : 180 mm
(철근콘크리트 무게 24 kN/m^3)
천장 마감 : 1식 (0.2 kN/m^2)
바닥 : 인조석물갈기 50 mm
(무게 20 kN/m^3)
용도 : 백화점 활하중(5.0 kN/m^2)

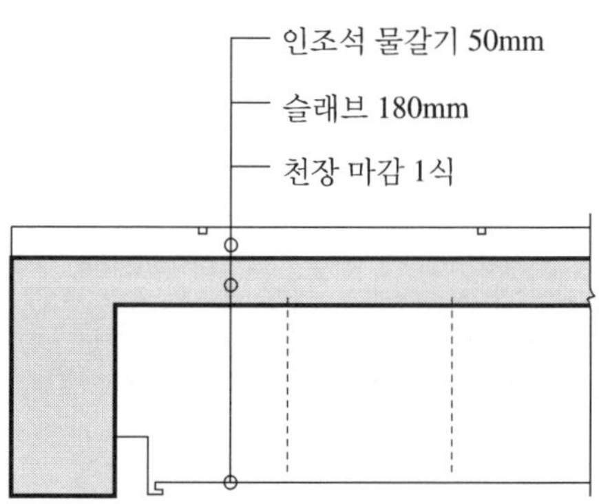

2장 재료

차례

주요개념

콘크리트
- 배합강도 f_{cr}
- 설계기준강도 f_{ck}
- 표준압축시험 방법
- 재령 28일 압축강도 f_{cu}
- 재령 28일 평균압축강도 f_{cm}
- 재령 t일 평균압축강도 $f_{cu}(t)$
- 고강도콘크리트
- 경량콘크리트
- 쪼갬인장강도
- 탄성계수
- 파괴계수(휨인장 강도)
- 건조수축, 크리프, 온도변화

철근
- 탄성계수
- 항복강도와 인장강도
- 응력 - 변형률 관계

용접철망과 보강재료

강도설계법을 이용하여 부재를 설계하기 위해서는 먼저 재료의 특성을 명확하게 이해해야 한다. 철근콘크리트의 주요 재료는 콘크리트와 보강재로 사용하는 철근이다. 이 장은 각각의 재료에 대하여 강도설계법에 적용하고 있는 재료 물성 값을 살펴본다.

콘크리트의 압축강도는 품질관리의 지표인 동시에 다른 물성값의 기준이 되므로 중요하다. 또한 반제품 형태로 타설되어 양생과정을 통해 강도가 증가해 가기 때문에 어느 시점에서, 어떤 방법으로 이를 평가할지도 알아 두어야 한다. 한편 콘크리트가 가지고 있는 가장 큰 단점인 체적변화 요인, 즉 건조수축, 크리프, 온도변화에 대해서도 이해할 필요가 있다.

철근콘크리트 구조에서 인장력에 대한 보강재로 많이 이용하는 것은 철근이다. 우리나라에서 사용하는 철근의 호칭, 재질, 구분방법은 실무에서도 중요하므로 숙지해야 한다. 또한 철근의 응력 - 변형률 특성, 항복강도 f_y, 탄성계수도 살펴보자.

2-1 콘크리트

2-1-1. 콘크리트 구성 재료

콘크리트는 그림 2.1과 같이 시멘트(+혼화재), 물, 골재, 혼화제가 결합된 구조재료이다. 콘크리트의 구성 재료 중에서 시멘트는 물과 수화반응(hydration)을 통해 접착제 역할을 하는 시멘트페이스트를 만든다. 골재는 단순한 충진재로 콘크리트의 대부분(70%)을 차지한다. 시멘트페이스트는 강한 접착력으로 골재를 결착시켜 견고하고 내구성 있는 구조재료를 형성한다. 각 구성 재료의 특성을 살펴보자.

(1) 시멘트

시멘트의 주요성분은 석회(CaO, 63~66%), 실리카(SiO_2, 21~22.5%), 알루미나(Al_2O_3, 4~6%)이며, 그밖에 산화철(Fe_2O_3, 2~4%), 마그네시아(MgO), 아황산(SO_3) 등이 포함되어 있다. 시멘트의 제조는,

석회석, 점토, 철광석	⇨	원료 혼합 분쇄	⇨	1,450℃ 이상 소성하여 클링커 생산	⇨	석고 첨가 (반응지연제)	⇨	클링커+석고 미분말 분쇄	⇨	벌크 시멘트
		분쇄기		소성회전로 (킬른, kiln)				분쇄기		

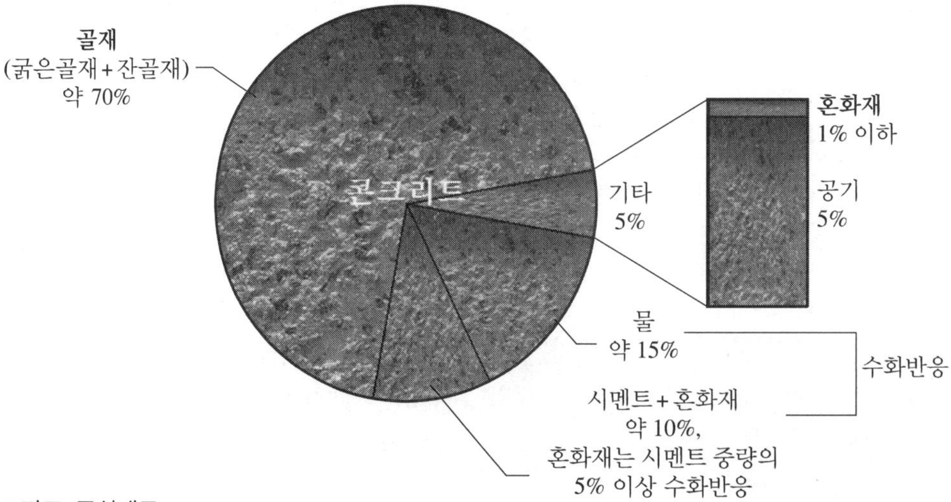

그림 2.1 콘크리트 구성재료

표 2.1 시멘트의 종류 및 특성

종류	특성	물성 및 장단점	용도 및 비고
1종 보통 시멘트	• 일반적인 시멘트(국내 생산량의 90% 이상)	• 비중 3.15 • 단위질량 1,500 kg/m^3	• 대부분의 일반 건축, 토목공사
2종 중용열 시멘트	• 수화열을 줄이기 위해 C_3S, C_3A양을 줄이고, C_2S양을 증가	• 수화열이 작으며 장기강도가 큼 • 건조수축, 균열이 적음 • 내화학성 큼	• 초대형 구조물이나 댐 등 매스(Mass)콘크리트 공사
3종 조강 시멘트	• 초기강도 증진을 위해 분말도를 크게 하고, C_3S함량을 높임	• 조기강도가 큼 • 경화속도 빠르고, 양생기간 단축 가능 • 수축 크고, 수화열 높음	• 긴급공사, 수중공사, 프리캐스트 제품
4종 저열 시멘트	• C_3S함량 40% 이상	• 수화열이 2종보다 낮음 • 고강도콘크리트, 고유동콘크리트 제조 용이	• LNG지하저장탱크, 고층 구조물, 기초 및 지하구조물
5종 내황산염 시멘트	• 시멘트 중 황산에 약한 C_3A 함량 이 작음	• 화학적으로 안정적이며 강도 발현 우수	• 화학적 피해가 예상되는 건축물, 공장폐수시설, 항만, 원자로

표 2.1은 현재 국내에서 생산하는 시멘트의 종류와 특성을 정리한 것이다. 일반적으로 보통포틀랜드시멘트(OPC)라 함은 1종을 말한다. 시멘트의 분말도는 2,800~3,600(cm^2/g)으로 분말도가 클수록 워커빌러티, 수화열, 조기강도, 건조수축이 증가하고 블리딩이 감소한다. 시멘트는 물과의 수화반응 중 수화열이 발생하는데,

$$CaO + H_2O \rightarrow Ca(OH)_2 + \text{열발생}\ (125cal/g)$$

수화열이 크면 콘크리트 내외부 온도차로 인해 균열이 발생할 수 있으므로 주의해야 한다. 시멘트는 공기 중의 수분과도 쉽게 반응하므로 보관에 주의해야 하며, 조금이라도 굳어진 시멘트는 사용해서는 안 된다.

(2) 물

물은 배합수라고 부르기도 하며 일반적인 상수돗물을 사용한다. 배합수에 불순물이 많으면 응결시간, 콘크리트 강도, 체적변화에 영향을 미칠 뿐만 아니라, 풍화현상이나 철근 부식을 일으킬 수도 있으므로 가능하면 고농도의 불용해 물질을 피해야 한다.

표 2.2 골재의 구분

구 분	잔골재	굵은골재
정 의	• 100 mm 체를 100% 통과하고 5 mm 체를 거의 다 통과하며 0.08 mm 체에 모두 남는 골재 • 입경 5 mm 이하 골재	• 5 mm 체에 다 남는 골재 • 입경 5 mm 이상 골재
요구조건	• 구, 입방체에 가깝고 입도가 좋은 것 • 깨끗해야 함 • 흡수율 ≦ 3%, • 조립률 : 2.6~3.1%	• 마모율이 적고 안정성이 클 것 • 깨끗해야 함 • $MgSO_4 \leqq 18\%$, $Na_2SO_4 \leqq 12\%$ • 흡수율≦3%

(3) 골재

골재는 콘크리트의 대부분(전체 부피의 65~85%) 차지하기 때문에, 종류나 성질에 따라 콘크리트 성질을 크게 좌우한다. 골재는 시멘트 페이스트 사이에 고착되어 탄성계수 증가와 길이변화를 억제하는 역할을 한다.

골재는 표 2.2와 같이 모래와 같은 잔골재와 자갈과 같은 굵은골재로 구분한다. 예전에는 강모래, 강자갈과 같은 천연골재가 사용되었으나 골재 고갈로 인해 최근에는 석재를 파쇄한 쇄골재를 많이 이용한다.

굵은골재의 최대치수는 콘크리트를 타설할 때 배근된 철근사이에 얼마나 잘 충진할 수 있는가를 결정하기 때문에 구조설계도서에 값을 명기해야 한다.

(4) 혼화재와 혼화제

혼화재는 콘크리트의 품질 개선, 시공성능 향상, 내구성 증가 등을 목적으로 사용하는 시멘트 대체재를 말하며 일반적으로 시멘트 중량의 5% 이상 사용한다. 혼화제는 굳지 않은 콘크리트의 물성을 개선할 목적으로 소량 첨가하며 배합설계 시 중량을 무시한다. 표 2.3에 각각의 특성과 종류를 정리하였다.

표 2.3 혼화재료(혼화재 및 혼화제)의 특성과 종류

구분	혼화재	혼화제
사용량	시멘트 중량의 5% 이상(분말)	시멘트 중량의 1~3% 정도(주로 액상)
배합설계시	중량 고려	중량 무시
사용효과	2차 수화 반응(포졸란반응) 잠재적 수경 효과, 팽창 효과 등	계면 활성 작용 경화 시간 조정 작용
종 류	포졸란, 플라이애쉬, 실리카흄, 고로슬래그, 팽창재, 착색재 등	AE제, AE감수제, 유동화제, 고성능감수제, 촉진제, 지연제, 급결제, 방수제, 기포제, 발포제, 방청제 등

2-1-2. 콘크리트 배합, 타설, 압축강도평가

구조설계에서 계산에 사용하는 콘크리트의 압축강도를 설계기준압축강도(f_{ck}, specified compressive strength, MPa)라 한다. f_{ck}는 실제 구조물에서 콘크리트가 발현하는 강도를 의미하는 것이 아니라는 사실에 유의하자. 구조설계시 기준으로 하는 콘크리트 압축강도이다. 콘크리트 배합과 타설 과정은,

배합선정	⇨	콘크리트 배합	⇨	운반	⇨	시료채취 및 현장 시험	⇨	양생	⇨	콘크리트 강도평가
배합 강도				레미콘		공시체, 슬럼프시험 등				28일 재령

콘크리트는 주로 레디믹스트콘크리트(ready mixed concrete, 레미콘)을 이용한다. 콘크리트의 배합과 타설에 대한 주요 과정을 살펴보자.

(1) 배합강도 결정과 콘크리트 배합, 생산, 운반

건설현장에서 콘크리트를 생산하는 회사에 요구하는 주요 성능은 [굵은골재 최대치수]－[설계기준압축강도, f_{ck}]－[슬럼프 값]이다. 콘크리트 업체에서는 f_{ck}

표 2.4 배합강도의 결정

연속시험 횟수 30회 이상인 경우	$f_{ck} \leqq 35$ MPa일 때, $f_{cr} = \max\begin{cases} f_{ck} + 1.34\,s \\ (f_{ck} - 3.5) + 2.33\,s \end{cases}$ $f_{ck} > 35$ MPa일 때, $f_{cr} = \max\begin{cases} f_{ck} + 1.34\,s \\ 0.9 f_{ck} + 2.33\,s \end{cases}$
연속시험 횟수 15회~29회인 경우	위 식에서 표준편차 보정 <table><tr><td>시험 횟수</td><td>15회</td><td>20회</td><td>25회</td><td>30회 이상</td></tr><tr><td>표준편차 보정계수</td><td>1.16</td><td>1.08</td><td>1.03</td><td>1.00</td></tr></table>임의 시험 횟수에 대한 보정계수는 표에서 직선보간
연속시험 횟수 14회 이하거나 기록이 없는 경우	$f_{cr} = \begin{cases} f_{ck} + 7 & (f_{ck} < 21\text{ MPa}) \\ f_{ck} + 8.5 & (21\text{ MPa} \leqq f_{ck} \leqq 35\text{ MPa}) \\ 1.1 f_{ck} + 5 & (f_{ck} > 35\text{ MPa}) \end{cases}$

표준편차 $s = \sqrt{\dfrac{\sum (x_i - \bar{x})^2}{(n-1)}}$,

x_i = 각 공시체 강도시험 값, $\bar{x}$ = n개의 강도시험결과 평균값, n = 연속시험 횟수

그림 2.2 콘크리트 현장시험과 표준공시체 제작

를 만족하도록 콘크리트 배합을 정한다. 배합설계 시 현장 콘크리트의 품질 변동을 고려해서 f_{ck}보다 충분히 큰 강도가 나오도록 목표로 하는 압축강도를 배합강도(f_{cr}, required average compressive strength, MPa)라 한다. 배합강도 f_{cr}의 결정은 표 2.4와 같다.

배합강도 f_{cr}이 결정되면 통상적인 시험배합이나 적당한 경험기록을 이용해서 배합비를 선택하고 콘크리트를 생산하여 운반한다.

(2) 현장시험 및 시료채취, 타설, 양생

현장에 도착한 콘크리트는 재료 물성과 워커빌러티를 평가하기 위해 그림 2.2와 같이 받아들이기 검사를 한다. 콘크리트는 운반 도중 슬럼프 저하와 공기량이 변할 수 있기 때문이다. 검사는 슬럼프 시험, 공기량, 염화물 함유량 등을 측정한다. 현장평가 결과 품질이 적절한 것으로 판단되면 타설하고 양생한다.

한편 콘크리트가 규정된 강도를 만족하는지 확인하기 위해 시료를 채취하여 공시체를 만든다. 상세한 시료 채취 요구사항을 표 2.5에 정리하였다. 시료채취는 적어도 5회 이상이며, 1회당 3개의 공시체를 만든다(공시체 개수 15개 이상).

공시체 제작은 KS F 2403(콘크리트 강도 시험용 공시체 제작방법)에 따르며 이를 **표준공시체**라 한다. 표준공시체는 원주형으로 크기는 직경 150 mm, 높이 300 mm이다. 그러나 표준공시체는 무겁기 때문에 일반적으로 직경 100 mm, 높이 200 mm 공시체를 많이 이용한다.

표 2.5 압축강도 평가를 위한 공시체 채취 요구사항

기본 요구사항	1) 하루에 1회 이상, 2) 120 m^3당 1회 이상 3) 슬래브나 벽체의 표면적 500 m^2마다 1회 이상 4) 배합이 변경될 때마다 1회 이상
콘크리트 치는 양이 작아서 5회보다 작을 때	무작위로 선택한 5배치에 대하여 실시

- 채취 공시체의 개수는 회당 3개
- 콘크리트 전체량이 40 m^3보다 작을 경우, 책임구조기술사의 판단으로 생략 가능

(3) 압축강도 평가

콘크리트는 타설 후 경화하면서 강도가 증가해 간다. 이 때 온도, 습도, 양생방법(기건양생, 습윤양생) 등의 환경적 요인에 따라 발현강도가 달라진다. 또한 같은 환경이라도 구조체의 타설 위치에 따라 강도 차가 발생할 수 있다. 그러므로 콘크리트 압축강도를 어느 시점에서, 어떤 방법으로 평가할 것인가는 품질관리 측면에서도 매우 중요하다.

압축강도 평가는 그림 2.3과 같이 KS F 2405(콘크리트의 압축강도 시험방법)에 준해서 실시한다. 즉,

표준공시체 제작	⇨ 양생	⇨ 압축강도 실험	⇨ 평가
5회 이상 (회당 3개) =15개 이상	재령 28일 온도 21~25℃ 습윤양생	가력속도 0.15~0.35 MPa/sec $f_{cu} = \frac{P}{A}$ 여기서, P=최대 압축하중 A=공시체 단면적($\pi d^2/4$) d=공시체 직경	

압축강도는 단위면적당 압축력이므로 단위는 MPa(=N/mm^2)이다. 즉, 30 MPa는 1 m^{2}당 30,000 kN의 압축력을 부담할 수 있는 크기이다.

원주형 공시체에 의한 압축강도 시험은 우리나라를 비롯한 미국, 일본 등에서 사용하고 있으며, 유럽에서는 한 변이 150 mm(영국), 200 mm(독일)인 입방형 공시체를 사용한다. 입방형 공시체에 의한 압축강도는 원주공시체에 비하여 20~25% 정도 높게 나타난다. 그러므로 150 mm, 200 mm 크기의 입방형 공시체를 사용하는 경우 각각 0.8, 0.83의 계수를 곱하여 보정한다.

그림 2.3
표준 압축강도시험

한편 원주형 공시체의 경우도 크기에 따라 강도가 다르다. 예를 들어 일반적으로 이용하는 지름 100 mm, 높이 200 mm 원주형 공시체의 압축강도는 표준공시체 보다 약 3% 정도 크므로 0.97을 곱하여 보정한다.

이렇게 시험한 재령 28일 콘크리트 표준공시체 3개(1회)의 평균 압축강도를 f_{cm}로 표기한다. 사용한 콘크리트가 설계기준압축강도 f_{ck}를 만족하고 있는지에 대한 확인은 f_{cm}를 기준으로 한다. 즉, 다음 두 조건을 모두 충족하면 콘크리트 강도는 만족할 만한 것으로 간주한다.

[조건 1] 강도 시험에서 3번 연속 f_{cm}가 f_{ck} 이상일 때, [조건 2] 개별 강도시험값이, $f_{ck}-3.5$ MPa 이상일 때 ($f_{ck} \leq 35$ MPa인 경우) $0.9f_{ck}$ MPa 이상일 때 ($f_{ck} > 35$ MPa인 경우)	⇨	[조건 1]과 [조건 2]를 모두 만족해야 함

표 2.6은 압축강도 평가 시험결과와 콘크리트 사용 여부의 판단 예를 나타낸 것이다. 일반적으로 $f_{ck} = f_{cm}/\alpha(\alpha = 1.1{\sim}1.3)$ 관계를 갖는다.

표 2.6 압축강도 평가 시험결과 예 (단위 MPa)
조건 : $f_{ck} = 27$ MPa, 100 mm×200 mm 원주형 공시체(보정계수 0.97)

실험 번호	#1	#2	#3
1	30.5	24.5	29.5
2	26.8	32.5	30.1
3	29.6	28.3	29.2
4	30.5	28.2	25.1
5	27.5	25.1	29.8

⇨ 강도보정 (0.97) 및 평가

실험 번호	#1	#2	#3	평균 (f_{cm})	3번 연속 평균
1	29.6	23.8	28.6	27.32	
2	26.0	31.5	29.2	28.91	
3	28.7	27.5	28.3	28.16	28.13
4	29.6	27.4	24.3	27.10	28.05
5	26.7	24.3	28.9	26.64	27.30

판단		
	3번 연속 $f_{cm} \geq f_{ck}$	만족
	개별 강도시험값 $f_{cu} \geq f_{ck}-3.5(=23.5$ MPa$)$	만족

구조설계 단계에서는 f_{cm}를 알 수 없다. 이때에는,

$$f_{cm} = f_{ck} + \Delta f \quad (\text{MPa}) \tag{2.1}$$

$$\Delta f = \begin{cases} 4\ (\text{MPa}) & f_{ck} \le 40\ (\text{MPa}) \\ 4 + 0.1(f_{ck} - 40)\ (\text{MPa}) & 40 < f_{ck} < 60 \\ 6\ (\text{MPa}) & f_{ck} \ge 60\ (\text{MPa}) \end{cases} \tag{a}$$

를 이용할 수 있다. 즉, f_{ck}에 $f_{ck} \le 40$ MPa까지는 4 MPa, $f_{ck} \ge 60$ MPa이면 6, 사이는 f_{ck}가 1 MPa 증가할 때마다 0.1씩이 증가시킨 Δf를 더한다.

한편 실제 콘크리트는 타설 후 시간의 경과에 따라 그림 2.4와 같이 압축강도가 증가한다. 시간 t일에서 평균 압축강도를 $f_{cm}(t)$라 하면,

$$f_{cm}(t) = \beta_{cc}(t) f_{cm} \quad (\text{MPa}) \tag{2.2}$$

$$\beta_{cc}(t) = \exp\left[\beta_{sc}\left(1 - \sqrt{\frac{28}{t(\text{일})}}\right)\right]$$

$$\beta_{sc} = \begin{cases} 0.35 & \text{1종시멘트 습윤양생} \\ 0.15 & \text{1종시멘드 증기양생} \\ 0.25 & \text{3종시멘트 습윤양생} \\ 0.12 & \text{3종시멘트 증기양생} \\ 0.40 & \text{2종시멘트} \end{cases}$$

로 추정할 수 있다. 여기서 $\beta_{cc}(t)$는 시간에 따른 강도발현 속도이고, β_{sc}는 CEB-FIP기준을 우리나라 시멘트의 경우로 보정한 값이다.

2-1-3. 콘크리트 압축강도의 신뢰성

구조물의 콘크리트 압축강도 평가에서, 28일 표준양생 공시체의 강도를 기준으로 하는 이유를 살펴보자.

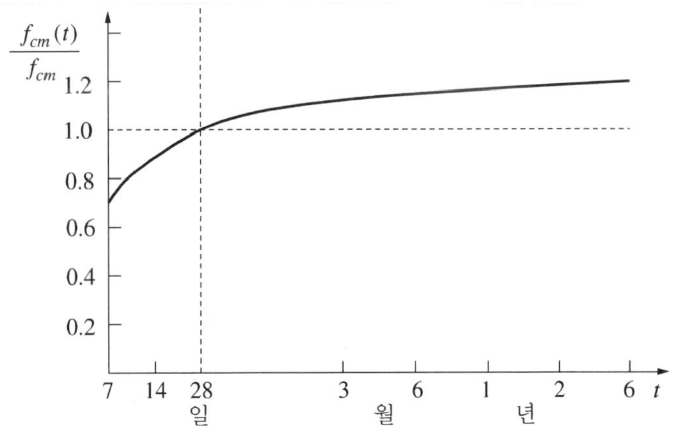

그림 2.4
시간의 경과에 따른 콘크리트 압축강도 발현 비율

(1) f_{cm}가 현장에 타설한 콘크리트 압축강도를 과대평가하고 있다?

현장에 타설한 콘크리트는 온도, 습도, 바람 등 환경적 요인을 받는다. 반면 온도 21~25℃로 습윤양생한 표준공시체는 위의 환경적 요인을 배제한 상태로 양생한다. 그러므로 실제 콘크리트가 표준공시체의 28일 압축강도보다 낮을 가능성이 많다. 그러나 그림 2.4와 같이 압축강도는 지속적으로 증가하기 때문에, 평가시점에서 목표 강도에 도달하지 못했다 하더라도 구조물을 준공하여 사용할 때는 이를 넘을 신뢰성이 있다.

한편 구조물의 양생조건과 동일하게 공시체를 제작·양생하여 그 결과를 기준으로 하는 것이 가장 합리적으로 보일 수 있다. 그러나 발현된 강도가 재료적 요인인지, 아니면 환경적 요인인지에 대한 불확실성이 너무 크다. 만약 시험 결과 콘크리트 강도가 작게 나왔다면 재료 문제인가? 아니면 양생의 문제인가?

(2) 재령 기준이 왜 28일인가?

콘크리트는 지속적으로 압축강도가 증가하기 때문에, 재령 기준을 뒤로 늘릴수록 보다 경제적인 설계가 가능하다. 반면 품질관리나 공사관리 측면에서는 재령 기준 이후에나 콘크리트의 강도를 확인할 수 있기 때문에 불리하다. 재령 28일은 현재 시공수준에서 콘크리트의 강도와 품질관리를 고려해서 결정한 값이다. 즉 실제 구조물의 콘크리트가 재령 28일 표준공시체의 압축강도에 비하여 강도를 크게 증가시킬 수 있을 정도의 양생을 기대할 수 없기 때문이다. 실제로 시공기술과 품질관리 수준이 좋지 않았던 1975년까지는 7일 표준공시체의 압축강도를 기준으로 하였다.

(3) 재령 28일 강도 평가 방법은 모든 콘크리트에 적용하는가?

대부분의 구조물에 해당되지만 콘크리트 댐이나 프리캐스트 콘크리트 제품은 예외이다. 이것은 강도평가의 기준이 구조물의 사용 시기, 작용하중의 종류, 부재치수 등을 고려하여 결정하기 때문이다.

예를 들어 콘크리트 댐은 공사기간이 비해 매우 길기 때문에 91일을 기준으로 한다. 프리캐스트 콘크리트 제품은 대부분 증기양생을 하므로 초기 강도발현이 크고, 생산기간을 단축하기 위해서 14일을 기준으로 한다. 참고로 고강도콘크리트의 경우도 강도 발현특성이 28일 이후에도 크고 품질관리가 매우 우수하기 때문에, 56일 또는 91일을 기준으로 해야 한다는 연구결과가 보고되고 있다.

(4) 실제 구조물의 콘크리트 압축강도는 얼마 정도인가?

$f_{cm}(t)$로 보는 것이 합리적이다. 구조설계 중 안전성 검토에서는 $f_{cm}(t)$보다 낮은 값인 설계기준 압축강도 f_{ck}를 이용한다. 이것은 콘크리트 강도를 실제보다 낮게 보는 것이 유리하기 때문이다. 결과적으로 f_{ck}에는 일정 재료 안전율을 갖고 있다고 볼 수 있다. 그러나 크리프 변형이나 처짐 등을 계산할 때는, 보다 실제에 가까운 값을 구하기 위해 $f_{cm}(t)$를 사용한다는 사실에 유의하자.

2-1-4. 콘크리트 분류

(1) 보통강도콘크리트

구조용 콘크리트는 $f_{ck} \geq 18\,\mathrm{MPa}$ 이상을 말한다. 이 중에서 단위용적질량 $m_c = 2{,}300\,\mathrm{kg/m^3}$, 설계기준압축강도 $f_{ck} < 40\,\mathrm{MPa}$인 콘크리트를 보통강도콘크리트(또는 보통콘크리트)라 한다. 참고로 내진설계에서 콘크리트는 $f_{ck} \geq 21\,\mathrm{MPa}$ 이상이어야 한다.

(2) 고강도콘크리트

한편 $f_{ck} \geq 40\,\mathrm{MPa}$이며 보통골재를 사용한 콘크리트를 고강도콘크리트(high strength concrete, HSC)라 한다. 최근에는 보다 큰 고강도콘크리트가 개발되고 있다. 고강도콘크리트의 장점은,

1) 동일 단면에서 보다 큰 축하중을 부담할 수 있다. 이것은 동일 하중조건에서 단면을 감소시켜 보다 큰 공간을 얻게 한다.
2) 콘크리트 내부조직이 밀실하여 탄산화 속도가 급격히 감소한다. 이것은 동일 조건에서 피복두께를 감소시킬 수 있다.
3) 체적변화(건조수축, 크리프)가 보통강도콘크리트에 비해 작다.

이러한 장점으로 고층구조물의 기초 및 저층부 기둥과 벽에 사용이 증가하고 있다. 현재 $f_{ck} = 80\,\mathrm{MPa}$급의 고강도콘크리트를 사용한 사례가 있으며, $f_{ck} = 150\,\mathrm{MPa}$급의 개발이 보고되고 있다.

한편 단점은,

1) 응력 - 변형률 곡선이 보통강도콘크리트에 비하여 선형적이며, 그 파괴 시점이 급작스럽고 취성적이다.

2) 아직까지 충분한 실험결과를 축적하고 있지 못하다.
3) 화재 시 심각한 폭렬(explosive spalling)이 발생할 수 있어 섬유 혼입과 같은 조치가 필요하다.
4) 섬유의 혼입은 펌프 압송에 문제를 일으킬 개연성이 많다.

기준에서 대상으로 하는 콘크리트는 강도에 상관없지만 고강도콘크리트의 장단점을 적절하게 고려하고 있다. 예를 들어 실험식에 근거한 전단이나 정착 문제는 $\sqrt{f_{ck}} \leq 8.4\,\text{MPa}(f_{ck} \leq 70\,\text{MPa})$로 콘크리트 강도를 제한한다. 이것은 70 MPa를 초과하는 고강도콘크리트에 대한 충분한 실험결과가 없기 때문이다.

(3) 경량콘크리트

구조용 경량콘크리트란 골재의 전부 또는 일부를 인공경량골재를 사용하여 만든 콘크리트로, $f_{ck} \geq 15\,\text{MPa}$, 기건 단위질량이 $2{,}000\,\text{kg/m}^3$ 미만인 콘크리트를 말한다.

자중 감소에 효과적인 경량콘크리트의 분류는,

1) **전경량콘크리트** : 잔골재와 굵은골재 전부를 경량골재로 대체하여 만든 콘크리트
2) **모래경량콘크리트** : 잔골재로 천연골재를 사용하고 굵은골재는 경량골재를 사용하여 만든 콘크리트

여기서 경량골재는 주로 팽창성혈암, 팽창성점토, 플라이애시 등을 원료로 약 1,000~1,200 ℃의 고온에서 소성 팽창시킨 인공경량골재를 말한다.

경량콘크리트는 기본적으로 골재의 강도가 작기 때문에 보통콘크리트와 다른 특징을 갖는다. 그러므로 강도설계법에서도 경량콘크리트 사용에 따른 영향을 반영하기 위해서 경량콘크리트 계수 λ를 도입하고 기준에 첨가하고 있다. 기준 적용 방법은 각각에 대하여 필요시 앞으로 다룰 것이다. 경량콘크리트 계수 λ는 표 2.7과 같다. 물론 보통콘크리트를 사용한 경우는 $\lambda = 1.0$이다.

표 2.7 경량콘크리트 계수 λ

구분	계수
쪼갬인장강도 f_{sp}값이 규정되어 있지 않은 경우	전경량콘크리트 $\lambda = 0.75$ 모래경량콘크리트 $\lambda = 0.85$
쪼갬인장강도 f_{sp}값이 주어진 경우	$f_{sp}/(0.56\sqrt{f_{ck}}) \leq 1.0$

• $\lambda = 0.75$~0.85 : 모래경량콘크리트의 잔골재를 경량잔골재로 치환하는 체적비에 따라 직선보간
• $\lambda = 0.85$~1.0 : 보통중량콘크리트의 굵은골재를 경량골재로 치환하는 체적비에 따라 직선보간

2–2 콘크리트 역학적 특성

2-2-1. 1축 압축응력 - 변형률 관계

그림 2.5는 1축 압축을 받는 콘크리트의 강도별 응력 - 변형률 관계를 나타낸 것이다. 일반적으로 보통강도콘크리트의 압축응력 - 변형률 곡선은 다음 식을 통해 계산할 수 있다.

$$f_c = f_{cu}\left[2\frac{\epsilon_c}{\epsilon_{co}} - \left(\frac{\epsilon_c}{\epsilon_{co}}\right)^2\right] \tag{2.3}$$

여기서, f_c =콘크리트 압축응력, ϵ_c =콘크리트 압축변형률, f_{cu} =콘크리트 압축강도(최대응력), ϵ_{co} = f_{cu}에 상응하는 변형률이다.

일반적으로 압축강도 18~40 MPa인 보통콘크리트의 경우, 최대응력에서의 변형률은 0.002~0.0025이고 파괴시 극한변형률은 0.003~0.008이다.

1축 압축응력 - 변형률 관계의 특징은,

1) 콘크리트는 하중 초기부터 비선형성을 가지며 최대응력 이후 급격히 강도가 저하한다.
2) 콘크리트가 고강도화 될수록 응력 - 변형률 곡선의 초기 기울기는 증가하며 보다 취성적이다.

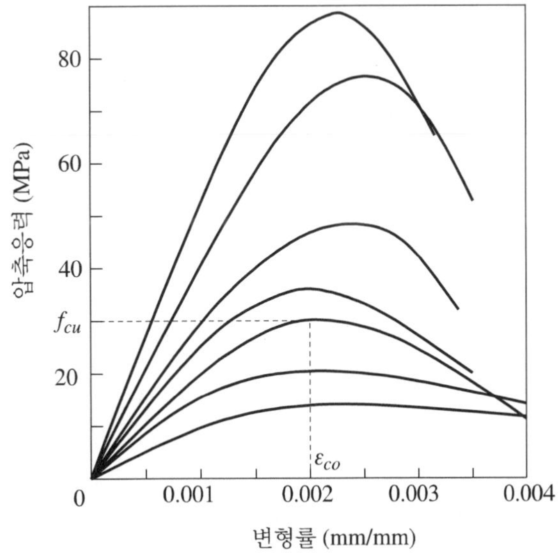

그림 2.5
콘크리트의
응력 – 변형률 관계

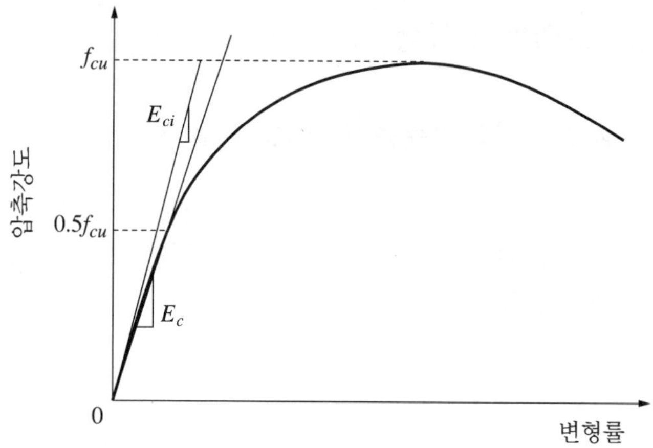

그림 2.6
콘크리트의 탄성계수 정의

콘크리트 탄성계수는 압축응력 - 변형률 곡선이 비선형이므로 적절한 규정방법이 필요하다. 그림 2.6의 압축응력 - 변형률 곡선에서,

1) 초기 접선기울기를 초기접선탄성계수(initial tangent modulus),

2) 임의점과 원점을 이은 기울기를 할선탄성계수(secant modulus)

라하며, 실용적으로 $0.45f_{cu}$에 대한 할선탄성계수를 콘크리트의 탄성계수 E_c값으로 하고 있다.

기준에서는 콘크리트의 탄성계수 E_c를 단위질량 m_c와 콘크리트 28일 평균 압축강도 f_{cm}의 3제곱근 함수로 규정한다.

콘크리트 단위질량 $1{,}450\ \mathrm{kg/m^3} \le m_c \le 2{,}500\ \mathrm{kg/m^3}$인 경우

$$E_c = 0.077\, m_c^{\ 1.5} \sqrt[3]{f_{cm}} \quad (\mathrm{MPa}) \tag{2.4}$$

다만, 보통골재를 사용한 콘크리트($m_c = 2{,}300\ \mathrm{kg/m^3}$)인 경우에는,

$$E_c = 8{,}500 \sqrt[3]{f_{cm}} \quad (\mathrm{MPa}) \tag{a}$$

여기서 재령 28일 평균 압축강도 f_{cm}는 식 (2.1)과 같이 $f_{cm} = f_{ck} + \Delta f$이다. 즉 Δf는 $f_{ck} \le 40\ \mathrm{MPa}$이면 $4\ \mathrm{MPa}$, $f_{ck} \ge 60\ \mathrm{MPa}$이면 $6\ \mathrm{MPa}$이며 그 사이는 직선보간한다.

식 (2.4)에서 f_{ck}가 아닌 f_{cm}를 사용하는 이유는 무엇인가? 2-1-3절 (4)를 참조해서 각자 생각해 보자. 한편 콘크리트 초기접선탄성계수 E_{ci}와 E_c의 관계는,

$$E_c = 0.85\, E_{ci} \tag{2.5}$$

이다. 이 값은 크리프 계산에 이용한다.

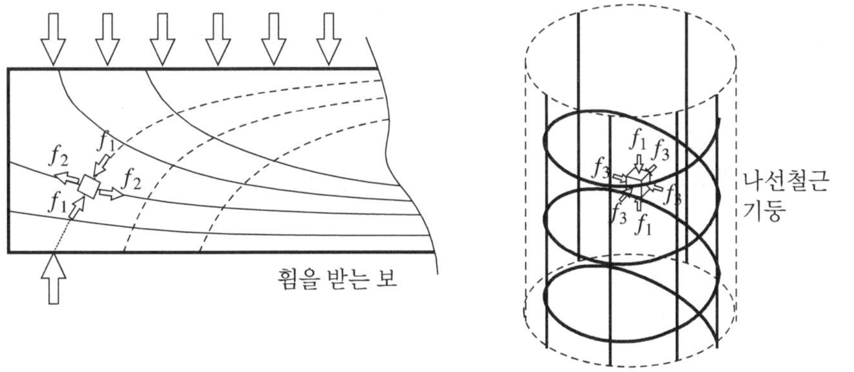

(a) 2축 응력상태 (b) 3축 응력상태

그림 2.7 콘크리트의 다축 응력상태 예

2-2-2. 다축 응력 - 변형률 관계

콘크리트 설계기준압축강도 f_{ck}는 1축 압축강도이다. 그러나 실제 구조물에서 콘크리트는 대부분 그림 2.7과 같이 다축 응력상태에 놓인다. 예를 들어 콘크리트가 휨과 전단을 받거나 휨 또는 전단과 비틀림을 받는 보, 깊은보, 전단벽 등은 2축 응력상태에 놓이며, 기둥의 코아콘크리트는 압축력과 함께 띠철근이나 나선철근의 구속효과에 의해 3축 응력상태가 된다. 그러므로 다축 응력상태에서의 콘크리트 강도에 대해 이해할 필요가 있다.

(1) 2축 응력 거동

그림 2.8은 콘크리트에 2축 응력이 작용했을 때 콘크리트 압축강도 비를 나타낸 것이다. 그림에서 2축 압축응력이 $1:0.52$ 비율로 작용할 때 콘크리트 강도는 1축 압축 때 보다 27% 정도 증가한다. 또한 두 압축응력이 동일한 경우($f_1 = f_2$)에는 압축강도가 16%정도 증가한다.

반면 그림의 2, 4분면과 같이 2축이 각각 압축응력과 인장응력을 받으면 콘크리트 강도와 변형률이 급격하게 감소한다. 이러한 응력상태는 보나 기둥의 응력교란영역 복부에서 나타나는데, 콘크리트의 전단강도나 비틀림강도를 감소시킨다. 예를 들어 이 책의 범위는 아니지만 스트럿 - 타이 모델(strut-tie model, STM)에서 콘크리트 스트럿의 유효압축강도 $f_{ce} = 0.85\beta_s f_{ck}(\beta_s < 1)$로 고려한다.

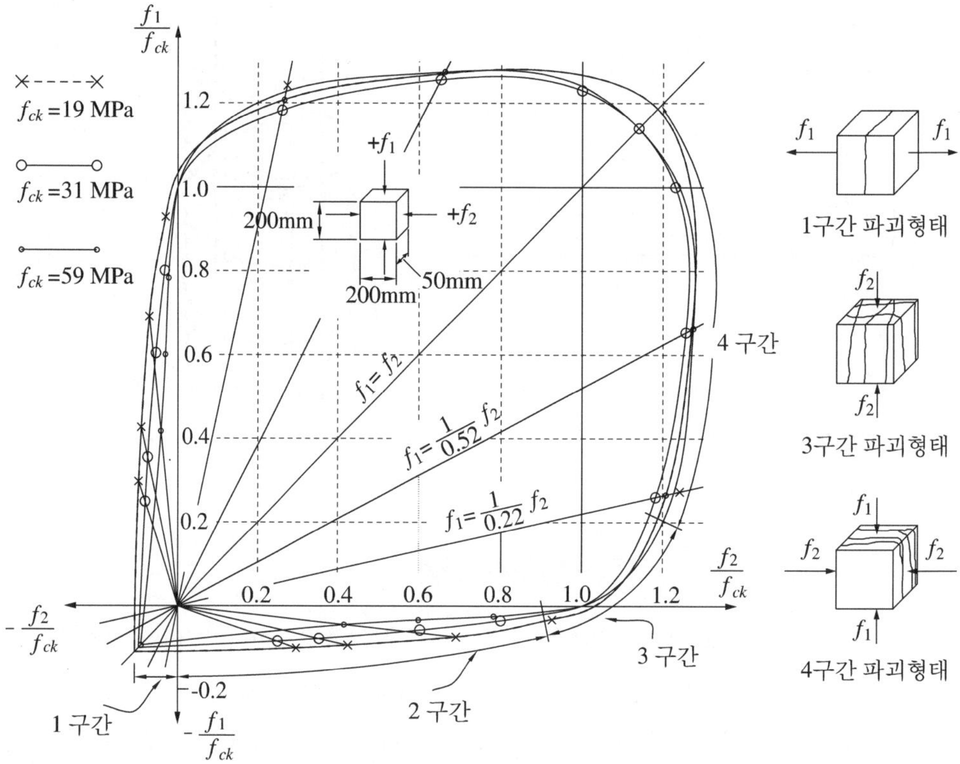

그림 2.8 2축 응력을 받는 콘크리트의 강도와 파괴모드, 뉴먼(Newman, 1972)

(2) 3축 응력 거동

띠철근이나 나선철근으로 보강된 기둥부재는 보강근의 코아콘크리트 구속(confinement effect)으로 인해서 3축 응력상태가 된다.

그림 2.9는 리차드(Richart) 등에 의해 수행된 3축 응력상태에서 콘크리트의 응력 - 변형률 관계를 나타낸 것이다. 이때 1축 응력과 3축 응력의 관계는,

$$f_1 = f_{ck} + 4.1 f_3 \tag{2.6}$$

여기서 f_1 =3축 압축강도, f_3 =횡구속 압력이다.

철근콘크리트 기둥에서 구속효과는,

(1) 횡구속 철근의 체적비가 증가하면 증가한다.

(2) 구속된 코아콘크리트의 면적이 증가하면 증가한다.

(3) 횡구속 철근의 간격이 감소하면 주근의 좌굴이 억제되고 코아콘크리트 면적이 증가하여 횡구속효과가 증가한다.

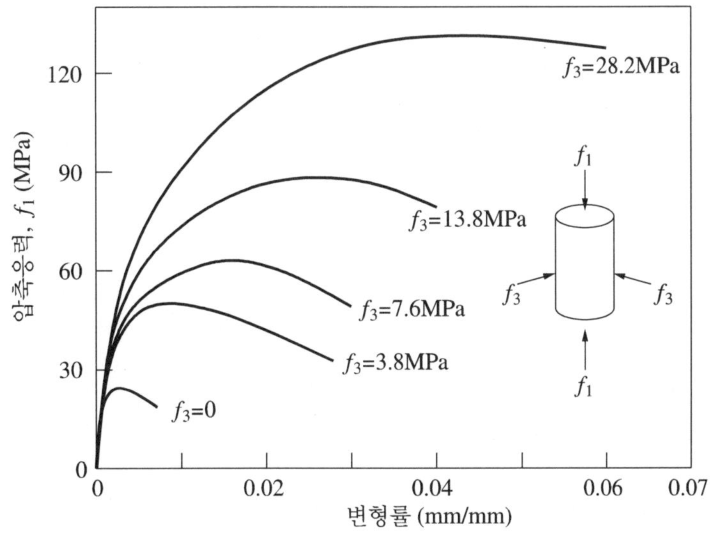

그림 2.9
3축 응력상태에서 구속압력별 응력–변형률 곡선, 리차드(Richart, 1928)

2-2-3. 콘크리트 인장강도

콘크리트의 인장강도는 압축강도의 10% 정도로 균열폭과 균열길이에 밀접한 관계가 있다. 콘크리트의 인장강도 시험방법은,

1) 직접 콘크리트 시편을 잡아당겨 실험하는 직접인장시험,
2) 그림 2.10과 같은 쪼갬인장시험(split-cylinder test)
3) 150 mm × 150 mm × 750 mm의 콘크리트 공시체를 제작하여 3점 가력을 실시한 후 휨인장강도를 측정하는 방법이 있으며,

실무적으로 쪼갬인장시험을 많이 이용한다. 쪼갬인장강도 f_{sp}는

$$f_{sp} = \frac{2P}{\pi d L} \tag{2.7}$$

여기서 P는 가력한 하중, d는 공시체 직경, L은 공시체 높이다. 기준에서는 실험결과에 근거해서 다음과 같이 규정한다.

$$f_{sp} = 0.57\lambda\sqrt{f_{ck}} \qquad \text{(MPa)} \tag{2.8}$$

여기서 λ는 경량콘크리트 계수로 표 2.7을 참고하자. 일반적인 보통콘크리트의 $\lambda = 1.0$이다.

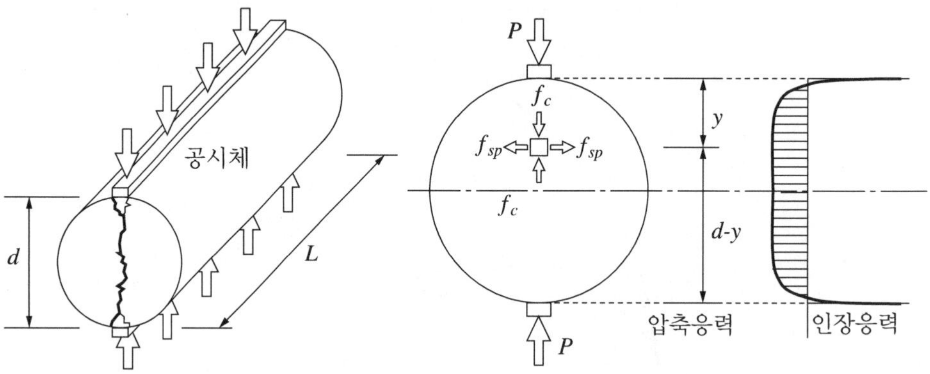

그림 2.10 콘크리트의 쪼갬인장시험

콘크리트의 휨인장강도(파괴계수, rapture of modulus) f_r는 쪼갬인장시험에 의한 인장강도 f_{sp}보다 약 11% 크다. 기준에서는,

$$f_r = 0.63\lambda\sqrt{f_{ck}} \qquad (\mathrm{MPa}) \tag{2.9}$$

이다. 사용성 검토에서 균열모멘트를 계산하는 경우 식 (2.9)를 사용한다.

2-3 시간에 따른 콘크리트 체적변화

콘크리트는 시간이 경과함에 따라 체적이 변화하며 그 변형률 또한 0.0004~0.001로 무시할 수 없을 정도의 값이다. 체적 변화는 추가응력을 유발시키고 사용하중 상태에서도 균열이나 처짐의 원인이 된다. 이러한 체적변화 요인에는 건조수축, 크리프, 온도변화 등이 있다.

2-3-1. 건조수축

콘크리트는 건조하면 수축하고 수분을 다시 흡수하면 팽창한다. **건조수축**(shrinkage)이란 그림 2.11과 같이 콘크리트가 응력과 상관없이 내부 수분의 증발로 인해서 수축변형을 일으키는 현상을 말한다. 건조수축은 상대습도에 많은 영향을 받으며, 콘크리트 속에서 자유로이 이동할 수 있는 물이 적을수록, 또한 경화한 시멘트 페이스트 속의 공극이 적을수록 작게 일어난다. 표 2.8은 건조수축의 영향 요인을 정리한 것이다.

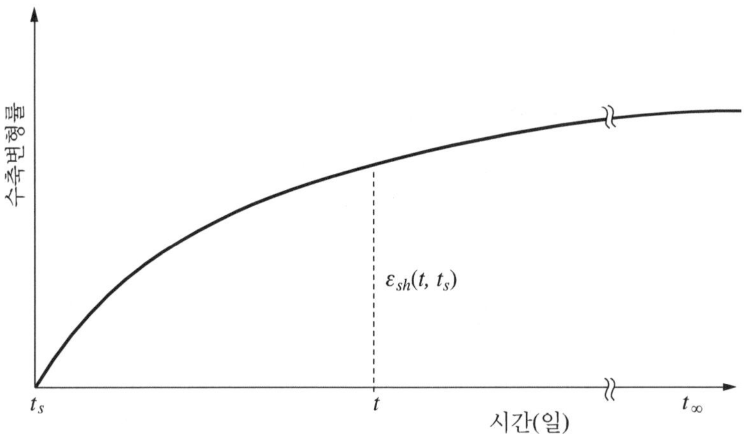

그림 2.11 시간에 따른 건조수축변형률

기본적으로 건조수축량을 최소화하기 위해서는 단위수량과 공극량을 줄이고 단위골재량을 증가시키며 적절하게 양생해야 한다.

건조수축이 발생하면 콘크리트 표면은 인장응력, 내부는 압축응력이 발생한다. 이러한 건조가 계속되어 철근 둘레의 콘크리트까지 이르면, 철근이 콘크리트의 건조수축을 방해하기 때문에 철근 둘레의 콘크리트에는 인장응력, 철근에는 압축응력이 일어난다. 이 영향으로 콘크리트 표면에는 건조수축균열이 발생할 수 있다. 또한 변형이 구속된 구조부재는 이 응력에 의해 균열이 발생할 수 있으므로 유의해야 한다.

콘크리트가 재령 t_s(일)에 건조수축이 시작되어 재령 t(일)까지 일어난 축방향 전체 건조수축변형률 ϵ_{sh}는,

$$\epsilon_{sh}(t,\, t_s) = \epsilon_{sh0}\beta_s(t-t_s) \tag{2.10}$$

여기서 ϵ_{sh0}는 콘크리트 기본 건조수축변형률, $\beta_s(t-t_s)$는 건조기간에 따른 건

표 2.8 콘크리트 건조수축 영향 요인

구분	상태	건조수축변형률
물시멘트비	증가	증가
콘크리트 강도	증가	감소
단위시멘트량	감소	증가
골재강도	낮음	증가
대기 중 습도	증가	감소
다짐	불충분	증가
양생과정의 수분공급	불충분	증가

조수축변형률 함수이다.

(1) 콘크리트 기본 건조수축변형률 ϵ_{sh0}

외기온도 20℃를 기준으로 콘크리트 기본 건조수축변형률 ϵ_{sh0}은,

$$\epsilon_{sh0} = \epsilon_s(f_{cm})\beta_{RH} \tag{2.11}$$

$$\epsilon_s(f_{cm}) = [160 + 10\beta_{sc}(9 - f_{cm}/10)] \times 10^{-6}$$

$$\beta_{sc} = \begin{cases} 4 & \text{2종(중용열) 시멘트} \\ 5 & \text{1종(보통), 5종(내황산) 시멘트} \\ 8 & \text{3종(조강) 시멘트} \end{cases}$$

$$f_{cm} = \text{식 (2.1)}$$

$$\beta_{RH} = \begin{cases} -1.55[1-(RH/100)^3] & 40\% \le RH < 99\% \\ +0.25 & RH > 99\% \end{cases}$$

여기서 RH는 외기의 상대습도(%)이다.

(2) 건조기간에 따른 건조수축변형률 함수 $\beta_s(t-t_s)$

외기온도 20℃일 때

$$\beta_s(t-t_s) = \sqrt{\frac{(t-t_s)}{0.035h^2 + (t-t_s)}} \tag{2.12}$$

$$h = \frac{2A_c}{u}$$

여기서 h는 부재의 개념 부재치수(mm), A_c는 부재 단면적(mm^2), u는 외기에 노출된 단면의 둘레 길이(mm)이다.

(3) 외기온도가 20℃가 아닌 경우 보정

외기 온도가 20℃가 아닌 경우에는 β_{RH} 및 $\beta_s(t-t_s)$를 다음 식으로 보정해야 한다.

$$\beta_{RH,T} = \left[1 + \left(\frac{8}{103 - RH}\right)\left(\frac{T-20}{40}\right)\right]\beta_{RH} \tag{2.13a}$$

$$\beta_s(t-t_s) = \sqrt{\frac{(t-t_s)}{0.035h^2\exp[-0.06(T-20)] + (t-t_s)}} \tag{2.13b}$$

예제 2-1 건조수축에 의한 균열폭 계산

지하 3층 건물의 지하 주차장 2층 바닥에 1.5m 간격으로 균열이 발생하였다. 균열 원인이 슬래브의 건조수축을 4면 지하실 벽이 구속하기 때문으로 판단할 때 균열폭을 계산하라. 단, 슬래브 두께 150 mm, 4면 주변 지하벽 두께 400mm, 재령은 슬래브 30개월, 지하벽 32개월, 콘크리트는 1종시멘트 사용, 5일 20℃ 습윤양생, $f_{ck}=24\,\text{MPa}$, 주차장 내부 상대습도 50%, 평균 실온도 18℃이다.

풀이

[바닥 슬래브 검토]

기본수축변형률 계산

$\beta_{sc}=5$(1종시멘트 사용),

$f_{cm}=f_{ck}+4=28\,\text{MPa}$ ($f_{ck}\le 40\,\text{MPa}$이므로)

$$\epsilon_s(f_{cm})=[160+10\beta_{sc}(9-f_{cm}/10)]\times10^{-6}=[160+10\times5(9-28/10)]\times10^{-6}$$
$$=4.7\times10^{-4}$$

$RH=50\%$

$T=20$℃ 기준 $\beta_{RH}=-1.55[1-(RH/100)^3]=-1.55[1-(50/100)^3]=-1.3563$

$T=18$℃ 온도보정

$$\beta_{RH}=\left[1+\left(\frac{8}{103-RH}\right)\left(\frac{T-20}{40}\right)\right]\beta_{RH}$$

$$=\left[1+\left(\frac{8}{103-50}\right)\left(\frac{18-20}{40}\right)\right]\times(-1.3563)=-1.346$$

$$\epsilon_{sh0}=\epsilon_s(f_{cm})\beta_{RH}=4.7\times10^{-4}\times(-1.346)=-6.326\times10^{-4}$$

시간에 따른 건조수축변형률 계수 계산

$t_s=5$일, $t=30$개월 $=30\times\dfrac{365}{12}=912.5$일

슬래브 두께 $t_f=150\,\text{mm}$,

$L=1{,}000\,\text{mm}$(단위폭 1 m), 노출면 $n=2$(상하부)

$$h=\frac{2A_c}{u}=\frac{2\times150\times1{,}000}{2\times1{,}000}=150\,\text{mm}$$

$T=18$℃ 이므로,

$$\beta_s(t-t_s)=\sqrt{\frac{(t-t_s)}{0.035h^2\exp[-0.06(T-20)]+(t-t_s)}}$$

$$=\sqrt{\frac{912.5-5}{0.035\times150^2\times\exp[-0.06(18-20)]+(912.5-5)}}=0.711$$

전체 건조수축변형률 계산

$\epsilon_{sh}(t, t_s) = \epsilon_{sh0}\beta_s(t-t_s) = -6.326 \times 10^{-4} \times 0.711 = -4.498 \times 10^{-4}$

[지하실 벽 검토]

기본수축변형률 계산

$\epsilon_{sh0} = \epsilon_s(f_{cm})\beta_{RH} = -6.326 \times 10^{-4}$ (슬래브와 동일)

시간에 따른 건조수축변형률 계수 계산

$t_s = 5$일,

$t = 32$개월 $= 32 \times \dfrac{365}{12} = 973.3$일

벽체 두께 $t_w = 400\ \text{mm}$,

$L = 1{,}000\ \text{mm}$(단위폭 1 m)

노출면 $n = 1$(안쪽, 바깥쪽은 공기 중에 노출 안 됨)

$$h = \frac{2A_c}{u} = \frac{2 \times 400 \times 1{,}000}{1 \times 1{,}000} = 800\ \text{mm}$$

$T = 18℃$ 이므로,

$$\beta_s(t-t_s) = \sqrt{\frac{(t-t_s)}{0.035h^2\exp[-0.06(T-20)]+(t-t_s)}}$$

$$= \sqrt{\frac{973.3-5}{0.035 \times 800^2 \times \exp[-0.06(18-20)]+(973.3-5)}} = 0.1922$$

$\epsilon_{sh}(t, t_s) = \epsilon_{sh0}\beta_s(t-t_s) = -6.326 \times 10^{-4} \times 0.1922 = -1.216 \times 10^{-4}$

[상대 건조수축변형률 검토]

$\epsilon =$ 슬래브 $\epsilon_{sh}(t, t_s) -$ 벽체 $\epsilon_{sh}(t, t_s) = (-4.498-(-1.216)) \times 10^{-4}$

$= -3.282 \times 10^{-4}$

균열간격 $= 1.5\ \text{m}$ 이므로

균열폭 $= 1{,}500 \times (-3.282) \times 10^{-4} = -0.492\ \text{mm}$ (수축)

이 계산에서는 슬래브 내 철근의 건조수축 억제 효과를 고려하지 않았다. 실제 건조수축은 계산 값의 75~100% 범위이다.

2-3-2. 크리프

크리프(creep)란 하중에 의한 변형률이 시간에 따라 증가하는 재료 이완작용의 일종이다. 이것은 콘크리트 내부 겔입자 사이의 흡착수 층이 얇게 되려는 경향 때문에 일어난다. 크리프에 영향을 미치는 요인은 표 2.9와 같으며 건조수축과 유사하다. 크리프 진행과정은 그림 2.12와 같이,

1) **순간(탄성)변형률 $\epsilon_{ci}(t')$**

t'일에 콘크리트부재에 압축력이 작용하기 시작하면 $\epsilon_{ci}(t')$가 발생한다.

2) **크리프변형률 $\epsilon_{cc}(t, t')$**

압축력이 지속되면 시간에 따라 하중 증가 없이도 변형률이 증가하는 크리프 변형 $\epsilon_{cc}(t, t')$이 발생한다. 크리프 변형률의 시간에 따른 증가 비율은 재하 후 28일에 전체 변형률의 1/2, 3~4개월에 3/4, 5년 동안 전체 변형률의 95 % 이상이 진행하고, 그 이후에는 미미하게 증가한다.

3) **탄성회복과 크리프회복**

만약 압축력을 제거하면 순간적으로 탄성회복하며, 이후 크리프회복이 점진적으로 진행한다. 그러나 완전히 회복하지 않으며 영구변형이 남는다.

그림 2.12에서 t(일)일 때 전체변형률 $\epsilon_{c\sigma}(t, t')$를 구해보자. 그림에서 $\epsilon_{c\sigma}(t, t)$는 하중이 가해지기 시작한 t'(일)일 때 발생했던 순간변형률 $\epsilon_{ci}(t')$와, t'에서 t일까지 일어난 크리프 변형률 $\epsilon_{cc}(t, t')$의 합이다. 즉,

$$\epsilon_{c\sigma}(t, t') = \epsilon_{ci}(t') + \epsilon_{cc}(t) \tag{2.14}$$

표 2.9 콘크리트 크리프 영향 요인

구분	상태	크리프변형률
콘크리트 내부 압축응력	압축응력 증가	증가
	지속시간 증가	증가
단면치수	클수록	감소
물시멘트비 및 단위시멘트량	증가	증가
콘크리트 강도	증가	감소
단위골재량	증가	감소
대기 중 습도	증가	감소
다짐	불충분	증가

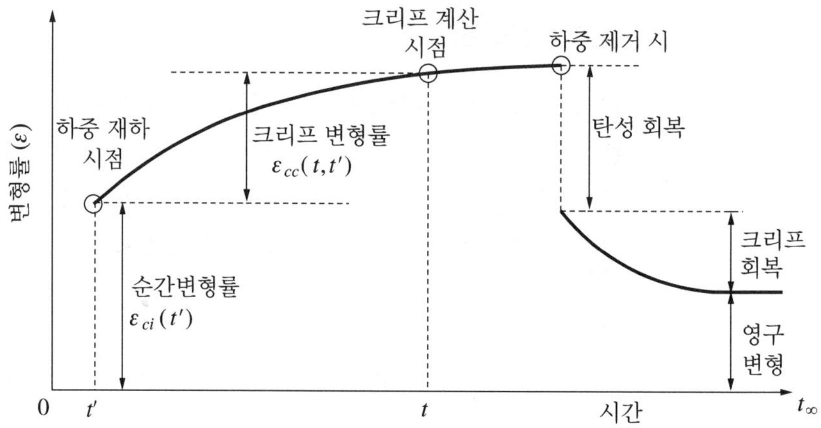

그림 2.12
시간에 따른
크리프변형률

식 (2.14)에서 t'(일)의 순간변형률 $\epsilon_{ci}(t')$는, 탄성상태이므로 후크의 법칙 ($\sigma = E\epsilon$)을 이용하면,

$$\epsilon_{ci}(t') = \frac{f_c(t')}{E_{ci}(t')} \tag{a}$$

여기서 $E_{ci}(t')$는 재령 t'(일)일 때 초기접선탄성계수이고 $f_c(t')$는 t'(일)에 작용하기 시작한 응력이다.

또한 식 (2.14)에서, t(일)에서의 크리프변형률 $\epsilon_{cc}(t, t')$는 후크의 법칙과 크리프 계수 $\phi(t, t')$를 고려해서,

$$\epsilon_{cc}(t, t') = \frac{f_c(t')}{E_{ci}}\phi(t, t') \tag{b}$$

여기서 탄성계수는 $t' \sim t$일 동안 계속 변하므로 평균값의 개념으로 초기 접선 탄성계수 E_{ci}를 사용할 수 있다. 식 (2.14)를 다시 정리하면,

$$\epsilon_{c\sigma}(t, t') = f_c(t')\left[\frac{1}{E_{ci}(t')} + \frac{\phi(t, t')}{E_{ci}}\right] \tag{2.15}$$

이다. 식 (2.15)에서 각 항의 계산 방법을 생각해 보자.

(1) 크리프 계수 $\phi(t, t')$

크리프 계수 $\phi(t, t')$는 양생온도가 20℃이고, 하중 지속시간 동안 기온이 20℃ 유지되는 것을 기준으로,

$$\phi(t, t') = \phi_0\beta_c(t - t') \tag{2.16}$$

$$\phi_0 = \phi_{RH}\beta(f_{cm})\beta(t')$$

$$\phi_{RH} = 1+\frac{1-0.01RH}{0.10^3\sqrt{h}}$$

$$h=\frac{2A_c}{u}$$

$$\beta(f_{cm})=16.8/\sqrt{f_{cm}}$$

$$f_{cm} = \text{식 }(2.1)$$

$$\beta(t')=\frac{1}{0.1+(t')^{0.2}}$$

$$\beta_c(t-t')=\left[\frac{(t-t')}{\beta_H+(t-t')}\right]^{0.3}$$

$$\beta_H=15\left[1+(0.012RH)^{18}\right]h+250 \leq 1{,}500(\text{일})$$

여기서 h는 부재의 유효두께로 건조수축의 경우와 같다. 식 (2.16)은 양생온도와 외기온도가 20℃를 기준으로 한 것으로, 작용응력의 크기, 온도 및 시멘트 종류에 따라 보정해야 한다. 상세한 보정 방법은 표 2.10과 같다.

표 2.10 크리프 계수 $\phi(t,t')$ 보정방법

양생온도에 변화가 있거나, 대기온도가 20℃가 아닌 경우	식 (2.16)의 $\beta(t')$계산에서 t' 보정	$t'=t_T'\left[\frac{9}{2+(t_T')^{1.2}}+1\right]^{\alpha} \geq 0.5(\text{일})$ $t_T'=\sum_{i=1}^{n}\Delta t_i \exp\left(-\frac{4{,}000}{273+T(\Delta T_i)}+13.65\right)$ $\alpha=\begin{cases}-1 & \text{2종시멘트}\\ 0 & \text{1종, 5종시멘트}\\ 1 & \text{3종시멘트}\end{cases}$ 여기서 $T(\Delta t_i)=\Delta t_i$일 동안 지속된 온도(℃) Δt_i=일정 온도가 지속된 기간(일) n=일정온도를 유지한 단계의 수
작용응력이 $0.4f_{cm}(t')<\lvert f_c(t')\rvert<0.6f_{cm}(t')$인 경우	식 (2.16)의 ϕ_0를 $\phi_{0,k}$로 바꾸어 크리프의 비선형성을 고려	$\phi_{0,k}=\phi_0\left[1.5\left(\frac{\lvert f_c(t')\rvert}{f_{cm}(t')}\right)-0.4\right]$ $f_{cm}(t')=\text{식}(2.2)$
지속하중이 작용하는 동안 온도가 5℃에서 80℃까지 변화하는 경우	ϕ_{RH}와 β_H를 보정하고, 식 (2.16)을 오른쪽 식 (2.16a)로 바꾸어 계산	$\phi_{RH,T}=\phi_T+(\phi_{RH}-1.0)\phi_T^{1.2}$ $\phi_T=\exp[0.015(T-20)]$ $\beta_{H,T}=\exp\left[\frac{1{,}500}{273+T}-5.12\right]\beta_H$ $\phi(t,t')=\phi_0\beta_c(t-t')+0.0004(T-20)^2$ (2.16a)

(2) 초기접선탄성계수 E_{ci}

E_{ci}는 식 (2.5)로부터 $E_c = 0.85E_{ci}$이므로,

$$E_{ci} = \frac{8,500\sqrt[3]{f_{cm}}}{0.85} = 10,000\sqrt[3]{f_{cm}} \tag{2.17}$$

(3) t'(일)의 초기접선탄성계수 $E_{ci}(t')$

t'(일)의 초기접선탄성계수 $E_{ci}(t')$는 식 (2.2)의 압축강도와 마찬가지로 재령에 따라 증가할 것이다. 기준에서는 압축강도의 제곱근에 비례한다고 가정한다. 즉 식 (2.2)와 유사하게

$$E_{ci}(t') = \sqrt{\beta_{cc}(t')}\,E_{ci} \quad (\mathrm{MPa}) \tag{2.18}$$

이다. 기준에서는 식 (2.15)를 통해 크리프를 고려한 콘크리트의 변형률을 계산하고 있다. 이 식은 유럽 기준(CEB-FIP 1990 Model Code)에 근거한 것이다.

예제 2-2

예제 2-1에서 지하 2층에 있는 $800\times800\,\mathrm{mm}$ 단면, 높이 $3.5\,\mathrm{m}$의 기둥이 $9.3\,\mathrm{MPa}$ 평균응력을 받고 있다. 콘크리트 타설 후 2주부터 하중이 작용했다면 50개월 후 크리프에 의해 줄어든 길이를 계산하라.

풀이

[기본크리프계수 $\phi_0 = \phi_{RH}\beta(f_{cu})\beta(t')$ 계산]

ϕ_{RH} 계산

$b\times d = 800\times800\,\mathrm{mm}$ (단면), $H = 3,500\,\mathrm{mm}$(높이), 노출면 $n = 4$(4면)

$f_{cm} = 28\,\mathrm{MPa}$

$$h = \frac{2A_c}{u} = \frac{2\times800\times800}{4\times800} = 400\,\mathrm{mm}$$

$$\phi_{RH} = 1 + \frac{1-0.01RH}{0.1^3\sqrt{h}} = 1 + \frac{1-0.01\times50}{0.1^3\sqrt{400}} = 1.6786$$

외기 평균온도가 18℃이므로 온도 변화에 따라 보정

$$\phi_T = \exp[0.015(T-20)] = \exp[0.015(18-20)] = 0.9704$$

$$\phi_{RH,T} = \phi_T + (\phi_{RH}-1.0)\phi_T^{1.2} = 0.9704 + (1.6786-1.0)\times0.9704^{1.2} = 1.625$$

이므로 $\phi_{RH} = 1.625$

$\beta(f_{cm})$ 계산

$$\beta(f_{cm}) = 16.8/\sqrt{f_{cm}} = 16.8/\sqrt{28} = 3.175$$

$\beta(t')$ 계산

양생동안 온도변화가 있으므로 t' 보정

$\alpha = 0$(1종시멘트)

$t = 5$일간 20℃, $t = 9$일간 18℃이므로,

$$t_T' = \sum_{i=1}^{n} \Delta t_i \exp\left(-\frac{4{,}000}{273 + T(\Delta T_i)} + 13.65\right)$$

$$= 5 \times \exp\left(-\frac{4{,}000}{273+20} + 13.65\right) + 9 \times \exp\left(-\frac{4{,}000}{273+18} + 13.65\right) = 13.169(\text{일})$$

$$t' = t_T'\left[\frac{9}{2+(t_T')^{1.2}} + 1\right]^{\alpha} = 13.169 \times \left[\frac{9}{2+13.169^{1.2}} + 1\right]^{0} = 13.169(\text{일}) \geq 0.5(\text{일})$$

$$\beta(t') = \frac{1}{0.1 + (t')^{0.2}} = \frac{1}{0.1 + (13.169)^{0.2}} = 0.5635$$

ϕ_0 계신

$$\phi_0 = \phi_{RH}\beta(f_{cm})\beta(t') = 1.625 \times 3.175 \times 0.5635 = 2.907$$

작용응력의 크기에 따른 보정계수 고려 검토

$t' = 14(\text{일})$, $f_c(t') = 9.3\text{ MPa}$, $\beta_{sc} = 0.35$(1종시멘트, 습윤양생)

$$\beta_{cc}(t') = \exp\left[\beta_{sc}\left(1 - \sqrt{\frac{28}{t(\text{일})}}\right)\right] = \exp\left[0.35\left(1 - \sqrt{\frac{28}{14}}\right)\right] = 0.865$$

$$f_{cm}(t') = \beta_{cc}(t') f_{cm} = 0.865 \times 28 = 24.22\text{ MPa}$$

$0.4f_{cm}(t') = 9.69\text{ MPa}$이므로 $0.4f_{cm}(t') < |f_c(t')| < 0.6f_{cm}(t')$에 있지 않다. 그러므로 보정이 필요치 않다.

[재하기간에 따른 크리프영향함수 $\beta_c(t-t')$ 계산]

$$t = 50\text{개월} = 50 \times \frac{365}{12} = 1{,}520.8\text{일}$$

$$\beta_H = 15\left[1 + (0.012RH)^{18}\right]h + 250$$

$$= 15\left[1 + (0.012 \times 50)^{18}\right] \times 400 + 250 = 850.06 \leqq 1{,}500(\text{일})$$

외기온도 18℃이므로 온도변화에 따른 β_H 보정하면,

$$\beta_{H,T} = \exp\left[\frac{1{,}500}{273 + T} - 5.12\right]\beta_H = \exp\left[\frac{1{,}500}{273+18} - 5.12\right] \times 850.06 = 880.02$$

$$\beta_c(t-t') = \left[\frac{(t-t')}{\beta_H + (t-t')}\right]^{0.3} = \left[\frac{(1{,}520.8 - 14)}{880.02 + (1{,}520.8 - 14)}\right]^{0.3} = 0.871$$

[크리프 계수 $\phi(t, t')$ 계산]

외기온도가 20℃가 아니므로

$$\phi(t, t') = \phi_0 \beta_c (t - t') + 0.0004(T - 20)^2 = 2.907 \times 0.871 + 0.0004(18 - 20)^2 = 2.534$$

[작용응력과 크리프에 의한 전체 변형률 $\epsilon_{c\sigma}(t, t')$ 계산]

$f_c(t') = 9.3\,\mathrm{MPa}$, $\quad E_{ci} = 10{,}000\sqrt[3]{f_{cm}} = 10{,}000\sqrt[3]{28} = 30{,}366\,\mathrm{MPa}$

$\beta_{sc} = 0.35$, $\quad \beta_{cc}(t') = 0.865$

14일 후의 초기접선탄성계수 $E_{ci}(t')$는

$$E_{ci}(t') = \sqrt{\beta_{cc}(t')}\,E_{ci} = \sqrt{0.865} \times 30{,}366 = 28{,}242\,\mathrm{MPa}$$

$$\epsilon_{c\sigma}(t, t') = f_c(t')\left[\frac{1}{E_{ci}(t')} + \frac{\phi(t, t')}{E_{ci}}\right] = 9.3\left[\frac{1}{28{,}242} + \frac{2.534}{30{,}366}\right] = 1.11 \times 10^{-3}$$

[전체 줄어든 길이 Δ_H 계산]

$$\Delta_H = \epsilon_{c\sigma}(t, t')H = 1.11 \times 10^{-3} \times 3{,}500 = 3.87\,\mathrm{mm}$$

2-3-3. 온도변화

모든 재료는 온도가 올라가면 팽창하고 온도가 내려가면 수축한다. 이러한 온도변화는 부재 내에 추가응력을 발생시킬 수 있다. 온도변화 ΔT에 의한 추가 응력은 콘크리트 열팽창계수를 α_c라 하면,

$$\sigma_{cT} = \epsilon_c E_c = (\alpha_c \Delta T) E_c \tag{2.19}$$

콘크리트의 열팽창계수 α_c는 약 $1.0 \sim 1.3 \times 10^{-5}\,\mathrm{m/℃}$ 이다.

예제 2-3

400×600 mm이고 길이가 8 m인 철근콘크리트 보가 있다. 보의 변형이 구속된 상태에서 온도가 20도 변했을 때, 온도에 의한 응력 변화를 계산하라. 단, 콘크리트 열팽창계수 $\alpha_c = 1.2 \times 10^{-5}\,\mathrm{m/℃}$, $f_{ck} = 24\,\mathrm{MPa}$이다.

풀이

$$f_{cm} = 24 + 4 = 28\,\mathrm{MPa}$$

$$E_c = 8{,}500\sqrt[3]{f_{cm}} = 8{,}500\sqrt[3]{28} = 25{,}811\,\mathrm{MPa}$$

$$\sigma_{cT} = (1.2 \times 10^{-5})(20)(25{,}811) = 6.19\,\mathrm{MPa}$$

즉 온도가 20도 내려갈 경우 6.19 MPa의 인장응력이 추가적으로 발생한다.

그림 2.13
이형철근의 형태
(a) 이형철근의 부위별 명칭 (b) 이형철근의 배근 예

2-4 철근 및 보강재료

2-4-1. 철근

(1) 형태 및 크기

철근은 원형철근과 **이형철근**(deformed reinforcement)이 있다. 원형철근은 콘크리트와 부착력이 낮기 때문에 최근에는 대부분 이형철근을 사용한다. 이형철근은 그림 2.13과 같이 원형 단면의 둘레에 마디와 리브를 분포시킨 철근이다. 이 마디는 콘크리트와의 부착성능을 향상시킨다. 이형철근의 규격은 표 2.11과 같다(KS D 3504). 건설 분야에서 일반적으로 쓰이는 이형철근은 D10~D32이다.

표 2.11 이형철근의 치수

호 칭	단위무게 kg/m	공칭지름, d_b mm	공칭단면적, A_{s1} mm^2	공칭둘레 mm	마디의 간격 mm
D6	0.249	6.35	31.6	20	4.4
D10	0.560	9.53	71.3	30	6.7
D13	0.995	12.7	126.7	40	8.9
D16	1.56	15.9	198.6	50	11.1
D19	2.25	19.1	286.7	60	13.4
D22	3.04	22.2	387.1	70	15.5
D25	3.98	25.4	506.7	80	17.8
D29	5.04	28.6	642.4	90	20.0
D32	6.23	31.8	794.2	100	22.3
D35	7.51	34.9	956.6	110	24.4
D38	8.95	38.1	1,140.0	120	26.7
D41	10.5	41.3	1,340.0	130	28.9
D51	15.9	50.8	2,027.0	160	35.6

그림 2.14
철근의 인장강도 시험사진

(2) 역학적인 성질

철근의 강도는 KS B 0802 및 KS B 0804에 따라 그림 2.14와 같은 인장시험을 통하여 평가한다. 철근의 응력 - 변형률 관계는 그림 2.15와 같다.

보통강도급 철근의 경우 초기에는 응력과 변형률이 선형으로 증가하다가, 항복을 하면 하중 증가 없이도 변형률이 증가하는 일정한 소성영역을 갖는다. 이후 변형경화영역을 거쳐 최대강도에 이른 후 네킹(necking)이 발생하면서 파단한다.

한편 철근, 철선 및 용접철망의 응력 - 변형률 곡선에서 항복점이 뚜렷하게 나타나는 경우에는 항복점에서의 응력을 항복강도로 결정한다. 항복점이 뚜렷하게 나타나지 않는 경우에는 0.2% 오프셋법을 적용하여, 0.002의 변형률에서 강재의

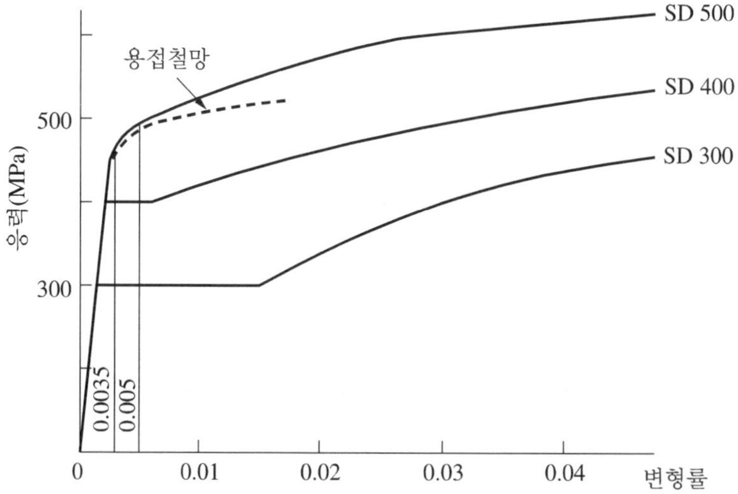

그림 2.15
철근의 응력-변형률 관계곡선

표 2.12 이형철근의 종류 및 성질

종류	기호	항복강도(MPa)	인장강도(MPa)	연신율(%)	굽힘각도
일반용	SD300	300~420	항복강도 1.15배 이상	16 이상	180°
	SD400	400~520	항복강도 1.15배 이상	16 이상	180°
	SD500	500~600	항복강도 1.08배 이상	12 이상	135°
	SD600	600~780	항복강도 1.08배 이상	10 이상	90°
	SD700	700~910	항복강도 1.08배 이상	10 이상	90°
용접용	SD400W	400~520	항복강도 1.15배 이상	16 이상	180°
	SD500W	500~650	항복강도 1.15배 이상	12 이상	180°
특수내진용	SD400S	400~520	항복강도 1.25배 이상	16 이상	180°
	SD500S	500~620	항복강도 1.25배 이상	12 이상	180°
	SD600S	600~720	항복강도 1.25배 이상	10 이상	90°
	SD700S	700~820	항복강도 1.25배 이상	10 이상	90°

탄성계수와 같은 기울기로 직선을 그은 후 응력-변형률 곡선과 만나는 점의 응력을 항복강도로 결정한다.

인장시험에서 원래 시편길이에 대한 파괴시까지 늘어난 길이의 비를 **연신율**(elongation)이라 한다. 보통강도급 철근은 약 16%이다.

철근의 탄성계수는 탄성범위 내 응력-변형률 곡선의 기울기로 정의하며 철근의 강도에 관계없이,

$$E_s = 200{,}000\ \mathrm{MPa} \tag{2.20}$$

이다. 콘크리트 보강용 이형봉강의 종류 및 성질은 표 2.12와 같다. 이형 봉강은 1.5 m 이하의 간격마다 반복적으로 원산지(예, Korea : KR, Japan : JP, China : CN 등) 제조자명 약호(숫자 포함 2글자 이상의 조합하여 표기), 철근의 호칭(예, D25 : 25), 철근의 종류 및 기호(예, SD400 : 4, SD500 : 5, SD600S : 6S, SD400W : 4W)을 표기한다.

2-4-2. 용접철망

용접철망(wire mesh)이란 그림 2.16과 같이 철선을 직교시켜 용접한 격자형 철망을 말한다. 구조적으로는 이형철근을 격자로 가공한 용접이형철망과, 원형철선을 격자로 가공한 용접원형철망으로 구분하기도 한다.

용접철망은 벽체나 슬래브 등 직사각형으로 조립이 단순한 구조물의 배근에

그림 2.16
용접철망의 형태

많이 이용하며, 최근에는 전단보강재로 사용하는 사례도 늘고 있다.

용접철망의 규격은 KS D 7017에 규정하고 있으며 상용 용접철망 제품의 치수와 성능을 부표 2.4.1에 나타냈으므로 참고하자. 한편 일반적인 철근의 연신율이 16% 이상인데 비하여 용접철망은 3~8%로써 매우 작다. 이것은 용접철망의 제조 과정에서 변형경화 과정을 미리 경험했기 때문이며 유의해야 한다.

2-4-3. 섬유보강 폴리머(FRP) 보강재

1990년대 이후 철근콘크리트의 보강재로써 그림 2.17과 같이 섬유보강폴리머를 이용한 봉 또는 그리드 형태의 보강재료(fiber reinforced polymer reinforcement, FRP)가 개발되고 있다. FRP 보강재에 사용되는 섬유는 유리섬유(GFRP), 아라미드섬유(AFRP), 탄소섬유(CFRP) 등이 있다. FRP 보강재의 장점은,

1) 인장강도가 420~2,100 MPa 정도로 매우 고강도이다.
2) 가볍고 부식하지 않는다.

(a) 철근과 유사하게 제작(FRP Rod) (b) 유연성이 있어 곡면가공 편리(Grid)

그림 2.17
FRP 보강재의 형태

이러한 장점 때문에 내구성 설계에서 구조물 보강에 많이 이용하고 있다.

한편 FRP 보강재는 탄성 응력 - 변형률 거동을 보이는데 이는 철근이 항복이후 큰 소성영역을 갖는데 반하여 FRP보강재는 선형탄성으로 응력이 증가하다가 최종에는 취성적으로 파단한다. 또한 탄성계수와 연신율도 철근에 비해 작기 때문에 설계 시 유의해야 한다.

2-5 연습문제

[2-1절]

2-1.1 다음은 설계기준압축강도 $f_{ck}=27$ MPa급의 콘크리트를 생산하기 위해 실시한 예비 배합의 강도시험결과이다. 배합강도를 결정하라.

[예비배합에 대한 강도시험 결과]

시험횟수(n)	#1	#2	#3
1	29.5	21.5	27.5
2	30.5	26.4	21.5
3	25.5	26.1	25.5
4	27.3	20.5	29.3
5	30.5	28.1	32.5
6	28.3	26.5	28.9
7	24.5	30.5	28.6
8	30.8	28.5	24.5
9	21.5	24.5	25.5
10	21.5	28.5	29.5
11	27.1	28.3	30.4
12	30.4	26.1	27.3
13	25.5	25.5	26.4
14	23.1	29.4	26.5
15	26.4	30.6	28.9

2-1.2 현장에서 콘크리트를 하루 평균 600 m^3씩 2일간 타설하려 할 때 압축강도 평가를 위한 공시체의 최소 개수를 결정하라.

2-1.3 다음 조건에서 f_{ck}를 평가하기 위해 필요한 최소 공시체의 수를 결정하라.

[현장타설 조건]

항목	내용
1일 타설물량	슬래브 : 25×18×0.25 m 1개소 보1 : 0.3×0.4×8.6 m 10곳 보2 : 0.3×0.4×4.6 m 12곳 기둥: 0.4×0.4×3.5 m 15곳
운반	레미콘 이용(6 m^3/대)

2-1.4 콘크리트 표준강도 시험 방법에 관하여 설명하라.

2-1.5 콘크리트 재령 28일 표준공시체(ϕ150×300 mm)의 압축강도 시험결과 파괴하중이 477 kN이었다. 공시체의 압축강도는?

2-1.6 아래 표는 설계기준압축강도 $f_{ck}=24$ MPa급인 콘크리트의 재령 28일 압축강도 실험 결과이다. 콘크리트가 적절한지를 검토하라. (단, 시료는 5개의 레미콘 트럭에서 각각 3개씩 채취하였으며, 공시체는 100×200 mm 원주형, 강도보정계수 0.97이다.)

[공시체에 대한 강도시험 결과]

시험횟수(n)	#1	#2	#3
1	26.3	28.5	27.9
2	23.2	25.1	25.7
3	25.5	23.5	27.1
4	23.5	24.5	27.3
5	25.1	22.6	26.5

2-1.7 5년 사용한 건물의 실제 콘크리트 강도를 추정해 보라. (단 시공당시 $f_{ck}=21$ MPa급 콘크리트를 사용, 사용시멘트는 1종 시멘트, 습윤양생)

2-1.8 구조체의 강도 평가 기준을 표준공시체 28일 재령강도로 하는 이유를 설명하라.

2-1.9 다음 경량콘크리트 계수 λ를 구하라.
단, $f_{ck}=27$ MPa다.

[사용재료 조건]

잔골재 : 천연골재 100%$/_{vol}$

굵은골재 : 천연골재 50%$/_{vol}$ + 경량골재 50%$/_{vol}$

[2-2절]

2-2.1 설계기준압축강도 $f_{ck}=27\text{ MPa}$, 단위질량 $m_c=1{,}920\text{ kg/m}^3$일 경우 E_c를 구하라.

2-2.2 설계기준압축강도 $f_{ck}=45\text{ MPa}$인 보통골재를 사용한 콘크리트의 E_c를 구하라.

2-2.3 콘크리트 재령 28일 표준공시체($\phi150\times300$ mm)의 쪼갬인장강도 시험에서 최대하중이 215 kN으로 나타났다. 쪼갬인장강도를 구하라.

2-2.4 $f_{ck}=27\text{ MPa}$인 보통콘크리트에 휨인장균열이 발생하였다. 얼마 이상의 인장응력이 작용하고 있다고 판단되는가?

[2-3절]

2-3.1 콘크리트 건조수축의 특징 및 영향 요인을 설명하라.

2-3.2 $f_{ck}=24\text{ MPa}$ 강도의 1종 시멘트를 사용한 두께 200 mm인 벽체가 3 m 간격으로 기둥에 지지되어 있다. 재령은 24개월이며 7일 양생하였다. 외기온도 20℃, 상대습도 50%일 때 건조수축에 의한 벽체의 변형량을 구하라.(단 기둥의 수축변형량 및 철근의 건조수축 억제 효과는 무시한다.)

2-3.3 두께 400 mm의 벽체가 200 mm 슬래브를 5 m 간격으로 지지하고 있다. 재령은 벽체 30개월, 슬래브 26개월이며 콘크리트는 $f_{ck}=21\text{ MPa}$이고 1종 시멘트가 사용되었다. 콘크리트의 타설 이후 5일 양생하였으며, 외기온도 20℃, 상대습도 60%일 때 각 부재의 건조수축으로 인해 발생하는 상대적인 변형량을 구하여라. (단, 철근의 건조수축 억제 효과는 무시한다.)

2-3.4 콘크리트 크리프의 특징 및 영향 요인을 설명하라.

2-3.5 높이 3 m, 두께 150 mm의 지상 2층 벽체가 콘크리트 타설 후 2주 후부터 5 MPa의 압축응력이 작용하기 시작했다. 콘크리트 타설 후 3일간 25℃에서 습윤양생하였으며 이후 평균 외기온도는 20℃이다. 50% 상대습도, 콘크리트 $f_{ck}=24\text{ MPa}$, 1종 시멘트를 사용하였을 때 3년간 크리프에 의해 발생하는 단위 폭 당의 수축량을 계산하라.

2-3.6 단면이 400×400 mm이고 길이가 3.5 m인 철근콘크리트 기둥이 있다. 상 하부에 변형이 구속되었을 경우, 30℃ 온도차에 따른 추가 응력을 계산하라. 단 콘크리트 열팽창계수 $\alpha_c=1.3\times10^{-5}\text{ m/℃}$, $f_{ck}=27\text{ MPa}$이다.

[2-4절]

2-4.1 SD400급 D25 철근이 의미하는 바를 설명하라.

2-4.2 SD500급 D25 철근의 변형률 $\epsilon_s=0.0015$일 때 응력 f_s를 구하라.

2-4.3 용접철망의 종류를 조사하고 각각의 규격과 호칭을 구분하라.

2-4.4 FRP 보강재의 종류를 조사하고 각각의 특성에 관하여 설명하라.

3장
휨 해석과 설계

차례

3장이 이 책의 핵심이다. 여기서 다루는 휨부재의 단면해석은 강도설계법의 뼈대를 이루는 기본식이다. 그러므로 3-1절에서 다룰 휨부재 단면의 변형률과 응력분포는 눈을 감고도 그릴 수 있도록 충분히 이해해야 한다. 만약 여러분이 그렇게 할 수만 있다면, 다분히 복잡한 것처럼 보일 많은 식들을 대부분 쉽게 유도할 수 있다.

또한 3장에서는 보에 대하여 휨설계해 본다. 휨설계는 부재에 발생하는 소요 휨강도보다, 부재가 보유하고 있는 설계 휨모멘트강도가 크도록 단면 및 배근상세를 결정하는 과정이다. 즉,

설계 휨모멘트 강도 ≥ 소요 휨강도

$$\phi M_n \geq M_u \tag{1.5}$$

M_u는 하중계수와 여러 하중의 조합을 고려한 구조해석 결과로 이미 알고 있는 값이다. ϕM_n을 구하는 방법은 이 장에서 자세히 살펴볼 것이다.

보나 1방향 슬래브는 대표적인 휨부재이다. 한편 철근콘크리트 부재는 어떤 형태로든 휨을 받는다. 예를 들어 축하중을 부담하는 기둥도 바람이나 지진과 같은 수평하중에 의해, 또는 기둥 양쪽 보의 불균형 모멘트에 의해 휨을 받는다. 그러므로 이 장에서 다루는 휨 해석 및 설계방법은 앞으로 다룰 다양한 부재 설계의 기초가 된다는 것을 다시 한 번 강조해 둔다.

주요개념

휨이론
등가응력블록
휨 파괴모드 및 단면 구분
인장지배단면
변환구간단면
압축지배단면
변형률 적합조건
최대철근비와 최소철근비
단철근 직사각형 보
복철근 직사각형 보
T형 보

3-1 휨단면 해석

3-1-1. 우리나라 철근콘크리트 구조기준의 변화

우리나라 철근콘크리트 구조물의 구조설계기준은 해외 기준을 참조하여 건축 분야와 토목 분야에서 각각 제정되었다. 토목 분야에서의 경우 1962년 대한토목학회에서 구조설계와 시공기술을 모두 포함한 [콘크리트표준시방서]를 제정하였다. 이 시방서의 철근콘크리트구조설계는 허용응력설계법을 기반으로 하였으며, 이 기준은 1968년, 1977년, 1983년, 1988년, 1996년에 개정되었다. 강도설계법은 1968년 개정판에서 부록으로 수록되었다가, 1983년 개정에서 주 설계법으로 채택되었다.

건축 분야에서는 1972년 대한건축학회에서 허용응력설계법에 의한 [철근콘크리트구조계산 규준]을 제정하였다. 이 규준은 1975년, 1977년 보완된 후 1982년, 2000년 개정되었다. 대한건축학회는 강도설계법에 의한 [극한강도설계법에 의한 철근콘크리트 구조계산 규준 및 해설]을 1988년 제정하였으며 이 기준은 [건축구조기준]으로 발전하였다.

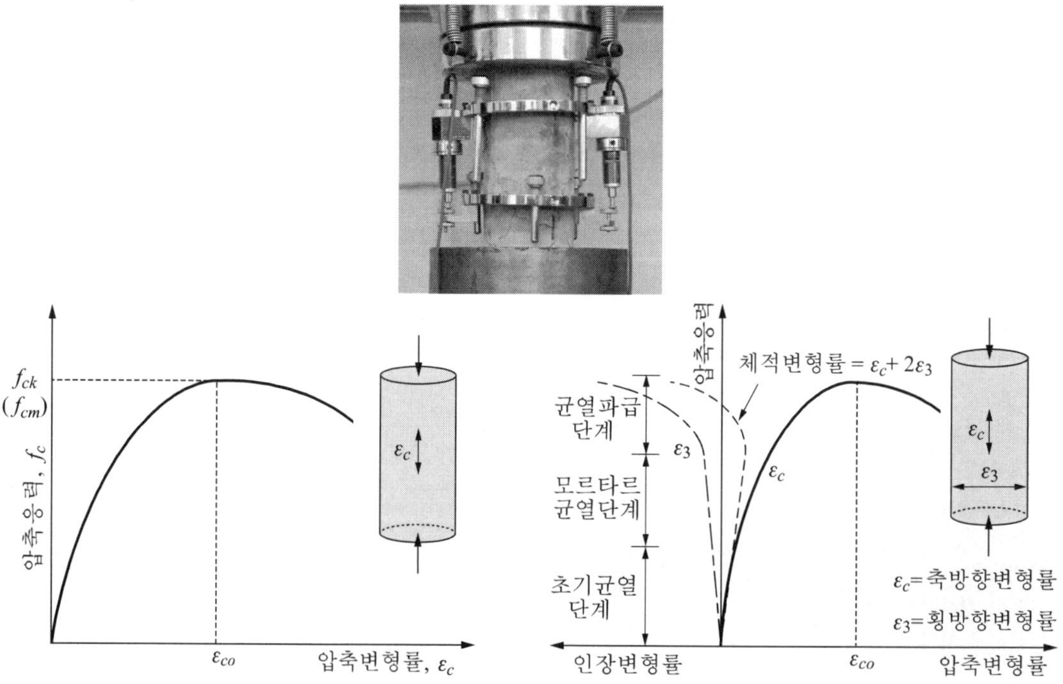

그림 3.1 콘크리트 공시체의 압축응력 – 변형률 곡선 및 공시체 시험

한편 1989년 한국콘크리트학회가 설립된 이후에 건축 분야와 토목분야에서 철근콘크리트 구조설계기준을 통합하여 [콘크리트구조설계기준]을 1999년에 제정하였다. 1999년에 제정된 [콘크리트구조설계기준]은 2003년, 2007년, 2012년([콘크리트구조기준]으로 명칭 변경), 2017년([콘크리트구조 학회기준]으로 명칭 변경) 개정되었으며 이 기간 동안 국내의 연구 기술이 우리 기준에 다수 반영되었다. 또한 2021년에는 국가건설기준(Korean Design Standard) KDS-14 20 콘크리트구조기준 개정안을 국가기준으로 반영하였다.

그림 3.1처럼 기존 구조기준에서는 지름 150 mm, 높이 300 mm의 공시체의 압축파괴에 의한 압축응력 - 변형률 곡선을 구할 수 있었고, 이를 통해 콘크리트 응력은 식 (3.1)과 같이 구할 수 있다. 이때, 압축강도 40 MPa 이하 강도의 콘크리트 압축변형률 ϵ_{co}는 대략 0.002이다.

$$f_c = f_{ck}\left[1-\left(1-\frac{\epsilon_c}{\epsilon_{co}}\right)^n\right] \tag{3.1}$$

이때, f_c : 콘크리트의 응력

ϵ_c : 콘크리트의 변형률

f_{ck} : 콘크리트 설계기준압축강도

n : 상승곡선부의 형상을 나타내는 계수

하지만 최근 고강도 콘크리트를 많이 사용하고 있는 추세이다. 그림 3.2(c)와 같이 고강도 콘크리트의 압축응력 - 변형률 곡선은 그림 3.2(a)인 기존 공시체 실험에 따른 콘크리트 압축응력 - 변형률 곡선과 차이를 보인다. 또한 그림 3.2(b)는 공시체가 아닌 실제 부재에서의 콘크리트 휨압축에 의한 응력 - 변형률 그래프이다. 이는 기존 규정에서 사용하던 공시체의 압축 - 변형률 곡선과 차이를 보인다. 따라서 개정된 KDS 2021에서는 고강도 콘크리트와 실제 부재에서의 콘크리트 휨 압축에 의한 응력 - 변형률 관계를 고려하여 휨 강도 산정 식을 다시 정의하고 있다.

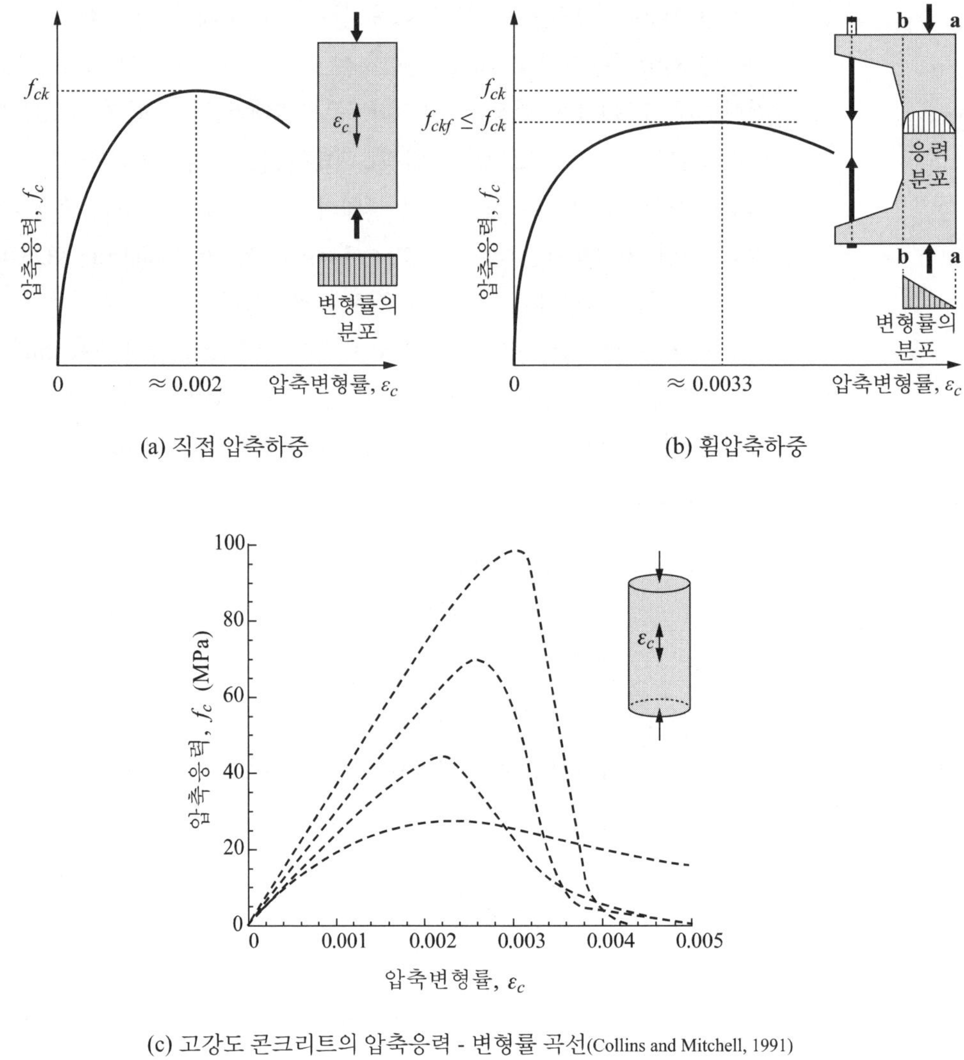

그림 3.2 콘크리트와 고강도 콘크리트의 압축응력 – 변형률 곡선

3-1-2. 등가응력분포

C는 콘크리트에 의한 압축력의 합을 나타낸다. 휨해석에서 콘크리트의 인장력은 무시하므로 C는 식 (3.2)와 같이 나타낼 수 있다.

$$C = b\int_{0}^{c}(f_c)dx \tag{3.2}$$

이 압축력 C를 계산하기 위해서는 그림 3.3(b)의 압축응력에 압축을 받는 콘크리트면적을 곱하여 계산해야 한다. 그러나 콘크리트의 압축응력과 압축변형률 관계는 그림 3.3(d)와 같이 비선형을 이루므로 콘크리트의 압축응력과 압축변형률 관계의 면적을 모두 적분하지 않으면 안 된다. 콘크리트의 비선형 압축응력분포를 적분하는 것은 계산이 번거롭고 시간이 많이 소요되므로 설계에서는 압축력 C와 모멘트 M을 구하는데 지장이 없는 범위에서 비선형 압축응력분포를 계산하기 쉬운 포물선 - 직선형 곡선이나 직사각형으로 단순화한다. 이를 콘크리트의 "등가응력분포(equilibrium stress distribution)"라 한다. 콘크리트의 비선형 압축응력분포를 등가응력분포로 단순화하기 위해서는 다음 사항을 준수해야 한다.

1) **동일한 면적** : 등가응력분포를 만들기 위한 첫 번째 조건은 콘크리트의 실제 압축응력의 면적과 등가응력분포의 면적을 같게 하는 것이다. 만일 포물선을 이루는 실제 콘크리트 압축응력 면적이 등가응력분포와 차이가 있을 경우에는 계산된 압축력 C가 달라진다.

$$C_{실제면적} = C_{등가응력분포} \tag{3.3a}$$

2) **동일한 합력의 도심점** : 등가응력분포의 면적이 동일한 경우에도 실제 압축응력 면적과 등가응력분포 면적의 합력에 대한 도심의 위치가 다를 경우에는 단면의 저항모멘트가 달라진다. 단면 저항모멘트는 압축력의 합과 인장력의 합의 거리(jd)에 따라 달라진다. 등가응력분포 면적의 합력에 대한 도심의 위치가 실제 압축응력 면적의 합력도심과 다를 경우에는 jd의 값이 달라지며, 결과적으로 내부 저항모멘트의 값이 달라진다.

$$M_{실제면적} = M_{등가응력분포} \tag{3.3b}$$

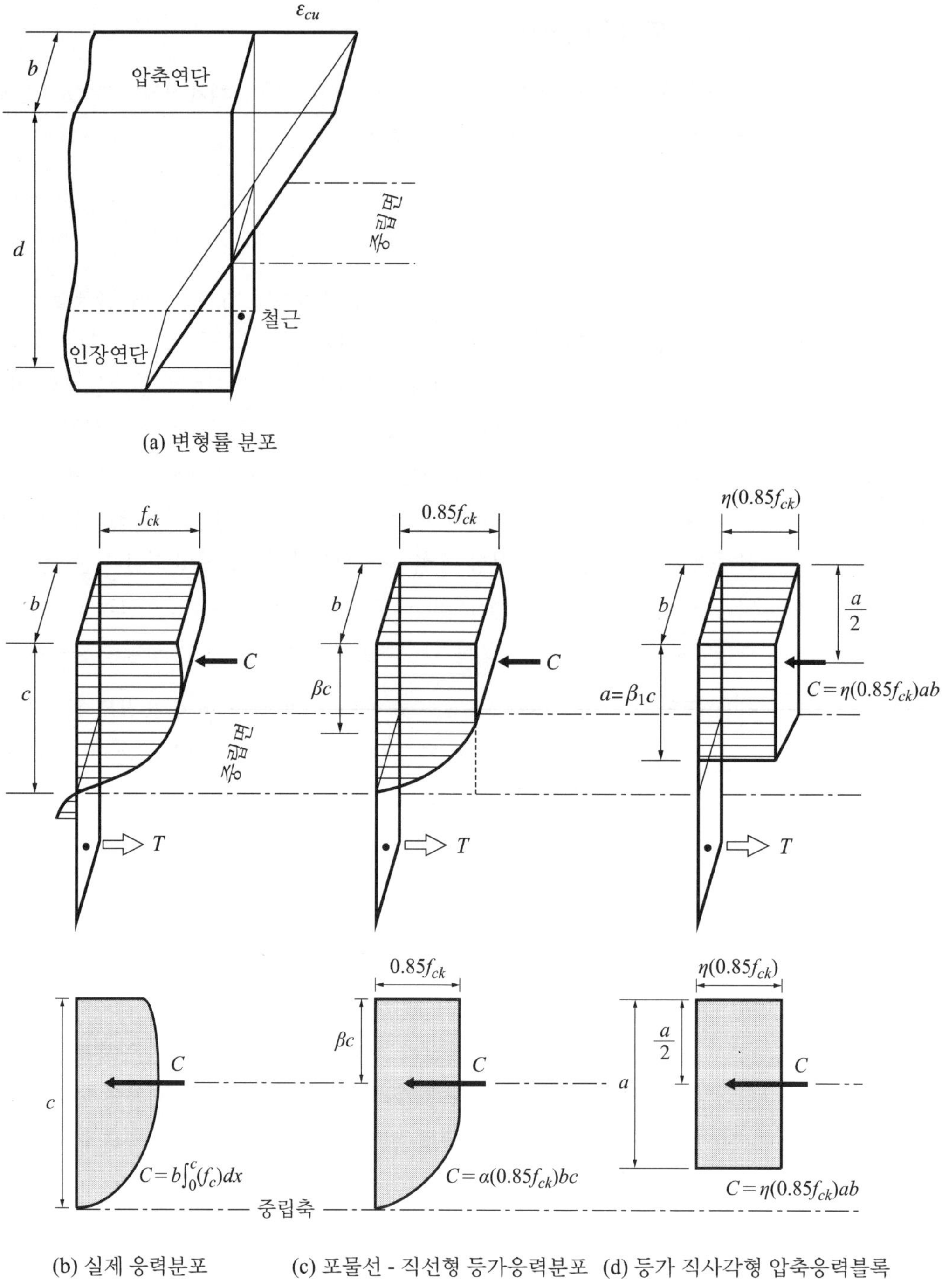
ε_{cu}
b
압축연단
d
중립면
철근
인장연단
(a) 변형률 분포
f_{ck}
b
c
C
중립면
T
$0.85f_{ck}$
b
βc
C
T
$\eta(0.85f_{ck})$
b
$\frac{a}{2}$
$a=\beta_1 c$
$C=\eta(0.85f_{ck})ab$
T
c
C
$C=b\int_0^c(f_c)dx$
$0.85f_{ck}$
βc
C
$C=\alpha(0.85f_{ck})bc$
$\eta(0.85f_{ck})$
$\frac{a}{2}$
a
C
$C=\eta(0.85f_{ck})ab$
중립축
(b) 실제 응력분포
(c) 포물선 - 직선형 등가응력분포
(d) 등가 직사각형 압축응력블록

그림 3.3 압축응력분포

3-1-3. 포물선 - 직선형 등가응력분포

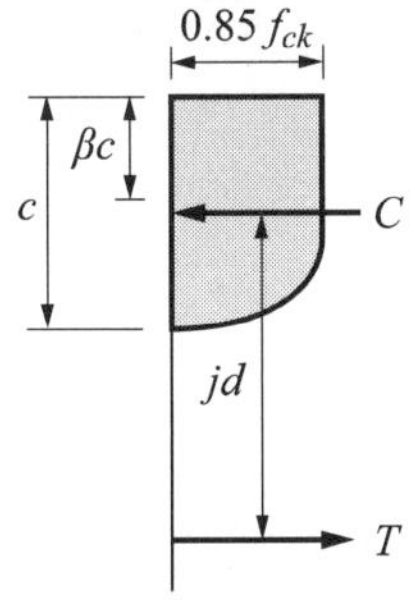

그림 3.4
포물선 – 직선형 등가응력분포

그림 3.3(b)의 비선형인 콘크리트의 응력분포를 단순화하여 동일한 면적과 도심을 갖는 포물선 - 직선형 등가응력분포(그림 3.4)로 변환하였다. 변환된 응력분포는 직사각형 응력분포의 면적을 기준으로 압축합력 C를 식 (3.4a)에 의하여 계산할 수 있다.

$$C = \alpha(0.85 f_{ck})bc \tag{3.4a}$$

여기서, α : 압축합력의 크기(면적)와 관련된 계수, 콘크리트의 실제 응력면적과 콘크리트의 최대 응력을 기준으로 한 직사각형 응력면적의 비(표 3.1)

$$\text{즉, } \alpha = \frac{\text{포물선 직선형 부분면적}}{\text{직사각형 면적}}$$

β : 압축합력의 작용위치(도심점)와 관련된 계수, 중립축의 깊이에 대한 압축합력의 작용위치의 비(표 3.1)

$$C = T \tag{3.4b}$$

$$\alpha(0.85 f_{ck})bc = A_s f_s$$

$$c = \frac{A_s f_y}{\alpha(0.85 f_{ck})b}$$

$$M_n = T \cdot jd = T \cdot (d - \beta c)$$

실무에서 실제로 단면설계를 할 때 복잡한 응력분포 형태를 사용하는 것이 불편하므로, 이전의 구조기준에서는 정확한 콘크리트의 응력분포 대신에 ACI 318 Code에 규정되어 있는 등가직사각형 응력블록이 사용이 가능한 것으로 규정되었다. 이는 고강도 콘크리트 실험에 의한 연구자료들(Leslie 등, 1976: Karr 등, 1978)이 56 MPa보다 큰 콘크리트 강도에 대하여 ACI 318 Code에 규정되어 잇는 등가 직사각형 응력블록이 타당성을 뒷받침 하고 있었기 때문이다. 그러나 70 MPa을 초과하는 콘크리트 기둥의 압축지배단면에 직사각형 응력블록을 적용하는 경우에는 단면강도를 다소 과대평가 하는 것으로 알려졌다. 따라서 국내에서 연구된 결과를 바탕으로 극한변형률까지 최대 응력이 유지되는 곡선을 적용할 때 발생할 수 있는 과대평가를 방지하고, 압축강도 시험용 공시체와 실제 구조물의 형상과 크기의 차이에 다른 보정과 장기하중에 의한 크리프로 강도가 감소하

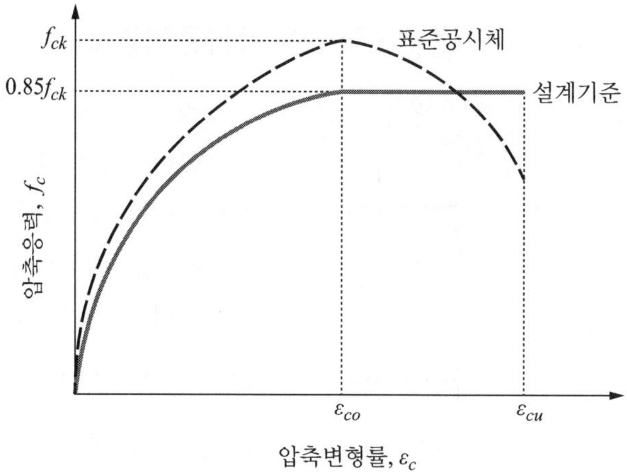

그림 3.5
표준공시체 및 설계기준에 따른 압축응력 – 변형률

는 현상을 반영하여 적용하였다.

원점에서 최대 응력에 처음 도달할 때까지의 상승 곡선부는 정밀식인 식 (3.5a)에 의해 계산되고, 이후 극한변형률 ϵ_{cu}까지는 식 (3.5b)에 의해 계산된다.

$$f_c = 0.85 f_{ck,c}\left[1-\left(1-\frac{\epsilon_c}{\epsilon_{co,c}}\right)^n\right] \quad \text{구간 } 0 \le \epsilon_c \le \epsilon_{co} \tag{3.5a}$$

$$f_c = 0.85 f_{ck,c} \quad \text{구간 } \epsilon_{co} \le \epsilon_c \le \epsilon_{cu} \tag{3.5b}$$

여기서, n은 상승 곡선부의 형상을 나타내는 지수, ϵ_c는 콘크리트의 압축변형률, ϵ_{co}는 최대 응력에 처음 도달할 때의 변형률이다.

콘크리트 압축강도가 40 MPa 이하인 경우 n, ϵ_{cu}, ϵ_{co}는 각각 2.0, 0.002, 0.0033으로 한다. 콘크리트의 압축강도가 40 MPa을 초과하는 경우, n은 식 (3.6)에 따라 결정하며 매 10 MPa의 강도 증가에 대하여 식 (3.7a)와 같이 ϵ_{co}의 값을 0.0001씩 증가시키고 식 (3.7b)와 같이 ϵ_{cu}의 값을 0.0001씩 감소시킨다.

$$n = 1.2 + 1.5\left(\frac{100 - f_{ck}}{60}\right)^4 \le 2.0 \tag{3.6}$$

$$\epsilon_{co} = 0.002 + \left(\frac{f_{ck} - 40}{100,000}\right) \ge 0.002 \tag{3.7a}$$

$$\epsilon_{cu} = 0.0033 - \left(\frac{f_{ck} - 40}{100,000}\right) \le 0.0033 \tag{3.7b}$$

단, 콘크리트의 압축강도가 90 MPa을 초과하는 경우에는 성능실험을 통한 조사

연구에 의하여 이 값들을 건정하고 근거를 명시해야 한다.

포물선-직선 형상의 응력-변형률 관계에 의하여 콘크리트에 작용하는 압축응력의 평균값은 $\alpha(0.85f_{ck})$로, 압축연단으로부터 합력의 작용위치는 중립축 깊이 c에 대한 β의 비율로 나타내며, 응력분포의 각 변수 및 계수는 표 3.1의 값을 적용한다.

표 3.1 응력분포의 변수 및 계수 값

f_{ck}(MPa)	≤ 40	50	60	70	80	90
n	0.2	1.92	1.50	1.29	1.22	1.2
ϵ_{co}	0.002	0.0021	0.0022	0.0023	0.0024	0.0025
ϵ_{cu}	0.0033	0.0032	0.0031	0.003	0.0029	0.0028
α	0.8	0.78	0.72	0.67	0.63	0.59
β	0.40	0.40	0.38	0.37	0.36	0.35

3-1-4. 등가 직사각형 응력블록

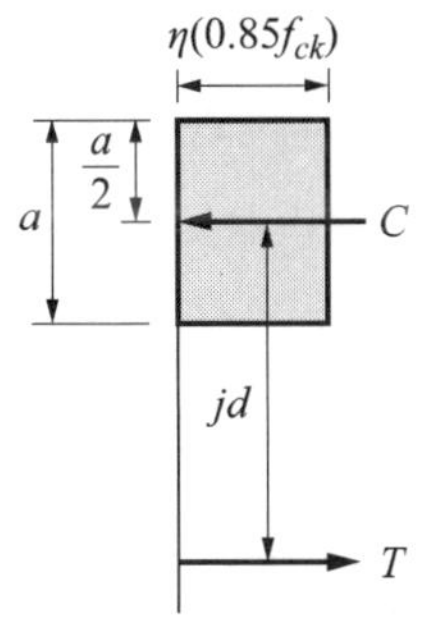

그림 3.6 등가 직사각형 압축응력블록

포물선-직선형 등가응력분포와 유사하게 비선형인 응력 곡선을 그림 3.6의 등가 직사각형 압축블록으로 단순화할 수 있다. 등가 직사각형 압축블록은 [콘크리트구조 설계기준-2021]의 등가 압축응력블록과 동일한 개념이며 압축력의 합(C)은 식 (3.8)에 의하여 계산한다.

$$C = \eta(0.85f_{ck})ab \tag{3.8}$$

여기서, η : 콘크리트 직사각형 등가 압축응력블록의 크기를 나타내는 계수, 콘크리트의 실제 응력면적과 콘크리트의 최대 응력을 기준으로 한 직사각형 응력면적의 비

β_1 : 콘크리트 직사각형 등가 압축응력블록의 깊이를 나타내는 계수

a : 등가 압축응력블록의 깊이

$$a = \beta_1 c \tag{3.9}$$

식 (3.8)과 식 (3.9)의 계수 η와 β_1은 압축합력의 크기와 도심점과 관련된 계수이며 식 (3.4)의 α와 β와 유사하게 고강도 콘크리트에 대한 영향을 반영하고 있

다. 계수 η와 β_1은 표 3.2에 표시된 값으로 콘크리트의 압축강도에 따라서 달라진다.

등가 직사각형 압축응력분포에 사용되는 표 3.2의 η와 β_1은 포물선-직선형 등가응력분포의 계수 α와 β값의 적용범위와 다르게 단면의 크기가 변화하거나 기둥과 같이 중립축이 단면 밖에 있을 경우에도 적용할 수 있다.

표 3.2 등가직사각형 응력분포 변수 값

f_{ck}(MPa)	≤ 40	50	60	70	80	90
ϵ_{cu}	0.0033	0.0032	0.0031	0.003	0.0029	0.0028
η	1.00	0.97	0.95	0.91	0.87	0.84
β_1	0.80	0.80	0.76	0.74	0.72	0.70

강도설계법은 **휨이론**(flexure theory)을 기반으로 기본가정과 부가가정을 통하여 단면 강도를 해석한다.

기본가정	1) 단면 내 변형률 분포는 선형이다(평면유지법칙). 2) 철근의 변형률과 동일 위치 콘크리트의 변형률은 중립축으로부터 거리에 비례한다. 3) 철근의 응력은 $f_s \le f_y$ 이때, $f_s = E_s \epsilon_s$로 계산할 수 있다. 4) 철근의 변형률이 f_y에 대응하는 변형률보다 큰 경우 철근의 응력은 변형률에 관계없이 f_y로 하여야 한다.
부가가정	5) 인장영역에 있는 콘크리트의 인장강도는 무시한다. 6) 압축연단 콘크리트의 극한변형률 ϵ_{cu} =0.0033이다. [f_{ck}≤40인 경우에는 극한변형률을 0.0033으로 가정하며, 40 MPa을 초과할 경우에는 매 10 MPa의 강도 증가에 대하여 0.0001씩 감소시킨다. (식 (3.7b), 표 3.2 참고)] 7) 콘크리트의 비선형 압축응력분포는 등가의 직사각형, 사다리꼴 또는 포물선형으로 가정할 수 있다.

가정 1)은 유명한 베루누이의 평면유지법칙이다. 즉 변형 후의 평면은 변형 전의 평면을 유지한다고 가정한다. 그림 3.3(a)와 같이 평면유지법칙이 성립하면 중립축으로부터 변형률은 선형 비례한다.

가정 2)는 철근과 콘크리트는 부착이 우수하기 때문에 일체로 거동하므로 동일위치에서 두 재료의 변형률은 같다.

가정 3) 및 4)는 사용 철근의 응력 - 변형률 관계에 관한 가정이다. 2장에서 살펴보았던 철근의 응력 - 변형률 관계 곡선과 차이점은 그림 3.8과 같이 철근 응력이 f_y를 초과하는 부분(변형경화영역)은 재료 안전율로 생각해서 계산에 고려하지 않는다. 즉 철근의 응력은 $f_s \le f_y$이다.

부가가정은 기본가정만으로 계산이 매우 복잡하기 때문에 보다 실용적이고 간편한 식의 유도를 위해서 3가지를 추가한 것이다.

가정 5)에서 콘크리트의 인장강도를 무시하는 것은, 철근이 부담하는 인장력에 비해 매우 작기 때문이다. 예를 들어

콘크리트 $f_{ck} = 24\text{MPa}$와 SD 400급 철근을 사용한 경우,

콘크리트 인장강도	2.4MPa(약 $f_{ck}/10$)
철근의 항복강도	$f_y = 400\ \text{MPa}$

이므로 0.6% 정도 밖에 되지 않는다. 즉 인장영역에서는 철근만을 고려한다.

가정 6)은 콘크리트가 압축파괴 할 때의 극한변형률 ϵ_c을 결정해 놓은 것이다. 이는 개성된 KDS 2021에 따라 $\epsilon_{cu} = 0.0033(f_{ck} \le 40$인 경우)으로 가정한다. 일반적인 크기와 재료로 이루어진 부재의 경우 휨강도 상태에서 변형률은 대부분의 실험값이 0.0025~0.004이며, 극한변형률 ϵ_{cu}값이 휨강도 해석결과에 미치는 영향이 크지 않으므로 실험결과의 평균값과 크리프의 영향 등을 고려하여 압축강도가 40 MPa 이하인 보통 강도의 콘크리트의 설계 극한변형률은 0.0033으로 규정하였으며, 압축강도가 증가함에 따라 극한변형률이 감소하는 경향과 취성의 파괴형태를 고려하여 설계 극한변형률을 감소시키도록 하였다(표 3.2).

$$\epsilon_{co} = 0.002 + \left(\frac{f_{ck} - 40}{100,000}\right) \ge 0.002 \tag{3.10}$$

$$\epsilon_{cu} = 0.0033 - \left(\frac{f_{ck} - 40}{100,000}\right) \le 0.0033$$

가정 7)은 그림 3.3(b)와 같이 비선형성인 콘크리트의 압축응력분포를 포물선 - 직선형 등가응력분포, 등가직사각형 압축블록 등으로 치환할 수 있다는 가정이다.

부재 단면의 압축 영역이 사각형이 아닌 경우는 포물선 - 사각형 곡선의 응력분포를 적용하거나, 이와 동등한 결과를 제공하는 등가 직사각형 응력블록을 적용할 수 있다. 등가 직사각형 응력블록을 적용할 때에는 $0.85f_{ck}$에 응력블록의 응력 크기를 나타내는 계수 η를 곱하여 응력의 크기를 구하고, 등가 직사각형

응력의 깊이는 중립축 깊이에 계수 β_1을 곱하여 구한다.

기준에서는 콘크리트의 비선형 압축응력분포를 등가의 직사각형으로 치환한다. 직사각형 등가응력블록은 휘트니(Whitney)가 제안하였다. 콘크리트의 실제 압축응력분포를 등가로 대체하기 위해서는

1) 실제 압축응력분포와 직사각형 응력블록의 면적이 같아야 하고,
2) 실제 압축응력의 중심과 응력블록의 중심이 같아야 한다.

위와 같은 조건의 등가 직사각형 응력블록은 그림 3.3(d)와 같이, 크기는 $\eta(0.85f_{ck})$, 압축연단으로 부터의 거리 $a=\beta_1 c$로 하고 있다. 이 식에서 c는 실제 압축응력분포의 압축연단으로부터 중립축까지 거리이며, 계수 β_1은 실험값으로 표 3.2를 참고한다.

그림 3.7과 같은 보의 공칭휨모멘트 M_n을 앞의 가정을 적용해서 해석해 보자. 공칭휨모멘트는 크기가 같고 방향이 반대인 압축력 C와 인장력 T의 우력모멘트라고 할 수 있다. 즉

$$C-T=0 \quad \text{또는} \quad C=T$$

이고, 두 힘 사이의 거리를 jd라 하면, 압축력 C와 인장력 T에 대한 우력 모멘트는,

$$M=Tjd \quad \text{또는} \quad M=Cjd \tag{3.11}$$

그림에서 압축력 $C=\eta(0.85f_{ck})ab$, 인장력 $T=A_s f_s$이고, $jd=d-a/2$이므로 M_n은,

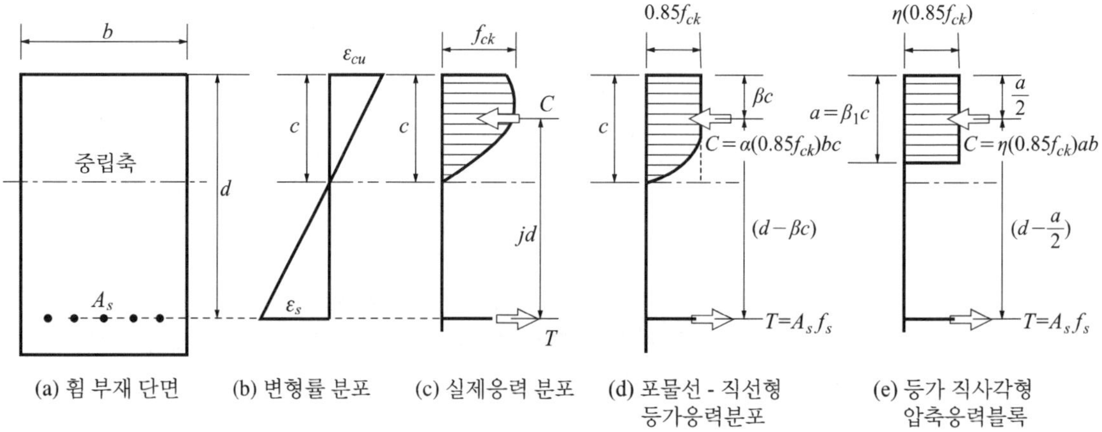

그림 3.7 휨부재의 단면해석

$$M_n = A_s f_s \left(d - \frac{a}{2}\right) \quad \text{또는} \quad M_n = \eta(0.85 f_{ck}) ab \left(d - \frac{a}{2}\right) \tag{3.12}$$

이다. 등가 직사각형 응력블록의 깊이 a는 $C = T$에서

$$\eta(0.85 f_{ck}) ab = A_s f_s \tag{3.13}$$

$$a = \frac{A_s f_s}{\eta(0.85 f_{ck}) b} \tag{3.14}$$

3-2 휨부재의 파괴모드와 제한사항

3-2-1. 휨파괴 모드 및 단면구분

철근콘크리트 휨부재의 파괴상황을 보면, 모멘트가 증가함에 따라 단면 내의 최대응력은 최 외단, 즉 압축연단과 인장연단에서 발생하며 둘 중 어느 한 곳의 파괴를 예상할 수 있다. 즉 압축측 콘크리트와 인장측 철근의 상대적 저항력의 차이에 따라 파괴 양상이 달라진다. 예를 들어 인장측 철근이 많이 배근되어 철근의 저항력이 압축측 콘크리트보다 크면, 철근이 파괴(항복)하기 전에 콘크리트가 먼저 압축파괴한다. 반대의 경우는 철근이 먼저 항복하고 변형이 계속 증가하면서 결국 압축측 콘크리트가 파괴할 것이다. 철근은 항복한 이후에도 강도를 유지하며 변형한다. 그림 3.8의 가정을 다시 확인해 보자.

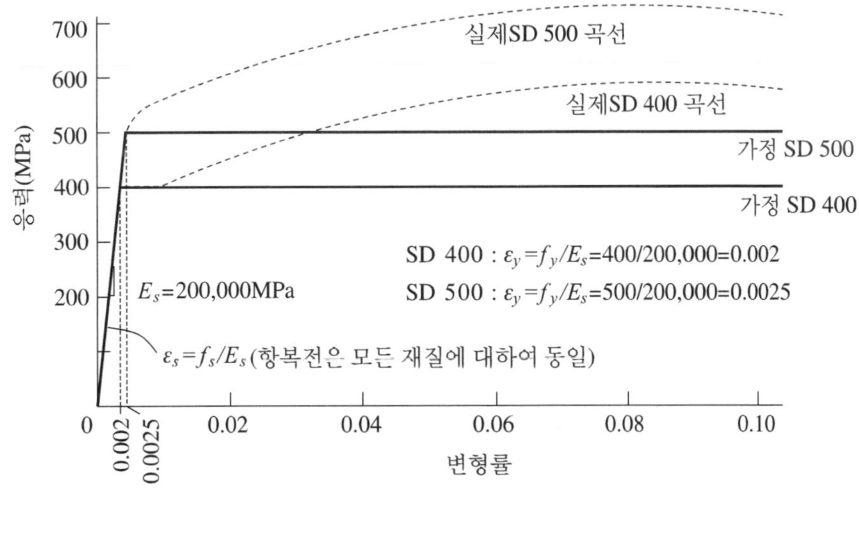

그림 3.8
철근의 응력–변형률 곡선 가정

횡방향 철근으로 구속된 휨부재와 압축부재는 다음과 같이 횡구속 효과를 고려한 응력 - 변형률 관계를 사용하여 단면의 강도와 변형 성능을 검증할 수 있다.

횡방향 철근으로 횡구속된 콘크리트는 구속되지 않은 경우에 비하여 훨씬 높은 강도와 큰 극한변형률을 나타낸다. 이때의 횡구속은 콘크리트의 횡방향 팽창을 막을 수 있게 배치된 철근이 소성상태에 도달하여 발휘되는데, 이 횡구속 철근은 심부 콘크리트를 구속할 수 있는 철근상세를 가진 횡방향 철근이어야 한다. 이러한 경우에는 횡구속 효과를 고려한 응력 - 변형률 관계를 사용하여 휨부재의 휨강도와 변형 성능을 검증할 수 있다. 설계와 관련된 그 밖의 기본적인 재료특성은 영향을 받지 않는 것으로 간주할 수 있다.

1) 횡구속 효과를 고려할 때의 횡구속 철근은 심부콘크리트를 구속할 수 있는 철근상세를 가진 횡방향 철근이어야 한다.
2) 별도로 조사된 상세한 자료가 없는 경우 다음 식으로 콘크리트의 압축강도와 변형률이 증가된 포물선 - 직선 형상의 응력 - 변형률 관계를 사용할 수 있다. 원점에서 최대 응력에 처음 도달할 때까지의 상승 곡선부는 식 (3.15a)에 의해 계산하고, 이후 극한변형률 $\epsilon_{cu,c}$까지는 식 (3.15b)에 의해 계산한다.

$$f_c = 0.85 f_{ck,c}\left[1-\left(1-\frac{\epsilon_c}{\epsilon_{co,c}}\right)^n\right] \qquad \text{구간 } 0 \le \epsilon_c \le \epsilon_{co} \tag{3.15a}$$

$$f_c = 0.85 f_{ck,c} \qquad \text{구간 } \epsilon_{co} \le \epsilon_c \le \epsilon_{cu} \tag{3.15b}$$

$$f_{ck,c} = f_{ck,} + 3.7 f_{c2} \tag{3.16}$$

$$\epsilon_{co,c} = \epsilon_{co}\left(\frac{f_{ck,c}}{f_{ck}}\right)^2 \tag{3.17a}$$

$$\epsilon_{co,c} = \epsilon_{cu} + \frac{0.2 f_{c2}}{f_{ck}} \tag{3.17b}$$

식 (3.17a)와 식 (3.17b)은 횡구속 효과에 의해 증가되는 변형률로서, $\epsilon_{co,c}$는 최대 응력에 도달할 때의 변형률로 식 (3.10)의 ϵ_{co}와 동일한 의미를 가지며, $\epsilon_{cu,c}$는 극한변형률로 식 (3.10)의 ϵ_{cu}와 동일한 의미를 가진다.

여기서, f_{c2}는 극한한계상태에서 구속에 의해서 발생하는 횡방향 유효 압축응력으로 원형 후프나 나선철근으로 횡구속된 경우에는 식 (3.18a)로, 사각형 띠철근으로 횡구속된 경우에는 식 (3.18b)로 구한다.

$$f_2 = \frac{1}{2}\rho_s f_{yh}\left(1 - \frac{s}{d_s}\right) = \frac{2A_{sp}f_{yh}}{sd_c}\left(1 - \frac{s}{d_c}\right) \tag{3.18a}$$

$$f_2 = \rho_{r\min} f_{yh}\left(1 - \frac{s}{b_{cl}}\right)\left(1 - \frac{s}{b_{cs}}\right)\left(1 - \frac{\Sigma b_i^2/6}{b_{cl}b_{cs}}\right) \tag{3.18b}$$

여기서 s는 부재의 축방향으로 측정한 횡구속 철근의 간격이며, ρ_s은 식 (3.19)로 구한다.

$$\rho_s = \frac{4A_{sp}}{sd_c} \tag{3.19}$$

$\rho_{r\min}$는 긴 변 방향과 짧은 변 방향으로 계산한 사각형 횡구속 띠철근의 체적비 ρ_{rl}과 ρ_{rs} 중 작은 값으로 결정하며, 다음과 같이 계산한다.

$$\rho_{rl} = \frac{A_{shl}}{s\,d_{cs}} \tag{3.20a}$$

$$\rho_{rs} = \frac{A_{shs}}{sd_{cl}} \tag{3.20b}$$

b_i는 후프띠철근의 모서리나 보강띠철근의 갈고리로 구속된 축방향 철근 사이의 3중심 간격으로, 식 (3.18b)의 Σb_i^2에는 단면 둘레의 변을 따라 존재하는 모든 b_i를 계산에 포함한다.

이렇게 부재가 휨 파괴하는 경우 단면 내 휨철근량에 따라 그림 3.9와 같은 파괴모드를 생각할 수 있다. 즉 콘크리트가 압축파괴(40 MPa 이하인 경우, $\epsilon_{cu} = 0.0033$)하는 순간 극한 변형률 도달, 인장연단에 가장 가까운 ϵ_t를 기준으로,

(1) 압축지배단면($\epsilon_t < \epsilon_y$, $f_s < f_y$)

인장측 철근이 항복하기 전에($\epsilon_t < \epsilon_y$) 압축측 콘크리트가 파괴하는 극한변형률에 도달하는 경우 부재는 압축파괴한다. 이 단면은 콘크리트가 압축파괴 하므로 매우 취성적이며 위험하다. 그러므로 구조 설계에서도 이러한 파괴 특성을 적절히 반영해야 한다. 어디서 고려할 수 있을까? 강도감소계수 ϕ가 쉽게 떠오른다면 지금까지의 내용을 훌륭하게 이해하고 있다는 뜻이다.

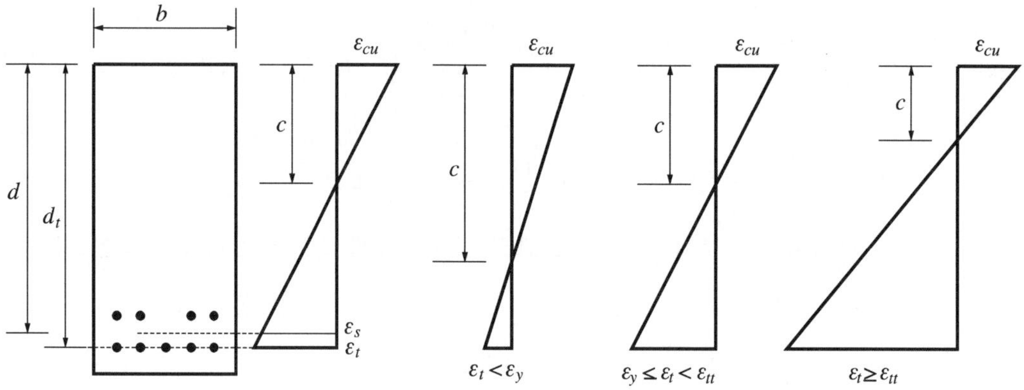

(a) 부재단면과 변형률분포 (b) 압축지배단면 (c) 변환구간단면 (d) 인장지배단면

여기서, d : 유효깊이, 압축연단에서 인장철근 중심까지의 거리

d_t : 압축연단에서 인장 최외측 철근중심까지의 거리

ε_{cu} : 압축연단 콘크리트의 변형률(40 MPa 이하인 경우 0.0033)

ε_s, ε_t : 각각 인장철근 중심 및 최외단 철근 중심의 순인장변형률

ε_{tt} : $_{\max}(0.005,\ 2.5\epsilon_y)$

그림 3.9 보의 파괴모드와 단면구분

(2) 변환구간단면($\epsilon_y \le \epsilon_t < \epsilon_{tt}$, $f_s = f_y$)

인장측 철근이 항복한 이후, 충분한 변형률 증가 없이($\epsilon_t < \epsilon_{tt}$) 압축측 콘크리트가 극한변형률에 도달하는 경우이다. 부재는 인장파괴 하지만 연성은 크지 않다. 여기서 **연성**(ductility)이란 휨철근 항복 이후 파괴까지 변형능력이다.

(3) 인장지배단면($\epsilon_t \ge \epsilon_{tt}$, $f_s = f_y$)

인장측 철근이 항복한 이후, 충분한 변형률 증가를 경험한 후에($\epsilon_t \ge \epsilon_{tt}$) 압축측 콘크리트가 극한변형률에 도달하는 경우이다. 부재는 인장파괴하고 연성도 크다.

3-2-2. 파괴모드 제한과 최대철근비 $\rho_{\max}$

앞에서 살펴본 보의 파괴모드별 단면구분에서 압축지배단면은 매우 취성적이며 급작스럽기 때문에 위험하다. 그러므로 휨부재를 설계할 때는 인장측 철근이 항복하면서 파괴되도록 강제할 필요가 있다. 철근은 연신율이 크기 때문에 파괴가 서서히

진행되며, 균열이나 처짐이 나타나 구조부재의 붕괴 여부를 쉽게 판단할 수 있기 때문이다. 기준에서는 이러한 파괴모드를 유도하기 위해서 $\epsilon_{ta} = {}_{\max}(0.004,\ 2.0\epsilon_y)$를 정의하고,

$$\epsilon_t \geq \epsilon_{ta}$$

로 휨철근 사용량을 제한한다. 이것은 휨부재가 파괴할 때 철근이 항복한 후 2배의 연성을 확보하도록 한 것이다. 그림 3.9에서 $c : \epsilon_{cu} = d_t : (\epsilon_{cu} + \epsilon_t)$이므로,

$$\epsilon_t = \epsilon_{cu}\left(\frac{d_t - c}{c}\right) \geq \epsilon_{ta}[= {}_{\max}(0.004,\ 2.0\epsilon_y)] \tag{3.21}$$

이다. 변형률 적합조건 식 (3.21)을 통해

1) 휨부재는 변환구간단면 및 인장지배단면의 파괴모드만을 갖는다.
2) 휨부재의 인장철근은 모두 항복한다. 즉 $f_s = f_y$이다.

이제 그림 3.7에서 철근비 ρ를 정의하면,

$$\rho = \frac{A_s}{bd} \tag{3.22}$$

이고, 인장철근은 $f_s = f_y$이므로 식 (3.14)는

$$a = \frac{A_s f_y}{\eta(0.85 f_{ck})b} \tag{3.23}$$

$$c = \frac{a}{\beta_1} = \frac{1}{\beta_1}\frac{A_s f_y}{\eta(0.85 f_{ck})b}$$

변형률 적합조건 식 (3.21)에 대입하고 철근비 $\rho = A_s/bd$로 정리하면,

$$\epsilon_t = \epsilon_{cu}\left(\frac{d_t - c}{c}\right) = \epsilon_{cu}\left(\frac{\eta(0.85 f_{ck})\beta_1 d_t}{\rho f_y d} - 1\right) \geq \epsilon_{ta}$$

$$\rho \leq \eta(0.85\beta_1)\left(\frac{\epsilon_{cu}}{\epsilon_{cu} + \epsilon_{ta}}\right)\frac{f_{ck}}{f_y}\frac{d_t}{d}$$

을 만족해야 한다. 그러므로 최대철근비 $\rho_{\max}$는 위 식의 최소값인,

$$\rho_{\max} = \eta(0.85\beta_1)\left(\frac{\epsilon_{cu}}{\epsilon_{cu} + \epsilon_{ta}}\right)\frac{f_{ck}}{f_y}\frac{d_t}{d} \tag{3.24}$$

3-2-3. 휨부재의 최소철근비 $\rho_{\min}$

한편 철근비를 너무 작게 설계한 보는 인장측 콘크리트의 휨강도보다 작용 휨모멘트가 커서 보에 균열이 발생하는 동시에 파괴할 수 있다. 또한 사용하중 상태에서 지나치게 큰 폭의 균열이 발생하는 것은 바람직하지 않으므로 최소철근비로 제한한다. 설계에서 사용되는 최소철근비는 다음과 같이 계산할 수 있다.

휨균열이 발생하기 이전의 콘크리트 부재는 탄성해석이 가능하므로 휨응력 f는 다음과 같이 계산한다.

$$f = \frac{M}{I} y_t \tag{3.25}$$

여기서 휨균열이 발생할 경우, f와 M은 각각 휨인장강도(f_r)와 휨균열모멘트(M_{cr})로 대체할 수 있으므로

$$f_r = \frac{M_{cr}}{y_t} I_g \tag{3.26}$$

와 같은 식이 된다.

(이때, 휨인장강도 $f_r = 0.63\lambda\sqrt{f_{ck}}$, 보통중량콘크리트의 경우)

인장철근을 매우 적게 배근한 철근콘크리트 단면의 휨강도는 콘크리트 휨인장강도를 이용하여 계산한 무근콘크리트 단면의 휨강도(균열휨강도)보다 낮을 수도 있다. 이러한 경우 그 보에는 급작스러운 파괴가 일어날 수 있는데, 이러한 파괴를 방지하기 위하여 단면의 형태, 형상, 최소 철근량을 배치한 휨부재의 균열모멘트에 대한 안전율이 일정하도록 저항모멘트(M_n)가 휨균열모멘트(M_{cr})의 1.2배 이상이 되도록 하였다.

$$\phi M_n \geq 1.2 M_{cr} \tag{3.27}$$

이때, $M_n = A_s f_y jd$이고, A_s : 인장철근의 단면적, f_y : 인장철근의 설계기준항복강도, jd : 압축력과 인장력의 중심간 거리이다. 또한 KDS 14 국가건설기준 2021에서는 두께가 균일한 구조용 슬래브와 기초판의 휨철근의 최소 철근단면적($A_{s,\min}$)은 식 (3.27)를 사용하지 않고 $\phi M_n > 4/3 M_u$ 이상을 허용하고 있다.

따라서 최소 철근 단면적($A_{s,\min}$)에 대한 최소 철근비($\rho_{\min}$)는 다음과 같다.

$$A_{s,\min} = 1.2\frac{f_r I_g}{\phi f_y j d y_t} \qquad \rho_{\min} = 1.2\frac{f_r I_g}{\phi f_y j d y_t} \times \frac{1}{bd} \tag{3.28}$$

단면폭이 b, 전체높이가 h인 직사각형 단면에 대하여 철근의 영향을 무시할 경우, 전체 단면2차 모멘트(I_g)와 y_t는 각각 $I_g = bh^3/12$, $y_t = h/2$이다. 또한, 직사각형 보의 경우 일반적으로 $d \approx 0.9h$이며, jd는 단면의 유효높이의 약 87.5%($jd \approx (7/8)d$)이므로 이를 대입하면 일반 직사각형 단면의 경우 최소 철근비를 다음 식으로 보다 간단히 계산할 수 있다.

$$\rho_{\min} = 0.178\frac{\lambda\sqrt{f_{ck}}}{\phi f_y} \quad \text{(단, 사각형 단면의 경우)} \tag{3.29}$$

그러나 T형보와 같이 플랜지의 폭이 웨브의 폭과 다른 경우에는 식 (3.29)를 사용할 수 없다.

3-2-4. 파괴모드에 따른 강도감소계수 적용

휨부재의 강도감소계수 ϕ는 1-3-3절에 설명한 것과 같이 부재의 파괴모드에 따라 다르게 적용해야 한다. 즉, 3-2-1절에서 정의했던 부재 파괴모드로부터 인장지배단면 및 변환구간단면에 대하여,

1) 인장지배단면

$$\phi = 0.85$$

2) 변환구간단면

(띠철근, 일반적인 경우)

$$\phi = 0.65 + \frac{0.85 - 0.65}{\epsilon_{tt} - \epsilon_y}(\epsilon_t - \epsilon_y)$$

(나선철근의 경우)

$$\phi = 0.70 + \frac{0.85 - 0.70}{\epsilon_{tt} - \epsilon_y}(\epsilon_t - \epsilon_y)$$

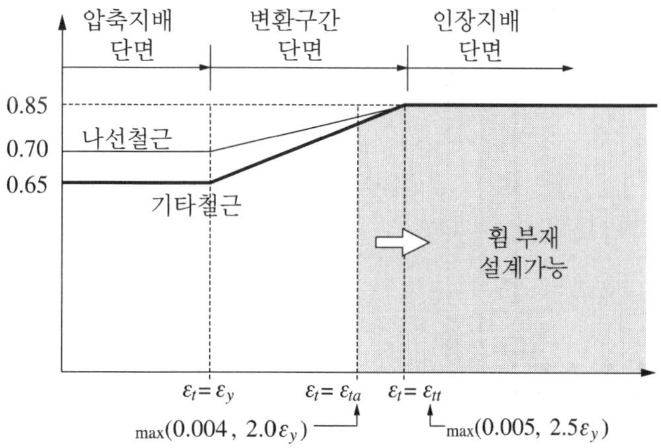

그림 3.10
휨부재 설계 가능 영역과 ϵ_t에 의한 강도감소계수 변화

식이 어려워 보이지만, 그림 3.10과 같이 변환구간단면에서 직선보간한 것이다. 예를 들어,

SD 400 철근 사용

$$\epsilon_y = f_y / E_s = 400/200{,}000 = 0.002,\ \epsilon_{tt} = {}_{\max}(0.005, 2.5\epsilon_y) = 0.005$$

$$\phi = 0.65 + \frac{0.85-0.65}{0.005-0.002}(\epsilon_t - 0.002)$$

SD 500 철근 사용

$$\epsilon_y = f_y / E_s = 500/200{,}000 = 0.0025,\ \epsilon_{tt} = {}_{\max}(0.005, 2.5\epsilon_y) = 0.00625$$

$$\phi = 0.65 + \frac{0.85-0.65}{0.00625-0.0025}(\epsilon_t - 0.0025)$$

3-3 단철근 직사각형 보의 휨해석과 설계

3-3-1. 단철근 직사각형 보의 해석

단철근 직사각형 보란 그림 3.11과 같이 인장응력을 받는 부분에만 휨철근을 배근한 직사각형 보를 말한다. 단면해석은 3-1-3절과 유사하다. 다만 휨부재는 인장철근이 먼저 항복하도록 강제하고 있으므로 $f_s = f_y$이다. 단철근 직사각형 보의 휨내력은 재료메커니즘을 이용하여 다음과 같이 계산한다.

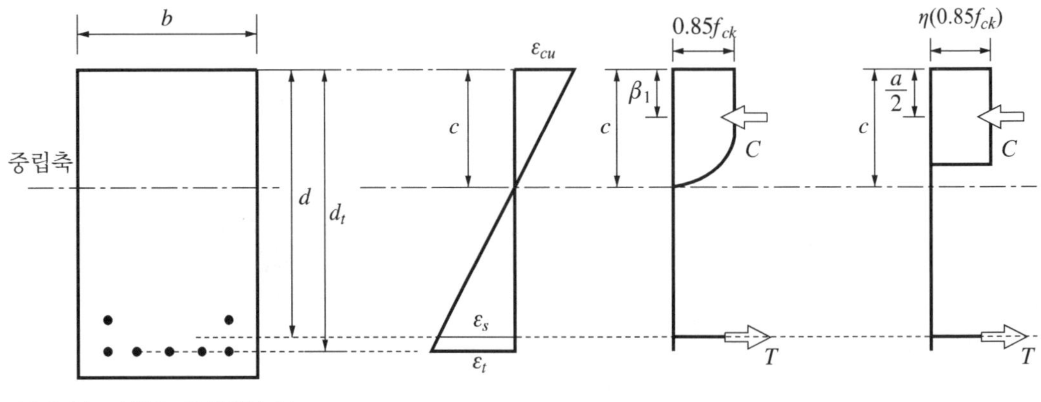

그림 3.11 단철근 직사각형 보

(1) 포물선 – 직선형 등가응력분포를 이용한 해석

실제로 단면 설계를 할 때 복잡한 응력분포 형태를 사용하는 것이 어렵기 때문에 등가 직사각형 블록을 사용하였다. 하지만 단면 강도가 과대평가 되는 경우가 있어 포물선 - 직선형 등가응력분포를 이용한다.

$$C = \alpha(0.85 f_{ck})bc, \qquad T = A_s f_y, \qquad C = T$$

$$c = \frac{A_s f_y}{\alpha(0.85 f_{ck})b}$$

물론 휨부재가 적절한 연성을 가지며 인장파괴하는 변형률적합조건 식 (3.21)을 만족하는지 확인하는 것도 잊지 말자.

$$\epsilon_t = \epsilon_{cu}\left(\frac{d_t - c}{c}\right) \geq \epsilon_{ta}\ [=_{\max}(0.004,\ 2.0\epsilon_y)] \tag{3.30}$$

식 (3.21) 조건이 확인되면, 공칭휨모멘트 M_n은

$$M_n = A_s f_y (d - \beta c) \quad \text{또는} \quad M_n = \alpha(0.85 f_{ck})bc(d - \beta c) \tag{3.31}$$

이고, 설계 휨모멘트강도 ϕM_n은

$$\phi M_n = \phi[A_s f_y (d - \beta c)] \quad \text{또는} \quad \phi M_n = \phi[\alpha(0.85 f_{ck})bc(d - \beta c)] \tag{3.32}$$

이다. 강도감소계수 ϕ는 3-2-4절에 따른다.

(2) 등가 직사각형 압축응력블록을 이용한 해석

포물선 - 직선형 등가응력분포를 이용하는 계산 방법과 동일하다. 다만 등가 압축응력블록의 깊이(a)와 중립축의 깊이(c)는 다음과 같이 계산한다.

$$C = \eta(0.85 f_{ck})ab, \qquad T = A_s f_y, \qquad C = T$$

$$a = \frac{A_s f_y}{\eta(0.85 f_{ck})b}, \qquad c = \frac{a}{\beta_1} \tag{3.33}$$

각각 등가 압축응력블록의 깊이와 중립축의 깊이를 계산을 한 후 변형률적합조건 식 (3.21)을 만족하는지 확인한다. 식 (3.21) 조건이 확인되면, 공칭휨모멘트 M_n은 식 (3.12)와 유사하게,

$$M_n = A_s f_y\left(d - \frac{a}{2}\right) \quad \text{또는} \quad M_n = \eta(0.85 f_{ck})ab\left(d - \frac{a}{2}\right) \tag{3.34}$$

이고, 설계 휨모멘트강도 ϕM_n은

$$\phi M_n = \phi\left[A_s f_y\left(d - \frac{a}{2}\right)\right] \quad \text{또는} \quad \phi M_n = \phi\left[\eta(0.85 f_{ck})ab\left(d - \frac{a}{2}\right)\right] \tag{3.35}$$

이다. 강도감소계수 ϕ는 3-2-4절에 따른다.

예제 3-1 인장지배단면의 경우

그림과 같은 보의 설계 휨모멘트강도 ϕM_n을 계산하라. 단, D22 1개의 단면적=387.1 mm[2]

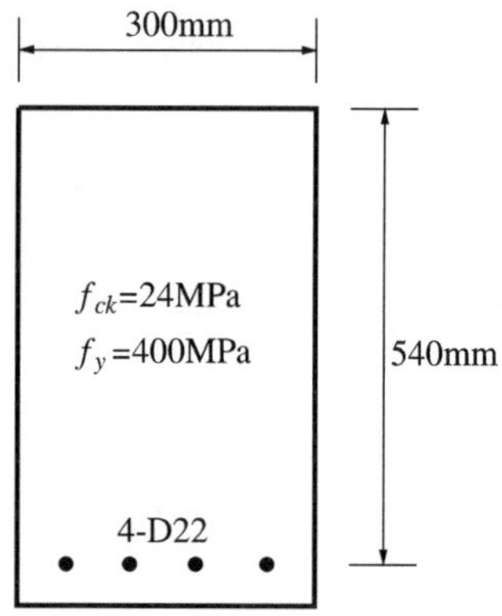

풀이

철근비

$$A_s = 387.1 \times 4 = 1{,}548.4\ \text{mm}^2$$

$$\rho = \frac{A_s}{bd} = \frac{1{,}548.4}{300 \times 540} = 0.0096$$

(1) 포물선-직선형 등가응력분포 이용

중립축의 깊이 c

$f_{ck} \le 40$ MPa이므로 $\alpha = 0.80$

$$c = \frac{A_s f_y}{\alpha(0.85 f_{ck})b} = \frac{1{,}548.4 \times 400}{0.80(0.85 \times 24) \times 300} = 126.5\ \text{mm}$$

파괴모드 검토

$c = 126.5$ mm, $\quad d_t = 540$ mm

$\epsilon_{cu} = 0.0033, \quad \epsilon_y = f_y / E_s = 400/200{,}000 = 0.002$

$\epsilon_{ta} = {}_{\max}(0.004, 2.0\epsilon_y) = 0.004$

$\epsilon_t = \epsilon_{cu}\left(\dfrac{d_t - c}{c}\right) = 0.0033\left(\dfrac{540 - 126.5}{126.5}\right) = 0.0108 \geq \epsilon_{ta}$이므로 변형률 적합조건 만족

설계 휨모멘트강도 ϕM_n 계산

$\epsilon_{tt} = {}_{\max}(0.005, 2.5\epsilon_y) = 0.005$

$\epsilon_t = 0.0108 \geq \epsilon_{tt}$에서 인장지배단면이므로 $\phi = 0.85$

$f_{ck} \leq 40\text{ MPa}$이므로 $\beta = 0.40$

$\beta c = 0.4 \times 126.5 = 50.6\text{ mm}$

$$\begin{aligned}\phi M_n &= \phi A_s f_y (d - \beta c) = 0.85 \times 1{,}548.4 \times 400 \times (540 - 50.6) \times 10^{-6} \\ &= 257.6\text{ kN·m}\end{aligned}$$

(2) 등가 직사각형 압축응력블록 이용

등가응력블록 깊이 a

$f_{ck} \leq 40\text{ MPa}$이므로 $\eta = 1.0$

$$a = \frac{A_s f_y}{\eta(0.85 f_{ck}) b} = \frac{1{,}548.4 \times 400}{1.0(0.85 \times 24) \times 300} = 101.2\text{ mm}$$

파괴모드 검토

c는 $f_{ck} \leq 40\text{ MPa}$에서 $\beta_1 = 0.80$이므로,

$c = \dfrac{a}{\beta_1} = \dfrac{101.2}{0.80} = 126.5\text{ mm}, \qquad d_t = 540\text{ mm}$

$\epsilon_{cu} = 0.0033, \qquad \epsilon_y = f_y / E_s = 400/200{,}000 = 0.002$

$\epsilon_{ta} = {}_{\max}(0.004, 2.0\epsilon_y) = 0.004$

$\epsilon_t = \epsilon_{cu}\left(\dfrac{d_t - c}{c}\right) = 0.0033\left(\dfrac{540 - 126.5}{126.5}\right) = 0.0108 \geq \epsilon_{ta}$이므로 변형률 적합조건 만족

설계 휨모멘트강도 ϕM_n 계산

$\epsilon_{tt} = {}_{\max}(0.005, 2.5\epsilon_y) = 0.005$

$\epsilon_t = 0.0108 \geq \epsilon_{tt}$에서 인장지배단면이므로 $\phi = 0.85$

$$\begin{aligned}\phi M_n &= \phi A_s f_y \left(d - \frac{a}{2}\right) = 0.85 \times 1{,}548.4 \times 400 \times \left(540 - \frac{101.2}{2}\right) \times 10^{-6} \\ &= 257.6\text{ kN·m}\end{aligned}$$

예제 3-2 고강도콘크리트를 사용한 경우

예제 3-1에서 $f_{ck}=50$ MPa를 사용한 경우 설계 휨모멘트강도 ϕM_n을 계산하라.

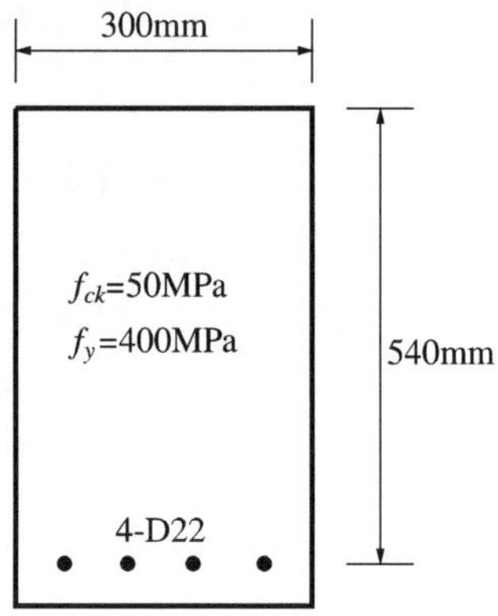

풀이

철근비 $\rho=0.0096$(예제 3-1)

(1) 포물선-직선형 등가응력분포 이용

중립축의 깊이 c

$f_{ck} \geq 40$ MPa이므로 $\alpha=0.78$

$$c=\frac{A_s f_y}{\alpha(0.85 f_{ck})b}=\frac{1,548.4\times 400}{0.78(0.85\times 50)\times 300}=62.3\text{ mm}$$

파괴모드 검토

$c=62.3\text{ mm}, \qquad d_t=540\text{ mm}$

$\epsilon_{cu}=0.0033, \qquad \epsilon_y=f_y/E_s=400/200,000=0.002$

$\epsilon_{ta}={}_{\max}(0.004, 2.0\epsilon_y)=0.004$

$\epsilon_t=\epsilon_{cu}\left(\frac{d_t-c}{c}\right)=0.0033\left(\frac{540-62.3}{62.3}\right)=0.0253 \geq \epsilon_{ta}$이므로 변형률 적합조건 만족

설계 휨모멘트강도 ϕM_n 계산

$\epsilon_{tt}={}_{\max}(0.005, 2.5\epsilon_y)=0.005$

$\epsilon_t=0.0253 \geq \epsilon_{tt}$에서 인장지배단면이므로 $\phi=0.85$

$f_{ck} \geq 40$ MPa이므로 $\beta=0.40$

$\beta c=0.4\times 62.3=24.92\text{ mm}$

$\phi M_n=\phi A_s f_y(d-\beta c)=0.85\times 1,548.4\times 400\times(540-24.92)\times 10^{-6}$

$=271.2\text{ kN}\cdot\text{m}$

(2) 등가 직사각형 압축응력블록 이용

등가응력블록 깊이 a

$f_{ck} \geq 40$ MPa이므로 $\eta = 0.97$

$$a = \frac{A_s f_y}{\eta(0.85 f_{ck}) b} = \frac{1{,}548.4 \times 400}{0.97(0.85 \times 50) \times 300} = 50.1 \text{ mm}$$

파괴모드 검토

β_1은 표 3.2로부터 $\beta_1 = 0.80$

$$c = \frac{a}{\beta_1} = \frac{50.1}{0.80} = 62.6 \text{ mm}, \qquad d_t = 540 \text{ mm}$$

$$\epsilon_{cu} = 0.0033, \qquad \epsilon_y = 0.002$$

$$\epsilon_{ta} = {}_{\max}(0.004, 2.0\epsilon_y) = 0.004$$

$$\epsilon_t = \epsilon_{cu}\left(\frac{d_t - c}{c}\right) = 0.0033\left(\frac{540 - 62.6}{62.6}\right) = 0.025 \geq \epsilon_{ta}$$이므로 변형률 적합조건 만족

설계 휨모멘트강도 ϕM_n 계산

$$\epsilon_{tt} = {}_{\max}(0.005, 2.5\epsilon_y) = 0.005$$

$\epsilon_t = 0.025 \geq \epsilon_{tt}$에서 인장지배단면이므로 $\phi = 0.85$

$$\phi M_n = \phi A_s f_y\left(d - \frac{a}{2}\right) = 0.85 \times 1{,}548.4 \times 400 \times \left(540 - \frac{50.1}{2}\right) \times 10^{-6}$$

$$= 271.1 \text{ kN·m}$$

보에서는 고강도콘크리트를 사용해도 ϕM_n의 증가($271.1/257.6 = 1.05$, 약 5%)가 두드러지지 않다.

예제 3-3 변환구간단면의 경우

예제 3-1에서 그림과 같이 SD 500급 4-D25가 사용한 경우 ϕM_n을 계산하라. D25 1개의 단면적=506.7 mm^2 (등가 직사각형 압축응력블록 이용)

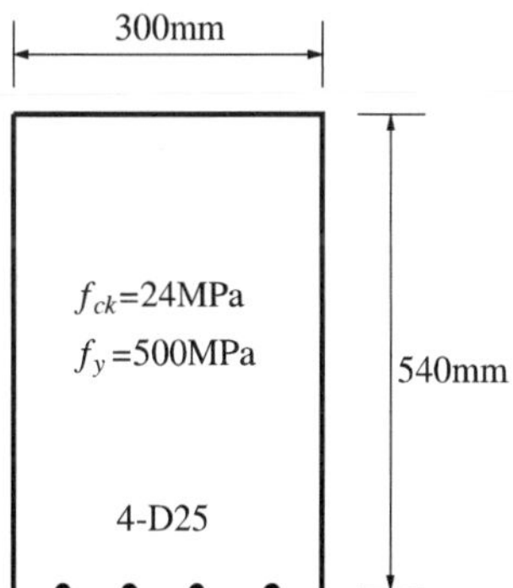

풀이

철근비

$$A_s = 506.7 \times 4 = 2{,}026.8\ \mathrm{mm}^2$$

$$\rho = \frac{A_s}{bd} = \frac{2{,}026.8}{300 \times 540} = 0.0125$$

등가응력블록 깊이 a

$f_{ck} \le 40$ MPa이므로 $\eta = 1.0$

$$a = \frac{A_s f_y}{\eta(0.85 f_{ck})b} = \frac{2{,}026.8 \times 500}{1.0(0.85 \times 24) \times 300} = 165.6\ \mathrm{mm}$$

파괴모드 검토

$$\beta_1 = 0.80, \qquad d_t = 540\ \mathrm{mm}, \qquad c = \frac{a}{\beta_1} = \frac{165.6}{0.80} = 207\ \mathrm{mm}$$

$$\epsilon_{cu} = 0.0033, \quad \epsilon_y = f_y E_s = 500/200{,}000 = 0.0025, \quad \epsilon_{ta} = {}_{\max}(0.004, 2.0\epsilon_y) = 0.005$$

$\epsilon_t = \epsilon_{cu}\left(\frac{d_t - c}{c}\right) = 0.0033\left(\frac{540-207}{207}\right) = 0.0053 \ge \epsilon_{ta}$이므로 변형률 적합조건 만족

설계 휨모멘트강도 ϕM_n 계산

$$\epsilon_{tt} = {}_{\max}(0.005, 2.5\epsilon_y) = 0.00625$$

$\epsilon_{ta} < \epsilon_t(=0.0053) < \epsilon_{tt}$이므로 변환구간단면이다.

ϕ값을 계산하면,

$$\phi = 0.65 + \frac{0.85-0.65}{\epsilon_{tt} - \epsilon_y}(\epsilon_t - \epsilon_y) = 0.65 + \frac{0.85-0.65}{(0.00625-0.0025)}(0.0053-0.0025) = 0.80$$

$$\phi M_n = \phi A_s f_y\left(d - \frac{a}{2}\right) = 0.8 \times 2{,}026.8 \times 500 \times \left(540 - \frac{165.6}{2}\right) \times 10^{-6} = 370.7\ \mathrm{kN \cdot m}$$

3-3-2. 단철근 직사각형 보의 휨설계

보의 휨설계는 소요 휨모멘트 M_u보다 단면의 설계 휨모멘트강도 ϕM_n이 크도록 단면크기, 재료강도, 휨철근량을 결정하는 과정이다. 실제 설계에서는 단면과 재료강도를 먼저 가정한 상태에서 휨철근량 A_s을 계산하는 경우가 많지만, 적절한 철근비를 가정해서 합리적인 단면크기를 결정하는 경우도 있다. 각각의 설계 방법을 살펴보자.

(1) 단면($b \times d$)이 주어지고 A_s를 구하는 경우

1 단계 가정한 단면의 적절성 검토

먼저 단면이 단철근 직사각형 보로 설계할 수 있는지를 검토한다. $\phi = 0.85$로 가정하고, 최대철근비 $\rho_{\max}$에서

$$\phi M_n \geq M_u \tag{1.5}$$

를 확인한다. 최대철근비는 식 (3.22) 또는 표 3.2를 이용 다음과 같이 유도된다.

$$\rho_{\max} = \frac{\epsilon_{cu}}{\epsilon_{cu} + \epsilon_{ta}} \frac{\alpha(0.85 f_{ck})}{f_y} \frac{d_t}{d} \quad \text{(포물선 - 직선형의 경우)} \tag{3.36a}$$

$$\rho_{\max} = \frac{\epsilon_{cu}}{\epsilon_{cu} + \epsilon_{ta}} \frac{\eta(0.85 \beta_1 f_{ck})}{f_y} \frac{d_t}{d} \quad \text{(등가 직사각형의 경우)} \tag{3.36b}$$

2 단계 휨철근량 A_s 계산

식 (1.5)의 최소 조건은,

$$M_u = \phi M_n \tag{3.37}$$

포물선 - 직선형의 경우 식 (3.31)에 $A_s = \rho bd$, $c = A_s f_y / \alpha(0.85 f_{ck}) b$를 대입하여 정리하면 식 (3.38a), 등가 직사각형의 경우 식 (3.34)에 $A_s = \rho bd$, $a = A_s f_y / \eta(0.85 f_{ck}) b$를 대입하여 정리하면 식 (3.38b)이다.

$$M_n = \rho f_y \left(1 - \frac{\beta}{\alpha} \frac{\rho f_y}{0.85 f_{ck}}\right) bd^2 = \rho f_y \left(1 - \frac{\beta}{\alpha} m\right) bd^2 \tag{3.38a}$$

$$M_n = \rho f_y \left(1 - \frac{\rho f_y}{\eta 1.7 f_{ck}}\right) bd^2 = \rho f_y \left(1 - \frac{m}{2\eta}\right) bd^2 \tag{3.38b}$$

여기서, m는

$$m = \frac{\rho f_y}{0.85 f_{ck}} = \frac{\rho b d f_y}{0.85 f_{ck} bd} = \frac{A_s f_y}{0.85 f_{ck} bd} = \frac{a}{d} < 1 \tag{3.39}$$

이다. 이제 $R_n = \dfrac{M_n}{bd^2}$를 정의하고 식 (3.38a, b)을 정리하면,

$$R_n = \frac{M_n}{bd^2} = \rho f_y \left(1 - \frac{\beta}{\alpha} m\right) \quad \text{(포물선 - 직선형의 경우)} \tag{3.40a}$$

$$R_n = \frac{M_n}{bd^2} = \rho f_y\left(1 - \frac{m}{2\eta}\right) \quad \text{(등가 직사각형의 경우)} \tag{3.40b}$$

또한 식 (3.39)에서 $\rho = 0.85 f_{ck} m / f_y$이므로, 식 (3.40a, b)에 대입하면,

$$m^2 - \frac{\alpha}{\beta}m + \frac{\alpha}{\beta}\frac{R_n}{0.85 f_{ck}} = 0 \quad \text{(포물선 - 직선형의 경우)}$$

$$m^2 - 2\eta m + 2\eta\frac{R_n}{0.85 f_{ck}} = 0 \quad \text{(등가 직사각형의 경우)}$$

포물선 - 직선형의 경우 m은 근의 공식에 의해

$$m_1 = \frac{1}{2}\left(\frac{\alpha}{\beta} - \sqrt{\left(\frac{\alpha}{\beta}\right)^2 - \frac{4\alpha}{\beta}\frac{R_n}{0.85 f_{ck}}}\right) < 1$$

$$m_2 = \frac{1}{2}\left(\frac{\alpha}{\beta} + \sqrt{\left(\frac{\alpha}{\beta}\right)^2 - \frac{4\alpha}{\beta}\frac{R_n}{0.85 f_{ck}}}\right) > 1$$

등가 직사각형의 경우 m은 근의 공식에 의해

$$m_1 = \frac{1}{2}\left(2\eta - \sqrt{(2\eta)^2 - 8\eta\frac{R_n}{0.85 f_{ck}}}\right) < 1$$

$$m_2 = \frac{1}{2}\left(2\eta - \sqrt{(2\eta)^2 - 8\eta\frac{R_n}{0.85 f_{ck}}}\right) > 1$$

이므로 m_1이 해이다. $\rho = 0.85 f_{ck} m / f_y$에 m_1을 대입하여 정리하면,

$$\rho = \frac{\alpha}{2\beta}\frac{0.85 f_{ck}}{f_y}\left(1 - \sqrt{1 - \frac{4\beta}{\alpha}\frac{R_n}{0.85 f_{ck}}}\right) \tag{3.41a}$$

$$\rho = \eta\frac{0.85 f_{ck}}{f_y}\left(1 - \sqrt{1 - \frac{2}{\eta}\frac{R_n}{0.85 f_{ck}}}\right) \tag{3.41b}$$

여기서 R_n은 식 (3.40a, b)로부터

$$R_n = \frac{M_n}{bd^2} = \frac{M_u}{\phi bd^2} \tag{3.42}$$

식 (3.41a, b)을 통해 철근비 ρ를 구하면 단면을 곱해 철근량 A_s를 계산한다. 물론 계산한 철근비 ρ가 최소철근비 $\rho_{\min}$보다 작으면 안 되므로,

표 3.3 단철근 직사각형 보의 최대 및 최소철근비

f_y(MPa)		f_{ck}(MPa) 21	24	27	30	40	50
300	ρ_{max}	0.0216	0.0246	0.0277	0.0307	0.0410	0.0491
	ρ_{min}	0.0032	0.0034	0.0036	0.0038	0.0044	0.0049
400	ρ_{max}	0.0161	0.0184	0.0207	0.0231	0.0307	0.0368
	ρ_{min}	0.0024	0.0026	0.0027	0.0029	0.0033	0.0037
500	ρ_{max}	0.0114	0.0130	0.0146	0.0162	0.0216	0.0259
	ρ_{min}	0.0019	0.0021	0.0022	0.0023	0.0026	0.0030
600	ρ_{max}	0.0084	0.0097	0.0109	0.0121	0.0161	0.0192
	ρ_{min}	0.0014	0.0015	0.0016	0.0016	0.0019	0.0021

표에서 ρ_{min} 계산 시에 $d=0.9h$, $jd=0.875d$, $\phi=0.85$로 가정하였다. ρ_{max}는 $d=d_t$일 때며, 다른 경우에는 값에 d_t/d를 곱해야 한다.

$$A_s = {}_{\max}(\rho,\ \rho_{\min})bd \tag{3.43}$$

이다. 여기서 최소철근비 ρ_{min}는 식 (3.28)로 계산하거나 표 3.3을 이용한다.

A_s는 설계도표를 이용해서 구할 수도 있다. 부표 3.1.2를 참고하자.

3 **단계** 철근개수 결정 및 배치

A_s를 계산하면 D13 이상의 철근을 선택하고 단면적으로 나누어 개수를 결정한다. 계산된 철근 개수가 소수일 때는 올림 한다.

지름이 작은 철근을 사용하면 인장응력을 분산시킬 수 있어 균열방지 등에 유리하지만, 많은 개수 때문에 배근과 콘크리트 타설에 불리하다.
반대로 지름이 지나치게 큰 철근을 사용하면 부착력이 감소하고 응력이 집중되는 단점이 있다. 따라서 배근 간격은 그림 3.12(a)와 같이,

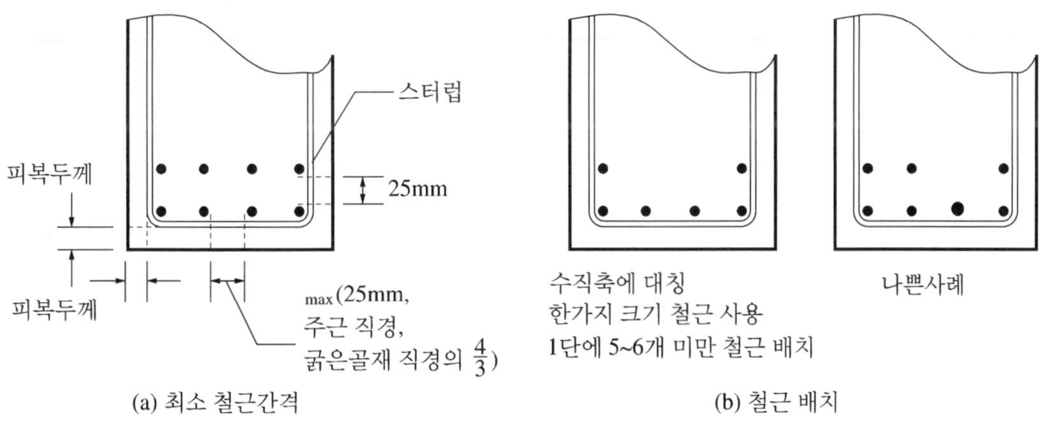

그림 3.12 철근배치 상세

표 3.4 피복두께 규정(현장치기 콘크리트의 경우)

구분			피복두께(mm)
수중에 치는 콘크리트			100
흙에 접하여 콘크리트를 친 후 영구히 묻혀있는 콘크리트			75
흙에 접하거나 옥외 공기에 노출된 콘크리트	D19 이상 철근		50
	D16 이하 철근, 지름 16 mm 이하 철선		40
옥외 공기에 직접 노출되지 않은 콘크리트	슬래브, 벽체, 장선	D35 초과 철근	40
		D35 이하 철근	20
	보, 기둥($f_{ck} \geq 40$ MPa인 경우 10 mm 감소 가능)		40
	쉘, 절판 부재		20

1) 수평 철근 순간격 $\max(25\text{ mm},\ d_b,$ 굵은골재 직경의 $4/3)$

2) 단 사이 철근 순간격 25 mm 이상

으로 한다.

철근의 배치는 그림 3.12(b)와 같이 수직 축에 대칭이 되도록 하고, 동일위치에서 다른 종류의 철근 사용은 피한다. 또한 시공성을 고려해서 1단에 5~7개 미만의 철근을 배치하는 것이 좋다.

피복두께는 단면 외측에서 철근의 바깥쪽 표면까지의 거리로 내화성능확보와 탄산화에 의한 철근부식방지 역할을 한다. 일반적으로 보나 기둥의 경우 40 mm, 슬래브는 20 mm이며 그 밖의 피복두께 규정은 표 3.4와 같다.

4 단계 설계 결과 검토

실제 배치한 철근을 고려해서 변형률적합조건과 $\phi M_n \geq M_n$의 만족여부를 검토한다. 즉 안전율 FS는

$$\text{FS} = \frac{M_u}{\phi M_n} \leq 1 \tag{3.44}$$

예제 3-4 단철근 직사각형 보의 휨설계

계수 부(−) 휨모멘트 $M_u = 580$ kN·m를 받는 보의 단부를 단철근 직사각형 보로 설계하라. 단, 단면 $b = 400$ mm, $d = 640$ mm, 사용 휨철근은 SD 400급 D25 1단 배근, 스터럽 D10, 콘크리트 $f_{ck} = 28$ MPa, 굵은골재 최대치수는 20 mm이다.

풀이

예비 계산

$\alpha = 0.80,\ \beta = 0.40,\ \beta_1 = 0.80,\ \epsilon_{cu} = 0.0033,\ \epsilon_y = f_y/E_s = 400/200{,}000 = 0.002$

$\epsilon_{ta} = {}_{\max}(0.004, 2.0\epsilon_y) = 0.004,\ \epsilon_{tt} = {}_{\max}(0.005, 2.5\epsilon_y) = 0.005$

$d_t = 640\ \mathrm{mm}$(1단 배근)

$\phi = 0.85$로 가정

$$\rho_{\max} = \frac{\epsilon_{cu}}{\epsilon_{cu}+\epsilon_{ta}}\frac{\alpha(0.85f_{ck})}{f_y}\frac{d_t}{d} = \frac{0.0033}{0.0033+0.004}\times\frac{0.8(0.85\times 28)}{400}\times\frac{640}{640} = 0.02152$$

$$\rho_{\min} = 0.178\frac{\lambda\sqrt{f_{ck}}}{\phi f_y} = 0.178\frac{1\sqrt{28}}{0.85\times 400} = 0.0028$$

단면 적절성 검토

$$c = \frac{A_s f_y}{\alpha(0.85f_{ck})b} = \frac{(\rho_{\max}bd)f_y}{\alpha(0.85f_{ck})b} = \frac{(0.02152\times 400\times 640)\times 400}{0.8\times(0.85\times 28)\times 400} = 289.3\ \mathrm{mm}$$

$$\begin{aligned}\phi M_n &= \phi A_s f_y (d-\beta c)\\ &= 0.85\times(0.02152\times 400\times 640)\times 400\times(640-0.4\times 289.3)\times 10^{-6}\\ &= 982.0\ \mathrm{kN{\cdot}m}\end{aligned}$$

$\phi M_n(982.0\ \mathrm{kN{\cdot}m}) \ge M_u(580\ \mathrm{kN{\cdot}m})$이므로 단철근 직사각형보로 설계가 가능하다.

철근비 및 철근량 계산

[방법 1]

$$M_n = \frac{M_u}{\phi} = \frac{580}{0.85} = 682.4\ \mathrm{kN{\cdot}m}$$

$$R_n = \frac{M_n}{bd^2} = \frac{682.4\times 10^6}{400\times 640^2} = 4.165\ \mathrm{MPa}$$

$$\rho = \frac{\alpha}{2\beta}\times\frac{0.85f_{ck}}{f_y}\left(1-\sqrt{1-\frac{4\beta}{\alpha}\frac{R_n}{0.85f_{ck}}}\right)$$

$$= \frac{0.8}{2\times 0.4}\times\frac{0.85\times 28}{400}\left(1-\sqrt{1-\frac{4\times 0.4}{0.8}\frac{4.165}{0.85\times 28}}\right) = 0.0115$$

$\rho(0.0115) \le \rho_{\max}(0.0215)$이므로 철근비 만족

그러므로

$A_s = {}_{\max}(\rho,\ \rho_{\min})bd = 0.0115\times 400\times 640 = 2{,}944\ \mathrm{mm}^2$

[방법 2] 도표 이용

부표 3.1.2를 이용하면,

$$\frac{M_u}{\phi f_{ck} b d^2} = \frac{580 \times 10^6}{0.85 \times 28 \times 400 \times 640^2} = 0.1487$$

따라서 부표에서 0.1487일 때의 $w = 0.165$이므로,

$\rho = \omega f_{ck} / f_y = 0.165 \times 28/400 = 0.0116$

$A_s = {}_{\max}(\rho, \rho_{\min}) bd = 0.0116 \times 400 \times 640 = 2{,}969.6\ \mathrm{mm}^2$

[방법 1]과 거의 같은 값이다.

철근 개수 계산 및 배치

D25 철근의 단면적 $A_{s1} = 506.7\ \mathrm{mm}^2$이므로

$n = 2{,}944/506.7 = 5.81 \ \rightarrow$ 6개 (올림)

1단 배근 가능 여부 검토(스터럽 D10 이용)

배근을 결정하기 위하여 소요 최소 폭 b_r을 검토하면

$c_{cover} = 40\ \mathrm{mm}$(피복두께),

$d_b = 25.4\ \mathrm{mm}$(휨철근 D25 공칭지름), $d_{bs} = 9.53\ \mathrm{mm}$(스터럽 공칭지름)

$b_r = 2c_{cover} + 2d_{bs} + n d_b + (n-1) \times {}_{\max}(25\ \mathrm{mm},\ d_b,$ 최대골재의 4/3배)

$= 2 \times 40 + 2 \times 9.53 + 6 \times 25.4 + 5 \times 27 = 386\ \mathrm{mm} < (b = 400\ \mathrm{mm})$

이므로, 적절하다. 또한 부(−) 휨모멘트이므로 상부에 인장철근 배치

설계 결과 검토

$A_s = A_{s1} n = 506.7 \times 6 = 3{,}040.2\ \mathrm{mm}^2$

$$c = \frac{A_s f_y}{\alpha (0.85 f_{ck}) b} = \frac{3{,}040.2 \times 400}{0.8 \times (0.85 \times 28) \times 400} = 159.7\ \mathrm{mm}$$

$M_n = A_s f_y (d - \beta c) = 3{,}040.2 \times 400 \times (640 - 0.4 \times 159.7) \times 10^{-6} = 700.6\ \mathrm{kN \cdot m}$

$$\epsilon_t = \epsilon_{cu}\left(\frac{d_t - c}{c}\right) = 0.0033\left(\frac{640 - 159.7}{159.7}\right) = 0.0099$$

$\epsilon_t = 0.0099 \geq \epsilon_{ta}(0.004)$ 변형률적합조건 만족

$\epsilon_t = 0.0099 \geq \epsilon_{tt}(0.005)$ 인장지배단면이므로

$\phi = 0.85$

안전율 $\mathrm{FS} = \dfrac{M_u}{\phi M_n} = \dfrac{580}{0.85 \times 700.6} = 0.974 \leq 1.0$

안전

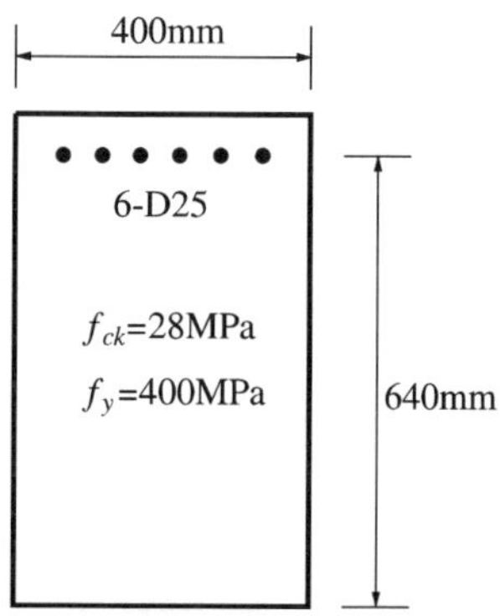

(2) 단면($b \times d$)과 A_s를 모두 구하는 경우

1 단계 단면($b \times h$) 결정

적절한 철근비를 결정하기 위해 $\epsilon_t = 0.006 \sim 0.008$로 가정한다. 이 값은 휨부재의 $\epsilon_t \geq \epsilon_{ta}$ 조건을 만족하고 인장지배단면 $\phi = 0.85$이다.

$$\rho = \frac{\epsilon_{cu}}{\epsilon_{cu} + \epsilon_t} \frac{\alpha(0.85 f_{ck})}{f_y} \frac{d_t}{d} \quad \text{(포물선 - 직선형의 경우)} \tag{3.45a}$$

$$\rho = \frac{\epsilon_{cu}}{\epsilon_{cu} + \epsilon_t} \frac{\eta(0.85 \beta_1 f_{ck})}{f_y} \frac{d_t}{d} \quad \text{(등가 직사각형의 경우)} \tag{3.45b}$$

$$M_n = \frac{M_u}{\phi}$$

식 (3.31)을 철근비 ρ로 표현하고 식 (3.40a, b)에 대입하여 정리하면

$$R_n = \rho f_y \left(1 - \frac{\beta}{\alpha} \frac{\rho f_y}{0.85 f_{ck}}\right) \quad \text{(포물선 - 직선형의 정우)} \tag{3.46a}$$

$$R_n = \rho f_y \left(1 - \frac{\rho f_y}{\eta 1.7 f_{ck}}\right) \quad \text{(등가 직사각형의 경우)} \tag{3.46b}$$

이제 식 (3.42)에서

$$bd^2 = \frac{M_u}{\phi R_n}$$

이다. 일반적으로 직사각형 보의 폭 대 깊이 비 $b : d = 1 : 1.5 \sim 2.0$이다. $k = \frac{b}{d} \Rightarrow \frac{1}{1.5} \sim \frac{1}{2.0}$로 가정하고 위 식을 정리하면,

$$d = \sqrt[3]{\frac{M_n / R_n}{k}}$$

이다. 유효깊이 d를 구하면 보의 깊이 h(1단 배근인 경우)와 b는 각각,

$$h \fallingdotseq d + \text{주철근의 직경}/2 + \text{전단철근 공칭지름} + \text{피복두께 } c_{\text{cover}}$$

$$b \fallingdotseq kd$$

여기서 h와 b는 $\epsilon_t = 0.006 \sim 0.008$로 가정했기 때문에 반드시 올림할 필요는 없다. 또한 시공성을 고려해서 50 mm 단위로 정한다.

2 단계 이후

단면이 결정됐으므로 앞에서 살펴보았던 (1)과 같다. 예제를 통해 확인해 보자.

예제 3-5

그림과 같은 단순보를 직사각형 단면으로 설계하라. 단, 휨철근은 SD 400급 D25, 스터럽 D10, 콘크리트 $f_{ck} = 24\text{ MPa}$, 굵은골재 20 mm이다.

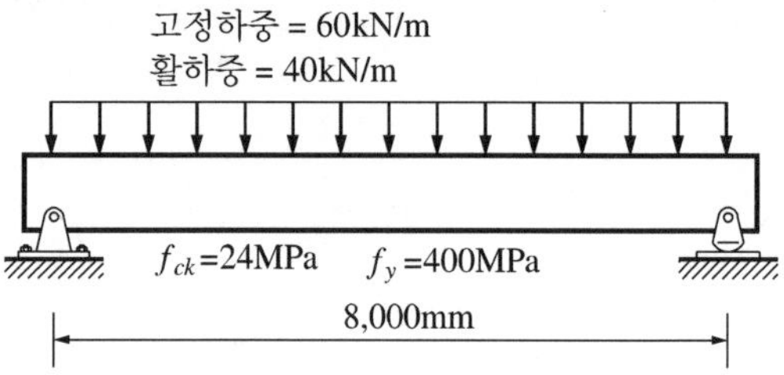

풀이

소요 휨모멘트 M_u 계산

소요하중 $w_u = 1.2D + 1.6L = 1.2 \times (60) + 1.6 \times 40 = 136\text{ kN/m}$

단면의 최대 소요모멘트 $M_u = \dfrac{w_u l_n^2}{8} = \dfrac{136 \times 8^2}{8} = 1{,}088\text{ kN·m}$

예비 계산

$\alpha = 0.80,\ \beta = 0.40,\ \beta_1 = 0.80,\ \epsilon_{cu} = 0.0033,\ \epsilon_y = f_y/E_s = 400/200{,}000 = 0.002$

$\epsilon_{ta} = {}_{\max}(0.004,\ 2.0\epsilon_y) = 0.004$

$\epsilon_{tt} = {}_{\max}(0.005,\ 2.5\epsilon_y) = 0.005$

$d_t = d$ 가정(1단 배근)

$$\rho_{\max} = \frac{\epsilon_{cu}}{\epsilon_{cu} + \epsilon_{ta}} \frac{\alpha(0.85 f_{ck})}{f_y} \frac{d_t}{d} = \frac{0.0033}{0.0033 + 0.004} \times \frac{0.8(0.85 \times 24)}{400} = 0.0184$$

$$\rho_{\min} = 0.178 \frac{\lambda\sqrt{f_{ck}}}{\phi f_y} = 0.178 \frac{1\sqrt{24}}{0.85 \times 400} = 0.0026$$

단면 결정

$\epsilon_t = 0.008$로 가정, $\phi = 0.85$

$$\rho = \frac{\epsilon_{cu}}{\epsilon_{cu} + \epsilon_t} \frac{\alpha(0.85 f_{ck})}{f_y} \frac{d_t}{d} = \frac{0.0033}{0.0033 + 0.008} \times \frac{0.8(0.85 \times 24)}{400} = 0.0119$$

$$R_n = \rho f_y \left(1 - \frac{\beta}{\alpha} \frac{\rho f_y}{0.85 f_{ck}}\right) = 0.0119 \times 400 \left(1 - \frac{0.4}{0.8} \frac{0.0119 \times 400}{0.85 \times 24}\right) = 4.066\text{ MPa}$$

$$M_n = \frac{M_u}{\phi} = \frac{1{,}088}{0.85} = 1{,}280 \text{ kN·m}$$

$k = \dfrac{1}{1.5}$로 가정

$$d = \sqrt[3]{\frac{M_n/R_n}{k}} = \sqrt[3]{\frac{1{,}280 \times 10^6/4.066}{1/1.5}} = 779 \text{ mm}$$

$c_{cover} = 40$ mm(피복두께), $d_b = 25.4$ mm(휨철근 공칭지름)

$d_{bs} = 9.53$ mm(스터럽 공칭지름)

$$h = d + c_{cover} + d_{bs} + d_b/2 = 779 + 40 + 9.53 + 25.4/2 = 841 \text{ mm}$$

$b = kd = \dfrac{1}{1.5} \times 779 = 519$ mm, 그러므로 $h = 850$ mm, $b = 500$ mm을 선택한다.

A_s 계산

$$d = h - c_{cover} - d_{bs} - d_b/2 = 850 - 40 - 9.53 - 25.4/2 = 787.8 \text{ mm}$$

$$R_n = \frac{M_n}{bd^2} = \frac{1{,}280 \times 10^6}{500 \times 787.8^2} = 4.125 \text{ MPa}$$

$$\rho = \frac{\alpha}{2\beta}\frac{0.85f_{ck}}{f_y}\left(1 - \sqrt{1 - \frac{4\beta}{\alpha}\frac{R_n}{0.85f_{ck}}}\right)$$

$$= \frac{0.8}{2 \times 0.4} \times \frac{0.85 \times 24}{400} \times \left(1 - \sqrt{1 - \frac{4 \times 0.4}{0.8} \times \frac{4.125}{0.85 \times 24}}\right) = 0.01164$$

$\rho(0.0116) \le \rho_{max}(0.0184)$이므로 최대철근비 만족

$$A_s = {}_{\max}(\rho,\ \rho_{min})bd = 0.01164 \times 500 \times 787.8 = 4{,}585 \text{ mm}^2$$

철근 개수 계산 및 배치

$n = 4{,}585/506.7 = 9.05 \rightarrow$ 10개 (올림)

1단 배근 가능 여부 검토(스터럽 D10 이용)

$b_r = 2 \times 40 + 2 \times 9.53 + 10 \times 25.4 + 9 \times 27 = 596 \text{ mm} > 500 \text{ mm}$ 부적절

그러므로 5개씩 2단 배근

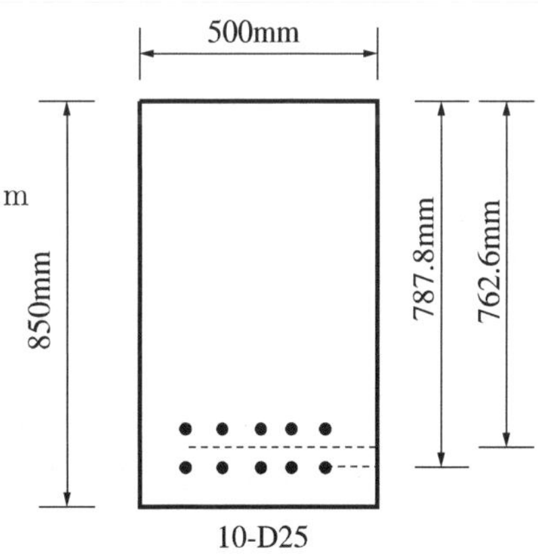

설계 결과 검토

$d = 850 - 40 - 9.53 - 25.4 - 25/2 = 762.6$ mm

$d_t = 787.8$ mm

$A_s = A_{s1}n = 506.7 \times 10 = 5{,}067 \text{ mm}^2$

$$c = \frac{A_s f_y}{\alpha(0.85f_{ck})b}$$

$$= \frac{5{,}067 \times 400}{0.8 \times (0.85 \times 24) \times 500} = 248.4 \text{ mm}$$

$$\epsilon_t = \epsilon_{cu}\left(\frac{d_t - c}{c}\right) = 0.0033\left(\frac{787.8 - 248.4}{248.4}\right)$$

$$= 0.0072$$

$\epsilon_t = 0.0072 \geq \epsilon_{ta}$에서 변형률 적합조건 만족

$\epsilon_t = 0.0072 \geq \epsilon_{tt}$에서 인장지배단면이므로 $\phi = 0.85$

$$M_n = A_s f_y (d - \beta c) = 5{,}067 \times 400 \times (762.6 - 0.4 \times 248.4) \times 10^{-6} = 1{,}344 \text{ kN·m}$$

$$\text{안전율 FS} = \frac{M_u}{\phi M_n} = \frac{1{,}088}{0.85 \times 1{,}344} = 0.952 \leq 1.0 \text{ 안전}$$

3-4 복철근 직사각형 보의 휨해석과 설계

3-4-1. 복철근 직사각형 보의 필요성과 장점

단철근 직사각형 보의 설계 휨모멘트강도 ϕM_n를 계산한 결과 소요모멘트 M_u보다 작아서 ϕM_n를 증가시켜야 하는 경우를 생각해 보자.

$$M_u \not\leq \phi M_n = \phi \rho f_y b d^2 \left(1 - \frac{\beta}{\alpha} \frac{\rho f_y}{0.85 f_{ck}}\right) \quad \text{(포물선 - 직선형의 경우)}$$

$$M_u \not\leq \phi M_n = \phi \rho f_y b d^2 \left(1 - \frac{\rho f_y}{\eta 1.7 f_{ck}}\right) \quad \text{(등가 직사각형의 경우)}$$

ϕM_n을 키우는 방법은 f_y, f_{ck}, b, d, ρ를 증가시키면 된다.

1) 실무적으로 철근과 콘크리트의 재료강도 f_{ck}, f_y는 모든 구조부재에 대하여 종합적으로 검토해야 하기 때문에 변동이 어렵다.
2) 단면의 크기 b, d 또한 층고의 제약으로 불가능할 수 있다.
3) 철근비 ρ는 어떨까? ρ는 최대철근비까지 증가시킬 수 있지만, 휨철근량이 증가하여 변환구간단면이 되면 강도감소계수 ϕ가 감소하기 때문에 $\phi M_n \geq M_u$를 만족시키는데 효과적이지 않다.

이 경우에 압축측에도 철근을 배치하면, 압축철근이 부담하는 압축력만큼 인장철근의 인장력과 균형을 이루므로 인장 철근비를 상대적으로 낮출 수 있다. 따라서 최대철근비 이하를 유지하면서 ϕM_n가 커진다. 이와 같이 압축철근을 배근

한 보를 **복철근 직사각형 보**라고 한다. 단면에 압축철근을 배치하면 위의 휨강도 증가와 이외에도 다음과 같은 장점이 있다.

(1) 장기처짐 감소

복철근 보는 단철근 보에 비해 장기처짐이 감소한다. 실험결과에 의하면 초기 탄성처짐은 거의 같지만, 장기처짐은 압축철근비와 인장철근비가 같은 경우, 단철근 보에 비하여 50% 이상의 처짐 감소를 보인다. 기준에서도 장기처짐을 계산할 때 이러한 압축철근의 효과를 반영하고 있다.

(2) 연성의 증진

압축철근을 배치하면, 압축력이 상대적으로 커지므로 인장 철근의 변형률이 증가한다. 즉, 보의 연성이 증가하는 효과가 있다. 이것은 내진구조에서 휨모멘트의 재분배가 일어나는 경우 구조물의 안정성을 높이는데 매우 중요한 기능을 한다.

(3) 전단보강근 조립의 편의 등 시공성능 향상

보의 철근조립에서 압축철근을 배치하면 전단철근(스터럽) 설치와 피복두께 유지에 매우 편리하다. 압축철근이 단면 모서리 철근이 되어 스터럽을 고정시키고, 스페이서(spacer)를 사용할 때 거푸집과의 일정한 간격을 유지하기 때문이다. 그러므로 실제 설계상 압축철근이 필요치 않은 경우에도 양 모서리에 압축철근을 배치해서 시공성능을 향상시킨다.

3-4-2. 복철근 직사각형 보의 휨해석

그림 3.13과 같은 복철근 직사각형 보의 휨단면을 해석해 보자. 힘의 평형에 의해

$$C_C + C_S = T$$

여기서 C_C=콘크리트에 의한 압축력, C_S=압축철근에 의한 압축력, T=인장철근에 의한 인장력이고,

$$T = A_s f_y, \quad C_C = \alpha(0.85 f_{ck})bc, \quad C_S = A_s{}' f_s{}' \quad \text{(포물선 - 직선형의 경우)}$$

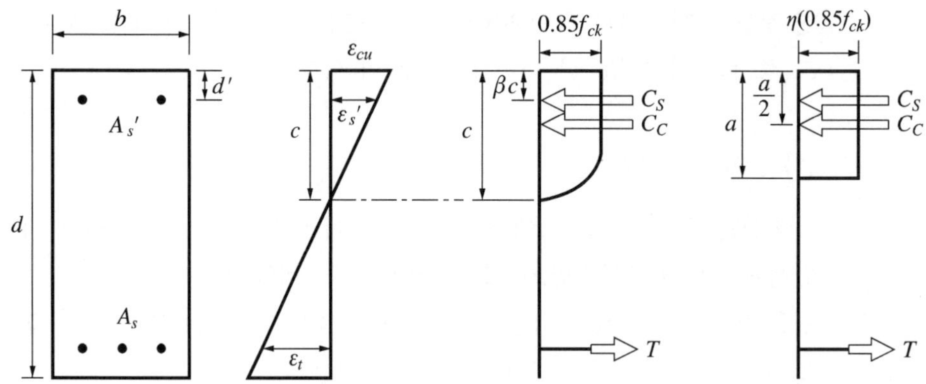

그림 3.13 복철근 직사각형 보

$$T = A_s f_y, \quad C_C = \eta(0.85 f_{ck})ab, \quad C_S = A_s' f_s' \qquad \text{(등가 직사각형의 경우)}$$

여기서 인장철근은 휨부재의 설계 개념에서 반드시 항복하므로 f_y가 되지만 압축철근은 값을 모르기 때문에 f_s'로 나타냈다.

단면의 공칭휨모멘트 M_n은

$$M_n = M_{n1} + M_{n2} \tag{3.47}$$

에서

$$M_{n1} = C_C(d - \beta c) = \alpha(0.85 f_{ck})bc(d - \beta c) \quad \text{또는}$$
$$M_{n1} = (T - C_S)(d - \beta c) = (A_s f_y - A_s' f_s')(d - \beta c)$$

(포물선 - 직선형의 경우)

$$M_{n1} = C_C\left(d - \frac{a}{2}\right) = \eta(0.85 f_{ck})ab\left(d - \frac{a}{2}\right)$$

$$M_{n1} = (T - C_S)\left(d - \frac{a}{2}\right) = (A_s f_y - A_s' f_s')\left(d - \frac{a}{2}\right)$$

(등가 직사각형의 경우)

이고

$$M_{n2} = A_s' f_s'(d - d')$$

이제 압축철근비 ρ'를 정의한다.

$$\rho' = \frac{A_s'}{bd} \tag{3.48}$$

또한 인장철근비에서,

$$\rho = \frac{A_s}{bd} = \frac{A_s f_y}{bdf_y} = \frac{\alpha(0.85f_{ck})bc + A_s' f_s'}{bdf_y} = \alpha 0.85\frac{f_{ck}}{f_y}\frac{c}{d} + \rho'\frac{f_s'}{f_y}$$

(포물선 - 직선형의 경우) (3.49a)

$$\rho = \frac{A_s}{bd} = \frac{A_s f_y}{bdf_y} = \frac{\eta(0.85f_{ck})ab + A_s' f_s'}{bdf_y} = \eta 0.85\beta_1\frac{f_{ck}}{f_y}\frac{c}{d} + \rho'\frac{f_s'}{f_y}$$

(등가 직사각형의 경우) (3.49b)

그림 3.13에서 변형률 비례에 의해

$$\epsilon_s' = \epsilon_{cu}\left(\frac{c-d'}{c}\right), \quad c = d'\left(\frac{\epsilon_{cu}}{\epsilon_{cu}-\epsilon_s'}\right)$$

이므로 c를 식 (3.49a, b)에 대입하면,

$$\rho = \alpha 0.85\frac{f_{ck}}{f_y}\left(\frac{\epsilon_{cu}}{\epsilon_{cu}-\epsilon_s'}\right)\frac{d'}{d} + \rho'\frac{f_s'}{f_y} \quad \text{(포물선 - 직선형의 경우)} \quad (3.50a)$$

$$\rho = \eta 0.85\beta_1\frac{f_{ck}}{f_y}\left(\frac{\epsilon_{cu}}{\epsilon_{cu}-\epsilon_s'}\right)\frac{d'}{d} + \rho'\frac{f_s'}{f_y} \quad \text{(등가 직사각형의 경우)} \quad (3.50b)$$

압축철근이 항복하는 조건은 $\epsilon_s' \geq \epsilon_y$이므로, $\epsilon_s' = \epsilon_y$, $f_s' = f_y$를 대입하면,

$$\rho_{cy} = \alpha 0.85\frac{f_{ck}}{f_y}\left(\frac{\epsilon_{cu}}{\epsilon_{cu}-\epsilon_y}\right)\frac{d'}{d} + \rho' \quad \text{(포물선 - 직선형의 경우)} \quad (3.51a)$$

$$\rho_{cy} = \eta 0.85\beta_1\frac{f_{ck}}{f_y}\left(\frac{\epsilon_{cu}}{\epsilon_{cu}-\epsilon_y}\right)\frac{d'}{d} + \rho' \quad \text{(등가 직사각형의 경우)} \quad (3.51b)$$

가 된다. 그러므로

$\rho \geq \rho_{cy}$ 압축철근이 항복 $f_s' = f_y$ (3.52)

$\rho < \rho_{cy}$ 압축철근이 항복하지 않음 $f_s' < f_y$

식 (3.52)를 통해 압축철근의 항복여부를 알 수 있다.

또한 그림 3.13에서 ϵ_t에 대한 변형률 비례를 통해

$$\epsilon_t = \epsilon_{cu}\left(\frac{d_t - c}{c}\right), \quad c = d_t\left(\frac{\epsilon_{cu}}{\epsilon_{cu}+\epsilon_t}\right)$$

이므로 식 (3.49a, b)에 대입하면,

$$\rho = \alpha 0.85 \frac{f_{ck}}{f_y}\left(\frac{\epsilon_{cu}}{\epsilon_{cu}+\epsilon_t}\right)\frac{d_t}{d} + \rho' \frac{f_s'}{f_y} \qquad \text{(포물선 - 직선형의 경우)}$$

$$\rho = \eta 0.85 \beta_1 \frac{f_{ck}}{f_y}\left(\frac{\epsilon_{cu}}{\epsilon_{cu}+\epsilon_t}\right)\frac{d_t}{d} + \rho' \frac{f_s'}{f_y} \qquad \text{(등가 직사각형의 경우)}$$

위 식에서 우측의 첫 번째 항은 단철근 직사각형 보의 철근비이므로 복철근 직사각형 보의 최대 철근비 $\rho_{t.\max}$는,

$$\rho_{t.\max} = \rho_{\max} + \rho' \frac{f_s'}{f_y} \tag{3.53}$$

즉, 단철근 직사각형 보의 최대철근비 $\rho_{\max}$에 압축철근비만큼 철근비가 완화 된다는 사실을 알 수 있다.

(1) 압축철근이 항복하는 경우($\rho \geq \rho_{cy}$)

만약 압축철근이 항복한다면 그림 3.14와 같이 $f_s' = f_y$이다. 또한 $C_C + C_S = T$이므로 정리하면,

$$\alpha(0.85 f_{ck})bc + A_s' f_y = A_s f_y$$

$$c = \frac{(A_s - A_s')f_y}{\alpha(0.85 f_{ck})b} \qquad \text{(포물선 - 직선형의 경우)} \tag{3.54a}$$

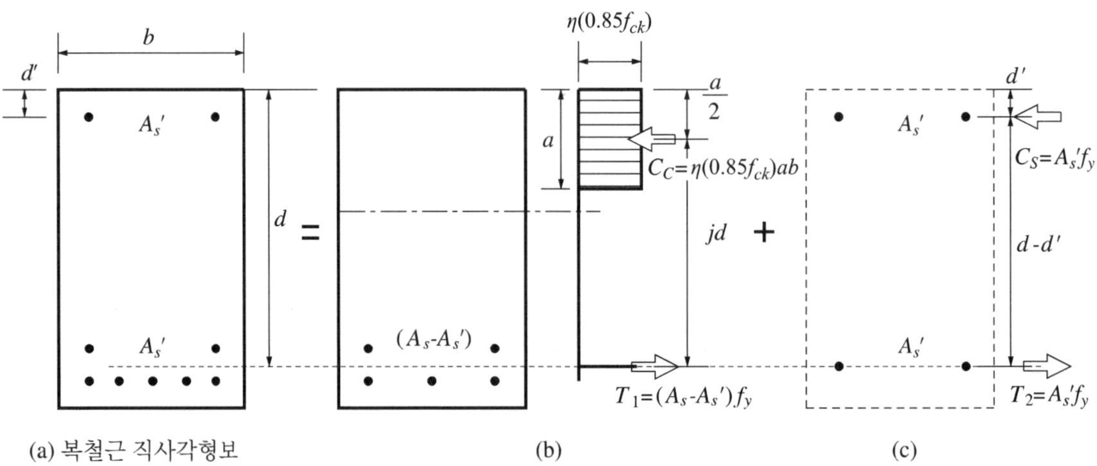

그림 3.14 압축 철근이 항복하는 복철근 직사각형 보의 해석

$$\eta(0.85 f_{ck}) ab + A_s{}' f_y = A_s f_y$$

$$a = \frac{(A_s - A_s{}') f_y}{\eta(0.85 f_{ck}) b} \quad \text{(등가 직사각형의 경우)} \tag{3.54b}$$

복철근 보의 공칭휨모멘트 M_n은,

$$M_n = M_{n1} + M_{n2} \quad \text{(포물선 - 직선형의 경우)} \tag{3.55a}$$

$$M_{n1} = (A_s - A_s{}') f_y (d - \beta c)$$

$$M_{n2} = A_s{}' f_y (d - d')$$

$$M_n = M_{n1} + M_{n2} \quad \text{(등가 직사각형의 경우)} \tag{3.55b}$$

$$M_{n1} = (A_s - A_s{}') f_y \left(d - \frac{a}{2}\right)$$

$$M_{n2} = A_s{}' f_y (d - d')$$

이것은

- $(A_s - A_s{}')$를 갖는 난철근 보가 부남하는 M_{n1}(그림 b)
- 압축철근 $A_s{}'$와 인장철근 $A_s{}'$가 부담하는 우력모멘트 M_{n2}(그림 c)

을 단순히 합한 값이다.

(2) 압축철근이 항복하지 않는 경우($\rho < \rho_{cy}$)

$\rho < \rho_{cy}$인 경우 $f_s{}' = E_s \epsilon_s{}'$이므로,

$$C_c = \alpha(0.85 f_{ck}) bc,\ C_s = (E_s \epsilon_s{}') A_s{}',\ T = A_s f_y \quad \text{(포물선 - 직선형의 경우)}$$

$$C_c = \eta(0.85 f_{ck}) ab,\ C_s = (E_s \epsilon_s{}') A_s{}',\ T = A_s f_y \quad \text{(등가 직사각형의 경우)}$$

이고, $C_C + C_S = T$이므로 정리하면,

$$\alpha(0.85 f_{ck}) bc + E_s \epsilon_s{}' A_s{}' = A_s f_y \quad \text{(포물선 - 직선형의 경우)} \tag{3.56a}$$

$$\eta(0.85 f_{ck}) ab + E_s \epsilon_s{}' A_s{}' = A_s f_y \quad \text{(등가 직사각형의 경우)} \tag{3.56b}$$

그림 3.13의 변형률 비례에 의해 $\epsilon_s{}' = \epsilon_c \left(\frac{c - d'}{c}\right)$이고 $E_s = 200,000\,\text{MPa}$를 대입하면 식 (3.56a, b)은,

$$\alpha(0.85 f_{ck}) bc + 660 A_s{}' \left(\frac{c - d'}{c}\right) = A_s f_y \quad \text{(포물선 - 직선형의 경우)}$$

$$\eta(0.85f_{ck})ab + 660A_s{}'\left(\frac{a-\beta_1 d'}{a}\right) = A_s f_y \quad \text{(등가 직사각형의 경우)}$$

c/d, a/d에 대하여 정리하면,

$$\left(\frac{c}{d}\right)^2 + \frac{660\rho' - \rho f_y}{\alpha(0.85f_{ck})}\frac{c}{d} - \frac{660\rho'}{\alpha(0.85f_{ck})}\frac{d'}{d} = 0 \quad \text{(포물선 - 직선형의 경우)}$$

$$\left(\frac{a}{d}\right)^2 + \frac{660\rho' - \rho f_y}{\eta(0.85f_{ck})}\frac{a}{d} - \frac{660\rho'\beta_1}{\eta(0.85f_{ck})}\frac{d'}{d} = 0 \quad \text{(등가 직사각형의 경우)}$$

각 항의 계수를,

$$p = \frac{1}{2}\left(\frac{660\rho' - \rho f_y}{\alpha(0.85f_{ck})}\right), \quad q = \left(\frac{660\rho'}{\alpha(0.85f_{ck})}\right)\frac{d'}{d} \quad \text{(포물선 - 직선형의 경우)}$$

$$p = \frac{1}{2}\left(\frac{660\rho' - \rho f_y}{\eta(0.85f_{ck})}\right), \quad q = \left(\frac{660\rho'\beta_1}{\eta(0.85f_{ck})}\right)\frac{d'}{d} \quad \text{(등가 직사각형의 경우)}$$

라 놓으면,

$$\left(\frac{c}{d}\right)^2 + 2p\frac{c}{d} - q = 0 \quad \text{(포물선 - 직선형의 경우)}$$

$$\left(\frac{a}{d}\right)^2 + 2p\frac{a}{d} - q = 0 \quad \text{(등가 직사각형의 경우)}$$

근의 공식에 의해

$$\left(\frac{c}{d}\right)_1 = -p + \sqrt{p^2+q}, \ \left(\frac{c}{d}\right)_2 = -p - \sqrt{p^2+q} \quad \text{(포물선 - 직선형의 경우)}$$

$$\left(\frac{a}{d}\right)_1 = -p + \sqrt{p^2+q}, \ \left(\frac{a}{d}\right)_2 = -p - \sqrt{p^2+q} \quad \text{(등가 직사각형의 경우)}$$

에서 $\left(\frac{c}{d}\right)_1$, $\left(\frac{a}{d}\right)_1$이 해가 된다(양수). 그러므로

$$c = d\left(-p + \sqrt{p^2+q}\right) \quad \text{(포물선 - 직선형의 경우)}$$

$$a = d\left(-p + \sqrt{p^2+q}\right) \quad \text{(등가 직사각형의 경우)}$$

또한 $c = a/\beta_1$이고(등가 직사각형의 경우), $\epsilon_s{}' = \epsilon_{cu}\left(\frac{c-d'}{c}\right)$이므로 $f_s{}' = E_s\epsilon_s{}'$

를 통해 압축철근의 응력을 구할 수 있다.

압축철근의 응력 $f_s{}'$가 구해지면 공칭휨모멘트 M_n은 식 (3.57)과 같다.

$$M_n = M_{n1} + M_{n2} \tag{3.57}$$

$$M_{n1} = (A_s f_y - A_s{}' f_s{}')(d - \beta c) \quad \text{(포물선 - 직선형의 경우)}$$

$$M_{n1} = (A_s f_y - A_s{}' f_s{}')\left(d - \frac{a}{2}\right) \quad \text{(등가 직사각형의 경우)}$$

$$M_{n2} = A_s{}' f_s{}'(d - d')$$

여기서

$$f_s{}' = E_s \epsilon_s{}', \quad \epsilon_s{}' = 0.003\left(\frac{c - d'}{c}\right)$$

예제 3-6 압축철근이 항복하는 경우

그림과 같은 400 mm×600 mm 크기의 직사각형 복철근 보에 대한 설계 휨모멘트강도 ϕM_n을 포물선 - 직선형 등가응력분포와 등가 직사각형 압축응력블록을 이용하여 계산하라.
단, $f_{ck} = 21$ MPa, $f_y = 400$ MPa,
$A_{s1} = 506.7\ \text{mm}^2$

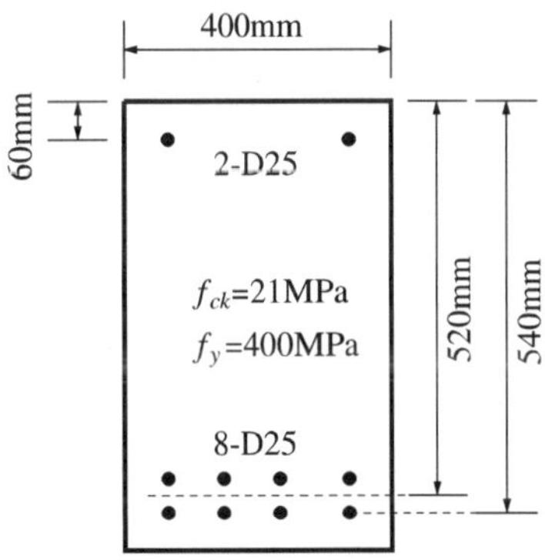

풀이

(1) 포물선 - 직선형 등가응력분포를 이용한 풀이

단면 검토

$\alpha = 0.80, \qquad \beta = 0.40,$

$\epsilon_{cu} = 0.0033, \qquad \epsilon_y = f_y / E_s = 400/200{,}000 = 0.002$

$d = 520\ \text{mm}, \qquad d_t = 540\ \text{mm}$

$\epsilon_{ta} = {}_{\max}(0.004, 2.0\epsilon_y) = 0.004, \qquad \epsilon_{tt} = {}_{\max}(0.005, 2.5\epsilon_y) = 0.005$

$$\rho_{\max} = \alpha 0.85\left(\frac{\epsilon_{cu}}{\epsilon_{cu} + \epsilon_{ta}}\right)\frac{f_{ck}}{f_y}\frac{d_t}{d} = 0.80 \times 0.85\left(\frac{0.0033}{0.0033 + 0.004}\right)\frac{21}{400}\frac{540}{520} = 0.0168$$

$$\rho_{\min} = \frac{0.178\lambda\sqrt{f_{ck}}}{\phi f_y} = 0.0024$$

철근비를 구하면,

$$\rho = \frac{A_s}{bd} = \frac{506.7\times 8}{400\times 520} = 0.0195, \qquad \rho' = \frac{A_s'}{bd} = \frac{506.7\times 2}{400\times 520} = 0.0049$$

$$\rho_{t,\max} = \rho_{\max} + \rho' = 0.0168 + 0.0049 = 0.0217$$

$\rho(=0.0195) < \rho_{t,\max}(=0.0217)$이므로 단면은 적절

압축철근 항복여부 검토

$$\epsilon_{cu} = 0.0033$$

$$\rho_{cy} = \alpha 0.85\frac{f_{ck}}{f_y}\left(\frac{\epsilon_{cu}}{\epsilon_{cu}-\epsilon_y}\right)\frac{d'}{d} + \rho'$$

$$= 0.80\times 0.85\left(\frac{21}{400}\right)\left(\frac{0.0033}{0.0033-0.002}\right)\left(\frac{60}{520}\right) + 0.0049 = 0.015$$

$\rho(=0.0195) \geq \rho_{cy}(=0.015)$이므로 압축철근은 항복한다.

공칭휨모멘트 계산

$$A_s - A_s' = 8\times 506.7 - 2\times 506.7 = 3{,}040.2\ \mathrm{mm}^2$$

$$c = \frac{(A_s - A_s')f_y}{\alpha 0.85 f_{ck} b} = \frac{3{,}040.2\times 400}{0.80\times 0.85\times 21\times 400} = 212.9\ \mathrm{mm}$$

$$M_{n1} = (A_s - A_s')f_y(d - \beta c) = 3{,}040.2\times 400\times (520 - 0.40\times 212.9)\times 10^{-6}$$

$$= 528.8\ \mathrm{kN\cdot m}$$

$$M_{n2} = A_s' f_y(d - d') = 2\times 506.7\times 400\times (520-60)\times 10^{-6} = 186.5\ \mathrm{kN\cdot m}$$

이므로

$$M_n = M_{n1} + M_{n2} = 528.8 + 186.5 = 715.3\ \mathrm{kN\cdot m}$$

설계모멘트 ϕM_n 계산

$$d_t = 540\ \mathrm{mm}$$

$$\epsilon_t = 0.0033\frac{d_t - c}{c} = 0.0033\times\frac{540-212.9}{212.9} = 0.0051 \geq \epsilon_{ta}$$

이므로 변형률적합조건을 만족

$\epsilon_t = 0.0051 \geq \epsilon_{tt}$에서 인장지배단면이므로

$$\phi = 0.85$$

그러므로 설계 휨모멘트강도 ϕM_n은

$$\phi M_n = 0.85\times 715.3 = 608.0\ \mathrm{kN\cdot m}$$

(2) 등가 직사각형 압축응력분포를 이용한 풀이

단면 검토

$\eta = 1.00, \qquad \beta_1 = 0.80$

$\epsilon_{cu} = 0.0033, \qquad \epsilon_y = f_y / E_s = 400/200{,}000 = 0.002$

$d = 520\,\text{mm}, \qquad d_t = 540\,\text{mm}$

$\epsilon_{ta} = {}_{\max}(0.004, 2.0\epsilon_y) = 0.004, \qquad \epsilon_{tt} = {}_{\max}(0.005, 2.5\epsilon_y) = 0.005$

$$\rho_{\max} = \eta 0.85\beta_1 \left(\frac{\epsilon_{cu}}{\epsilon_{cu} + \epsilon_{ta}}\right)\frac{f_{ck}}{f_y}\frac{d_t}{d} = 1.00 \times 0.80 \times 0.85\left(\frac{0.0033}{0.0033 + 0.004}\right)\frac{21}{400} = 0.0168$$

$$\rho_{\min} = \frac{0.178\lambda\sqrt{f_{ck}}}{\phi f_y} = 0.0024$$

철근비를 구하면,

$$\rho = \frac{A_s}{bd} = \frac{506.7 \times 8}{400 \times 520} = 0.0195, \qquad \rho' = \frac{A_s'}{bd} = \frac{506.7 \times 2}{400 \times 520} = 0.0049$$

$\rho_{t,\max} = \rho_{\max} + \rho' = 0.0168 + 0.0049 = 0.0217$

$\rho(=0.0195) < \rho_{t,\max}(=0.0217)$ 이므로 단면은 적절

압축철근 항복여부 검토

$\epsilon_{cu} = 0.0033$

$$\rho_{cy} = \eta 0.85\beta_1 \frac{f_{ck}}{f_y}\left(\frac{\epsilon_{cu}}{\epsilon_{cu} - \epsilon_y}\right)\frac{d'}{d} + \rho'$$

$$= 1.00 \times 0.85 \times 0.80\left(\frac{21}{400}\right)\left(\frac{0.0033}{0.0033 - 0.002}\right)\left(\frac{60}{520}\right) + 0.0049 = 0.015$$

$\rho(=0.0195) \geq \rho_{cy}(=0.015)$ 이므로 압축철근은 항복한다.

공칭휨모멘트 계산

$A_s - A_s' = 8 \times 506.7 - 2 \times 506.7 = 3{,}040.2\,\text{mm}^2$

$$a = \frac{(A_s - A_s')f_y}{\eta 0.85 f_{ck} b} = \frac{3{,}040.2 \times 400}{1.00 \times 0.85 \times 21 \times 400} = 170.3\,\text{mm}$$

$$M_{n1} = (A_s - A_s')f_y\left(d - \frac{a}{2}\right) = 3{,}040.2 \times 400 \times \left(520 - \frac{170.3}{2}\right) \times 10^{-6} = 528.8\,\text{kN·m}$$

$M_{n2} = A_s' f_y (d - d') = 2 \times 506.7 \times 400 \times (520 - 60) \times 10^{-6} = 186.5\,\text{kN·m}$

이므로

$M_n = M_{n1} + M_{n2} = 528.8 + 186.5 = 715.3\,\text{kN·m}$

설계모멘트 ϕM_n 계산

$c = a/\beta_1 = 170.3/0.80 = 212.9\,\text{mm}$

$d_t = 540\,\text{mm}$

$$\epsilon_t = 0.0033\frac{d_t - c}{c} = 0.0033 \times \frac{540 - 212.9}{212.9} = 0.0051 \geq \epsilon_{ta}$$

이므로 변형률적합조건을 만족

$\epsilon_t = 0.0051 \geq \epsilon_{tt}$에서 인장지배단면이므로

$\phi = 0.85$

그러므로 설계 휨모멘트강도 ϕM_n은

$\phi M_n = 0.85 \times 715.3 = 608.0\ \text{kN·m}$

예제 3-7 압축철근 항복하지 않는 경우

예제 3-6의 보에서 압축철근을 4-D25로 사용할 때 ϕM_n를 포물선-직선형 등가응력분포와 등가 직사각형 압축응력블록을 이용하여 계산하라.

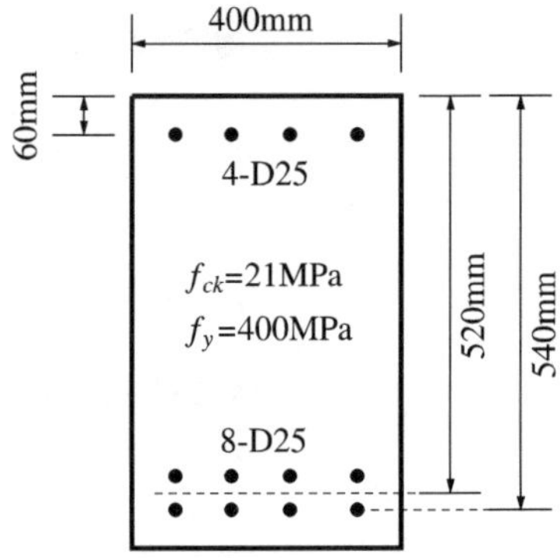

풀이

(1) 포물선-직선형 등가응력분포를 이용한 풀이

단면 검토

$\alpha = 0.80, \quad \beta = 0.40, \quad \epsilon_{cu} = 0.0033, \quad \epsilon_y = 0.002$

$\epsilon_{ta} = {}_{\max}(0.004, 2.0\epsilon_y) = 0.004$

$\epsilon_{tt} = {}_{\max}(0.005, 2.5\epsilon_y) = 0.005$

$d = 520\ \text{mm}, \quad d_t = 540\ \text{mm}, \quad \rho_{\max} = 0.0168, \quad \rho_{\min} = 0.0024$

철근비를 구하면,

$$\rho = \frac{A_s}{bd} = \frac{506.7 \times 8}{400 \times 520} = 0.0195, \quad \rho' = \frac{A_s'}{bd} = \frac{506.7 \times 4}{400 \times 520} = 0.00974$$

$\rho_{t,\max} = \rho_{\max} + \rho' = 0.0168 + 0.00974 = 0.0265$

$\rho(=0.0195) < \rho_{t,\max}(=0.0265)$이므로 단면은 적절

압축철근 항복여부 검토

$$\rho_{cy} = \alpha\, 0.85 \frac{f_{ck}}{f_y}\left(\frac{\epsilon_{cu}}{\epsilon_{cu} - \epsilon_y}\right)\frac{d'}{d} + \rho'$$

$$= 0.80 \times 0.85 \frac{21}{400}\left(\frac{0.0033}{0.0033 - 0.002}\right)\frac{60}{520} + 0.00974 = 0.0202$$

$\rho(=0.0195) < \rho_{cy}(=0.0202)$ 이므로 압축철근은 항복하지 않음

공칭휨모멘트 계산

$$p = \frac{1}{2}\left(\frac{660\rho' - \rho f_y}{\alpha 0.85 f_{ck}}\right) = \frac{1}{2}\left(\frac{660 \times 0.00974 - 0.0195 \times 400}{0.80 \times 0.85 \times 21}\right) = -0.048$$

$$q = \left(\frac{660\rho'}{\alpha 0.85 f_{ck}}\right)\frac{d'}{d} = \left(\frac{660 \times 0.00974}{0.80 \times 0.85 \times 21}\right)\frac{60}{520} = 0.0519$$

$$c = d(-p + \sqrt{p^2 + q}) = 520 \times (0.048 + \sqrt{(-0.048)^2 + 0.0519}) = 146.03\ \mathrm{mm}$$

$$\epsilon_s' = \epsilon_{cu}\left(\frac{c - d'}{c}\right) = 0.0033\left(\frac{146.03 - 60}{146.03}\right) = 0.00194$$

$$f_s' = E_s \epsilon_s' = 200{,}000 \times 0.00194 = 388\ \mathrm{MPa}$$

공칭휨모멘트 강도는

$$M_{n1} = (A_s f_y - A_s' f_s')(d - \beta c)$$
$$= (8 \times 506.7 \times 400 - 4 \times 506.7 \times 388)(520 - 0.40 \times 146.3) \times 10^{-6} = 385.4\ \mathrm{kN \cdot m}$$

$$M_{n2} = A_s' f_s'(d - d') = 4 \times 506.7 \times 357 \times (520 - 60) \times 10^{-6} = 332.8\ \mathrm{kN \cdot m}$$

이므로

$$M_n = M_{n1} + M_{n2} = 385.4 + 332.8 = 718.2\ \mathrm{kN \cdot m}$$

설계 휨모멘트강도 ϕM_n 계산

$c = 146.03\ \mathrm{mm}$, $d_t = 540\ \mathrm{mm}$

$$\epsilon_t = \epsilon_{cu}\left(\frac{d_t - c}{c}\right) = 0.0033\left(\frac{540 - 146.3}{146.3}\right) = 0.0089 \geq \epsilon_{ta}$$

이므로 변형률적합조건을 만족

$\epsilon_t = 0.0089 \geq \epsilon_{tt}$ 에서 인장지배단면이므로 $\phi = 0.85$

$$\phi M_n = 0.85 \times 718.2 = 610.47\ \mathrm{kN \cdot m}$$

(2) 등가 직사각형 압축응력분포를 이용한 풀이

단면 검토

$\eta = 1.00$, $\beta_1 = 0.80$, $\epsilon_{cu} = 0.0033$, $\epsilon_y = 0.002$

$\epsilon_{ta} = {}_{\max}(0.004, 2.0\epsilon_y) = 0.004$

$\epsilon_{tt} = {}_{\max}(0.005, 2.5\epsilon_y) = 0.005$

$d = 520\ \mathrm{mm}$, $d_t = 540\ \mathrm{mm}$, $\rho_{\max} = 0.0168$, $\rho_{\min} = 0.0024$

철근비를 구하면,

$$\rho = \frac{A_s}{bd} = \frac{506.7 \times 8}{400 \times 520} = 0.0195, \quad \rho' = \frac{A_s'}{bd} = \frac{506.7 \times 4}{400 \times 520} = 0.00974$$

$$\rho_{t,\max} = \rho_{\max} + \rho' = 0.0168 + 0.00974 = 0.0265$$

$\rho(=0.0195) < \rho_{t,\max}(=0.0265)$이므로 단면은 적절

압축철근 항복여부 검토

$$\rho_{cy} = \eta 0.85\beta_1 \frac{f_{ck}}{f_y}\left(\frac{\epsilon_{cu}}{\epsilon_{cu}-\epsilon_y}\right)\frac{d'}{d}+\rho'$$

$$= 1.00\times 0.85\times 0.80\frac{21}{400}\left(\frac{0.0033}{0.0033-0.002}\right)\frac{60}{520}+0.00974 = 0.0202$$

$\rho(=0.0195) < \rho_{cy}(=0.0202)$이므로 압축철근은 항복하지 않음

공칭휨모멘트 계산

$$p = \frac{1}{2}\left(\frac{660\rho' - \rho f_y}{\eta 0.85 f_{ck}}\right) = \frac{1}{2}\left(\frac{660\times 0.00974 - 0.0195\times 400}{1.00\times 0.85\times 21}\right) = -0.0384$$

$$q = \left(\frac{660\rho'\beta_1}{\eta 0.85 f_{ck}}\right)\frac{d'}{d} = \left(\frac{660\times 0.00974\times 0.80}{1.00\times 0.85\times 21}\right)\frac{60}{520} = 0.0332$$

$$a = d(-p+\sqrt{p^2+q}) = 520\times(0.0384+\sqrt{(-0.0384)^2+0.0332}) = 116.80\ \mathrm{mm}$$

$$c = \frac{a}{\beta_1} = \frac{116.80}{0.80} = 146\ \mathrm{mm}$$

$$\epsilon_s' = \epsilon_{cu}\left(\frac{c-d'}{c}\right) = 0.0033\left(\frac{146-60}{146}\right) = 0.00194$$

$$f_s' = E_s\epsilon_s' = 200{,}000\times 0.00194 = 388\ \mathrm{MPa}$$

공칭휨모멘트 강도는

$$M_{n1} = (A_s f_y - A_s' f_s')\left(d-\frac{a}{2}\right)$$

$$= (8\times 506.7\times 400 - 4\times 506.7\times 388)\left(520-\frac{116.80}{2}\right)\times 10^{-6} = 385.46\ \mathrm{kN\cdot m}$$

$$M_{n2} = A_s' f_s'(d-d') = 4\times 506.7\times 357\times(520-60)\times 10^{-6} = 332.8\ \mathrm{kN\cdot m}$$

이므로

$$M_n = M_{n1}+M_{n2} = 385.46+332.8 = 718.3\ \mathrm{kN\cdot m}$$

설계 휨모멘트강도 ϕM_n 계산

$c = 146\ \mathrm{mm}$, $d_t = 540\ \mathrm{mm}$

$$\epsilon_t = \epsilon_{cu}\left(\frac{d_t-c}{c}\right) = 0.0033\left(\frac{540-146}{146}\right) = 0.0089 \ge \epsilon_{ta}$$

이므로 변형률적합조건을 만족

$\epsilon_t = 0.0089 \ge \epsilon_{tt}$에서 인장지배단면이므로 $\phi = 0.85$

$$\phi M_n = 0.85\times 718.23 = 610.56\ \mathrm{kN\cdot m}$$

3-4-3. 복철근 직사각형 보의 휨설계

1 단계 복철근 직사각형 보의 설계유무 검토

먼저 소요 휨모멘트 M_u에 대해서 단철근 직사각형 보로 설계할 수 있는지를 검토한다. $\epsilon_t = 0.006 \sim 0.008$로 가정하면 $\phi = 0.85$이고,

$$\rho = \alpha 0.85 \left(\frac{\epsilon_{cu}}{\epsilon_{cu} + \epsilon_t} \right) \frac{f_{ck}}{f_y} \frac{d_t}{d} \quad \text{(포물선 - 직선형의 경우)} \tag{3.58a}$$

$$A_s = \rho b d, \quad c = \frac{A_s f_y}{\alpha (0.85 f_{ck}) b}, \quad \phi M_n = \phi A_s f_y (d - \beta c)$$

$$\rho = \eta 0.85 \left(\frac{\epsilon_{cu}}{\epsilon_{cu} + \epsilon_t} \right) \frac{f_{ck}}{f_y} \frac{d_t}{d} \quad \text{(등가 직사각형의 경우)} \tag{3.58b}$$

$$A_s = \rho b d, \quad a = \frac{A_s f_y}{\eta (0.85 f_{ck}) b}, \quad \phi M_n = \phi A_s f_y \left(d - \frac{a}{2} \right)$$

$\phi M_n < M_u$이면 압축철근이 필요하므로 복철근 직사각형 보로 설계한다.

2 단계 A_s 및 A_s' 결정

1단계에서 부족한 $M_u/\phi - M_n$만큼을 압축철근이 부담하는 것으로 생각하면,

$$M_{n1} = M_n$$

$$M_{n2} = \frac{M_u}{\phi} - M_{n1}$$

$$c = \frac{A_s f_y}{\alpha (0.85 f_{ck}) b}, \quad f_s' = E_s \epsilon_s' = E_s \left(\epsilon_{cu} \frac{c - d'}{c} \right) \le f_y$$

(포물선 - 직선형의 경우)

$$c = \frac{a}{\beta_1}, \quad f_s' = E_s \epsilon_s' = E_s \left(\epsilon_c \frac{c - d'}{c} \right) \le f_y \quad \text{(등가 직사각형의 경우)}$$

이므로 식 (3.47)로부터,

$$A_s' = \frac{M_{n2}}{f_s' (d - d')}, \quad A_s = \frac{\alpha (0.85 f_{ck}) b c + A_s' f_s'}{f_y} \tag{3.59a}$$

$$A_s' = \frac{M_{n2}}{f_s' (d - d')}, \quad A_s = \frac{\eta (0.85 f_{ck}) a b + A_s' f_s'}{f_y} \tag{3.59b}$$

이다. 다음으로 최대철근비 조건을 만족하는지 확인한다. 즉,

$$\rho' = \frac{A_s'}{bd}, \quad \rho = \frac{A_s}{bd}$$

$$\rho_{t.\max} = \rho_{\max} + \rho' \frac{f_s'}{f_y} \tag{3.60}$$

에서 $\rho \leq \rho_{t,\max}$이면 만족이며, $\rho > \rho_{t,\max}$인 경우 단면을 증가시킨다.

3 단계 이후

철근 개수 결정과 계산결과 검토는 단철근 직사각형 보와 같다.

예제 3-8

예제 3-5를 700×400단면으로 등가 직사각형 압축응력분포를 이용하여 설계하라.

풀이

복철근 직사각형 보의 설계여부 검토

$M_u = 1{,}088\ \mathrm{kN \cdot m}$

$\eta = 1.00, \quad \beta = 0.80, \quad \epsilon_{cu} = 0.0033$

$\epsilon_y = f_y / E_s = 400/200{,}000 = 0.002$

$\epsilon_{ta} = {}_{\max}(0.004, 2.0\epsilon_y) = 0.004, \quad \epsilon_{tt} = {}_{\max}(0.005, 2.5\epsilon_y) = 0.005$

$d = d_t$ 가정 (1단 배근)

$$\rho_{\max} = \eta 0.85 \beta_1 \left(\frac{\epsilon_{cu}}{\epsilon_{cu} + \epsilon_{ta}} \right) \frac{f_{ck}}{f_y} \frac{d_t}{d} = 1.00 \times 0.85 \times 0.80 \left(\frac{0.0033}{0.0033 + 0.004} \right) \frac{24}{400} \frac{1}{1}$$
$$= 0.0184$$

$c_{cover} = 40\ \mathrm{mm}$(피복두께)

$d_b = 25.4\ \mathrm{mm}$(휨철근 공칭직경), $\quad d_{bs} = 9.53\ \mathrm{mm}$(스터럽 공칭직경)

$$d = h - c_{cover} - d_{bs} - \frac{d_b}{2} = 700 - 40 - 9.53 - \frac{25.4}{2} = 637.8\ \mathrm{mm}$$

$$d' = c_{cover} + d_{bs} + \frac{d_b}{2} = 40 + 9.53 + \frac{25.4}{2} = 62.2\ \mathrm{mm}$$

$\epsilon_t = 0.008$ 가정

$$\rho = \eta 0.85\beta_1\left(\frac{\epsilon_{cu}}{\epsilon_{cu}+\epsilon_t}\right)\frac{f_{ck}}{f_y}\frac{d_t}{d} = 1.00\times 0.85\times 0.80\left(\frac{0.0033}{0.0033+0.008}\right)\frac{24}{400} = 0.0119$$

$\phi = 0.85$

$A_s = \rho bd = 0.0118\times 400\times 637.8 = 3{,}010\ \mathrm{mm}^2$

$$a = \frac{A_s f_y}{\eta 0.85 f_{ck} b} = \frac{3{,}010\times 400}{1.00\times 0.85\times 24\times 400} = 147.5\ \mathrm{mm}$$

$$c = \frac{a}{\beta_1} = \frac{147.5}{0.80} = 184.38\ \mathrm{mm}$$

$$M_n = A_s f_y\left(d-\frac{a}{2}\right) = 3{,}010\times 400\times\left(637.8-\frac{147.5}{2}\right)\times 10^{-6} = 679.1\ \mathrm{kN\cdot m}$$

$M_u(=1{,}088) > \phi M_n(=0.85\times 679.1)$이므로 복철근 보로 설계한다.

A_s 및 A_s' 결정

$$M_{n2} = \frac{M_u}{\phi} - M_n = \frac{1{,}088}{0.85} - 679.1 = 600.9\ \mathrm{kN\cdot m}$$ (압축철근이 부담한다고 가정)

$$\epsilon_s' = \epsilon_{cu}\left(\frac{c-d'}{c}\right) = 0.0033\left(\frac{184.38-62.2}{184.38}\right) = 0.002187$$

$f_s' = E_s\epsilon_s' = 200{,}000\times 0.002187 = 437.4\ \mathrm{MPa}$

에서 필요 압축철근량은,

$$A_s' = \frac{M_{n2}}{f_s'(d-d')} = \frac{600.9\times 10^6}{437.4\times(637.8-62.2)} = 2{,}387\ \mathrm{mm}^2$$

인장철근량은,

$$A_s = \frac{\eta 0.85 f_{ck} ab + A_s' f_s'}{f_y} = \frac{1.00\times 0.85\times 24\times 147.5\times 400 + 2{,}387\times 437.4}{400}$$

$$= 5{,}619\ \mathrm{mm}^2$$

$$\rho' = \frac{A_s'}{bd} = \frac{2{,}387}{400\times 637.8} = 0.00936$$

$$\rho = \frac{A_s}{bd} = \frac{5{,}619}{400\times 637.8} = 0.022$$

최대철근비는,

$$\rho_{t.\max} = \rho_{\max} + \rho'\frac{f_s'}{f_y} = 0.0184 + 0.00936\frac{437.4}{400} = 0.0286$$

$\rho_{t.\max}(=0.0286) > \rho(=0.022)$이므로 단면 적절

철근 결정

인장철근 $n = 5{,}619/506.7 = 11.1 \Rightarrow 12$개

압축철근 $n = 2{,}387/506.7 = 4.7 \Rightarrow 5$개

1단 배근 가능 여부 검토 (스터럽 D10 이용)

$b_r = 2\times 40 + 2\times 9.53 + 12\times 25.4 + 11\times 27 = 701\ \mathrm{mm} > 400\ \mathrm{mm}$ 부적절

6개씩 2단 배근한다.

설계 결과 검토

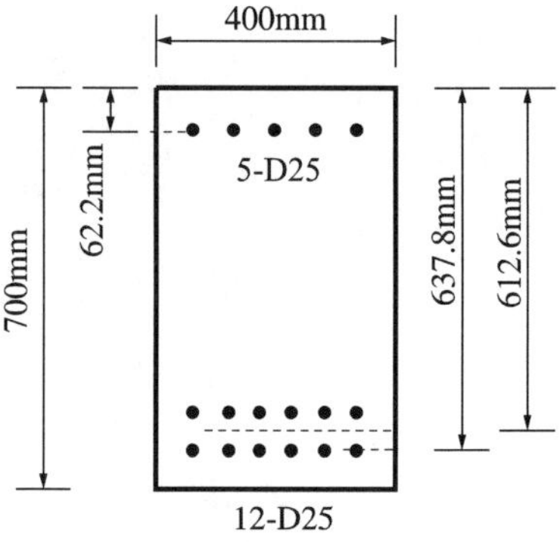

$d = 700 - 40 - 9.53 - 25.4 - 25/2 = 612.6\ \mathrm{mm}$

(2단 배근 고려)

$d_t = 637.8\ \mathrm{mm}$

$$\rho_{\max} = \eta 0.85\beta_1\left(\frac{\epsilon_{cu}}{\epsilon_{cu}+\epsilon_{ta}}\right)\frac{f_{ck}}{f_y}\frac{d_t}{d}$$

$$= 1.00\times 0.85\times 0.80 \times\left(\frac{0.0033}{0.0033+0.004}\right)\frac{24}{400}\frac{637.8}{612.6}$$

$$= 0.0192$$

$$\rho' = \frac{A_s'}{bd} = \frac{5\times 506.7}{400\times 612.6} = 0.0103$$

$$\rho = \frac{A_s}{bd} = \frac{12\times 506.7}{400\times 612.6} = 0.0248$$

$$\rho_{cy} = \eta 0.85\beta_1\frac{f_{ck}}{f_y}\left(\frac{\epsilon_{cu}}{\epsilon_{cu}-\epsilon_y}\right)\frac{d'}{d} + \rho'$$

$$= 1.00\times 0.85\times 0.80\frac{24}{400}\left(\frac{0.0033}{0.0033-0.002}\right)\frac{62.2}{612.6} + 0.0103 = 0.0208$$

$\rho(=0.0248) \ge \rho_{cy}(=0.0208)$이므로 압축철근은 항복한다.

$A_s - A_s' = 12\times 506.7 - 5\times 506.7 = 3{,}546.9\ \mathrm{mm}^2$

$$a = \frac{(A_s - A_s')f_y}{\eta 0.85 f_{ck} b} = \frac{3{,}546.9\times 400}{1.00\times 0.85\times 21\times 400} = 173.87\ \mathrm{mm}$$

$$M_{n1} = (A_s - A_s')f_y\left(d - \frac{a}{2}\right) = 3{,}546.9\times 400\times\left(612.2 - \frac{173.87}{2}\right)\times 10^{-6} = 745.2\ \mathrm{kN\cdot m}$$

$$M_{n2} = A_s' f_y (d - d') = 5\times 506.7\times 400\times (612.6 - 62.2)\times 10^{-6} = 557.8\ \mathrm{kN\cdot m}$$

이므로

$$M_n = M_{n1} + M_{n2} = 745.2. + 557.8 = 1{,}303\ \mathrm{kN\cdot m}$$

설계모멘트 ϕM_n 계산

$c = a/\beta_1 = 173.87/0.80 = 217.3\ \mathrm{mm}$

$d_t = 637.8\ \mathrm{mm}$

$$\epsilon_t = 0.0033\frac{d_t - c}{c} = 0.0033\times\frac{637.8 - 217.3}{217.3} = 0.0064 \ge \epsilon_{ta}$$

이므로 변형률적합조건을 만족

$\epsilon_t = 0.0064 \geq \epsilon_{tt}$에서 인장지배단면이므로 $\phi = 0.85$

안전율 $FS = \dfrac{M_u}{\phi M_n} = \dfrac{1,088}{0.85 \times 1,303} = 0.982 \leq 1.0$ 안전

예제 3-5와 비교해 보면, 단철근 직사각형 보로 설계할 경우 850×500 mm 단면을, 복철근 보로 설계하면 700×400 mm 단면이 가능하다. 이렇게 복철근 직사각형 보는 층고 등의 영향으로 보의 깊이가 제약될 때 매우 유용하다.

3-5 T형 보의 휨해석과 설계

3-5-1. T형 보의 개념과 유효폭

일반적으로 철근콘크리트 구조물은 보와 슬래브가 일체이기 때문에 슬래브의 일부분이 보의 역할을 돕는다. 이렇게 슬래브 일부가 플랜지로써 압축력을 부담하는 보를 T형 보라 한다. T형 보는 압축측 취성파괴 가능성을 배제할 수 있다.

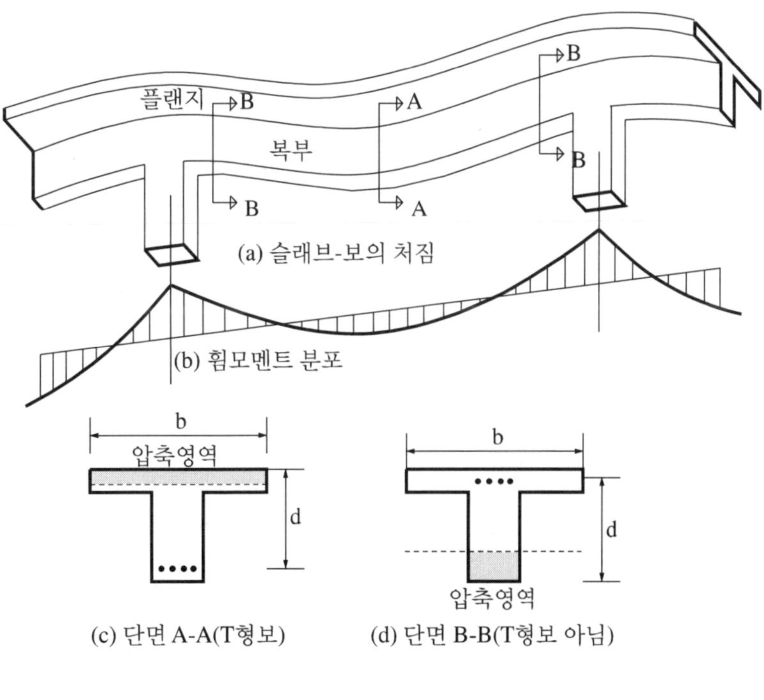

그림 3.15
T형 보의 개념 및 유효폭

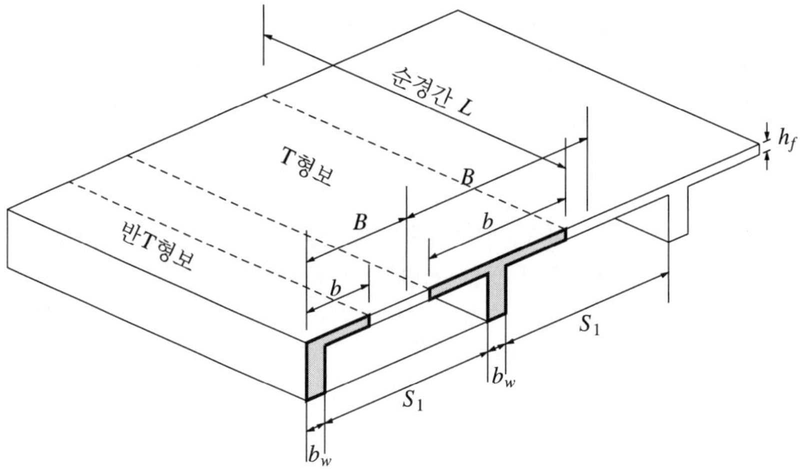

그림 3.16
정모멘트를 받는 중앙부에서의 T형 보

압축측 플랜지가 더해져 충분한 압축력을 지지할 수 있기 때문이다. T형 보의 형태는 양쪽에 플랜지를 가지고 있는 경우와 한쪽에만 플랜지를 가지고 있는 경우(반 T형 보)가 있다.

보-슬래브의 모든 단면을 T형 보로 볼 수 있는 것은 아니다. 그림 3.18과 같이 일반적인 보-슬래브는 단부에 부(−)모멘트, 중앙부에 정모멘트(+)가 발생한다. 중앙부는 그림 (c)와 같이 플랜지가 압축영역에 있으므로 T형 보다. 그러나 양 단부는 그림 (d)처럼 그렇지 않으므로 T형 보가 아니라 직사각형 보다. 콘크리트의 인장강도는 0으로 가정하기 때문에 인장영역에서 콘크리트 단면 형태는 관계가 없다.

한편 T형 보에서는 슬래브 어디까지가 압축 플랜지로서 역할을 하는가를 결정하는 것이 중요하다. 플랜지의 압축력 부담은 보로부터 멀리 떨어질수록 영향력이 급격히 감소한다. 그러므로 해석의 편의상 폭 방향으로 등가의 일정 압축응력의 분포로 가정하는데, 이때 한계 폭을 **유효폭 *b***라 한다. 즉 그림 3.16에서,

(1) 보의 양쪽에 슬래브가 있는 경우(T형 보)

$$b = {}_{\min}\left(\frac{L}{4},\ B,\ 16h_f + b_w\right) \tag{3.61a}$$

여기서, L = 보 경간, B = 슬래브 중심간 거리, h_f = 슬래브 두께, b_w = 보 폭

(2) 보의 한쪽에만 슬래브가 있는 경우(반 T형 보)

$$b = {}_{\min}\left(\frac{L}{12} + b_w,\ \frac{B}{2} + b_w,\ 6h_f + b_w\right) \tag{3.61b}$$

여기서, L=보 경간, B=인접 보에서 슬래브 중심까지 거리, h_f=슬래브 두께, b_w=외측 보 폭

3-5-2. T형 보의 휨해석

T형 보의 설계 휨모멘트강도 계산에서 중요한 점은 콘크리트 등가응력블록이 플랜지와 복부 어디에 위치하는지를 파악하는 것이다.

이를 위해서 그림 3.17과 같이 $a = h_f$의 조건을 가정한다. $C = T$에서

$$a = \frac{A_s f_y}{\eta(0.85 f_{ck})b} \tag{3.23}$$

만약 계산한 a값이 슬래브 두께 h_f보다 크면 중립축은 복부에 있고, 작으면 플랜지에 있게 된다.

$a \le h_f$ 등가응력블록 플랜지에 위치

$a > h_f$ 등가응력블록 복부에 위치

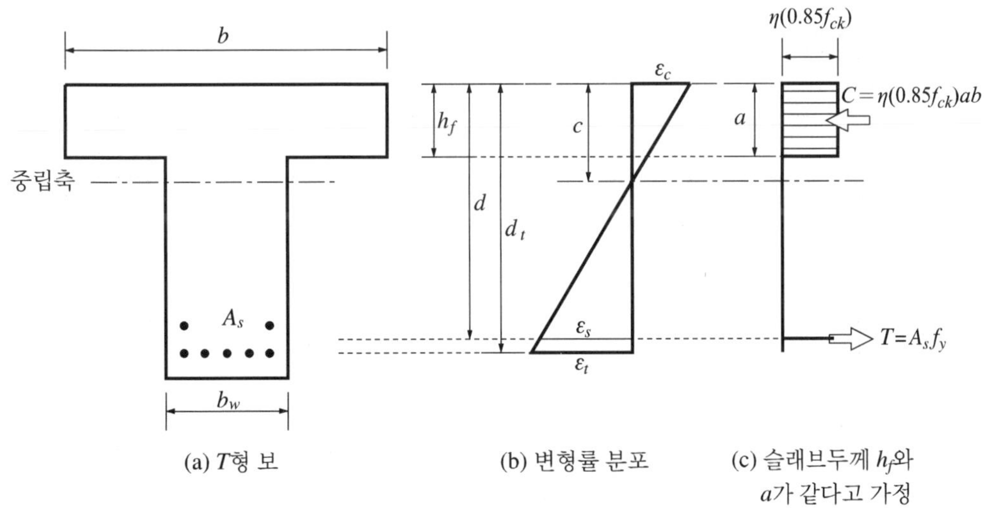

그림 3.17 등가응력블록 위치 결정방법

(1) 등가응력블록이 플랜지 내에 위치하는 경우

등가응력블록이 플랜지 내에 있는 경우는 폭 b인 직사각형 보로 생각할 수 있다. 인장측 콘크리트의 단면 형태는 상관없다. 그러므로

$$a = \frac{A_s f_y}{\eta(0.85 f_{ck})b} \tag{3.23}$$

$$\phi M_n = \phi\left[\eta(0.85 f_{ck})ab\left(d - \frac{a}{2}\right)\right] \tag{3.35}$$

(2) 등가응력블록이 복부에 위치하는 경우

중립축이 복부에 위치하는 경우는 복철근 직사각형 보와 유사하다. 즉 그림 3.18과 같이 T형 보를 플랜지 부분과 복부 부분으로 나누고, 인장철근도 플랜지 부분에 해당하는 A_{sf}와 복부 부분에 해당하는 $(A_s - A_{sf})$로 나눈다.

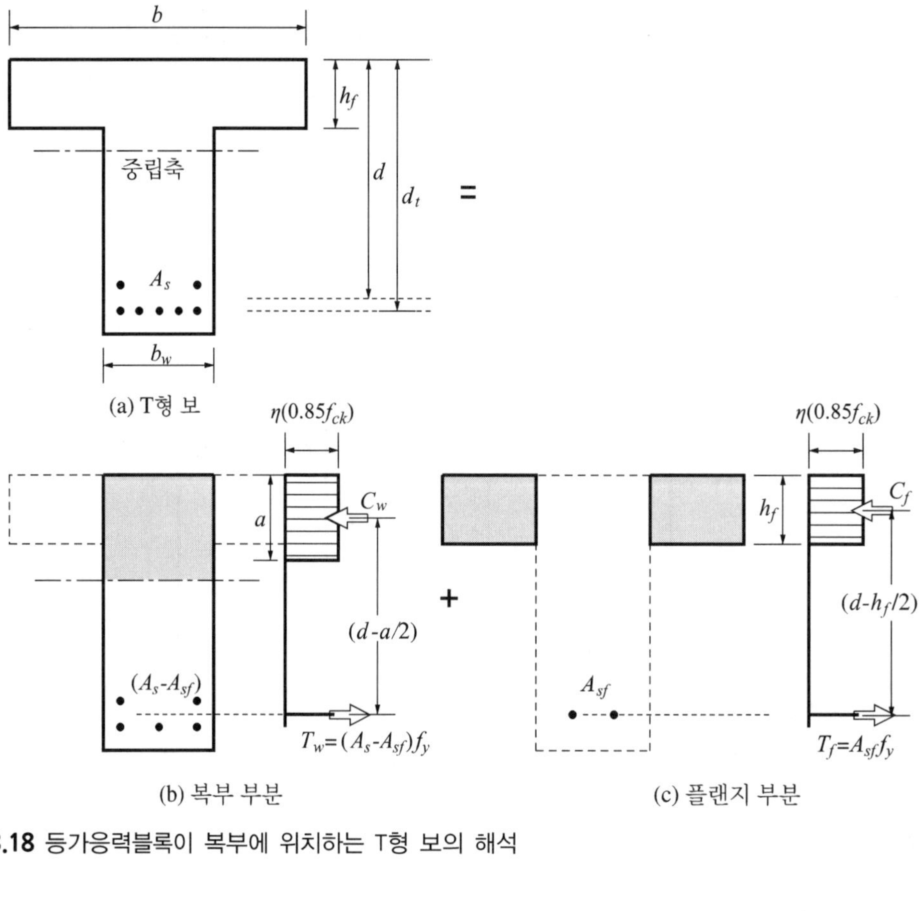

그림 3.18 등가응력블록이 복부에 위치하는 T형 보의 해석

A_{sf}는 플랜지가 그림 (c)에서 $C_f = T_f$이므로,

$$\eta(0.85f_{ck})(b-b_w)h_f = A_{sf}f_y$$

에서

$$A_{sf} = \frac{\eta(0.85f_{ck})(b-b_w)h_f}{f_y} \tag{3.62}$$

이므로 플랜지와 A_{sf}에 의한 공칭휨모멘트 M_{nf}는,

$$M_{nf} = A_{sf}f_y\left(d-\frac{h_f}{2}\right) \tag{3.63}$$

나머지 철근 $(A_s - A_{sf})$는 그림 (b)와 같이 복부 부분만의 직사각형 보 해석과 같으므로,

$$a = \frac{(A_s - A_{sf})f_y}{\eta(0.85f_{ck})b_w} \tag{3.64}$$

$$M_{nw} = (A_s - A_{sf})f_y\left(d-\frac{a}{2}\right) \tag{3.65}$$

이다. 전체 설계 휨모멘트강도는 $\phi M_n = \phi(M_{nf} + M_{nw})$이므로,

$$\phi M_n = \phi\left[A_{sf}f_y\left(d-\frac{h_f}{2}\right) + (A_s - A_{sf})f_y\left(d-\frac{a}{2}\right)\right] \tag{3.66}$$

예제 3-9 등가응력블록이 플랜지에 있는 경우

그림과 같은 보복도 및 단면도에서 중앙부($A-A$단면) T형 보의 ϕM_n을 구하라. 단, $f_{ck} = 21\text{ MPa}$, $f_y = 400\text{ MPa}$이다.

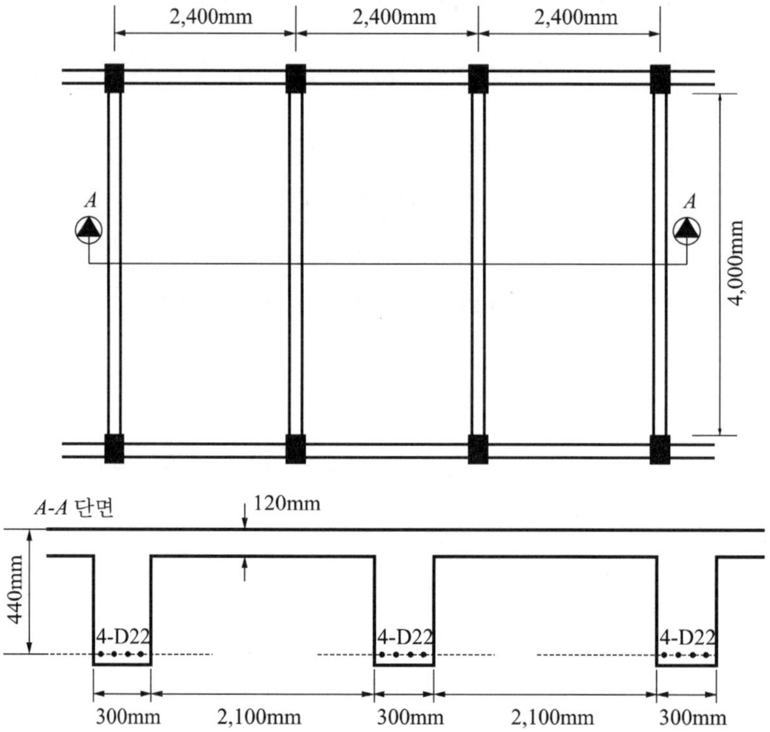

풀이

유효 폭(b) 계산

$$\min\left(\frac{L}{4},\ B,\ 16t+b_w\right) = \min\left(\frac{4{,}000}{4},\ 2{,}400,\ 16\times120+300\right)$$

$$= \min(1{,}000,\ 2{,}400,\ 2{,}220) = 1{,}000\ \text{mm}$$

등가응력블록 위치 확인

$$a = \frac{A_s f_y}{\eta(0.85 f_{ck})b} = \frac{387.1\times4\times400}{1\times(0.85\times21)\times1{,}000} = 34.7\ \text{mm} < h_f(=120\ \text{mm})$$

등가응력블록이 플랜지 내에 있으므로 단순히 직사각형 보로 생각한다.

파괴모드 검토

$$\beta_1 = 0.8,\quad \epsilon_y = f_y/E_s = 400/200{,}000 = 0.002$$

$$\epsilon_{ta} = \max(0.004, 2.0\epsilon_y) = 0.004,\quad \epsilon_{tt} = \max(0.005, 2.5\epsilon_y) = 0.005$$

$$c = \frac{a}{\beta_1} = \frac{34.7}{0.8} = 69.4\ \text{mm}$$

$$\epsilon_t = \epsilon_{cu}\left(\frac{d_t - c}{c}\right) = 0.0033\left(\frac{440-69.4}{69.4}\right) = 0.0176 \ge \epsilon_{ta}\ \text{만족}$$

설계모멘트 ϕM_n 계산

$\epsilon_t = 0.0176 \geq \epsilon_{tt}$에서 인장지배단면이므로 $\phi = 0.85$

$$\phi M_n = \phi\left[\eta(0.85 f_{ck})ab \times \left(d - \frac{a}{2}\right)\right]$$

$$= 0.85\left[1 \times (0.85 \times 21) \times 34.7 \times 1{,}000 \times \left(440 - \frac{34.7}{2}\right)\right] \times 10^{-6}$$

$$= 222.5 \text{ kN·m}$$

예제 3-10 등가응력블록이 복부에 있는 경우

다음 그림과 같은 T형 보의 설계모멘트를 계산하라.
단, $f_{ck} = 21$ MPa, $f_y = 400$ MPa이다.

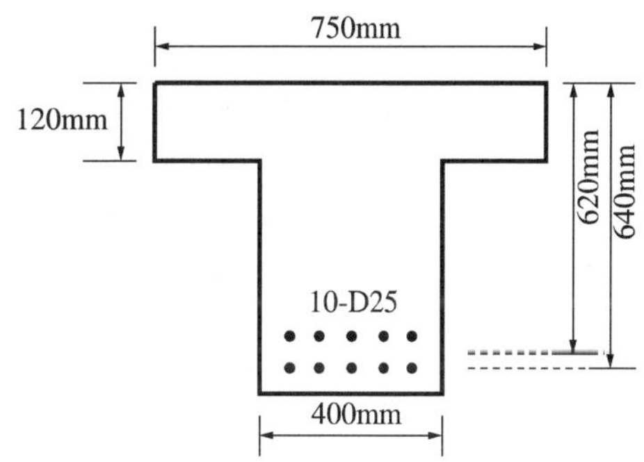

풀이

등가응력블록 위치 확인

$$a = \frac{A_s f_y}{\eta(0.85 f_{ck})b} = \frac{506.7 \times 10 \times 400}{1 \times (0.85 \times 21) \times 750} = 151.4 \text{ mm} > h_f (= 120 \text{ mm})$$

(복부에 위치)

공칭휨모멘트 계산

M_{nf} 계산

$$A_{sf} = \frac{\eta(0.85 f_{ck})(b - b_w)h_f}{f_y} = \frac{1 \times (0.85 \times 21) \times (750 - 400) \times 120}{400} = 1{,}874.3 \text{ mm}^2$$

$$M_{nf} = A_{sf} f_y\left(d - \frac{h_f}{2}\right) = 1{,}874.3 \times 400 \times \left(620 - \frac{120}{2}\right) \times 10^{-6} = 419.8 \text{ kN·m}$$

M_{nw} 계산

$$a = \frac{(A_s - A_{sf})f_y}{\eta(0.85 f_{ck})b_w} = \frac{(506.7 \times 10 - 1{,}874.25) \times 400}{1 \times (0.85 \times 21) \times 400} = 178.9 \text{ mm}$$

$$M_{nw} = (A_s - A_{sf})f_y\left(d - \frac{a}{2}\right) = (506.7 \times 10 - 1{,}874.3) \times 400 \times \left(620 - \frac{178.9}{2}\right) \times 10^{-6}$$

$= 677.6 \text{ kN·m}$

$M_n = M_{nf} + M_{nw} = 419.8 + 677.6 = 1{,}097.4 \text{ kN·m}$

파괴모드 검토

$\beta_1 = 0.8, \quad \epsilon_y = f_y / E_s = 400/200{,}000 = 0.002$

$\epsilon_{ta} = {}_{\max}(0.004,\ 2.0\epsilon_y) = 0.004$

$c = \dfrac{a}{\beta_1} = \dfrac{178.9}{0.8} = 223.6 \text{ mm}$

$\epsilon_t = \epsilon_{cu}\left(\dfrac{d_t - c}{c}\right) = 0.0033\left(\dfrac{640 - 223.6}{223.6}\right) = 0.0061 \geq \epsilon_{ta}$ 변형률적합조건 만족

설계 휨모멘트강도 계산

$\epsilon_{tt} = {}_{\max}(0.005,\ 2.5\epsilon_y) = 0.005$

$\epsilon_t = 0.0061 \geq \epsilon_{tt}$이므로 인장지배단면이고 $\phi = 0.85$

$\phi M_n = 0.85 \times 1{,}097.4 = 932.8 \text{ kN·m}$

3-5-3. T형 보의 휨설계

슬래브 두께와 유효폭은 전체 구조물에서 이미 결정되므로 T형 보의 휨설계는 보의 유효깊이 d와 철근량 A_s를 구하는 것이 일반적이다.

1 단계 T형 보의 설계유무 검토

먼저 $a = h_f$, $\phi = 0.85$라고 가정하면

$$\phi M_{nf} = \phi\left[\eta(0.85 f_{ck})\, h_f b\left(d - \frac{h_f}{2}\right)\right] \tag{3.67}$$

만약 M_u값이 계산한 ϕM_{nf}값보다 크면 중립축은 복부에 있으며, 작으면 플랜지에 있게 된다. 즉,

$M_u \leq \phi M_{nf}$ 등가응력블록 플랜지에 위치

$M_u > \phi M_{nf}$ 등가응력블록 복부에 위치

그러므로 $M_u > \phi M_{nf}$이면 T형 보로 설계하고, 그렇지 않으면 직사각형 보로 설계한다.

2 단계 A_s 결정($M_u > \phi M_n$인 경우)

먼저 플랜지에 상당하는 철근량 A_{sf}와 공칭휨모멘트 M_f는

$$A_{sf} = \frac{\eta(0.85 f_{ck})(b - b_w)h_f}{f_y} \tag{3.68}$$

$$M_{nf} = A_{sf} f_y \left(d - \frac{h_f}{2}\right) \tag{3.69}$$

$\phi = 0.85$로 가정하면 필요한 복부의 나머지는

$$M_{nw} = \frac{M_u}{\phi} - M_{nf} \tag{3.70}$$

이므로 M_{wf}에 대한 복부만을 단철근 직사각형 보($b_w \times d$)를 계산한다. 즉 식 (3.38)과 유사하게,

$$R_n - \frac{M_{nw}}{b_w d^2} \tag{3.71}$$

이고, 철근비 ρ는,

$$\rho = \eta \frac{0.85 f_{ck}}{f_y}\left(1 - \sqrt{1 - \frac{2}{\eta}\frac{R_n}{\phi 0.85 f_{ck}}}\right) \tag{3.72}$$

이므로

$$A_{sw} = \rho b_w d \tag{3.73}$$

총 인장철근량 A_s는

$$A_s = A_{sf} + A_{sw} \tag{3.74}$$

이제 플랜지에 상당하는 철근비 ρ_f와 복부 부분의 철근비 ρ_w를 정의하면,

$$\rho_f = \frac{A_{sf}}{b_w d}, \quad \rho_w = \frac{A_s}{b_w d}$$

복부 부분이 휨설계 조건을 만족하기 위한 최대철근비 $\rho_{w,\max}$는

$$\rho_{w,\max} = \rho_{\max} + \rho_f \tag{3.75}$$

여기서 $\rho_{\max}$는 복부 부분 단철근 직사각형 단면의 최대철근비이다. 즉,

$$\rho_{\max} = \eta(0.85\beta_1)\left(\frac{\epsilon_{cu}}{\epsilon_{cu}+\epsilon_{ta}}\right)\frac{f_{ck}}{f_y}\frac{d_t}{d} \tag{3.24}$$

그러므로 $\rho_w \le \rho_{w,\max}$이면 최대철근비를 만족한다. 최소철근비에 해당하는 철근량 $A_{s,\min}$은 다음과 같다.

$$A_{s,\min} = 1.2\frac{f_r I_g}{\phi f_y j d y_t} \tag{3.76}$$

$$\rho_{\min} = 1.2\frac{f_r I_g}{\phi f_y j d y_t}\times\frac{1}{bd} \tag{3.77}$$

단, 사각형 단면의 경우 $\rho_{\min} = 0.178\dfrac{\lambda\sqrt{f_{ck}}}{\phi f_y}$ (3.78)

3 단계

철근개수 결정 및 배치 및 설계 결과 검토는 앞의 직사각형 보와 같다. 예제를 통해 확인해 보자.

예제 3-11 T형 보의 휨설계

그림과 같은 보복도 및 단면도에서 중앙부($A-A$단면) 보를 휨설계하라.
단, $f_{ck}=21\ \mathrm{MPa}$, $f_y=400\ \mathrm{MPa}$, SD 400 D22, $A_{s1}=387.1\ \mathrm{mm}^2$,
굵은골재 20 mm, 전단철근(스터럽) D10

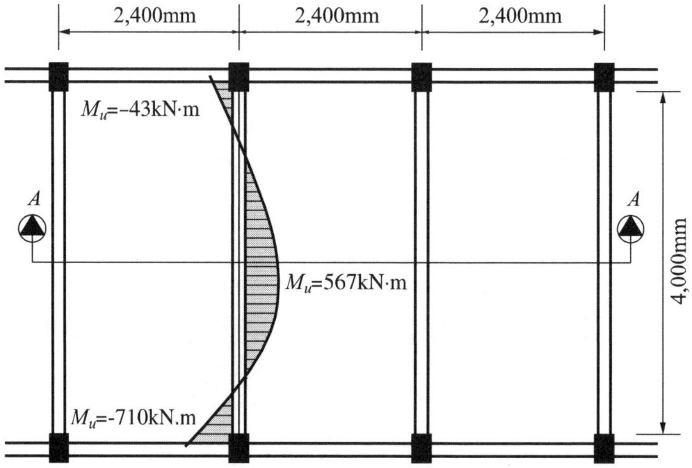

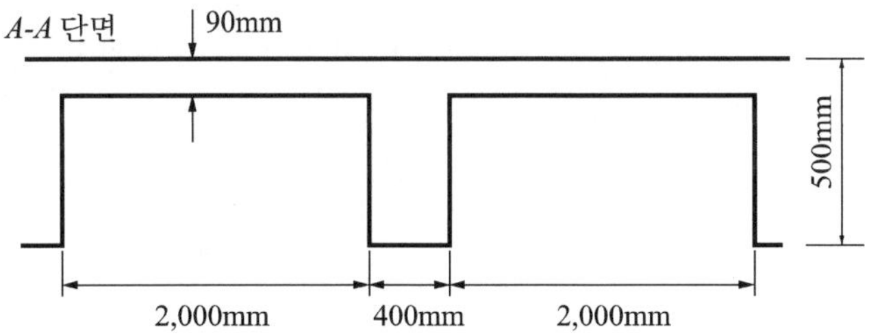

풀이

유효폭 및 예비 계산

$$b = {}_{\min}\left(\frac{L}{4},\ B,\ 16t + b_w\right) = {}_{\min}\left(\frac{4,000}{4},\ 2,400,\ 16 \times 90 + 400\right) = 1,000\ \mathrm{mm}$$

$c_{cover} = 40\ \mathrm{mm}$(피복두께)

$d_b = 22.2\ \mathrm{mm}$(휨철근 공칭지름), $d_{bs} = 9.53\ \mathrm{mm}$(스터럽 공칭지름)

$$d = 500 - 40 - 9.53 - \frac{22.2}{2} = 439.4\ \mathrm{mm},\quad d_t = 439.4\ \mathrm{mm}(1단\ 배근\ 가정)$$

$\beta_1 = 0.8,\quad \epsilon_{cu} = 0.0033$

$\epsilon_y = f_y / E_s = 400/200,000 = 0.002$

$\epsilon_{ta} = {}_{\max}(0.004,\ 2.0\epsilon_y) = 0.004,\quad \epsilon_{tt} = {}_{\max}(0.005,\ 2.5\epsilon_y) = 0.005$

$$\rho_{\max} = \eta(0.85\beta_1)\left(\frac{\epsilon_{cu}}{\epsilon_{cu} + \epsilon_{ta}}\right)\frac{f_{ck}}{f_y}\frac{d_t}{d} = 0.0161$$

$$\rho_{\min} = 1.2\frac{f_r I_g}{\phi f_y j d y_t} \times \frac{1}{bd} = 0.00073$$

T형 보 설계유무 검토

$\phi = 0.85$ 가정

$$\phi M_{nf} = \phi\left[\eta(0.85 f_{ck})\, b h_f\left(d - \frac{h_f}{2}\right)\right]$$

$$= 0.85\left[1 \times (0.85 \times 21) \times 1,000 \times 90 \times \left(439.4 - \frac{90}{2}\right)\right] \times 10^{-6} = 538.6\ \mathrm{kN \cdot m}$$

$M_u(=567) > \phi M_n(=538.6)$

등가응력블록이 복부에 위치 (T형 보)

A_s 계산

$$A_{sf} = \frac{\eta(0.85 f_{ck})(b - b_w)h_f}{f_y} = \frac{1 \times (0.85 \times 21) \times (1,000 - 400) \times 90}{400} = 2,409.8\ \mathrm{mm}^2$$

$$\rho_f = \frac{A_{sf}}{b_w d} = \frac{2,409.8}{400 \times 439.4} = 0.0137$$

$$M_{nf} = A_{sf} f_y \left(d - \frac{h_f}{2} \right) = 2{,}409.8 \times 400 \times \left(439.4 - \frac{90}{2} \right) \times 10^{-6} = 380.2 \text{ kN·m}$$

$$M_{nw} = \frac{M_u}{\phi} - M_f = \frac{567}{0.85} - 380.2 = 286.9 \text{ kN·m}$$

$$R_n = \frac{M_{nw}}{b_w d^2} = \frac{286.9 \times 10^6}{400 \times 439.4^2} = 3.715 \text{ MPa}$$

$$\rho = \eta \frac{0.85 f_{ck}}{f_y} \left(1 - \sqrt{1 - \frac{2}{\eta} \frac{R_n}{\phi 0.85 f_{ck}}} \right)$$

$$= 1 \times \frac{0.85 \times 21}{400} \left(1 - \sqrt{1 - \frac{2}{1} \frac{3.715}{0.85 \times 0.85 \times 21}} \right) = 0.01048$$

$$A_{sw} = \rho b_w d = 0.01048 \times 400 \times 439.4 = 1{,}841.96 \text{ mm}^2$$

이므로

$$A_s = A_{sf} + A_{sw} = 2{,}409.8 + 1{,}841.96 = 4{,}251.76 \text{ mm}^2$$

$$\rho_w = \frac{A_s}{b_w d} = \frac{4251.76}{400 \times 439.4} = 0.02419$$

$$\rho_{w,\max} = \rho_{\max} + \rho_f = 0.0161 + 0.0137 = 0.0298$$

이고

$\rho_w(=0.02419) \le \rho_{w,\max}(=0.03)$ 최대철근비 만족

$$A_{s,\min} = \rho_{\min} b_w d = 0.00073 \times 400 \times 439.4 = 128.3 \text{ mm}^2$$

이므로

$$A_s = {}_{\max}(A_s, A_{s,\min}) = {}_{\max}(4{,}260.6,\ 128.3) = 4{,}260.6 \text{ mm}^2$$

철근 개수 결정 및 배치

$n = 4{,}260.6/387.1 = 11.01$ → 12개 (올림)

1단 배근 가능 여부 검토(스터럽 D10 이용)

$b_r = 2 \times 40 + 2 \times 9.53 + 12 \times 22.2 + 11 \times 27 = 663 \text{ mm} > 400 \text{ mm}$ 부적절

2단 배근 가능여부 검토(6개씩 2단 배근)

$b_r = 2 \times 40 + 2 \times 9.53 + 6 \times 22.2 + 5 \times 27 = 367 \text{ mm} < 400 \text{ mm}$ 적절

설계 결과 검토

$d = 500 - 40 - 9.53 - 22.2 - 25/2 = 415.8 \text{ mm}$, $d_t = 439.4 \text{ mm}$

$$A_s = A_{s1} n = 387.1 \times 12 = 4{,}645.2 \text{ mm}^2$$

에서

$$M_{nf} = A_{sf} f_y \left(d - \frac{h_f}{2} \right) = 2{,}409.8 \times 400 \times \left(415.8 - \frac{90}{2} \right) \times 10^{-6} = 357.4 \text{ kN·m}$$

M_{nw} 계산

$$a = \frac{(A_s - A_{sf})f_y}{\eta(0.85f_{ck})b_w} = \frac{(4{,}645.2 - 2{,}409.8)\times 400}{1\times(0.85\times 21)\times 400} = 125.2\text{ mm}$$

$$M_{nw} = (A_s - A_{sf})f_y\left(d - \frac{a}{2}\right) = (4{,}645.2 - 2{,}409.8)\times 400 \times\left(415.8 - \frac{125.2}{2}\right)\times 10^{-6}$$

$$= 315.8\text{ kN·m}$$

$$M_n = M_{nf} + M_{nw} = 357.4 + 315.8 = 673.2\text{ kN·m}$$

변형률 적합조건 검토

$$c = \frac{a}{\beta_1} = \frac{125.2}{0.85} = 147.3\text{ mm}$$

$$\epsilon_t = \epsilon_{cu}\left(\frac{d_t - c}{c}\right) = 0.0033\left(\frac{439.4 - 147.3}{147.3}\right) = 0.0065 \geq \epsilon_{ta} \text{ 만족}$$

설계 휨모멘트강도 검토

$\epsilon_t = 0.0065 \geq \epsilon_{tt}$에서 인장지배단면, $\phi = 0.85$

$$\text{안전율 FS} = \frac{M_u}{\phi M_n} = \frac{567}{0.85\times 673.2} = 0.991 \leq 1.0 \text{ 만족}$$

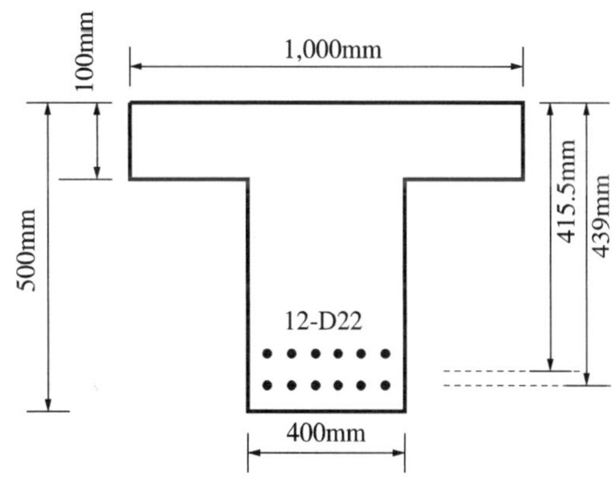

3-6 연습문제

[3-1절]

3-1.1 휨이론의 기본가정 및 설계를 위한 부가가정에 관하여 논하라.

3-1.2 기준에서 이용하는 압축측 콘크리트의 등가응력블록을 도시하고 설명하라.

3-1.3 폭 $b = 400$ mm, 유효춤 $d = 550$ mm인 직사각형 보에서 콘크리트가 부담하는 압축력 C를 구하라. (단, $f_{ck} = 24$ MPa, 등가응력블록의 깊이 $a = 100$ mm이다.)

[3-2절]

3-2.1 압축지배단면, 변환구간단면, 인장지배단면을 설명하라.

3-2.2 보의 최대철근비에 대하여 논하고 규정 이유에 관하여 설명하라.

3-2.3 보의 최소철근비에 대하여 논하고 규정 이유에 관하여 설명하라.

3-2.4 다음 보에서 배근할 수 있는 최소철근량과 최대철근량을 구하라.
단, $f_{ck} = 24$ MPa, $f_y = 400$ MPa이다.

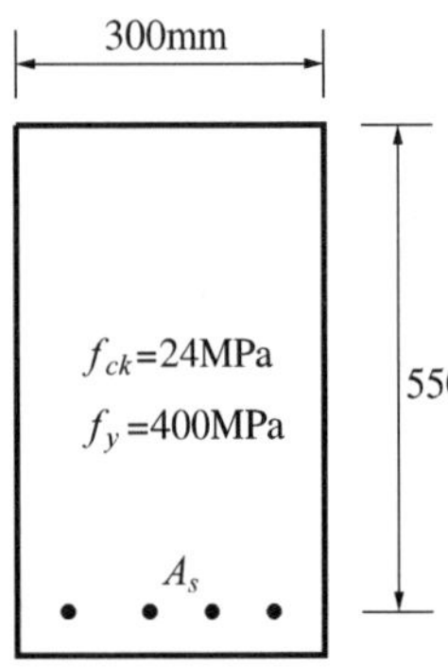

3-2.5 다음 보의 강도감소계수 ϕ를 구하라.

(1) $A_s = 2{,}300$ mm^{2}일 때

(2) $A_s = 4{,}300$ mm^{2}일 때

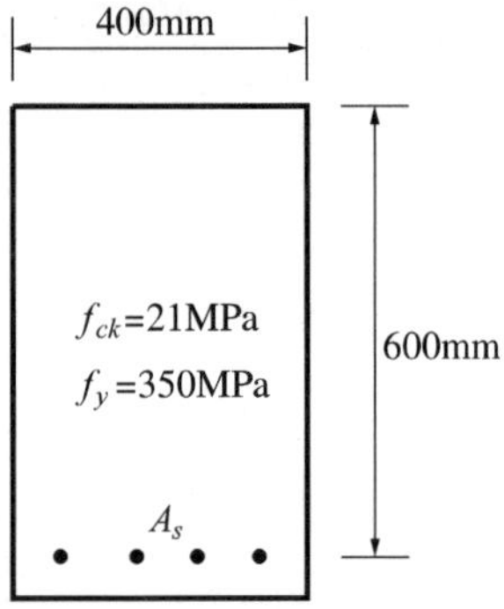

[3-3절]

3-3.1 단면 $b \times d = 300 \times 500$ mm인 직사각형 보가 SD 400($f_y = 400$ MPa) 3-D22 철근으로 1단 보강되어 있을 때, 설계 휨모멘트강도 ϕM_n을 구하라. 단, $f_{ck} = 24$ MPa

3-3.2 단면 $b \times d = 300 \times 550$ mm인 직사각형 보가 4-D22 철근으로 1단 배근되어 있을 때, 다음 조건에서 ϕM_n을 구하라. 단, $f_{ck} = 30$ MPa

(1) $f_y = 300$ MPa (2) $f_y = 400$ MPa

(3) $f_y = 500$ MPa (4) $f_y = 600$ MPa

3-3.3 다음 보 단면의 설계 휨모멘트강도 ϕM_n을 구하라. 단, 스터럽 D10, 피복두께 40 mm이다.

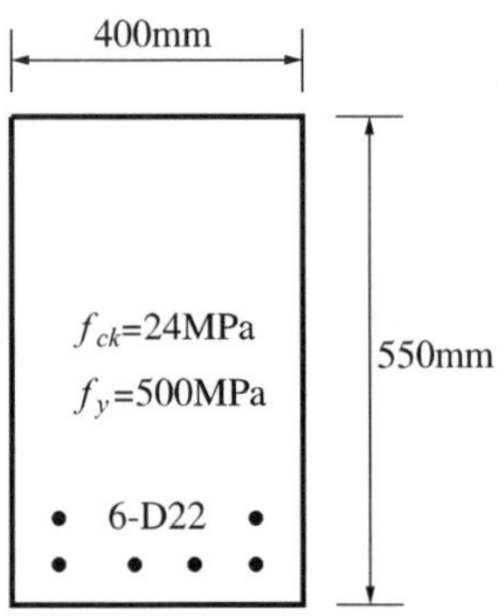

3-3.4 다음 그림과 같은 단철근 삼각형 단면에서 등가응력블록의 깊이 a와 휨철근량 A_s를 구하라. 단, $f_{ck} = 24$ MPa, $f_y = 400$ MPa

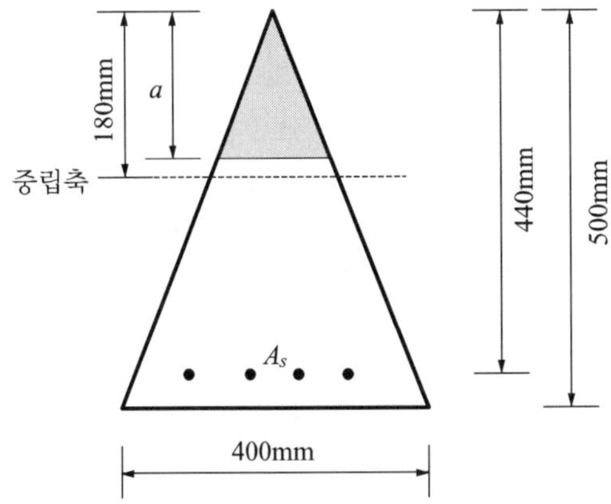

3-3.5 다음 그림과 같은 프리캐스트 보에 대하여 설계 휨모멘트강도 ϕM_n을 구하라. 단, D25 철근의 단면적은 506.7 mm^2이다.

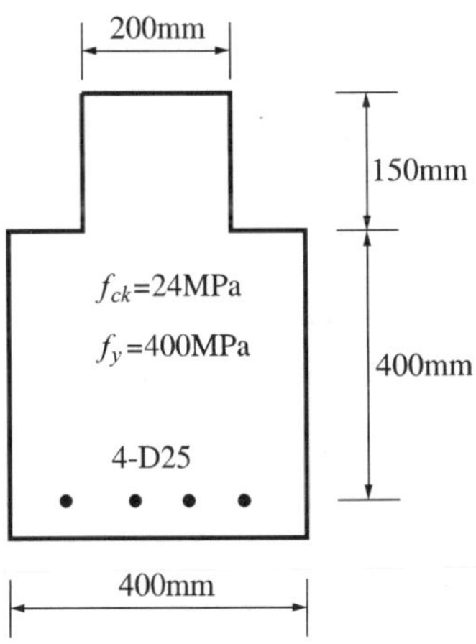

3-3.6 다음 그림과 같은 단철근 삼각형 보에 대하여,

(1) 단면에 배치할 수 있는 최대철근량 A_s와 이 때의 ϕM_n

(2) 인장지배단면 상태에서 최대철근량 A_s와 이 때의 ϕM_n

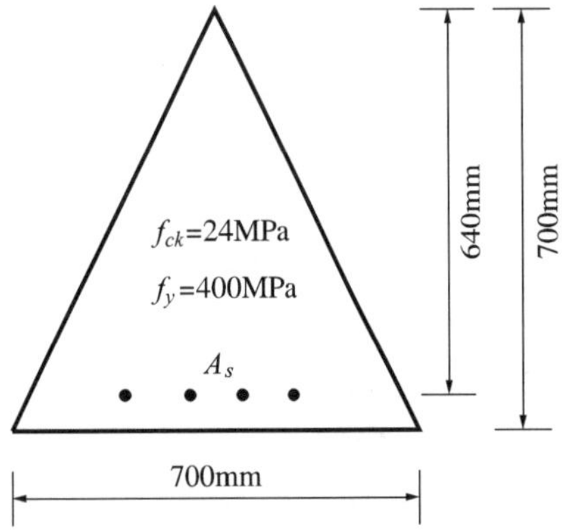

3-3.7 설계조건상 층고 등의 영향으로 유효깊이 $d = 500$ mm일 때 $M_u = 400$ kN·m가 작용하는 경우 인장철근량 A_s를 계산하라. 단, $b = 400$ mm, $f_{ck} = 24$ MPa, $f_y = 400$ MPa, 단철근 직사각형 보로 인장지배단면이다.

3-3.8 $b = 400$ mm, $h = 850$ mm인 단면이 $M_u = 1{,}100$ kN·m를 받을 때 철근량을 계산하고, 그 배치를 상세히 설계하라. 단, 사용 휨철근 SD 400 D25, $f_{ck} = 27$ MPa, 전단철근 D13, 피복두께 50 mm(옥외 설치), 최대 골재 치수 25 mm

3-3.9 다음 단순보의 중앙부를 단철근 직사각형 단면으로 설계하라. 단, 휨철근은 SD 500급 D25, 전단철근(스터럽) D10, $f_{ck} = 30$ MPa, 굵은골재 20 mm, 피복두께 40 mm이다.

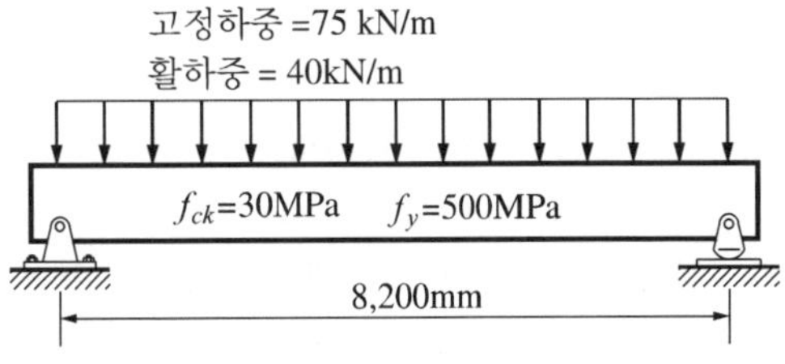

[3-4절]

3-4.1 복철근 직사각형 보에서 압축철근의 장점에 관하여 논하라.

3-4.2 아래 복철근 직사각형 단면에서,

(1) $\epsilon_s{}'$는?

(2) 압축철근의 응력은?

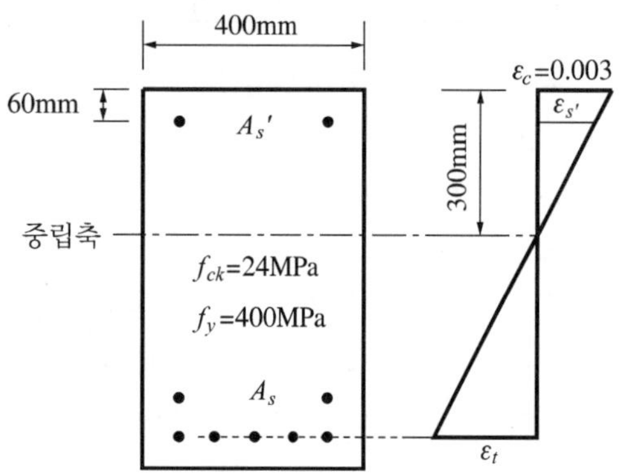

3-4.3 아래 프리캐스트 복철근 단면에서 가능한 최대 인장철근량 A_s와 이때의 ϕM_n을 구하라.

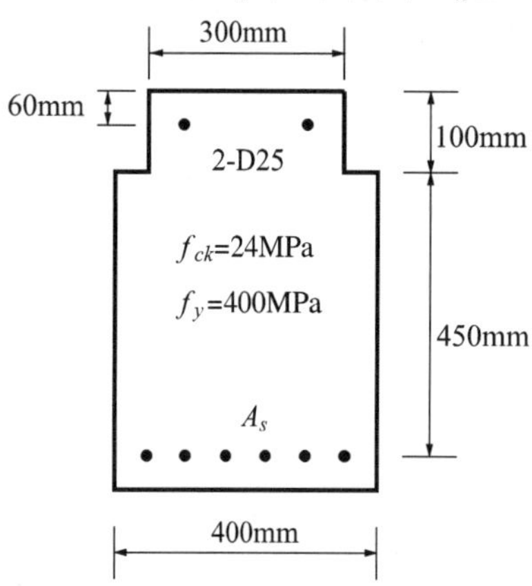

3-4.4 $b = 400$ mm, $d = 500$ mm, $d' = 60$ mm, 인장철근 5-D25, 압축철근 3-D25인 복철근 직사각형 보에 대하여 다음에 답하라. 단, 휨철근은 SD 400, $f_{ck} = 24$ MPa, $A_{s1} = 506.7$ mm^2

(1) 압축철근의 항복여부

(2) 설계 휨모멘트강도 ϕM_n

3-4.5 문제 3-3.9를 폭 $b = 500$ mm, 깊이 $h = 700$ mm의 보로 휨설계하라. (필요시 복철근 직사각형 보로 설계한다.)

[3-5절]

3-5.1 다음 그림에서 중앙부 T형 보의 유효폭 b를 구하라. 단, 보 경간은 8.4 m이다.

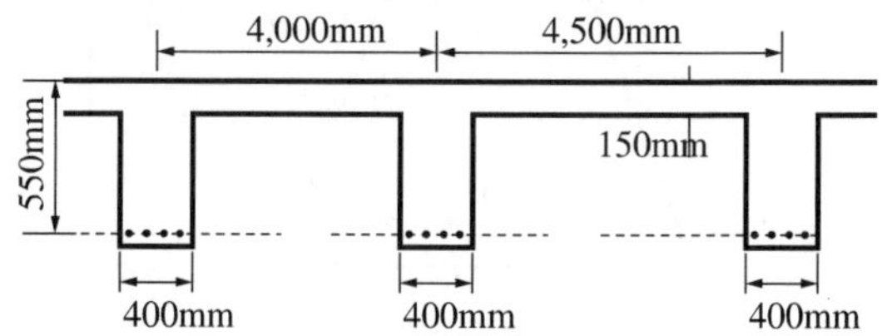

3-5.2 경간 6 m, 부재 외측으로부터 슬래브 중심까지 거리 4 m인 그림과 같은 반 T형 보의 유효폭 b를 구하라.

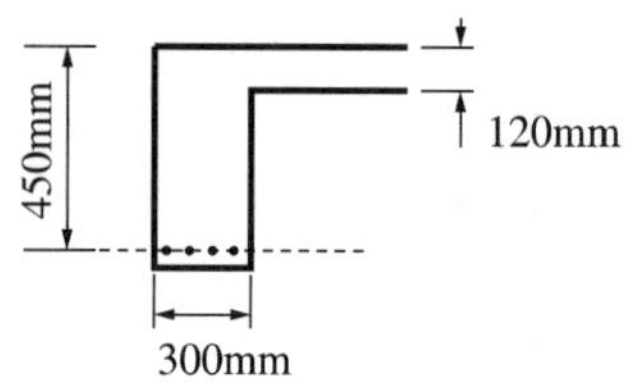

3-5.3 유효폭 $b = 700$ mm, 보의 폭 $b_w = 300$ mm, 슬래브 두께 100 mm, 유효깊이 $d = 570$ mm, 철근 SD 400급 8-D25)인 T형 보에 대하여 다음에 답하라. 단 $f_{ck} = 24$ MPa

(1) T형 보 유무

(2) 설계 휨 모멘트 강도 ϕM_n

3-5.4 순경간 4 m, 보와 보의 간격 2.4 m, 슬래브의 두께가 90 mm인 평면에 $b_w = 400$ mm, 깊이 $h = 600$ mm 단면의 보가 $M_u = 990$ kN·m를 받는 경우 T형 보로 설계하라. 단, $f_{ck} = 30$ MPa, SD 500급 D25철근 사용, 굵은골재 20 mm, 전단철근(스터럽) D10

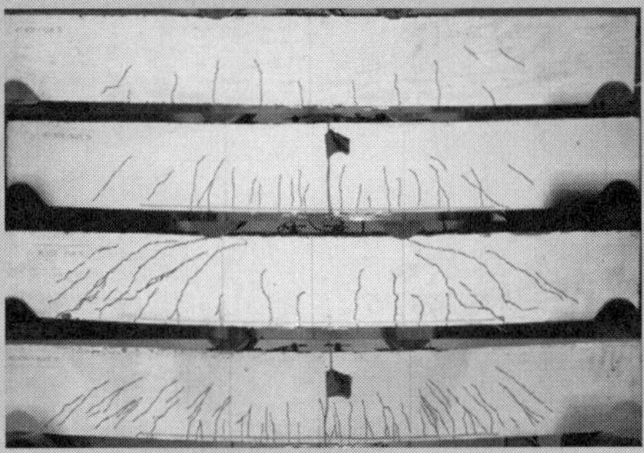

4장 전단설계

차례

주요개념

휨-전단균열, 사인장균열
전단경간과 파괴모드
콘크리트 전단강도
스터럽 전단강도
전단위험단면
최소 스터럽량
최대 스터럽 간격
전단마찰

휨을 받는 부재의 대부분은 휨모멘트 M과 전단력 V가 동시에 발생한다. 부재 설계는 일차로 휨에 저항하기 위해서 단면의 크기와 휨철근량을 결정하며 3장에서 다루었다. 만약 보를 적절하게 휨설계했다면 다음으로 검토해야 하는 것이 전단(shear)이다.

전단설계 개념 또한 휨설계와 마찬가지로

$$\phi V_n \geq V_u \tag{1.5}$$

를 만족해야 한다.

전단에 의한 부재 파괴는 매우 급작스럽고, 구조물 안전에 치명적이다. 그러므로 예기치 않은 하중으로 부재가 파괴한다면, 전단파괴하기 전에 휨파괴 하도록 해야 한다.

지금까지 철근콘크리트 부재의 전단 거동에 대한 많은 연구가 이루어지고 있으나, 아직까지도 만족할만한 이론적인 설계방법을 정립하지 못하고 있다. 그러므로 기준에서는 실험결과로부터 얻은 경험 설계식을 대부분 사용한다.

이 장에서는 전단 거동과 강도 그리고 전단효과에 대하여 살펴보고 휨을 받는 보에 대해서 전단설계를 해본다.

한편 축하중이나 축인장을 받는 부재의 전단력을 구하는 방법도 살펴보겠지만 대부분은 각각의 부재설계에서 자세히 다룬다.

4-1 기본이론

4-1-1. 보에서 주응력과 휨전단균열

그림 4.1과 같이 균열 없는 탄성보가 하중을 받을 때, 임의 평면에서 수직응력 f와 전단응력 v는,

$$f = \frac{M}{I}y, \quad v = \frac{VS}{Ib}$$

여기서, M=휨모멘트, V=전단력, I=단면2차모멘트, S=전단응력점과 바깥 연단사이 단면의 중립축에 대한 단면1차모멘트, b=응력이 계산되는 곳에서의 부재 폭이다.

임의 단면에 축방향과 직각방향의 두 수직응력 f_x, f_y이 작용할 때 주응력 f_1, f_2와 수평축에 대한 주응력 방향 θ는,

$$f_{1,2} = \frac{f_x + f_y}{2} \pm \sqrt{\left(\frac{f_x - f_y}{2}\right)^2 + v^2}, \quad \tan 2\theta = \frac{v}{(f_x - f_y)/2}$$

이다. 그림 (a)에서

중립축 위 미소단면 ①은 $f_x = 0$, $f_y = 0$이므로 주응력 $f_{1,2} = \pm v$이고 $\theta = 45°$이다.

미소단면 ②는,

$$f_{1,2} = \frac{f_x}{2} \pm \sqrt{\left(\frac{f_x}{2}\right)^2 + v^2} \tag{4.1}$$

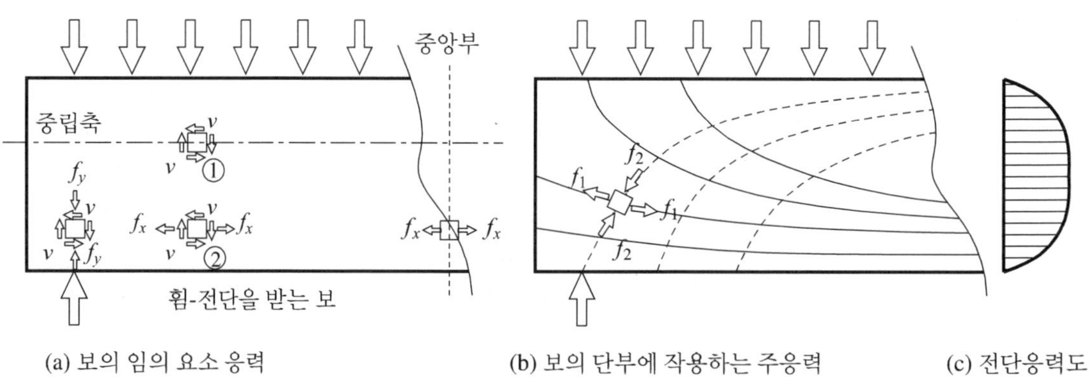

그림 4.1 균열 없는 탄성보에서 단면 내 휨응력과 전단응력 및 주응력

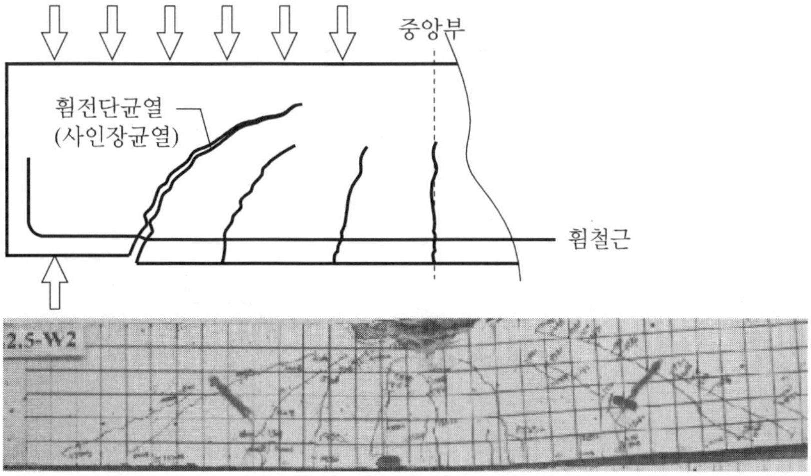

그림 4.2
보에서 전단에 의한 균열 및 전단파괴

$$\tan 2\theta = \frac{v}{(f_x)/2}$$

이다. 이 때 받침부 근처에서는 휨모멘트 M에 의한 수직응력 f가 작아지고, 전단력 V에 의한 전단응력 v가 커지므로, 주응력에 대한 경사각 θ가 45°에 가까워진다.

만약 작용하는 전단력이 커져서, 단면 내 주 인장응력 f_1이 콘크리트의 인장강도를 초과하면 균열이 발생한다. 균열은 주인장 응력방향과 수직이므로 부재 단부 부분에 발생한 균열은 부재 축과 경사방향으로 45° 정도를 이룬다. 이와 같이 발생한 경사진 균열을 **휨전단균열**(diagonal crack) 또는 사인장균열이라 하며 그림 4.2에 나타냈다.

하중에 의한 보의 균열 발생과 파괴과정을 보면, 먼저 보 중앙에 휨응력에 의한 수직균열이 발생하고, 하중이 증가하면 보 단부에서 전단과 휨의 조합에 의한 휨전단균열이 발생하며, 최종적으로 휨전단균열의 확장과 함께 부재가 파괴한다.

4-1-2. 균열이 발생한 보에서의 전단응력

일반적으로 최초 균열은 보 중앙 하부에 수직 균열로 나타나며, 하중이 증가함에 따라 그림 4.3과 같이 단부쪽으로 휨전단균열이 확장한다. 균열이 발생한 보에서 평균전단응력은 힘의 평형상태를 고려하면,

$$M = Tjd$$
$$dM = jd \cdot dT \tag{4.2}$$

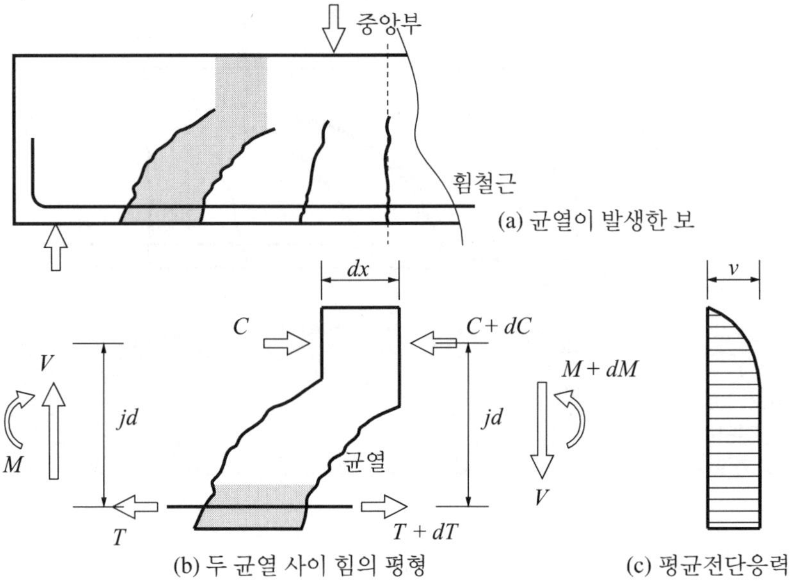

그림 4.3
균열이 발생한 부분에서의 평균 전단응력

그림 (b)와 같이 균열사이의 구간을 분리하여 생각하면 dT는,

$$dT = v\, b_w\, dx$$

위 식을 식 (4.2)에 대입하고, $dM = V dx$이므로 대입하여 정리하면,

$$v = \frac{V}{b_w\, j\, d}$$

여기서, 보가 충분히 길어서 휨 거동을 하는 경우는 일반적으로 $jd \simeq 0.875d$이고 b_w는 보의 폭이다. 평균 수직전단응력의 분포는 그림 (c)와 같다.

기준에서는 근사적으로 $j = 1.0$ 으로 가정한다. 즉 전단응력 v는,

$$v = \frac{V}{b_w d} \tag{4.3}$$

4-1-3. 보작용과 아치작용

앞에서 살펴보았던 평균전단응력 v의 유도에서 보다 일반적인 경우 생각해 보자. 식 (4.2)에서 $dM/dx = V$이므로 정리하면,

$$V = \frac{d}{dx}(Tjd)$$

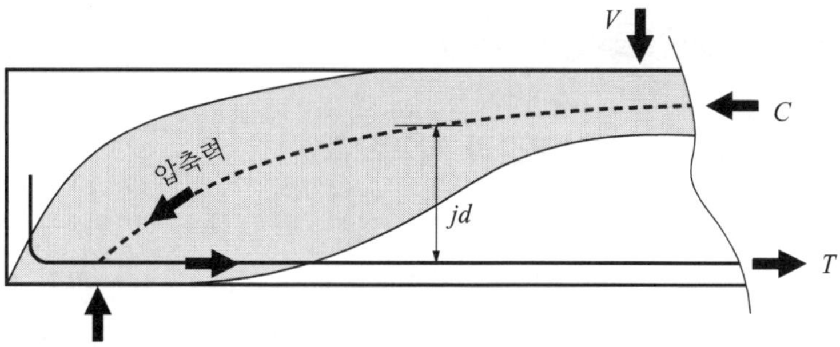

그림 4.4
보에서의 아치작용

와 같으며 미분하면,

$$V = \frac{d(T)}{dx} jd + \frac{d(jd)}{dx} T \tag{4.4}$$

만약 jd가 일정하다면, 위 식의 두번째 항은 0이 되어 앞에서 살펴본 일반적인 탄성이론에 의한 전단력을 얻을 수 있다. 즉,

$$\frac{d(jd)}{dx} = 0$$

$$V = \frac{d(T)}{dx} jd$$

여기서 $d(T)/dx$는 그림 4.3(b)에서, 철근과 압축영역 사이 수평면에서의 전단흐름이다. 이러한 전단력에 대한 작용을 **보작용**(beam action)이라 한다.

한편 식 (4.4)에서 전단흐름이 전혀 없는 경우를 생각해 보자. 즉,

$$\frac{d(T)}{dx} = 0$$

$$V = T\frac{d(jd)}{dx}$$

이 경우는 철근과 콘크리트 사이에 부착력을 상실하여 전단흐름이 존재하지 않거나, 하중과 반력에 의하여 경사균열의 증가로 전단흐름이 전달되지 않는 경우이다. 이 상태에서는 그림 4.4와 같이 인장력 T와 jd가 이루는 경사방향의 압축대에 압축력으로서 전달되고 인장력은 전 경간에 걸쳐 일정하게 작용한다. 이러한 작용을 **아치작용**(arch action)이라 한다.

철근콘크리트 보에서는 위의 두 작용이 함께 일어날 것이다. 두 작용의 비율에 관한 상세한 설명은 이 책의 범위가 아니다. 다만 다음 절의 전단거동과 파괴모드에서 아치작용의 개념을 이해해 보자.

4-2 보의 전단거동과 파괴모드

4-2-1. 전단경간과 파괴모드

보의 전단거동 및 파괴모드는 여러 영향을 받지만, 가장 대표적인 것은 유효깊이 d에 대한 전단경간의 비(shear span ratio)이다. 그림 4.5와 같이 일정 전단력 분포길이 a를 전단경간으로 정의하면 a/d이다. 전단경간 비에 따른 보의 파괴모드 및 균열특성을 표 4.1과 그림 4.6에 각각 나타냈다.

(1) 그림 (a)와 같이 전단경간비가 5.5이상인 보는 전형적인 휨부재이다. 이 보는 휨강도 50% 정도에서 미세한 수직균열이 보의 중앙에 발생한 후 좌우로 점점 확산한다. 초기 균열은 중립축 이상까지 깊어지고 균열폭과 처짐이 증가하며 매우 연성적인 거동을 한다.

(2) 전단경간비가 2.5~5.5인 경우(그림 b) 또한 초기 보 중앙 하단에서 휨 수직균열이 발생한다. 그러나 큰 처짐이나 휨균열 확산 없이 단부에서 1.5~2.0d 떨어진 부분에 여러 개의 사인장균열이 발생한다. 하중이 증가함에 따라 사인장균열폭이 증가하면서 압축부까지 진행한다. 사인장균열은 하부에서 발생한 휨균열로 시작해서 중립축 부분에서는 45°에 가까운

표 4.1 유효깊이 대 전단경간 비에 따른 철근콘크리트 보의 파괴모드

보의 범위	파괴모드	유효깊이에 대한 전단경간 비	
		집중하중, a/d	등분포하중, L_c/d
세장한 보(Slender beam)	휨 파괴	5.5 이상	16 이상
중간 보(Intermediate beam)	사인장 파괴	2.5~5.5	11~16
깊은 보(Deep beam)	전단압축 파괴	1~2.5	1~5

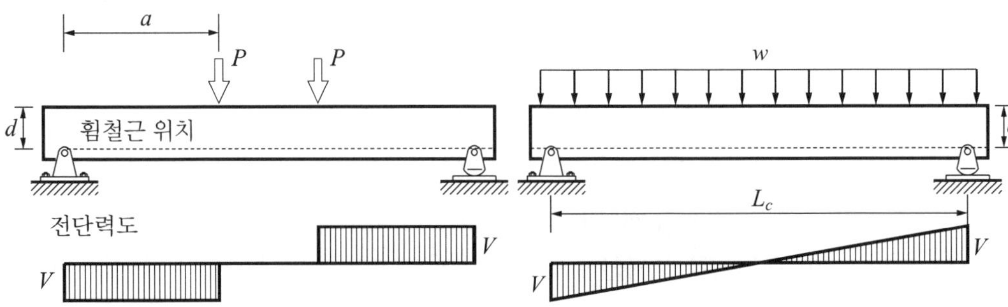

(a) 일정 전단력 분포 (b) 선형 전단력 분포

그림 4.5 표 4.1에서 유효깊이 대 전단경간 비의 정의

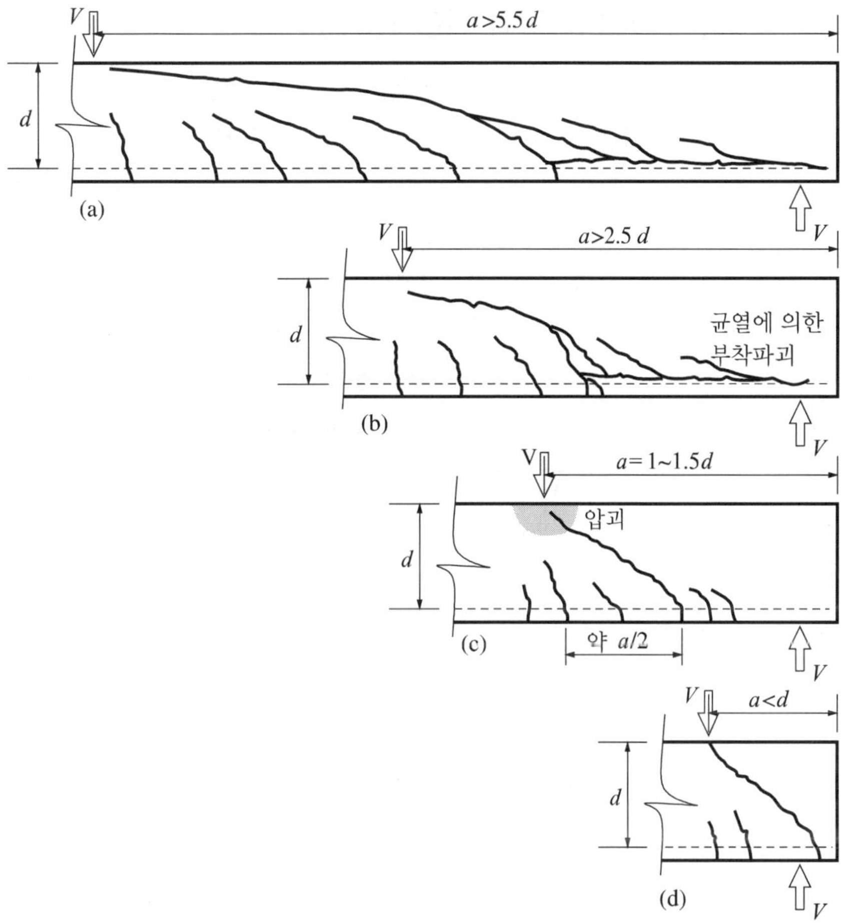

그림 4.6
집중하중을 받는 철근콘크리트 보의 유효깊이 대 전단경간 비(a/d)에 따른 보의 파괴형태

경사를 보이며 파괴한다. 중앙부 휨균열은 중립축까지는 진행하지 않으며 파괴시 비교적 작은 처짐이 생긴다.

(3) 전단압축 파괴는 그림 (c)와 같이 전단경간비가 1~2.5인 영역에서 발생한다. 균열 발생과정을 살펴보면, 초기에 보 중앙에서 약간의 휨균열 발생 후, 받침부에서 콘크리트와 주근이 부착파괴하며, 사인장균열보다 가파른 균열이 갑자기 발생하고 중립축을 향해 진행된다. 이때 하중점 부근에는 집중하중에 의한 압축파괴가 동반되어 갑작스럽게 파괴한다.

(4) 전단경간비가 d보다 작은 경우는 그림 (d)와 같이 하중점과 받침부 사이에 형성되는 압축대로 직접 전단이 발생하므로, 사인장 균열은 발생하지 않으며 전단강도도 매우 높게 나타난다. 이 파괴는 단부 콘크리트의 마찰저항이 작은 경우는 쪼갬파괴가, 그렇지 않은 경우는 받침부 압축파괴가 일어난다.

4-2-2. 보의 전단저항 기구

전단에 의한 균열은 앞에서 살펴보았듯이 초기 수직균열 이후 휨전단균열로 진전한다. 콘크리트는 균열이 발생하면 전단 저항력이 급격히 감소하므로 철근으로 보강해야 한다. 이렇게 휨전단균열에 저항하기 위하여 설치한 철근을 전단철근(또는 전단보강근)이라고 하며, 실무에서는 스터럽(stirrup)이라는 말을 통용한다.

그림 4.7은 철근콘크리트 보에서 휨전단균열이 발생할 때, 내부의 여러 전단저항기구를 나타낸 것으로, 전단력은 다음과 같은 내부 합력을 통해 저항한다.

(1) 균열 없는 압축부분의 콘크리트가 지지하는 전단력 V_{cz}

(2) 골재의 맞물림작용(interlock)에 의한 전단력의 수직성분 V_{ay}

(3) 인장철근의 장부작용(dowel action)에 의한 전단력 V_d

(4) 전단철근(스터럽)에 의한 전단력 V_s

즉, 저항기구의 합력은

$$V = V_{cz} + V_{ay} + V_d + V_s$$

실험에 의하면 사인장 균열이 발생하기 전까지는 골재의 맞물림 작용과 철근의 장부작용에 의한 전단저항 기구가 전체 전단력의 40~60%를 저항하지만, 철근이 인장에 의해 균열폭이 증가하면 V_{ay}와 V_d는 급격히 감소하고 스터럽의 전단저항 V_s가 증가하기 시작한다. 이후 휨전단균열이 발생하면 스터럽에 인장응력이 발생하여 전단력을 부담하게 된다.

또한 스터럽은 균열 증가를 억제하여 골재 맞물림작용의 효율성을 높이고, 인장철근을 수직으로 지지함으로써 장부작용에 의한 전단저항성을 높이는 역할을 하게 되는데, 이러한 스터럽 배근에 의한 추가적인 전단저항 효과를 **스터럽 효과**라고 한다.

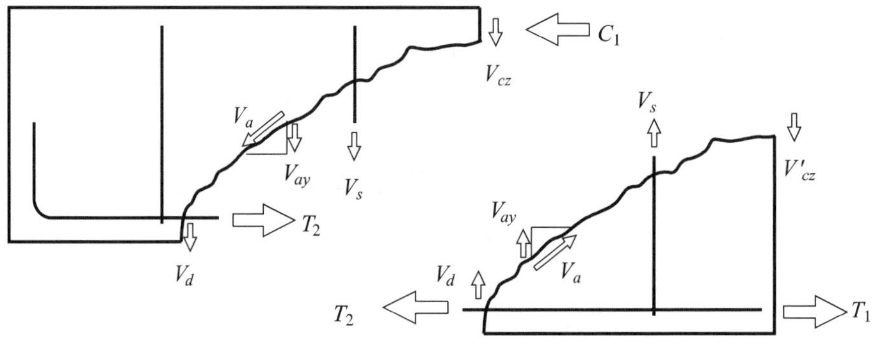

그림 4.7
보의 전단저항 기구

스터럽에 의한 V_s를 제외한 전단저항 요소 V_{cz}, V_{ay}, V_d는 매우 취성적인 경향을 가진다. 또한 부재 종류, 콘크리트 특성, 스터럽 배치 등에 따라 변동이 크기 때문에, 이들의 전단저항 기여도를 정량화하기는 어렵다. 따라서 기준에서는 이 값에 대하여 통상적으로 콘크리트 전단강도 V_c로 취급하며, 부재 별로 실험 자료를 축적하여 값을 결정한다. 즉,

$$V_c = V_{cz} + V_{ay} + V_d$$

그러므로 공칭 전단강도 V_n은 콘크리트 전단강도 V_c와 스터럽의 전단강도 V_s의 합이다. 즉

$$V_n = V_c + V_s \tag{4.5}$$

4-3 콘크리트와 스터럽의 전단강도

4-3-1. 콘크리트가 부담하는 전단강도 V_c

콘크리트의 전단강도 V_c는 4-2-2절에서 살펴보았듯이 실험결과와 경험을 토대로 정하고 있다. 이 이유로 $f_{ck} = 70\ \text{MPa}$ 이상의 고강도콘크리트는 아직까지 실험 자료가 부족하기 때문에 $\sqrt{f_{ck}} \le 8.4\ \text{MPa}$로 제한하고 있다. 또한 경량콘크리트를 사용한 경우에는 계산된 콘크리트 전단강도를 경량콘크리트 계수 λ를 곱해서 값을 감소시킨다. 경량콘크리트 계수 λ는 2-1-4절을 다시 살펴보자. 물론 보통콘크리트의 경우는 식에서 $\lambda = 1.0$이다.

(1) 전단력과 휨모멘트가 작용하는 보

보와 같이 전단력과 휨모멘트가 작용하는 콘크리트 전단강도 V_c는,

$$V_c = \frac{1}{6}\lambda\sqrt{f_{ck}}\,b_w d \tag{4.6}$$

여기서 b_w는 단면의 복부 폭, d는 유효깊이다.

(2) 축방향 압축력을 받는 부재

축방향 압축력을 함께 받는 콘크리트 전단강도 V_c는,

$$V_c = \frac{1}{6}\left(1+\frac{N_u}{14A_g}\right)\lambda\sqrt{f_{ck}}\,b_w d \tag{4.7}$$

여기서 N_u는 단면 축방향 압축력, A_g는 단면 총 단면적이며, N_u/A_g의 단위는 $\mathrm{MPa}(=\mathrm{N/mm^2})$이다. 식 (4.7)은 압축응력이 휨전단균열을 감소시켜 전단내력이 증가하는 효과를 고려한 것이다.

(3) 축방향 인장력을 받는 부재

축방향 인장력이 큰 경우는 기본적으로 콘크리트의 전단강도 $V_c = 0$으로 보고, 스터럽이 모든 전단력에 저항하도록 한다.

(4) 정밀식에 의한 전단강도

위에서 살펴본 콘크리트의 전단강도 V_c 계산식은 간편식이다. 만약 콘크리트의 전단강도를 상세하게 고려할 필요가 있는 경우는, 다음의 정밀한 실험식을 이용할 수 있다. 예를 들어,

전단력과 휨모멘트를 받는 경우는,

$$V_c = \left(0.16\lambda\sqrt{f_{ck}} + 17.6\rho_w\frac{V_u d}{M_u}\right)b_w d \le 0.29\sqrt{f_{ck}}\,b_w d \tag{4.8}$$

$$V_u d/M_u \le 1.0$$

여기서 ρ_w는 복부단면 휨철근비($A_s/b_w d$), M_u는 전단을 검토하는 단면에서 V_u와 동시에 발생하는 계수휨모멘트이다. 이 식은 콘크리트 인장강도의 영향(우측 첫 번째 항의 $\lambda\sqrt{f_{ck}}$)과 아치작용(두 번째 항의 ρ_w와 $V_u d/M_u$)을 동시에 고려한 실험식이다. 여기서 $V_u d/M_u$는 전단경간비의 역수이다. 간편식 (4.6)은 식 (4.8)의 두 번째 항을 $0.01\lambda\sqrt{f_{ck}}$ 정도로 보아 단순화 시킨 것이다.

그림 4.8은 식 (4.8)과 간편식 (4.6) 그리고 실험결과를 비교해 나타낸 것이다. 일반적으로 보의 휨철근비는 0.75~2.6% 정도이며 이때 식 (4.6)은 안전 측에 있는 것을 알 수 있다. 그러나 보다 낮은 휨철근비에서는 전단강도가 실제보다 높게 평가될 수도 있으므로 유의해야 한다. 한편 최근 연구결과에 의하면 식 (4.8) 또한 f_{ck}의 영향을 과대평가하고, ρ_w와 $V_u d/M_u$의 영향은 과소평가한다고 보고하고 있기도 하다. 콘크리트의 전단강도와 파괴메커니즘에 관한 이해의 노력은 지금도 현재진행형이다.

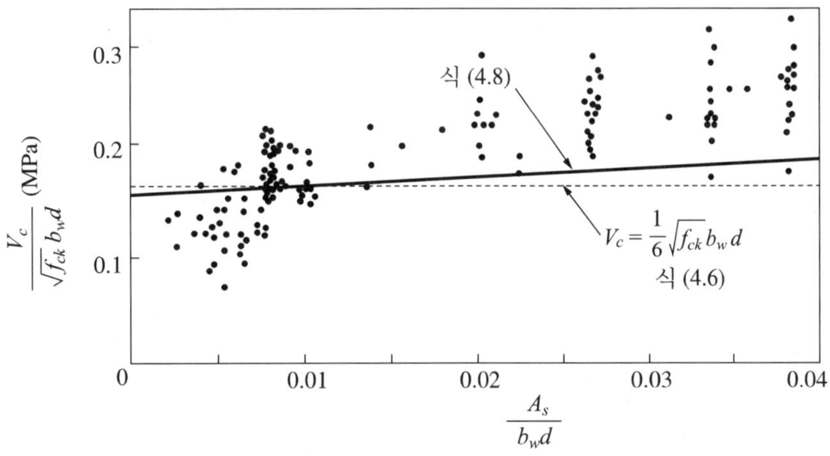

그림 4.8
휨철근비에 따른 콘크리트 보의 전단강도 V_c와 실험결과 비교

축방향 압축력을 받는 부재의 경우는,
식 (4.8)의 M_u 대신 다음의 M_m을 사용해서 V_c를 계산할 수 있다.

$$M_m = M_u - N_u \frac{(4h-d)}{8} \tag{4.9}$$

$$V_c = \left(0.16\lambda\sqrt{f_{ck}} + 17.6\rho_w \frac{V_u d}{M_m}\right) b_w d \le 0.29\lambda\sqrt{f_{ck}}\, b_w d \sqrt{\left(1 + \frac{N_u}{3.5A_g}\right)} \tag{4.10}$$

이때 $V_u d / M_u \le 1.0$ 제한은 받지 않는다. 식 (4.9)에 의해 계산 된 M_m이 음(−)일 경우는,

$$V_c = 0.29\lambda\sqrt{f_{ck}}\, b_w d \sqrt{\left(1 + \frac{N_u}{3.5A_g}\right)} \tag{4.11}$$

또한 현저하게 큰 인장력을 받는 부재의 경우는,

$$V_c = \frac{1}{6}\left(1 + \frac{N_u}{3.5A_g}\right)\lambda\sqrt{f_{ck}}\, b_w d \tag{4.12}$$

여기서 N_u는 인장력일 때 음(−)이고, N_u/A_g의 단위는 MPa이다. 그림 4.9는 콘크리트의 전단강도 V_c와 축방향력 관계에 대한 실험 결과를 나타낸 것이다.

인장력이 현저하다는 것은 설계자가 인장력의 영향을 고려할 필요가 있다고 인식할 때를 의미한다. 만약 축방향 인장력의 크기가 불확실하다면, 전체 전단력을 스터럽이 모두 부담하도록 하는 것이 바람직하다. 전단력에 의한 파괴는 매우 취성적이며, 그 파괴메커니즘에 관한 연구는 현재진행형이란 사실을 잊지 말자.

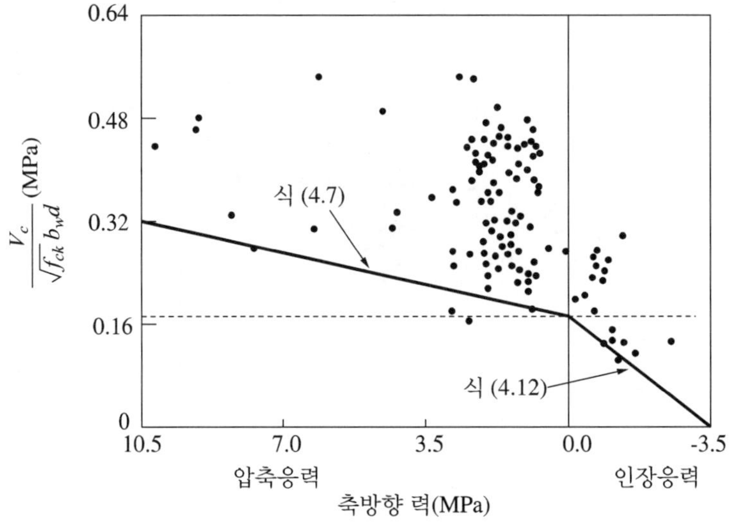

그림 4.9
콘크리트 전단강도 V_c에 대한 축방향력의 영향

이상의 콘크리트 전단강도 V_c를 표 4.2에 정리하였다.

한편 콘크리트 단면이 원형일 때는 지름 D와 유효 깊이 d의 직사각형 단면으로 치환할 수 있다. 이때 $d = 0.8D$이다.

표 4.2 콘크리트 전단강도

부재 응력상태	간편식	정밀한 실험식
휨모멘트와 전단력만 작용	$V_c = \frac{1}{6}\lambda\sqrt{f_{ck}}\,b_w d$	$V_c = \left(0.16\lambda\sqrt{f_{ck}} + 17.6\rho_w \frac{V_u d}{M_u}\right) b_w d \le 0.29\lambda\sqrt{f_{ck}}\,b_w d$ $V_u d / M_u \le 1.0$
축압축력까지 작용	$V_c = \frac{1}{6}\left(1 + \frac{N_u}{14A_g}\right)\lambda\sqrt{f_{ck}}\,b_w d$	$M_m = M_u - N_u \frac{(4h-d)}{8}$ $V_c = \left(0.16\lambda\sqrt{f_{ck}} + 17.6\rho_w \frac{V_u d}{M_m}\right) b_w d$ $\le 0.29\lambda\sqrt{f_{ck}}\,b_w d\sqrt{\left(1 + \frac{N_u}{3.5A_g}\right)}$
축인장력까지 작용	$V_c = 0$ 스터럽이 모든 전단강도 부담	$V_c = \frac{1}{6}\left(1 + \frac{N_u}{3.5A_g}\right)\lambda\sqrt{f_{ck}}\,b_w d$ N_u는 인장력일 때 음(−)

1) 직사각형 단면의 경우, b_w = 복부 폭, d = 유효깊이이다.
2) 원형 단면은, b_w = 지름(D), $d = 0.8D$인 직사각형으로 치환하여 계산할 수 있다.
3) 보통콘크리트의 경우 $\lambda = 1.0$이다.

4-3-2. 스터럽(전단철근)이 부담하는 전단강도 V_s

스터럽에 의한 전단강도 V_s를 계산하기 위하여 그림 4.10과 같은 수직스터럽과 경사스터럽을 생각하자. 일반적으로 휨전단균열은 45°경사를 가지므로 균열 구간은 d이다.

수직스터럽의 경우 그림 (a)와 같이 균열 구간(d)내에서 n개의 스터럽이 항복할 때까지 전단강도를 발현한다. 스터럽의 간격을 s라 하면, $n = d/s$이므로,

$$V_s = \frac{A_v f_{yt} d}{s} \tag{4.13}$$

여기서, A_v는 간격 1열 스터럽의 전체 단면적이며, f_{yt}는 스터럽의 설계기준항복강도이다. 식 (4.13)은 수직스터럽 뿐만 아니라 원형 띠철근, 후프철근, 나선철근 등을 스터럽으로 사용한 경우도 적용한다. 만약 원형단면 부재라면 표 4.2와 같이 직사각형으로 가정하고, A_v는 종방향 철근과 평행하게 잰 간격 s내에 배치된 전체 단면적이다.

한편 스터럽이 그림 (b)와 같이 α만큼 기울어진 경사스터럽이라면 균열면을 지나는 경사스터럽의 개수 n은

$$n = \frac{d(1+\cot\alpha)}{s} \tag{4.14}$$

여기서, s는 경사스터럽의 수평방향성분 거리이다. 경사방향의 힘 F는

$$F = A_v f_{yt}\left[\frac{d(1+\cot\alpha)}{s}\right] \tag{4.15}$$

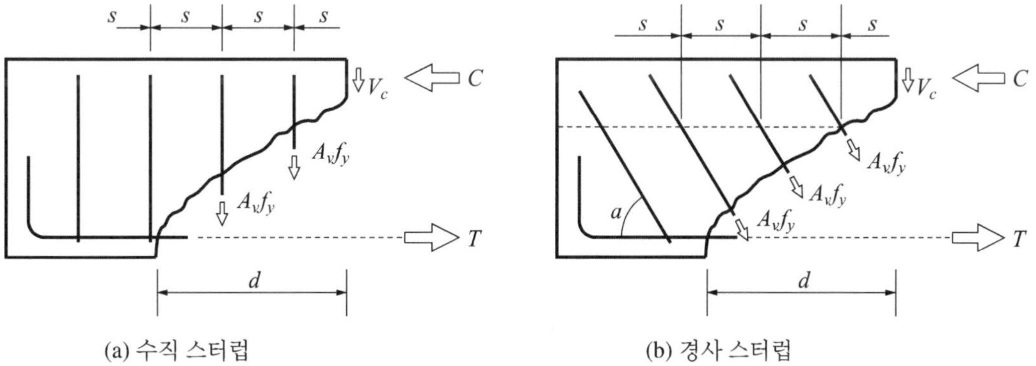

그림 4.10 전단철근(스터럽)에 의한 전단강도 V_s

경사스터럽이 부담하는 전단력은 $F\sin\alpha$이므로,

$$V_s = A_v f_{yt}(\sin\alpha + \cos\alpha)\frac{d}{s} \tag{4.16}$$

전단철근이 1개의 굽힘철근 또는 받침부에서 모두 같은 거리에서 구부린 평행한 1조의 철근으로 구성될 경우 $V_s = A_v f_{yt}\sin\alpha$에 따라 계산하여야 한다. 이와 같은 경우 V_s는 $0.25\sqrt{f_{ck}}b_w d$를 초과할 수 없다.

전단철근이 받침부에서 서로 다른 거리에서 구부린 일련의 평행한 굽힘철근 또는 여러 조의 평행한 철근으로 구성될 경우에는 식 (4.16)에 따라 계산하여야 한다. 또한 종방향 철근을 구부려 전단철근으로 사용할 때는 그 경사길이의 중앙 3/4만이 전단철근으로서 유효하다고 보아야 한다.

여러 종류의 전단철근이 부재의 같은 부분을 보강하기 위해 사용되는 경우의 전단강도 V_s는 각 종류별로 구한 V_s를 합한 값으로 하여야 한다.

예제 4-1 전단강도 계산

보통콘크리트 $f_{ck} = 30$ MPa인 다음 단면에 대한 공칭전단강도 V_n을 구하라.

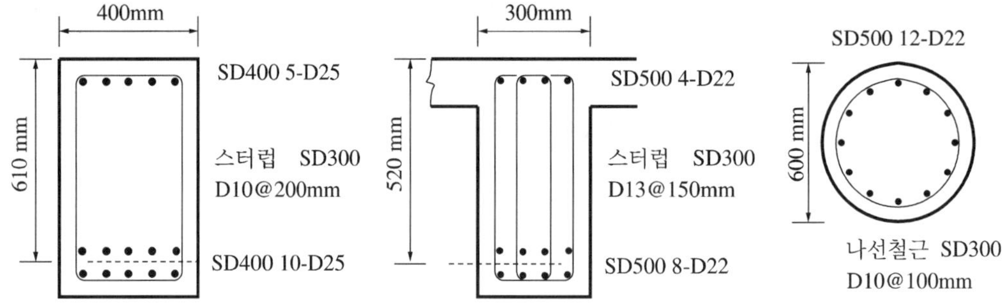

(a) (b) (c)

풀이

(a) 직사각형 보

콘크리트 V_c

$\lambda = 1.0$(보통콘크리트)

$f_{ck} = 30$ MPa, $b_w = 400$ mm, $d = 610$ mm

$$V_c = \frac{1}{6}\lambda\sqrt{f_{ck}}b_w d = \frac{1}{6}\times 1.0\times\sqrt{30}\times 400\times 610\times 10^{-3} = 222.7 \text{ kN}$$

스터럽 V_s

$f_{yt} = 300\text{ MPa}$,

$A_{v1} = 71.3\text{ mm}^2$(D10), $n = 2$열, $s = 200\text{ mm}$ 간격이므로,

$$V_s = \frac{A_v f_{yt} d}{s} = \frac{71.3 \times 2 \times 300 \times 610}{200} \times 10^{-3} = 130.5\text{ kN}$$

공칭전단강도 V_n

$$V_n = V_c + V_s = 222.7 + 130.5 = 353.2\text{ kN}$$

(b) T형 단면(일반적으로 전단력은 복부가 부담)

콘크리트 V_c

$b_w = 300\text{ mm}$, $d = 520\text{ mm}$

$$V_c = \frac{1}{6}\lambda\sqrt{f_{ck}}\, b_w d = \frac{1}{6} \times 1.0 \times \sqrt{30} \times 300 \times 520 \times 10^{-3} = 142.4\text{ kN}$$

스터럽 V_s

$f_{yt} = 300\text{ MPa}$,

$A_{v1} = 126.7\text{ mm}^2$(D13), $n = 4$열, $s = 150\text{ mm}$ 간격이므로,

$$V_s = \frac{A_v f_{yt} d}{s} = \frac{126.7 \times 4 \times 300 \times 520}{150} \times 10^{-3} = 527.1\text{ kN}$$

공칭전단강도 V_n

$$V_n = V_c + V_s = 142.4 + 527.1 = 669.5\text{ kN}$$

(c) 원형단면

원형단면은 $b_w = 600\text{ mm}$

$d = 0.8D = 0.8 \times 600 = 480\text{ mm}$ 직사각형 계산 가능

콘크리트 V_c

$$V_c = \frac{1}{6}\lambda\sqrt{f_{ck}}\, b_w d = \frac{1}{6} \times 1.0 \times \sqrt{30} \times 600 \times 480 \times 10^{-3} = 262.9\text{ kN}$$

스터럽 V_s

$f_{yt} = 300\text{MPa}$,

$A_{v1} = 71.3\text{mm}^2$(D10), $n = 2$열, $s = 100\text{ mm}$ 간격이므로,

$$V_s = \frac{A_v f_{yt} d}{s} = \frac{71.3 \times 2 \times 300 \times 480}{100} \times 10^{-3} = 205.3\text{ kN}$$

공칭전단강도 V_n

$$V_n = V_c + V_s = 262.9 + 205.3 = 468.2\ \text{kN}$$

예제 4-2 정밀식을 이용한 전단강도 계산

다음 중공 박스 단면에 대한 공칭전단강도 V_n을 정밀식을 이용하여 구하라.
단 보통콘크리트 $f_{ck} = 27\ \text{MPa}$를 사용했으며 부재의 전단경간비(a/d)는 2이다.

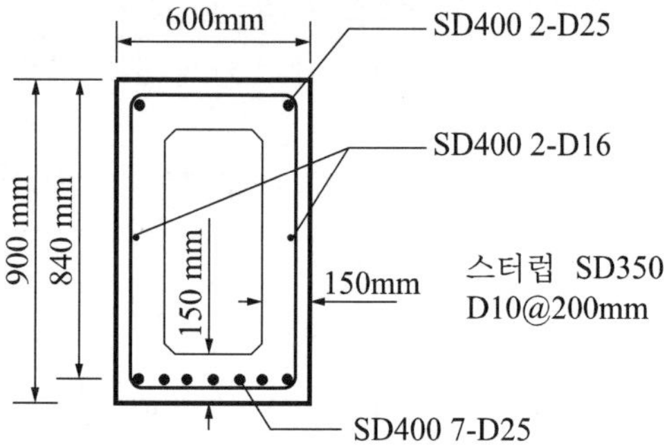

풀이

콘크리트 V_c

$\lambda = 1.0$(보통콘크리트), $f_{ck} = 27\ \text{MPa}$,

$b = 600\ \text{mm}$, $b_w = 400\ \text{mm}$(복부 양측), $d = 840\ \text{mm}$

$A_s = 7 \times 506.7 = 3{,}547\ \text{mm}^2$ (인장 철근량)

$$\rho_w = \frac{A_s}{bd} = \frac{3{,}547}{600 \times 840} = 0.00704 \text{ (주인장 철근비)}$$

$$\frac{M_u}{V_u d} = 2.0 \text{ (전단경간비)}$$

$$V_c = \left(0.16\lambda\sqrt{f_{ck}} + 17.6\rho_w \frac{V_u d}{M_u}\right) b_w d \le 0.29\lambda\sqrt{f_{ck}}\, b_w d \text{에서,}$$

$$= \left(0.16(1.0)\sqrt{27} + 17.6(0.00704)\frac{1}{2}\right)(300)(840) \times 10^{-3} = 225.1\ \text{kN}$$

$0.29\lambda\sqrt{f_{ck}}\, b_w d = 0.29(1.0)\sqrt{27}(300)(840) \times 10^{-3} = 379.7\ \text{kN}$이므로 상한치 만족

참고로 간편식을 이용하면,

$$V_c = \frac{1}{6}\lambda\sqrt{f_{ck}}\, b_w d = \frac{1}{6} \times 1.0 \times \sqrt{27} \times 300 \times 840 \times 10^{-3} = 218.2\ \text{kN}$$

스터럽 V_s

$f_{yt} = 350\ \text{MPa}$, $A_{v1} = 71.3\ \text{mm}^2$(D10), $n = 2$열, $s = 200\ \text{mm}$ 간격이므로,

$$V_s = \frac{A_v f_{yt} d}{s} = \frac{(71.3 \times 2) \times 300 \times 840}{200} \times 10^{-3} = 209.6 \text{ kN}$$

공칭전단강도 V_n

$$V_n = V_c + V_s = 225.1 + 209.6 = 434.7 \text{ kN}$$

4-4 보의 전단설계

전단설계 또한 휨설계와 같이 강도설계법 기본 식을 만족해야 한다.

$$\phi V_n \geq V_u \tag{1.5}$$

여기서, V_u 소요 전단력, ϕ는 강도감소계수로 표 1.4에서 $\phi = 0.75$이다. V_n은 공칭 전단강도로,

$$V_n = V_c + V_s \tag{4.5}$$

일반적으로 보의 전단설계 순서는 소요전단력 V_u가 콘크리트에 의한 전단강도 V_c를 초과하는 경우, V_s을 조정하면서 식 (1.5)를 만족하게 하는 과정으로 진행한다. 즉

$$V_s = V_n - V_c = \frac{V_u}{\phi} - V_c \tag{4.17}$$

에서 V_s를 만족하는 스터럽량과 간격을 결정한다.

4-4-1. 소요전단력 V_u의 결정

그림 4.11은 일반적인 보의 소요전단력 분포이다. 받침부에서 거리 d 이내에 작용하는 하중은 하중 작용점과 받침부 사이에 형성되는 압축대로 일부 전달된다. 그러므로 이를 반영하여 지지면으로부터 거리 d 이내 단면에 대한 V_u 값은, d만큼 떨어진 곳의 값으로 계산한다. 즉 그림 (b)와 같이 빗금 친 부분의 소요전단력에 대하여 전단설계하면 된다. 여기서 최대소요 전단력 V_u가 계산되는 지점을 **전단위험단면**이라 한다.

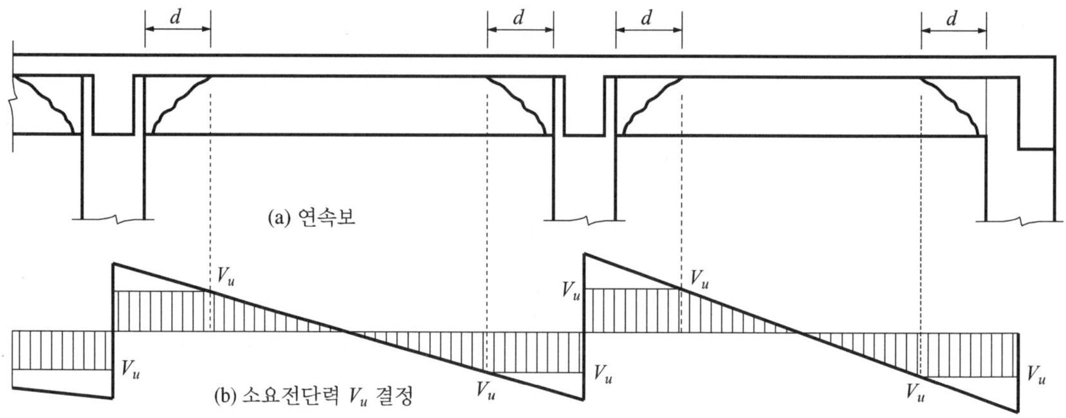

그림 4.11 소요전단력 V_u 결정 방법

이것은 모든 경우에 해당되는 것이 아니기 때문에 주의해야 한다. 그림 4.12는 몇 개의 전형적인 지지조건에 대하여 최대 전단력의 위치(전단위험단면)를 나타낸 것이다.

1) 단순보, 일반적인 보 - 기둥 접합부, 큰보 - 작은보 접합부에 대한 전단위험단면은 단면에서 d만큼 떨어진 곳이다(그림 a, b, c).

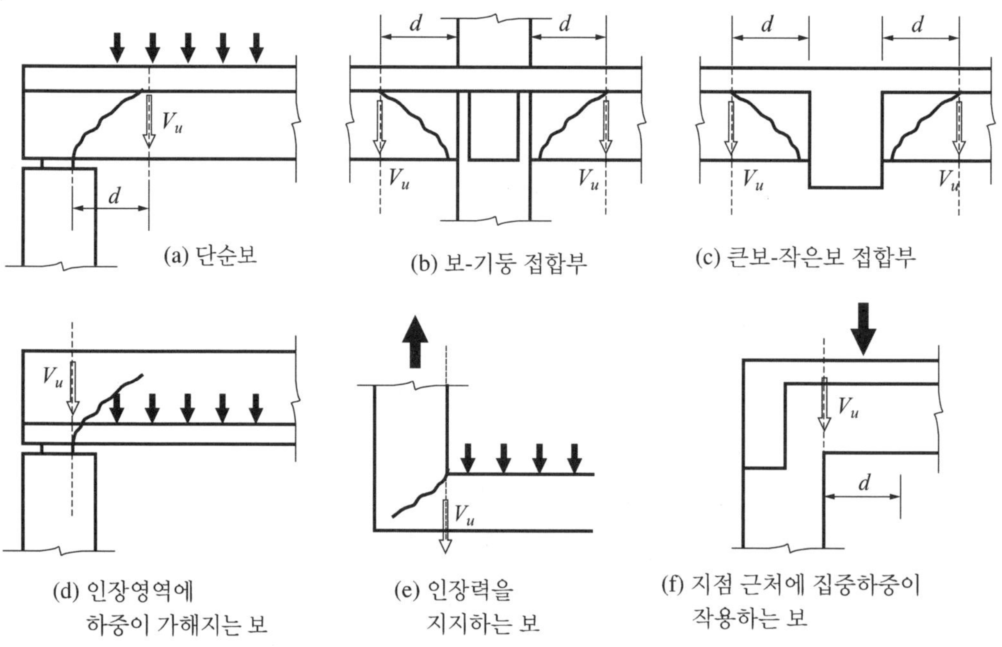

그림 4.12 부재 종류 하중 재하 상태에 따른 전단위험단면 위치면

2) 보의 하부 플랜지에 하중이 작용하고 있으면 압축대가 형성되지 않으므로 받침부면이 전단위험단면이다(그림 d). 예를 들어 프리캐스트 보에서 나타난다.
3) 부재가 인장력을 받는 경우 전단위험단면은 받침부 면에 위치한다고 본다(그림 e). 예를 들어 옹벽 뒷굽판에서 나타난다.
4) 지점 근처에 집중하중이 크게 작용하는 경우는 직접 전단에 의한 파괴가 먼저 일어날 수 있으므로 전단위험단면은 받침부 면이다(그림 f).

이 밖에도 전단위험단면을 판단해야할 경우는 다양할 수 있다. 하중의 흐름과 압축대의 형성 가능성을 염두에 두자.

4-4-2. 스터럽량 계산 및 규정사항

(1) 스터럽용 보강재 형태

스터럽의 형태는 그림 4.13과 같이 수직스터럽, 후프철근, 원형 띠철근, 경사스터럽, 용접철망, 나선철근 또는 스터럽과 굽힘철근을 조합하는 방법이 있다. 이 중에서 수직스터럽이 가장 일반적이다. 그림에서 경사스터럽은 $\alpha \geq 45°$ 이상, 굽힘철근은 $\alpha \geq 30°$ 이상이어야 한다. 한편 경사스터럽이나 굽힘철근은 현장에

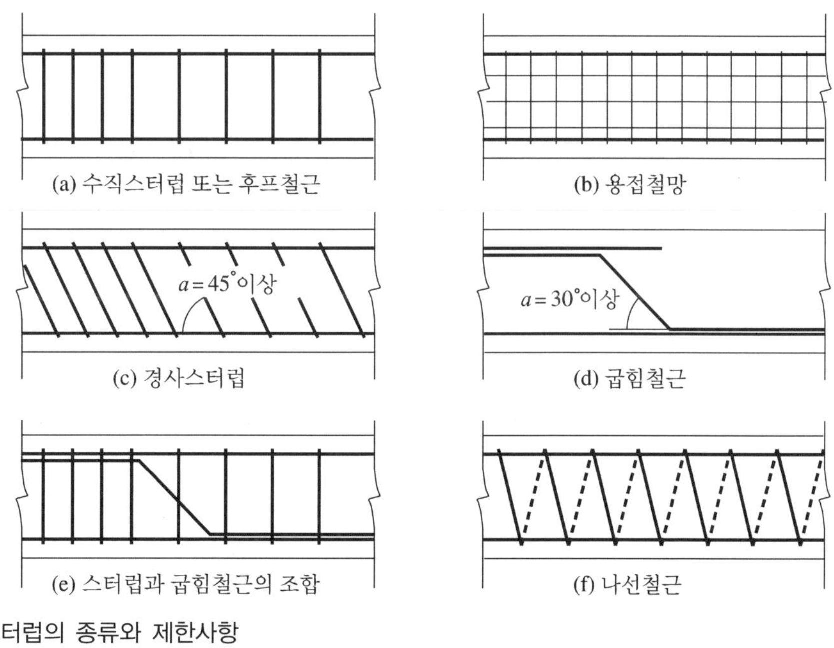

그림 4.13 스터럽의 종류와 제한사항

서 가공하기가 어렵고, 설치 시 별도의 노력이 필요하기 때문에 사용이 매우 적다.

(2) 최소 · 최대 스터럽량 제한

보의 전단파괴는 매우 취성적이기 때문에 계산상 스터럽이 필요치 않은 경우에도 스터럽을 배치할 필요가 있다. 기준에서는 소요 전단력 V_u가 콘크리트에 의한 설계전단강도 ϕV_c의 1/2를 초과하는 모든 철근콘크리트 휨부재에 대하여 최소 스터럽량 이상을 배근하도록 하고 있다. 즉

$$(\phi V_s)_{\min} \geq V_u = \frac{1}{2}\phi V_c \tag{4.18}$$

다만 다음 경우는 예외로 한다.

1) 슬래브와 기초판
2) 콘크리트 장선구조
3) 전체 깊이가 250 mm 이하이거나 T형 보나 I형 보에서 그 깊이가 플랜지두께의 2.5배 또는 복부폭의 1/2 중 큰 값 이하인 보(그림 4.14)
4) 교대 벽체 및 날개벽, 옹벽의 벽체, 암거 등과 같이 휨이 주거동인 판부재
5) 순 단면의 깊이가 315 mm를 초과하지 않는 속빈 부재에 작용하는 계수전단력이 $0.5\phi V_{cw}$를 초과하지 않는 경우
6) 보의 깊이가 600 mm를 초과하지 않고 설계기준압축강도가 40 MPa을 초과하지 않는 강섬유 콘크리트 보에 작용하는 계수 전단력이 $\phi\frac{1}{6}\lambda\sqrt{f_{ck}}\,b_w d$를 초과하지 않는 경우

이러한 부재를 예외로 두는 이유는 많은 실험을 통해서 사인장균열이 발생하기 전에 약한 부위에서 강한 부위로 하중을 재분배 한다는 것이 입증되었기 때문이다.

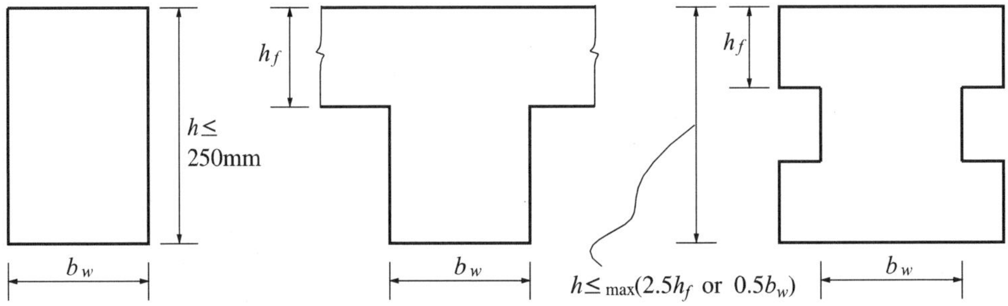

그림 4.14 최소 스터럽량이 적용되지 않는 단면

식 (4.18)에 V_c 식 (4.6)과 V_s 식 (4.13)를 대입하여 정리하면,

$$(A_v)_{\min} = 0.0625\sqrt{f_{ck}}\frac{b_w s}{f_{yt}} \geq 0.35\frac{b_w s}{f_{yt}} \tag{4.19}$$

여기서 b_w와 s의 단위는 mm이다.

전단강도 V_s는 $0.2(1-f_{ck}/250)f_{ck}b_w d$ 이하로 하여야 한다. 이와 같이 V_s의 최대한계값을 제한하는 이유는 사인장균열각도의 변화를 반영하고, 전단인장파괴를 유도하며, 사인장균열폭을 억제하기 위해서이다.

스터럽에 사용할 수 있는 철근은 $f_{yt} \leq 500\,\text{MPa}$여야 하며, 이것은 콘크리트에 대한 제한 규정 이유와 같다. 아직까지 많은 실험결과를 축적하고 있지 못하다. 다만 벽체의 전단철근 또는 용접철망을 사용하는 경우는 $f_{yt} \leq 600\,\text{MPa}$이다.

(3) 스터럽의 간격 계산 및 최대간격 제한

스터럽의 간격 s는 다음과 같이 계산할 수 있다.

1) 수직스터럽은 식 (4.13)에서,

$$s = \frac{A_v f_{yt} d}{V_s} \tag{4.20}$$

2) 경사스터럽은 식 (4.16)에서,

$$s = \frac{A_v f_{yt} d}{V_s}(\sin\alpha + \cos\alpha) \tag{a}$$

전단설계에서는 스터럽의 간격에도 유의해야 한다. 사인장균열이 생긴 곳에 스터럽이 배치되어 있지 않으면 전단보강을 기대할 수 없기 때문이다. 그러므로 기준에서는 그림 4.15와 같이,

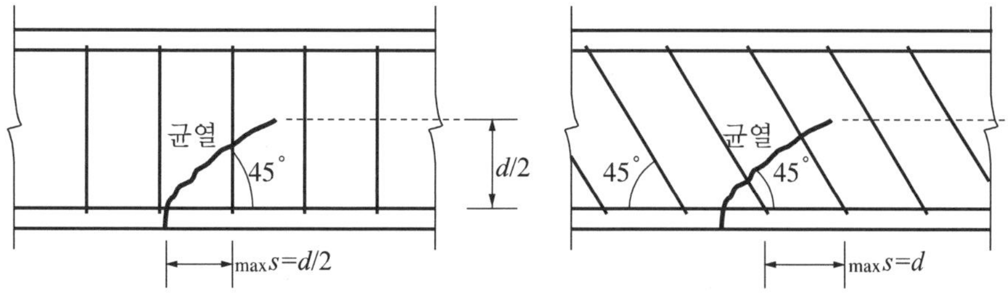

(a) 수직스터럽 (b) 경사스터럽

그림 4.15 스터럽 간격제한

표 4.3 스터럽량 및 간격제한 규정

조건		스터럽 간격
$V_u \le (1/2)\phi V_c$		스터럽 필요 없음[1]
$(1/2)\phi V_c < V_u \le \phi V_c$	$V_s = 0$	$s \le {}_{\min}\left(\text{식 (4.21)},\ \frac{d}{2},\ 600\,\text{mm}\right)$
$V_u > \phi V_c$	$V_s \le 2V_c = \frac{1}{3}\sqrt{f_{ck}}\,b_w d$	$s \le {}_{\min}\left(\text{식 (4.20)}, \text{식 (4.21)},\ \frac{d}{2},\ 600\,\text{mm}\right)$
	$2V_c < V_s \le 0.2(1-f_{ck}/250)f_{ck}b_w d$	$s \le {}_{\min}\left(\text{식 (4.20)}, \text{식 (4.21)},\ \frac{d}{4},\ 300\,\text{mm}\right)$
	$V_s > 0.2(1-f_{ck}/250)f_{ck}b_w d$	단면 증가

1) 그 외 $V_u > (1/2)\phi V_c$ 조건에서 스터럽을 배근하지 않아도 되는 경우 (본문 참조)

(1) 수직스터럽 최대간격은 $d/2$ 또는 600 mm 이하로 배근한다.

(2) 경사스터럽 또는 절곡철근은 부재의 중간 깊이 $d/2$로부터 반력점 방향으로 주인장철근까지 45°선과 한번 이상 교차되도록 배근한다.

또한 스터럽 간격은, 스터럽이 부담하는 V_s의 영향이 커질수록 강화시킬 필요가 있다. 그러므로 기준에서는 V_s가 $2V_c \le V_s \le 4V_c$ 범위에서는 위에서 살펴본 스터럽 간격 제한을 2배 강화하고 있다. 즉

(3) $\frac{1}{3}\sqrt{f_{ck}}\,b_w d \le V_s \le 0.2(1-f_{ck}/250)f_{ck}b_w d$에서는 $d/4$ 또는 300 mm 이하이다.

물론 최소 스터럽량 규정 또한 만족해야 하므로 식 (4.19)로부터,

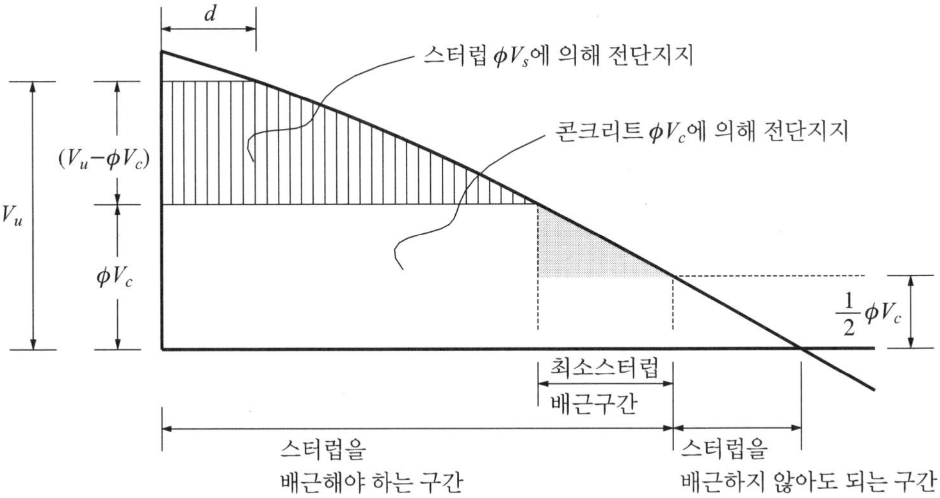

그림 4.16 보의 전단력도에서 스터럽을 배근하는 구간 및 요구조건

$$s_{max} = \frac{A_v f_{yt}}{0.0625\sqrt{f_{ck}}\, b_w} \le \frac{A_v f_{yt}}{0.35 b_w} \tag{4.21}$$

이다. 이상을 정리하여 표 4.3 및 그림 4.16에 나타냈다.

예제 4-3 스터럽 규정 검토

직사각형 보에 소요 전단력 $V_u = 175\text{ kN}$이 작용할 때

1) 스터럽을 배근하지 않아도 되는 최소단면,

2) 최소 스터럽량을 배근하는 경우 최소단면

을 결정하라. 단 $b_w = 400\text{ mm}$, $f_{ck} = 27\text{ MPa}$(보통콘크리트)이다.

풀이

(1) 스터럽이 배근되지 않아도 되는 조건은 $V_u \le \phi(1/2\, V_c)$이므로,

$\lambda = 1.0$ (보통콘크리트)

$V_u \le \phi\frac{1}{2}\left(\frac{1}{6}\lambda\sqrt{f_{ck}}\, b_w d\right)$에서,

$$d = \frac{12\, V_u}{\phi\sqrt{f_{ck}}\, b_w} = \frac{12\times175\times10^3}{0.75\times\sqrt{27}\times400} = 1{,}347.2\text{ mm} \rightarrow d = 1{,}350\text{ mm}$$

(2) 최소 스터럽량을 배근하는 조건은 $V_s = \phi(1/2\, V_c)$이므로

$$V_u = \phi(V_c + V_s) = \phi\left(V_c + \frac{1}{2}V_c\right) = \phi\frac{3}{2}\frac{1}{6}\lambda\sqrt{f_{ck}}\, b_w d$$

$$d = \frac{4\, V_u}{\phi\sqrt{f_{ck}}\, b_w} = \frac{4\times175\times10^3}{0.75\times\sqrt{27}\times400} = 449.1\text{ mm} \rightarrow d = 450\text{ mm}$$

예제 4-4 단순보의 전단설계

다음 단순보를 전단설계하라. 단, $f_{ck} = 27\text{ MPa}$, 스터럽은 SD 300 D10으로 그림과 같이 배근한다. 보통콘크리트를 사용한다.

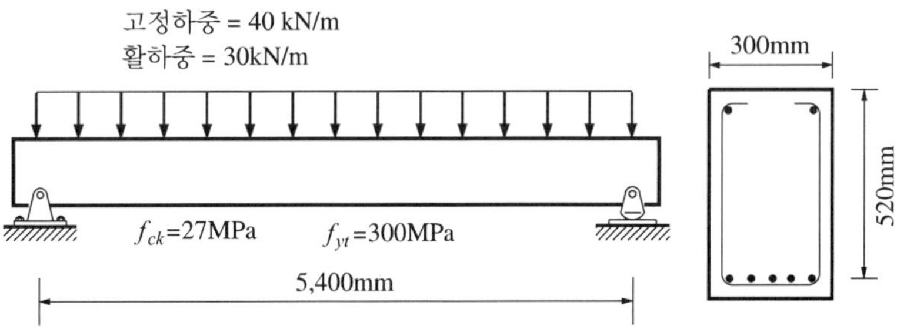

풀이

소요전단력 분포 계산

소요하중 : $w_u = 1.2w_D + 1.6w_L = 1.2 \times 40 + 1.6 \times 30 = 96\ \mathrm{kN/m}$

단부 소요전단력 : $V_0 = \dfrac{w_u L}{2} = \dfrac{96 \times 5.4}{2} = 259.2\ \mathrm{kN}$

소요 전단력 도 : $V_x = V_0 - w_u x = 259.2 - 96x$

콘크리트의 설계전단강도 계산

$$V_c = \frac{1}{6}\lambda\sqrt{f_{ck}}\, b_w d = \frac{1}{6} \times 1.0 \times \sqrt{27} \times 300 \times 520 \times 10^{-3} = 135.1\ \mathrm{kN}$$

$$\phi V_c = 0.75 \times 135.1 = 101.3\mathrm{kN}$$

스터럽이 필요 없는 구간 결정

받침부로부터 $\phi(1/2\,V_c)$가 되는 지점까지 거리

$$V_0 - w_u x = \phi\frac{1}{2}V_c \text{에서 } x = \frac{V_0 - \frac{1}{2}\phi V_c}{w_u} = \frac{259.2 - \frac{1}{2} \times 101.3}{96} = 2.17\ \mathrm{m}$$

최소 스터럽량 규정에 대한 최대간격 결정

D10 U자형 스터럽으로 설계하면,

$A_{v1} = 71.3\ \mathrm{mm}^2$, 2열이므로 $A_v = A_{v1} \times n = 71.3 \times 2 = 142.6\ \mathrm{mm}^2$

$$s_{\max} = \min\left(\frac{A_v f_{yt}}{0.0625\sqrt{f_{ck}}\, b_w},\ \frac{A_v f_{yt}}{0.35 b_w}\right) = \min\left(\frac{142.6 \times 300}{0.0625\sqrt{27} \times 300},\ \frac{142.6 \times 300}{0.35 \times 300}\right)$$

$$= 407\ \mathrm{mm}$$

시공성을 고려해서 $s_{\max} = 400\ \mathrm{mm}$

$$V_{s,\min} = \frac{A_v f_{yt} d}{s_{\max}} = \frac{142.6 \times 300 \times 520}{400} \times 10^{-3} = 55.6\ \mathrm{kN}$$

최소 스터럽 배근 구간 결정

$V_u = V_0 - w_u x = \phi(V_c + V_{s.\max})$에서

$$x = \frac{V_0 - \phi(V_c + V_{s,\min})}{w_u} = \frac{259.2 - 0.75(135.1 + 55.6)}{96} = 1.21\ \mathrm{m}$$

전단위험단면에서의 스터럽 설계

전단위험단면의 V_u는

$$V_u = V_0 - w_u d = 259.2 - 96 \times 0.52 = 209.3\ \mathrm{kN}$$

스터럽이 부담하는 V_s는

$$V_s = \frac{V_u}{\phi} - V_c = \frac{209.28}{0.75} - 135.1 = 143.94\ \text{kN}$$

$V_s \leq 0.2(1-f_{ck}/250)f_{ck}b_w d$의 조건을 검토해보면,

$$V_s = 143.94 < 0.2(1-f_{ck}/250)f_{ck}b_w d$$

$$= 0.2 \times (1-27/250) \times 27 \times 300 \times 520 \times 10^{-3} = 751.4$$이므로 단면 적절

전단위험 단면에서 스터럽 간격 계산

$$s = \frac{A_v f_{yt} d}{V_s} = \frac{142.6 \times 300 \times 520}{143.94} \times 10^{-3} = 154.5\ \text{mm}$$

스터럽 간격 제한사항을 검토하면,

$V_s(143.94) < 2V_c(2 \times 135.1 = 270.2)$이므로

$$s = {}_{\min}\left(s_{\max},\ s,\ \frac{d}{2},\ 600\ \text{mm}\right) = {}_{\min}\left(400,\ 154.5,\ \frac{520}{2},\ 600\right) = 154.5\ \text{mm}$$

시공성을 고려해서 150 mm로 배근한다.

$L/4$단면에서의 스터럽 설계

$$L/4 = 5.4/4 = 1.35\ \text{m}$$

$$V_u = V_0 - w_u L = 259.2 - 96 \times 1.35 = 129.6\ \text{kN}$$

$$V_s = \frac{V_u}{\phi} - V_c = \frac{129.6}{0.75} - 135.1 = 37.7\ \text{kN}$$

$$s = \frac{A_v f_{yt} d}{V_s} = \frac{142.6 \times 300 \times 520}{37.7} \times 10^{-3} = 590.1\ \text{mm}$$

스터럽 간격 제한사항을 검토하면,

$V_s(37.7) < 2V_c(2 \times 135.1 = 270.2)$이므로

$$s = {}_{\min}\left(s_{\max},\ s,\ \frac{d}{2},\ 600\ \text{mm}\right) = {}_{\min}\left(400,\ 590.1,\ \frac{520}{2},\ 600\right) = 260\ \text{mm}$$

시공성을 고려해서 250 mm로 배근한다.

따라서, 설계에서는 받침부에서 $L/4$ 지점까지는 D10@150 mm, $L/4$에서 2.4 m까지는 D10@250 mm으로 스터럽을 배근한다.

또한 2.4~2.7 m까지는 스터럽이 필요하지 않지만 안전성 측면에서 D10@250 mm로 중앙부까지 확장한다.

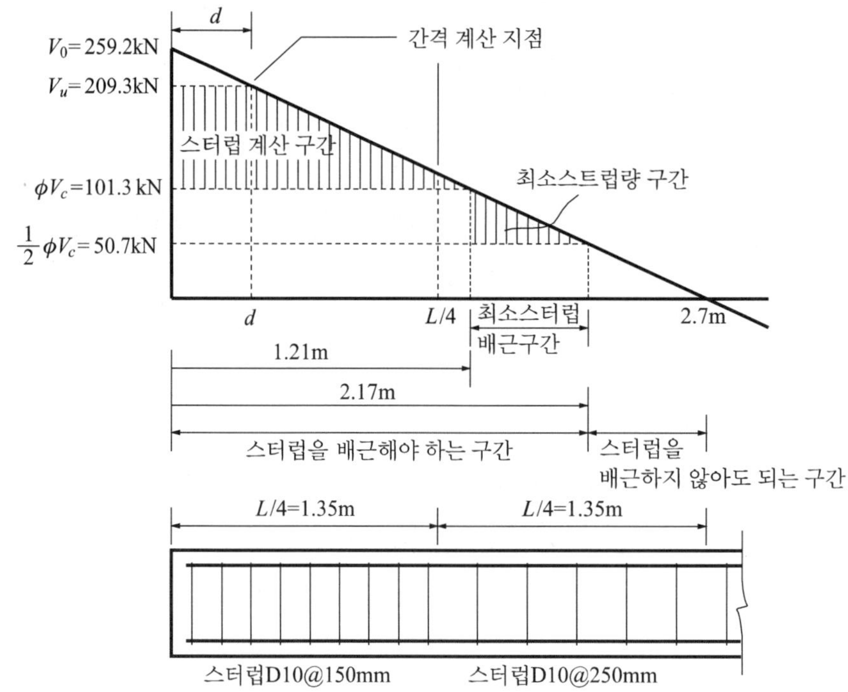

예제 4-5　축인장을 함께 받는 보의 전단설계

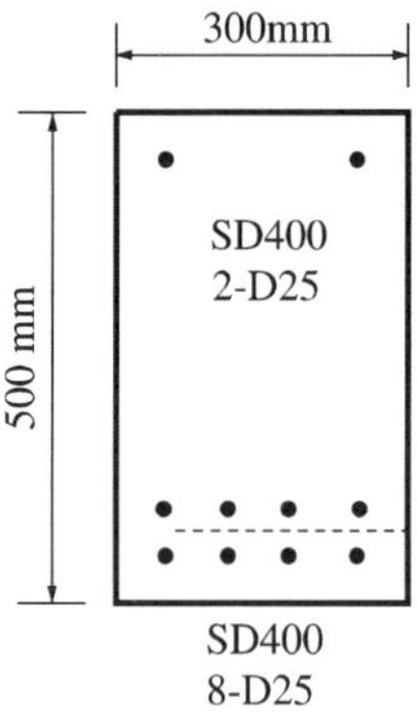

그림과 같은 단면을 갖는 보가 휨, 전단 및 축인장력을 받을 때 전단설계하라. 단, 구조해석결과

$M_D = 65$ kN·m, $M_L = 50$ kN·m

$V_D = 50$ kN, $V_L = 35$ kN

$N_D = -10$ kN, $N_L = -75$ kN

이고 $f_{ck} = 21$ MPa, 스터럽은 SD 300 D10 2열이다.

풀이

소요 전단력 계산

$$M_u = 1.2M_D + 1.6M_L = 1.2\times 65 + 1.6\times 50 = 158.0 \text{ kN}$$

$$V_u = 1.2\,V_D + 1.6\,V_L = 1.2\times 50 + 1.6\times 35 = 116.0 \text{ kN}$$

$$N_u = 1.2N_D + 1.6N_L = 1.2\times(-10) + 1.6\times(-75) = 132 \text{ kN}$$

(1) 축인장력이 작용하므로 콘크리트 전단강도 $V_c = 0$로 가정하고 설계하는 경우

콘크리트 전단강도

$V_c = 0$

스터럽 설계

$\phi = 0.75,\ h = 500\ \mathrm{mm},\ d = h - 40 - 10 - 25 - 25/2 = 412.5\ \mathrm{mm}$

D10 철근을 U자형 스터럽으로 하면,

$A_v = 71.3 \times 2 = 142.6\ \mathrm{mm}^2,\ \ V_u = 116\ \mathrm{kN}$

스터럽이 부담하는 V_s는

$$V_s = \frac{V_u}{\phi} - V_c = \frac{116}{0.75} - 0 = 154.7\ \mathrm{kN}$$

스터럽 간격 계산

$$s = \frac{A_v f_{yt} d}{V_s} = \frac{142.6 \times 300 \times 412.5}{154.7} \times 10^{-3} = 114.1\ \mathrm{mm}$$

스터럽 간격 제한사항을 검토하면,

$$s_{\max} = {}_{\min}\left(\frac{A_v f_{yt}}{0.0625\sqrt{f_{ck}}\, b_w},\ \frac{A_v f_{yt}}{0.35 b_w}\right)$$

$$= {}_{\min}\left(\frac{142.6 \times 300}{0.0625\sqrt{21} \times 300},\ \frac{142.6 \times 300}{0.35 \times 300}\right) = 407\ \mathrm{mm}$$

이므로 $s_{\max} = 400\ \mathrm{mm}$ 또한

$$s = {}_{\min}\left(s_{\max},\ s,\ \frac{d}{4},\ 300\ \mathrm{mm}\right)$$

$$= {}_{\min}\left(400,\ 114.1,\ \frac{412.5}{4},\ 300\right) = 103.1\ \mathrm{mm}$$

→ 100 mm로 설계한다.

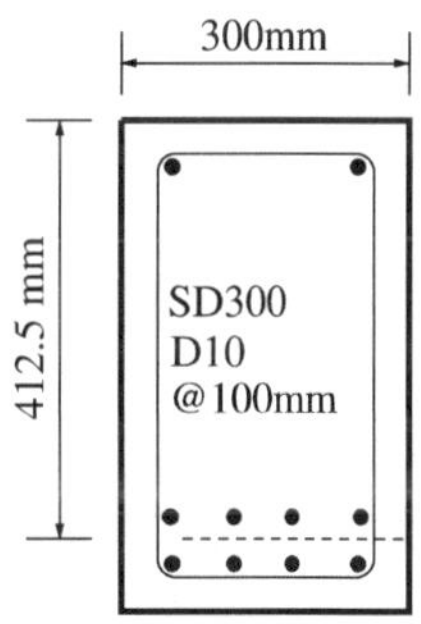

(2) 설계전단강도 ϕV_c를 고려해서 설계하는 경우

콘크리트 설계전단강도 ϕV_c 계산

$b_w = 300\ \mathrm{mm},\quad d = 412.5\ \mathrm{mm},\quad \phi = 0.75$

$$V_c = \frac{1}{6}\left(1 + \frac{N_u}{3.5 A_g}\right)\lambda\sqrt{f_{ck}}\, b_w d$$

$$= \frac{1}{6}\left(1 - \frac{132 \times 10^3}{3.5 \times (300 \times 500)}\right) \times 1.0 \times \sqrt{21} \times 300 \times 412.5 \times 10^{-3} = 70.75\ \mathrm{kN}$$

$\phi V_c = 0.75 \times 70.75 = 53.06\ \mathrm{kN}$

스터럽 설계

$A_v = 71.3 \times 2 = 142.6\ \mathrm{mm}^2,\ \ V_u = 116\ \mathrm{kN}$

$V_s = \dfrac{V_u}{\phi} - V_c = \dfrac{116}{0.75} - 70.75 = 83.9\ \text{kN}$

$V_s \le 0.2(1 - f_{ck}/250) f_{ck} b_w d$의 조건을 검토해보면,

$V_s = 83.9 < 0.2(1 - f_{ck}/250) f_{ck} b_w d$

$= 0.2 \times (1 - 21/250) \times 21 \times 300 \times 412.5 \times 10^{-3}$

$= 476.1$이므로 단면 적절

스터럽 간격 계산

$s = \dfrac{A_v f_{yt} d}{V_s} = \dfrac{142.6 \times 300 \times 412.5}{83.9} \times 10^{-3} = 210.3\ \text{mm}$

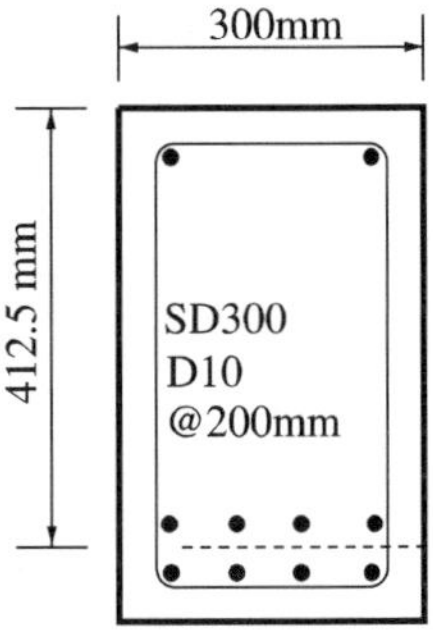

스터럽 간격 제한사항

최소 스터럽량에 대한 간격 $s_{\max} = 400\ \text{mm}$

$V_s(83.9) < 2V_c(2 \times 70.75 = 141.5)$이므로

$s = {}_{\min}\left(s_{\max},\ s,\ \dfrac{d}{2},\ 600\ \text{mm}\right)$

$= {}_{\min}\left(400,\ 210.3,\ \dfrac{412.5}{2},\ 600\right) = 206.25\ \text{mm}$

→ 200 mm로 설계한다.

4-5 전단마찰설계

4-5-1. 전단마찰설계

전단마찰설계란 전단력이 한 면에서 직접 전달되는 전단전달을 검토하는 경우에 대한 설계이다. 즉, 서로 다른 시기에 친 콘크리트의 경계면, 콘크리트와 강재 사이의 경계면, 프리캐스트콘크리트 구조물에 대한 철근의 상세설계 및 콘크리트 구조의 어느 한 면을 지나는 전단전달 등을 검토하는 것이 적절하다고 생각되는 경우에 적용한다.

전단전달강도를 계산할 때는 다음의 전단마찰 설계방법에 따라 계산하거나 그 밖의 전단전달 설계방법에 의하여 예측된 강도가 다양한 실험결과와 실질적으로 일치하는 경우 그 설계방법을 적용하여야 한다.

4-5-2. 전단마찰 설계방법

전단마찰철근이 전단력 전달면에 수직한 경우 공칭전단강도 V_n은 전단마찰철근의 강도와 접합면의 마찰계수(μ)를 이용하여 식 (4.22)에 따라 구해야 한다. 전단마찰철근의 설계기준항복강도(f_y)는 500 MPa 이하로 하여야 한다.

$$V_n = A_{vf} f_y \mu \tag{4.22}$$

전단마찰철근이 전단력 전달면과 경사를 이루어 작용 전단력에 의해 전단마찰철근에 인장력이 일어날 때에 전단강도 V_n은 식 (4.23)에 따라 구해야 한다.

$$V_n = A_{vf} f_y (\mu \sin\alpha_f + \cos\alpha_f) \tag{4.23}$$

여기서 α_f는 콘전단마찰철근과 전단면 사이의 각이다.

일체로 친 콘크리트나 규정에 따라 표면을 거칠게 만든 굳은 콘크리트에 새로 친 보통콘크리트의 경우 전단강도 V_n은 $0.2 f_{ck} A_c$, $(3.3 + 0.08 f_{ck}) A_c$ 및 $11 A_c$ (단위는 N) 중 가장 작은 값 이하로 하여야 한다. 그 밖의 경우 전단강도 V_n은 $0.2 f_{ck} A_c$, 또한 $5.5 A_c$ 이하로 하여야 한다. 여기서 A_c는 전단전달에 저항하는 콘크리트 단면의 면적이다. 강도가 서로 다른 콘크리트를 친 경우 낮은 강도 콘크리트의 f_{ck} 값을 사용하여 전단강도 V_n을 산정하여야 한다.

전단면에 순인장력이 작용할 때는 이에 저항하기 위해서 철근을 추가로 두어야 한다. 한편 소요철근량 A_{vf}를 계산할 때, 전단면에 영구적으로 작용하는 순압축력은 전단마찰철근이 저항하는 힘 $A_{vf} f_y$에 추가되는 힘으로 고려할 수 있다.

전단마찰철근을 전단면에 걸쳐 적절하게 배치하여야 하며, 철근 양쪽에 정착길이를 확보하거나 갈고리 또는 특수한 장치에 용접하여 철근이 설계기준항복강도를 발휘할 수 있도록 양측에 정착시켜야 한다.

4-6 연습문제

[4-1절]

4-1.1 철근콘크리트 보의 평균전단응력을 유도하고 설명하라.

4-1.2 다음 철근콘크리트 보에 대하여 전단위험단면에서(단부에서 d 떨어진 위치)의 평균전단응력을 구하라.

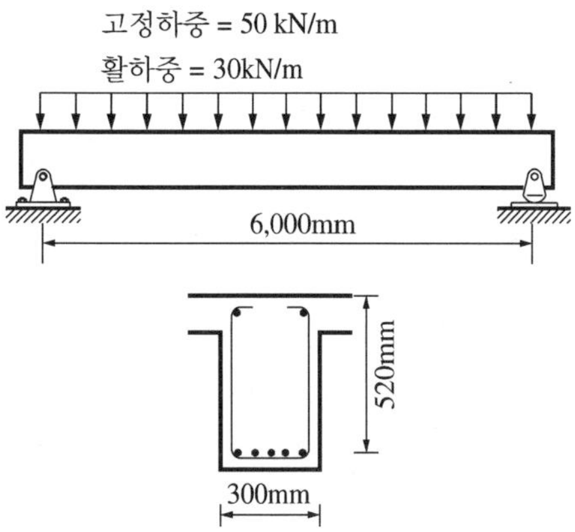

4-1.3 다음 단면 깊이가 변하는 보($\alpha < 30°$)에서 전단응력 $v = \dfrac{V}{bd} \pm \dfrac{M}{bd^2}\tan\alpha$임을 유도하라. 단, 폭 b는 일정하다.

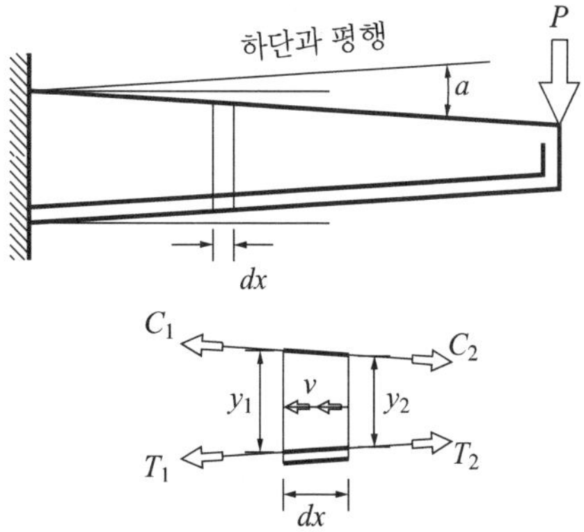

4-1.4 다음 보에 대하여 A, B, 전단위험단면에서 전단 응력 v_A, v_d, v_B를 각각 구하라. 단, $b_w = 300$ mm(일정), 자중은 무시한다.

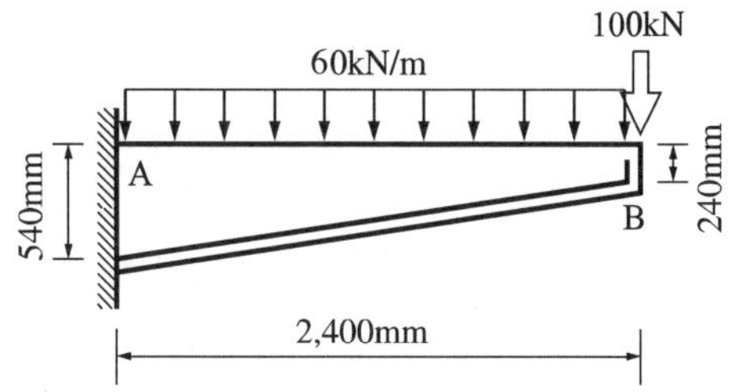

4-1.5 보작용과 아치작용에 관하여 설명하라.

[4-2절]

4-2.1 철근콘크리트 보의 전단경간 비(a/d) 거동과 파괴모드 특징을 설명하라.

4-2.2 철근콘크리트 보의 전단저항 기구에 대하여 설명하라.

[4-3절]

4-3.1 기준에서 전단강도를 계산할 수 있는 콘크리트의 강도를 $\sqrt{f_{ck}} \le 8.4$ MPa로 제한하는 이유를 설명하라.

4-3.2 다음과 같은 단면에 대하여 공칭전단강도 V_n을 계산하라. 단, $f_{ck} = 27$ MPa(보통콘크리트), 피복두께 40 mm이다.

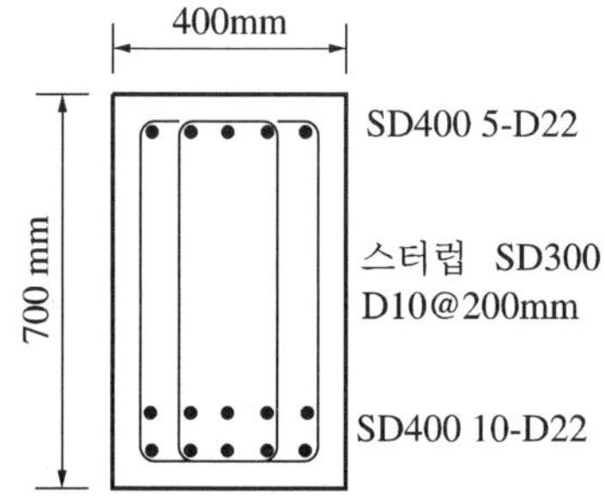

(a)

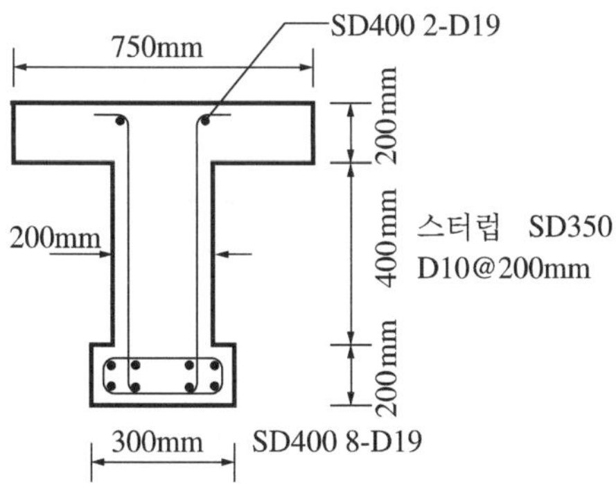

(b)

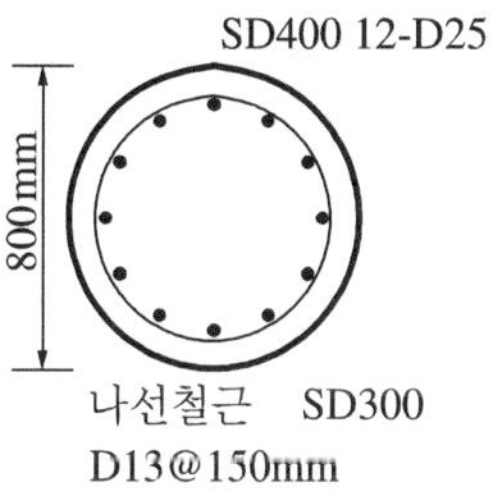

(c)

4-3.3 다음과 같은 철근콘크리트 박스 단면의 설계 전단강도 ϕV_n을 정밀식을 이용하여 계산하라. 단, $f_{ck}=27$ MPa(보통콘크리트), 부재의 전단경간비는 2이다.

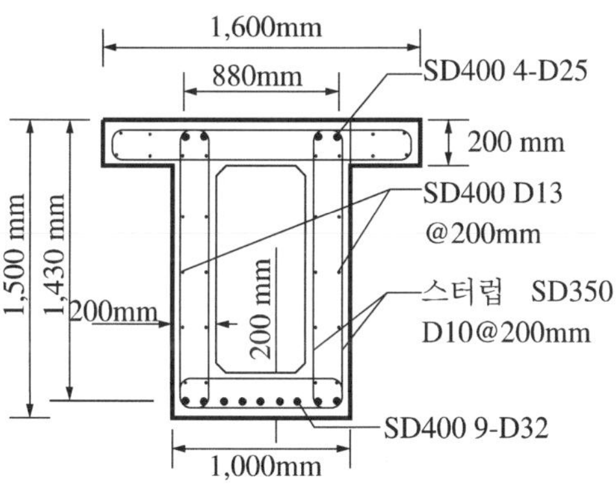

[4-4절]

4-4.1 기준에서 최소 스터럽량의 규정과 그 이유를 설명하라.

4-4.2 기준에서 최대 스터럽량의 규정과 그 이유를 설명하라.

4-4.3 전단에 있어서는 최소 스터럽량 이외에도 스터럽의 간격을 제한할 필요가 있다. 기준에서 제한하고 있는 최대 스터럽 간격을 예시하고 이를 제한해야 하는 이유를 설명하라.

4-4.4 소요전단력 $V_u=65$ kN을 받는 원형 단면 부재에 전단철근을 사용하지 않아도 되는 최소 지름을 구하라. 단, $f_{ck}=27$ MPa(보통콘크리트)이다.

4-4.5 소요 전단력 250 kN를 부담할 수 있는 직사각형 단면의 최소 유효깊이 d를 결정하라.
단, $b_w=300$ mm, $f_{ck}=35$ MPa(보통콘크리트)이다.
(1) 전단철근을 사용하지 않는 경우
(2) 최소 전단철근비만을 사용하는 경우
(3) 최대 전단철근비를 사용하는 경우

4-4.6 $b_w=400$ mm, $d=620$ mm인 단순보에 소요전단력 $V_u=350$ kN가 작용할 때 전단설계하라. 단, $f_{ck}=30$ MPa(보통콘크리트)이고 스터럽은 SD 300 D10을 사용한다.

4-4.7 다음 그림과 같은 단순보를 전단설계하라. 단,
하중 고정하중(자중포함) $w_D=30$ kN/m,
활하중 $w_L=40$ kN/m
단면 $b_w=400$ mm, $d=620$ mm(직사각형)
$f_{ck}=24$ MPa(보통콘크리트)
스터럽 SD350 D13을 이용한다.

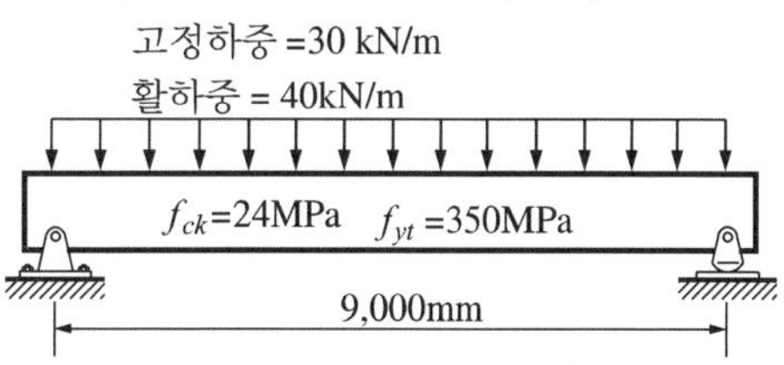

4-4.8 아래 그림과 같이 설계된 기둥단면에 대하여 전단을 검토하라.

단, 하중조건은,

$M_u = 120$ kN·m(소요 휨모멘트)

$P_u = 100$ kN(소요 축방향력)

$V_u = 95$ kN(소요 전단력)

이고, $f_{ck} = 24$ MPa, 스터럽은 SD 400 D10 2열이다.

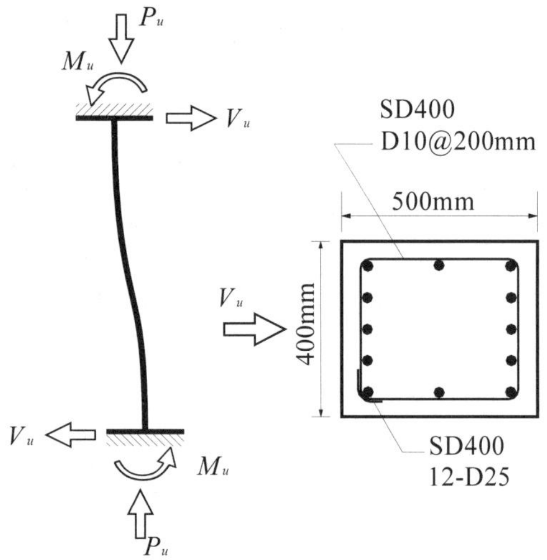

4-4.9 $b_w = 400$ mm, 깊이 $h = 700$ mm, $d = 620$ mm 인 보가 다음과 같이,

$M_D = 70$ kN·m, $M_L = 60$ kN·m,

$V_D = 50$ kN, $V_L = 80$ kN,

$N_D = 0$ kN, $N_L = -125$ kN(축인장력)를 받고 있다.

(1) $V_c = 0$을 가정할 때

(2) V_c을 고려할 때

전단설계하라.

단, $f_{ck} = 24$ MPa, 스터럽은 SD 300 D10이다.

4-4.10 다음 그림은 계수하중 $P_u = 60$ kN과 $w_u = 30$ kN/m를 받는 캔틸레버 헌치 보의 휨설계 결과이다. 이 보를 전단설계하라. 단 자중 무시, $f_{ck} = 21$ MPa 보통콘크리트, 스터럽 SD300 D10이며, 연습문제 4-1.3의 $v = \dfrac{V}{bd} \pm \dfrac{M}{bd^2}\tan\alpha$를 응용해 보자.

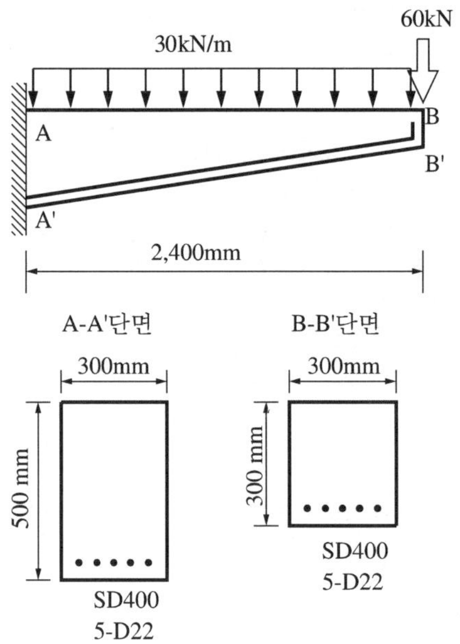

5장 정착과 이음

차례

주요개념

평균 극한부착강도
인장이형철근 정착길이
압축이형철근 정착길이
표준갈고리
갈고리철근 정착길이
확대머리철근 정착길이
철근 절단
정모멘트 휨철근의 정착
부모멘트 휨철근의 정착
스터럽 정착
겹침이음
인장이음
압축이음

철근과 콘크리트는 서로 부착이 잘 돼서 일체로 거동해야 한다. 역학적 관점에서는 두 재료 사이에 작용하는 수평전단응력, 즉 부착응력에 관한 문제이다. 강도설계법에서는 콘크리트 내부에서 철근이 항복한 후 충분한 연성거동을 한다고 가정하고 있다. 이 조건을 만족하기 위해서는 철근이 콘크리트와 일체성을 잃어버리지 않도록 충분한 정착길이를 확보해야 한다. 만약 철근이 부착파괴 하면 철근과 콘크리트는 미끄러짐 변형이 일어나고, f_y를 발현할 수 없으며 부재는 파괴한다.

이 장에서는 철근이 부착파괴를 일으키지 않도록 기준에서 규정한 여러 정착 조건을 살펴본다.

철근과 콘크리트의 하중전달 메커니즘에서 또 다른 문제는 어디에서 철근을 절단해야 할 것인가이다. 또한 철근 배근은 하나의 철근이 연속적으로 하중을 전달하는 것이 바람직하지만, 부득이 이음을 해야 하는 경우가 발생하며 이러한 철근의 이음에 대해서도 이 장에서 다룬다.

5-1 기본이론

5-1-1. 부착응력분포

철근표면의 부착응력분포는 응력 종류, 균열이 발생한 면과 발생하지 않은 면에서 철근과 콘크리트의 인장응력 분담률 등에 따라 매우 복잡하게 나타난다.

(1) 인장을 받는 부재

그림 5.1은 인장을 받는 부재에 균열이 발생한 경우, 균열구간 내에서 철근 응력 및 부착응력 변화를 나타낸 것이다.

균열이 없는 경우는, 두 재료가 일체로 거동해서 변형률이 같기 때문에 철근 표면에 부착응력이 나타나지 않는다. 동시에 철근과 콘크리트는 탄성계수 비 (E_s/E_c)만큼 인장응력을 나누어 부담한다.

균열이 발생하면, 균열 면에서는 콘크리트가 인장력을 부담할 수 없으므로 철근이 전 인장력을 부담하게 되고, 균열사이 구간에서는 그림과 같이 인장응력을 나누어 분담한다. 부착응력 크기는 미소거리 dx에서 인장응력의 변화량 dT만큼 철근표면 부착응력 u가 평형을 이루므로,

$$dT = df_s \frac{\pi d_b^2}{4} = u(\pi d_b)dx$$

$$u = \frac{d_b}{4}\frac{df_s}{dx} \qquad (5.1)$$

여기서 f_s와 d_b는 각각 철근의 응력과 공칭직경이다.

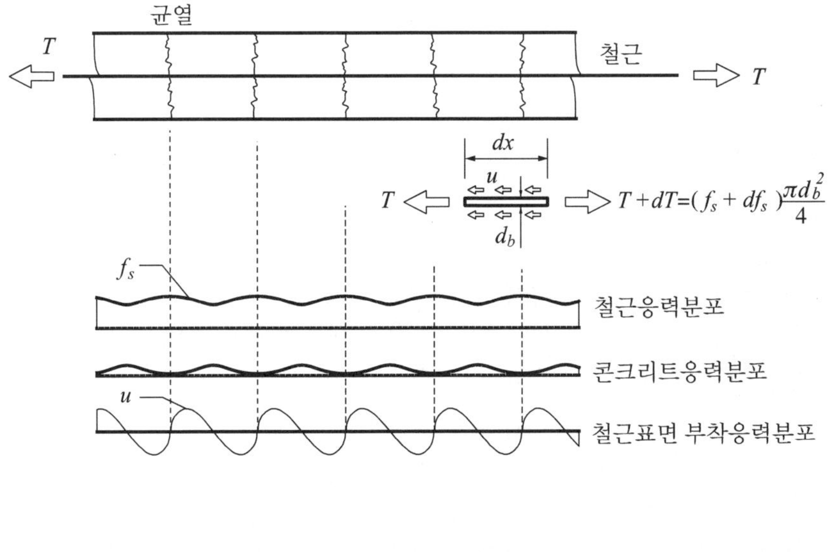

그림 5.1
인장을 받는 경우 부착응력분포

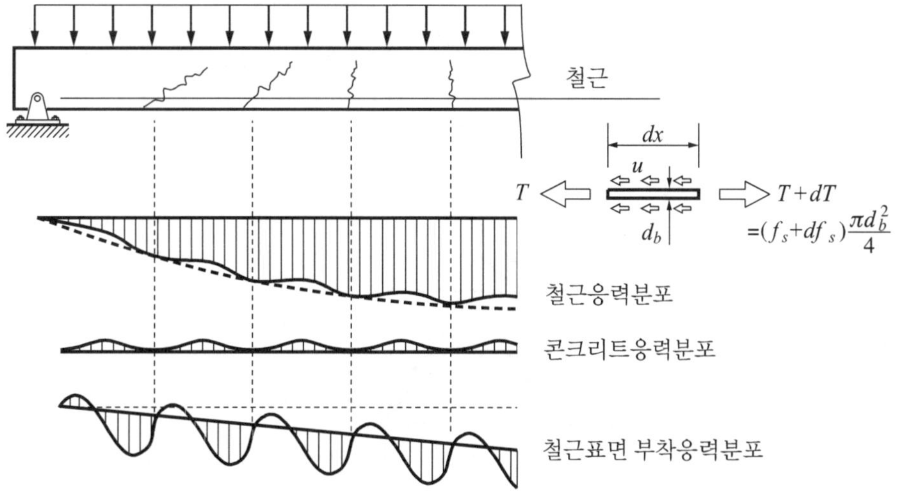

그림 5.2
보에 균열이 발생하는 경우 철근응력 및 부착응력 변화

(2) 휨을 받는 보의 부착응력분포

휨을 받는 보에서 부착응력분포를 생각해 부자. 균열이 발생하지 않은 미소길이 dx인 단면에서의 응력을 생각하면 $M = Tjd$이므로 철근의 인장력 변화 dT는,

$$dT = \frac{dM}{jd}$$

식이 평형조건을 만족하기 위해서는 식 (5.1)과 같이 $dT = u(\pi d_b)dx$이므로,

$$u = \frac{1}{\pi d_b jd}\frac{dM}{dx} = \frac{V}{\pi d_b jd}$$

여기서 부착응력은 휨모멘트의 변화에 의해 일어나기 때문에 휨부착응력이라고도 한다. 하중이 증가해서 균열이 발생하면, 균열 면에서는 철근이 인장력을 모두 부담하므로 그림 5.2와 같이 부착응력분포가 변한다.

(3) 정착된 철근에 인장력이 작용하는 경우

그림 5.3은 철근의 한쪽이 콘크리트에 묻혀 있고 인장력 T가 작용하는 경우이다. 철근이 충분히 매입되어 있는 경우, 철근의 인장응력분포는 표면에서 최대가 되고, 매입된 안쪽으로 갈수록 작아져서 단부는 거의 발생하지 않는다.

부착응력 크기를 계산하기 위하여, 철근 dx를 생각하면, 인장응력의 변화 dT만큼 철근표면에 부착응력 u가 발생하여 평형을 이루므로,

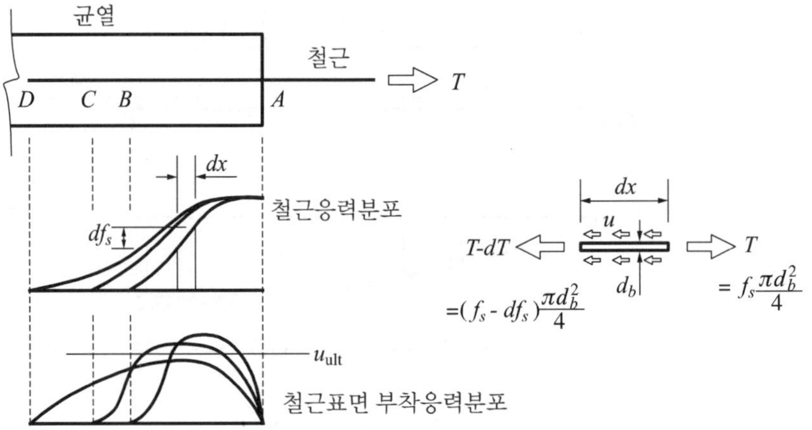

그림 5.3
정착되어 인장을 받는 경우 부착응력분포

$$u(\pi d_b)dx = df_s\frac{\pi d_b^2}{4}$$

하중이 증가해도 매입된 철근이 뽑히거나 미끄러짐 변형 없이 항복강도 f_y에 도달할 때, 즉 충분히 정착되어 있을 때의 평균 극한부착응력을 u_{ult}라 하고, 이때 최소한의 묻힘 길이를 **정착길이** l_d라고 정의하면,

$$u_{\text{ult}}(\pi d_b)l_d = \frac{\pi d_b^2 f_y}{4}$$

$$l_d = \frac{d_b f_y}{4u_{\text{ult}}} \tag{5.2}$$

이다. 강도설계법에서는 평균 극한 부착강도를 고려한 정착부착 개념을 도입해서 정작길이를 계산한다. 이것은 직접인장에 의한 부착이나 휨부착응력은 부착응력의 분포를 예측하기 어렵고, 더욱이 균열이 발생했을 때 국부적인 부착응력의 급격한 변화를 포함하지 못하기 때문이다. 그러므로 식 (5.2)는 정착 문제의 기본식이다. 예를 들어 앞으로 보게 될 정착길이 계산식 (5.4)는 인장철근의 부착강도 u_{ult}를 $\sqrt{f_{ck}}/3.6$ 정도로 보아 정립한 실험식이다.

이밖에도 부착강도와 부착파괴에 영향을 주는 요소는,

1) 콘크리트 인장강도는 부착강도에 가장 큰 영향을 주는 요소이다. 여기서 콘크리트 인장강도는 $\sqrt{f_{ck}}$의 함수임을 다시 한 번 살펴보길 바란다. 콘크리트 인장강도가 증가하면 부착강도 또한 증가한다.
2) 철근 피복두께가 증가하면 부착강도도 증가한다.

3) 철근 간격이 좁아지면 부착강도는 감소한다.
4) 에폭시 도막 등 철근의 표면 상태에 따라 부착강도는 변화한다. 예를 들어 부식방지를 위한 에폭시 도막은 부착강도를 감소시킨다.
5) 콘크리트 타설 방향에 수평인 철근이 수직보다 부착강도가 작다. 또한 같은 수평철근이라도 아래쪽 보다 위쪽에 설치한 수평철근의 부착강도가 작다. 이것은 콘크리트 타설 직후 콘크리트 내부의 공기나 불순물인 레이턴스가 위로 상승하면서 위쪽 철근 표면에 달라붙어 콘크리트와의 부착력이 작아지기 때문이다.
6) 철근으로 횡구속한 콘크리트 내 철근은 부착강도가 증가한다.

기준에서는 기본정착길이에 보정계수를 곱해서 위의 여러 효과를 고려한다.

5-1-2. 부착에 의한 힘의 전달과 거동

콘크리트와 철근 사이의 부착에 의한 힘의 전달과 거동 특성을 생각해 보자. 철근이 압축력을 받는 경우는 철근 표면의 부착응력 이외에 횡방향 팽창에 의해 증가한 마찰력과 끝단의 지압력으로 힘을 전달할 수 있기 때문에 심각한 결과를 초래하지는 않는다.

그러나 철근이 인장력을 받는 경우, 정착길이가 충분치 못하면 철근과 콘크리트 사이의 미끄러짐에 의한 파괴가 일어날 수 있다. 인장력을 받는 철근의 부착응력은 그림 5.4와 같이 주로 철근 마디에서의 지압응력으로 이루어진다. 지압응

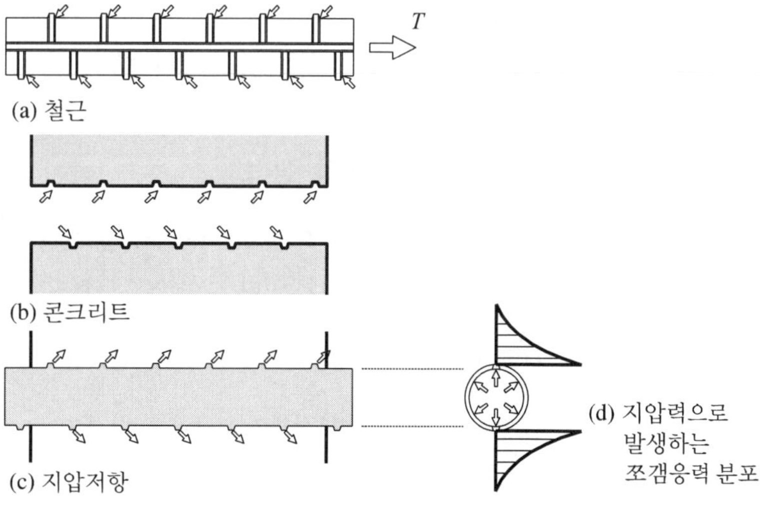

그림 5.4
이형철근의 지압저항

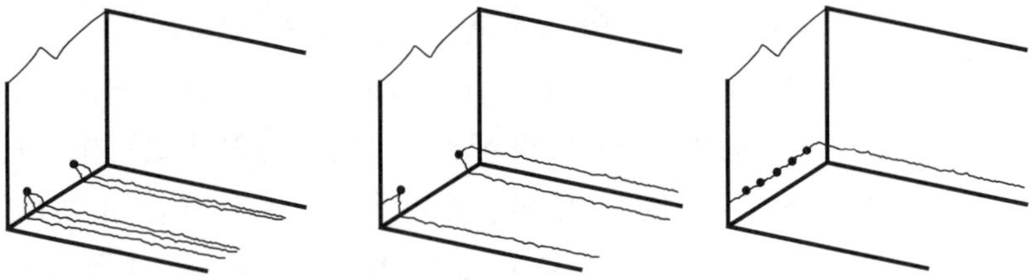

그림 5.5
부재 표면에서의 일반적인 부착 균열

력이 크게 작용하면 지압응력 중 철근의 수직방향 성분은 콘크리트를 쪼개는 힘으로 작용한다. 또한 이때 쪼갬응력은 철근과의 접촉면에서 가장 크고 멀어질수록 작아진다.

만일 쪼갬응력이 콘크리트의 인장강도를 초과하면, 철근을 따라 쪼갬 균열이 발생한다. 이때 피복두께가 충분치 못하거나 철근 사이 간격이 작을 때는 그림 5.5와 같이 가까운 외부 표면에 균열이 발생하거나, 배근된 철근면을 따라 외면까지 균열을 형성한다. 이러한 부착균열은 종종 슬래브에서 건조수축이나 휨으로 인한 균열과 혼동할 수 있으므로 주의하자.

5-2 정착길이

정착에 대한 검토에서도 콘크리트는 $\sqrt{f_{ck}} \le 8.4\,\text{MPa}$로 제한하고 있는데, 이것은 전단설계의 제한 이유와 같다. 즉 정착에 대한 기준이 $f_{ck} = 21 \sim 42\,\text{MPa}$의 실험결과를 바탕으로 만들어졌기 때문이다.

5-2-1. 인장이형철근의 정착

인장이형철근의 정착길이 l_d는 식 (5.3)과 같이 기본정착길이 l_{db}에 보정계수를 곱하여 약산식으로 구할 수 있다.

$$l_d = l_{db} \times \text{보정계수} \ \ge \ 300\,\text{mm} \tag{5.3}$$

$$l_{db} = \frac{0.6 d_b f_y}{\lambda \sqrt{f_{ck}}}, \quad \text{보정계수=(표 5.1 및 5.2)}$$

표 5.1 식 (5.3)의 보정계수

조 건	D19 이하 철근	D22 이상 철근
조건 I[1] 또는 조건 II[2]의 경우	$0.8\alpha\beta$	$\alpha\beta$
기타[3]	$1.2\alpha\beta$	$1.5\alpha\beta$

1) 조건 I : 정착되거나 이어지는 철근의 순간격 d_b 이상이고, 피복두께 d_b 이상이며, l_d 전 구간에 설계상 최소철근량 이상의 스터럽 또는 띠철근을 배근한 경우
2) 조건 II : 정착되거나 이어지는 철근의 순간격이 $2d_b$ 이상, 피복두께 d_b 이상인 경우
3) 위 조건을 만족시키지 못하는 경우(기타)는 정착길이를 1.5배 증가시킨 것이다.
4) 경량콘크리트를 사용할 때는 정착길이를 λ로 나누어 증가시키며, 전단설계의 개념과 같다.

표 5.2 보정계수 내 α, β 값

항 목	기 호	계수 값	설 명
철근 배치 위치계수	α	1.3	상부철근(정착길이 또는 겹침이음부 아래 300 mm를 초과되게 굳지 않은 콘크리트를 친 수평철근)
		1.0	기타 철근
철근도막계수	β	1.5	피복두께가 $3d_b$ 미만 또는 순간격이 $6d_b$ 미만인 에폭시 도막 혹은 아연-에폭시 이중 도막 철근 또는 철선
		1.2	기타 에폭시 도막 혹은 아연-에폭시 이중 도막 철근 또는 철선
		1.0	아연도금 혹은 도막되지 않은 철근 또는 철선

에폭시 도막철근이 상부철근인 경우에 상부철근의 위치계수 α와 도막계수 β의 곱, $\alpha\beta$가 1.7보다 클 필요는 없음

여기서 l_{db}는 인장이형철근의 기본정착길이, d_b는 철근 공칭지름, λ는 경량콘크리트 계수이다. 식에서 보정계수는 표 5.1 및 5.2와 같다. 각 계수를 살펴보면,

1) 철근 배치 위치계수 α
일반적으로 300 mm를 초과하는 콘크리트가 아래에 있는 상부 수평철근은 타설 직후 콘크리트 내부의 공기나 불순물인 레이턴스가 상승하다가 상부철근에 달라붙어 부착강도가 낮아지는 경향이 있다. 이를 고려해서 1.3배 한다.
2) 철근도막계수 β
녹막이 목적으로 철근표면을 에폭시 도막처리하면 부착강도가 낮아지는 특성을 고려한 것으로 아연도금 철근은 해당하지 않는다.
3) $\alpha\beta$값은 1.7보다 크게 할 필요는 없다. 예를 들어 $\beta = 1.5$ 조건인 에폭시 도막철근을 $\alpha = 1.3$ 위치에 배치한 경우 $\alpha\beta = 1.5 \times 1.3 = 1.95$이지만 1.7을 적용한다.

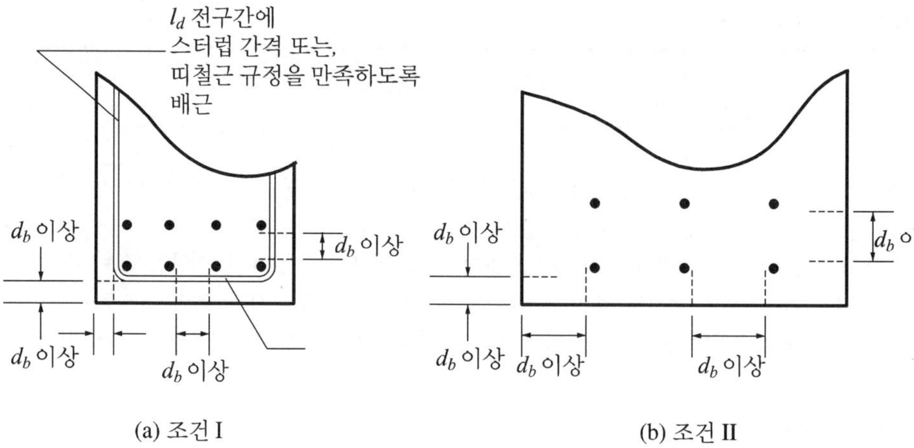

그림 5.6
표 5.1에서
조건 I과
조건 II

4) 조건 I과 II

그림 5.6과 같이 스터럽 최대간격에 맞게 전단설계한 부재는 조건 I를 만족한다. 또한 휨철근 순간격을 $2d_b$ 이상으로 휨설계한 경우는 조건 II를 만족한다. 그러나 만약 조건 I 또는 II를 만족하지 못하는 경우 정착길이를 1.5배 증가시킨다.

5) D19 이하의 철근은 정착길이를 20% 줄일 수 있다는 실험결과에 의하여 $0.8\alpha\beta$를 사용한다.

6) 경량콘크리트를 사용하는 경우, 계산된 정착길이를 경량콘크리트 계수 λ로 나누어 증가시킨다.

표 5.1과 표 5.2는 복잡해 보이지만 보통의 경우에는 매우 간단한다. 대부분의 구조물은 보통콘크리트를 이용하고, 철근은 도막처리를 안 한다($\beta = 1.0$). 또한 전단설계나 휨설계를 통해 조건 I 또는 II를 만족하므로,

$f_{ck} = 27\,\text{MPa}$, SD 400 D19의 하부철근

$$0.8\alpha\beta = (0.8)(1.0)(1.0) = 0.8$$

$$l_d = \frac{0.6\,d_b f_y}{\lambda\sqrt{f_{ck}}} \times 0.8 = \frac{0.6\,d_b(400)}{1.0 \times \sqrt{27}} \times 0.8 = 37d_b \fallingdotseq 37\text{D}$$

만약 조건 I 또는 조건 II를 만족 못시킨다면 1.5배 증가시키면 되므로,

$$l_d = 1.5 \times 37d_b = 56d_b \fallingdotseq 56\text{D}$$

표 5.3은 식 (5.3)에 의한 정착길이를 철근 D의 계수로 나타낸 것이다.

표 5.3 식 (5.3)에 의한 인장이형철근의 정착길이(조건 I 또는 조건 II의 경우, 도막 안 된 철근)

D	d_b	α	$f_{ck}=$	21	24	27	30	35	40	50	$f_{ck}=$	21	24	27	30	35	40	50
10	9.53	1		30	28	26	25	23	22	19		40	37	35	33	31	29	26
		1.3		39	36	34	33	30	28	25		52	49	46	43	40	38	34
13	12.7	1		31	29	27	26	24	22	20		41	38	36	34	32	30	27
		1.3		40	37	35	33	31	29	26		53	50	47	45	41	39	34
16	15.9	1		31	29	28	26	24	23	20		42	39	37	35	32	30	27
		1.3		41	38	36	34	31	29	26		54	51	48	45	42	39	35
19	19.1	1		32	30	28	26	24	23	20		42	39	37	35	33	31	27
		1.3	$f_y=300$	41	38	36	34	32	30	27	$f_y=400$	55	51	48	46	42	40	35
22	22.2	1		40	37	35	33	31	29	26		53	49	47	44	41	38	34
		1.3		52	48	45	43	40	37	33		69	64	61	57	53	50	45
25	25.4	1		40	37	35	33	31	29	26		53	50	47	45	41	39	34
		1.3		52	49	46	43	40	38	34		69	65	61	58	54	50	45
29	28.6	1		39	36	34	32	30	28	25		52	48	46	43	40	37	33
		1.3		50	47	44	42	39	36	33		67	63	59	56	52	49	44
32	31.8	1		39	37	34	33	30	28	25		52	49	46	44	40	38	34
		1.3		51	47	45	42	39	37	33		68	63	60	57	52	49	44

D	d_b	α	$f_{ck}=$	21	24	27	30	35	40	50	$f_{ck}=$	21	24	27	30	35	40	50
10	9.53	1		35	33	31	29	27	25	23		50	47	44	42	39	36	32
		1.3		45	42	40	38	35	33	29		65	61	57	54	50	47	42
13	12.7	1		36	34	32	30	28	26	23		51	48	45	43	40	37	33
		1.3		47	44	41	39	36	34	30		67	62	59	56	52	48	43
16	15.9	1		36	34	32	30	28	26	24		52	49	46	44	40	38	34
		1.3		47	44	42	40	37	34	31		68	63	60	57	52	49	44
19	19.1	1		37	34	33	31	29	27	24		53	49	46	44	41	38	34
		1.3	$f_y=350$	48	45	42	40	37	35	31	$f_y=500$	68	64	60	57	53	50	44
22	22.2	1		46	43	41	39	36	34	30		66	62	58	55	51	48	43
		1.3		60	56	53	50	47	44	39		86	80	76	72	67	62	56
25	25.4	1		47	44	41	39	36	34	30		67	62	59	56	52	48	43
		1.3		61	57	53	51	47	44	39		86	81	76	72	67	63	56
29	28.6	1		45	42	40	38	35	33	29		65	60	57	54	50	47	42
		1.3		59	55	52	49	46	43	38		84	79	74	70	65	61	54
32	31.8	1		46	43	40	38	35	33	30		65	61	57	54	50	47	42
		1.3		59	55	52	50	46	43	38		85	79	75	71	66	61	55

1) 표는 일반철근, 보통콘크리트를 사용한 경우 인장철근의 정착길이를 D의 계수로 나타낸 것이다. 예를 들어 $d=400\,\mathrm{mm}$, $f_{ck}=24\,\mathrm{MPa}$인 보의 상부 수평철근($\alpha=1.3$)에 SD 400 D22를 사용하는 경우 정착길이는 64D이므로 $64\times22=1{,}408\,\mathrm{mm}$가 된다.

2) 조건 I 또는 조건 II가 아닌 경우 표의 값을 1.5배한다. 다만 이 표는 과다 설계될 수 있으므로 식 (5.4) 또는 (5.5)를 통해 정확한 값을 계산하는 것이 좋다.

3) 계산된 $l_d \geq 300\,\mathrm{mm}$이어야 한다.

만약 식 (5.3)보다 엄밀한 정착길이를 계산하고자 할 때는 피복두께, 철근간격, 횡방향 철근의 영향$(c+K_{tr})/d_b$을 고려할 수 있도록 하고 있다.

$$l_d = \frac{0.9\,d_b f_y}{\lambda\sqrt{f_{ck}}}\frac{\alpha\,\beta\,\gamma}{\left(\dfrac{c+K_{tr}}{d_b}\right)} \geq 300\text{ mm} \tag{5.4}$$

식 (5.4)는 오랭건(Orangun, Jirsa, Breen, 1977)의 실험결과를 기준에서 채용한 것이다. 여기서

1) c는 피복두께 또는 철근간격에 관련된 값으로 철근중심에서 콘크리트 표면까지의 최단거리나 철근 중심간 거리의 1/2 중 작은 값(mm)이다.
2) K_{tr}은 횡방향 철근 지수로

$$K_{tr} = \frac{40A_{tr}}{s\,n} \tag{5.5}$$

여기서 A_{tr} =정착된 철근을 따라 쪼개질 가능성이 있는 단면을 가로질러 배근된 간격 s이내에 있는 횡방향 철근의 전체 단면적(mm^2)

s =정착길이 l_d구간 내에 있는 횡방향 철근의 최대 중심간격(mm)

n =쪼개질 가능성이 있는 평면을 따라 정착되거나 이어지는 철근개수

실무적으로는 횡방향 철근이 배치되어 있더라도 설계를 간편하게 하기 위해 $K_{tr}=0$으로 할 수도 있다.

3) 식 (5.4)에서 $(c+K_{tr})/d_b \leq 2.5$의 제한조건을 갖는다. 예를 들어 $2d_b$ 이상의 피복두께와 $4d_b$를 넘는 철근 순간격으로 배근된 대부분의 철근은 구속철근이 배근되지 않더라도 항상 $(c+K_{tr})/d_b \geq 2.5$이다. 이 경우 식 (5.4)와 식 (5.3)을 비교해 보면, 0.6배$(=(0.9/0.6)/2.5)$까지 정착길이를 감소시킬 수 있다.
4) 설계기준 항복강도 $f_y > 550\text{ MPa}$인 철근에 대해서는

- 횡방향 철근을 배치하지 않은 경우, $c/d_b \geq 2.5$
- 횡방향 철근을 배치한 경우, $K_{tr}/d_b \geq 0.25$, $(c+K_{tr})/d_b \geq 2.25$

를 만족해야 한다. 이것은 고강도 철근의 부착강도에 대한 안전율을 강화한

것이다.

5) 식 (5.4) 또한 경량콘크리트를 사용할 때는 정착길이를 λ로 나누어 증가시켜야 한다. 즉 l_d/λ이다.

한편 휨부재에 배근된 철근량이 해석에 의해 요구되는 소요철근량을 초과하는 경우에, 계산된 정착길이에 (소요철근량/배근철근량) 값을 곱하여 줄일 수 있다.

물론 어느 경우에도 인장이형철근의 정착길이는 300 mm 이상이어야 한다. 인장이형철근의 정착길이 계산은 식 (5.3)과 식 (5.4) 중 어느 것을 이용해도 된다. 두 식을 비교해 보면, 식 (5.3)은 식 (5.4)에서

1) 조건 I 또는 조건 II의 경우 : $(c+K_{tr})/d_b = 1.5$

2) 기타의 경우 : $(c+K_{tr})/d_b = 1.0$

을 가정하여 만든 간편식이라는 사실을 알 수 있다.

예제 5-1　휨철근의 정착길이 계산

그림과 같은 보의 단부 부(−)모멘트에 대한 소요 철근량은 $1{,}810\ \mathrm{mm}^2$이었다. 그림과 같이 4−D25($2{,}026.8\ \mathrm{mm}^2$)를 배근하고 2−D25는 절단한다. 이때 기둥면으로부터 절단되는 2−D25철근의 정착길이 l_d를 계산하라. 단 $d = 550\ \mathrm{mm}$, 전단설계 결과 스터럽은 D13@200 mm, $f_{ck} = 24\ \mathrm{MPa}$(보통콘크리트), $f_y = 400\ \mathrm{MPa}$(도막처리 안 됨), $f_{yt} = 300\ \mathrm{MPa}$, D25의 $d_b = 25.4\ \mathrm{mm}$, D13의 $d_{bs} = 12.7\ \mathrm{mm}$이다.

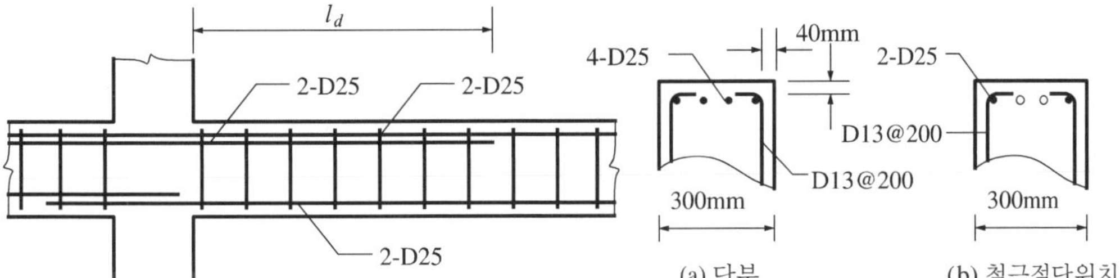

(a) 단부　(b) 철근절단위치

풀이

식 (5.3) 이용 전단설계가 이루어 졌으므로 조건 I을 만족

D22 이상인 D25의 상부철근($\alpha = 1.3$),

도막처리 안 됨($\beta = 1.0$),

보통콘크리트 $\alpha\beta = (1.3)(1.0) = 1.3$

$$l_d = \frac{0.6\, d_b f_y}{\lambda \sqrt{f_{ck}}} \times 1.3 = \frac{0.6 \times 25.4 \times 400}{1.0 \times \sqrt{24}} \times 1.3 = 1{,}618\ \text{mm} \geq 300\ \text{mm}$$

배근량에 따른 보정계수(소요철근량/배근철근량 = 1,810/2,026.8 = 0.893)이므로

$l_d = 0.893 \times 1{,}618 = 1{,}449$ mm → 1,500 mm(시공성 고려)

표 5.3 이용

표 5.3에서 찾으면, D25는 65이므로 $65 \times 25 = 1{,}625$ mm

배근량에 따른 보정 $l_d = 0.893 \times 1{,}625 = 1{,}451$ mm → 1,500 mm

예제 5-2 엄밀한 정착길이 계산

예제 5-1을 식 (5.4)를 이용해서 정착길이를 계산하라.

풀이

$$l_d = \frac{0.9\, d_b f_y}{\lambda \sqrt{f_{ck}}} \frac{\alpha \beta \gamma}{\left(\dfrac{c + K_{tr}}{d_b}\right)} \geq 300\ \text{mm} \qquad \text{단, } \left(\frac{c + K_{tr}}{d_b}\right) \leq 2.5\text{에서}$$

보정계수

$\alpha = 1.3$ (상부 수평철근이며 아래 콘크리트 깊이가 300 mm 이상이므로)

$\beta = 1.0$ (도막처리 안 된 일반철근이므로)

$\gamma = 1.0$ (D22 이상 철근이므로)

c 계산

D25의 $d_b = 25.4$ mm이고, c는

$_{\min}$(철근 중심과 표면까지의 최단거리, 철근 중심간 거리/2)

$= _{\min}(25.4/2 + 12.7 + 40,\ [300 - (40 + 12.7) \times 2 - 25.4]/3/2)$

$= _{\min}(65.4,\ 28.2) = 28.2$ mm

K_{tr} 계산

$s = 200$ mm(정착길이 l_d구간 내에 있는 횡방향 철근의 최대 중심간격)

$A_{tr} = 126.7 \times 2 = 253.4\ \text{mm}^2$

여기서 $n = 2$(쪼개질 가능성이 있는 곳을 따라 정착되는 철근은 2-D25)

$$K_{tr} = \frac{40 A_{tr}}{s\, n} = \frac{40 \times 253.4}{200 \times 2} = 25.3\ \text{mm}$$

$(c+K_{tr})/d_b$ 계산

$$\left(\frac{c+K_{tr}}{d_b}\right) = \frac{28.2+25.3}{25.4} = 2.11 \le 2.5$$

정착길이 계산

$$l_d = \frac{0.9\,d_b f_y}{\lambda\sqrt{f_{ck}}}\frac{\alpha\beta\gamma}{\left(\frac{c+K_{tr}}{d_b}\right)} = \frac{0.9\times 25.4\times 400}{1.0\times\sqrt{24}}\times\frac{1.3\times 1\times 1}{2.11} = 1{,}150\ \text{mm} \ge 300\,\text{mm}$$

배근량에 따른 보정계수

소요철근량/배근철근량 = 1,810/2,026.8 = 0.893

정착길이

$l_d = 0.893\times 1{,}150 = 1{,}027\ \text{mm} \rightarrow 1{,}050\ \text{mm}$

예제 5-1보다 정착길이를 450 mm 감소시킬 수 있다.

예제 5-3 슬래브 상단 인장철근의 정착길이 계산

그림과 같은 슬래브($h_f = 150\ \text{mm}$)에 상단철근의 정착길이 l_d를 구하라. 단, $f_{ck} = 24\ \text{MPa}$(보통콘크리트), $f_y = 400\ \text{MPa}$(도막처리 안 됨), D13 $d_b = 12.7\ \text{mm}$, 피복두께 20 mm이다.

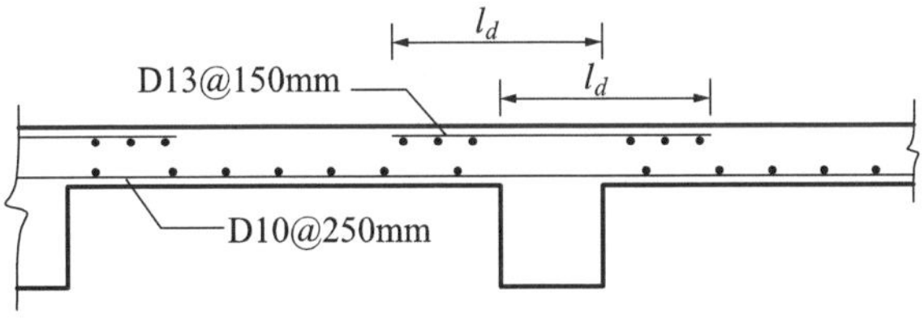

풀이

식 (5.3) 사용

$\alpha = 1.0$ (상부 수평철근이지만 아래 콘크리트 깊이가 300 mm 이하)

$\beta = 1.0$ (일반철근이므로)

$0.8\alpha\beta = 0.8(1.0)(1.0) = 0.8$

$$l_d = \frac{0.6\,d_b f_y}{\lambda\sqrt{f_{ck}}}\times 0.8 = \frac{0.6\times 12.7\times 400}{1.0\times\sqrt{24}}\times 0.8 = 498\ \text{mm} \ge 300\ \text{mm} \rightarrow 500\ \text{mm}$$

표 5.3 이용

표 5.3에서 찾으면, D13는 38이므로 $38\times 13 = 494\ \text{mm} \rightarrow 500\ \text{mm}$

식 (5.4) 사용

$$l_d = \frac{0.9\, d_b f_y}{\lambda \sqrt{f_{ck}}} \frac{\alpha\beta\gamma}{\left(\frac{c+K_{tr}}{d_b}\right)} \geq 300\,\text{mm} \qquad \text{단, } \left(\frac{c+K_{tr}}{d_b}\right) \leqq 2.5\text{에서}$$

$\alpha = 1.0, \qquad \beta = 1.0, \qquad \lambda = 1.0$

$\gamma = 0.8$ (D19 이하 철근이므로)

$K_{tr} = 0$ (정착길이 l_d구간 내 횡방향 철근이 없으므로)

$d_b = 12.7\,\text{mm}$

$c = _{\min}$(철근 중심과 표면까지의 최단거리, 철근 중심간 거리/2)

$\quad = _{\min}(12.7/2+20,\ 150/2) = _{\min}(26.35,\ 75) = 26.35\,\text{mm}$

$$\left(\frac{c+K_{tr}}{d_b}\right) = \frac{26.35+0}{12.7} = 2.074 \leq 2.5$$

$$l_d = \frac{0.9 \times 12.7 \times 400}{1.0 \times \sqrt{24}} \times \frac{1 \times 0.8 \times 1}{2.074} = 360\,\text{mm} \geq 300\,\text{mm} \rightarrow 400\,\text{mm}$$

계산을 정밀하게 할수록 보다 작은 정착길이가 가능하다.

5-2-2. 압축이형철근의 정착

압축이형철근의 정착길이 l_d는

$$l_d = l_{db} \times \text{보정계수} \geq 200\,\text{mm} \tag{5.6}$$

$$l_{db} = \frac{0.25\, d_b f_y}{\lambda \sqrt{f_{ck}}} \geq 0.043 d_b f_y \tag{5.7}$$

압축을 받는 이형철근의 정착길이 l_d는 인장을 받을 때와는 다르게 콘크리트에 휨인장균열이 발생할 가능성이 없다. 또한 철근 끝단의 지압은 정착에 유리하기 때문에 정착길이를 작게 할 수 있다.

보정계수는 초과 배근이나, 띠철근 또는 나선철근에 의한 구속효과를 고려하여 정착길이를 감소시킨 것으로 표 5.4와 같다. 물론 그 값은 항상 200 mm 이상으로 한다. 경량콘크리트는 계수 λ로 나누어 정착길이를 증가시켜야 한다.

표 5.5는 식 (5.6)에 의한 정착길이를 철근 지름 D의 계수로 나타낸 것이다.

표 5.4 압축에 대한 보정계수

보정계수	적 용 조 건
(소요 A_s)/(배근 A_s)	해석결과 요구되는 철근량을 초과하여 배근 한 경우
0.75	간격이 100 mm 이하이고 지름이 6 mm 이상인 나선철근, 배근규정에 따라 D13@100 mm 이하의 띠철근으로 둘러싸인 압축이형철근

표 5.5 식 (5.6)에 의한 압축이형철근의 정착길이(보통콘크리트, 도막 안 된 철근 사용)

D	d_b	$f_{ck}=$	21	24	27	30	35	40	50	$f_{ck}=$	21	24	27	30	35	40	50
10	9.53		20	20	20	20	20	20	20		21	20	20	20	20	20	20
13	12.7		16	16	16	16	16	16	16		22	20	19	18	17	17	17
16	15.9		17	16	15	14	13	13	13		22	21	20	19	18	18	18
19	19.1	$f_y=$	17	16	15	14	13	13	13	$f_y=$	22	21	20	19	18	18	18
22	22.2	300	17	16	15	14	14	14	14	400	23	21	20	19	18	18	18
25	25.4		17	16	15	14	14	14	14		23	21	20	19	18	18	18
29	28.6		17	16	15	14	13	13	13		22	21	19	19	17	17	17
32	31.8		17	16	15	14	13	13	13		22	21	20	19	18	18	18
D	d_b	$f_{ck}=$	21	24	27	30	35	40	50	$f_{ck}=$	21	24	27	30	35	40	50
10	9.53		20	20	20	20	20	20	20		26	25	23	22	21	21	21
13	12.7		19	18	17	16	16	16	16		27	25	24	23	22	22	22
16	15.9		19	18	17	16	15	15	15		28	26	24	23	22	22	22
19	19.1	$f_y=$	20	18	17	17	16	16	16	$f_y=$	28	26	25	23	22	22	22
22	22.2	350	20	19	17	17	16	16	16	500	28	26	25	24	22	22	22
25	25.4		20	19	18	17	16	16	16		28	26	25	24	22	22	22
29	28.6		19	18	17	16	15	15	15		27	26	24	23	22	22	22
32	31.8		19	18	17	16	15	15	15		28	26	24	23	22	22	22

1) 예를 들어 $f_{ck}=24$ MPa인 SD 400 D22를 사용하는 경우 21D, 정착길이 $21\times22=462$ mm

2) 표의 값에 보정계수를 곱하여 정착길이를 줄일 수 있다. 다만 $l_d \geq 200$ mm

5-2-3. 다발철근의 정착

배근이 복잡해지면, 철근 3개 또는 4개를 한데 묶어 사용하는 경우가 있는데 이를 **다발철근**이라 한다. 다발철근의 부착면적은 개개 철근 부착면적의 합보다 작기 때문에 정착길이를 증가시켜야 한다. 기준에서는 압축 및 인장철근의 정착길이 계산에서,

1) 3개의 철근으로 구성된 다발철근일 때 20%,
2) 4개의 철근으로 구성된 다발철근일 때 33%

를 증가시키도록 하고 있다.

여기서 정착길이를 계산할 때 다발철근 전체 단면적을 등가단면으로 환산하여 하나의 철근으로 취급해야 한다. 예를 들어 D16 철근($d_b = 15.9\,\text{mm}$, $A_s = 198.6\,\text{mm}^2$) 3개로 구성한 다발철근은

등가 단면적 $A_s = 3 \times 198.6 = 595.8\,\text{mm}^2$

등가 지름 $d_b = \sqrt{4 \times 595.8/\pi} = 27.5\,\text{mm}$

이고 이를 통해 계산된 l_d의 1.2배($l_d \times 1.2$)가 정착길이다.

5-2-4. 표준갈고리를 갖는 인장이형철근의 정착

인장이형철근의 정착에서 묻히는 끝을 구부려 갈고리를 만들면 정착길이를 줄일 수 있다. 그림 5.7은 갈고리를 갖는 인장이형철근의 내부 응력분포를 나타낸 것이다. 만약 인장력이 증가해서 갈고리 안쪽의 콘크리트에 매우 높은 지압력이 발생하면 쪼개짐에 의해 부착파괴한다. 이때 부착파괴는 주로 철근 공칭지름 d_b, 갈고리가 이루는 구부림 지름 D, 갈고리연장부 길이 등에 영향을 받는다. 기준에서도 이러한 부착파괴가 일어나지 않는 갈고리 상세를 제시하고 있는데 이를 **표준갈고리**라 한다.

(1) 표준갈고리

기준에서는 갈고리 지름별 구부림부 및 갈고리 연장부를 그림 5.8과 같이 규정하고 있다.

1) 주철근 갈고리

– 180° 구부릴 경우 : 갈고리 연장부 $4d_b \geq 60\,\text{mm}$

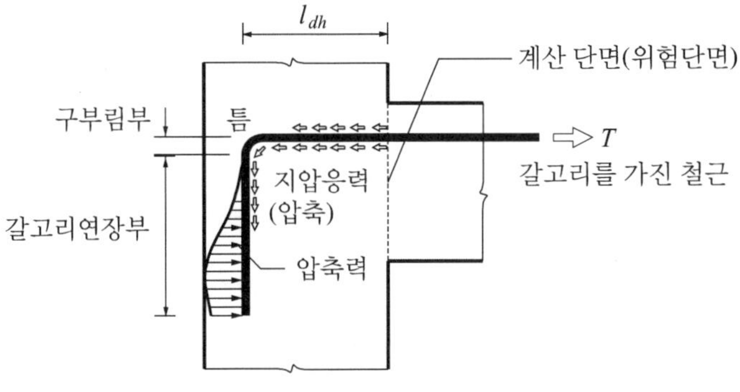

그림 5.7
인장력을 받는 갈고리에서의 응력분포

– 90° 구부릴 경우 : 갈고리 연장부 $12d_b$ 이상

2) 스터럽이나 띠철근 갈고리(D25 이하 철근)

– 90° 구부릴 경우

D16 이하 철근 : 갈고리 연장부 $6d_b$

D19, D22, D25 철근 : 갈고리 연장부 $12d_b$ 이상

– 135° 구부릴 경우 : 갈고리 연장부 $6d_b$ 이상

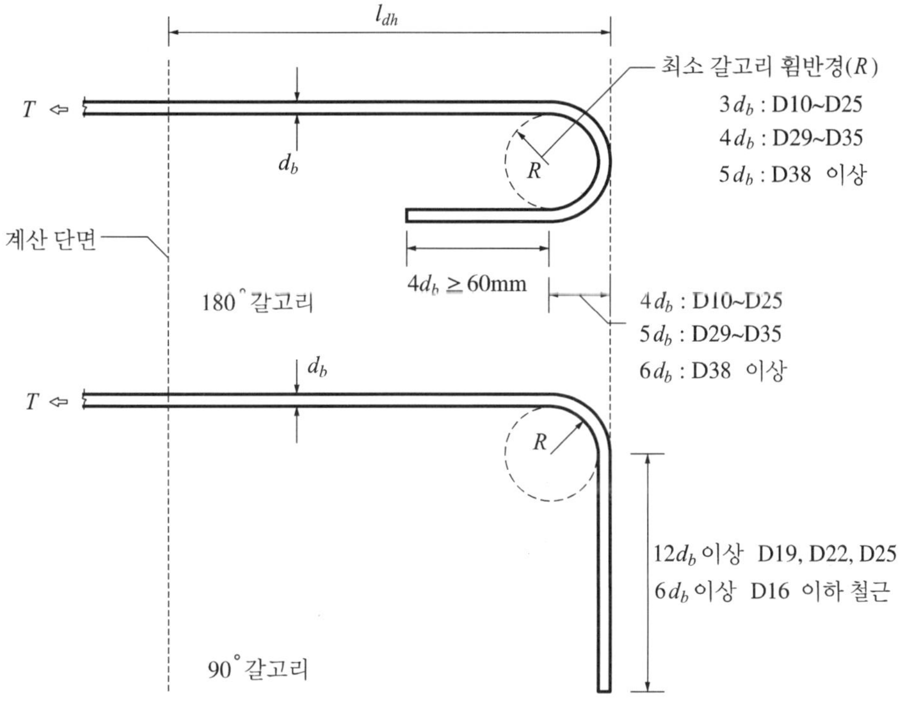

(a) 주요 인장 갈고리철근의 정착길이 l_{dh}

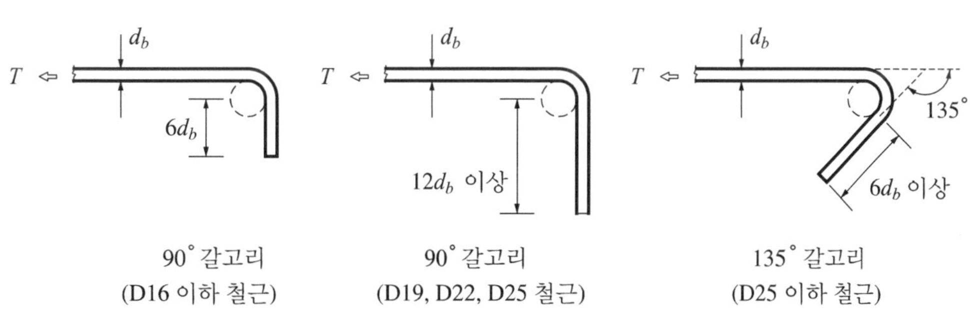

(b) 스터럽과 띠철근의 갈고리

그림 5.8 표준 갈고리

(2) 표준갈고리를 갖는 인장이형철근의 정착길이 계산

표준갈고리를 갖는 인장이형철근의 정착길이 l_{dh}는 계산단면에서 갈고리 외측까지의 길이를 말하며,

$$l_{dh} = l_{hb} \times \text{보정계수} \geq (150\text{ mm 또는 } 8d_b) \tag{5.8}$$

$$l_{hb} = \frac{0.24\beta d_b f_y}{\lambda\sqrt{f_{ck}}} \tag{5.9}$$

여기서 β는 에폭시 도막 혹은 아연 - 에폭시 이중 도막철근의 경우 1.2, 아연도금 또는 도막되지 않은 철근의 경우 1.0이며, λ는 경량콘크리트 계수이다.

보정계수는 아래의 적용 가능한 모든 값을 곱한다.

1) 정착되는 철근의 피복두께 관련 : 표 5.6의 조건 I 또는 조건 II을 만족할 때 0.7이다.
2) 스터럽이나 띠철근의 보강효과 관련 : 표 5.6의 조건 III~조건 V의 경우에 대하여 각 상세를 모두 만족하는 경우 0.8이다. 단, 설계기준항복강도가 550 MPa을 초과하는 철근을 사용하는 경우에는 적용할 수 없다.
   - 조건 III과 조건 IV는 그림 5.9(c), (d)와 같이 정착된 철근의 l_{dh} 구간에 띠철근 또는 스터럽이 수직으로 둘러싼 경우로, 특수한 경우를 제외하고는 실제 설계에서 잘 나타나지 않는다.
   - 조건 V는 그림 5.9(e)와 같이 정착된 철근의 구부림부와 갈고리연장부 구간에 걸쳐 띠철근 또는 스터럽이 수직으로 둘러싼 경우로, 보 - 기둥 접합부에서 전형적으로 나타나는 형태이다. 그러나 띠철근의 간격이 $3d_b$ 이하라는 사실에 유의하자.
3) 초과철근 고려 : 소요철근/배근철근

예를 들어, 보 - 기둥 접합부에서 보통콘크리트 내 D25의 90°갈고리철근이 측면 피복두께 70 mm, 갈고리연장부 피복두께 50 mm이고(0.7), D10@75 mm 띠철근 내에 설치된다면(0.8) 보정계수는 $(0.7)(0.8) = 0.56$이 되어 $l_{dh} = 0.56 l_{hd}$이다. 물론 갈고리철근의 정착길이는 150 mm나 $8d_b$ 중 큰 값 이상이어야 한다.

갈고리철근은 압축력을 받는 구역에서는 철근 정착에 유효하지 않다. 그러므로 압축이형철근은 식 (5.8)을 통해 정착길이를 저감해서는 안 되며 시공 편의를 위해 갈고리를 만들지 않는 것이 보통이다.

표 5.6 표준갈고리 인장이형철근의 정착길이 보정계수(D35 이하 철근 사용)

조건	위치	갈고리 형태	측면 피복두께	상·하부 피복두께	갈고리연장부 피복두께	스터럽 또는 띠철근	보정계수
I	임의		70 mm 이상	상관없음	상관없음	상관없음	0.7
II	임의		70 mm 이상	상관없음	50 mm 이상	상관없음	0.7
III	임의		상관없음	상관없음	상관없음	l_{dh} 내 수직	0.8
IV	임의		상관없음	상관없음	상관없음	l_{dh} 내 수직	0.8
V	임의		상관없음	상관없음	상관없음	갈고리연장부 내 수평	0.8

1) 각 조건은 그림 5.9를 만족해야 적용할 수 있다.
2) 보정계수를 고려해도 갈고리 철근의 정착길이는 150 mm 또는 $8d_b$ 이상이어야 한다.

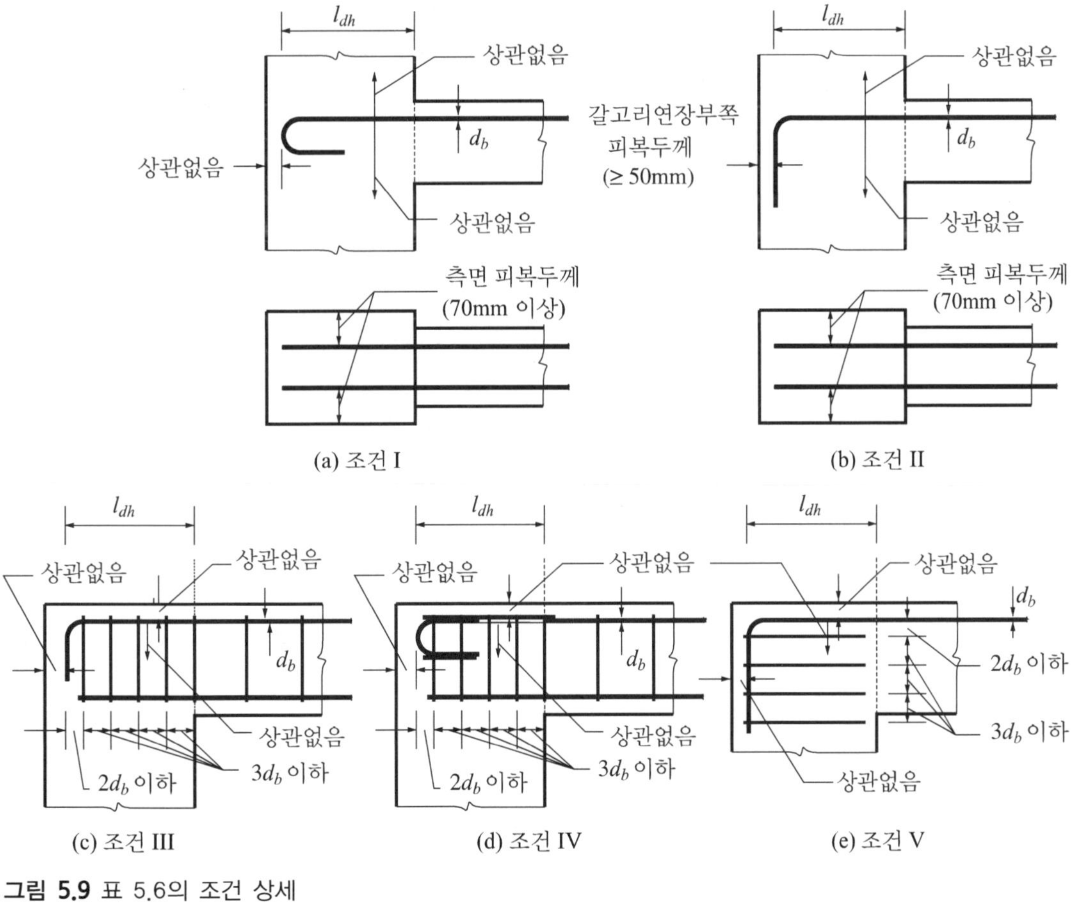

그림 5.9 표 5.6의 조건 상세

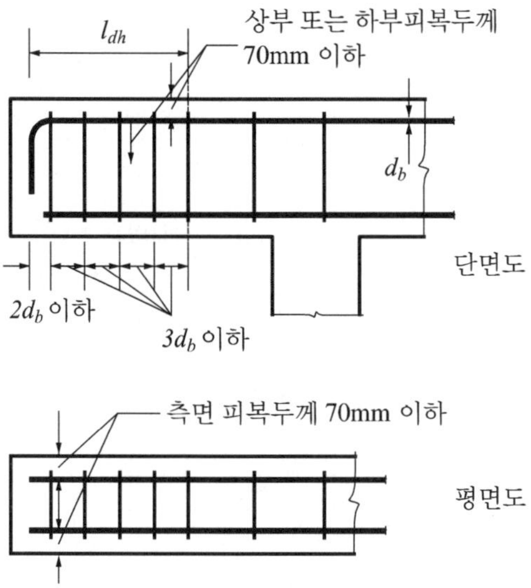

그림 5.10
독립된 부재 끝단부의 인장이형철근 정착길이 계산에서 표준갈고리가 필요한 경우의 배근상세

또 하나 유의할 점을 살펴보자. 그림 5.10과 같이 갈고리철근의 양측면 피복이나 상하 피복이 작은 경우에는 콘크리트에 쪼갬파괴를 일으키기 쉽다. 이 경우에는 반드시 그림과 같이 스터럽이나 띠철근을 규정에 맞게 보강해야 한다. 이때 갈고리철근의 정착길이 계산에는 조건 III이나 조건 IV의 보정계수 0.8을 적용해서는 안 된다. 물론 그림 5.10과 같은 상세는 단순보 단부나 캔틸레버 보의 자유단에서 매우 예외적으로 나타나는 경우이다. 대부분은 인장이형철근의 정착길이 계산만으로 충분해서 갈고리가 필요치 않다. 또한 부재 양측으로 슬래브와 같은 구속력이 작용하고 있다면 이 규정은 적용하지 않는다.

예제 5-4 보-기둥 접합부에서 갈고리 철근의 정착길이 계산

그림은 400×600 mm 보, 600×600 mm 기둥 외측 접합부이다.
기둥은 D29-10, 보 상부 철근은 D25-4가 배근되어 있을 때 보 상부 철근을 기둥 내로 정착 설계하라. 단, $f_{ck}=21$ MPa(보통콘크리트), 모든 철근은 도막처리 안 됨.

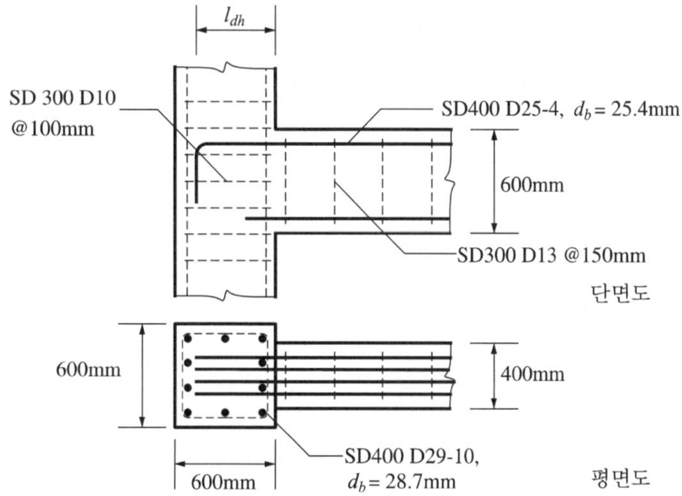

풀이

[철근을 기둥 내부에 직선으로 매입할 수 있는지 검토]

인장이형철근의 정착길이 엄밀식 이용

$$l_d = \frac{0.9 d_b f_y}{\lambda \sqrt{f_{ck}}} \frac{\alpha \beta \gamma}{\left(\frac{c+K_{tr}}{d_b}\right)} \geq 300\,\mathrm{mm} \qquad \text{단, } \left(\frac{c+K_{tr}}{d_b}\right) \leqq 2.5\text{에서}$$

보정계수

$\alpha = 1.3$ (상부 수평철근이며 아래 콘크리트 깊이가 300 mm 이상이므로)

$\beta = 1.0$ (도막처리 안 된 일반철근이므로)

$\gamma = 1.0$ (D22 이상 철근이므로)

c 계산

$c = {}_{\min}(\text{철근 중심과 표면까지의 최단거리, 철근 중심간 거리}/2)$

$= {}_{\min}(25.4/2 + 9.53 + 40,\ [400 - (40 + 9.53) \times 2 - 25.4]/3/2)$

$= {}_{\min}(62.2,\ 45.9) = 45.9\,\mathrm{mm}$

K_{tr} 계산

$s = [600 - 2(40 + 9.53 + 28.6/2)]/2 = 236.2\,\mathrm{mm}$

(정착길이 l_d구간 내에 있는 횡방향 철근 D29의 최대 중심 간격)

$A_{tr} = 642.4 \times 2 = 1{,}284.8\,\mathrm{mm}^2$ (간격 s내에 있는 횡방향철근 D29 전체단면적)

$n = 4$ (쪼개질 가능성이 있는 평면을 따라 정착되는 철근은 4-D25이므로)

$f_{yt} = 400\,\text{MPa}$ (횡방향 철근 D29의 설계기준 항복강도)

$$K_{tr} = \frac{40A_{tr}}{s\,n} = \frac{40 \times 1{,}284.8}{236.2 \times 4} = 54.4\,\text{mm}$$

$(c + K_{tr})/d_b$ 계산

$$\left(\frac{c + K_{tr}}{d_b}\right) = \frac{45.9 + 54.4}{25.4} = 3.95 \text{이고 } (\leq 2.5)\text{이여야 하므로 } 2.5$$

정착길이 계산

$f_y = 400\,\text{MPa}$ (보 상부 인장이형철근의 설계인장강도)

$$l_d = \frac{0.9\,d_b f_y}{\lambda\sqrt{f_{ck}}}\frac{\alpha\beta\gamma}{\left(\frac{c + K_{tr}}{d_b}\right)} = \frac{0.9 \times 25.4 \times 400}{1.0 \times \sqrt{21}} \times \frac{1.3 \times 1 \times 1}{2.5} = 1{,}038\,\text{mm} \geq 300\,\text{mm}$$

$l_d = 1{,}038\,\text{mm}$는 기둥 폭 600 mm를 초과하므로 설계가 불가능하다. 그러므로 표준갈고리에 의한 정착을 고려해야 한다.

[표준갈고리를 고려한 정착설계]

기본 정착길이 l_{hb} 계산

$$l_{hb} = \frac{0.24\,\beta d_b f_y}{\lambda\sqrt{f_{ck}}} = \frac{0.24 \times 1.0 \times 25.4 \times 400}{1.0 \times \sqrt{21}} = 532.1\,\text{mm}$$

적용 가능한 모든 보정계수 고려

조건 I ~ V 중에서 적용 가능성이 있는 보정계수는 조건 II와 조건 V이다.

① 90° 갈고리 조건 II 검토

갈고리연장부쪽 피복두께 $\geq 50\,\text{mm}$ 만족

측면 피복두께 $= \dfrac{600 - 400}{2} + 40 + 12.7 = 152.7\,\text{mm} \geq 70\,\text{mm}$ 만족

이므로 0.7

② 조건 V 검토

기둥 띠철근 간격은 100 mm

$3d_b = 3 \times 25.4 = 76.2\,\text{mm} < 100\,\text{mm}$ 이므로 만족 못함

그러므로

$$l_{dh} = l_{hd} \times \text{보정계수} = 532.1 \times 0.7 = 372.4\,\text{mm} \rightarrow 400\,\text{mm} > (8d_b = 8 \times 25.4 = 203.2\,\text{mm},\ 150\,\text{mm})$$

또한 표준갈고리 조건에서 갈고리연장부는 $12d_b$ 이상이므로

$12 \times 25.4 = 304.8\,\text{mm} \rightarrow 350\,\text{mm}$ 로 한다.

5-2-5. 기계적 정착

부재 형태나 그 외의 특별한 이유로 정착길이를 확보할 수 없는 경우는 콘크리트에 손상을 주지 않으면서 철근의 강도를 발휘할 수 있는 기계적 정착장치를 사용할 수 있다. 일반적으로 많이 사용하는 정착장치는 철근 단부에 특별히 고안된 정착기구를 접합시킨 확대머리 이형철근이 대표적이며 기준에서도 정착설계 방법을 제시하고 있다. 물론 확대머리 이형철근 또한 압축을 받는 경우에는 유효하지 않다. 만약 기준에서 제시하지 않는 기계적 정착장치를 사용할 경우에는 적합성을 보증하는 시험결과를 제시해야 한다.

인장을 받는 확대머리 이형철근의 정착길이 l_{dt}는 정착 부위에 따라 다음 (1) 또는 (2)로 구할 수 있다. 다만, 이렇게 구한 정착길이 l_{dt}는 항상 $8d_b$ 또한 150 mm 이상이어야 한다. 또한, 확대머리의 순지압면적(A_{brg})은 철근단면적의 4배 이상이어야 한다. 그리고 확대머리 이형철근은 경량콘크리트에 대한 데이터 부족 등으로 인하여 기준에서 보통중량콘크리트에만 사용하도록 하고 있다.

(1) 최상층을 제외한 부재 접합부에 정착된 경우

$$l_{dt} = \frac{0.22\beta\, d_b f_y}{\psi\sqrt{f_{ck}}} \tag{5.10}$$

$$\psi = 0.6 + 0.3\frac{c_{so}}{d_b} + 0.38\frac{K_{tr}}{d_b} \le 1.375 \tag{5.11}$$

여기서, β는 표 (5.2)에 따라 구한다. ψ는 측면피복과 횡보강철근에 의한 영향계수이고, c_{so}는 철근표면에서의 측면피복두께이며, K_{tr}은 확대머리 이형철근을 횡구속한 경우에 식 (5.5)에 따라 산정하고 $1.0d_b$보다 큰 경우 $1.0d_b$을 사용한다. 식 (5.10)을 적용하기 위해서는 다음의 ①부터 ⑤까지 조건을 만족하여야 한다.

① 철근 순피복두께는 $1.35d_b$ 이상이어야 한다.

② 철근 순간격은 $2d_b$ 이상이어야 한다.

③ 확대머리의 뒷면이 횡보강철근 바깥 면부터 50 mm 이내에 위치해야 한다.

④ 확대머리 이형철근이 정착된 접합부는 지진력저항시스템별로 요구되는 전단강도를 가져야 한다.

⑤ $d/l_{dt} > 1.5$인 경우는 콘크리트용 앵커설계기준에 따라 설계한다. 여기서, d는 확대머리 이형철근이 주철근으로 사용된 부재의 유효높이이다.

(2) (1) 외의 부위에 정착된 경우

$$l_{dt} = \frac{0.24\beta d_b f_y}{\sqrt{f_{ck}}} \tag{5.12}$$

단, 식 (5.5)에 따라 산정된 K_{tr}값이 $1.2d_b$ 이상이어야 한다. 또한 식 (5.12)을 적용하기 위해서는 순피복두께는 $2d_b$ 이상, 철근 순간격은 $4d_b$ 이상이어야 한다.

압축력을 받는 경우에 확대머리의 영향을 고려할 수 없다. 철근의 설계기준항복강도가 발휘될 수 있는 어떠한 확대머리 이형철근도 정착방법으로 사용할 수 있다. 단, 확대머리 이형철근의 적합성을 보증하는 실험과 해석결과를 책임구조기술자에 제시하여 승인을 받아야 한다.

5-3 철근 절단과 정착상세

5-3-1. 휨철근 절단과 정착상세

그림 5.11과 같이 연속보의 소요휨모멘트 분포는 단부 M_u^-, 중앙부 M_u^+에서 최대이고 길이방향을 따라 감소한다. 소요휨모멘트가 감소하면 철근량을 줄일 수 있으므로, 초과되는 철근량 만큼 절단(cut-off)하여 배근하면 경제적이다. 물론 철근의 절단은 인장이형철근의 정착길이 이상을 확보하면 될 것 같지만, 다음과 같은 이유로 주의해야 한다.

1) 전단력이 큰 구간에서 철근을 절단하면 응력집중 현상이 생겨 사인장균열이 발생할 수 있으므로 여분의 길이를 두어 응력집중을 완화할 필요가 있다.
2) 하중이나 지지조건의 변화, 수평하중 발생 등 예상치 못한 상황에 의해 소요휨모멘트 분포가 변할 수 있으므로 이를 고려해서 철근을 절단해야 한다.

그러므로 기준에서는 휨철근의 절단에 대하여,

1) 전체 철근량의 50%를 초과하여 한 단면에서 절단할 수 없다.
2) 철근이 더 이상 요구되지 않는 점에서 $_{\max}(d,\ 12d_b)$ 이상 더 연장한다. 여기서 d는 유효깊이다.
3) 인장구역에서는 철근을 절단하지 않는다. 다만 다음 3조건 중 하나를 만족하

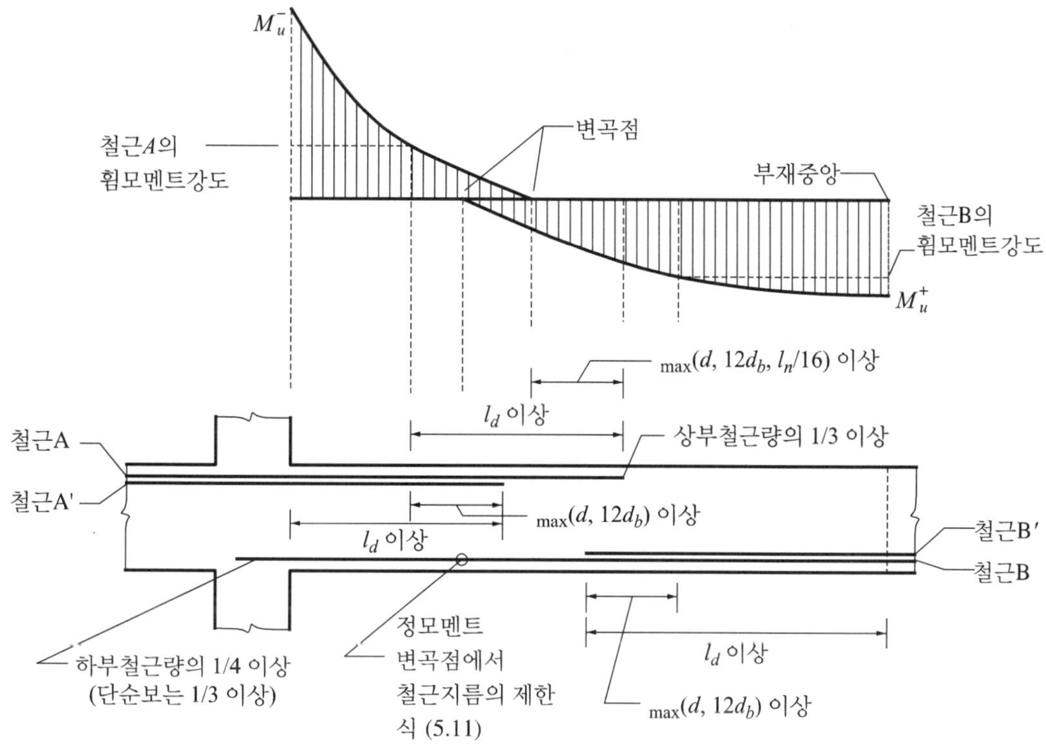

그림 5.11 휨철근 절단 위치 상세

는 경우에 대해서만 인장구역에서 철근을 절단할 수 있다.

- 절단점에서의 전단력이 설계전단강도의 2/3를 초과하지 않는 경우

$$V_u \leq \frac{2}{3}\phi(V_c + V_s)$$

- 절단점 전후의 $3d/4$구간 이상까지 필요량을 초과하는 스터럽이 배근된 경우로서, 이때 스터럽 양 A_v와 간격 s는,

$$A_v \geq \frac{0.42 b_w s}{f_y}, \qquad s \leq \frac{d}{8\beta_b}$$

여야 한다. 여기서 β_b는 절단철근량/전체철근량이다.

- D35 이하 연속철근이 절단점에서 휨모멘트에 필요한 철근량의 2배 이상 배근되고, V_u 전단력이 전단강도의 3/4 이하인 경우

$$\phi M_n \geq 2M_u, \qquad V_u \leq \frac{3}{4}\phi V_n \left(= \frac{3}{4}\phi(V_c + V_s)\right)$$

4) 정모멘트(M_u^+)를 받는 철근은 일정량을 절단하지 않고 받침부까지 연장해야 한다. 이때 단순보는 1/3 이상, 연속보 1/4 이상이며 150 mm 이상 묻혀야 한다. 휨부재가 횡하중을 지지하는 주 구조물의 일부일 때, 받침부 내로 연장되어야 할 정모멘트 철근은 받침부의 안쪽 면에서 설계기준항복강도 f_y를 발휘할 수 있도록 정착하여야 한다.

5) 부모멘트(M_u^-) 변곡점에서 휨철근의 절단

부모멘트(M_u^-)를 받는 철근은 전체 철근량의 1/3 이상을 변곡점을 지나, $_{\max}(d,\ 12d_b,\ \text{순경간}\ l_n/16)$ 이상까지 절단하지 말고 연장해야 한다.

6) 정모멘트(M_u^+) 변곡점과 단순받침부에서 휨철근의 절단

정모멘트 변곡점이나 단순보 받침부에서는 $M_u = 0$이므로 인장철근의 응력 또한 0이다.

그러나 식 (5.2)에서도 살펴보았듯이 부착응력은 전단력에 비례하므로 부착파괴 할 가능성이 있다. 소요전단력 V_u에 대하여 미소구간 dx에 발생하는 부착응력은 식 (5.2)로 구한 평균 극한부착응력 이내여야 하므로, 식 (5.13)을 만족해야 한다.

$$\left(u = \frac{V_u}{\pi d_b jd}\right) \leq \left(\frac{A_b f_y}{\pi d_b l_d} = \frac{M_n}{\pi d_b l_d jd}\right)$$

$$l_d \leqq \frac{M_n}{V_u} \tag{5.13}$$

식 (5.13)에서 l_d는 배근된 철근의 정착길이이므로 이 식을 만족하기 위해서는 동일조건에서 보다 가는 철근이 필요하므로, 부착강도를 만족하도록 사용 철근의 지름을 제한하는 규정이라는 사실을 알 수 있다.

한편, 단순보의 받침부와 같이 철근의 끝부분이 압축 반력으로 눌릴 경우는 부착응력이 증가하기 때문에 M_n/V_u를 30% 증가시킬 수 있다. 즉

$$l_d \leqq 1.3\frac{M_n}{V_u} \tag{5.14}$$

단순받침부의 중심선을 지나 절단되는 철근에서 표준갈고리 또는 적어도 표준갈고리와 동등한 성능을 갖는 기계적 정착에 의해 정착되는 경우 식 (5.14)을 만족하지 않아도 되며, 직선철근으로 정착하는 경우 식 (5.15)를

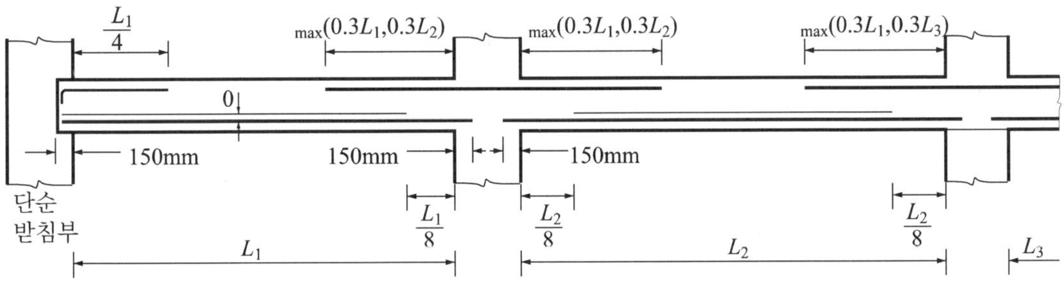

그림 5.12 전형적인 보의 휨철근 절단위치(실무)

만족하여야 한다.

$$\frac{V_u - 0.5\phi V_s}{M_n} \le \frac{l_a}{l_d jd} \tag{5.15}$$

여기서, l_a는 받침부에서 그 중심선을 지난 묻힘길이 또는 변곡점을 지난 묻힘길이이다.

이상과 같은 휨철근의 절단과 정착상세를 그림 5.11에 정리하여 나타냈다.

실제로 철근 절단 위치를 위의 방법으로 결정하는 것은 대단히 번거롭고 지루한 작업이다.

그러므로 실무에서는 그림 5.12와 같이 경간의 비율(상부 압축철근 $0.3L$ 또는 단부 $L/4$, 하부 인장철근 $L/8$까지)로 절단하거나, 또는 다음 경간까지 연속시키는 방법을 많이 쓴다.

예제 5-5 철근의 절단과 정착

그림과 같이 연속보 구조해석을 통해서 소요 휨모멘트 및 소요 전단력을 얻었다. 정착까지를 고려하여 보 내부의 철근을 배근 설계하라. 단, $w_u = 66\ \text{kN/m}$, $l_n = 7\ \text{m}$, $b = 300\ \text{mm}$, $d = 480\ \text{mm}$, 보통콘크리트 $f_{ck} = 24\ \text{MPa}$, 도막처리 안 된 휨철근(D22) $f_y = 400\ \text{MPa}$, 전단철근(D10) $f_{yt} = 400\ \text{MPa}$을 사용한다.

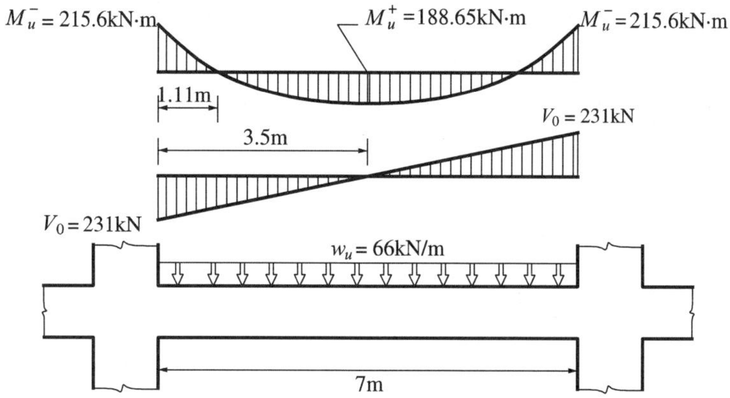

풀이

[보의 휨설계]

예제 3-4와 같이 단철근 직사각형 보로 휨설계하면 결과는,

	M_u kN·m	소요철근량 A_s mm^2	배근철근량 mm^2	배근상세	FS
단 부	215.6	1,468	4-D22 ($A_s = 1{,}548\ \text{mm}^2$)	1단 배근	0.954
중앙부	188.65	1,265	4-D22 ($A_s = 1{,}548\ \text{mm}^2$)	1단 배근	0.835

[보의 전단설계]

예제 4-3과 같이 스터럽 설계하면 결과는,

받침부로부터 거리	$0 \sim L/4 (= 1.75\ \text{m})$	$L/4 \sim 2.83\ \text{m} (= 3\ \text{m})$	3 m~중앙부(3.5 m)
스터럽	D10@150	D10@200	–

$$\phi V_c = \phi\left(\frac{1}{6}\sqrt{f_{ck}}\, b_w d\right) = 0.75 \times \frac{1}{6} \times \sqrt{24} \times 300 \times 480 \times 10^{-3} = 88.2\ \text{kN}$$

[휨철근의 절단과 정착설계]

하부 철근 4-D22의 절단위치 결정

정 휨모멘트(M_u^+)를 받는 철근은 1/4 이상 절단되지 않고 받침부까지 연장해야 한다. 또한 150 mm 이상 묻혀야 하므로, 2-D22를 받침부까지 연장하고, 나머지 2-D22는 절단한다. 절단위치는

(1) 우선 휨철근이 필요하지 않은 구간에서 절단한다고 가정하면, 2-D22가 배근된 보에서의 설계강도 ϕM_n은,

$$a = \frac{A_s f_y}{0.85 f_{ck} b} = \frac{(2 \times 387.1) \times 400}{0.85 \times 24 \times 300} = 50.6\ \text{mm}$$

변형률 적합조건 만족 $\epsilon_t(=0.021) \geq \epsilon_{ta}(=0.004)$

$\phi = 0.85,$ $\epsilon_t(=0.021) \geq \epsilon_{tt}(=0.005)$

$$\phi M_n = \phi A_s f_y \left(d - \frac{a}{2}\right)$$

$$= 0.85 \times 387.1 \times 2 \times 400 \times \left(480 - \frac{50.6}{2}\right) \times 10^{-6} = 119.69 \text{ kN·m}$$

$M_u = \phi M_n = 119.69$ kN·m 인 위치

$M_u(x) = -M_u^- + V_0 x - w_u x^2/2 = 119.69$에서

$x = 2.05$ m (중앙에서 1.45 m)이므로, 중앙으로부터 절단위치는

$L = 1.45 +_{\max}(d,\ 12d_b) = 1.45 +_{\max}(480,\ 12 \times 22.2) \times 10^{-3} = 1.93 \text{ m} \rightarrow 2 \text{ m}$

(중앙에서 1.5 m)

(2) 절단된 2-D22 철근의 정착길이 검토

전단설계가 이루어 졌으므로 조건 I을 만족

D22 이상인 D22의 철근($\alpha = 1.0$),

도막처리 안 됨($\beta = 1.0$), 보통콘크리트

$\alpha\beta - (1.0)(1.0) - 1.0$

$$l_d = \frac{0.6\, d_b f_y}{\sqrt{f_{ck}}} \times 1.0 = \frac{0.6 \times 22.2 \times 400}{\sqrt{24}} \times 1.0 = 1{,}088 \text{ mm} \geq 300 \text{ mm}$$

초과철근 보정(소요철근량/배근철근량 = 1,265/1,548 = 0.817)이므로

$l_d = 0.817 \times 1{,}088 = 889 \text{ mm} <$ 절단위치(2 m) 적합

(3) 절단위치(중앙에서 1.5 m)가 인장구역 내에 있으므로, 인장구역내의 절단규정을 만족하는지 검토

전단력 $V_u < \frac{2}{3}\phi(V_c + V_s)$ 검토

$V_u = V_0 - w_u x = 231 - 66 \times 1.5 = 132$ kN

$A_v = 2 \times 71.3 = 142.6 \text{ mm}^2$

$\phi V_c = 88.2$ kN

$$\phi V_s = \phi \frac{A_v f_{yt} d}{s} = 0.75 \times \frac{142.6 \times 400 \times 480 \times 10^{-3}}{150} = 136.9 \text{ kN}$$

$$\frac{2}{3}(\phi V_c + \phi V_s) = \frac{2}{3}(88.2 + 136.9) = 150.1 \text{ kN}$$

$V_u(=132) < 150.1$ kN (만족)

(만약 만족하지 못하면 추가스터럽을 배치할 수 있다.)

(4) 변곡점에서의 검토

$M_u = 0$(변곡점) 위치

$M_u(x) = -M_u^- + V_0 x - w_u x^2/2 = 0$에서

$x = 1.11\text{ m}$ (중앙에서 2.39 m)

$M_n = 119.69/0.85 = 140.8\text{ kN·m}$ (변곡점에 배근된 2-D22의 공칭휨강도)

$V_u = V_0 - w_u x = 231 - 66 \times 1.11 = 157.7\text{ kN}$

$l_d \leqq \dfrac{M_n}{V_u} = \dfrac{140.8 \times 10^3}{157.7} = 892.8\text{ mm}$ 이므로

$l_d (= 889\text{ mm}) < 892.8\text{ mm}$ 적합

상부 철근 4-D22의 절단위치 결정

(1) 인장이형철근 정착길이 계산

전단설계가 이루어졌으므로 조건 I을 만족

D22 이상인 D22의 상부철근으로 아래 콘크리트 300 mm 초과 ($\alpha = 1.3$),

도막처리 안 됨($\beta = 1.0$), 보통콘크리트

$\alpha\beta = (1.3)(1.0) = 1.3$

$$l_d = \frac{0.6 d_b f_y}{\sqrt{f_{ck}}} \times 1.3 = \frac{0.6 \times 22.2 \times 400}{\sqrt{24}} \times 1.3 = 1{,}414\text{ mm} \geq 300\text{ mm}$$

초과철근 보정(소요철근량/배근철근량 $= 1{,}468/1{,}548 = 0.948$)이므로,

$l_d = 0.948 \times 1{,}414 = 1{,}340\text{ mm}$

절단위치

$L = 1{,}340 + {}_{\max}(d,\ 12d_b) = 1{,}340 + {}_{\max}(480,\ 12 \times 22.2) = 1{,}820\text{ mm} \rightarrow 1.9\text{ m}$

(2) 절단 위치 검토

부모멘트 위치 철근의 변곡점 연장길이 검토

$L =$ 변곡점 위치 $+ {}_{\max}(d,\ 12d_b,\ l_n/16)$

$\quad = 1.11 + {}_{\max}(480,\ 12 \times 22.2,\ 7{,}000/16) \times 10^{-3} = 1.59\text{ m}$

이상에서 절단해야 한다. 그러나 위에서 이미 1.9 m 이하에서는 절단할 수 없으므로 해당사항 없음

(3) 스터럽 설치 구간 검토

받침부에서 3 m까지 설치되는 스터럽 배근을 위해 D22-2개는 1.9 m에서 절단하지 말고 3 m에서 절단

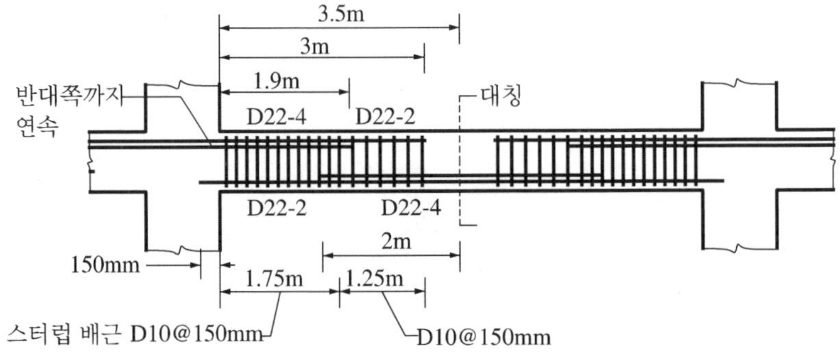

5-3-2. 스터럽의 정착

보에 설치한 스터럽이나 기둥의 띠철근이 부담하는 전단강도 V_s는 인장력에 의해서다. 그러므로 전단철근이 f_{yt}를 모두 발휘할 수 있도록 충분히 정착해야 한다.

이러한 이유로 스터럽은 피복두께 요구조건과 철근 순간격 제한이 허용하는 한 부재의 압축면과 인장면에 가능한 가깝게 연장해야 한다. 특히 스터럽의 하부는 서로 연결되어 있기 때문에 문제가 없지만, 상부에서 정착길이 확보는 매우 중요하다. 기본적으로 스터럽이나 띠철근은 종방향 철근을 둘러싸야 한다. 주로 사용하는 철근은 가공하기 쉬운 D10과 D13이며, 전단력이 크게 작용하는 경우 더 큰 지름의 철근을 사용하기도 한다. 최근에는 프리캐스트 부재에서 용접철망도 전단보강재로 사용하고 있다.

기준에서는 그림 5.13과 같이 단일 ㄴ형 또는 다중 ㄴ형 스터럽의 단부 정착으

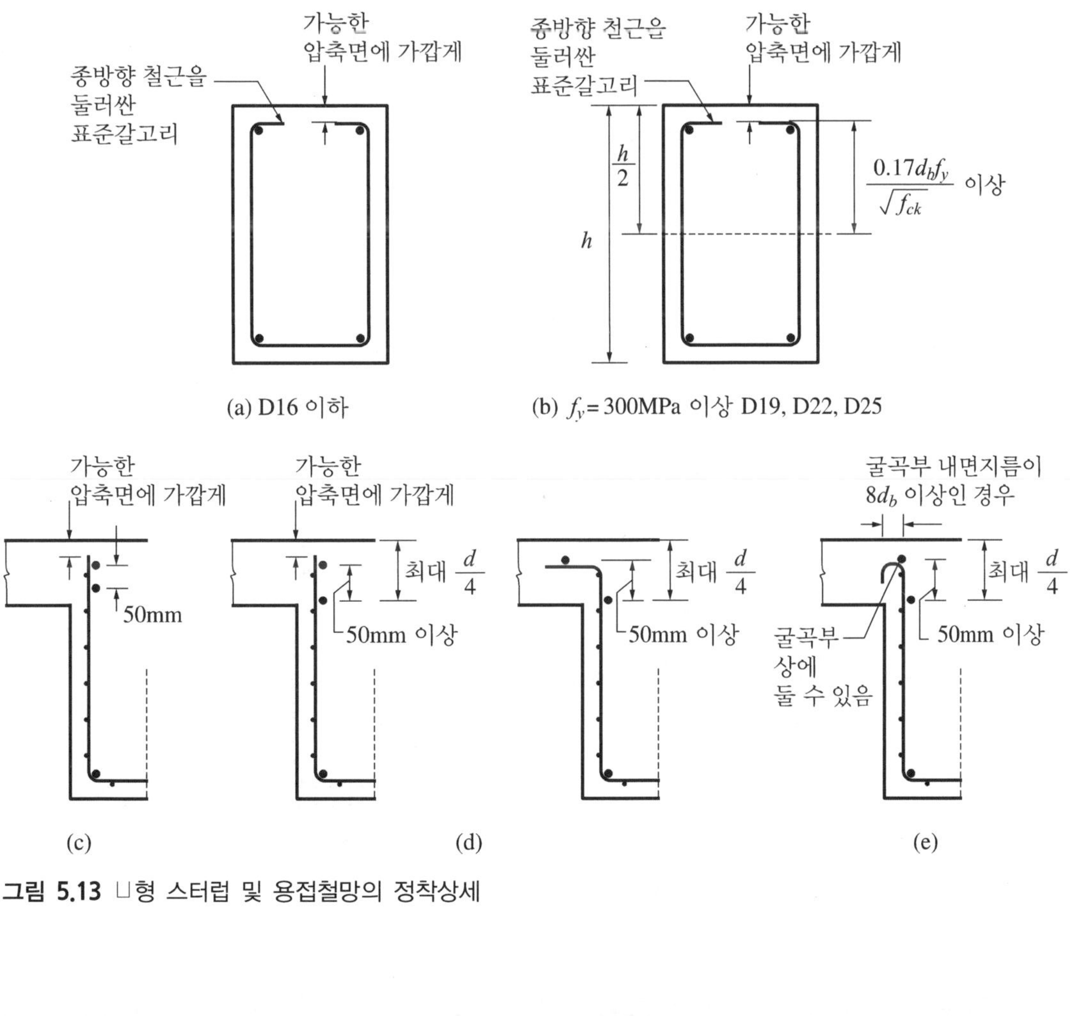

그림 5.13 ㄴ형 스터럽 및 용접철망의 정착상세

로 다음 중 한 가지 방법을 이용하도록 하고 있다.

1) D16 이하 스터럽은 표준갈고리로 정착한다(그림 a).
2) f_y가 300 MPa 이상인 D19, D22, D25 스터럽은 표준갈고리에 추가로 부재 깊이 중간에서 갈고리 단부 바깥까지 $0.17 d_b f_y / \sqrt{f_{ck}}$ 이상의 묻힘길이를 확보하여 정착하면 된다(그림 b).
3) ㄴ형 스터럽을 구성하는 용접원형철망 의 각 가닥은 다음 중 한 가지 방법으로 정착한다.
   - ㄴ형 스터럽 가닥 상부에 50 mm 간격으로 2개의 종방향 철선을 배치한다(그림 c).
   - 종방향 철선 하나는 압축면에서 $d/4$ 이하에 배치하고 두번째 종방향 철선은 첫번째 철선으로부터 50 mm 이상의 간격으로 압축면에 가까이 배치한다(그림 d). 이때 두번째 종방향 철선은 굴곡부 밖에 두어야 하지만, 굴곡부 내면지름이 $8d_b$ 이상일 경우는 굴곡부에 둘 수도 있다(그림 e).
4) 그림 5.14와 같이 한 쌍의 ㄴ형 스터럽을 겹치는 경우 겹침이음길이가 $1.3\,l_d$ 이상이면 스터럽으로 볼 수 있다(그림 a). 또한 450 mm 이상인 부재에서 스터럽 가닥들이 부재 전 깊이까지 연장된다면 스터럽으로 볼 수 있다(그림 b). 이때 전단강도는 겹친 두 가닥은 한 가닥으로 생각해야 하고, 한 가닥이 발휘할 수 있는 인장력 $A_b f_{yt}$는 40 kN 이하여야 한다.

일반적이지는 않지만 굽힘철근을 전단철근으로 고려하는 경우도 있다. 이때 종방향 주철근은 인장구역으로는 종방향 주철근과 연결되어 있어야 하고, 압축구역으로는 부재 중간깊이 $d/2$를 지나서 인장이형철근의 정착길이 만큼 연장해야 한다.

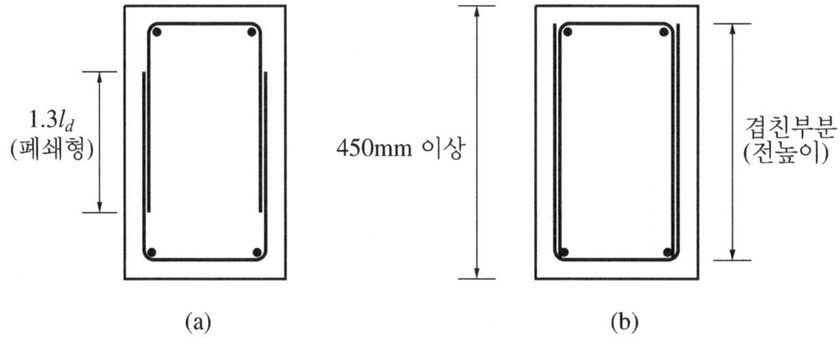

그림 5.14 ㄴ형 폐쇄스터럽을 겹치는 경우

5-3-3. 구조 일체성 확보를 위한 휨철근 절단과 정착 상세

앞에서 살펴본 휨철근과 스터럽의 배근 상세를 조금만 변경해도 구조물 전체의 일체성을 크게 향상시킬 수 있다. 예를 들어 횡구속이 잘된 철근이 받침부를 지나 연속되어 있다면, 비록 받침부가 붕괴 위험에 있다 할지라도 전체 붕괴를 막아준다. 이것은 연속된 철근이 마치 케이블과 같은 현수작용(catenary action)을 통해 저항하기 때문이다.

일반적으로 앞에서 살펴보았던 휨철근의 절단과 정착상세를 만족하고, 스터럽이 기준에 맞게 배치했다면 현수작용을 기대할 수 있다. 즉 기준에서는,

(1) 경간 중앙부에서 요구되는 정모멘트 철근의 1/4 이상이며 2개 이상의 인장철근이 기둥의 축방향 철근으로 둘러싸인 부분을 지나야 하며, 불연속 받침부에서는 표준갈고리를 사용해야 한다. 또한 철근의 이음은 앞으로 살펴볼 A급 인장이음으로 연속시킨다.

(2) 이 때 스터럽은 5-3-2절을 만족해야 한다.

의 요구조건을 제시하고 있다.

다만 테두리보의 경우에는 비틀림이 작용할 수 있으므로 다음과 같이 강화된 일체성 요구 조건을 제시하고 있다.

(1) 구조물의 테두리보에 있어, 받침부 부모멘트에 요구되는 철근의 1/6 이상, 경간 중앙부의 정모멘트 철근의 1/4 이상이 기둥이나 벽의 축방향 철근으로 둘러싸인 부분을 지나서 전 경간에 걸쳐 연속으로 배치해야 한다.

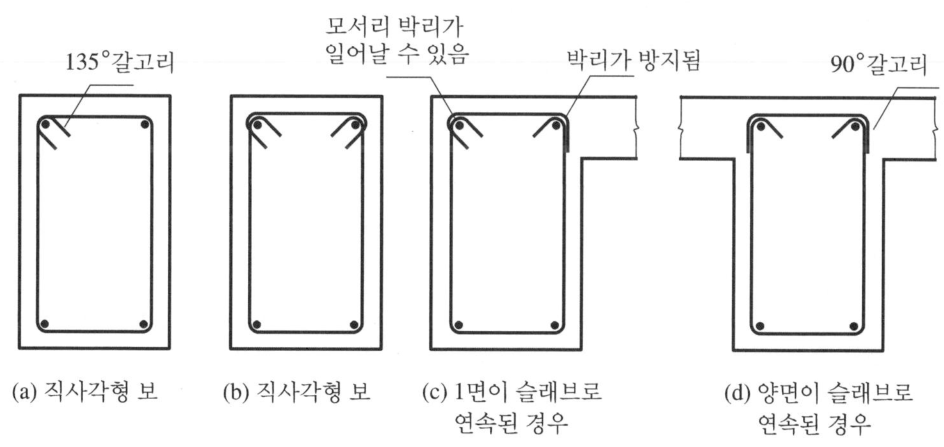

그림 5.15 여러 가지 폐쇄스터럽의 배근 및 정착

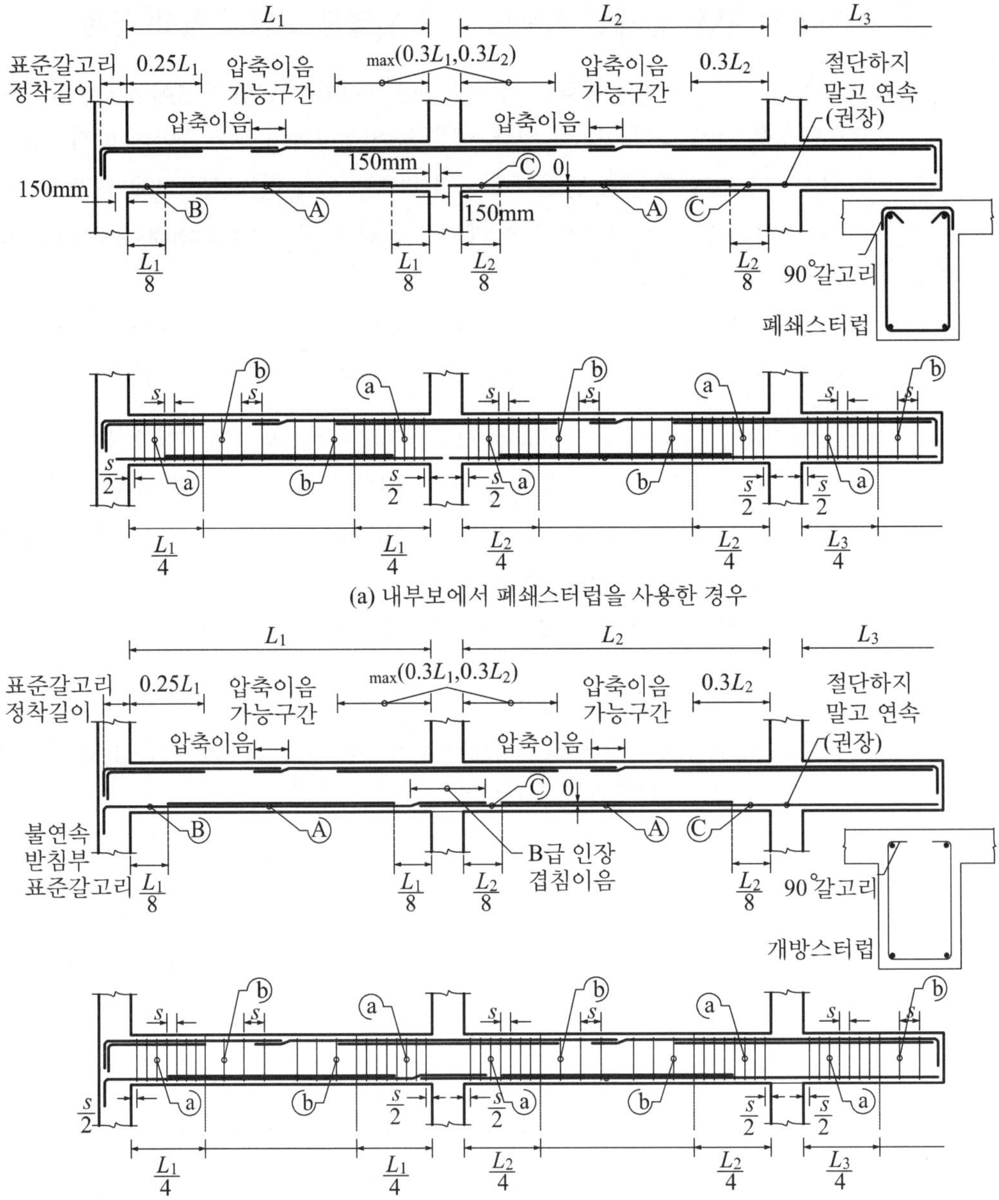

(a) 내부보에서 폐쇄스터럽을 사용한 경우

(b) 내부보에서 개방스터럽을 사용한 경우

[공통]

Ⓐ 정철근 $A_{s,pos}$

Ⓑ $A_s \geq \left(\frac{1}{4}\right)A_{s,pos}$만큼 절단하지 말고 연속(연속부재)

$A_s \geq \left(\frac{1}{3}\right)A_{s,pos}$만큼 절단하지 말고 연속(단순부재)

Ⓒ $A_s \geq \left(\frac{1}{4}\right)A_{s,pos}$만큼 절단하지 말고 연속(연속부재)

ⓐ 전단위험단면에 대한 전단설계결과

ⓑ $\frac{L}{4}$지점 단면에 대한 전단설계결과

$s \leq \min(d/2, 600\text{mm})$, $V_s \leq \frac{1}{3}\sqrt{f_{ck}}\, b_w d$일 때

$s \leq \min(d/4, 300\text{mm})$, $V_s \leq \frac{2}{3}\sqrt{f_{ck}}\, b_w d$일 때

그림 5.16 실무에서 사용하는 내부보 배근 일반 상세

(2) 이때 연속 철근은 그림 5.15와 같은 폐쇄스터럽을 이용해서 충분히 결속해야 한다. 다만 폐쇄스터럽을 접합부 안까지 배근할 필요는 없다.

(3) 연속성을 확보하기 위해서 이음이 필요한 경우, 상부철근은 경간 중앙 또는 그 부근에서, 하부철근은 받침부 또는 그 부분에서 B급 인장겹침이음을 이용한다.

그림 5.16과 5.17은 지금까지 살펴본 휨철근의 절단과 정착, 스터럽 규정을 적용한 일반적인 보 배근 상세를 나타낸 것이다.

위의 조항에 의해 구조물에 추가되는 철근량은 극히 작으며, 이러한 철근 상세의 작은 보강 변경을 통해서도 구조물의 일체성은 크게 향상된다.

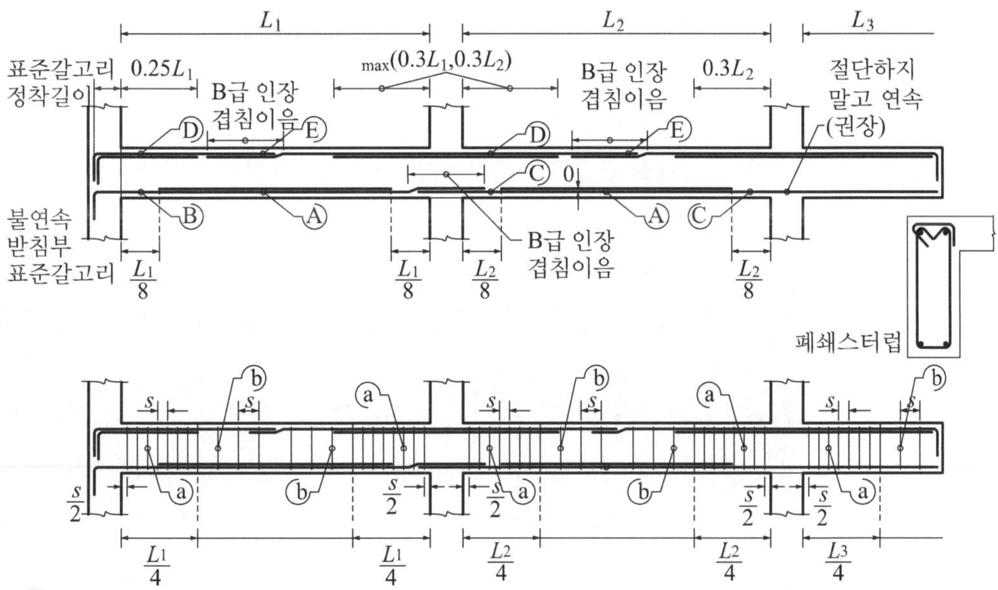

Ⓐ 정철근 $A_{s,\text{pos}}$

Ⓑ $A_s \ge (\frac{1}{4})A_{s,\text{pos}}$ 만큼 절단하지 말고 연속(연속부재)

$A_s \ge (\frac{1}{3})A_{s,\text{pos}}$ 만큼 절단하지 말고 연속(단순부재)

Ⓒ $A_s \ge (\frac{1}{4})A_{s,\text{pos}}$ 만큼 절단하지 말고 연속(연속부재)

Ⓓ 부철근 $A_{s,\text{neg}}$

Ⓔ $A_s \ge (\frac{1}{6})A_{s,\text{neg}}$ 만큼 절단하지 말고 연속

테두리보는 폐쇄스터럽을 이용해야 함

ⓐ 전단위험단면에 대한 전단설계결과

ⓑ $\frac{L}{4}$지점 단면에 대한 전단설계결과

$s \le \min(d/2, 600\text{mm})$, $V_s \le \frac{1}{3}\sqrt{f_{ck}}\,b_w d$일 때

$s \le \min(d/4, 300\text{mm})$, $V_s \le \frac{2}{3}\sqrt{f_{ck}}\,b_w d$일 때

그림 5.17 실무에서 사용하는 테두리보 배근 일반 상세

5-4 철근 이음

5-4-1. 철근 이음 일반사항

일반적으로 철근 배근은 이음하지 않는 것을 원칙으로 하지만, 철근을 보통 7~9 m로 생산하기 때문에 이음을 할 때가 많다. 철근의 이음방법에는 그림 5.18과 같은 겹침이음, 용접이음, 기계적 이음이 있다.

철근의 이음 위치는 힘의 전달이 연속적이고 응력 집중이 없어야 하므로 최대인장응력이 작용하는 곳을 피해야 한다. 즉 배근된 철근면적(배근 A_s)이 해석에 의해 요구된 면적(소요 A_s)의 2배 이상이 되는 곳에 이음을 두도록 권장하고 있다. 또한 이음부가 한 단면에 집중하지 않도록 엇갈리게 배치하는 곳이 좋다. 그림 5.19는 일반적인 구조물에서 이음이 가능한 위치를 나타낸 것이다.

일반적으로 직경이 작은 철근은 겹침이음을 많이 사용한다. 그러나 D35를 초과하는 철근은 겹침이음 해서는 안 된다. 겹침이음은 두 철근 사이에 다소 간격이 있어도 응력 전달에 의해 동일한 효과를 갖는다. 이때 두 철근은 $_{\min}$(겹침이음길이/5, 150 mm)값 이상 떨어지지 않아야 한다.

직경이 큰 철근을 겹침이음 하게 되면 콘크리트 타설이나 배근이 어려워지므로

(a) 겹침이음

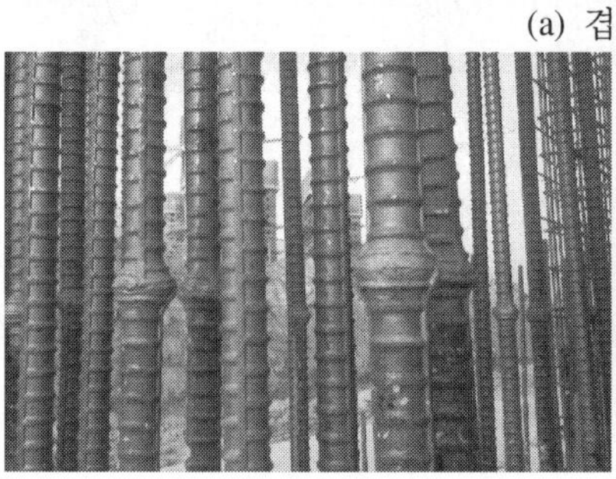

(b)용접이음

(c) 기계적 이음

그림 5.18
철근 이음방법

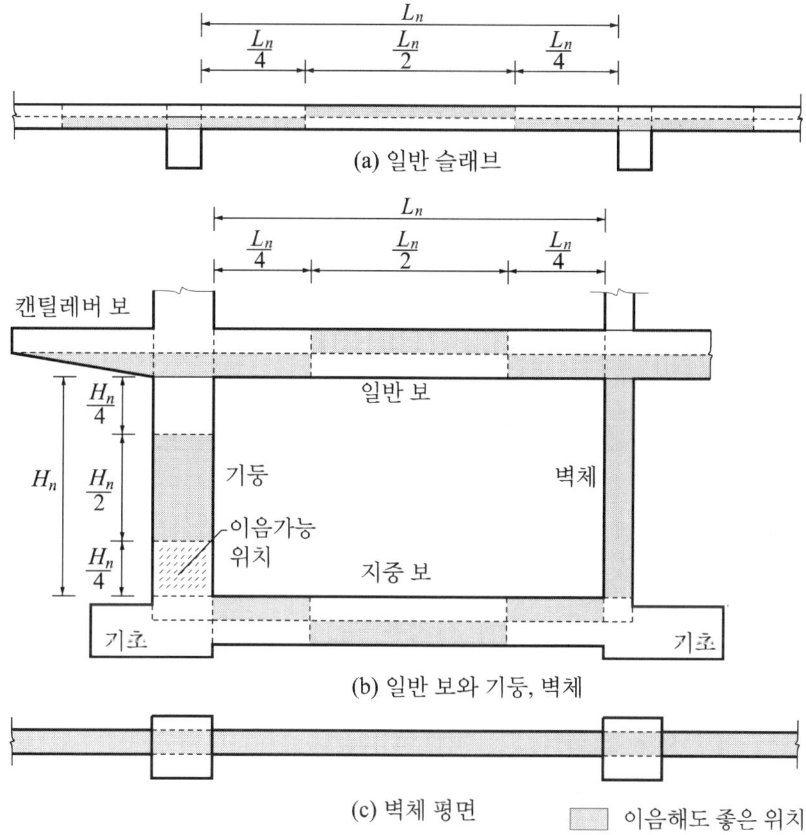

그림 5.19
일반적인 구조물에서 이음해도 좋은 위치

용접이음이나 기계적 이음을 많이 이용한다. 용접이음은 두 철근을 압접시키는 이음방법으로 용접용 철근을 사용해야 한다. 또한 용접 부위가 f_y의 125% 이상을 발휘할 수 있는 용접이어야 한다.

기계적 이음은 커플러나 슬리브 등과 같은 이음장치를 이용한 방법으로 이음부가 f_y의 125% 이상을 발휘할 수 있는 기계적 이음이어야 한다.

철근이 굽혀진 부위에서는 용접이음할 수 없으며, 굽힘이 시작되는 부위에서 철근지름의 2배 이상 떨어진 곳에서부터 용접이음을 시작할 수 있다.

겹침 용접이음은 한 면에만 철근 바깥까지 용접되어야 하고, 이 경우 설계 용접목두께는 $0.3d_b$로 한다. 지름이 22 mm 이상인 철근을 겹침 용접이음할 때는 사용하중 상태에서 철근 이음부 주변 콘크리트에 유해한 균열이 발생되지 않도록 횡보강철근을 배치하여야 하며, 횡보강철근의 적절성이 입증되는 경우에만 책임구조기술자의 승인을 얻은 후에 사용할 수 있다.

표 5.7은 각 이음방법을 비교한 것이다.

표 5.7 각 이음방법 비교

구분	겹침이음	용접이음	기계적 이음
특징	• 일반적인 공법 • 콘크리트 타설 품질관리에 많은 영향을 받음	• 두 철근 단면을 맞대어 그 접합부 가열축 방향으로부터 압축을 가하여 모재 자체를 직접 용접시키는 방법	• 커플러를 이용하여 두 철근을 잇는 방법 • 하중 전달이 확실함 • 진동이나 지진에 강함
장점	• 성능 검증이 확실 • 시공이 간편하고 공사비 저렴	• 접합부 강도가 모재보다 강함 • 이음 축선이 일직선상에 놓이므로 역학적으로 바람직	• 특수 기능공 불필요 • 자재비는 비싸지만 인건비 절감 가능 • 이음 축선이 일직선상에 놓이므로 역학적으로 바람직
단점	• D25 이상 철근 이음에 불리 • 겹침위치에서 콘크리트 충진이 어려움 • 철근간격과 피복두께 확인 필요	• 외부 기후에 영향을 받으며 특수 기능공 필요 • 압축길이 수축으로 철근 길이 문제 발생 가능성 • 접합면의 청결도와 직각도 등 품질관리 필요	• 커플러의 품질에 대한 확인 필요 • 나선철근 이음이 어려움 • 자재비 비쌈
적용부위	• 전 부분	• 기둥과 보	•기둥과 보

5-4-2. 인장이형철근의 이음

(1) 겹침이음

인장철근의 겹침이음 길이는 표 5.8과 같이 A급과 B급 이음으로 분류하며 300 mm 이상이어야 한다. 여기서 l_d는 인장이형철근의 정착길이다. 단, 정착길이 계산에서 초과철근 계수(소요 A_s/ 배근 A_s)는 적용하지 않는다. 이것은 이음 등급 분류에서 초과철근 보정계수를 이미 반영했기 때문이다. 또한 서로 다른 크기의 철근을 겹침이음 하는 경우 l_d는 각 철근의 l_d 계산 중 큰 값으로 한다.

표 5.8 인장철근 겹침이음 조건

배근 A_s/소요 A_s	소요 겹침길이 내 전체철근량에 대한 이음철근량의 비(%)	
	50% 이하	50% 초과
2 이상	A급($1.0l_d$)[1]	B급($1.3l_d$)
2 미만	B급($1.3l_d$)	B급($1.3l_d$)[2]

1) 바람직한 겹침이음 방법이다.
2) 한 곳에서 50% 이상 겹침이음부를 두는 것은 가급적 피하는 것이 좋다.

(2) 용접이음과 기계적 이음

1) 큰 인장응력을 받는 철근 부분(배근 A_s/소요 A_s < 2)에 용접이음이나 기계적 이음을 두는 경우는 이음부가 125% 이상의 강도를 갖도록 용접이음이나 기계적 이음을 해야 한다. 이 때 이음부 강도는 항상 f_y보다 크므로 반드시 엇갈리게 배치할 필요는 없다.
2) D16 이하 철근이 다음 조건을 만족하는 경우, f_y의 125%보다 낮은 강도로 용접이음이나 기계적 이음을 할 수 있다.
   - 작은 인장응력(배근 A_s/소요 A_s ≥ 2)을 받고 있다.
   - 각 철근의 이음부는 서로 600 mm 이상 엇갈려 배치되어 있다.
   - 이음부에서 계산된 인장응력의 2배 이상을 발휘하며, 배치된 전체 철근이 140 MPa 이상의 응력을 발휘할 수 있다.

   여기서 발휘하는 인장력을 계산할 때,
   - 이어진 연속철근 - 규정된 이음강도를 발휘(≤ f_y)
   - 이어지지 않은 연속철근은 f_y를 발휘할 수 있도록 계산된 l_d에 대한 짧게 배치된 정착길이의 비에 f_y를 곱하여 사용(≤ f_y)
3) 트러스의 하현재, 행거, 아치의 타이 등과 같이 단면 전체가 인장력을 받아 내부의 모든 철근이 일정 인장응력을 받는 **인장연결부재**의 철근이음은 용접이음이나 기계적 이음을 해야 하고, 이때 이음은 750 mm 이상 떨어져서 서로 엇갈리게 해야 한다.

5-4-3. 압축이형철근의 이음

(1) 겹침이음

압축을 받는 이형철근의 부착거동과 이음강도는 정착길이보다 단부 지압에 더 큰 영향을 받는다. 또한 인장을 받을 때와 같이 횡방향 인장균열 등의 복잡한 문제가 발생하지 않으므로, 인장철근의 이음과 같은 엄격한 규정이 필요치 않다. 기준에서 압축철근의 겹침이음 길이는 300 mm 이상으로 하고 있으며 다음과 같이 계산한다.

$$l_s = \left(\frac{1.4 f_y}{\lambda\sqrt{f_{ck}}} - 52\right) d_b \geq 300 \text{ mm} \tag{5.16}$$

또한 l_s는 다음 범위의 값보다 길 필요는 없다.

$f_y \leq 400\,\text{MPa}$인 경우 $\quad 300\,\text{mm} \leq l_s \leq 0.072 f_y d_b$

$f_y > 400\,\text{MPa}$인 경우 $\quad 300\,\text{mm} \leq l_s \leq (0.13 f_y - 24) d_b$

압축이형철근의 겹침이음에서,

1) $f_{ck} < 21\,\text{MPa}$인 경우는 겹침이음 길이를 1/3 증가시켜야 한다.

2) D35를 초과하는 인장철근은 겹침이음을 허용하지 않지만, 압축철근은 D35 이하의 철근과 겹침이음 하는 경우 D41과 D51을 허용한다. 이때 압축이음 길이 계산은 각각의 철근에 대한 이음길이 계산을 통해 큰 값을 선택한다.

(2) 용접이음과 기계적 이음

압축부에 사용하는 용접이음과 기계적 이음은 인장부의 경우와 동일한 조건을 만족해야 한다.

5-4-4. 용접철망의 이음

용접철망은 이형철근을 격자로 가공한 용접이형철망과 원형철선을 가공한 용접원형철망으로 구분한다. 용접이형철망의 겹침이음 강도는 주로 이형철근의 길이에 영향을 받으므로 $1.3 l_d$ 또는 200 mm 이상으로 한다. 한편 용접원형철망은 철선의 길이보다 교차철선에 의한 정착에 좌우된다. 그러므로 기준에서는 교차철선의 겹침에 대해 규정하고 있다. 상세한 제한사항은 필요시 기준을 참고하자.

5–5 연습문제

[5-1절]

5-1.1 정착된 철근에 인장력이 작용하는 경우 정착길이 l_d를 유도하라. 단, 철근은 뽑히거나 미끄러짐 변형 없이 항복강도 f_y에 도달한다고 가정한다.

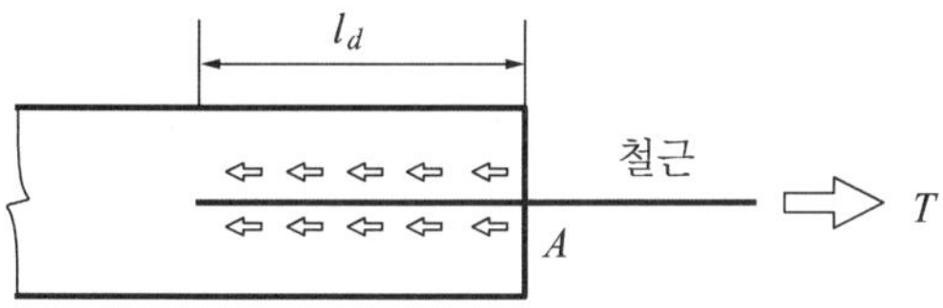

5-1.2 부착강도와 부착파괴에 영향을 주는 요소에 대하여 설명하라.

[5-2절]

5-2.1 다음 조건에서 인장이형철근의 정착길이를 계산하라. 단, 보통콘크리트, 도막처리 안 된 철근, $f_y = 400\text{ MPa}$이다.

(1) 단순보 정모멘트 부분에 휨철근 D19 ($d_b = 15.9\text{ mm}$) 사용, $f_{ck} = 24\text{ MPa}$, 전단설계되어 있음.

(2) 슬래브 정모멘트 부분에 휨철근 D13 ($d_b = 12.7\text{ mm}$) 사용, $f_{ck} = 27\text{ MPa}$, 휨설계되어 있음.

5-2.2 다음 조건에서 인장이형철근의 정착길이를 계산하라. 단, 모래경량콘크리트, 도막처리 안된 철근, $f_y = 400\text{ MPa}$이다.

(1) 휨설계된 슬래브($h_f = 200\text{ mm}$), 부모멘트 휨철근 D10, $f_{ck} = 21\text{ MPa}$

(2) 전단설계된 연속보($d = 480\text{ mm}$), 부모멘트 휨철근 D22, $f_{ck} = 24\text{ MPa}$

5-2.3 그림과 같은 보가 휨설계, 전단설계되어 있다.

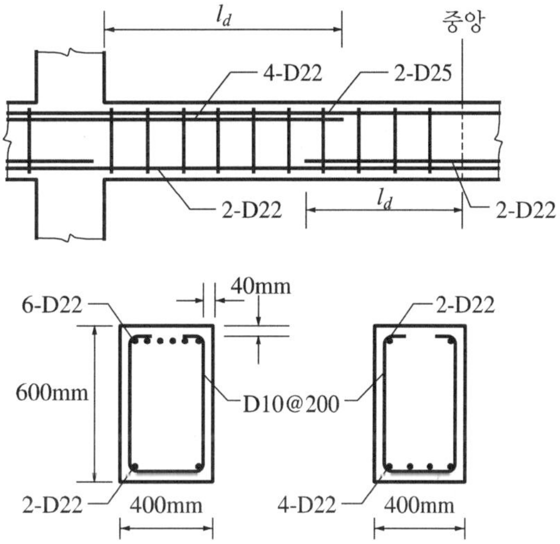

(a) 단부 (b) 중앙부

(1) 기둥면으로부터 절단되는 단부 휨철근 4-D22의 정착길이(간편식 이용)

(2) (1)에서 엄밀식을 이용한 휨철근의 정착길이, 초과철근비 0.92

의 조건으로 l_d를 계산하라. 단, $f_{ck} = 24\text{ MPa}$ (보통콘크리트), $f_y = 400\text{ MPa}$(도막처리 안 됨), $f_{yt} = 300\text{ MPa}$, D22의 $d_b = 22.2\text{ mm}$, D10의 단면적 71.3 mm^2이다.

5-2.4 문제 5-2.3에서

(1) 중앙부로부터 절단되는 휨철근 2-D22의 정착길이(간편식 이용)

(2) (1)에서 엄밀식을 이용한 휨철근의 정착길이, 초과철근비 0.88

5-2.5 아래 조건에 있는 압축철근의 기본 정착길이를 계산하라.

(1) D25($d_b = 25.4\,\text{mm}$) 사용, $f_{ck} = 24\,\text{MPa}$ (보통콘크리트), $f_y = 400\,\text{MPa}$

(2) D22($d_b = 22.2\,\text{mm}$) 사용, $f_{ck} = 24\,\text{MPa}$(모래경량콘크리트), $f_y = 400\,\text{MPa}$

5-2.6 D22($A_s = 387.1\,\text{mm}^2$) 철근 3개로 구성된 보 하부 다발철근(휨설계 되어있음)에 대하여,
(1) 인장철근일 때 정착길이,
(2) 압축철근일 때 정착길이,
를 구하라. 단 보통콘크리트 $f_{ck} = 24\,\text{MPa}$, 도막처리 안 된 철근, $f_y = 400\,\text{MPa}$이다.

5-2.7 사용재료 $f_{ck} = 27\,\text{MPa}$, $f_y = 400\,\text{MPa}$인 부재에 인장을 받는 표준갈고리 둘 경우 기본 정착길이를 구하라. 단, 사용철근 D25($d_b = 25.4\,\text{mm}$ 도막처리 안 됨)

5-2.8 다음 그림과 같이 경간 $L_n = 6\,\text{m}$의 캔틸레버 보($b \times d = 300 \times 520\,\text{mm}$)의 상부 휨철근 D25 (도막처리 안 됨)가 콘크리트 기둥($500 \times 500\,\text{mm}$)에 90°표준갈고리를 가질 때 정착길이를 계산하라. 단, 보통콘크리트 사용, $f_{ck} = 30\,\text{MPa}$, $f_y = 400\,\text{MPa}$이다.

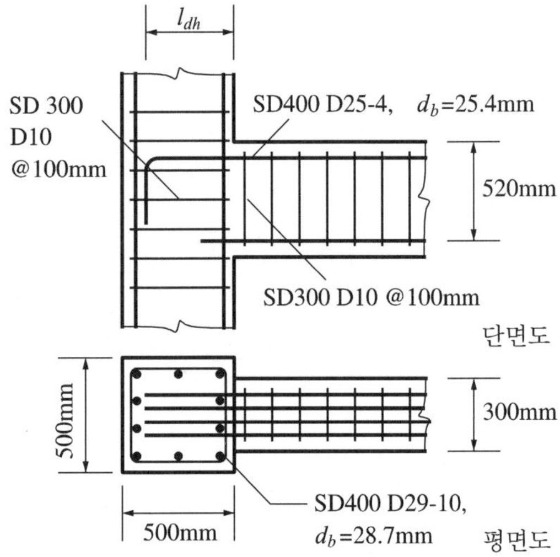

[5-3절]

5-3.1 그림의 연속보를 정착까지를 고려하여 배근 설계하라. 단, $b = 400\,\text{mm}$, $d = 520\,\text{mm}$, 보통콘크리트 $f_{ck} = 24\,\text{MPa}$, 도막처리 안 된 휨철근(D22) $f_y = 400\,\text{MPa}$, 전단철근(D10) $f_{yt} = 400\,\text{MPa}$

[5-4절]

5-4.1 인장철근의 겹침이음을 A급 이음 $1.0 l_d$으로 할 수 있는 조건을 설명하라.

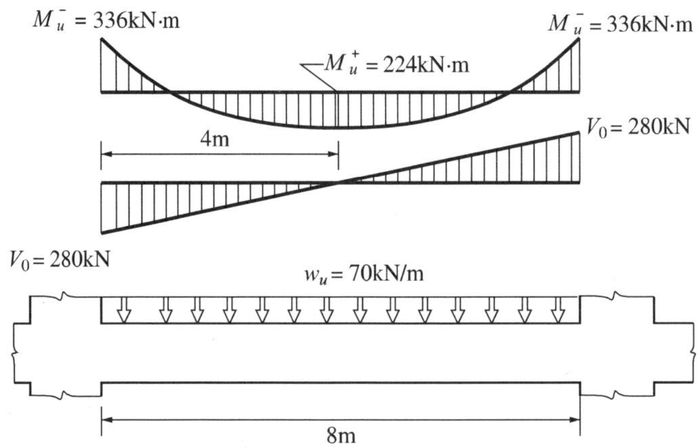

문제 5-3.1 그림

6장 사용성 및 내구성

차례

주요개념

허용응력설계법
균열모멘트 M_{cr}
균열단면2차모멘트 I_{cr}
유효단면2차모멘트 I_e
탄성처짐식
유효휨강성 E_cI_e
순간처짐
장기처짐
처짐제한
균열폭과 허용균열폭
인장철근의 간격제한

이전의 허용응력설계법에서는 처짐이나 균열, 그리고 내구성에 대한 검토를 중요하게 취급하지 않았다. 그러나 경제적인 구조물에 대한 요구와 더불어,

(1) 극한한계상태를 고려하는 강도설계법의 개념,
(2) 고강도철근의 사용으로 상대적인 철근 개수와 콘크리트 단면이 작아져 처짐이나 균열폭 증가에 대한 위험성 증가,

등의 이유로 사용하중 상태에서도 과도한 처짐이나 균열이 발생할 수 있어, 현재는 구조설계에서 주요한 설계 검토 항목이 되었다. 이러한 문제를 사용성(serviceability) 검토라고 한다. 사용성 검토는 작은 처짐, 균열이 발생하지 않는 조건 등 탄성상태를 대상으로 하기 때문에 허용응력설계법을 기반으로 하며, 하중에 하중계수를 적용하지 않는다. 또한 최근 들어 노출환경에 따라 구조물의 성능을 유지하기 위한 내구성(durability)이 중요시 되고 있다. 실무적으로 처짐이나 균열에 대한 평가는 매우 어렵고 지루한 작업이다. 기준에서는 효율적인 설계를 위해 어떤 방법을 제시하고 있을까? 이 장을 통해 처짐과 균열의 평가, 노출환경에 대한 내구성 규정 등을 확인해 보자.

6-1 휨단면의 탄성해석

6-1-1. 기본가정과 탄성계수비

휨단면 탄성해석의 기본가정은 그림 6.1과 같이,

기본가정	1) 단면 내 변형률 분포는 선형이다(평면유지의 법칙). 2) 후크의 법칙이 성립한다. 3) 콘크리트와 철근은 일체로 거동한다. 4) 균열 발생 전 콘크리트는 인장력에 저항한다. 그러나 균열이 발생하면 무시한다.

가정 1)은 유명한 베르누이의 평면유지 법칙이다. 즉 변형 후의 평면은 변형전의 평면을 유지한다고 가정한다. 평면유지 법칙이 성립하면 그림 6.1(a)와 같이 중립축으로부터 변형률은 선형 비례한다.

가정 2)에서 사용하중이 작용할 때 콘크리트와 철근이 탄성 상태라면 탄성이론을 적용할 수 있다. 즉 응력과 변형률은 비례하며 후크의 법칙이 성립한다.

가정 3)은 철근과 콘크리트는 부착이 우수하기 때문에 일체로 거동하므로 동일위치에서 두 재료의 변형률은 같다.

콘크리트의 탄성계수는,

$1{,}450\ \mathrm{kg/m^3} \le m_c \le 2{,}500\ \mathrm{kg/m^3}$인 경우,

$$E_c = 0.077 m_c^{1.5} \sqrt[3]{f_{cu}} \quad (\mathrm{MPa}) \tag{2.4}$$

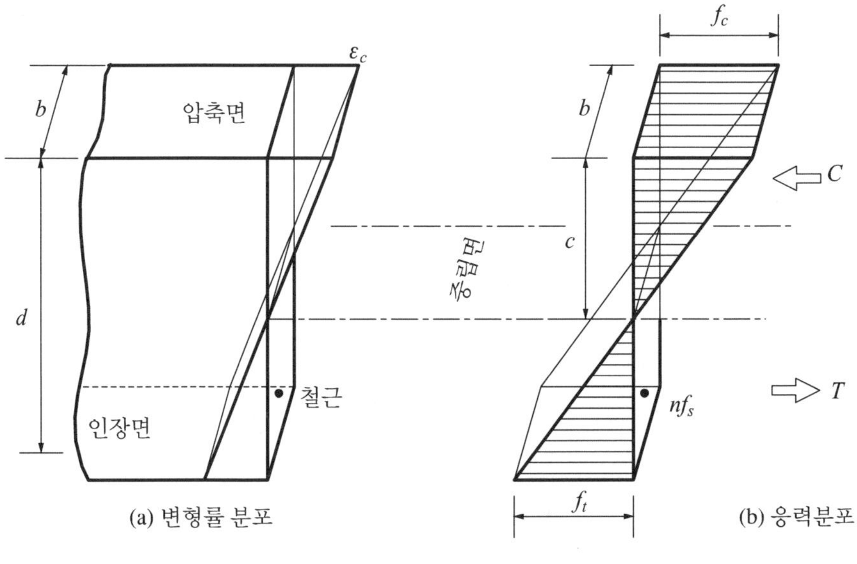

(a) 변형률 분포 (b) 응력분포

그림 6.1
탄성상태 휨단면의 변형과 응력분포

보통골재를 사용한 콘크리트($m_c = 2,300\ \text{kg/m}^3$)인 경우,

$$E_c = 8,500\ \sqrt[3]{f_{cu}} \quad (\text{MPa}) \tag{a}$$

여기서

$$f_{cu} = f_{ck} + \Delta f \quad (\text{MPa}) \tag{2.1}$$

$$\Delta f = \begin{cases} 4\ (\text{MPa}) & f_{ck} \le 40\ (\text{MPa}) \\ 4 + 0.1(f_{ck} - 40)\ (\text{MPa}) & 40\ (\text{MPa}) < f_{ck} < 60\ (\text{MPa}) \\ 6\ (\text{MPa}) & f_{ck} \ge 60\ (\text{MPa}) \end{cases} \tag{a}$$

한편 철근의 탄성계수는

$$E_s = 200,000\ \text{MPa} \tag{2.20}$$

이다. 탄성 상태에서 콘크리트 응력과 변형률을 각각 f_c, ϵ_c, 철근을 f_s, ϵ_s라 하면, **후크의 법칙**에 의해,

$$f_c = E_c \epsilon_c, \qquad f_s = E_s \epsilon_s$$

두 재료는 일체로 거동하므로 $\epsilon_c = \epsilon_s$이다. 즉,

$$f_s = \frac{E_s}{E_c} f_c = n f_c \tag{6.1}$$

여기서 n을 철근과 콘크리트의 **탄성계수비**라 한다. 식 (6.1)은 단면에서 콘크리트보다 철근이 n배 만큼 응력을 크게 부담하는 것을 의미한다.

6-1-2. 환산단면과 중립축

탄성계수비 n을 이용하면, 철근을 콘크리트 단면으로 환산해서 응력분포 및 도심을 쉽게 계산할 수 있다. 즉, 철근의 콘크리트에 대한 환산단면적은 nA_s이다. 만약 균열 없는 콘크리트 내에 철근이 있는 경우는, 철근이 단면적만큼 콘크리트를 점유하므로 $(n-1)A_s$가 환산단면이다.

탄성단면에서 중립축은, 도심을 지나는 단면1차모멘트는 0이라는 사실로 쉽게 구할 수 있다. 즉

$$\sum A_i \overline{y_i} = 0 \tag{6.2}$$

여기서, $\overline{y_i}$는 i번째 미소면적의 도심에서 중립축까지 거리이다.

6-1-3. 균열 전 탄성해석

사용하중에 의한 작용모멘트 M이 작아서 균열이 없는 경우, 전단면이 탄성상태이므로, 콘크리트에 발생하는 응력 f_c는

$$f_c = \frac{M}{I_g} y \tag{6.3}$$

여기서 y는 중립축에서 콘크리트 응력 f_c를 계산하는 곳까지 거리이다. 균열 없는 철근콘크리트 보의 단면2차모멘트 I_g는 I_c와 I_s의 합이지만, 철근을 무시한 단면으로 계산한다. 즉 직사각형 단면($b \times h$)의 경우,

$$I_g = \frac{bh^3}{12} \tag{6.4}$$

이다. 인장연단에서 콘크리트 응력 f_c가 콘크리트 휨인장강도 f_r에 이르면 균열이 발생하며, 이때의 휨모멘트를 균열모멘트 M_{cr}라 한다. 즉 식 (6.3)에서 $f_r = (M_{cr}/I_g)y_t$이므로, 균열모멘트 M_{cr}은,

$$M_{cr} = \frac{f_r I_g}{y_t} \tag{6.5}$$

여기서

$$f_r = 0.63\lambda\sqrt{f_{ck}} \quad (\text{MPa}) \tag{2.9}$$

y_t는 균열 전 중립축에서 인장연단까지 거리이다.

예제 6-1 탄성해석과 균열모멘트

그림과 같은 단면의 균열모멘트를 구하라. 또한 이때 압축연단 콘크리트와 휨철근의 응력을 구하라. 단, 보통콘크리트 $f_{ck} = 24\text{ MPa}$, $f_y = 400\text{ MPa}$이다.

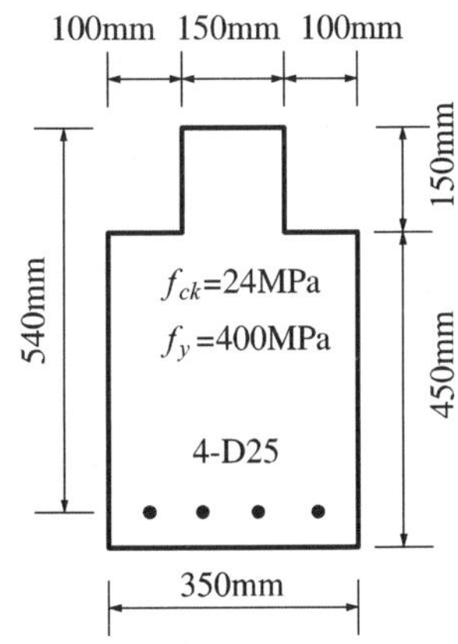

풀이

중립축 위치 계산

$$y_t = \frac{350 \times 450 \times \frac{450}{2} + 150 \times 150 \times \left(450 + \frac{150}{2}\right)}{350 \times 450 + 150 \times 150} = 262.5\ \mathrm{mm}$$

단면2차모멘트 계산

$$I_g = \frac{350(450)^3}{12} + 350(450)\left(y_t - \frac{450}{2}\right)^2 + \frac{150(150)^3}{12} + 150(150)\left(600 - y_t - \frac{150}{2}\right)^2$$
$$= 4.4719 \times 10^9\ \mathrm{mm}^4$$

콘크리트 휨인장강도

$\lambda = 1.0$ (보통콘크리트)

$f_r = 0.63\lambda\sqrt{f_{ck}} = 0.63 \times 1.0 \times \sqrt{24} = 3.09\ \mathrm{MPa}$

균열모멘트 계산

$$M_{cr} = \frac{f_r I_g}{y_t} = \frac{3.09 \times 4.4719 \times 10^9}{262.5} \times 10^{-6} = 52.6\ \mathrm{kN{\cdot}m}$$

압축연단 콘크리트 응력

$y = 600 - y_t = 600 - 262.5 = 337.5\ \mathrm{mm}$

$$f_c = \frac{M_{cr}}{I_g} y = \frac{52.6 \times 10^6}{4.4719 \times 10^9} \times 337.5 = 3.97\ \mathrm{MPa}$$

휨철근 응력

$y = 262.5 - 60 = 202.5\ \mathrm{mm}$

$$f_c = \frac{M_{cr}}{I_g} y = \frac{52.6 \times 10^6}{4.4719 \times 10^9} \times 202.5 = 2.38\ \mathrm{MPa}$$ (휨철근 위치 콘크리트 응력)

$E_s = 200{,}000\ \mathrm{MPa}$

$f_{cu} = f_{ck} + \Delta f = 24 + 4 = 28\ \mathrm{MPa}$

$E_c = 8{,}500\sqrt[3]{f_{cu}} = 8{,}500 \times \sqrt[3]{28} = 25{,}811\ \mathrm{MPa}$

$$n = \frac{E_s}{E_c} = \frac{200{,}000}{25{,}811} = 7.749$$ (탄성계수비)

이므로,

$f_s = n f_c = 7.749 \times 2.38 = 18.44\ \mathrm{MPa}$

6-1-4. 균열 후 탄성해석

보 하부에 균열이 발생한 경우를 생각해 보자. 이때는 인장측 콘크리트를 무시하고 환산단면을 이용한다.

(1) 단철근 직사각형 보

중립축 위치는 식 (6.2)을 이용하면, 표 6.1(a)의 그림에서,

$$\frac{b(kd)^2}{2} - nA_s(d - kd) = 0$$

중립축 깊이 kd 항으로 정리하면,

$$kd = \frac{\sqrt{2dB+1} - 1}{B}$$

여기서 $B = b/(nA_s)$이다. 균열단면2차모멘트 I_{cr}은

$$I_{cr} = I_c + I_s, \quad I_{cr} = \frac{b(kd)^3}{3} + nA_s(d - kd)^2 \tag{6.6}$$

(2) 복철근 직사각형 보

표 6.1(b)에서 압축측 환산단면은 A_c와 $(n-1)A_s{}'$의 합이다. 인장측은 균열이 발생한 콘크리트를 무시하므로 인장철근만의 환산단면 nA_s만이 남게 된다. $\sum A_i \overline{y_i} = 0$에서,

$$\frac{b(kd)^2}{2} - (n-1)A_s{}'(kd - d') - nA_s(d - kd) = 0$$

중립축 깊이 kd 항으로 정리하면,

$$kd = [\sqrt{2dB(1 + rd'/d) + (1+r)^2} - (1+r)]/B$$

여기서, $r = (n-1)A_s{}'/(nA_s)$이고, d'은 압축측 연단에서 압축철근 중심까지의 거리이다. 균열단면2차모멘트는

$$I_{cr} = I_c + I_s{}' + I_s$$

$$I_{cr} = \frac{b(kd)^3}{3} + (n-1)A_s{}'(kd - d_c)^2 + nA_s(d - kd)^2 \tag{6.7}$$

T형 단면 또한 표 6.1에 균열 전후 탄성해석 결과를 나타냈다.

표 6.1 균열 전후 직사각형 보의 탄성해석

단 면	균열발생시 환산단면	단면2차모멘트
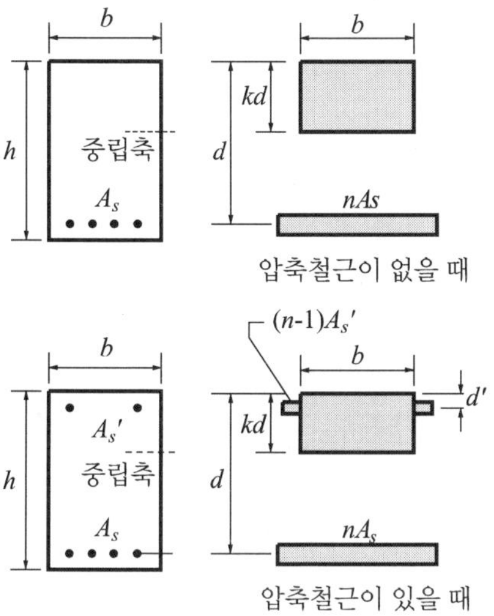 (a) 단철근 및 복철근 직사각형 보		$n=\dfrac{E_s}{E_c},\quad B=\dfrac{b}{(nA_s)},\quad I_g=\dfrac{bh^3}{12}$ 압축철근이 없을 때 $kd=\dfrac{\sqrt{2dB+1}-1}{B}$ $I_{cr}=\dfrac{b(kd)^3}{3}+nA_s(d-kd)^2$ 압축철근이 있을 때 $r=\dfrac{(n-1)A_s'}{nA_s}$ $kd=\dfrac{\sqrt{2dB(1+rd'/d)+(1+r)^2}-(1+r)}{B}$ $I_{cr}=\dfrac{b(kd)^3}{3}+nA_s(d-kd)^2+(n-1)A_s'(kd-d')^2$
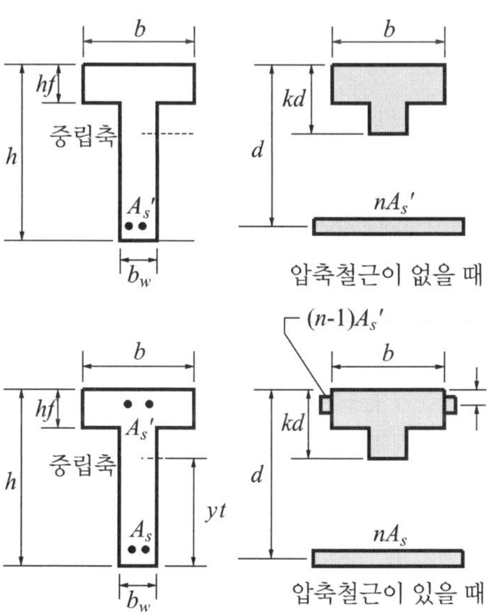 (b) T형 보		$n=\dfrac{E_s}{E_c},\quad C=\dfrac{b_w}{nA_s},\quad f=\dfrac{h_f(b-b_w)}{nA_s}$ $y_t=h-\dfrac{1}{2}\dfrac{(b-b_w)h_f{}^2+b_wh^2}{(b-b_w)h_f+b_wh}$ $I_g=\dfrac{(b-b_w)h_f^3}{12}+\dfrac{b_wh^3}{12}+(b-b_w)h_f\left(h-\dfrac{h_f}{2}-y_t\right)^2$ $+b_wh\left(y_t-\dfrac{h}{2}\right)^2$ 압축철근이 없을 때 $kd=\dfrac{\sqrt{C(2d+h_ff)+(1+f)^2}-(1+f)}{C}$ $I_{cr}=\dfrac{(b-b_w)h_f^3}{12}+\dfrac{b_w(kd)^3}{3}+(b-b_w)h_f\left(kd-\dfrac{h_f}{2}\right)^2$ $+nA_s(d-kd)^2$ 압축철근이 있을 때 $kd=\dfrac{\sqrt{C(2d+h_ff+2rd')+(f+r+1)^2}-(f+r+1)}{C}$ $I_{cr}=\dfrac{(b-b_w)h_f^3}{12}+\dfrac{b_w(kd)^3}{3}+(b-b_w)h_f\left(kd-\dfrac{h_f}{2}\right)^2$ $+nA_s(d-kd)^2+(n-1)A_s'(kd-d')^2$

예제 6-2 균열 후 단면 해석

예제 6-1에서 사용모멘트 $M_a = 80\ \text{kN·m}$가 작용할 때 압축연단 콘크리트의 최대응력과 휨철근 응력을 구하라.

풀이

$M_a(=80) > M_{cr}(=52.6\ \text{kN·m})$이므로 균열이 발생한 단면이다. 아래 그림과 같이 환산단면을 이용하면,

중립축 위치 계산

$n = 7.749$ (탄성계수비)

$nA_s = 7.749 \times (4 \times 506.7) = 15{,}705.6\ \text{mm}^2$

$$\sum A_i \bar{y}_i = \frac{350(kd-150)^2}{2} + 150(150)\left(kd - \frac{150}{2}\right) - 15{,}705.6(540 - kd) = 0$$

에서 $kd = 233.9\ \text{mm}$

균열단면2차모멘트 I_{cr} 계산

$$I_{cr} = \frac{350(233.9-150)^3}{3} + \frac{150(150)^3}{12} + 150(150)\left(233.9 - \frac{150}{2}\right)^2 + 15{,}704.9(540-233.9)^2 = 2.1507 \times 10^9\ \text{mm}^4$$

압축연단 콘크리트 응력

$y = kd = 233.9\ \text{mm}$

$$f_c = \frac{M_a}{I_{cr}} y = \frac{80 \times 10^6}{2.1507 \times 10^9} \times 233.9 = 8.70\ \text{MPa}$$

휨철근 응력

$y = d - kd = 540 - 233.9 = 306.1\ \text{mm}$

$$f_c = \frac{M_a}{I_{cr}} y = \frac{80 \times 10^6}{2.1507 \times 10^9} \times 306.1 = 11.39\ \text{MPa}$$ (휨철근 위치 콘크리트 응력)

$f_s = nf_c = 7.749 \times 11.39 = 88.26\ \text{MPa}$

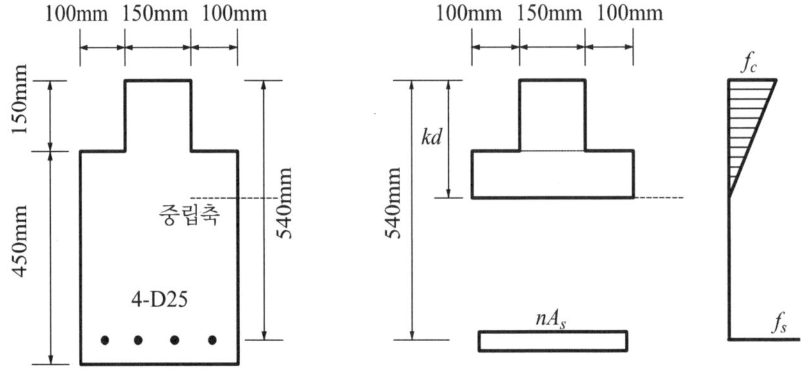

6–2 처짐

6-2-1. 탄성처짐

철근콘크리트 구조부재의 처짐 계산은 휨부재의 탄성처짐 식을 이용한다. 그림 6.2와 같이 휨모멘트 M이 작용하는 보에서 곡률 Ψ, 곡률반경 r이라 하면,

$$EI\Psi = M, \quad \Psi = \frac{1}{r} = -\frac{d^2 y}{dx^2} = -y'', \quad y'' = -\frac{M}{EI} \tag{6.8}$$

$$y = -\int\int \frac{M}{EI} dx dx + C_1 x + C_2 \tag{6.9}$$

여기서, C_1과 C_2는 적분상수로 경계조건을 통해 구한다. 표 6.2는 보의 탄성처짐 식을 정리한 것이다.

철근콘크리트 부재는 대부분 연속부재이므로 단부와 중앙부에 각각 부(−), 정(+)휨모멘트가 발생한다. 이때는 표 6.2(4)를 이용하거나 근사적으로 그림 6.3과 같이,

1) 단순보로 보고 계산한 경간 중앙의 처짐에서
2) 단부 모멘트 평균값을 양단에 작용시켜 구한 반대 방향의 처짐을

빼서 구할 수도 있다. 모멘트면적법이나 공액보법을 이용하자.

이외에도 보의 처짐 계산은 다음과 같은 탄성방정식을 이용할 수 있다.

$$\Delta_i = K\frac{5M_a L_n^2}{48EI} \tag{6.10}$$

여기서, M_a =작용모멘트, L_n =순 경간이다.

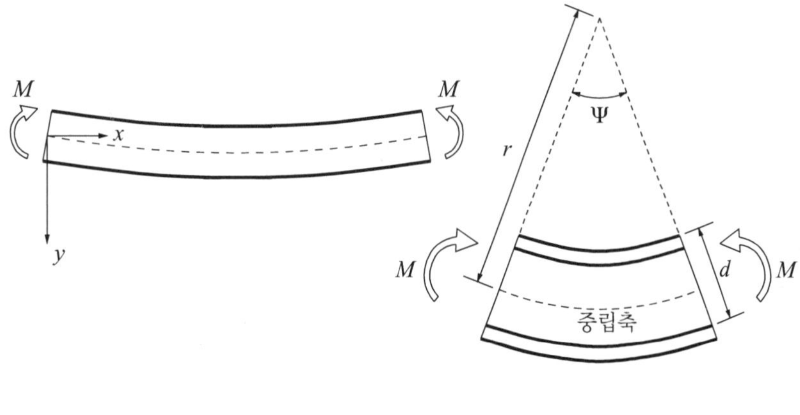

그림 6.2 보의 처짐

표 6.2 보의 탄성처짐

하중 및 지지조건	모멘트 및 중앙부 처짐
1) 등분포하중을 받는 단순보 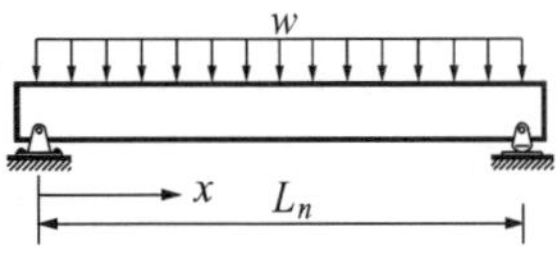	$M = \frac{wL_n}{2}x - \frac{wx^2}{2}$ $y = \frac{w}{24EI}(x^4 - 2L_n x^3 + L_n^3 x)$ $\Delta = \frac{5wL_n^4}{384EI}$
2) 등분포하중을 받는 고정단보 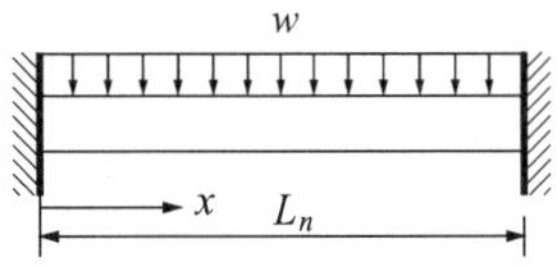	$M = \frac{wL_n}{2}x - \frac{wx^2}{2} - \frac{wL_n^2}{12}$ $y = \frac{w}{24EI}(x^4 - 2L_n x^3 + L_n^2 x^2)$ $\Delta = \frac{wL_n^4}{384EI}$
3) 양단 모멘트를 받는 연속보 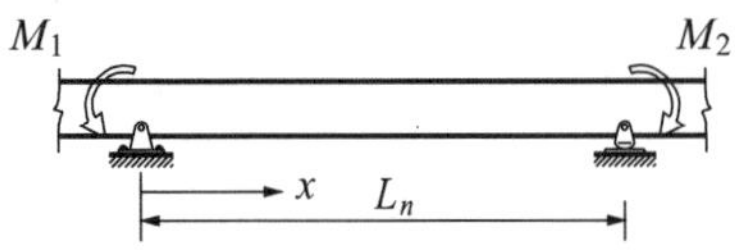	$M = \frac{M_1 - M_2}{L_n}x - M_1$ $y = \frac{1}{6EI}\left[\frac{M_1}{L_n}(-x^3 + 3L_n x^2 - 2L_n^2 x) + \frac{M_2}{L_n}(x^3 - L_n^2 x)\right]$ $\Delta = \frac{3L_n^2}{48EI}(-M_1 - M_2)$
4) 양단모멘트와 등분포하중을 받는 연속보 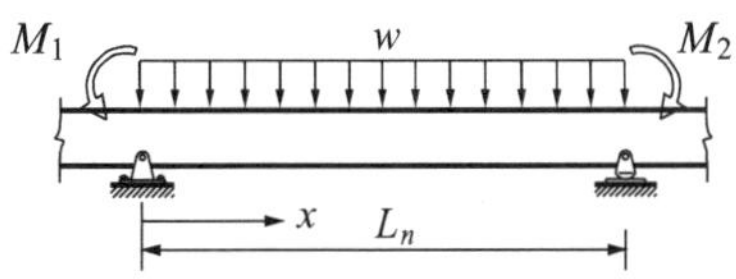	$\Delta = \frac{5L_n^2}{48EI}(M_m - 0.1M_1 - 0.1M_2)$ 여기서 $M_m = M_0 - \frac{(M_1 + M_2)}{2}$ M_0 =단순보로 가정했을 때 중앙부 모멘트

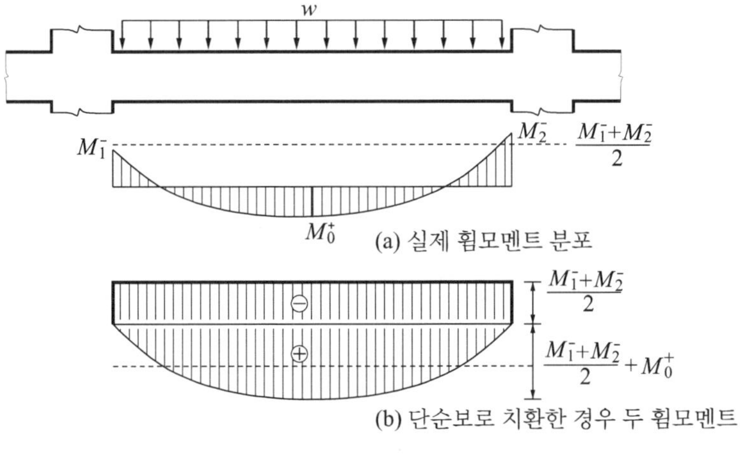

그림 6.3
연속부재에서 처짐 계산 방법

식 (6.10)에서 등분포하중 w에 대한 처짐계수 K는,

1) 캔틸레버 보 : $K = 2.4$
2) 단순보 : $K = 1.0$
3) 연속보 : $K = 1.2 - 0.2(M_0/M_a)$
4) 일단 단순지지 타단 연속보
   중앙부처짐 : $K = 0.8$
   최대모멘트 부분 최대 처짐 : $K = 0.738$
5) 양단고정보 : $K = 0.6$

이다. 여기서 M_0 =단순보로 가정했을 때 중앙부 모멘트($M_0 = wL_n^2/8$)이다. 식 (6.10)은 처짐 계산에 대한 가장 간단한 식이다.

위의 여러 처짐 계산에서 휨강성 EI는 어떻게 고려할까? 다음 절을 보자.

6-2-2. 보의 유효휨강성

균열 전후의 탄성해석에서 살펴보았듯이 단면2차모멘트 I는 균열이 발생하면 시 I_g에서 I_{cr}로 변할 것이다. 그림 6.4는 힘을 받는 보의 모멘트-곡률 관계곡선을 나타낸 것이다.

1) 균열이 발생 전에는 보의 전체 단면이 응력을 받는다(O－A구간).
2) 보에 작용모멘트 M_a가 증가하여 균열모멘트 M_{cr} 이상이 되면 균열이 발생한다(A점).
3) 균열이 중립축까지 진전되면서(A－B구간) 휨강성 EI는 감소한다. 이때 단면2차모멘트 I는 균열 정도에 따라 I_g에서 I_{cr}사이에 놓이고, 철근이 항복 단계로 높아짐에 따라 I_{cr}에 접근한다.

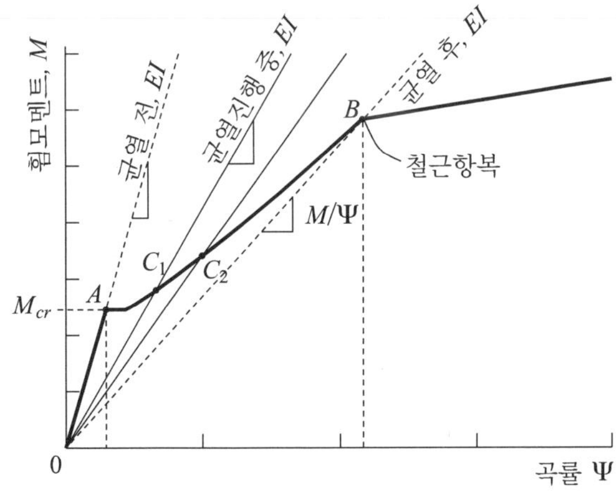

그림 6.4
보의 균열 진전에 따른 휨강성 EI 변화

이렇게 보의 실제 휨강성은 균열정도, 콘크리트의 단면에 대한 기여도에 따라 달라진다. 따라서 근사적으로 휨강성 EI를,

1) E는 콘크리트 탄성계수 E_c로,

2) I는 브랜슨(Branson)의 실험식

$$I_e = \left(\frac{M_{cr}}{M_a}\right)^3 I_g + \left[1 - \left(\frac{M_{cr}}{M_a}\right)^3\right] I_{cr} \le I_g \tag{6.11}$$

를 이용해서 계산한다. 이때의 I_e를 **유효단면2차모멘트**라 한다. 이 방법은 균열이 발생하지 않는 콘크리트 단면의 성질에 근거한 매우 근사적인 방법이다. 그러나 실제로 연속 구조물의 휨모멘트 분배는 EI값 자체가 아니라 상대값(강성비)에 따른다는 점과, 비균열 단면을 일관되게 적용한다면 비교적 실제와 유사한 결과를 얻을 수 있다.

한편 연속부재에서는 그림 6.5와 같이 부재 길이방향으로 균열 없는 부분과 발생부분의 I_e가 다르다. 이때는 식 (6.11)에 의해 양 단부와 중앙부에서 I_e값을 구한 후, 그 평균값을 사용한다. 즉,

$$\text{평균 } I_e = 0.5 I_{em} + 0.25(I_{e1} + I_{e2})$$

여기서 I_{em} =보 중앙 단면의 I_e이고, I_{e1}, I_{e2} =보 양단에서의 I_e이다.

또한 연구결과 다음과 같이 가중치를 적용하면 더 정확한 결과를 얻을 수 있다.

– 양단연속인 보,

$$\text{평균 } I_e = 0.70 I_{em} + 0.15(I_{e1} + I_{e2}) \tag{6.12a}$$

– 1단 연속인 보,

$$\text{평균 } I_e = 0.85 I_{em} + 0.15 I_{ec} \tag{6.12b}$$

여기서, I_{ec} =연속되는 지점 단면의 I_e이다.

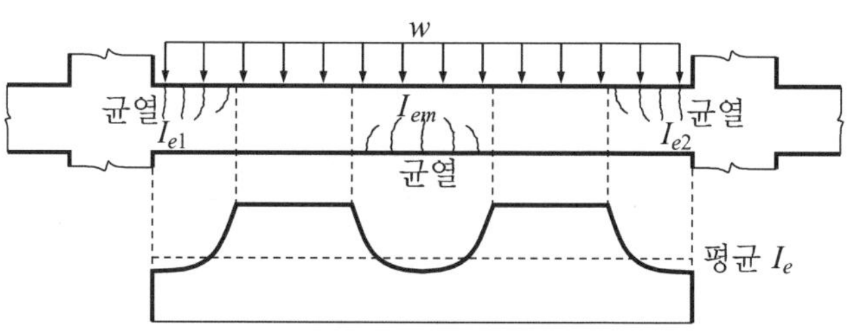

그림 6.5
경간내 보의 균열에 따른 I 변화

예제 6-3 유효단면2차모멘트 계산

예제 6-2의 조건에서 유효단면2차모멘트 I_e를 구하라.

풀이

$M_a = 80\ \mathrm{kN{\cdot}m}, \quad M_{cr} = 52.6\ \mathrm{kN{\cdot}m}$

$I_g = 4.4719 \times 10^9\ \mathrm{mm}^4, \quad I_{cr} = 2.1507 \times 10^9\ \mathrm{mm}^4$

유효단면2차모멘트 I_e 계산

$$I_e = \left(\frac{M_{cr}}{M_a}\right)^3 I_g + \left[1 - \left(\frac{M_{cr}}{M_a}\right)^3\right] I_{cr}$$

$$= \left(\frac{52.6}{80}\right)^3 \times 4.4719 \times 10^9 + \left[1 - \left(\frac{52.6}{80}\right)^3\right] \times 2.1507 \times 10^9$$

$$= 2.8105 \times 10^9\ \mathrm{mm}^4 \leqq I_g$$

6-2-3. 순간처짐과 장기처짐

철근콘크리트 부재의 처짐은 **순간처짐** Δ_i과 **장기처짐** Δ_{sus}로 나눌 수 있다. 순간처짐은 하중 작용과 동시에 발생하는 처짐, 장기처짐은 주로 크리프와 건조수축 등 시간의 경과와 함께 진행되는 처짐을 말한다.

(1) 순간처짐

순간처짐 계산은 표 6.2 또는 식 (6.10)을 이용한다. 여기서 휨강성은 E_cI_e이다. I_e는 단순보나 캔틸레버인 경우 식 (6.11), 연속보인 경우 식 (6.12)를 통해 구한다.

(2) 장기처짐

지속하중을 받는 부재가 건조수축과 크리프 등으로 발생하는 장기처짐은 온도, 습도, 양생조건, 압축철근량, 지속하중 크기 등에 따라 매우 다르게 나타난다. 그러므로 기준에서는 경험식을 토대로 지속하중에 의해 생긴 순간처짐 양에 λ_Δ를 곱함으로써 구하도록 하고 있다.

$$\lambda_\Delta = \frac{\xi}{1 + 50\rho'} \tag{6.13}$$

여기서, ξ = 지속하중에 대한 시간경과 계수(표 6.3)

ρ' = 단순 및 연속경간의 경우는 보 중앙에서, 캔틸레버인 경우는 받침부에서의 압축철근비

표 6.3 지속하중에 대한 시간경과계수, ξ

개월	1	3	6	12	24	36	48	60 이상
ξ	0.5	1.0	1.2	1.4	1.7	1.8	1.9	2.0

식 (6.13)의 $(1+50\rho')$는 압축철근이 크리프 변형을 감소시키는 효과를 반영한 것이다. 장기처짐 계산에서 주의할 점은 고정하중은 지속하중이지만 활하중은 모두 지속하중으로 작용하지 않는다는 것이다. 따라서 시간에 따른 전체 장기처짐 Δ은,

$$\Delta = \Delta_{sus.D} + \Delta_{sus.L1} + \Delta_{i.L2} \tag{6.14}$$

여기서, $\Delta_{sus.D}$ =지속되는 고정하중에 의한 장기처짐$(=\lambda_\Delta \Delta_{i.D})$
$\Delta_{sus.L1}$ =지속되는 활하중에 의한 장기처짐$(=\lambda_\Delta \Delta_{i.L1})$
$\Delta_{i.L2}$ =지속되지 않는 나머지 활하중에 의한 순간처짐

6-2-4. 처짐 제한

부재의 처짐이 커지면 균열이 발생하고, 칸막이벽과 같은 비구조 부재에 균열이 발생하며, 바닥이나 지붕의 누수 문제를 일으킬 수도 있다. 그러므로 기준에서도 두 가지 방법으로 처짐에 대한 제한을 규정하고 있다.

1) 방법 1 : 처짐을 계산하지 않아도 되는 최소두께 제한
2) 방법 2 : 계산한 처짐이 규정한 최대 허용처짐을 만족하도록 제한

(1) 방법 1

기준에서는 휨부재의 최소두께를 제한하고, 이 제한을 만족하는 경우 처짐 계산을 하지 않아도 되도록 하고 있다. 이것은 실무적으로 처짐 계산이 복잡하기 때문에 규정된 것이다. 대표적 휨부재인 보와 1방향 슬래브에 대한 최소두께를 표 6.4에 나타냈다. 2방향 슬래브 또는 기타 부재의 처짐에 대한 최소두께는 각각의 장에서 자세히 다룬다.

(2) 방법 2

방법 1에 의해 결정한 휨부재의 두께가 크다고 판단되면, 처짐 계산을 통해서 표 6.5에서 제시하는 최대 허용처짐 값 보다 작도록 할 수 있다. 그러나 구조설계 실무에서는 실제로 발생하는 장기처짐 값이 예상보다 클 수 있으므로 [방법 1]에 의해 처짐을 만족하도록 두께를 결정하는 것이 바람직하다.

표 6.4 처짐을 계산하지 않은 경우의 보 또는 1방향 슬래브의 최소 두께

부 재	최소 두께, h			
	단순 지지	1단 연속	양단 연속	캔틸레버
	큰 처짐에 의해 손상되기 쉬운 칸막이벽이나 기타 구조물을 지지 또는 부착하지 않은 부재			
1방향 슬래브	$l/20$	$l/24$	$l/28$	$l/10$
보 리브가 있는 1방향 슬래브	$l/16$	$l/18.5$	$l/21$	$l/8$

이 표의 값은 보통콘크리트($m_c = 2{,}300\ \text{kg/m}^3$)와 $f_y = 400\ \text{MPa}$ 철근을 사용한 부재에 대한 값이며 다른 조건일 경우 다음과 같이 보정한다.

1) $1{,}500 \sim 2{,}000\ \text{kg/m}^3$ 범위의 단위질량을 갖는 구조용 경량콘크리트에 대해서는 계산된 h값에 $(1.65 - 0.00031m_c)$를 곱해야 하나, 1.09 이상이어야 한다.
2) f_y가 400 MPa 이외인 경우는 계산된 h값에 $(0.43 + f_y/700)$을 곱해야 한다.

표 6.5 최대 허용 처짐

부재의 형태	고려해야 할 처짐	처짐 한계
과도한 처짐에 의해 손상되기 쉬운 비구조 요소를 지지 또는 부착하지 않은 평지붕구조	활하중 L에 의한 순간처짐	$\frac{l}{180}$ 1)
과도한 처짐에 의해 손상되기 쉬운 비구조 요소를 지지 또는 부착하지 않은 바닥구조	활하중 L에 의한 순간처짐	$\frac{l}{360}$
과도한 처짐에 의해 손상되기 쉬운 비구조 요소를 지지 또는 부착한 지붕 또는 바닥구조	전체처짐 중에서 비구조요소가 부착된 후에 발생하는 처짐부분(모든 지속하중에 의한 장기처짐과 추가적인 활하중에 의한 순간처짐의 합) 3)	$\frac{l}{480}$ 2)
과도한 처짐에 의해 손상될 염려가 없는 비구조 요소를 지지 또는 부착한 지붕 또는 바닥		$\frac{l}{240}$ 4)

1) 이 제한은 물고임에 대한 안전성을 고려하지 않았다. 물고임에 대한 적절한 처짐 계산을 검토하되, 고인 물에 대한 추가 처짐을 포함하여 모든 지속하중의 장기적 영향, 솟음, 시공오차 및 배수설비의 신뢰성을 고려해야 한다.
2) 지지 또는 부착된 비구조 요소의 피해를 방지할 수 있는 적절한 조치가 취해지는 경우에 이 제한을 초과할 수 있다.
3) 만약 비구조 요소가 구조물의 순간처짐이 발생한 이후에 부착되는 경우에는 부착 전에 생긴 처짐량을 감소시킬 수 있다. 이때 감소량은 해당 부재와 유사한 부재의 시간-처짐 특성에 관한 적절한 기술자료를 기초로 결정해야 한다.
4) 비구조 요소에 의한 허용오차 이하여야 한다. 그러나 전체 처짐에서 솟음을 뺀 값이 이 제한값을 초과하지 않도록 하면 된다. 즉 솟음을 했을 경우에 이 제한을 초과할 수 있다.

예제 6-4 단순보의 순간처짐 계산

그림과 같은 단순보에서 고정하중(D), 활하중(L), 하중조합($D+L$)이 작용할 때 순간처짐을 구하라. 또한 순간처짐에 대한 최대 허용 처짐 제한을 검토하라. 단, 이 보는 처짐에 의해 손상되기 쉬운 비구조 요소를 지지 또는 부착하고 있지 않은 바닥구조의 일부로, 보통콘크리트 $f_{ck}=24$ MPa, 철근 $f_y=400$ MPa이다.

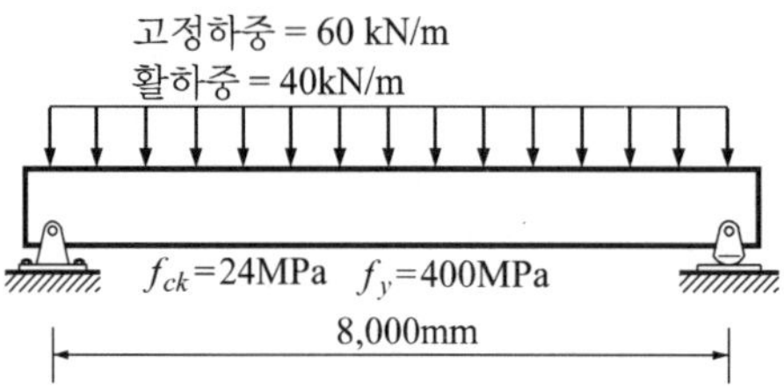

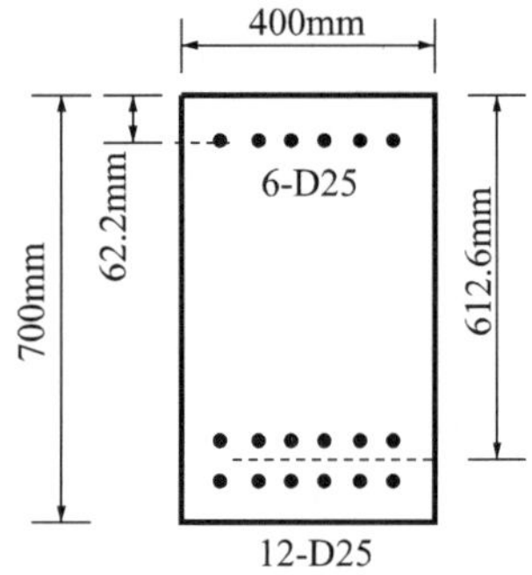

풀이

모멘트 계산

$M_D = w_D L_n^2/8 = 60\times 8^2/8 = 480$ kN·m (고정하중)

$M_L = w_L L_n^2/8 = 40\times 8^2/8 = 320$ kN·m (활하중)

$M_{DL} = 480+320 = 800$ kN·m (조합)

재료 계수 계산

콘크리트 휨인장강도, $\lambda = 1.0$ (보통콘크리트)

$f_r = 0.63\lambda\sqrt{f_{ck}} = 0.63\times 1.0\times\sqrt{24} = 3.09$ MPa

콘크리트 탄성계수

$f_{cu} = f_{ck} + \Delta f = 24+4 = 28$ MPa

$E_c = 8{,}500\sqrt[3]{f_{cu}} = 8{,}500\times\sqrt[3]{28} = 25{,}811$ MPa

탄성계수비

$n = E_s/E_c = 200{,}000/25{,}811 = 7.749$

단면2차모멘트 계산 (표 6.1)

$A_s = 12\times 506.7 = 6{,}080.4\ \text{mm}^2,\quad A_s{}' = 6\times 506.7 = 3{,}040.2\ \text{mm}^2$

$I_g = bh^3/12 = 400\times 700^3/12 = 1.1433\times 10^{10}\ \text{mm}^4$

$B = b/nA_s = 400/(7.749\times 6{,}080.4) = 0.00849\ /\text{mm}$

$$r = \frac{(n-1)A_s{}'}{(nA_s)} = \frac{(7.749-1)\times 3{,}040.2}{(7.749\times 6{,}080.4)} = 0.436$$

$$kd = \frac{\sqrt{2dB(1+rd'/d)+(1+r)^2}-(1+r)}{B}$$

$$= \frac{\sqrt{2(612.6)(0.436)(1+0.436(62.2)/612.6)+(1+0.436)^2}-(1+0.436)}{0.00849}$$

$$= 254.3\ \text{mm}$$

$$I_{cr} = \frac{b(kd)^3}{3} + nA_s(d-kd)^2 + (n-1)A_s'(kd-d')^2$$

$$= \frac{400(254.3)^3}{3} + 7.749(6{,}080.4)(612.6-254.3)^2 + (7.749-1)(3{,}040.2)(254.3-61.2)^2$$

$$= 9.0066 \times 10^9\ \text{mm}^4$$

$$M_{cr} = \frac{f_r I_g}{y_t} = \frac{(3.09 \times 1.1433 \times 10^{10}) \times 10^{-6}}{(700/2)} = 100.9\ \text{kN·m}$$

고정하중이 작용할 때 ($M_a = M_D = 480$ kN·m)

$$(I_e)_D = \left(\frac{M_{cr}}{M_a}\right)^3 I_g + \left[1-\left(\frac{M_{cr}}{M_a}\right)^3\right] I_{cr}$$

$$= \left(\frac{100.9}{480}\right)^3 (1.1433 \times 10^{10}) + \left[1-\left(\frac{100.9}{480}\right)^3\right](9.0066 \times 10^9)$$

$$= 9.0291 \times 10^9\ \text{mm}^4$$

고정하중과 활하중이 작용할 때 ($M_a = M_{DL} = 800$ kN·m)

$$(I_e)_{DL} = \left(\frac{M_{cr}}{M_a}\right)^3 I_g + \left[1-\left(\frac{M_{cr}}{M_a}\right)^3\right] I_{cr}$$

$$= \left(\frac{100.9}{800}\right)^3 (1.1433 \times 10^{10}) + \left[1-\left(\frac{100.9}{800}\right)^3\right](9.0066 \times 10^9)$$

$$= 9.0173 \times 10^9\ \text{mm}^4$$

처짐 계산(식 6.10)

$K = 1.0$

$$\Delta_{i.D} = K\frac{5M_D L_n^2}{48E_c I_e} = 1.0 \times \frac{5(480 \times 10^6)(8 \times 10^3)^2}{48(25{,}811)(9.0291 \times 10^9)} = 13.7\ \text{mm}$$

$$\Delta_{i.DL} = K\frac{5M_{DL} L_n^2}{48E_c I_e} = 1.0 \times \frac{5(800 \times 10^6)(8 \times 10^3)^2}{48(25{,}811)(9.0173 \times 10^9)} = 22.9\ \text{mm}$$

$$\Delta_{i.L} = \Delta_{i.DL} - \Delta_{i.D} = 22.9 - 13.7 = 9.2\ \text{mm}$$

최대허용처짐 검토(표 6.4)

과도한 처짐에 의해 손상되기 쉬운 비구조 요소를 지지 또는 부착하지 않은 바닥 구조의 최대 허용처짐은 활하중에 대한 순간처짐이 $l/360$이므로,

$$\Delta_{i.L}(=9.2) < \frac{L}{360}\left(=\frac{8,000}{360}=22.2\text{ mm}\right) \text{ 만족}$$

예제 6-5 단순보의 장기처짐 계산

예제 6-4의 보가 재령 5년일 때 전체 처짐량을 계산하라. 또한 장기처짐에 대한 최대 허용 처짐 제한을 검토하라. 단, 지속하중은 고정하중(D)과 활하중(L)의 60%가 작용한다고 가정한다.

풀이

고정하중에 의한 장기처짐 계산

$\Delta_{i.D}=13.7\text{ mm}$ (고정하중에 의한 순간처짐)

$$\rho'=\frac{A_s'}{bd}=\frac{3,040.2}{400\times 612.6}=0.0124$$

$\xi=2.0$(재령 5년, 표 6.3)

$$\lambda_\Delta=\frac{\xi}{(1+50\rho')}=\frac{2.0}{(1+50\times 0.0124)}=1.235$$

$$\Delta_{sus.D}=\lambda_\Delta\Delta_{i.D}=1.235\times 13.7=16.9\text{ mm}$$

60% 활하중에 대한 장기처짐 계산

$\Delta_{i.L}=9.2\text{ mm}$ (활하중에 의한 순간처짐)

$$\Delta_{sus.0.6L}=\lambda_\Delta\Delta_{i.L}\times 0.6=1.235\times 9.2\times 0.6=6.8\text{ mm}$$

40% 활하중에 대한 순간처짐

$$\Delta_{i.0.4L}=9.2\times 0.4=3.7\text{ mm}$$

전체 처짐량

$$\Delta=\Delta_{sus.D}+\Delta_{sus.0.6L}+\Delta_{i.0.4L}=16.9+6.8+3.7=27.4\text{ mm}$$

최대허용처짐 검토(표 6.4)

모든 지속하중에 위한 장기처짐과 추가적인 활하중에 의한 순간처짐의 합에 대한 최대허용처짐은 $l/240$이므로,

$$\Delta(=27.4) < \frac{L}{240}\left(=\frac{8,000}{240}=33.3\text{ mm}\right) \text{ 만족}$$

6-3 균열

6-3-1. 균열의 원인과 형태

콘크리트에 작용하는 인장응력이 휨인장강도(f_r)를 초과하면 **균열**이 발생한다. 강도설계법은 극한한계상태를 가정하기 때문에 구조물에 균열이 없도록 하는 것은 현실적으로 어렵다. 또한 구조적인 균열 이외에도 건조수축, 크리프 등에 의해 균열이 발생할 수도 있다. 물론 과도한 균열이 발생하면 구조물의 사용성, 내구성, 미관 등에 문제가 되므로 기준에서는 허용균열폭 이하로 균열을 제어하는 것을 원칙으로 하고 있다.

균열은 그림 6.6과 같이 여러 형태로 나타날 수 있다.

1) 직접인장을 받는 부재는 부재 최소두께의 0.75~2배의 간격으로 전체에 균열이 발생한다(그림 a).
2) 휨모멘트를 받는 부재에서는 수직균열발생하며, 이 균열은 부재의 중립축까지 확장하기도 한다(그림 b).
3) 전단균열은 경사진 형태를 보이며, 종종 중립축면 이상까지 확장하기도 한다(그림 c).
4) 비틀림균열도 전단균열과 유사하게 보주위에 나선형으로 둘러진다(그림 d).
5) 부착균열은 철근을 따라 균열이 발생한다(그림 e).

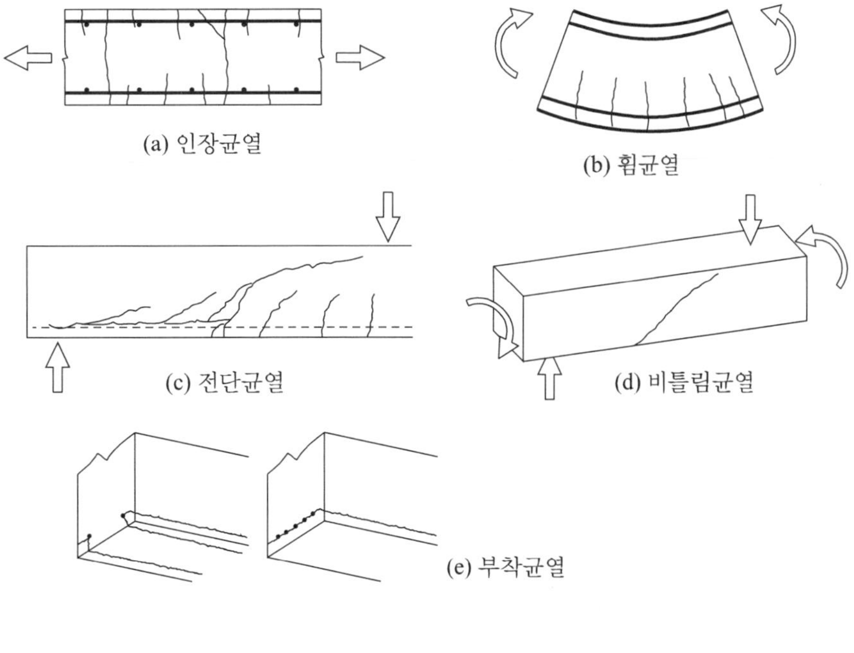

(a) 인장균열 (b) 휨균열 (c) 전단균열 (d) 비틀림균열 (e) 부착균열

그림 6.6
작용하중에 따른 균열형태

6-3-2. 균열 검토와 허용균열폭

균열폭과 균열간격은 철근량, 콘크리트 단면에서의 철근 배열, 사용하중을 받는 철근의 휨응력, 피복콘크리트, 콘크리트 구조물의 특성 등 여러 요인에 따라 다르게 나타나며 실무적으로 이를 계산하는 것은 쉽지 않다. 그러므로 기준에서는 균열폭의 계산 대신,

1) 인장철근 간격제한
2) 수축·온도철근 배치 : 온도변화, 건조수축 등에 의한 균열을 제어하기 위해서 추가적인 배치되는 보강철근
3) 콘크리트 구성 재료와 철근의 최소피복두께 검토

등을 통해, 구조물에 발생하는 균열을 표 6.6의 허용균열폭 이하로 제어하는 방법을 이용한다.

표 6.6 허용균열폭 ω_a(mm)

강재의 종 류	강재의 부식에 대한 환경조건[1)]			
	건조 환경	습윤 환경	부식성 환경	고부식성 환경
철근	$_{\max}(0.4,\ 0.006c_c)$ mm	$_{\max}(0.3,\ 0.005c_c)$ mm	$_{\max}(0.3,\ 0.004c_c)$ mm	$_{\max}(0.3,\ 0.0035c_c)$ mm
PS강재	$_{\max}(0.2,\ 0.005c_c)$ mm	$_{\max}(0.2,\ 0.004c_c)$ mm	–	–

1) 표 6.7
2) c_c는 최외단 주철근의 표면과 콘크리트 표면 사이의 콘크리트 최소 두께(mm)

표 6.7 강재의 부식에 대한 환경 조건의 구분

건조 환경	일반 옥내 부재, 부식의 우려가 없을 정도로 보호한 경우의 보통 주거 및 사무실 건물 내부
습윤 환경	일반 옥외의 경우, 흙 속의 경우, 옥내의 경우에 있어서 습기가 찬 곳
부식성 환경	1. 습윤 환경과 비교하여 건습의 반복작용이 많은 경우, 특히 유해한 물질을 함유한 지하수위 이하의 흙속에 있어서 강재의 부식에 해로운 영향을 주는 경우, 동결작용이 있는 경우, 동상방지제를 사용하는 경우 2. 해양 콘크리트 구조물 중 해수 중에 있거나 극심하지 않은 해양환경에 있는 경우(가스, 액체, 고체)
고부식성 환경	1. 강재의 부식에 현저하게 해로운 영향을 주는 경우 2. 해양 콘크리트 구조물 중 간만조위의 영향을 받거나 비말대에 있는 경우, 극심한 해풍의 영향을 받는 경우

그러므로 만약 설계자가 기준의 제반 규정을 모두 만족해서 구조물을 설계한 경우에는 균열에 대한 검토가 이루어진 것으로 간주할 수 있다. 이때 발생할 가능성이 있는 최대 균열폭은 0.3 mm 정도이다. 허용균열폭 이하로 균열을 제어하는 구조설계 과정에서 다음에 유의하자.

1) 하중으로 인한 균열폭은 철근 응력과 지름에 비례하며, 인장철근비에 반비례한다.
2) 적은 개수의 큰 균열보다 많은 개수의 미세한 균열이 더 바람직하다. 그러므로 인장철근을 배치할 때는 보다 작은 지름으로 철근간격을 줄이는 것을 검토한다.
3) 구조 균열 이외, 즉 건조수축이나 크리프에 의한 2차 균열은 시멘트 페이스트 양, 물시멘트비, 골재와 콘크리트의 투수성, 양생, 단부 구속조건 등을 조절함으로써 최소화할 수 있다. 또한 필요시 균열폭을 계산해서 철근 추가 배근 등의 적절한 조치를 취해야 한다.
4) 벽체 개구부 모서리 등과 같이 응력 집중되는 부분은 기준에서 제시하는 추가적인 철근 배치를 반드시 검토한다.

물론 균열폭을 정밀하게 계산해야 할 때도 있다. 예를 들어,

1) 수밀성이 요구되어 0.3 mm 미만으로 균열을 제어해야 하는 부재,
2) 미관상 문제가 발생할 소지가 있는 경우,
3) 시공 중 또는 완공 후에 균열이 발생한 구조물에 대하여 균열 발생의 원인 및 그 유해성에 관한 검토가 필요한 경우

에는 균열폭을 계산할 필요가 있다. 해석에 의해 설계 균열폭을 검증할 경우는 KDS 14 20 30의 부록식에 따라 계산한다. 설계 균열폭을 계산할 경우는 균열간격내의 철근과 콘크리트의 평균 변형률의 함수로 설명이 되는데, 매우 복잡한 식이므로 필요할 경우 참고하도록 한다.

(1) 균열폭 제어를 위한 인장철근 간격 제한

기준에서는 균열 제어를 위해 인장철근의 간격을 제한한다. 즉 식 (6.15)로 계산된 값 중에서 작은 값 이하로 간격을 제한한다.

$$s = {}_{\min}(s_1,\ s_2) \qquad (6.15)$$

$$s_1 = 375\left(\frac{\kappa_{cr}}{f_s}\right) - 2.5c_c \tag{a}$$

$$s_2 = 300\left(\frac{\kappa_{cr}}{f_s}\right) \tag{b}$$

여기서, κ_{cr} =표 6.7의 건조환경인 경우 280, 그 외의 환경 210

c_c =인장철근의 표면과 콘크리트 표면 사이의 최소두께,

f_s =사용하중 상태에서 인장연단에 가장 가까이 위치한 철근의 응력으로 단면해석을 해야 하지만 약 $(2/3)f_y$로 적용해도 된다.

식 (6.15)는 거글리 - 루츠(Gergely-Lutz) 방정식에 대하여 균열폭 0.3 mm를 기준으로 직선화한 간편식이다.

예제 6-6 인장철근 균열폭 검토

건물 옥외 보 설계에서 필요 철근량 $A_s = 1{,}530\ \mathrm{mm}^2$이었다. 그림과 같이,

1) 4-D22($1{,}548.4\ \mathrm{mm}^2$)과
2) 2-D32($1{,}588.4\ \mathrm{mm}^2$)로

배근한 경우 인장측 균열폭을 검토하라. 단, $f_{ck} = 30\ \mathrm{MPa}$, $f_y = 400\ \mathrm{MPa}$이다.

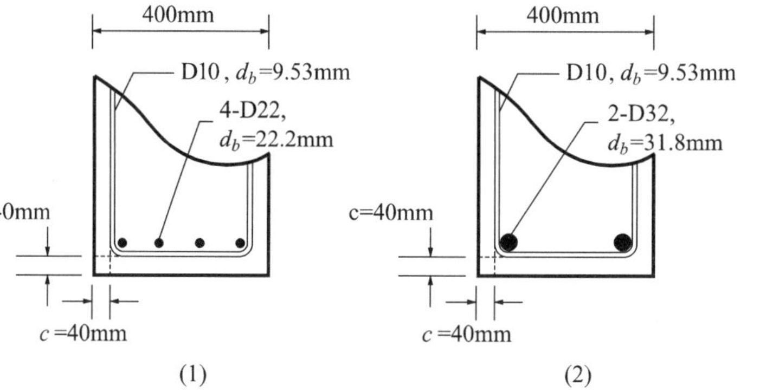

풀이

(1) 4-D22를 배근한 경우

간격제한 계산

$c_c = 40 + 9.53 = 49.53\ \mathrm{mm}$

$f_s = (2/3)f_y = (2/3) \times 400 = 266.7\ \mathrm{MPa}$

$\kappa_{cr} = 210$ (건물 외부, 건조 이외의 환경)

$$s_1 = 375\left(\frac{\kappa_{cr}}{f_s}\right) - 2.5c_c = 375\left(\frac{210}{266.7}\right) - 2.5\times 49.53 = 171\text{ mm}$$

$$s_2 = 300\left(\frac{\kappa_{cr}}{f_s}\right) = 300\left(\frac{210}{266.7}\right) = 236\text{ mm}$$

$$s = {}_{\min}(s_1,\ s_2) = 171\text{ mm}$$

인장철근 중심간격 계산과 검토

$$s_D = \frac{400 - 2\times 40 - 2\times 9.53 - 22.2}{4-1} = 93\text{ mm}$$

$s(=171) > s_D(=93\text{ mm})$이므로 균열폭 만족

(2) 2-D32를 배근한 경우

간격제한 계산

$$s = 171\text{ mm}$$

인장철근 중심간격 계산과 검토

$$s_D = \frac{400 - 2\times 40 - 2\times 9.53 - 31.8}{2-1} = 269\text{ mm}$$

$s(=171) \not> s_D(=269\text{ mm})$이므로 균열폭을 만족하지 못한다. 그러므로 (1)과 같이 보다 작은 지름의 철근을 사용하고 배근 철근 개수를 늘려야 한다.

(2) 인장측에 있는 T형 보 플랜지의 철근보강

T형 보에서 플랜지가 인장을 받는 경우, 부모멘트 휨철근 분포는,

1) 플랜지 전체 유효폭에 걸쳐 넓게 휨철근을 배치하면 큰 균열이 생길 수 있고,

2) 복부 부분에만 휨철근을 배치해서 철근 간격을 좁히면 플랜지 나머지 부분은 보강하지 않은 체로 남아있게 된다.

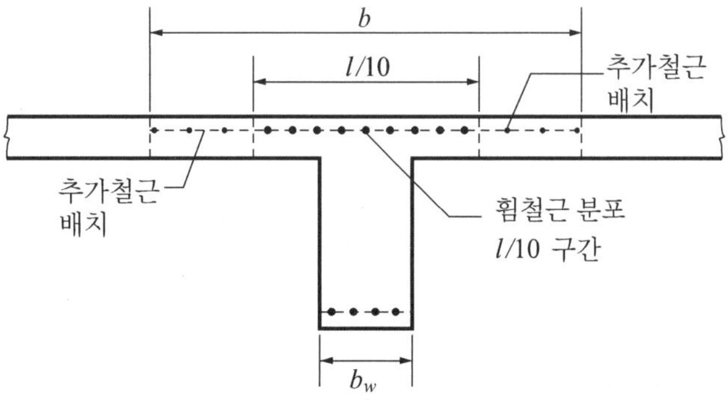

그림 6.7
부모멘트를 받는 T형 보 휨철근 배치 방법

그러므로 기준에서는 그림 6.7과 같이 T형 보 유효폭이나 보 경간 l의 $l/10$ 중 작은 폭에 걸쳐 인장철근을 분포시키도록 하고 있다. 또한 만일 유효폭이 경간의 $l/10$을 넘는 경우에는 종방향 철근을 플랜지 바깥 부분에 추가로 배치해야 한다. 물론 T형 보의 플랜지가 슬래브 역할을 하는 경우에는 슬래브에 배치된 철근이 유효 플랜지 바깥 부분에 추가 배치하는 철근 역할을 하므로, 슬래브 철근 이외의 철근을 추가로 배치할 필요는 없다.

(3) 플랜지 횡방향 휨에 대한 횡방향 철근 보강

장선구조를 제외한 T형 보의 플랜지로 취급되는 슬래브에서 주철근이 보의 방향과 같을 때는 다음 요구조건에 따라 보의 직각방향으로 슬래브 상부에 철근을 배치해야 하는데, 이를 **횡방향철근**이라 한다.

1) 횡방향철근은 T형 보의 내민 플랜지를 캔틸레버로 보고 그 플랜지에 작용하는 계수하중에 대하여 설계해야 한다. 이때 독립 T형 보의 경우 내맨 플랜지 전체폭을 유효폭으로 보아야 하고, 그 밖의 T형 보는 식 (3.61)의 유효폭만 고려한다.
2) 횡방향 철근의 간격은 슬래브 두께의 5배 이하, 또한 450 mm 이하로 하여야 한다.

이것은 그림 6.8과 같이 플랜지에 휨파괴가 일어나지 않도록 내민 플랜지 상부에 횡방향 철근을 배치하는 규정이다. 설계는 1 m 폭 기준으로 철근량 A_s을 구해서 전체길이에 분포시킨다.

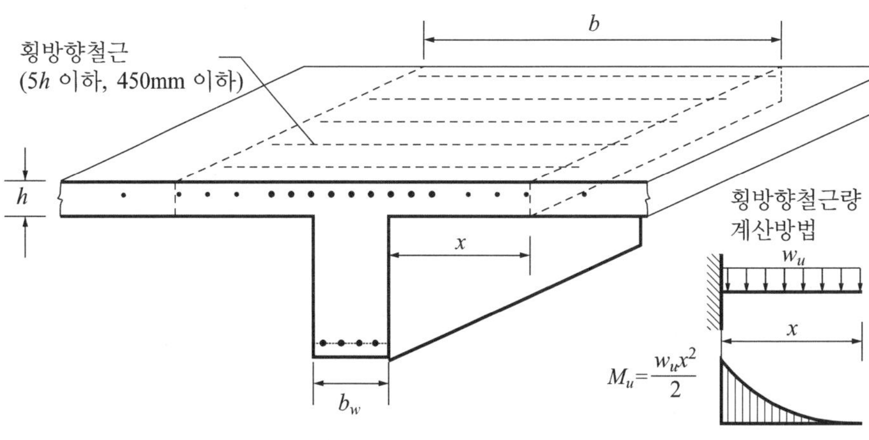

그림 6.8 플랜지 횡방향 휨에 대한 횡방향 철근 배치

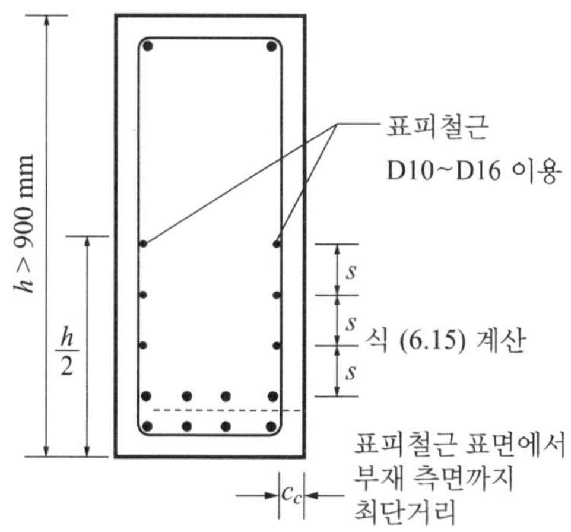

그림 6.9
보의 표피철근

(4) 복부 측면의 표피철근 보강

보나 장선의 깊이 h가 커져서 인장철근과 압축철근까지의 거리가 멀어지면 복부에 발생하는 균열폭이 휨철근 부분의 균열폭보다 클 수도 있다. 그러므로 기준에서는 h가 900 mm를 초과하는 경우,

그림 6.9와 같이 종방향 표피철근을 인장연단으로부터 $h/2$ 지점까지에 부재 양쪽 측면을 따라 균일하게 배치하도록 규정하고 있다. 이 때 표피철근은 D10~D16철근이면 충분하며 간격 s는 식 (6.15)에 따라 결정한다. 물론 이렇게 배근한 표피철근은 단면의 설계 휨모멘트강도를 계산할 때 포함할 수 있다.

6-4 피로

피로(fatigue)란 반복하중이 작용할 때 강재가 항복하중 보다 낮은 강도에서 파괴되는 현상을 말한다. 피로는 하중의 반복횟수와 반복하중의 크기가 중요한 영향을 미친다.

만약 철근콘크리트 구조물이 반복하중을 받으면 피로의 영향으로 철근이 항복하중 보다 낮은 강도에서 파괴할 수 있다. 피로 파괴는 대략 다음과 같은 조건에서 발생한다.

(1) 100만회의 정도의 반복하중과

(2) 140 MPa 이상 철근 응력의 변화가 있을 때

표 6.8 피로를 고려하지 않아도 되는 철근의 응력범위

강재의 종류		철근의 인장 및 압축응력 변동범위(MPa)
이형철근	SD300	130
	SD350	140
	SD400	150

철근콘크리트 구조물에서 반복하중의 가능성은 충격을 포함한 사용 활하중이다. 일반적으로 대부분의 구조물에 대한 사용하중은 고정하중의 비율이 활하중보다 크기 때문에 위의 사용 활하중에 의한 피로 파괴는 흔치 않은 경우이다.

그러나 사용하중 중에서 사용 활하중이 차지하는 비율이 높거나 작용빈도가 많은 경우에는 피로에 대한 안전성을 검토해야 한다. 보 및 슬래브의 피로는 휨 및 전단에 대하여 검토한다. 다만 기둥의 피로는 검토하지 않아도 좋다. 물론 기둥이 휨모멘트나 축 인장력의 영향이 큰 경우는 보에 준하여 검토한다.

기준에서는 충격을 포함한 사용 활하중에 의한 철근의 응력 변동 범위가 표 6.8의 응력 이내에 들면 피로에 대하여 검토할 필요가 없다고 판단한다.

만약 반복하중에 의한 철근의 응력이 표 6.8을 초과하여 피로의 검토가 필요할 경우는 합리적인 방법으로 피로에 대한 안전을 검토해야 한다. 피로 검토방법은 이 책의 범위 밖이다.

다만 피로의 검토가 필요한 구조부재는 높은 응력을 받는 부분에서 철근을 구부리지 않도록 한다.

6-5 내구성

내구성(Durability)이란 목표 내구수명동안 환경으로부터 야기되는 열화인자로부터 저항하는 성능을 의미한다. 콘크리트 구조 내구성 설계기준(KDS 14 20 40)에서는 성능저하환경에 놓여있는 콘크리트 구조물의 주된 성능저하인자인 염해, 탄산화, 동결융해, 화학적 침식, 알칼리 골재 반응에 대하여 검토하도록 하고 있다. 이러한 열화현상은 단독으로도 발생하지만 다른 열화인자와 같이 작용하여 강도가 저하되고 내부 철근의 부식을 더욱 빠르게 한다.

6-5-1. 내구성 검토의 열화인자

(1) 염해

염화물이온(Cl^-)의 침투로 내부에 매립된 철근에 부식이 발생하여 안전성에 영향을 주는 열화인자로 주로 해안가 또는 해수에 침지되어 있는 콘크리트 구조물에서 발생한다. 또한 콘크리트 생산 시 사용되는 바다모래(해사)와 염화물이온이 혼입되어 있는 혼화제를 사용한 경우에 발생하기도 한다. 최근 들어 제설제의 사용으로 인해 도심지의 도로 또는 교량의 철근부식에 큰 영향을 미치고 있다.

(2) 탄산화

콘크리트는 pH 12.5 이상의 강알칼리를 가지고 있으나, 이산화탄소 또는 산성비의 영향으로 강알칼리에서 중성으로 변화하게 된다. 이러한 열화인자를 탄산화라고 하며, 탄산화가 된 콘크리트에서는 철근 부식이 발생하기 쉽다. 특히 탄산화는 염해환경에서 크게 증가한다.

(3) 동결융해

온도가 −5℃ 보다 낮아질 경우, 콘크리트 내부에 있는 물(공극수)는 얼게 되는데, 시간이 경과함에 따라 녹게 된다. 또한 겨울에 다시 얼게 되면서 내부에서는 팽창하려는 얼음으로 인해 콘크리트에 균열이 발생하게 되며, 외부 골재가 빠져나오기도 한다. 이러한 열화현상은 제설제의 영향으로 더욱 내부의 철근을 빠르게 부식시킨다. 적절한 공기량을 가지지 않는 경우 이러한 열화 현상은 더욱 빠르며 콘크리트 표면이 쪼개져 떨어지는 현상(박리-scaling)을 보이게 된다.

(4) 화학적 침식

강알칼리인 콘크리트가 산(acid)에 노출될 경우, 표면은 강알칼리에서 중성으로 변하게 되며, 콘크리트 표면이 색이 변하거나 골재와 같이 떨어지게 된다. 또한 황산염 같은 경우는 콘크리트를 팽창시켜서 균열이 발생하고 강도가 감소하게 된다. 특히 온천이나 오염된 토양, 오염된 지하수 등에서 발생한다.

(5) 알칼리 골재 반응

강알칼리 환경인 콘크리트에서 특수한 골재를 사용할 경우, 외부의 수분 및 온도 영향으로 골재가 팽창하여 콘크리트에 균열을 발생시키며 콘크리트의 강도를 저하시킨다. 골재에 대한 검사를 하여 안전한 골재를 사용할 경우 무시할 수 있으나, 팽창성 골재를 사용할 경우 큰 안전성에 큰 영향을 미친다.

그림 6.10에서는 각 열화인자에 따른 콘크리트 열화현상을 그림으로 나타내었다.

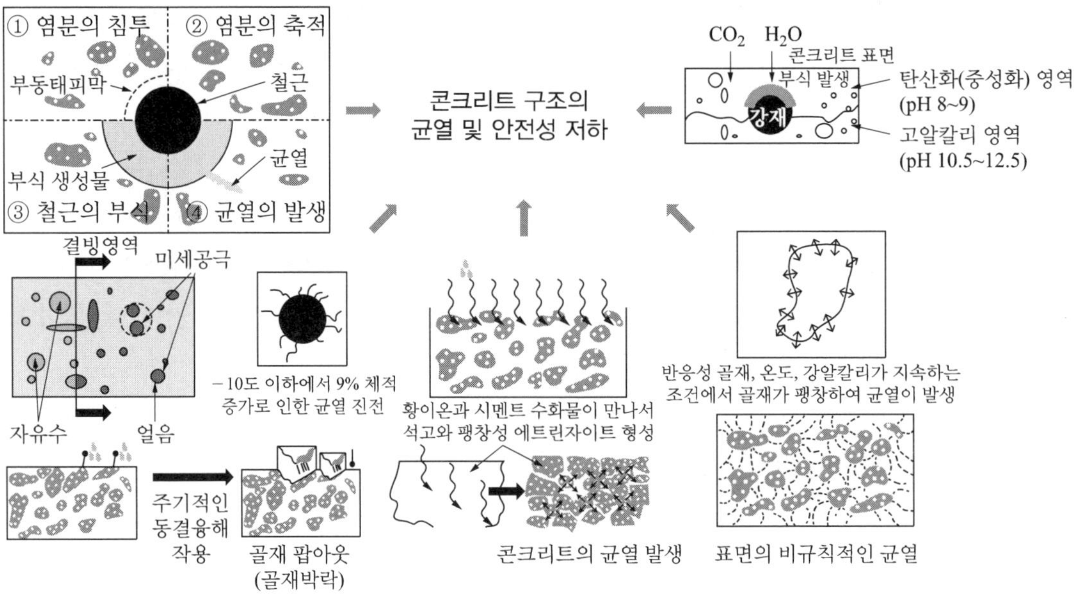

그림 6.10
열화인자에 따른 균열 발생

6-5-2. 노출범주 및 등급

설계기준에서는 구조물의 노출환경을 고려하여 최소 설계기준 압축강도를 정하고 있다. 노출범주 및 등급에서는 일반조건, 탄산화조건, 염해조건(해양환경, 제빙 화학제 등 염화물), 동결융해 조건, 황산염 조건을 고려하고 있다. 또한 별도의 내구성 설계를 통해 입증된 경우나 성능이 확인된 별도의 조치를 취하는 경우에는 표 6.11에서 규정하는 값보다 낮은 강도를 적용할 수 있다.

표 6.9 노출 범주 및 등급

범주	등급	조건	예
일반	E0	물리적, 화학적 작용에 의한 콘크리트 손상의 우려가 없는 경우 철근이나 내부 금속의 부식 위험이 없는 경우	• 공기 중 습도가 매우 낮은 건물 내부의 콘크리트
EC (탄산화)	EC1	건조하거나 수분으로부터 보호되는 또는 영구적으로 습윤한 콘크리트	• 공기 중 습도가 낮은 건물 내부의 콘크리트 • 물에 계속 침지 되어 있는 콘크리트
	EC2	습윤하고 드물게 건조되는 콘크리트로 탄산화의 위험이 보통인 경우	• 장기간 물과 접하는 콘크리트 표면 • 외기에 노출되는 기초
	EC3	보통 정도의 습도에 노출되는 콘크리트로 탄산화 위험이 비교적 높은 경우	• 공기 중 습도가 보통 이상으로 높은 건물 내부의 콘크리트[1)] • 비를 맞지 않는 외부 콘크리트[2)]
	EC4	건습이 반복되는 콘크리트로 매우 높은 탄산화 위험에 노출되는 경우	• EC2 등급에 해당하지 않고, 물과 접하는 콘크리트 (예를 들어 비를 맞는 콘크리트 외벽[2)], 난간 등)
ES (해양환경, 제빙화학제 등 염화물)	ES1	보통 정도의 습도에서 대기 중의 염화물에 노출되지만 해수 또는 염화물을 함유한 물에 직접 접하지 않는 콘크리트	• 해안가 또는 해안 근처에 있는 구조물[3)] • 도로 주변에 위치하여 공기 중의 제빙화학제에 노출되는 콘크리트
	ES2	습윤하고 드물게 건조되며 염화물에 노출되는 콘크리트	• 수영장 • 염화물을 함유한 공업용수에 노출되는 콘크리트
	ES3	항상 해수에 침지되는 콘크리트	• 해상 교각의 해수 중에 침지되는 부분
	ES4	건습이 반복되면서 해수 또는 염화물에 노출되는 콘크리트	• 해양 환경의 물보라 지역(비말대) 및 간만대에 위치한 콘크리트 • 염화물을 함유한 물보라에 직접 노출되는 교량 부위[4)] • 도로 포장 • 주차장[5)]
EF (동결융해)	EF1	간혹 수분과 접촉하나 염화물에 노출되지 않고 동결융해의 반복작용에 노출되는 콘크리트	• 비와 동결에 노출되는 수직 콘크리트 표면
	EF2	간혹 수분과 접촉하고 염화물에 노출되며 동결융해의 반복작용에 노출되는 콘크리트	• 공기 중 제빙화학제와 동결에 노출되는 도로구조물의 수직 콘크리트 표면
	EF3	지속적으로 수분과 접촉하나 염화물에 노출되지 않고 동결융해의 반복작용에 노출되는 콘크리트	• 비와 동결에 노출되는 수평 콘크리트 표면
	EF4	지속적으로 수분과 접촉하고 염화물에 노출되며 동결융해의 반복작용에 노출되는 콘크리트	• 제빙화학제에 노출되는 도로와 교량 바닥판 • 제빙화학제가 포함된 물과 동결에 노출되는 콘크리트 표면

			• 동결에 노출되는 물보라 지역(비말대) 및 간만대에 위치한 해양 콘크리트
EA (황산염)	EA1	보통 수준의 황산염이온에 노출되는 콘크리트(표 6.10)	• 토양과 지하수에 노출되는 콘크리트 • 해수에 노출되는 콘크리트
	EA2	유해한 수준의 황산염이온에 노출되는 콘크리트(표 6.10)	• 토양과 지하수에 노출되는 콘크리트
	EA3	매우 유해한 수준의 황산염이온에 노출되는 콘크리트(표 6.10)	• 토양과 지하수에 노출되는 콘크리트 • 하수, 오·폐수에 노출되는 콘크리트

주 1) 중공 구조물의 내부는 노출등급 EC3로 간주할 수 있다. 다만, 외부로부터 물이 침투하거나 노출되어 영향을 받을 수 있는 표면은 EC4로 간주하여야 한다.
2) 비를 맞는 외부 콘크리트라 하더라도 규정에 따라 방수 처리된 표면은 노출등급 EC3로 간주할 수 있다.
3) 비래염분의 영향을 받는 콘크리트로 해양환경의 경우 해안가로부터 거리에 따른 비래염분량은 지역마다 큰 차이가 있으므로 측정결과 등을 바탕으로 한계영향 거리를 정해야 한다. 또한 공기 중의 제빙화학제에 영향을 받는 거리도 지역에 따라 편차가 크게 나타나므로 기존 구조물의 염화물 측정결과 등으로부터 한계 영향 거리를 정하는 것이 바람직하다.
4) 차도로부터 수평방향 10 m, 수직방향 5 m 이내에 있는 모든 콘크리트 노출면은 제빙화학제에 직접 노출되는 것으로 간주해야 한다. 또한 도로로부터 배출되는 물에 노출되기 쉬운 신축이음(expansion joints) 아래에 있는 교각 상부도 제빙화학제에 직접 노출되는 것으로 간주해야 한다.
5) 염화물이 포함된 물에 노출되는 주차장의 바닥, 벽체, 기둥 등에 적용한다.

표 6.10 수용성 황산염이온 농도에 따른 노출등급 구분

등급	토양 내의 수용성 황산염(SO_4^{2-})의 질량비(%)[1]	물속에 용해된 황산염(SO_4^{2-}) (ppm)[2]
EA1	$0.10 \le SO_4^{2-} < 0.20$	$150 \le SO_4^{2-} < 1{,}500$, 해수
EA2	$0.20 \le SO_4^{2-} \le 2.00$	$1{,}500 \le SO_4^{2-} \le 10{,}000$
EA3	$SO_4^{2-} > 2.00$	$SO_4^{2-} > 10{,}000$

주 1) 토양 질량에 대한 비로 KS I ISO 11048에 따라 측정하여야 한다.
2) 수용액에 용해된 농도로 ASTM D516 또는 ASTM D4130에 따라 측정하여야 한다.

표 6.11 노출등급에 따른 최소 설계기준압축강도

항목	노출등급															
	–	EC				ES				EF				EA		
	E0	EC1	EC2	EC3	EC4	ES1	ES2	ES3	ES4	EF1	EF2	EF3	EF4	EA1	EA2	EA3
최소 설계기준압축강도 f_{ck} (MPa)	21	21	24	27	30	30	30	35	35	24	27	30	30	27	30	30

6–6 연습문제

[6-1절]

6-1.1 그림과 같은 단면의 균열모멘트 M_{cr}과 이때 압축연단 콘크리트와 인장측 휨철근의 응력을 구하라. 단 보통콘크리트, $f_{ck} = 30$ MPa, $f_y = 400$ MPa이다.

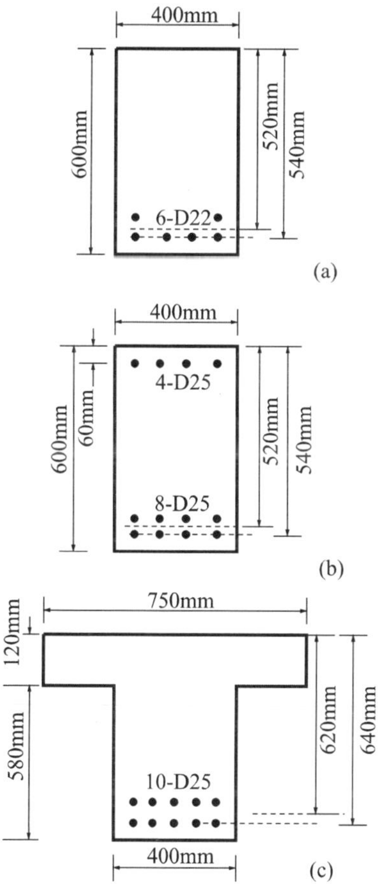

6-1.2 다음 단면의 기둥이 중심축하중 3,000 kN을 받고 있다(기둥은 좌굴이 발생하지 않는다). 콘크리트와 철근의 압축응력을 구하라. 단, $f_{ck} = 30$ MPa, $f_y = 400$ MPa

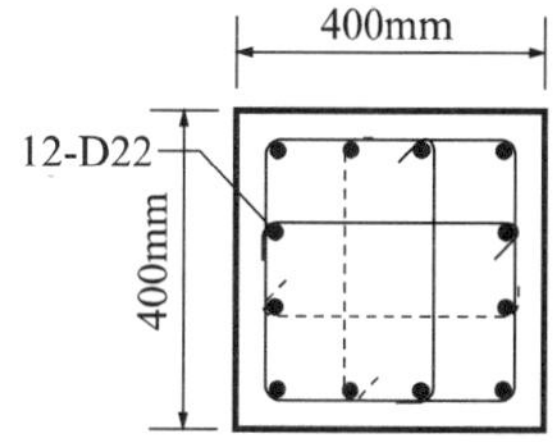

6-1.3 문제 6-1.2에서 기둥이 재축방향으로 건조수축할 때 주철근의 방해에 의해 발생하는 재료의 추가 응력을 계산하라. 단, 기둥은 구속되어 있지 않으며, 띠철근이 건조수축에 미치는 영향은 무시한다. 또한 외적구속이 없는 콘크리트 자체의 건조수축변형률=0.0006이다.

6-1.4 문제 6-1.1에서 사용 모멘트 $M_a = (2/3)\phi M_n$가 작용할 때, M_a, 균열 단면2차모멘트 I_{cr}, 압축연단 콘크리트의 최대응력, 인장측 휨철근의 최대응력를 구하라.

[6-2절]

6-2.1 문제 6-1.1과 6-1.3에서 유효단면2차모멘트 I_e를 구하라.

6-2.2 다음 그림에서 보의 최대처짐을 구하라. 단, $I_g = 6.5 \times 10^9\ \text{mm}^4$, $I_{cr} = 2.65 \times 10^9\ \text{mm}^4$, $M_{cr} = 70$ kN·m이다.

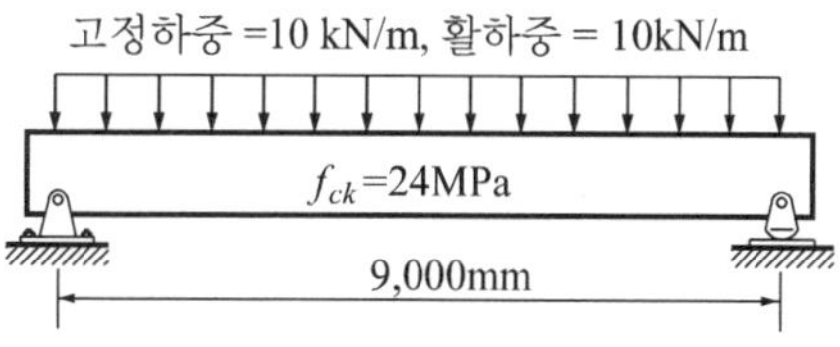

6-2.3 다음은 연속보의 사용 휨모멘트 분포 및 휨설계 결과이다.

1) 고정하중, 활하중, 하중 조합이 작용할 때 순간처짐을 구하라.
2) 5년 후 장기 처짐을 구하라. 단 지속하중은 고정하중과 활하중의 20%이다.

6-2.4 다음 그림과 같은 철근콘크리트 보에서 처짐을 계산하지 않아도 되는 보의 최소두께를 결정하라. 단, 단위질량 $m_c = 2{,}300\ \mathrm{kg/m^3}$인 보통콘크리트 사용, $f_{ck} = 27\ \mathrm{MPa}$, $f_y = 400\ \mathrm{MPa}$

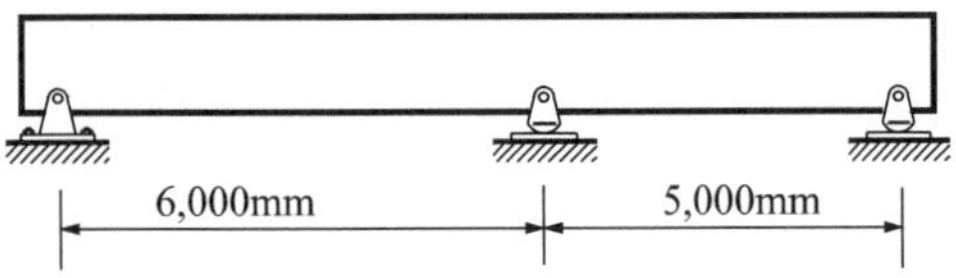

[6-3절]

6-3.1 균열의 원인과 형태, 종류를 설명하고 기준에서 제시하고 있는 균열제어에 관해 설명하라.

6-3.2 건물 옥내 보 설계에서 필요 철근량 $A_s = 1{,}530\ \mathrm{mm^2}$이었다. 그림과 같이 배근한 경우 인장측 균열폭을 검토하라. 단, $f_{ck} = 30\ \mathrm{MPa}$, $f_y = 400\ \mathrm{MPa}$이다.

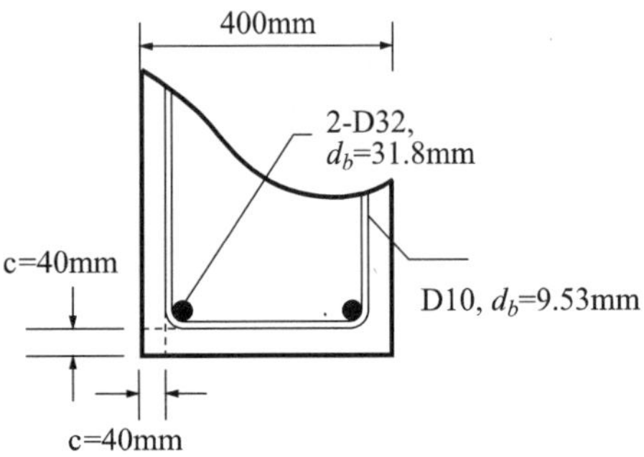

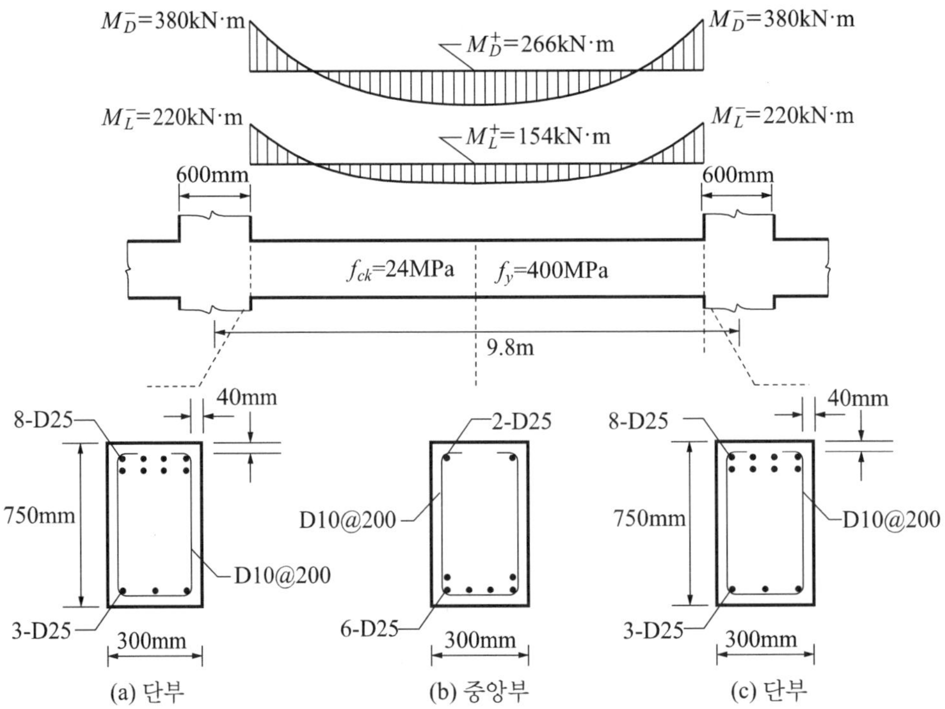

문제 6-2.3 그림

7장 1방향 슬래브와 연속보

차례

이 장부터 본격적으로 부재별 설계를 다룬다. 먼저 살펴볼 부재는 대표적인 휨부재인 연속 1방향 슬래브와 연속보이다.

부재 설계는 구조해석을 통해서 단면력(소요강도)을 얻는 것으로부터 출발한다. 해석 모델링은 수계산으로부터 컴퓨터를 이용한 탄성 해석에 이르기까지 다양하고, 부재를 가상의 선재로 취급하기 때문에 경간의 선택이나 강성 등이 문제가 된다.

또한 휨부재 설계는 휨이나 전단, 정착 등의 극한한계상태와 과도한 처짐이나 균열폭 등과 같은 사용한계상태를 종합적으로 검토해야 한다.

이 장을 통해서 3장에서 6장까지 다루었던 휨, 전단, 정착, 철근배치 상세, 사용성 검토 등을 종합적으로 이해할 수 있기를 바란다.

주요개념

구조해석
연속부재의 실용해석 방법
1방향 슬래브
연속보
휨모멘트 재분배

7-1 연속부재의 실용해석

7-1-1. 구조해석 일반

강도설계법에서 골조 또는 연속 구조물의 모든 부재는 탄성이론에 의한 구조해석을 통해 얻은 최대 부재력에 대하여 설계해야 한다. 이때 하중은 하중계수를 고려한 계수하중의 조합이다. 철근콘크리트 구조물의 뼈대를 이루는 골조는 대부분 부정정 구조이고 다양한 계수하중을 조합하여 최대 부재력을 얻어야 하기 때문에 수 계산의 한계가 있다. 그러므로 컴퓨터를 이용한 3차원 **유한요소해석법**을 일반적으로 많이 이용한다.

연속부재의 경우는 어떨까? 그림 7.1(a)와 같은 1방향 슬래브는 보를 받침부로 하는 폭 1 m의 연속부재로 가정할 수 있다. 또는 그림 (b)와 같이 토압을 받는 옹벽이나 지하외벽도, 버트레스나 기둥을 받침부로 하는 폭 1 m의 연속부재라고 생각할 수 있다. 그림 (c)와 같이 큰보가 지지하는 연속된 작은보도 마찬가지다. 이러한 연속부재는 그림 (d)와 같이 단순 받침부 위에 놓인 연속보로 가정하여 탄성해석하는 방법을 많이 이용한다.

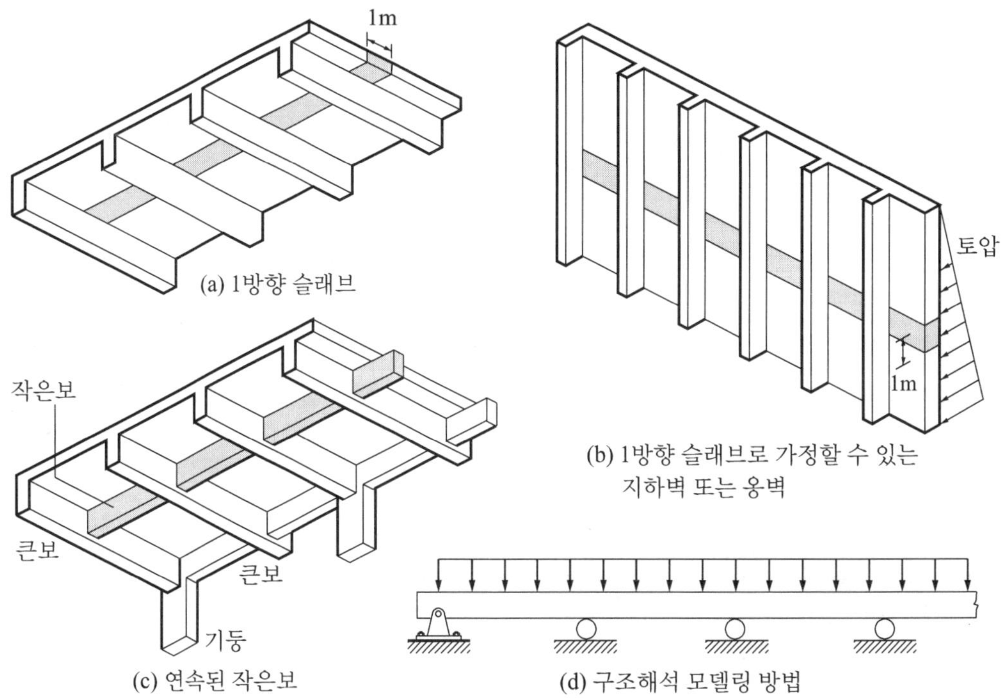

그림 7.1 연속부재로 볼 수 있는 예와 해석 모델링 방법

7-1-2. 실용적인 연속부재의 구조해석

다만, 기준에서는 연속 1방향 슬래브나 보에 대하여 다음의 제한 조건을 모두 만족하는 경우, 소요모멘트 및 소요전단력을 해석할 수 있는 실용해석 방법을 제시하고 있다.

① 2경간 이상인 경우
② 인접 2경간의 차이가 짧은 경간의 20% 이하인 경우
③ 등분포 하중이 작용하는 경우
④ 활하중이 고정하중의 3배를 초과하지 않는 경우
⑤ 부재의 단면 크기가 일정한 경우

제한 ②는 경간 차이가 20%를 넘으면 모멘트의 분배비율이 크게 달라지기 때문이다. 또한 제한 ③ 조건으로부터 집중하중과 같이 분포하중 이외의 하중이 작용하면 실용해석을 적용할 수 없다. 실용해석 방법은 지지 조건이나 구조물의 일부에 상관없이 연속된 1방향 슬래브와 보에 적용할 수 있으며 정밀해석 결과와 거의 같은 값을 얻는다. 실용해석에서 연속부재에 발생하는 최대 소요 정(+), 부(−) 휨모멘트 및 소요전단력은,

$$M_u = C_m (w_u l_n^2) \tag{7.1}$$

$$V_u = C_v \left(\frac{w_u l_n}{2} \right) \tag{a}$$

여기서, w_u =단위길이당 하중계수를 고려한 고정하중과 활하중의 총합,
C_m, C_v =각각 모멘트와 전단력의 계수로 그림 7.2와 같다.
l_n =정(+)모멘트 및 전단력에 대해서는 순경간이고, 부모멘트에 대해서는 서로 이웃한 두 순경간의 평균값이다.

예를 들어 최 외측 경간 불연속 단부가 테두리보로 구속되어 있는 경우, 정모멘트는 $w_u l_n^2/14$이며 내부경간 정모멘트는 $w_u l_n^2/16$이다(그림 c).

또한 소요전단력을 살펴보면, 외곽 경간 내측 단부 부분은 모멘트와 전단력이 증가하기 때문에, 이를 고려하여 $C_v = 1.15$를 적용한다. 즉, 가장 바깥쪽에 있는 부재의 안쪽 단부는 $1.15 w_u l_n/2$이고 이외의 부분은 모두 $w_u l_n/2$이다. 한편 위의 제한조건을 하나라도 만족하지 못하는 경우에는 정확한 구조해석이 필요하다.

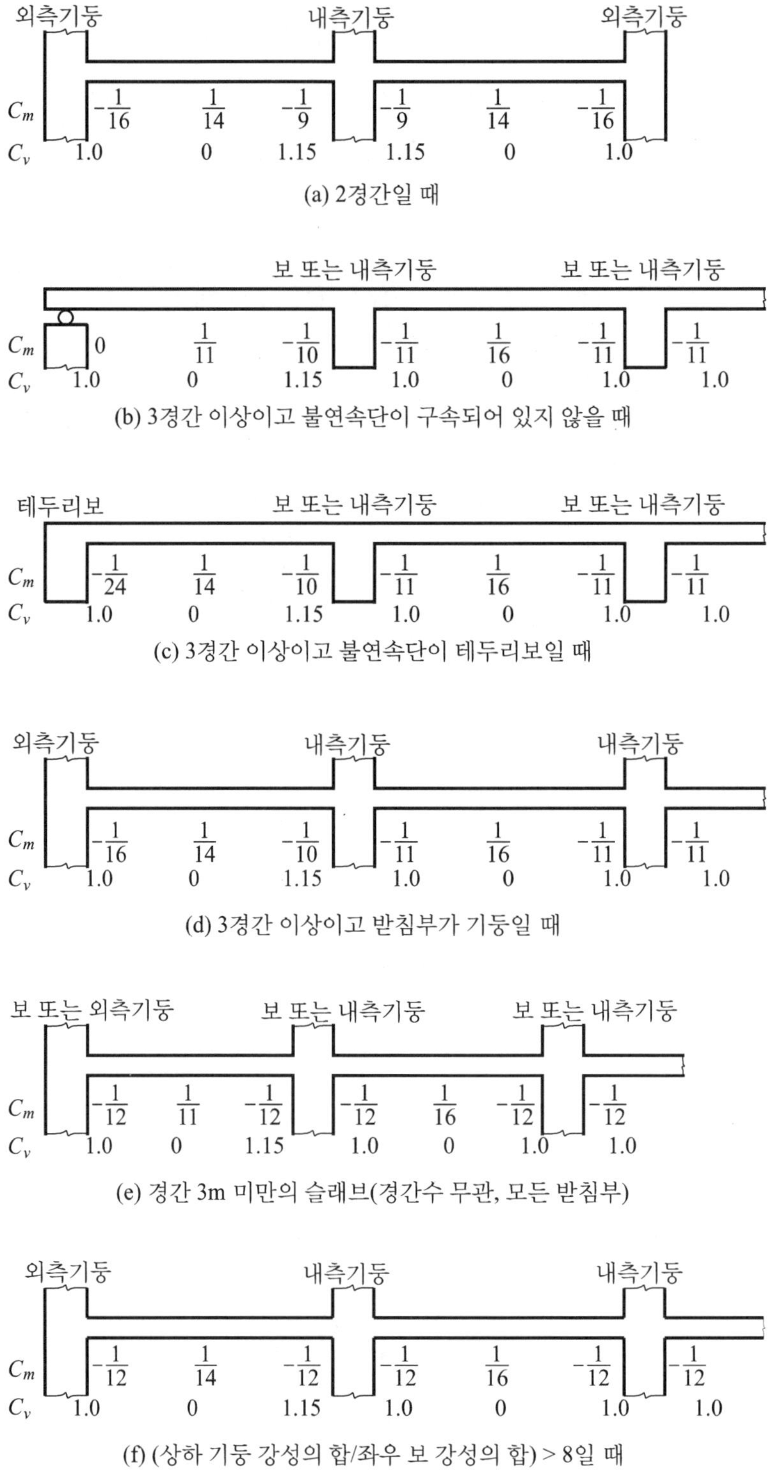

그림 7.2
실용해석방법에서 모멘트 계수 C_m와 전단력 계수 C_v

7-2 연속 1방향 슬래브

7-2-1. 1방향 슬래브의 정의

만약 슬래브가 그림 7.3(a)와 같이 두 변만 보나 기둥으로 구속되어 있다면, 슬래브에 작용하는 하중은 양쪽 지지된 방향으로만 전달될 것이다. 이렇게 1방향으로만 힘이 전달되는 형태의 슬래브를 1방향 슬래브(one-way slab)라 한다. 또한 그림 (b)와 같이 슬래브 4면이 모두 보나 벽으로 구속되어 있다 하더라도 짧은 변에 대한 긴 변의 비가 큰 경우는 힘이 대부분 짧은 변 방향으로 전달되므로 1방향 슬래브가 된다.

1방향 슬래브로 볼 수 있는 4변 고정 슬래브의 짧은 변 대 긴 변 비를 결정해 보자. 그림 7.4와 같이 짧은 변과 긴 변 경간을 각각 l_x, l_y라 하면, 슬래브가 지지하는 분포 하중 w_u는 $w_u = w_x + w_y$이다. 그림 (b)와 같이 각 방향으로 단위 폭 (1 m)당 처짐을 생각하면 중앙부에서 x, y방향의 최대처짐은,

$$\Delta x = \eta \frac{w_x l_x^4}{EI}, \qquad \Delta y = \eta \frac{w_y l_y^4}{EI} \tag{7.2}$$

여기서 계수 η는 등분포하중이 작용하는 경우 단순지지일 때에는 5/384, 고정단일 때는 1/384이다. 그림에서 $\Delta x = \Delta y$이므로 정리하면,

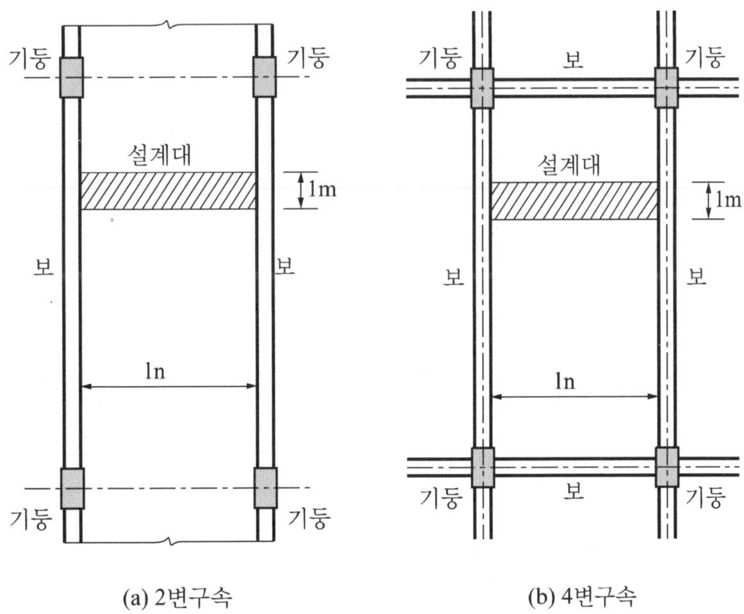

그림 7.3
1방향 슬래브의 형태

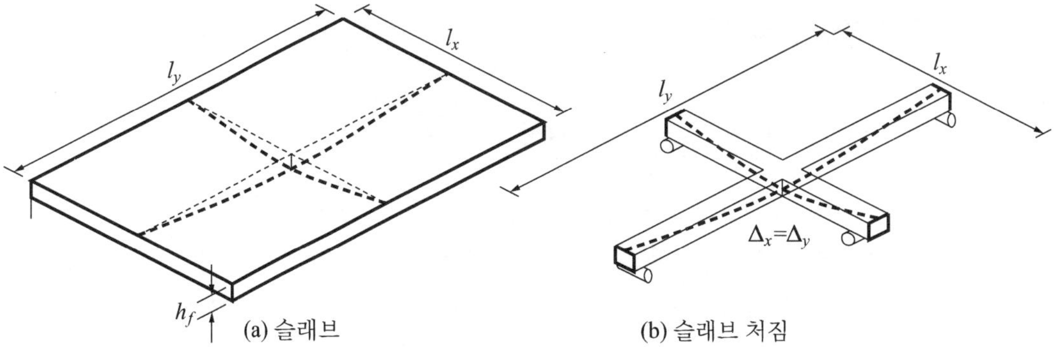

그림 7.4 슬래브의 처짐

표 7.1 l_y/l_x에 따른 $l_y^4/(l_x^4+l_y^4)$값

l_y/l_x	1.0	1.2	1.4	1.6	1.8	2.0	2.2	∞
$l_y^4/(l_x^4+l_y^4)$	0.500	0.675	0.793	0.868	0.913	0.941	0.960	1.000

$$w_x = \frac{l_y^4}{l_x^4 + l_y^4} w_u \tag{7.3}$$

l_y/l_x별 w_u에 대한 w_x값의 비를 표 7.1에 나타냈다. 표로부터 l_y/l_x의 값이 2 이상이면 하중의 95% 정도를 짧은 변 방향으로 전달한다. 그러므로 **1방향 슬래브**란 2변 구속되어 있거나 4변 구속된 슬래브의 l_y/l_x가 2 이상인 슬래브로 정의한다.

7-2-2. 연속 1방향 슬래브의 구조해석 방법

연속 1방향 슬래브의 구조해석 방법은,

1) 단순 받침부 위에 놓인 연속보로 가정하여 탄성해석하는 방법
2) 식 (7.1)의 실용해석을 이용하는 방법

(1) 단순 받침부 위에 놓인 연속보로 탄성해석하는 방법

이 방법은 컴퓨터를 이용해서 쉽게 구조 해석할 수 있는 방법이다. 해석모델링에서 경간 l은 받침부 중심간 거리로 한다. 다만, 받침부와 일체로 된 3 m 이하의 순경간을 갖는 슬래브는, 지지 보의 폭을 무시하고 순경간 l_n을 l로 하는 연속보로 해석할 수 있다. 또한 3 m 이상의 슬래브도 일체로 되어 있다면 해석결과에서 받침부 앞면(l_n면)의 휨모멘트를 소요휨모멘트로 채택해서 설계할 수 있다.

이상의 연속보 탄성해석 결과로 얻은 소요 휨모멘트에 대하여 다음에 주의해야 한다. 슬래브가 보와 일체로 타설된 경우에는, 해석모델링에서 가정한 단순받침부와 실제의 모멘트 분포에 차이가 있을 수 있기 때문이다. 그러므로 오차를 줄이기 위해 다음과 같이 휨모멘트 해석 결과를 수정한다.

1) 활하중에 의한 경간 중앙의 부(−)모멘트는 해석결과 값의 1/2만 취한다. 이것은 그림 7.5(a)와 같이 중앙부에 부(−)모멘트가 발생할 경우, 슬래브의 일체성을 생각하면 부모멘트가 크게 감소할 것으로 예측되기 때문이다.
2) 해석결과 경간 중앙의 정모멘트는 그림 (b)와 같이 양단고정으로 보고 계산한 값 이상이어야 한다. 이것은 단순 받침부로 가정해서 해석하면 단부쪽 부모멘트가 증가하면서 중앙의 정모멘트가 작게 해석되는 오류를 보정하기 위한 것이다. 이때 순경간이 아님에 유의하자.
3) 순경간이 3.0 m를 초과할 때, 해석결과에서 순경간 내면의 휨모멘트를 사용할 수 있다. 즉, 그림 (b)에서 M_1 또는 M_2를 이용해서 휨설계할 수 있다.

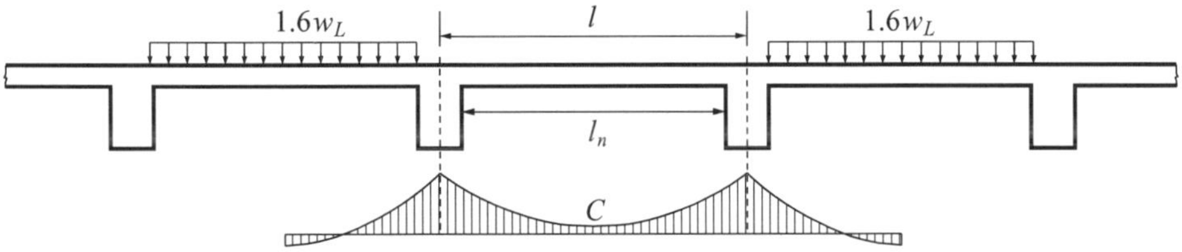

(a) 활하중의 배치에 따라 중앙부에 발생할 수 있는 부모멘트 감소 규정

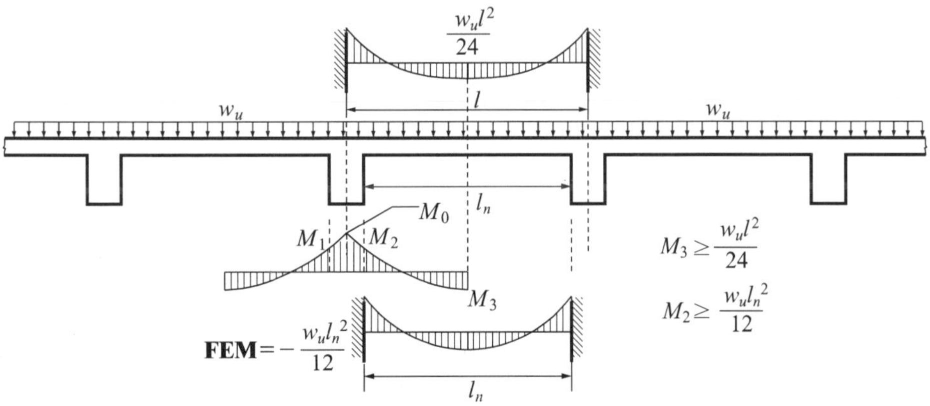

(b) 단순 받침부 가정에 의해 부모멘트 증가로 정모멘트가 감소되는 현상 보정/휨모멘트 완화 규정

그림 7.5 탄성해석 결과 소요휨모멘트 단면력의 수정 (보와 일체로 된 연속 1방향 슬래브)

그러나 이 값들은 순경간을 l로 가정하여 계산한 고정단모멘트 이상이어야 한다. 이것은 휨모멘트를 완화해도 고정단모멘트 이상에 안전하도록 하기 위한 것이다.

(2) 식 (7.1)의 실용해석을 이용하는 방법

일반적으로 철근콘크리트 건물 내 연속된 1방향 슬래브는 7-1-2절의 제한조건을 만족하는 경우가 많다. 이때는 식 (7.1)을 이용해서 해석하는 것이 실용적이다.

7-2-3. 1방향 슬래브의 설계방법

1방향 슬래브의 설계는 그림 7.3과 같이 단위 폭 1 m의 보가 연결되어 거동하는 것으로 가정하고, 단위폭 1 m 보에 대하여 3장의 휨설계 방법으로 휨철근량 A_s를 계산한 후 이를 전체 폭에 걸쳐 배근하는 방법을 이용한다.

다만 슬래브와 같이 유효깊이 d가 비교적 작은 단면은 3장의 설계방법보다 간편하게 철근량 A_s를 계산할 수 있다. 즉,

$$M_n = Tjd = A_s f_y jd$$

에서, $\phi M_n = M_u$이므로 대입하고, A_s에 대하여 정리하면

$$A_s = \frac{M_u}{\phi \eta f_y jd} \tag{7.4}$$

식 (7.4)를 이용하여 A_s를 계산하는 방법은 다음의 과정을 거친다.

1) j^*값을 임의로 가정한 후 A_s^*를 계산한다.
2) 계산된 A_s^*를 이용하여 a^*값을 계산한다.
3) $jd^* = d - a^*/2$이므로, jd^*값을 a^*를 이용하여 계산한다.
4) jd^*값을 (1)항에 대입하여 반복수행한다.
5) jd값이 어떤 값에 수렴하면, 그 값을 이용하여 A_s를 계산한다.

일반적으로 jd값을 $0.925d$ 정도로 가정하면, 1번만으로도 정확한 철근량을 계산할 수 있다. 이러한 실용 설계방법은 슬래브와 같이 유효깊이 d가 작아서, j값이 철근량에 영향을 크게 미치지 않기 때문에 가능하다.

이제 휨철근량이 구해지면 간격 s는

$$s = 1{,}000\frac{A_b}{A_s} \quad (\text{mm}) \tag{7.5}$$

여기서, A_b=배치되는 철근 1개당 평균 단면적이다.

예제 7-1　1방향 슬래브의 철근량 계산

$M_u = 40\,\text{kN·m}$일 때 두께 180 mm($d = 150\,\text{mm}$)인 슬래브의 단위 폭 1 m에 대한 철근량을 실용 설계 방법을 이용하여 계산하라. 또한 (1) D13 배치 (2) D10+D13을 배치하는 경우 간격 s를 구하라. 단, $f_{ck} = 21\,\text{MPa}$, $f_y = 400\,\text{MPa}$이다.

풀이

식 (7.4) 이용

$jd = 0.925d$ 가정

$$A_s^* = \frac{M_u}{\phi f_y jd} = \frac{40\times10^6}{0.85\times400\times0.925\times150} = 847.9\,\text{mm}^2$$

$$a^* = \frac{A_s^* f_y}{0.85\eta f_{ck} b} = \frac{847.9\times400}{0.85\times1\times21\times1{,}000} = 19\,\text{mm}\ (\eta=1)$$

$$jd^* = d - a^*/2 = 150 - 19/2 = 140.5\,\text{mm}$$

$$A_s = \frac{M_u}{\phi f_y jd^*} = \frac{40\times10^6}{0.85\times400\times140.5} = 837.4\,\text{mm}^2$$

도표(부표 3.1.2)를 이용한 계산

$$\frac{M_u}{\phi f_{ck} b d^2} = \frac{40\times10^6}{0.85\times21\times1{,}000\times150^2} = 0.0996$$

부표 3.1.2에서 0.0996일 때의 $w = 0.106$

$$\rho = \omega f_{ck}/f_y = 0.106\times21/400 = 0.00557$$

$A_s = \rho b d = 0.00557\times1{,}000\times150 = 835.5\,\text{mm}^2$ (두 값이 99.8% 일치)

휨철근 간격 계산(D13 이용)

$A_b = 126.7\,\text{mm}^2$(D13)

$$s = 1{,}000\frac{A_b}{A_s} = 1{,}000\times\frac{126.7}{837.4} = 151.3\,\text{mm} \rightarrow \text{D13@150 mm}$$

휨철근 간격 계산(D10 + D13 이용)

$$A_b = (71.3 + 126.7)/2 = 99\ \text{mm}^2 (\text{D10} + \text{D13})$$

$$s = 1{,}000 \frac{A_b}{A_s} = 1{,}000 \times \frac{99}{837.4} = 118.2\ \text{mm} \rightarrow \text{D10} + \text{D13@100 mm}$$

7-2-4. 1방향 슬래브의 규정사항

(1) 1방향 슬래브의 두께

1방향 슬래브 최소두께는 처짐을 계산하지 않아도 되는 표 6.4 이상, 100 mm 이상이다. 최근에는 층간 소음이나 진동 문제로 슬래브 두께가 점점 커지고 있다.

(2) 휨철근 간격 제한

정모멘트 철근 및 부모멘트 철근의 중심 간격은,

(1) 최대 모멘트가 일어나는 단면
  슬래브 두께의 2배 이하, 300 mm 이하
(2) 기타 단면
  슬래브 두께의 3배 이하, 450 mm 이하

이다. 일반적으로 SD400($f_y = 400\ \text{MPa}$)급 이하의 철근을 사용하고, 위의 간격 제한에 의해 설계한 슬래브 단면은 표 6.6의 허용균열폭을 만족한다. 그러나 SD500급 이상을 사용하거나 특수 환경에 노출되는 경우는 식 (6.15)를 이용해서 철근 간격을 검토해야 한다.

(3) 수축·온도철근 추가 배치

1방향 슬래브는 짧은 변 방향으로 거의 모든 하중을 부담하기 때문에 긴 변 방향은 철근이 필요 없다. 그러나 슬래브는 주변 지지부재에 비해 상대적으로 두께가 작기 때문에, 보에 비하여 빠르게 건조하고 건조수축의 차에 의해 균열이 발생할 수 있다. 또한 온도차에 의한 부가응력도 고려해야 하므로 기준에서는 휨철근에 직각방향(긴 변 방향)으로 **수축·온도철근**을 배치하도록 하고 있다. 이때,

1) 수축·온도철근비 ρ는

$$\rho = \begin{cases} 0.002 & (f_y \leqq 400\,\text{MPa}) \\ 0.002 \times \dfrac{400}{f_y} & (f_y > 400\,\text{MPa}) \end{cases} \quad \geqq 0.0014$$

또한 어떠한 경우에도 0.0014 이상이어야 한다. 다만 $1{,}800\,\text{mm}^2/\text{m}$ 이상 배치할 필요는 없다.

2) 수축·온도철근의 간격은 슬래브 두께의 5배 이하, 또는 450 mm 이하로 해야 한다.

3) 물론 수축·온도철근 또한 항복강도 f_y를 발휘할 수 있도록 충분히 정착해야 한다.

또한 짧은 변 방향 철근은 휨에 저항하므로, 유효깊이 d를 증가시키기 위해 상하 바깥쪽에, 긴 변 방향 수축·온도철근은 상하 안쪽에 위치시킨다.

(4) 횡방향 철근의 배치

1방향 슬래브의 긴 변 방향 상부에도 철근이 필요할 수 있다. 즉 6-3-2(3)의 횡방향 철근을 계산하여 규정에 맞게 배치한다.

7-2-5. 1방향 슬래브 배근상세

그림 7.6은 위의 규정 사항을 만족하는 4변 고정 1방향 슬래브의 전형적인 배근 상세를 나타낸 것이다. 그림 (a)는 철근을 절곡한 것으로 전통적인 철근배치 방법이며 그림 (b)는 상부철근을 절곡하지 않고 절단한 것이다. 물론 시공 간소화를 위해 철근을 절단하지 않고 연속 배치하기도 한다.

단변방향에 배치하는 주방향 휨철근은 짧은 변 순경간 L_x를 4등분하여 상부철근과 하부철근을 배치한다. 상부철근 절단 위치는 $L_x/4$점에서 $_{\max}(d, 12d_b)$만큼 여장을 두거나, 5-3-3절을 따를 수 있다. 그림 5.16, 5.17과 같이 $0.3L_x$에서 절단한다.

장변방향에 배치하는 수축·온도철근은 상하부로 배치하면 철근 간격이 늘어나 시공성이 좋아진다. 한편 장변방향 상부철근은 횡방향 철근 역할을 함께 한다. 그러므로 만약 절단한다면 5-3-1절 (5)항을 따르거나, 실무적으로는 그림과 같이 $L_x/2$ 정도에서 절단하면 안전하다.

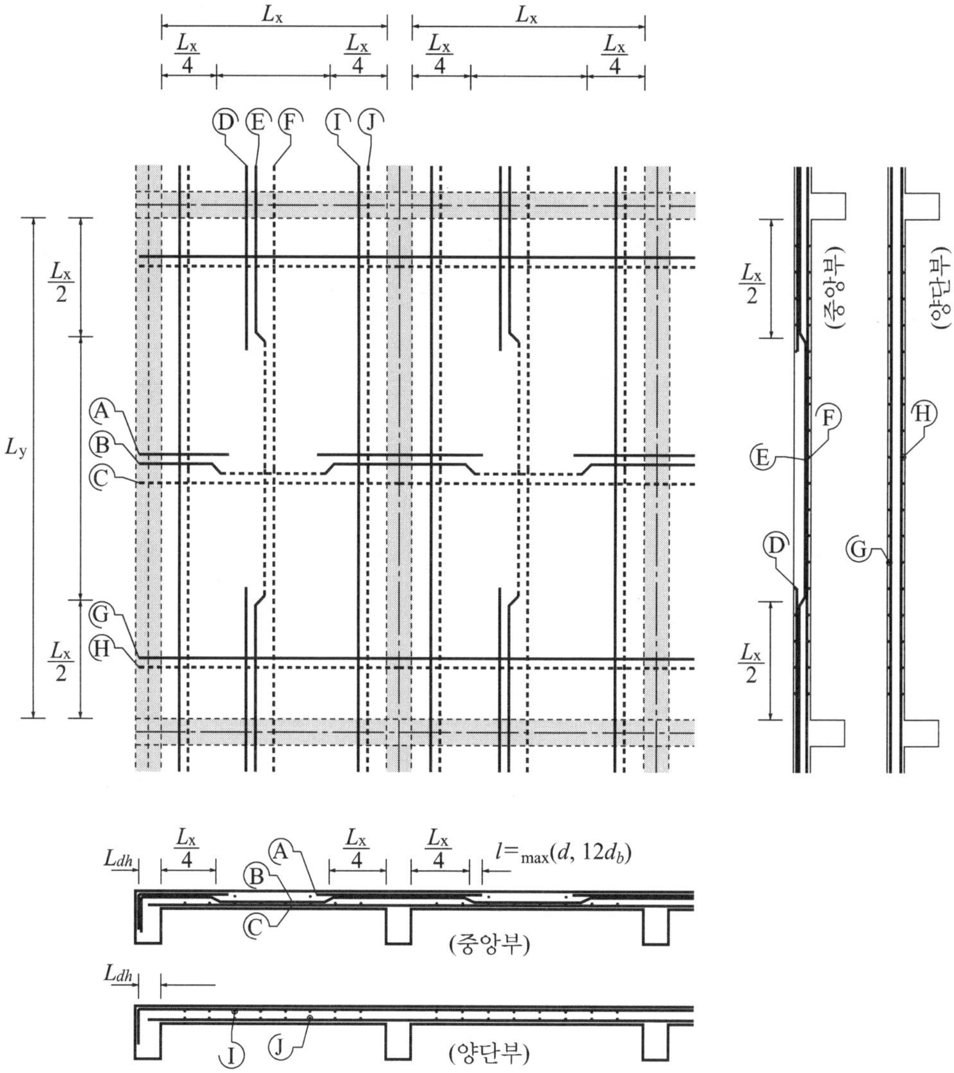

Ⓐ ~ Ⓕ 최대휨모멘트가 일어나는 단면 s_{max}=(2h_f, 300mm)
균열제어를 위한 인장철근 간격 식 (6.15)를 만족해야 함

Ⓖ ~ Ⓙ 기타단면 s_{max}=(3h_f, 450mm)
수축·온도철근 제한규정을 만족해야 함. 또한, s_{max}=(5h_f, 450mm)

(a) 철근을 절곡해서 배치한 경우

그림 7.6 1방향 슬래브의 전형적인 배근 상세

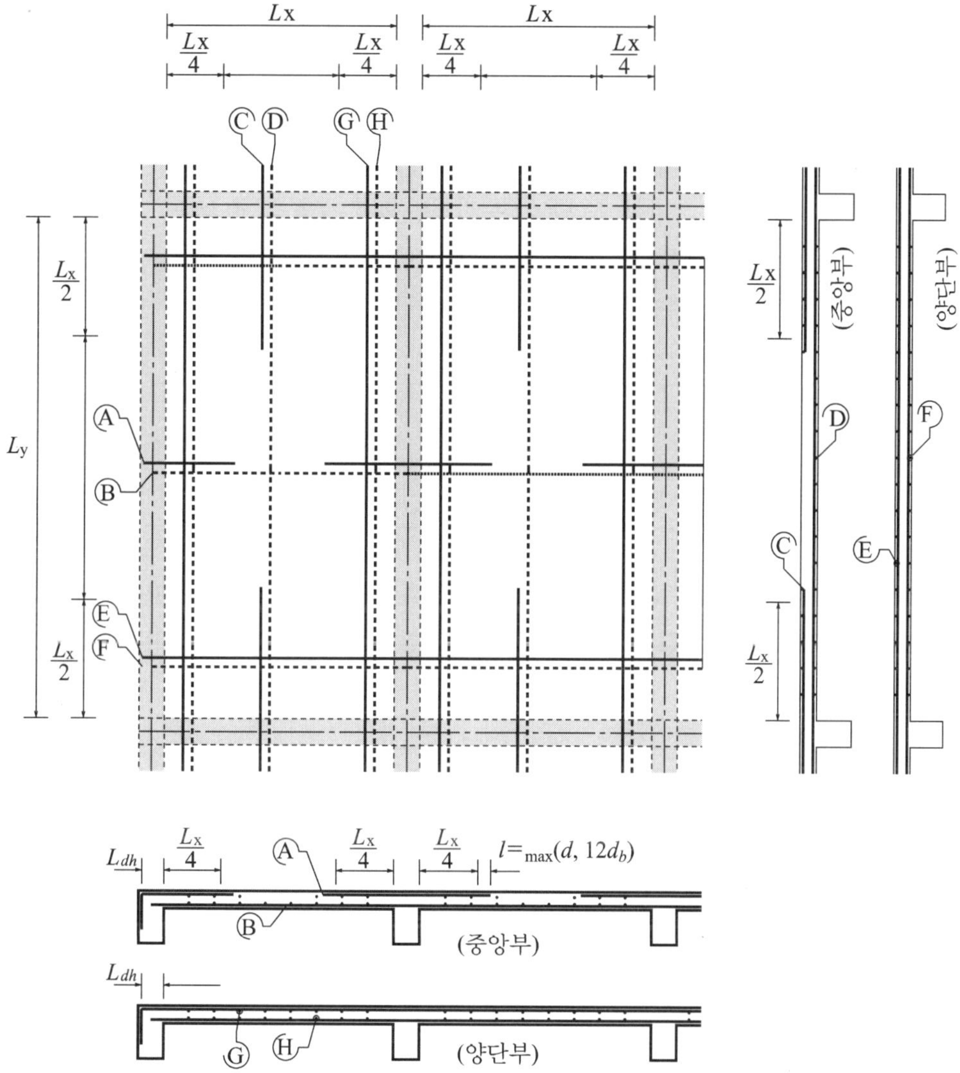

$s_{max}=(2h_f, 300\text{mm})$

Ⓐ~Ⓓ 최대휨모멘트가 일어나는 단면 $s_{max}=(2h_f, 300\text{mm})$
균열제어를 위한 인장철근 간격 식 (6.15)를 만족해야 함

Ⓔ~Ⓗ 기타단면 $s_{max}=(3h_f, 450\text{mm})$
수축 온도철근 제한규정을 만족해야 함. 또한, $s_{max}=(5h_f, 450\text{mm})$

(b) 철근을 절단하거나 연속해서 배치한 경우

그림 7.6(계속) 1방향 슬래브의 전형적인 배근 상세

한편 식 (7.5)와 제한조건을 통해 슬래브 철근간격 s를 결정하면 전체에 걸쳐 배치한다. 그림 7.7은 슬래브 철근배치에서 첫 번째 철근의 위치를 나타낸 것이다. 일반적으로 주방향 휨철근은 초과하중에 대하여 힘의 수평분배가 일어나기 때문에 첫 번째 철근이 순경간에서 s만큼 떨어져도 문제가 되지 않는다(그림 a~d). 그러나 1방향 슬래브가 독립적인 경우는 최소 50 mm에 위치해야 한다. 장변방향 수축·온도철근도 같은 개념으로 배치한다. 다만 그림 (d)를 유의하자. 얇은 벽체에도 수축·온도철근 보강이 필요할 수 있다.

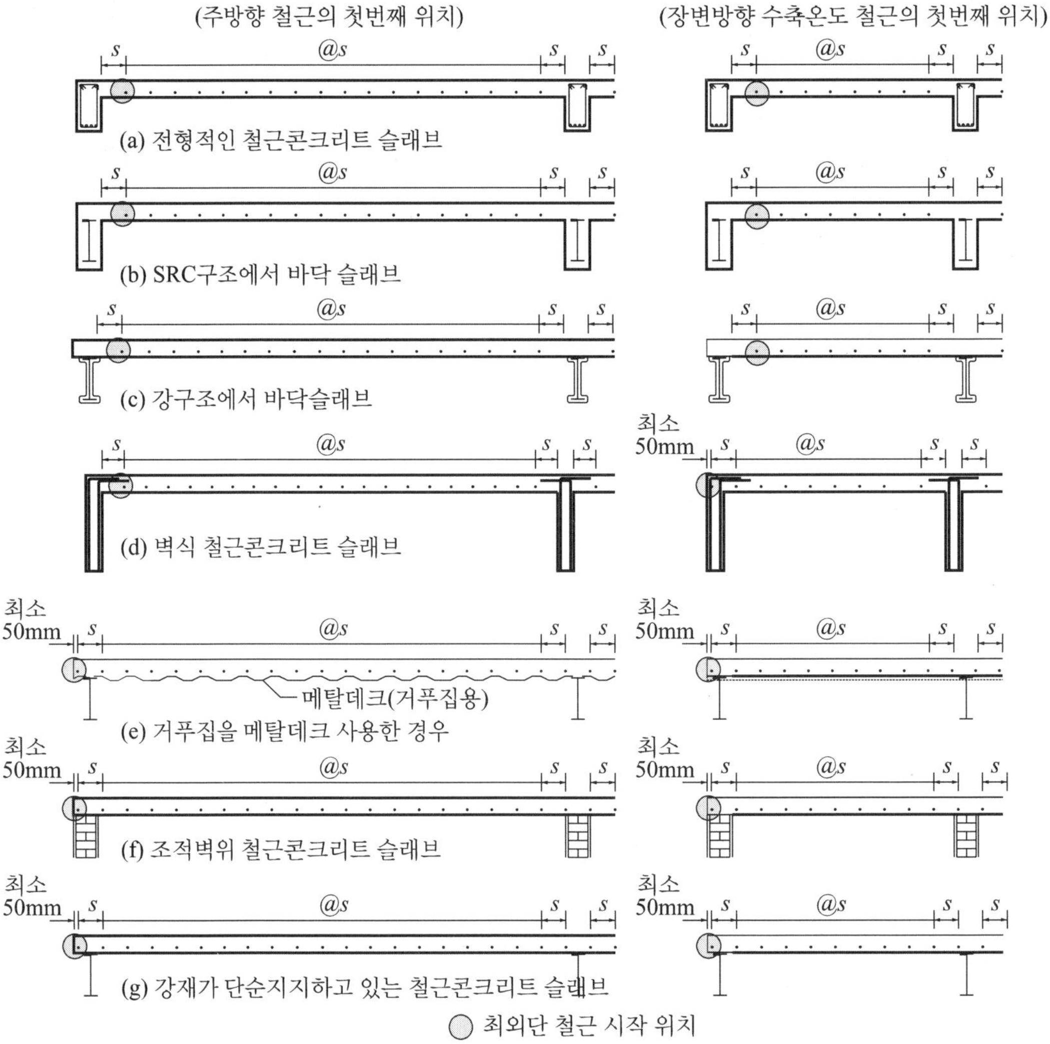

그림 7.7 여러 구조에서 1방향 슬래브 최외단 철근 시작 위치

예제 7-2 연속 1방향 슬래브의 설계

그림과 같은 백화점 건물 1층(활하중 $5.0\,\mathrm{kN/m^2}$) 바닥 슬래브 S_1을 연속 1방향 슬래브로 설계하라. 단, $f_{ck}=24\,\mathrm{MPa}$, $f_y=400\,\mathrm{MPa}$, 건물 마감재 인조석 물갈기 50 mm(= $0.02\,\mathrm{kN/m^2/mm}$), 천장마감(= $0.2\,\mathrm{kN/m^2}$)이다.

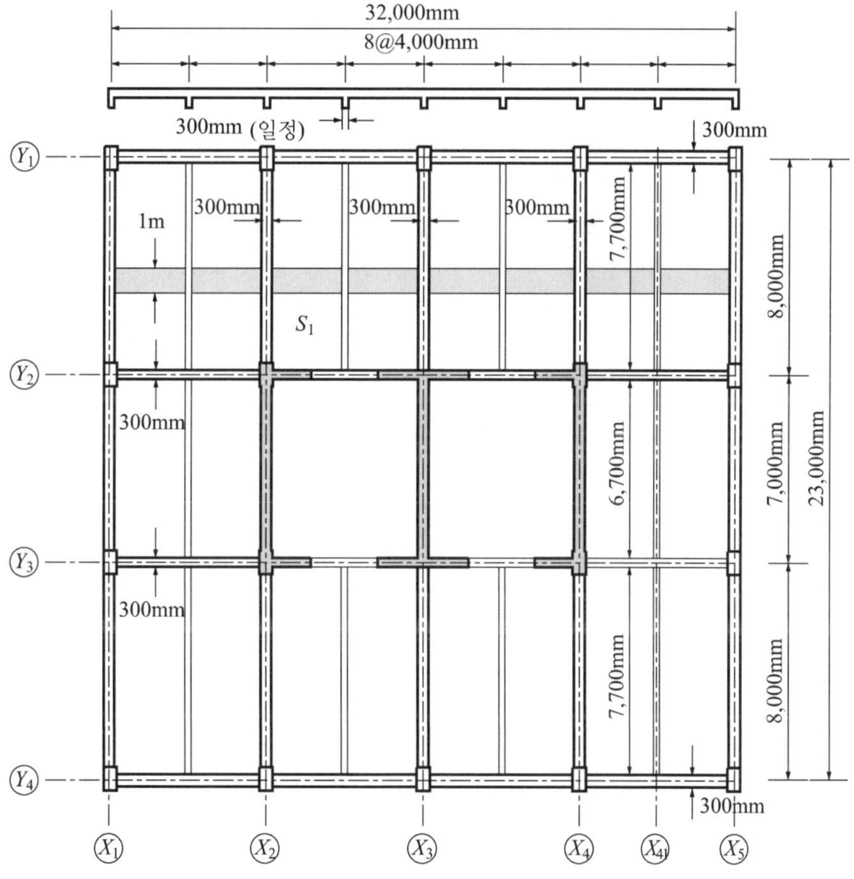

풀이

1) 슬래브 두께의 결정 (KDS 14 20 30 4.2.1)

변장비 $7.7/3.7=2.08>2$이므로 1방향 슬래브

처짐을 고려하지 않아도 되는 슬래브의 최소두께 $h_{\min}$(표 6.4)

외측경간 : $h_{\min}=l/24=4{,}000/24=167\,\mathrm{mm}\rightarrow 180\,\mathrm{mm}$ (가정)

$c_{cover}=20\,\mathrm{mm}$ (피복두께)

$d_{b10}=9.53\,\mathrm{mm}$ (휨철근 D10 공칭지름)

$d=180-(20+9.53/2)=155\,\mathrm{mm}$

2) 계수하중 계산

고정하중

바닥마감	0.02×50 mm	1.0 kN/m^2
철근콘크리트	2,400 kg/m$^3 \times 0.18 \times 9.8/1{,}000$	4.23 kN/m^2
천장마감	1식	0.2 kN/m^2
합계		5.43 kN/m^2

활하중

백화점 바닥	5.0	5.0 kN/m^2

단위 폭 1 m에 대한 하중,

고정하중 $w_D = 5.43 \times 1\text{ m} = 5.43\text{ kN/m}$

활하중 $w_L = 5.00 \times 1\text{ m} = 5.00\text{ kN/m}$

이므로,

계수하중 $1.2w_D + 1.6w_L = 1.2 \times 5.43 + 1.6 \times 5.0 = 14.52\text{ kN/m}$

3) 실용해석 식 (7.1) 가능여부 판단

2경간 이상(만족)

인접 2경간의 차이가 짧은 경간의 20% 이하(만족)

등분포 하중이 작용(만족)

활하중(5.0 kN/m^2)이 고정하중(5.43 kN/m^2)의 3배를 초과하지 않는 경우(만족)

부재의 단면 크기가 일정(만족)

이므로 실용해석 적용가능

4) 최대모멘트 부분의 휨철근량 계산 및 배치 (KDS 14 20 10 4.3.1)

계산 결과는 다음 표와 같다. 여기서 외부경간 중앙부를 예를 들어 계산해 본다.

외부경간 중앙부

$$M_u = \frac{w_u l_n^2}{14} = \frac{14.52 \times 3.7^2}{14} = 14.20\text{ kN}\cdot\text{m}, \qquad jd = 0.925d$$

$$A_s^* = \frac{M_u}{\phi f_y jd} = \frac{14.2 \times 10^6}{0.85 \times 400 \times 0.925 \times 155} = 291.3\text{ mm}^2$$

$$a^* = \frac{A_s^* f_y}{0.85 \eta f_{ck} b} = \frac{291.3 \times 400}{0.85 \times 1 \times 24 \times 1000} = 5.7\text{ mm } (\eta = 1)$$

$$jd^* = d - a^*/2 = 155 - 5.7/2 = 152.2\text{ mm}$$

$$A_s = \frac{M_u}{\phi f_y jd^*} = \frac{14.2 \times 10^6}{0.85 \times 400 \times 152.2} = 274.4\text{ mm}^2$$

$A_b = 71.3\,\text{mm}^2$(휨철근 D10 이용)

$$s = 1{,}000A_b/A_s = 1000 \times 71.3/274.4 = 260\,\text{mm}$$

기준 제한 검토

간격 제한 (KDS 14 20 70 4.1.1.3)

$$s_{\min} = \min(2h,\ 300\,\text{mm}) = \min(2 \times 180,\ 300\,\text{mm}) = 300\,\text{mm}$$

인장철근 최대간격 검토 (KDS 14 20 20 4.2.3)

$\kappa_{cr} = 280$(건물 내, 건조환경), $c_c = 20\,\text{mm}$

$f_s = (2/3)f_y = (2/3) \times 400 = 266.7\,\text{MPa}$

$$s_1 = 375\left(\frac{\kappa_{cr}}{f_s}\right) - 2.5c_c = 375\left(\frac{280}{266.7}\right) - 2.5 \times 20 = 344\,\text{mm}$$

$$s_2 = 300\left(\frac{\kappa_{cr}}{f_s}\right) = 300\left(\frac{280}{266.7}\right) = 315\,\text{mm}$$

$s = \min(344,\ 315) = 315\,\text{mm}$이므로

$s = \min(260\,\text{mm},\ 300\,\text{mm},\ 315\,\text{mm}) = 260\,\text{mm}$

→ D10@250 mm로 배근(시공성)

휨철근량 계산 결과

계산위치

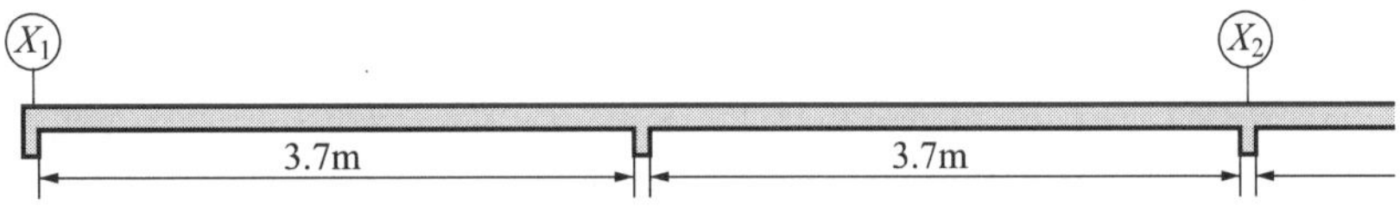

모멘트계수	-1/24	1/14	-1/10 ⋮ -1/11	1/16	-1/11 ⋮ -1/11
M_u	8.28	14.20	19.88	12.42	18.07
A_s^*	169.7	291.3	407.2	254.5	370.1
a^*	3.3	5.7	8.0	5.0	7.3
jd^*	153.6	152.2	151.2	152.7	151.6
A_s	158.6	274.4	386.6	239.2	350.6
철근선택	D10	D10	D10+D13	D10	D10+D13
s 계산	449	260	256	298	282
간격 제한 기준	300	300	300	300	300
균열제한 간격	315	315	315	315	315
간격채택	300	260	256	298	282
설계	D10@300	D10@250	D10+D13@250	D10@250	D10+D13@250

5) 나머지 부분의 철근 간격 (KDS 14 20 70 4.1.1.3)

최대모멘트 이외 단면의 휨철근 간격

$$s_{\min} = \min(3h,\ 450\ \mathrm{mm}) = \min(3\times 180,\ 450\ \mathrm{mm}) = 450\ \mathrm{mm}\ \text{(제한 규정)}$$

$$s_{\min} = \min(344,\ 315) = 315\ \mathrm{mm}\ \text{(인장철근 최대간격 검토)}$$

$$s = 315\ \mathrm{mm}\ \rightarrow\ \mathrm{D10@300\ mm}$$

6) 수축·온도철근 계산(휨철근 직각방향) (KDS 14 20 50 4.6.2)

$$A_{s,\min} = 0.002bh = 0.002\times 1000\times 180 = 360\ \mathrm{mm}^2$$

$$s = 1{,}000A_b/A_s = 1{,}000\times(71.3\times 2)/360) = 396\ \mathrm{mm}\ \text{(D10 2단 배치)}$$

수축·온도철근의 간격제한

$$s_{\min} = \min(5h,\ 450\ \mathrm{mm}) = \min(5\times 180,\ 450\ \mathrm{mm}) = 450\ \mathrm{mm}$$

$$s = \min(396\ \mathrm{mm},\ 450\ \mathrm{mm}) = 396\ \mathrm{mm}$$

→ D10@350 mm로 2단 배근 (시공성)

7) 횡방향 철근 (KDS 14 20 10 4.3.10)

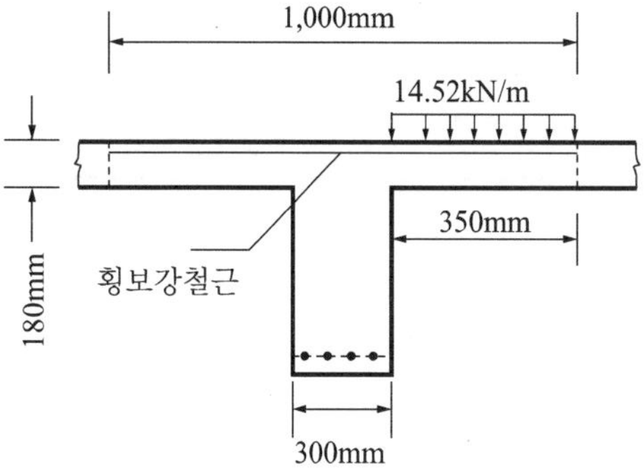

긴 변 방향 유효폭

$$b = \min\left(\frac{L}{4},\ B,\ 16t+b_w\right)$$

$$= \min\left(\frac{4{,}000}{4},\ (8{,}000+7{,}000)/2,\ 16\times 180+300\right)$$

$$= 1{,}000\ \mathrm{mm}$$

$$l = (b-b_w)/2 = (1{,}000-300)/2 = 350\ \mathrm{mm}$$

$$M_u = \frac{w_u l_n^2}{12} = \frac{14.52\times 0.35^2}{14} = 0.15\ \mathrm{kN\cdot m}$$

$$jd = 0.925d$$

$$A_s^* = \frac{M_u}{\phi f_y jd} = \frac{0.148\times 10^6}{0.85\times 400\times 0.925\times 155} = 3\ \mathrm{mm}^2$$

$$a^* = \frac{A_s^* f_y}{0.85\eta f_{ck} b} = \frac{291.3\times 400}{0.85\times 1\times 24\times 1000} = 0.1\ \mathrm{mm}$$

$$jd^* = d - a^*/2 = 155 - 5.7/2 = 155.2\ \mathrm{mm}$$

$$A_s = \frac{M_u}{\phi f_y jd^*} = \frac{14.2\times 10^6}{0.85\times 400\times 152.2} = 2.8\ \mathrm{mm}^2$$

$$A_b = 71.3\ \mathrm{mm}^2\ \text{(휨철근 D10 이용)}$$

$$s = 1{,}000A_b/A_s = 1000\times 71.3/2.8 = 12{,}435\ \mathrm{mm}$$

(KDS 14 20 50 4.6.2)

$$s_{\min} = \min(5h,\ 450\ \mathrm{mm}) = \min(5\times 180,\ 450\ \mathrm{mm}) = 450\ \mathrm{mm}\ \text{(기준 간격 제한)}$$

$s_{\min} = 315\,\mathrm{mm}$(인장철근 최대간격)

$s = \min(12{,}435\,\mathrm{mm},\ 450\,\mathrm{mm},\ 315\,\mathrm{mm}) = 315\,\mathrm{mm}$

→ D10@300 mm 배치 (시공성)

8) 배치 상세 (S1 슬래브)

짧은 변(L_1 = 3700 mm) 방향으로 배치

중앙 부분

하부 : D10을 250 mm 간격으로 배치 (시공성을 위해 단부까지 연장)

상부 : D10과 D13을 교대로 250 mm 간격으로 배치(D10+D13@250 mm)

절단위치 $(0.25L_1 + {}_{\min}(d + 12d_b) = 0.25 \times 3.7 + 0.155 = 1.08 \rightarrow 1.1\ \mathrm{m})$

양단부 $0.5L_1$부분

최대모멘트 이외 단면의 휨철근 간격 D10@300 mm 상하 배치 (시공성 고려)

긴 변(7700 mm) 방향으로 배치

6)번 계산을 통해 수축·온도철근은 상하부에 D10을 350 mm 간격으로 배치

7)번 계산을 통해 상부에 $A_s = 2.8\,\mathrm{mm}^2$, D10@300 mm가 필요

그러므로

하부 : 수축·온도철근 D10을 350 mm 간격으로 배치

상부 : 수축·온도철근 D10을 300 mm 간격으로 배치

아래 그림과 같다. 실무에서 이용하는 그림 7.6과 같은 배근상세는 직접 그려 보길 바란다.

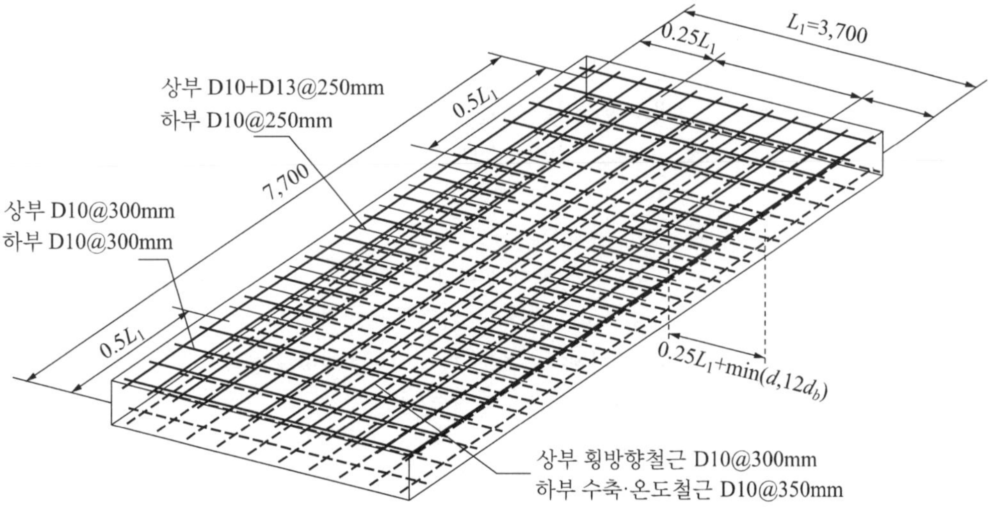

7-3 연속보

연속보는 앞의 연속 1방향 슬래브와 동일한 방법으로 설계한다. 다만,

1) 휨설계는 3장에서 다루었던 설계방법을 사용하며 실용식 (7.4)을 적용할 수 없다.
2) 연속 1방향 슬래브와 다르게 전단에 대해서도 검토해야 한다.
3) 사용성, 정착을 검토해야 하며, 필요에 따라 철근의 절단위치 및 이음을 검토한다.

예제를 통해서 연속보의 설계를 살펴보자.

예제 7-3 연속보의 설계

예제 7-2에서 X_{41} 열의 연속보를 T형 보로 설계하라. 단, 보 $b = 300$ mm 이고, 레디믹스트콘크리트 20-24-180, 휨철근 SD400급 D25, 스터럽 SD400급 D10이다.

풀이

1) 보 깊이 결정 (KDS 14 20 30 4.2.1)

처짐을 고려하지 않아도 되는 보의 최소두께(표 6.4)는

$$h_{\min} = l/18.5 = 8{,}000/18.5 = 432.4\ \text{mm} \ \rightarrow\ h = 500\ \text{mm}\ \text{가정}$$

$$c_{\text{cover}} = 40\ \text{mm}\ \ (\text{피복두께})$$

$$d_b = 25.4\ \text{mm}\ \ (\text{D25 공칭지름})$$

$$d_{bs} = 9.53\ \text{mm}\ \ (\text{스터럽 공칭지름})$$

$$d = h - c_{\text{cover}} - d_{bs} - d_b/2 = 500 - 40 - 9.53 - 25.4/2 = 438\ \text{mm}$$

2) 소요하중 계산

하중은 슬래브 폭 4 m에 대하여 부담하므로,

고정하중 : $w_D = 5.43 \times 4\ \text{m} = 21.72\ \text{kN/m}$

보의 자중 : $2{,}400\ \text{kg/m}^3 \times 0.3\ \text{m} \times (0.50 - 0.18) \times 9.8/1{,}000 = 2.26\ \text{kN/m}$

활하중 : $w_L = 5.00 \times 4\ \text{m} = 20.0\ \text{kN/m}$

이므로,

소요하중 : $1.2w_D + 1.6w_L = 1.2 \times (21.72 + 2.26) + 1.6 \times 20.0 = 60.8\ \text{kN/m}$

3) 가정단면 적절성 검토(전단) (KDS 14 20 22 4.2.1) (KDS 14 20 52 4.4.1)

$f_{ck} = 24\,\mathrm{MPa}$(레디믹스트콘크리트 20-24-180)

$l_n = l - b_w = 8 - 0.3 = 7.7\,\mathrm{m}$(최대 순경간)

$$V_u = 1.15\frac{w_u l_n}{2} = 1.15\frac{60.8\times 7.7}{2} = 269.2\,\mathrm{kN}$$

$V_u = \phi(V_c + V_s)$, $\phi = 0.75$, $\lambda = 1.0$ (보통콘크리트)

$\phi V_c = \phi\frac{1}{6}\lambda\sqrt{f_{ck}}\,b_w d$ (콘크리트 전단강도)

단면에 최대로 배근할 수 있는 스터럽의 전단강도는,

$$\phi V_s = \phi 0.2\left(1 - \frac{f_{ck}}{250}\right)f_{ck}b_w d$$

이므로, 최대 스터럽량을 고려한 단면에서 d는

$$d = \frac{V_u}{\phi\left(\frac{1}{6}\sqrt{f_{ck}} + V_s\right)} = \frac{269.2\times 10^3}{0.75\times\left(\frac{1}{6}\sqrt{24}\times 300 + 0.2\left(1 - \frac{24}{250}\right)\times 24\times 300\right)}$$

$= 231.89\,\mathrm{mm}$

이다. 그러므로

$d = 232\,\mathrm{mm} < d(= 438\,\mathrm{mm})$ 만족

4) 실용해석 식 (7.1) 적용 가능여부 판단 (KDS 14 20 10 4.3.1)

2경간 이상 (만족)

인접 2경간 차이가 짧은 경간의 20% 이하($(7.7 - 6.7)/6.7 = 0.15\,(15\%)$ 만족)

등분포 하중이 작용 (만족)

활하중(20.0)이 고정하중(21.72 + 2.26)의 3배를 초과하지 않는 경우 (만족)

부재의 단면 크기가 일정 (만족)

이므로 실용해석 적용가능

5) 단면 휨설계

5-1) B_1중앙부 T형 보로 설계 (KDS 14 20 10 4.3.1)

$l_n = 7.7\,\mathrm{m}$

$$M_u = \frac{1}{14}w_u l_n^2 = \frac{1}{14}(60.8\times 7.7^2) = 257.5\,\mathrm{kN\cdot m}$$

유효폭 및 예비 계산 (KDS 14 20 10 4.3.10)

$$b = \min\left(\frac{L}{4},\ B,\ 16h_f + b_w\right) = \min\left(\frac{7{,}700}{4},\ 4{,}000,\ 16\times 180 + 300\right) = 1{,}925\,\mathrm{mm}$$

$d = 438\,\mathrm{mm}$, $d_t = d$ (1단 배근 가정)

$\beta_1 = 0.80$, $\epsilon_c = 0.0033$, $\epsilon_y = f_y/E_s = 400/200{,}000 = 0.002$

$$\epsilon_{ta} = \max(0.004,\ 2.0\epsilon_y) = 0.004, \qquad \epsilon_{tt} = \max(0.005,\ 2.5\epsilon_y) = 0.005$$

$$\rho_{\max} = 0.85\beta_1\left(\frac{\epsilon_c}{\epsilon_c + \epsilon_{ta}}\right)\frac{f_{ck}}{f_y}\frac{d_t}{d} = 0.85 \times 0.80\left(\frac{0.0033}{0.0033 + 0.004}\right)\frac{24}{400}\frac{438}{438} = 0.0184$$

$$\rho_{\min} = \max\left(\frac{0.25\sqrt{f_{ck}}}{f_y},\ \frac{1.4}{f_y}\right) = \max\left(\frac{0.25\sqrt{24}}{400},\ \frac{1.4}{400}\right) = 0.0035$$

T형 보 설계유무 검토

$\phi = 0.85$ (가정)

$$\phi M_{nf} = \phi\left[0.85 f_{ck} h_f b\left(d - \frac{h_f}{2}\right)\right]$$

$$= 0.85\left[0.85 \times 24 \times 180 \times 1{,}925\left(438 - \frac{180}{2}\right)\right] \times 10^{-6} = 2{,}091\ \mathrm{kN \cdot m}$$

$M_u(=257.5) < \phi M_{nf}(=2{,}091)$ 등가응력블록이 플랜지에 위치 (직사각형 보)

$$R_n = \frac{M_u}{\phi b d^2} = \frac{257.5 \times 10^6}{0.85 \times 1{,}925 \times 438^2} = 0.82\ \mathrm{MPa}$$

$$\rho = \eta 0.85\frac{f_{ck}}{f_y}\left(1 - \sqrt{1 - 2\frac{R_n}{\eta 0.85 f_{ck}}}\right)$$

$$= 1 \times 0.85\frac{24}{400}\left(1 - \sqrt{1 - 2\frac{0.82}{1 \times 0.85 \times 24}}\right) = 0.0021$$

$\eta = 1$ ($\because\ f_{ck} \le 40\ \mathrm{MPa}$)

$\rho(0.0021) \le \rho_{\max}(0.0184)$ 이므로 철근비 만족

$A_s = \max(\rho b d,\ \rho_{\max} b_w d) = 1{,}771\ \mathrm{mm}^2$

철근 개수 결정 및 배치

$n = 1{,}771/506.7 = 3.5 \rightarrow$ 4개 (올림)

1단 배근 가능 여부 검토

$b_r = 2 \times 40 + 2 \times 9.53 + 4 \times 25.4 + 3 \times 27 = 282\ \mathrm{mm} < 300\ \mathrm{mm}$ (적절)

여기서 굵은골재 최대치수는 20 mm (레디믹스트콘크리트 20-24-180)

5-2) 휨설계 (B_1 내측 단부 부모멘트 부분) (KDS 14 20 10 4.3.1)

$l_n = (7.7 + 6.7/2) = 7.2\ \mathrm{m}$

$$M_u = \frac{1}{10} w_u l_n^2 = \frac{1}{10}(60.8 \times 7.2^2) = 315.2\ \mathrm{kN \cdot m}$$

단철근 보로 설계가능 여부 판단

$\phi = 0.85$ (가정)

$b = 300\ \mathrm{mm}$

$$a = \frac{(\rho_{\max} bd) f_y}{0.85 \eta f_{ck} b} = \frac{(0.0186 \times 300 \times 438)(400)}{0.85 \times 1 \times 24 \times 300} = 159.7\,\text{mm}$$

$$\phi M_n = \phi (\rho_{\max} bd) f_y \left(d - \frac{a}{2} \right)$$

$$= 0.85\,(0.0184 \times 300 \times 438)400 \left(438 - \frac{159.7}{2} \right) \times 10^{-6} = 294.4\,\text{kN·m}$$

$M_u (= 315.2) \not\leq \phi M_n (= 294.4\,\text{kN·m})$ 이므로 복철근 보로 설계

$$d' = c_{\text{cover}} + d_{bs} + \frac{d_b}{2} = 40 + 9.53 + \frac{25.4}{2} = 62\,\text{mm}$$

A_s 및 A_s' 결정

$\epsilon_t = 0.008$ (가정)

$d_t = d$ (인장철근 1단배근 가정)

$$\rho = 0.85 \beta_1 \left(\frac{\epsilon_c}{\epsilon_c + \epsilon_t} \right) \frac{f_{ck}}{f_y} \frac{d_t}{d} = 0.85 \times 0.80 \left(\frac{0.0033}{0.0033 + 0.008} \right) \frac{24}{400} = 0.0119$$

$\phi = 0.85$ (가정)

$$A_s = \rho b d = 0.0119 \times 300 \times 438 = 1{,}563.7\,\text{mm}^2$$

$$a = \frac{A_s f_y}{0.85 \eta f_{ck} b} = \frac{1{,}551 \times 400}{0.85 \times 1 \times 24 \times 300} = 101.4\,\text{mm}\ (\eta = 1)$$

$$c = \frac{a}{\beta_1} = \frac{101.4}{0.80} = 126.75\,\text{mm}$$

$$M_{n1} = A_s f_y \left(d - \frac{a}{2} \right) = 1{,}563.7 \times 400 \times \left(438 - \frac{101.4}{2} \right) \times 10^{-6} = 240.3\,\text{kN·m}$$

$$M_{n2} = \frac{M_u}{\phi} - M_{n1} = \frac{315.2}{0.85} - 240.3 = 130.5\,\text{kN·m}\ \text{(압축철근 부담 분)}$$

$$\epsilon_s' = \epsilon_c \left(\frac{c - d'}{c} \right) = 0.0033 \left(\frac{126.75 - 62}{126.75} \right) = 0.00169$$

$$f_s' = E_s \epsilon_s' = 200{,}000 \times 0.00169 = 338\,\text{MPa}\ \text{(압축철근 응력)}$$

$$A_s' = \frac{M_{n2}}{f_s'(d - d')} = \frac{130.5 \times 10^6}{338 \times (438 - 62)} = 1{,}026.8\,\text{mm}^2$$

이므로 인장철근은,

$$A_s = \frac{0.85 f_{ck} ab + A_s' f_s'}{f_y} = \frac{0.85 \times 24 \times 101.4 \times 300 + 1{,}026.8 \times 338}{400}$$

$$= 2{,}419\,\text{mm}^2$$

$$\rho' = \frac{A_s'}{bd} = \frac{1{,}026.8}{300 \times 438} = 0.0078, \qquad \rho = \frac{A_s}{bd} = \frac{2{,}419}{300 \times 438} = 0.0184$$

$$\rho_{t.\max} = \rho_{\max} + \rho' \frac{f_s'}{f_y} = 0.0184 + 0.0078 \frac{338}{400} = 0.02499 \geq \rho(0.0184)\ \text{(적절)}$$

연속보 휨설계 결과

계산위치

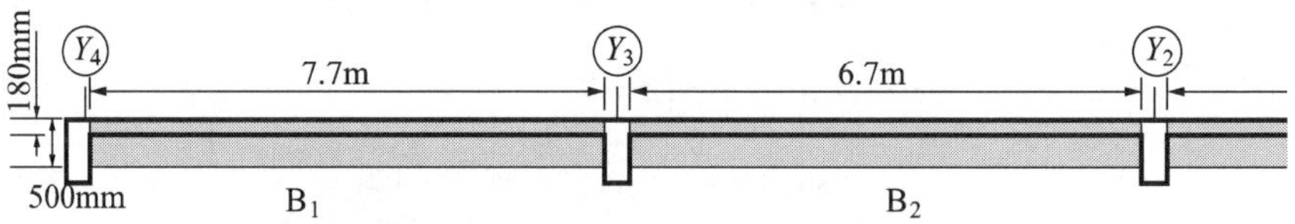

모멘트계수	-1/24	1/14	-1/10 -1/11	1/16	-1/11 -1/11
l_n (m)	7.7	7.7	7.2	6.7	7.2
w_u(kN/m)	60.8	60.8	60.8	60.8	60.8
M_u(kN · m)	150.2	257.5	315.2	170.6	285.5
단면해석 방법	단철근	T형	복철근	T형	복철근
A_s(mm^2)	1,099	1,775	2,420	1,230	
$A_s{}'$(mm^2)	0	0	1,030	0	
압축철근배치	-	-	3-D25	3-D25	3-D25
인장철근배치	3-D25	4-D25	5-525	-	5-525

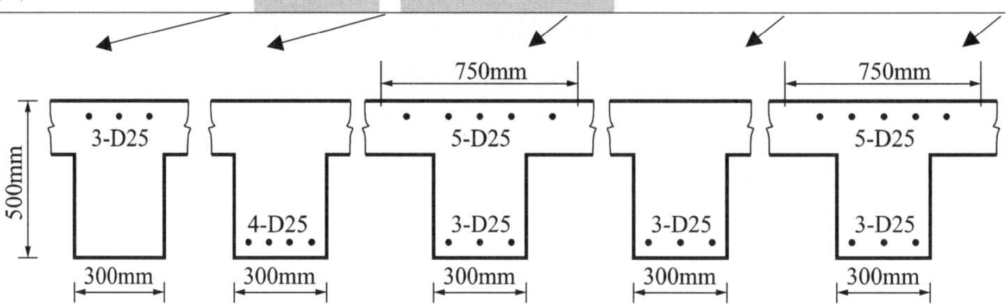

철근배치

인장철근 $n = 2{,}419/506.7 = 4.8 \Rightarrow 5$개

압축철근 $n = 1{,}205/506.7 = 2.4 \Rightarrow 3$개

$l_n/10 = 7{,}700/10 = 770\text{ mm}$ (휨철근을 배치할 수 있는 구간, 6-3-2(2)절)

$b_r = 2\times 40 + 2\times 9.53 + 5\times 25.4 + 4\times 27 = 316\text{ mm} < 770\text{ mm}$(만족) 1단 배치

나머지 휨설계 결과는 표와 같다.

균열폭 제어를 위한 인장철근 최대간격 식 (6.15) 검토 (KDS 14 20 20 4.2.3)

허용균열폭 검토 - 인장철근 최대 간격 식 (6.15)

$\kappa_{cr} = 280$ (건물 내),

$c_c = c_{cover} + d_{bs} = 40 + 9.53 = 49.53\text{ mm}$

$f_s = (2/3)f_y = 266.7\text{ MPa}$

$$s = 375\left(\frac{\kappa_{cr}}{f_s}\right) - 2.5c_c = 375\left(\frac{280}{266.7}\right) - 2.5 \times 49.53 = 270\ \text{mm}$$

$$s = 300\left(\frac{\kappa_{cr}}{f_s}\right) = 300\left(\frac{280}{266.7}\right) = 315\ \text{mm}$$

$$s = \min(s_1,\ s_2) = 270\ \text{mm}$$

표에서 균열폭에 가장 취약한 부분은 3-D25 배치 부분이므로 검토하면,

$$s_D = \frac{400 - 2 \times 40 - 2 \times 9.53 - 25.4}{3-1} = 138\ \text{mm} \le 270\ \text{mm}\ \ (\text{만족})$$

인장측에 있는 T형 보 플랜지의 철근 보강 (KDS 14 20 20 4.2.3)

슬래브 설계에서 긴 변 방향으로 상부에 수축·온도철근(D13@300 mm)를 배치했으므로 추가 철근 보강 필요 없음

6) 단면 전단설계(B_1 작은 보 부분) (KDS 14 20 22 4.2.1)

$$V_0 = 1.15\frac{\omega_u l_n}{2} = 1.15 \times \frac{60.8 \times 7.7}{2} = 269.2\ \text{kN}$$

$$V_x = V_0 - w_u x = 269.2 - 60.8x$$

$$V_c = \frac{1}{6}\lambda\sqrt{f_{ck}}\,b_w d = \frac{1}{6} \times 1.0 \times \sqrt{24} \times 300 \times 438 \times 10^{-3} = 107.3\ \text{kN}$$

$$\phi V_c = 0.75 \times 107.3 = 80.5\ \text{kN}\ \ (\text{콘크리트 전단강도})$$

스터럽이 필요없는 구간 결정

받침부로 부터 $\phi(1/2\,V_c)$가 되는 지점까지 거리

$$V_u = V_0 - w_u x = \phi\frac{1}{2}\,V_c \text{에서}$$

$$x = \frac{V_0 - (1/2)\phi V_c}{w_u} = \frac{269.2 - (1/2) \times 80.5}{60.8} = 3.77\ \text{m}$$

최소스터럽량 규정에 대한 최대간격 결정

D10 U자형 스터럽으로 설계하면,

$A_{v1} = 71.3\ \text{mm}^2$, 2열이므로 $A_v = A_{v1} \times n = 71.3 \times 2 = 142.6\ \text{mm}^2$

$f_{yt} = 400\ \text{MPa}$

$$s_{\max} = \min\left(\frac{A_v f_{yt}}{0.0625\sqrt{f_{ck}}\,b_w},\ \frac{A_v f_{yt}}{0.35 b_w}\right) = \min\left(\frac{142.6 \times 400}{0.0625\sqrt{24} \times 300},\ \frac{142.6 \times 400}{0.35 \times 300}\right)$$

$$= 543\ \text{mm}$$

$$V_{s,\min} = \frac{A_v f_{yt} d}{s_{\max}} = \frac{142.6 \times 400 \times 438}{543} \times 10^{-3} = 46 \text{ kN}$$

최소스터럽 배근 구간 결정

$$V_u = V_0 - w_u x = \phi(V_c + V_{s,\min})\text{에서}$$

$$x = \frac{V_0 - \phi(V_c + V_{s,\max})}{w_u} = \frac{269.2 - 0.75(107.3 + 46)}{60.8} = 2.54 \text{ m}$$

전단위험단면에서의 스터럽 설계

$$V_u = V_0 - w_u d = 269.2 - 60.8 \times 438 \times 10^{-3} = 242.6 \text{ kN}$$

스터럽이 부담하는 V_s는

$$V_s = \frac{V_u}{\phi} - V_c = \frac{242.6}{0.75} - 107.3 = 216.2 \text{ kN}$$

$V_s \leq 4V_c$의 조건을 검토해보면,

$V_s(216.2) < 4V_c(4 \times 107.3 = 429.2)$이므로 단면 적절

전단위험 단면에서 스터럽 간격 계산

$$s = \frac{A_v f_{yt} d}{V_s} = \frac{142.6 \times 400 \times 438}{216.2} \times 10^{-3} = 116 \text{ mm}$$

스터럽 간격 제한사항 검토

$2V_c(2 \times 107.3 = 214.6) < V_s(216.2)$이므로

$$s = \min\left(s_{\max},\ s,\ \frac{d}{4},\ 300 \text{ mm}\right) = \min\left(543,\ 116,\ \frac{438}{4},\ 300\right) = 109.5 \text{ mm}$$

시공성을 고려해서 D10@100 mm 결정

$L/4$단면에서의 스터럽 설계

$$L/4 = 7.7/4 = 1.925 \text{ m}$$

$$V_u = V_0 - w_u L = 269.2 - 60.8 \times 1.925 = 152.2 \text{ kN}$$

$$V_s = \frac{V_u}{\phi} - V_c = \frac{152.2}{0.75} - 107.3 = 95.6 \text{ kN}$$

$$s = \frac{A_v f_{yt} d}{V_s} = \frac{142.6 \times 400 \times 438}{95.6} \times 10^{-3} = 261 \text{ mm}$$

스터럽 간격 제한사항을 검토하면,

$V_s(95.6) < 2V_c(2 \times 107.3 = 214.6)$이므로

$$s = \min\left(s_{\max},\ s,\ \frac{d}{2},\ 600 \text{ mm}\right) = \min\left(543,\ 261,\ \frac{438}{2},\ 600\right) = 219 \text{ mm}$$

시공성을 고려해서 D10@200 mm 결정

그러므로

연속보 전단설계 결과

계산위치

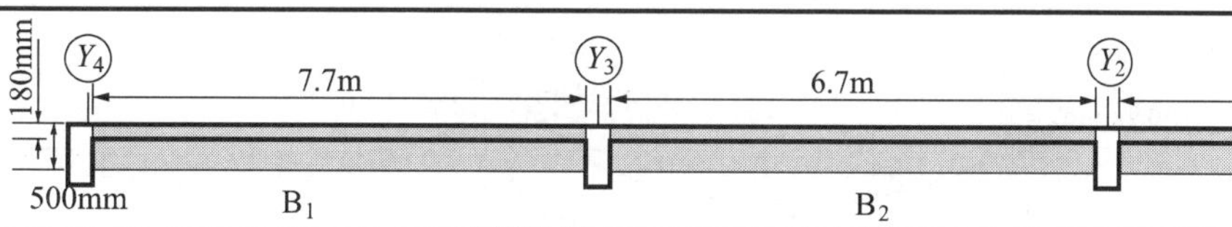

		B1			B2	
전단력계수	1.0		1.15	1.0		1.0 1.0
l_n(m)	7.7		7.7	6.7		6.7
V_0(kN)	234.1		269.2	203.6		203.6
ϕV_c(kN)		80.4			80.4	
V_u(kN)		242.6			177	
V_s(kN)		216.2			128.8	
s		116			193.9	
s_{max}		543			543	
L(m)		1.925→1.95			1.675→1.7	
V_s(kN)		95.7			28.5	
s		261			879	
s_{max}		543			543	
스터럽이 필요 없는 구간		3.77			2.69	
철근배근	받침부~1.95 m : D10 @100 1.95 m~중앙부 : D10 @200 (시공성 고려)			받침부~1.7 m : D10 @150 1.7~2.7 m : D10 @200 2.7~중앙부 : 스터럽 없음		

받침부로부터 1.95 m까지　　D10 @100 mm
1.95 m~중앙부　　D10 @200 mm

나머지 설계 결과는 표와 같다.

7) 철근의 절단과 정착 설계 (B_1 보)

모멘트 분포 작성

부(−)휨모멘트 $M_1(=150.2\ \mathrm{kN\cdot m})$과 $M_2(=315.2\ \mathrm{kN\cdot m})$에 대하여 단부로부터

$$V=\frac{M_1-M_2}{L}+\frac{wL}{2}=\frac{150.2-315.2}{7.7}+\frac{60.8\times 7.7}{2}=212.7\ \mathrm{kN}$$

$$M_{(x)}=-150.2+212.7x-60.8\frac{x^2}{2}$$

$M_{(x)}=0$일 때, $x=0.8\ \mathrm{m}$, $x=6.2\ \mathrm{m}$

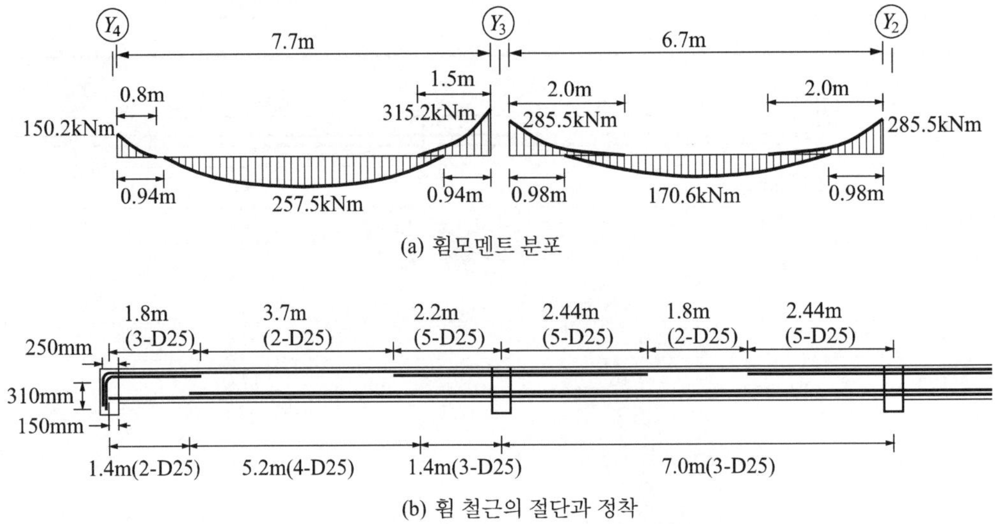

휨모멘트 분포와 휨철근의 절단, 정착 검토

정(+)휨모멘트 $M_1(=257.5\ \mathrm{kN \cdot m})$에 대하여 중앙부로부터

$$M_{(x)} = 257.5 - 60.8\frac{x^2}{2}$$

$M_{(x)} = 0$일 때, $x = -2.91\ \mathrm{m}$, $x = 2.91\ \mathrm{m}$

나머지 모멘트분포는 그림과 같다.

7-1) 하부 휨철근의 절단과 정착

B_1보 외측방향 절단위치 결정

정모멘트(M_u^+)를 받는 철근은 1/4 이상 받침부까지 연장, 묻힘길이 150 mm 이상이므로, 2-D25를 외측 받침부까지 연장하고, 나머지 2-D25는 절단

절단위치

휨철근이 필요하지 않은 구간에서 절단한다고 가정,

2-D25가 배근된 보에서의 설계강도 ϕM_n은,

$$a = \frac{A_s f_y}{0.85\eta f_{ck} b} = \frac{(2\times 506.7)\times 400}{0.85\times 1\times 24\times 300} = 66.2\ \mathrm{mm}\ (\eta = 1)$$

$$\phi M_n = \phi A_s f_y\left(d - \frac{a}{2}\right) = 0.85\times 506.7\times 2\times 400\times\left(438 - \frac{66.2}{2}\right)\times 10^{-6}$$

$$= 139.5\ \mathrm{kN \cdot m}$$

$$M_{(x)} = 257.5 - 60.8\frac{x^2}{2}$$

$M_{(x)} = 139.5\ \mathrm{kN \cdot m}$일 때, $x = -1.97\ \mathrm{m}$, $x = 1.97\ \mathrm{m}$

이므로 절단위치는,

$x = 1.97 + \max(d,\ 12d_b) = 1.97 + \max(438,\ 12 \times 25.4) \times 10^{-3} = 2.6\ \text{m}$

(중앙부로부터)

절단된 2-D25 철근의 정착길이 검토 (KDS 14 20 52 4.1.2)

전단설계가 이루어 졌으므로 조건 I을 만족

D22 이상인 D22의 철근($\alpha = 1.0$), 도막처리 안됨($\beta = 1.0$), 보통콘크리트

$\alpha\beta = (1.0)(1.0) = 1.0$

$$l_d = \frac{0.6\,d_b f_y}{\lambda\sqrt{f_{ck}}} \times 1.0 = \frac{0.6 \times 25.4 \times 400}{1.0 \times \sqrt{24}} \times 1.0 = 1{,}244\ \text{mm} \geq 300\ \text{mm}$$

$l_d(=1{,}244) < 2.6\ \text{m}$(절단위치) 적합

인장구역에서 철근 절단이 가능한지 검토

절단점(중앙부로부터 2.4 m)이 인장구역에 있다. 인장구역에서는 절단할 수 없지만 다음 조건 중 하나만 만족하는 경우 가능하다. (KDS 14 20 52 4.4.1)

① 절단점에서 계수전단력이 실제 전단강도의 2/3 이하인 경우
② 여유분의 전단보강근이 배치된 경우
③ 연속되는 철근이 소요 철근량의 2배 이상인 경우

예제에서 조건 ①을 확인해 보면,

$V_0 = 234.1\ \text{kN}, \qquad x = 7.7/2 - 2.6 = 1.25\ \text{m}$

$V_u = 234.1 - 60.8 \times 1.25 = 158.1\ \text{kN}$

$s = 100\ \text{mm}(x = 1.25\ \text{m}$ 부분 스터럽 간격)

$$\phi V_s = \phi\frac{A_v f_{yt} d}{s} = 0.75\frac{142.6 \times 400 \times 438 \times 10^{-3}}{100} = 187.4\ \text{kN}$$

$$\frac{2}{3}(\phi V_c + \phi V_s) = \frac{2}{3}(80.5 + 187.4) = 178.6\ \text{kN}$$

$V_u(=158.1) < 178.6\ \text{kN}$이므로 절단이 가능하다.

변곡점에서의 검토

$x = 0.94\ \text{m}$ (단부로부터 변곡점 위치)

$M_n = 139.5/0.85 = 164\ \text{kN·m}$

$V_u = 234.1 - 60.8 \times 0.94 = 176.9\ \text{kN}$

식 (5.11)에서

$$l_d \leqq \frac{M_n}{V_u} + l_a = \frac{164 \times 10^3}{176.9} + \max(437.8,\ 12 \times 25.4) = 1{,}365\ \text{mm}$$

$l_d(=1{,}244\ \text{mm}) < 1{,}365\ \text{mm}$ (적합)

나머지 하부철근의 절단위치 결정

B_1보 내측으로는 단부에 3-D25철근이 필요하므로 1개만 절단한다.

B_2는 단부와 중앙부에 모두 3-D25 휨철근이 필요하므로 절단하지 않는다.

7-2) 상부 휨철근의 절단과 정착

B_1 보 외측 상부 휨철근 절단위치 결정 (KDS 14 20 52 4.1.2)

전단설계가 이루어 졌으므로 조건 I을 만족

D25의 상부철근($\alpha = 1.3$), 도막처리 안됨($\beta = 1.0$), 보통콘크리트

$\alpha\beta = (1.3)(1.0) = 1.3$

$$l_d = \frac{0.6\,d_b f_y}{\lambda\sqrt{f_{ck}}} \times 1.3 = \frac{0.6 \times 25.4 \times 400}{1.0 \times \sqrt{24}} \times 1.3 = 1{,}618\ \mathrm{mm} \geq 300\ \mathrm{mm}$$

이고,

부모멘트 철근량의 1/3 이상은 변곡점을 지나 $\max(d,\ 12d_{b25},\ l_n/16)$ 이상

$l = 0.94 + \max(438,\ 12 \times 25.4,\ 7{,}700/16) \times 10^{-3} = 1.42\ \mathrm{m}$

이다. 그러므로

2-D25는 스터럽 설치를 위해 내측까지 연결

1-D25는 $x = 1.618 (= 1.65\ \mathrm{m})$에서 절단

B_1 보 외측 표준갈고리철근 정착길이 계산 (KDS 14 20 52 4.1.5)

$$l_{hb} = \frac{0.24\,\beta\, d_b f_y}{\lambda\sqrt{f_{ck}}} = \frac{0.24 \times 1.0 \times 25.4 \times 400}{1.0 \times \sqrt{24}} = 497.7\ \mathrm{mm}$$

조건 ①~④ 중에서 적용 가능성이 있는 보정계수는 조건 ①=0.7

초과철근을 고려하면 $1{,}099/(3 \times 506.7) = 0.72$

$l_{dh} = l_{hd} \times \text{보정계수} = 497.7 \times 0.7 \times 0.72 = 251\ \mathrm{mm} > (8d_b,\ 150\ \mathrm{mm})$

이다.

보 내부로 가능한 묻힘 길이는 $300 - 50$(조건 ①) $= 250\ \mathrm{mm}$이므로 약간 부족하지만 만족하는 것으로 본다. 또한

갈고리 연장부는 $12d_b = 12 \times 25.4 = 305\ \mathrm{mm} \rightarrow 310\ \mathrm{mm}$

B_1 보 내측 상부 휨철근 절단위치 결정

$l = 1.5 + \max(438,\ 12 \times 25.4,\ 7{,}700/16) \times 10^{-3} = 1.98\ \mathrm{m} \rightarrow 2.05\ \mathrm{m}$

2-D25는 스터럽 설치를 위해 내측까지 연결

3-D25 철근은 받침부로부터 2.05 m에서 절단

나머지 상부철근의 절단위치 결정

같은 방법으로 나머지 철근 절단위치를 결정해서 그림에 나타냈다.

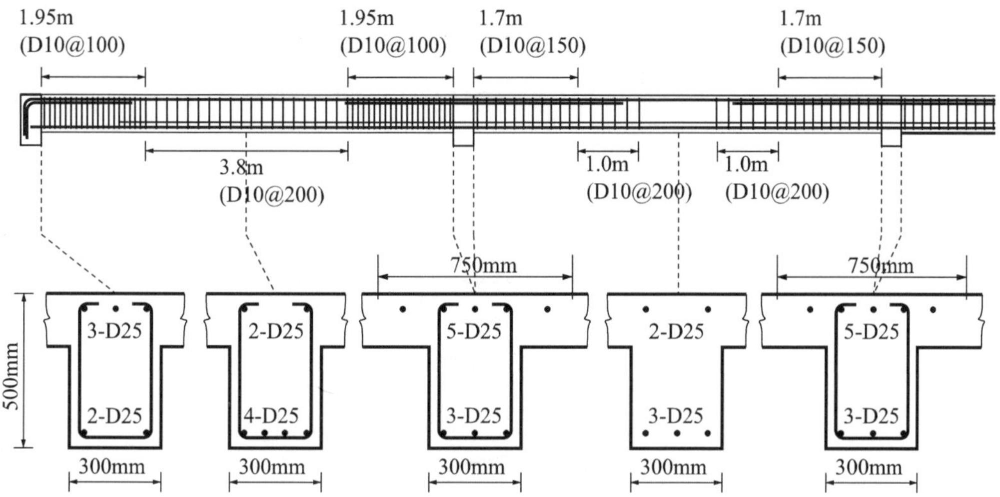

최종 철근배치 상세

10) 최종 도면 작성

최종도면은 그림과 같다. 그림 5.16의 배근 일반상세와 비교해 보자. 무엇을 더 검토해야 하는가? 철근 이음이 필요하다면 어디서 해야 하며 이음길이는 얼마인가? 세심한 철근 상세만으로도 구조물을 더욱 안전하게 만들 수 있다.

7-4 연속 휨부재의 휨모멘트 재분배

연속 휨부재에서 하중이 증가하여 극한하중을 초과하면, 최대 휨모멘트 단면에서 인장철근이 항복한다. 좀 더 하중을 증가시키면 이 단면에 **소성힌지**(plastic hinge)가 발생한다. 여기서 소성힌지란 일정한 휨모멘트를 유지한 체 마치 힌지처럼 회전하는 영역을 말한다. 소성힌지에서는 더 이상 추가 휨모멘트에 저항할 수 없기 때문에, 추가 휨모멘트는 나머지 탄성구간이 부담한다. 최종적으로는 나머지 탄성구간의 최대 휨모멘트 단면이 소성능력에 도달한다. 이러한 휨모멘트의 재분배 과정을 그림 7.6과 같은 양단 고정단 보를 통해 생각해 보자.

탄성상태에서 등분포하중 w을 받는 양단 고정단 보는 휨모멘트 $wL^2/8$이 단부와 중앙부에 각각 $wL^2/12$, $wL^2/24$로 탄성 분배된다. 그러므로 탄성해석 결과로 휨설계한다면 단부 휨철근이 중앙부 보다 2배 더 필요하다. 하중이 증가하

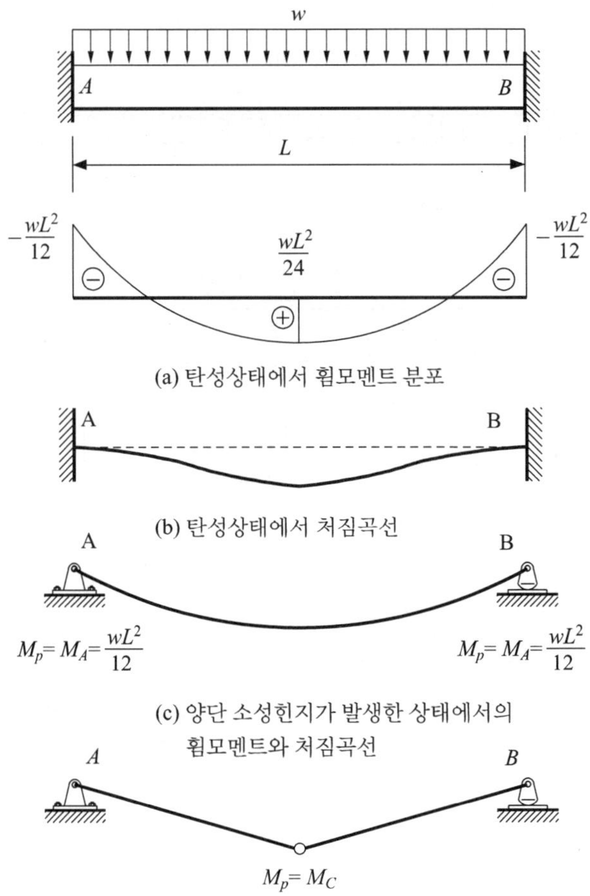

(a) 탄성상태에서 휨모멘트 분포

(b) 탄성상태에서 처짐곡선

(c) 양단 소성힌지가 발생한 상태에서의 휨모멘트와 처짐곡선

(d) 중앙부 소성힌지가 발생과 함께 붕괴

그림 7.6
양단 고정단 철근콘크리트 보의 붕괴 메커니즘

여 단부에 소성힌지가 발생하면 그림 (c)와 같이 $wL^2/12$를 유지한 체 나머지 탄성구간으로 휨모멘트가 재분배 된다. 물론 이렇게 휨모멘트가 재분배하기 위해서는, 소성힌지가 발생한 단면이 충분한 연성을 가지고 있어야 한다.

기준에서는 근사해석을 제외하고 탄성이론에 의해 계산한 연속 휨부재 받침부의 부(−)휨모멘트를 20% 이내에서 $1{,}000\epsilon_t$%만큼 증가 또는 감소시킬 수 있도록 하고 있다. 단,

1) 소성힌지가 발생하는 단면의 ϵ_t가 0.0075 이상일 때이다. 즉 연성(ϵ_t/ϵ_y)이 3 이상일 때만 휨모멘트 재분배를 허용한다.
2) 수정한 부(−)휨모멘트의 차만큼 나머지 탄성구간에서 부담해서, 휨모멘트 재분배 이후에도 정적 평형을 유지해야 한다.

여기서 근사해석에 의해 휨모멘트를 계산한 경우는 제외한다는 사실에 유의하자. 예를 들어 앞의 실용해석 방법을 이용하거나, 앞으로 배울 2방향 슬래브의 직접설계법에는 휨모멘트의 재분배를 적용할 수 없다.

예제 7-4 휨모멘트 재분배

다음 그림은 탄성해석 결과와 실제 휨설계한 결과이다. 모멘트재분배를 고려해서 안전성을 평가하라. 단, 레디믹스트콘크리트 20-24-180, 철근 SD400급이다.

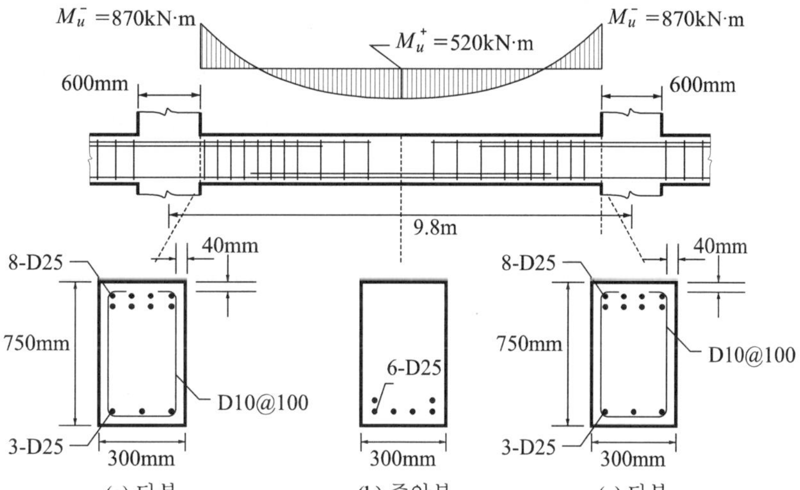

(a) 단부 (b) 중앙부 (c) 단부

풀이

단부 복철근 보의 ϕM_n 계산과 안전성 검토

$$d = h - (c_{cover} + d_{bs} + d_b + 25/2) = 750 - (40 + 9.53 + 25.4 + 25/2) = 663\text{ mm}$$

$$d_t = h - (c_{cover} + d_{bs} + d_b/2) = 750 - (40 + 9.53 + 25.4/2) = 688\text{ mm}$$

$$d' = c_{cover} + d_{bs} + d_b/2 = 40 + 9.53 + 25.4/2 = 62\text{ mm}$$

철근비를 구하면,

$$\rho = \frac{A_s}{bd} = \frac{506.7 \times 8}{300 \times 663} = 0.0204$$

$$\rho' = \frac{A_s'}{bd} = \frac{506.7 \times 3}{300 \times 663} = 0.0076$$

압축철근 항복여부

$$\beta_1 = 0.80$$

$$\epsilon_c = 0.0033, \qquad \epsilon_y = f_y / E_s = 400/200{,}000 = 0.002$$

$$\rho_{cy} = 0.85\beta_1 \frac{f_{ck}}{f_y}\left(\frac{\epsilon_c}{\epsilon_c - \epsilon_y}\right)\frac{d'}{d} + \rho'$$

$$= 0.85 \times 0.80\left(\frac{24}{400}\right)\left(\frac{0.0033}{0.0033 - 0.002}\right)\left(\frac{62}{663}\right) + 0.0076 = 0.0173$$

에서 $\rho(=0.0204) \geq \rho_{cy}(=0.0173)$이므로 압축철근 항복

공칭 휨모멘트 계산

$$a = \frac{(A_s - A_s')f_y}{0.85\eta f_{ck} b} = \frac{(506.7 \times 8 - 506.7 \times 3) \times 400}{0.85 \times 1 \times 24 \times 300} = 165.6\ \mathrm{mm}\ (\eta = 1)$$

$$M_{n1} = (A_s - A_s')f_y\left(d - \frac{a}{2}\right)$$

$$= (506.7 \times 8 - 506.7 \times 3) \times 400 \times \left(663 - \frac{165.6}{2}\right) \times 10^{-6} = 588\ \mathrm{kN \cdot m}$$

$$M_{n2} = A_s' f_y (d - d') = 506.7 \times 3 \times 400 \times (663 - 62) \times 10^{-6} = 365.4\ \mathrm{kN \cdot m}$$

이므로

$$M_n = M_{n1} + M_{n2} = 588 + 365.4 = 953.4\ \mathrm{kN \cdot m}$$

변형률 적합조건

$\epsilon_{ta} = \max(0.004,\ 2.0\epsilon_y) = 0.004,$

$c = a/\beta_1 = 165.6/0.80 = 207\ \mathrm{mm}$

$$\epsilon_t = 0.0033\frac{d_t - c}{c} = 0.0033 \times \frac{688 - 207}{207} = 0.00767 \geq \epsilon_{ta}$$

설계휨모멘트 강도 ϕM_n은,

$\epsilon_{tt} = \max(0.005,\ 2.5\epsilon_y) = 0.005$

$\epsilon_t = 0.0076 \geq \epsilon_{tt}$에서 인장지배단면이므로 $\phi = 0.85$

$\phi M_n = 0.85 \times 953.4 = 810.4\ \mathrm{kN \cdot m}$

안전율 $\mathrm{FS} = \dfrac{M_u^-}{\phi M_n} = \dfrac{870}{810.4} = 1.07 \not\leq 1.0$이므로 안전하지 않다.

그러나 $\epsilon_t(=0.0076) \geqq 0.0075$이므로 휨모멘트 재분배가 가능하다.

휨모멘트 재분배 고려

$1{,}000\epsilon_t(\%)$만큼 중앙부 정(+)휨모멘트로 분배한다고 생각하면,

$$M_u^+ = M_u + \Delta M = M_u{}^+ + 1{,}000\epsilon_t \times 10^{-2} M_u{}^-\ \text{(정(+)휨모멘트 수정)}$$

$$= 520 + 1{,}000 \times 0.0076 \times 10^{-2} \times 870 = 586.1\ \mathrm{kN \cdot m}$$

중앙부 단철근 보의 ϕM_n 계산과 안전성 검토

$d = h - (c_{\mathrm{cover}} + d_{bs} + d_b + 25/3) = 750 - (40 + 9.53 + 25.4 + 25/3) = 667\ \mathrm{mm}$

$d_t = h - (c_{\mathrm{cover}} + d_{bs} + d_b/2) = 750 - (40 + 9.53 + 25.4/2) = 688\ \mathrm{mm}$

$A_s = 506.7 \times 6 = 3{,}040.2\,\text{mm}^2$

$$a = \frac{A_s f_y}{0.85 \eta f_{ck} b} = \frac{3{,}040.2 \times 400}{0.85 \times 1 \times 24 \times 300} = 198.7\,\text{mm}\,(\eta = 1)$$

$$c = \frac{a}{\beta_1} = \frac{198.7}{0.80} = 248.4\,\text{mm}$$

$$\epsilon_t = \epsilon_c \left(\frac{d_t - c}{c} \right) = 0.0033 \left(\frac{688 - 248.4}{248.4} \right) = 0.00584 \geq \epsilon_{ta}$$ (변형률 적합조건 만족)

$\epsilon_t = 0.0058 \geq \epsilon_{tt}$에서 인장지배단면이므로 $\phi = 0.85$

$$\begin{aligned} \phi M_n &= \phi A_s f_y \left(d - \frac{a}{2} \right) \\ &= 0.85 \times 3{,}040.2 \times 400 \times \left(667 - \frac{198.7}{2} \right) \times 10^{-6} = 586.8\,\text{kN·m} \end{aligned}$$

안전율 $\text{FS} = \dfrac{M_u^+}{\phi M_n} = \dfrac{586.1}{586.4} = 0.999 \leq 1.0$이므로 안전하다.

설계 안전성 종합 판단

단부에 휨철근량이 7% 정도 부족하지만 휨모멘트 재분배를 고려하면 안전하다.

7-5 연습문제

[7-1절]

7-1.1 연속보나 또는 1방향 슬래브 구조해석에서 실용해석 방법 식 (7.1)을 이용할 수 있는 조건을 설명하라.

[7-2절]

7-2.1 4변 고정슬래브에서 긴 변 대 짧은 변의 비가 2 이상이면 1방향 슬래브로 본다. 그 이유는?

7.2.2 그림과 같은 4변 고정슬래브에 대하여,

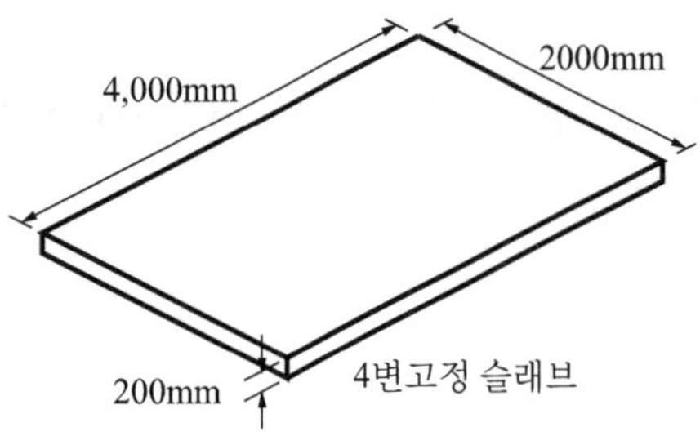

(1) 중앙에 계수집중하중 $P_u = 100$ kN이 작용할 때 단변방향으로 부담하는 하중은?

(2) 계수등분포하중 $w_u = 10\ \mathrm{kN/m^2}$이 작용할 때 단변방향이 부담하는 하중은?

(3) 계수등분포하중 $w_u = 20\ \mathrm{kN/m^2}$이 작용할 때 슬래브에 발생하는 최대 부휨모멘트는?

7-2.3 그림과 같은 옹벽에 토압이 작용한다고 가정할 때, 벽체의 음영 부분(폭 1 m)을 1방향 슬래브로 설계하라. 단, $f_{ck} = 30$ MPa, $f_y = 400$ MPa, D13을 사용한다.

7-2.4 예제 7-2의 조건에서 건물 사용 용도가 도서관(서고)인 경우 연속 슬래브를 설계하라.

[7-3절]

7-3.1 예제 7-2 및 7-3 조건에서 건물 사용 용도가 창고형 매장인 경우 연속보를 설계하라.

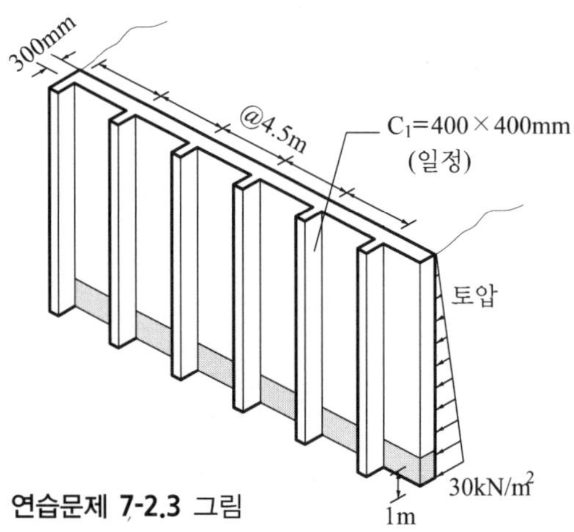

연습문제 7-2.3 그림

8장 기둥

차례

주요개념

단주와 장주
띠철근 기둥
나선철근 기둥
강도 상관곡선
$P\Delta$효과, 휨모멘트 확대효과
횡구속과 비횡구속 골조
안정성 지수 Q
장주의 좌굴과 유효길이 k
휨모멘트 확대계수
확대 휨모멘트 M_c
강성감소계수

이 장은 휨과 압축을 받는 대표적인 부재인 기둥의 해석과 설계에 대해 다룬다. 기둥은 지붕이나 슬래브가 전달하는 하중을 지지하는 수직부재로, 높이가 단면 최소 치수의 3배 이상 되는 부재로 정의한다. 기둥은 주로 축방향 압축력을 부담하지만, 대부분 휨과 압축을 동시에 받는다. 또한 압축에 의한 취성파괴나 전단에 저항하기 위해서 횡보강근인 띠철근이나 나선철근을 배치한다.

기둥 부재의 파괴는 매우 급작스럽고 취성적이며, 지지하고 있는 바닥뿐만 아니라 건물 전체의 붕괴를 일으키기 때문에 다른 부재보다 안전성 확보가 매우 중요하다. 그러므로 휨부재 보다 크게 작은 강도감소계수 ϕ를 적용한다.

기둥 설계에서 중요한 또 하나의 문제는 기하학적 안정성이다. 기둥의 세장비가 커지면, 즉 단면에 비해 높이가 길어지면 좌굴할 수 있다. 또한 수평처짐 Δ가 상대적으로 커져서 축하중에 의한 $P\Delta$만큼의 휨모멘트가 추가되므로 이를 설계에 고려해야 한다.

독자는 앞에서 미리 접해 보았겠지만 계산과정이 다소 복잡한 것은 부록에 수록한 수치해석프로그램을 이용해 보자. 물론 전반적인 식의 유도과정과 사용한 여러 계수의 의미를 충분히 이해하는 것이 더욱 중요하다는 사실을 잊지 말고 말이다.

8-1 기둥

8-1-1. 기둥의 분류

먼저 구조 관점에서 기둥을 분류해 보자.

1) 기둥 폭 대 길이 비(세장비)에 따라

- **단주** : 좌굴하기 전에 재료가 먼저 파괴(철근 항복 및 콘크리트 압괴)되는 짧은 기둥
- **장주** : 상대적으로 길이가 길고 잘 휘어서, 즉 세장비가 커서 축하중에 의한 좌굴을 고려해야 하는 기둥

2) 작용하중 종류에 따라

- **중심축하중 기둥** : 기둥 단면 중심에 축하중만이 작용하는 기둥
- **편심축하중 기둥** : 축하중 P가 편심길이 e만큼 떨어져 작용해서 P와 휨모멘트 $M = Pe$를 동시에 받는 기둥이다. 1축 및 2축 편심축하중 기둥으로 구분한다.

3) 축방향 철근의 횡방향 지지형태에 따라

- **띠철근 기둥** : 띠철근으로 횡 보강된 기둥
- **나선철근 기둥** : 나선철근으로 횡 보강된 기둥

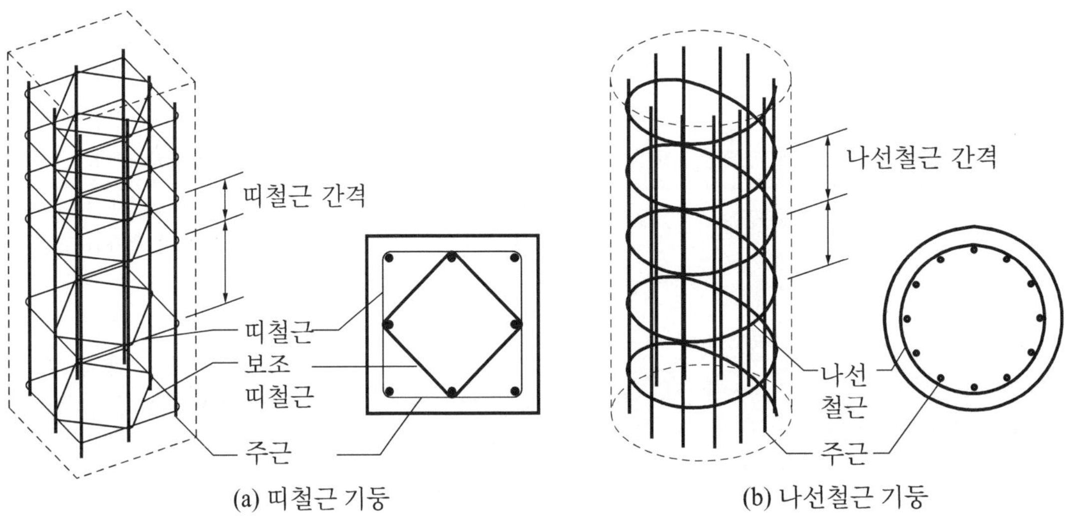

그림 8.1 띠철근 기둥과 나선철근 기둥

4) 횡방향 변위 구속여부에 따라
- **횡구속 기둥** : 브레이스나 전단벽이 지지해서 횡방향 변위가 일어나지 않는 기둥
- **비횡구속 기둥** : 일반적인 라멘과 같이 횡방향 변위가 추가되는 기둥

8-1-2. 중심축하중을 받는 단주의 역학적 거동

그림 8.2는 축하중을 받는 단주의 하중 - 변위 곡선이다. 축하중이 증가해서 최대하중에 이르면, 수직균열이 발생하고 압축파괴가 발생하면서 피복콘크리트가 박리한다. 이후의 거동은 횡보강근 형태(띠철근과 나선철근)에 따라 다르다.

띠철근 기둥의 경우 피복콘크리트가 박리하면, 띠철근으로 둘러싼 내부 코아콘크리트의 하중지지 능력이 급속히 감소하고, 최종적으로 띠철근 사이 주근이 좌굴하면서 취성적으로 파괴한다. 반면 나선철근 기둥은 피복콘크리트가 박리한 후에도 즉시 파괴하지 않고 충분한 연성능력을 발현하며 2차 최대하중에 도달한다. 이러한 이유는 2-2-2(2)에서 살펴보았듯이 횡보강 철근에 의한 구속효과 때문이다. 그림 8.3을 보자. 나선철근 기둥은 코아콘크리트가 원형이기 때문에 모든 방향에서 일정한 횡구속력을 받는다. 그러나 띠철근 기둥의 코아콘크리트는 모서리 부분만이 완전한 횡구속력을 받고, 나머지 부분은 횡 팽창에 의해 띠철근이 바깥쪽으로 휨으로써 구속효과를 발휘하지 못한다. 그러므로 동일 조건에서 기둥의 강도와 연성은 나선철근 기둥이 띠철근 기둥보다 우수하다.

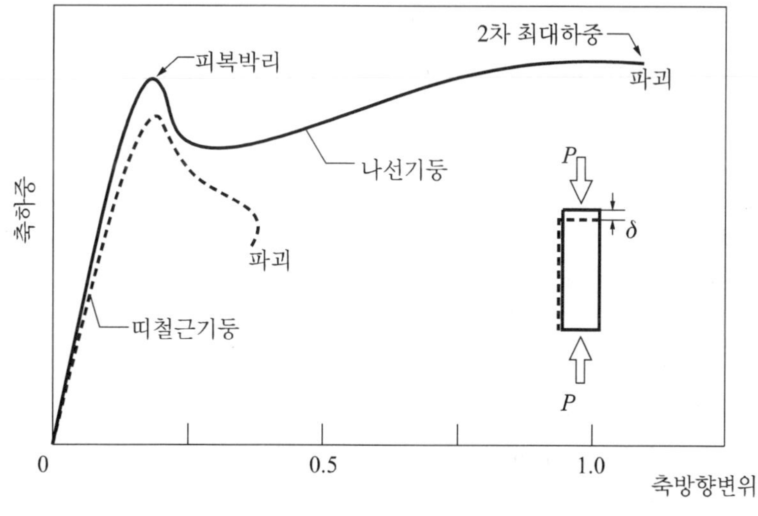

그림 8.2
중심축하중을 받는 띠철근 기둥과 나선철근 기둥의 하중 – 변위 관계

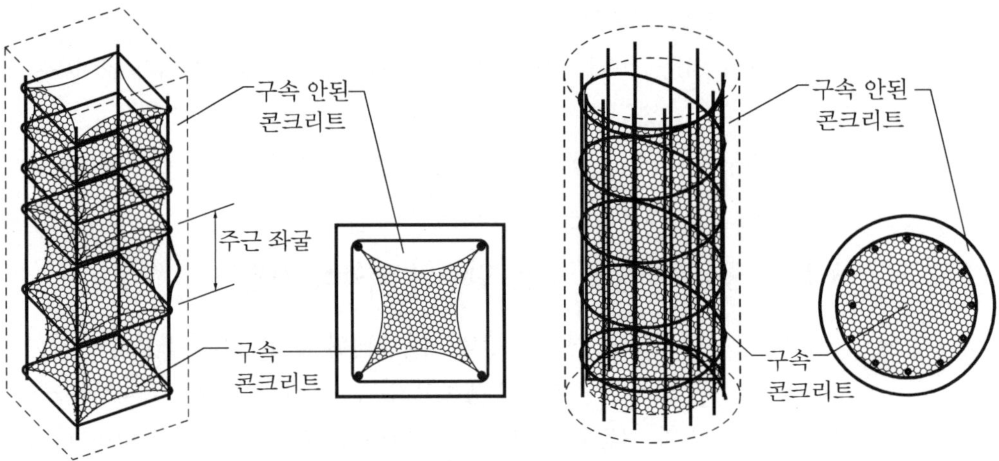

(a) 띠철근 기둥 (b) 나선철근 기둥

그림 8.3 횡보강근에 의해 3축 응력상태에 놓이는 구속 콘크리트

이렇게 기둥의 압축거동에 영향을 주는 띠철근 또는 나선철근의 역할은,

1) 내부 코아콘크리트를 구속해서 기둥의 연성을 증가시킨다.
2) 기둥의 전단보강 철근 역할을 한다.
3) 피복콘크리트 박리 이후 주근이 좌굴하지 않도록 구속한다.
4) 시공 중에 주근 위치를 고정해 준다.

8-1-3. 강도감소계수

휨 및 압축을 받는 기둥의 강도감소계수 ϕ는 3-2-4절에서 살펴보았듯이 파괴모드에 따라 다르게 적용한다. 또한 띠철근과 나선철근의 서로 다른 거동 특성을 고려한다. 이를 정리하면 표 8.1 및 그림 8.4와 같다.

표 8.1 기둥의 강도감소계수

파괴모드	띠철근 기둥	나선철근 기둥
압축지배단면	$\phi = 0.65$	$\phi = 0.70$
변환구간단면	$\phi = 0.65 + \dfrac{0.85 - 0.65}{\epsilon_{tt} - \epsilon_y}(\epsilon_t - \epsilon_y)$	$\phi = 0.70 + \dfrac{0.85 - 0.70}{\epsilon_{tt} - \epsilon_y}(\epsilon_t - \epsilon_y)$
인장지배단면	$\phi = 0.85$	$\phi = 0.85$

$\epsilon_y = f_y / E_s, \quad \epsilon_{tt} = \max(0.005, 2.5\epsilon_y)$

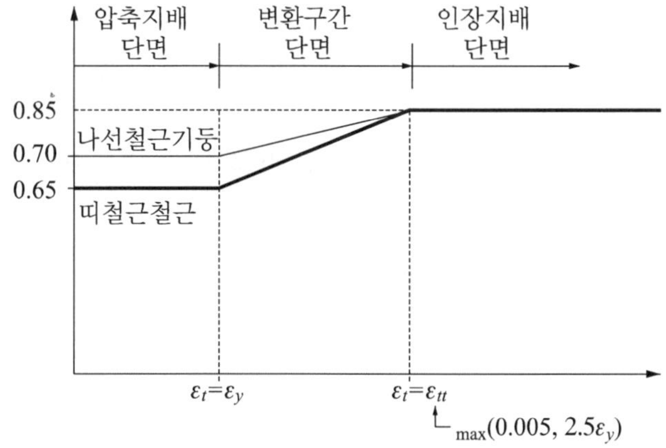

그림 8.4
기둥의 파괴모드에 따른 강도감소계수

8-2 단주 단면해석

8-2-1. 중심축하중을 받는 단주의 단면해석

중심축하중을 받는 단주가 지지할 수 있는 최대 축하중 P_0은 콘크리트 P_c와 주근 P_s이 부담하는 축하중의 합이므로,

$$P_0 = P_c + P_s$$

$$P_0 = 0.85 f_{ck}(A_g - A_{st}) + f_y A_{st} \tag{8.1}$$

여기서, $0.85 f_{ck}$는 장기 하중 상태에서 콘크리트 강도가 감소하는 것을 고려한 것이다. 또한 A_g는 전체단면적, A_{st}는 축방향 철근량이다.

식 (8.1)은 이론적인 값이다. 기둥이 중심축하중만을 받는다고 생각되더라도 예상치 못한 모멘트가 작용할 수 있다. 그러므로 기준에서는 식 (8.1)에서 띠철근 기둥은 80%, 나선철근 기둥은 85%만을 채택한다. 여기서 비율의 차이는 나선철근 기둥의 우수한 강도와 연성능력을 고려한 것이다. 또한 강도감소계수 ϕ를 고려하면 설계 중심축하중 ϕP_n은,

띠철근 기둥

$$\phi P_n = \phi 0.8 [0.85 f_{ck}(A_g - A_{st}) + f_y A_{st}] \tag{8.2a}$$

나선철근 기둥

$$\phi P_n = \phi 0.85[0.85 f_{ck}(A_g - A_{st}) + f_y A_{st}] \tag{8.2b}$$

이다. 여기서 ϕ는 압축지배단면이므로 표 8.1에서 각각 0.65, 0.70이다.

예제 8-1 단주의 설계 중심축하중 계산

다음 중심축하중을 받는 기둥의 ϕP_n을 구하라. 단, $f_{ck} = 24\,\text{MPa}$, $f_y = 400\,\text{MPa}$이다.

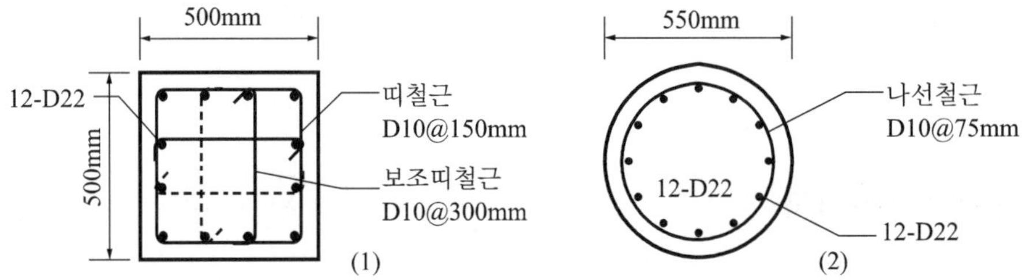

풀이

(1) 띠철근 기둥

$A_g = bh = 500 \times 500 = 2.5 \times 10^5\,\text{mm}^2$

$A_{st} = 12 \times 387.1 = 4{,}645.2\,\text{mm}^2$

$\phi = 0.65$ (압축지배단면)

$$\begin{aligned}\phi P_n &= \phi 0.8[0.85 f_{ck}(A_g - A_{st}) + f_y A_{st}] \\ &= 0.65 \times 0.8[0.85 \times 24(2.5 \times 10^5 - 4{,}645.2) + 400 \times 4{,}645.2] \times 10^{-3} \\ &= 3{,}568.9\,\text{kN}\end{aligned}$$

(2) 나선철근 기둥

$A_g = \dfrac{\pi D^2}{4} = \dfrac{\pi \times 550^2}{4} = 2.3758 \times 10^5\,\text{mm}^2$

$A_{st} = 12 \times 387.1 = 4{,}645.2\,\text{mm}^2$

$\phi = 0.70$ (압축지배단면)

$$\begin{aligned}\phi P_n &= \phi 0.85[0.85 f_{ck}(A_g - A_{st}) + f_y A_{st}] \\ &= 0.70 \times 0.85[0.85 \times 24(2.3758 \times 10^5 - 4{,}645.2) + 400 \times 4{,}645.2] \times 10^{-3} \\ &= 3{,}932.9\,\text{kN}\end{aligned}$$

8-2-2. 축하중과 휨모멘트를 받는 단주의 단면해석

철근콘크리트 구조물에서 대부분의 기둥은 축하중과 함께 휨모멘트를 받는다. 이것은 편심 하중을 받거나, 보로부터 전달되는 불균형모멘트의 일부를 기둥이 부담하기 때문이다.

이러한 기둥의 단면해석은 그림 8.5와 같이 편심축하중을 받는 기둥으로 생각

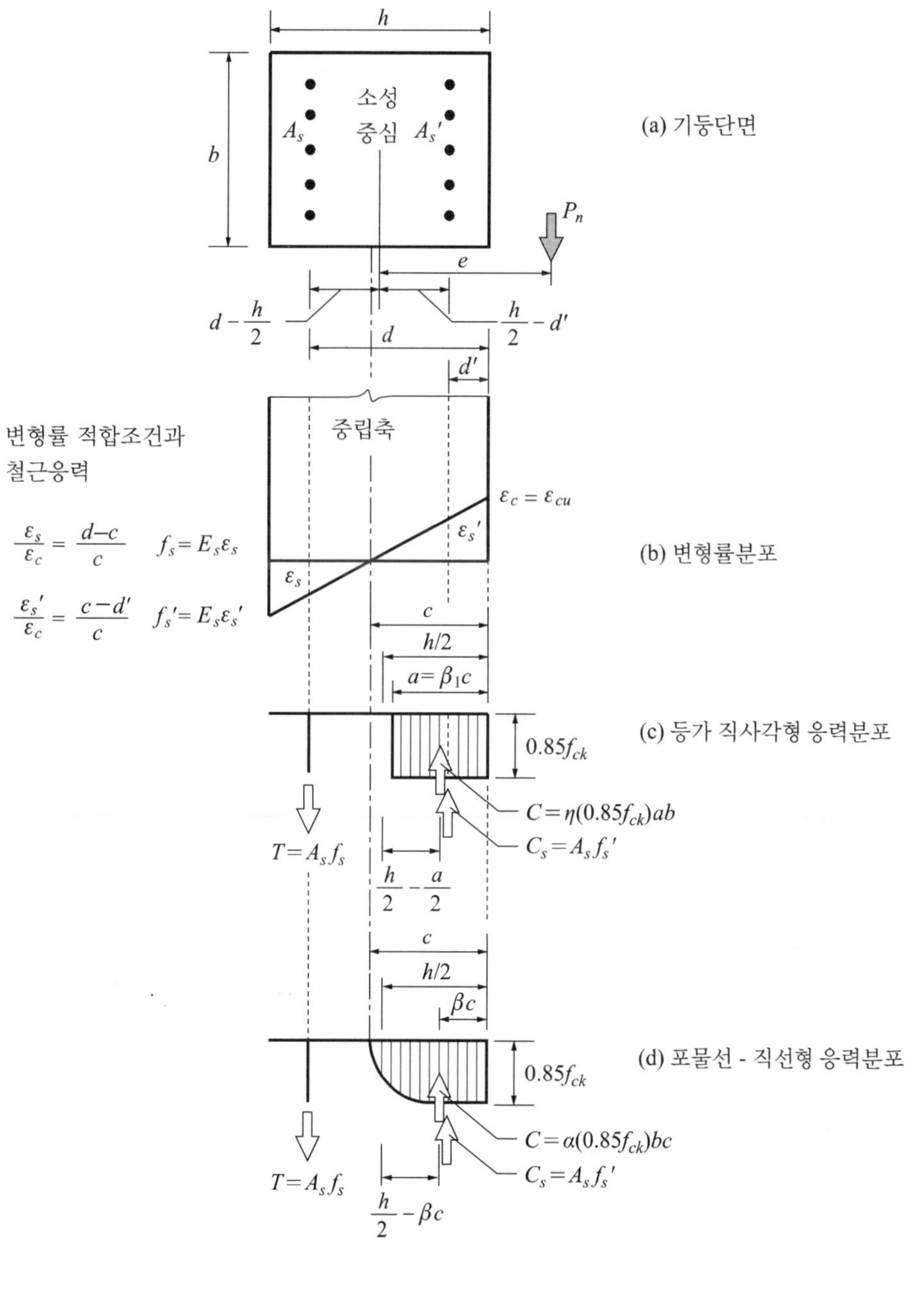

그림 8.5
편심축하중을 받는 기둥의 변형률과 응력분포

하면 편리하다. 즉 축하중 P_n와 $M_n = P_n e$를 받는 단면으로 생각한다. 여기서 e는 단면의 소성중심에 대한 편심거리이다. 힘의 평형조건에 의해,

$\sum Y = 0$에서,

$$P_n = C + C_s - T$$

콘크리트에 의한 압축력(C)을 등가 직사각형 응력분포나 포물선-직선형 응력분포를 이용하여 기둥에 작용하는 축력을 계산하면,

(등가 직사각형 응력분포의 경우)

$$P_n = \eta(0.85 f_{ck}) ab + A_s' f_s' - A_s f_s \tag{8.3a}$$

(포물선-직선형 응력분포의 경우)

$$P_n = \alpha(0.85 f_{ck}) bc + A_s' f_s' - A_s f_s \tag{8.3b}$$

$\sum M = 0$에서,

$$M_n = P_n e = C e_1 + C_s e_2 + T e_3$$

단면의 소성중심을 기준으로 하고, 콘크리트에 의한 압축력(C)을 등가 직사각형 응력분포나 포물선-직선형 응력분포를 이용하여 기둥에 작용하는 모멘트를 계산하면,

(등가 직사각형 응력분포의 경우)

$$M_n = \eta(0.85 f_{ck}) ab \left(\frac{h}{2} - \frac{a}{2}\right) + A_s' f_s' \left(\frac{h}{2} - d'\right) + A_s f_s \left(d - \frac{h}{2}\right) \tag{8.4a}$$

(포물선-직선형 응력분포의 경우)

$$M_n = \alpha(0.85 f_{ck}) bc \left(\frac{h}{2} - \beta c\right) + A_s' f_s' \left(\frac{h}{2} - d'\right) + A_s f_s \left(d - \frac{h}{2}\right) \tag{8.4b}$$

여기서 압축측 철근의 변형률 ϵ_s'과 응력 f_s'은 변형률 적합조건에 의해,

$$\frac{\epsilon_s'}{\epsilon_c} = \frac{c - d'}{c}, \quad \epsilon_s' = \epsilon_c \frac{c - d'}{c}$$

$$f_s' = E_s \epsilon_s' = E_s \epsilon_c \left(\frac{c - d'}{c}\right) \le f_y \tag{8.5}$$

인장측 철근의 ϵ_s와 f_s는,

$$\frac{\epsilon_s}{\epsilon_c} = \frac{d-c}{c}, \quad \epsilon_s = \epsilon_c \frac{d-c}{c}$$

$$f_s = E_s \epsilon_s = E_s \epsilon_c \left(\frac{d-c}{c}\right) \le f_y \tag{8.6}$$

여기서 ϵ_c는 콘크리트 압축연단의 극한변형률(ϵ_{cu})이며, ϵ_{cu}는 콘크리트의 설계기준압축강도(f_{ck})가 40 MPa 이하인 경우에는 0.0033으로 가정하며, 40 MPa을 초과할 경우에는 매 10 MPa의 강도 증가에 대하여 0.0001씩 감소시킨다.

식 (8.3)과 식 (8.4)에서 압축영역 안에 철근이 포함되는 경우, 철근 면적만큼의 콘크리트 손실량을 무시하였다. 그러나 철근량이 많아지면 이를 고려해야 한다. 고려 방법은 $f_s' \rightarrow (f_s' - 0.85 f_{ck})$로 치환하여 계산하는 것이 편리하다.

예제 8-2 축하중과 휨모멘트를 받는 단주의 단면해석

다음 축하중과 휨모멘트를 받는 기둥 단면이 균형상태일 때(압축측 콘크리트가 극한변형률 도달 시 인장철근은 항복강도 도달) 포물선-직선형 응력분포를 사용하여 공칭강도 P_n, M_n, ϕ를 구하라. 단, $f_{ck} = 24$ MPa, $f_y = 400$ MPa이다.

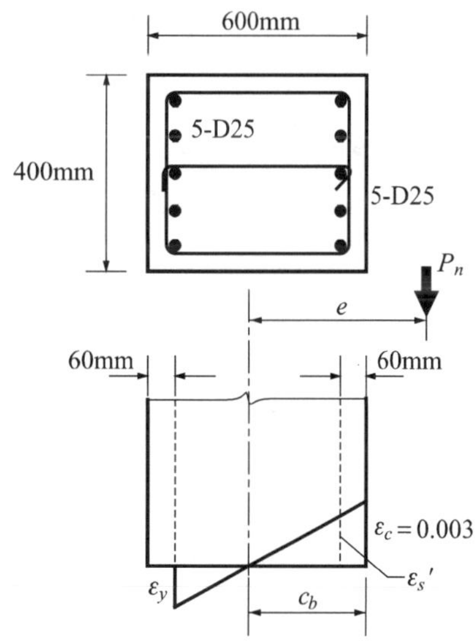

풀이

균형상태일 때 압축연단에서 중립축까지의 거리 c_b

$\epsilon_y = f_y / E_s = 400/200{,}000 = 0.002, \quad \alpha = 0.80, \quad \beta = 0.40$

$$c_b = \frac{\epsilon_c}{\epsilon_c + \epsilon_y} d = \left(\frac{0.0033}{0.0033 + 0.002}\right)(600 - 60) = 336 \text{ mm}$$

철근 응력 계산

$f_s = 400$ MPa (ϵ_y를 가정했으므로)

$$f_s'^* = E_s\epsilon_c\left(\frac{c_b - d'}{c_b}\right) = 200{,}000 \times 0.0033\left(\frac{336-60}{336}\right) = 542.1 \leq 400\text{에서,}$$

$f_s'^* = 400$ MPa,

$f_s' = f_s'^* - 0.85f_{ck} = 400 - 0.85 \times 24 = 379.6$ MPa

(콘크리트 압축영역 안에 포함된 철근이므로)

공칭강도 계산

$$\begin{aligned} P_n &= \alpha(0.85f_{ck})bc_b + A_s'f_s' - A_sf_s \\ &= [0.8 \times (0.85 \times 24) \times 400 \times 336 + 5 \times 506.7 \times 379.6 - 5 \times 506.7 \times 400] \times 10^{-3} \\ &= 2{,}141.7 \text{ kN} \end{aligned}$$

$$\begin{aligned} M_n &= \alpha(0.85f_{ck})bc_b\left(\frac{h}{2} - \beta c_b\right) + A_s'f_s'\left(\frac{h}{2} - d'\right) + A_sf_s\left(d - \frac{h}{2}\right) \\ &= \left[\begin{array}{l} 0.80 \times (0.85 \times 24) \times 400 \times 336\left(\frac{600}{2} - 0.40 \times 336\right) \\ +5 \times 506.7 \times 379.6\left(\frac{600}{2} - 60\right) + 5 \times 506.7 \times 400\left(540 - \frac{600}{2}\right) \end{array}\right] \times 10^{-6} \\ &= 837.3 \text{ kN·m} \end{aligned}$$

$\phi = 0.65$ (띠철근 기둥 압축지배단면)

(1) 강도 상관곡선

식 (8.3)와 식 (8.4)에서 편심거리 e를 변화시키면서 단면이 부담할 수 있는 설계 축하중 ϕP_n과 설계휨모멘트 ϕM_n 관계를 구할 수 있다. 예를 들어 그림 8.5에서 a를 0에서 h까지 변화시키면서 ϕP_n과 ϕM_n을 구해서 그래프를 그릴 수 있는데, 이를 **강도 상관곡선**이라 한다.

임의 a점에서,

(등가 직사각형 응력분포의 경우)

$$\phi P_n(a) = \phi(a)\left[\eta(0.85f_{ck})ab + A_s'f_s'(a) - A_sf_s(a)\right] \tag{8.7a}$$

(포물선-직선형 응력분포의 경우)

$$\phi P_n(a) = \phi(a)\left[\alpha(0.85f_{ck})bc + A_s'f_s'(a) - A_sf_s(a)\right] \tag{8.7b}$$

(등가 직사각형 응력분포의 경우)

$$\phi M_n(a) = \phi(a)\left[\eta(0.85f_{ck})ab\left(\frac{h}{2}-\frac{a}{2}\right)+A_s'f_s'(a)\left(\frac{h}{2}-d'\right) + A_sf_s(a)\left(d-\frac{h}{2}\right)\right] \tag{8.8a}$$

(포물선 - 직선형 응력분포의 경우)

$$\phi M_n(a) = \phi(a)\left[\alpha(0.85f_{ck})bc\left(\frac{h}{2}-\beta c\right)+A_s'f_s'(a)\left(\frac{h}{2}-d'\right) + A_sf_s(a)\left(d-\frac{h}{2}\right)\right] \tag{8.8b}$$

여기서,

$$f_s'(a) = E_s\epsilon_c\left(\frac{c(a)-d'}{c(a)}\right) \le f_y \tag{8.9}$$

$$f_s(a) = E_s\epsilon_c\left(\frac{d-c(a)}{c(a)}\right) \le f_y \tag{8.10}$$

마찬가지로 a구간 안에 철근이 포함되는 경우,

$$f_s'(a) \rightarrow [f_s'(a)-0.85f_{ck}]$$

강도감소계수 $\phi(a)$는

$$\epsilon_t = \epsilon_c\frac{d_t-c(a)}{c(a)} \tag{8.11}$$

에 대하여 파괴모드별로 표 8.1에 따라 결정한다.

또한 ϕP_n은 중심축하중 상태가 최대값이므로 식 (8.2)로부터,

$$\phi P_{n,\max} = \phi 0.8\left[0.85f_{ck}(A_g-A_{st})+f_yA_{st}\right] \tag{8.12}$$

예제 8-3 강도 상관곡선 작성

예제 8–2 기둥 단면에 대하여 등가 직사각형 응력분포를 사용하여 $P_n - M_n$, $\phi P_n - \phi M_n$ 상관곡선을 작성하라.

풀이

최대 중심축하중 설계강도 $\phi P_{n,\max}$ 계산

$A_g = 600\times 400 = 2.4\times 10^5\ \mathrm{mm}^2$, $A_{st} = 10\times 506.7 = 5{,}067\ \mathrm{mm}^2$

$\phi = 0.65$ (띠철근 기둥 압축지배단면)

$$\begin{aligned}\phi P_{n,\max} &= \phi 0.8[0.85f_{ck}(A_g - A_{st}) + f_y A_{st}] \\ &= 0.65 \times 0.8[0.85 \times 24(2.4 \times 10^5 - 5{,}067) + 400 \times 5{,}067] \times 10^{-3} \\ &= 3{,}546.1 \text{ kN}\end{aligned}$$

임의 a점에서 축하중과 휨모멘트 강도 계산

$A_s = A_s{}' = 5 \times 506.7 = 2{,}533.5 \text{ mm}^2$

$\beta_1 = 0.80 \ (f_{ck} \le 40 \text{ MPa})$

$$c(a) = \frac{a}{\beta_1} = \frac{a}{0.80}$$

$E_s = 200{,}000 \text{ MPa}, \quad \epsilon_y = f_y / E_s = 400/200{,}000 = 0.002,$

$\epsilon_c = 0.0033, \quad \epsilon_{tt} = {}_{\max}(0.005,\ 2.5\epsilon_y) = 0.005$

철근의 응력을 구하면,

$$f_s{}'(a)^* = {}_{\min}\left(E_s\epsilon_c\frac{c(a)-d'}{c(a)}, f_y\right) = {}_{\min}\left[660\left(\frac{c(a)-60}{c(a)}\right), 400\right]$$

$f_s{}'(a) = f_s{}'^*(a) \ (a < d'$일 때)

$f_s{}'(a) = f_s{}'^*(a) - 0.85 f_{ck} \ (a \ge d'$일 때)

또한

$$f_s(a)^* = {}_{\min}\left(E_s\epsilon_c\frac{d-c(a)}{c(a)},\ f_y\right) = {}_{\min}\left[660\left(\frac{540-c(a)}{c(a)}\right),\ 400\right]$$

$f_s(a) = f_s^*(a) \ (a < d$일 때)

$f_s(a) = f_s^*(a) + 0.85 f_{ck} \ (a \ge d$일 때)

여기서 $a \ge d$일 때 $f_s(a)$의 부호가 $(-)$이므로 $+0.85f_{ck}$하는 것에 유의하자.

강도감소계수는,

$$\epsilon_t(a) = \epsilon_c\left(\frac{d_t - c(a)}{c(a)}\right) = 0.0033\left(\frac{540 - c(a)}{c(a)}\right)$$

이고

$$\phi(a) = \begin{cases} 0.85 & \epsilon_t(a) \ge \epsilon_{tt} \\ 0.65 + \dfrac{0.85-0.65}{\epsilon_{tt} - \epsilon_y}(\epsilon_t(a) - \epsilon_y) & \epsilon_y < \epsilon_t(a) < \epsilon_{tt} \\ 0.65 & \epsilon_t(a) \le \epsilon_y \end{cases}$$

설계 축하중

$$\phi P_n(a) = {}_{\min}\left[\phi(a)\{\eta(0.85f_{ck})ab + A_s{}'f_s{}' - A_s f_s\} \times 10^{-3},\ \phi P_{n,\max}\right]$$

설계 휨모멘트강도

$$\phi M_n(a) = \phi(a)\left[\eta(0.85f_{ck})ab\left(\frac{h}{2}-\frac{a}{2}\right)+A_s{}'f_s{}'(a)\left(\frac{h}{2}-d'\right)+A_sf_s(a)\left(d-\frac{h}{2}\right)\right]\times 10^{-6}$$

$a = 85\,\mathrm{mm}$ 일 때 ϕP_n 및 ϕM_n 계산

$$c(85) = \frac{a}{0.80} = \frac{85}{0.80} = 106.3\,\mathrm{mm}$$

철근의 응력

$$f_s{}'(85)^* = {}_{\min}\left[660\left(\frac{c(a)-60}{c(a)}\right),\ 400\right] = {}_{\min}\left[660\left(\frac{106.3-60}{106.3}\right),\ 400\right] = 287.5\,\mathrm{MPa}$$

$f_s{}'(85) = f_s{}'(85)^* - 0.85f_{ck} = 287.5 - 0.85\times 24 = 267.1\,\mathrm{MPa}$ ($a \geq d'$ 이므로)

또한

$$f_s(85)^* = {}_{\min}\left[660\left(\frac{540-c(a)}{c(a)}\right),\ 400\right] = {}_{\min}\left[660\left(\frac{540-100}{100}\right),\ 400\right] = 400\,\mathrm{MPa}$$

$f_s(85) = f_s(85) = 400\,\mathrm{MPa}$ ($a < d$ 이므로)

강도감소계수

$$\epsilon_t(85) = \epsilon_c\left(\frac{d_t-c(a)}{c(a)}\right) = 0.0033\left(\frac{540-100}{100}\right) = 0.0135$$

$\phi(85) = 0.85$ ($\epsilon_t(=0.0135) > \epsilon_{tt}(=0.005)$ 이므로)

설계 축하중

$$\begin{aligned}\phi P_n(85) &= {}_{\max}\left[\phi(a)\{\eta(0.85f_{ck})ab + A_s{}'f_s{}' - A_sf_s\}\times 10^{-3},\ \phi P_{n,\max}\right]\\ &= {}_{\max}\left[0.85\left\{\begin{matrix}1\times 0.85\times 24\times 85\times 400 + 2{,}533.5\times 267.1\\ -2{,}533.5\times 400\end{matrix}\right\}\times 10^{-3},\ 3{,}546.1\right]\\ &= 303.4\,\mathrm{kN}\end{aligned}$$

설계휨모멘트

$$\begin{aligned}\phi M_n(85) &= \phi(a)\left[\begin{matrix}\eta(0.85f_{ck})ab\left(\frac{h}{2}-\frac{a}{2}\right)\\ +A_s{}'f_s{}'(a)\left(\frac{h}{2}-d'\right)+A_sf_s(a)\left(d-\frac{h}{2}\right)\end{matrix}\right]\times 10^{-6}\\ &= 0.85\left[\begin{matrix}1\times 0.85\times 24\times 85\times 400(300-85/2)\\ +2{,}533.5\times 267.1(300-60)+2{,}533.5\times 400(540-300)\end{matrix}\right]\times 10^{-6}\\ &= 496.6\,\mathrm{kN\cdot m}\end{aligned}$$

같은 방법으로 임의점 a에서 ϕP_n 및 ϕM_n을 구하여 아래 표에 나타냈다. 부록 8-1을 이용해서 전체 상관곡선을 그리면 아래 그림과 같다.

임의 a점에서 P_n, M_n 계산 결과

a (mm)	$c(a)$ (mm)	$f_s'(a)$ (MPa)	$f_s(a)$ (MPa)	$\phi(a)$	P_n (kN)	M_n (kN · m)	ϕP_n (kN)	ϕM_n (kN · m)
85	106.3	267.1	400.0	0.85	356.9	584.2	303.4	496.6
170	212.5	379.6	400.0	0.85	1335.5	772.2	1135.2	656.4
209.5	261.9	379.6	400.0	0.75	1657.8	807.8	1243.8	606.1
268.8	336.0	379.6	400.0	0.65	2141.7	837.3	1392.6	544.4
340	425.0	379.6	178.6	0.65	3283.7	700.0	2134.4	455.0
527	658.8	379.6	-119.0	0.65	5455.5	315.4	3546.1	205.0
600	750.0	379.6	-379.6	0.65	5455.5	0.0	3546.1	0.0

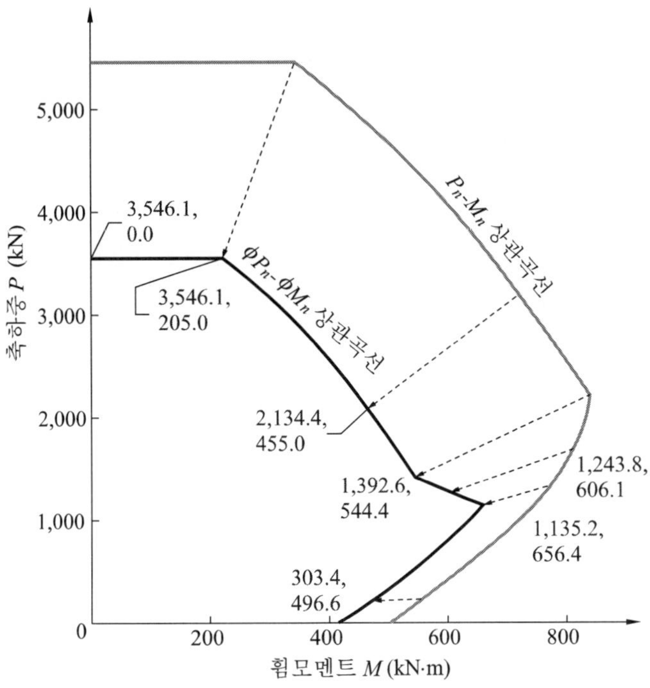

콘크리트의 설계기준압축강도(f_{ck})가 40 MPa 이하인 경우에는 등가 직사각형 응력분포와 포물선 - 직선형 응력분포에 의해 각각 계산한 $P_n - M_n$ 상관곡선이 동일하다.

기둥 단면 강도 상관곡선의 의미를 좀 더 살펴보자. 콘크리트의 설계기준압축강도(f_{ck})가 40 MPa 이하인 경우, 그림 8.6에서,

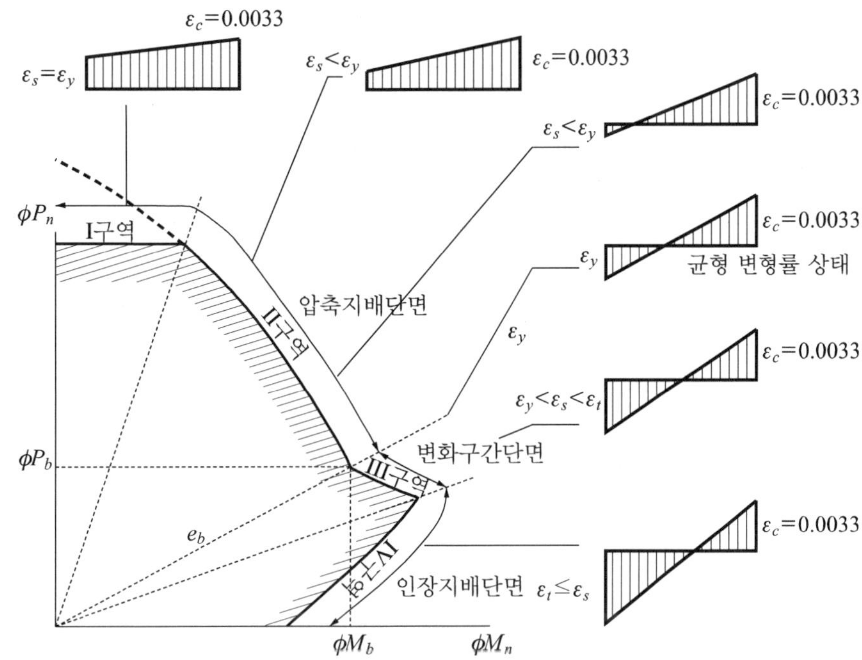

그림 8.6
강도 상관곡선에서 파괴모드 및 변형률 분포 ($f_{ck} \leq 40$ MPa)

1) I구역 : 축하중이 중심축하중 강도 식 (8.2) 또는 식 (8.3)으로 결정되는 압축지배단면이다. 철근은 모두 압축이며 $f_s = f_s{}' = f_y$이다.
2) II구역 : 기둥 한쪽 면의 압축변형이 감소하면서 축하중이 감소하고 모멘트가 증가한다. 단면은 압축지배단면이다. 편심이 커져서 압축측 콘크리트가 ϵ_{cu}일 때 인장측 철근이 ϵ_y에 도달하는 균형 변형률 상태가 된다.
3) III구역 : 압축측 콘크리트가 파괴($\epsilon_c = \epsilon_{cu}$일 때)되기 전에 철근이 인장 항복하며 변화구간 단면이므로 강도감소계수가 증가한다.
4) IV구역 : 인장지배단면으로 강도감소계수 $\phi = 0.85$이다. 이 구역은 압축력이 증가함에 따라 모멘트도 증가한다.
5) 강도 상관곡선은 단면이 발휘할 수 있는 최대 설계 축하중과 휨모멘트 강도이므로 만약 작용하는 소요 축하중 P_u과 휨모멘트 M_u가 강도 상관곡선의 안쪽에 위치한다면 기둥은 안전하다.

(2) 4변 배근 단주의 단면 해석

그림 8.7과 같이 기둥 4면에 걸쳐 철근을 배치한 경우 강도 상관곡선을 구해보자. 그림과 같이 압축측으로부터 i번째 배치된 철근과 거리를 각각 $A_{s,i}$, d_i라

하면, 힘의 평형조건에 의해,

$\sum Y=0$에서,

(등가 직사각형 응력분포의 경우)

$$P_n = C-\sum_{i=1}^{n} T_i = \eta(0.85f_{ck})ab-\sum_{i=1}^{n}(A_{s,i}f_{s,i}) \tag{8.13a}$$

(포물선 - 직선형 응력분포의 경우)

$$P_n = C-\sum_{i=1}^{n} T_i = \alpha(0.85f_{ck})bc-\sum_{i=1}^{n}(A_{s,i}f_{s,i}) \tag{8.13b}$$

$\sum M=0$에서,

(등가 직사각형 응력분포의 경우)

$$M_n = P_n e = C\left(\frac{h}{2}-\frac{a}{2}\right)+\sum_{i=1}^{n} T_i\left(d_i-\frac{h}{2}\right) \tag{8.14a}$$

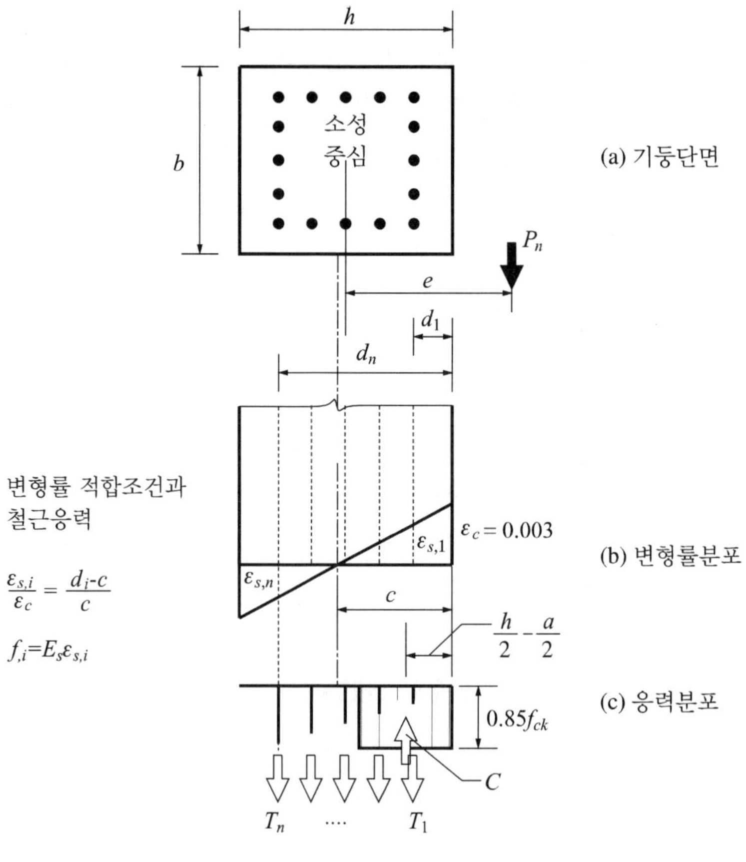

그림 8.7
4변 배근 단주의
변형률과 응력분포

$$= \eta(0.85f_{ck})ab\left(\frac{h}{2}-\frac{a}{2}\right)+\sum_{i=1}^{n}A_{s,i}f_{s,i}\left(d_i-\frac{h}{2}\right)$$

(포물선 - 직선형 응력분포의 경우)

$$M_n = P_n e = C\left(\frac{h}{2}-\beta c\right)+\sum_{i=1}^{n}T_i\left(d_i-\frac{h}{2}\right) \tag{8.14b}$$

$$= \alpha(0.85f_{ck})bc\left(\frac{h}{2}-\beta c\right)+\sum_{i=1}^{n}A_{s,i}f_{s,i}\left(d_i-\frac{h}{2}\right)$$

여기서 철근 변형률 $\epsilon_{s,i}$과 응력 $f_{s,i}$은,

$$\frac{\epsilon_{s,i}}{\epsilon_c} = \frac{d_i-c'}{c}, \qquad \epsilon_{s,i} = \epsilon_c\frac{d_i-c'}{c}$$

$$f_{s,i} = E_s\epsilon_{s,i} = E_s\epsilon_c\left(\frac{d_i-c}{c}\right) \le f_y \tag{8.15}$$

여기서 $\epsilon_c = \epsilon_{cu}$이며,

$$f_{s,i}(a) < 0 \rightarrow [f_{s,i}+0.85f_{ck}]$$

에서 $f_{s,i}(a)$ 계산 결과가 음(−)일 때 콘크리트 손실분을 고려하기 위해서는 $+0.85f_{ck}$해야 함에 주의하자.

식 (8.13)과 식 (8.14)에서 a를 h까지 변화시키면서 강도 상관곡선을 구할 수 있다. 물론 컴퓨터를 이용하는 것이 편리하며 부록 8-1절을 참고하자.

일반적으로 철근이 4변에 고르게 배치되더라도 마주보는 철근이 휨모멘트의 대부분을 저항한다. 그러므로 실무에서는 식 (8.7)과 식 (8.8)로 축방향 철근을 설계하고 직각방향에 여유 철근을 배치하기도 한다.

(3) 원형 나선철근 단주의 상관곡선

원형 나선철근 단주의 단면 해석 또한 직사각형 단주와 같은 개념을 이용한다. 다만 단면이 원형이므로 철근 위치와 임의점에서의 단면적 및 중심위치 결정만 주의한다.

그림 8.8과 같은 원형 나선철근 단주에 대하여, 철근 개수 n_s, 단면반지름 r_c, 축방향 철근이 둘러싼 단면반지름을 r_s라 하면, 임의 a에 대하여 철근 위치는,

$$d_i = r_c - r_s\cos(\alpha_{s.i})$$

$$\alpha_{s,i} = \frac{2\pi}{n_s}(i-1)$$

압축측 콘크리트에 대하여,

$$\alpha = \arccos\left(\frac{r_c - a}{r_c}\right)$$

압축측 콘크리트 면적 A_c와 중심 x_c는,

$$A_c = \frac{1}{2}r_c(r_c 2\alpha) - \frac{1}{2}(2r_c \sin\alpha)(r_c \cos\alpha) = r_c^2\alpha - r_c^2 \sin\alpha\cos\alpha$$

$$= r_c^2(\alpha - \sin\alpha\cos\alpha)$$

$$x_c = \frac{r_c^2\alpha\left[\frac{2}{3}r_c\frac{\sin\alpha}{\alpha}\right] - r_c^2\sin\alpha\cos\alpha\left[\frac{2}{3}r_c\cos\alpha\right]}{A_c}$$

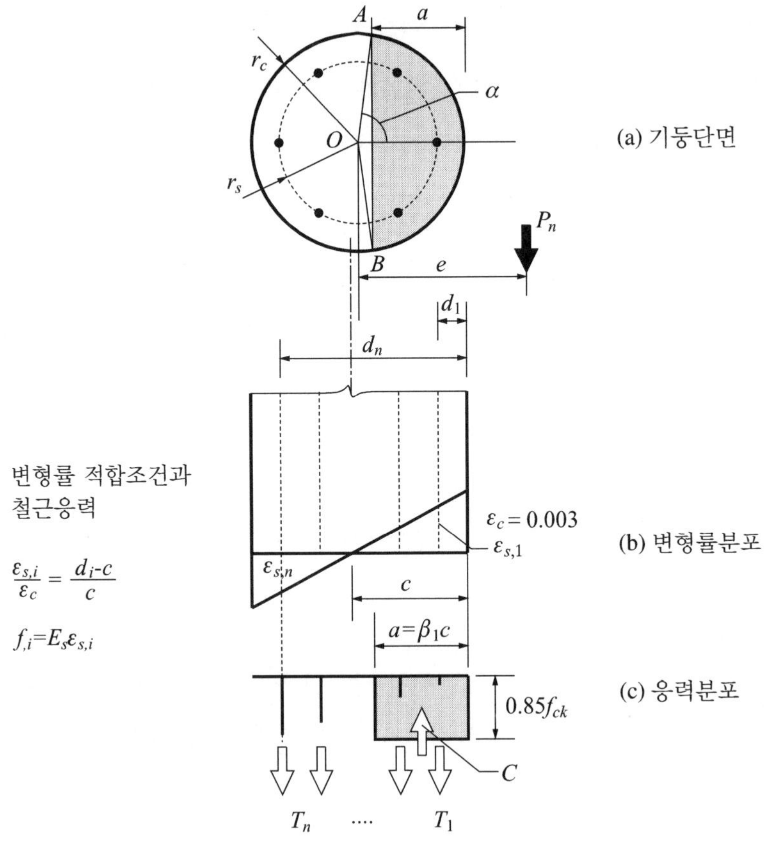

그림 8.8
원형 단주의
변형률과 응력분포

$$= \frac{2r_c}{3}\left(\frac{\sin^3\alpha}{\alpha - \sin\alpha\cos\alpha}\right)$$

힘의 평형조건에 의해,

$\sum Y = 0$에서,

$$P_n = C - \sum_{i=1}^{n} T_i = \eta(0.85 f_{ck})A_c - \sum_{i=1}^{n_s}(A_{s,i} f_{s,i}) \tag{8.16}$$

$\sum M = 0$에서,

$$M_n = P_n e = Cx_c + \sum_{i=1}^{n_s} T_i\left(d_i - \frac{D_c}{2}\right) \tag{8.17}$$

$$= \eta(0.85 f_{ck})A_c x_c + \sum_{i=1}^{n_s} A_{s,i} f_{s,i}(d_i - r_c)$$

여기서 철근의 변형률 $\epsilon_{s,i}$과 응력 $f_{s,i}$은 변형률 적합조건에 의해,

$$\frac{\epsilon_{s,i}}{\epsilon_c} = \frac{d_i - c'}{c}, \quad \epsilon_{s,i} = \epsilon_c \frac{d_i - c'}{c}$$

$$f_{s,i} = E_s \epsilon_{s,i} = E_s \epsilon_c\left(\frac{d_i - c}{c}\right) \le f_y \tag{8.18}$$

이다.

직사각형 단면과 마찬가지로 철근에 대한 콘크리트 손실분을 고려하고, a를 0에서 D_c까지 변화시키면 강도 상관곡선을 얻을 수 있다. 물론 컴퓨터를 이용하는 것이 편리하며 부록 8-1절을 참고하자.

8-3 단주 설계

8-3-1. 기둥설계 일반

(1) 축방향 철근비 $\rho_g = A_{st}/A_g$는 1~8%로 한다. 최소철근비를 1% 이상으로 제한하는 것은 예상치 못한 편심하중이나, 지속 축하중 상태에서 크리프나 건조수축의 영향을 감소시키기 위한 것이다. 또한 최대철근비 제한은 경제

성과 시공성을 고려한 것이다. 한편 축방향 철근을 겹침이음하는 경우는 4%를 초과할 수 없다.

(2) 띠철근 기둥에서 축방향 철근은 기본적으로 모서리에 1개 이상을 원칙으로 한다. 즉 직사각형이나 원형 단면일 때는 4개 이상, 삼각형 단면일 때는 3개 이상 배치한다. 나선철근 기둥의 축방향 철근은 6개 이상 배치해야 한다.

(3) 축방향 철근의 최소 순간격은 철근 공칭지름의 1.5배 이상, 40 mm 이상, 굵은골재 최대치수의 4/3 이상으로 한다. 기둥은 휨부재 보다 콘크리트의 타설 상태가 중요하기 때문에 순간격 제한을 약 1.5배 강화한 것으로 겹침이음된 철근이나 인접 이음 철근 사이의 순간격에도 적용한다.

(4) 때때로 기둥 설계에서 단면 크기가 계수하중에 대한 저항성능으로 결정되지 않고 다른 이유, 예를 들어 시공성, 층간변위, 소요강성으로 설계되어 커지는 경우가 있다. 철근비 ρ_g는 전체 단면적에 대한 철근량이기 때문에 최소철근비 1%의 규정을 적용하면 비경제적으로 철근이 많이 사용된다.

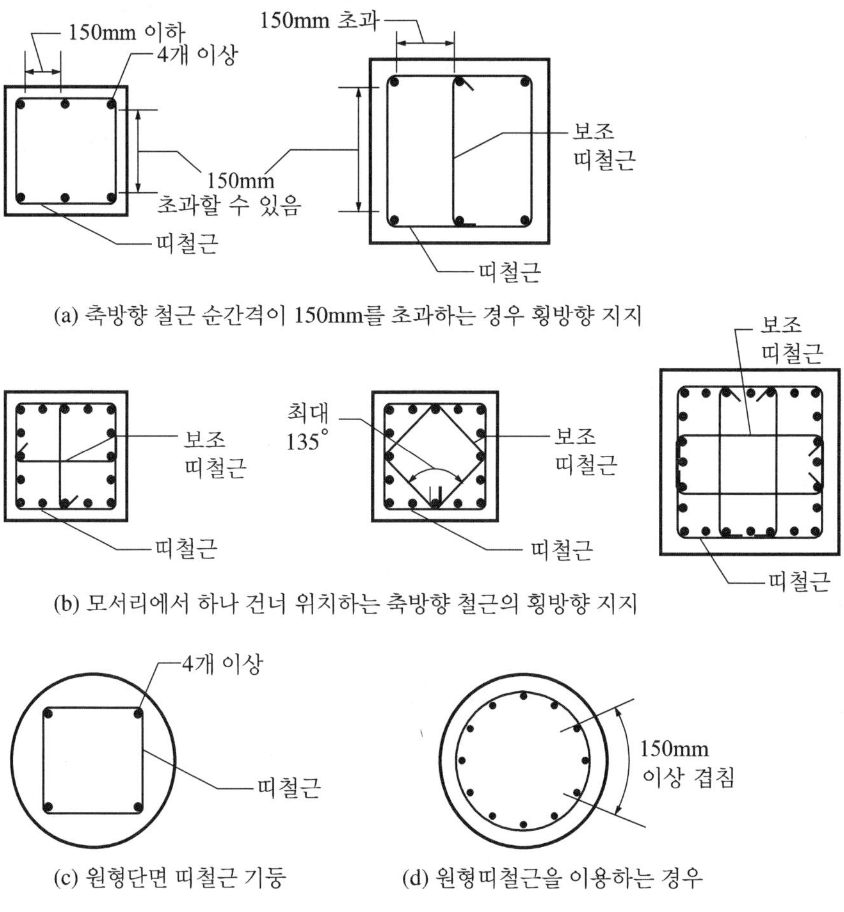

그림 8.9
띠철근 상세

이때는 최대 계수 축하중과 휨모멘트에 저항할 수 있는 축방향 철근비 1%를 가진 단면을 유효단면적으로 보고 이에 해당하는 철근을 배치한다. 다만 이때의 유효단면적은 전체 단면적의 1/2 이상이어야 한다.

8-3-2. 띠철근 간격 및 배치 제한

(1) 띠철근은 축방향 철근이 D32 이하인 경우 D10 이상, D35 이상일 때는 D13 이상으로 하며, 간격은 다음 중 최소값으로 한다.
- 기둥 단면의 최소 치수 이하
- 축방향 철근 지름의 16배 이하
- 띠철근 지름의 48배 이하

(2) 띠철근은 기둥에서 전단철근 역할도 하기 때문이 전단설계한 스터럽 간격 s 이하를 만족해야 한다.

(3) 띠철근의 역할 중 하나는 축방향 철근을 횡지지하는 것이다. 그러므로 기준에서는 모든 모서리 축방향 철근과 하나 건너 위치하는 축방향 철근들을 135° 이하로 구부린 띠철근의 모서리로 횡지지해야 한다. 또한 띠철근을

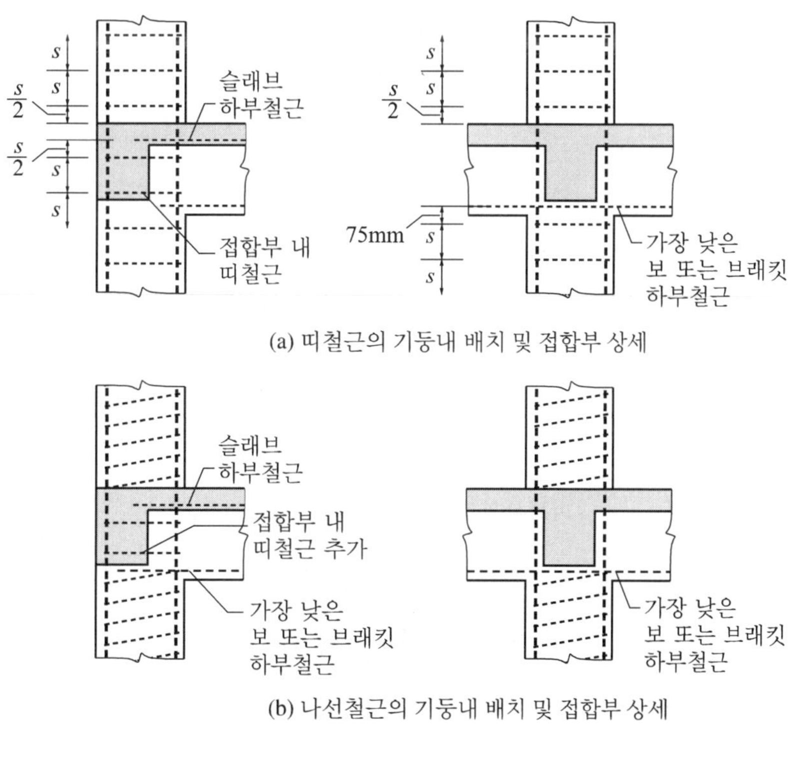

(a) 띠철근의 기둥내 배치 및 접합부 상세

(b) 나선철근의 기둥내 배치 및 접합부 상세

그림 8.10
띠철근 및 나선철근의 기둥내 배치 및 접합부 상세

따라 횡지지된 인접한 축방향 철근의 순간격이 150 mm 이상 떨어진 경우도 추가 띠철근을 배치하여 축방향 철근을 횡지지해야 한다. 이러한 띠철근 상세를 그림 8.9(a), (b)에 나타냈다.

(4) 종방향 철근이 원형으로 배치된 띠철근 기둥은 원형 띠철근을 사용할 수 있으며, 이때 원형 띠철근은 그림 (d)와 같이 150 mm 이상 겹쳐서 표준갈고리로 기둥 주근을 감싸야 한다.

(5) 띠철근의 첫 번째와 마지막 띠철근 간격은 그림 8.10(a)와 같이 다른 띠철근 간격의 1/2 이하로 해야 한다. 단 그림의 오른쪽과 같이 보 또는 브래킷이 기둥 4면에 연결된 경우는 보 또는 브래킷의 최하단 수평철근 아래 75 mm 이내에서 띠철근 배치를 끝낼 수 있다.

8-3-3. 나선철근 간격 및 배치 제한

(1) 나선철근비 ρ_s는 피복이 박리된 후 나선철근의 바깥지름으로 둘러싸인 코아콘크리트가 최종적으로 지지할 수 있는 2차 최대하중이, 전 단면이 받았던 최대하중 보다 같거나 크다는 조건으로 결정한다. 즉 피복콘크리트가 박리되면서 발생한 강도 감소분과 나선철근의 횡방향 구속력으로 증가한 강도 증가분이 같다는 조건에서 ρ_s이다. 코아콘크리트 체적에 대한 나선철근 체적비 ρ_s는,

$$\rho_s = \frac{A_{sp} L_{sp}}{A_{ch}\, s} = \frac{A_{sp}(\pi d_c)}{(\pi d_c^2/4)s} = \frac{4A_{sp}}{s\, d_c} \qquad (8.19)$$

여기서, A_{sp} =나선철근 단면적,

L_{sp} =한 바퀴 나선철근의 길이($\approx \pi d_c$),

d_c =나선철근의 외측까지 코아콘크리트 지름,

A_{ch} =지름 d_c 코아콘크리트 단면적($= \pi d_c^2/4$),

s =나선철근 간격이다.

피복부분의 축하중 강도 감소분은,

$$\varDelta P_{(-)} = 0.85 f_{ck}(A_g - A_{ch})$$

나선철근의 구속력으로 증가한 강도 증가분은,

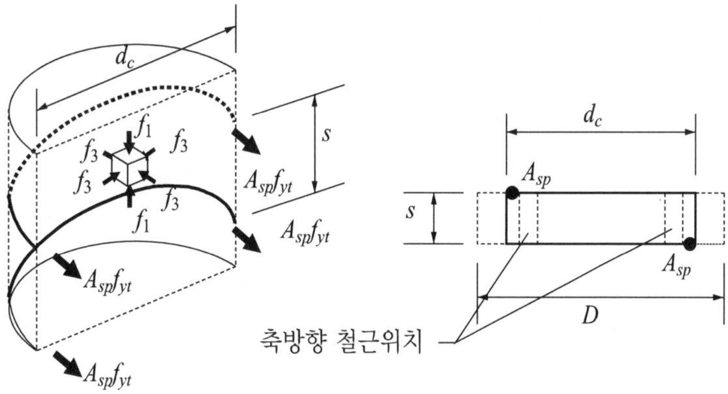

그림 8.11
코아콘크리트 내의 3축 응력과 나선철근에 발생하는 응력

$$\Delta P_{(+)} = A_{ch}(3.7 f_3)$$

여기서 $(3.7f_3)$는 식 (2.6)을 다시 확인해 보자. 또한 그림 8.11에서 힘의 평형조건으로부터,

$$2f_{yt}A_{sp} = f_3 d_c s$$

$$f_3 = \frac{2f_{yt}A_{sp}}{d_c s} = \frac{f_{yt}\rho_s}{2} \tag{8.20}$$

이다. $\Delta P_{(-)} = \Delta P_{(+)}$의 조건과 식 (8.20)을 대입해서 정리하면,

$$\rho_s = 0.46\left(\frac{A_g}{A_{ch}} - 1\right)\frac{f_{ck}}{f_{yt}}$$

기준에서는 계수를 0.45로 단순화하여,

$$\rho_s = 0.45\left(\frac{A_g}{A_{ch}} - 1\right)\frac{f_{ck}}{f_{yt}} \tag{8.21}$$

로 규정하고 있다. 이때 f_{yt}는 700 MPa 이하 철근이며, 400 MPa를 초과하는 철근은 겹침이음 해서는 안 된다.

(2) 현장치기 콘크리트 공사에서 나선철근 지름은 10 mm 이상으로 하고, 순간격이 25 mm 이상 75 mm 이하로 해야 한다.

(3) 나선철근의 정착은 나선철근 끝에서 추가로 1.5회전만큼 더 확보해야 한다.

(4) 나선철근의 이음은 최소 300 mm 이상, 철근 지름의 48배 이상 겹침이음하거나 기준을 만족하는 용접이음이나 기계적 이음으로 해야 한다.

표 8.2 기둥 철근 배치 구조제한 일람

<table>
<tr><th colspan="2">구분</th><th>띠철근 기둥</th><th>나선철근 기둥</th></tr>
<tr><td rowspan="3">주철근</td><td>개수</td><td>직사각형 단면 : 4개 이상
원형 단면 : 4개 이상</td><td>6개 이상</td></tr>
<tr><td>간격</td><td colspan="2">다음 중 최대값 40 mm 이상
철근 직경의 1.5배 이상
굵은골재 최대치수의 4/3 이상</td></tr>
<tr><td>철근비</td><td colspan="2">1∼8%
※ 주철근이 겹침이음되는 경우 4% 이하</td></tr>
<tr><td rowspan="3">띠철근
또는
나선철근</td><td>직경</td><td>D10 이상(주철근≤D32일 때)
D13 이상(주철근≥D35일 때)</td><td>10 mm 이상</td></tr>
<tr><td>간격</td><td>다음 중 최소값
주철근 직경의 16배 이하
띠철근 지름의 48배 이하
기둥 단면 최소치수 이하</td><td>25~75 mm</td></tr>
<tr><td>철근비</td><td>–</td><td>$\rho_s = 0.45\left(\dfrac{A_g}{A_{ch}} - 1\right)\dfrac{f_{ck}}{f_{yt}}$ 이상</td></tr>
</table>

(5) 나선철근의 배치는 그림 8.10(b)와 같이 기초판 또는 슬래브 상부면에서 그 위에 지지된 부재의 최하단 수평철근까지 연장해야 한다. 또한 기둥에 보 또는 브래킷이 4면 모두 연결되지 않은 경우는 접합부 내에도 띠철근을 추가로 배치해야 한다.

이상의 기둥 철근 배치 요구사항을 표 8.2에 정리하였다.

8-3-4. 기둥의 철근 이음에 관한 특별 규정

기둥과 같이 횡방향 띠철근이나 나선철근이 배치되고 압축이 지배적인 경우는 콘크리트 단부의 지압응력 증가로 철근의 겹침이음 길이를 완화할 수 있다. 이를 고려해서 기준에서도 기둥 철근 이음에 대한 특별 규정을 두고 있다. 물론 이음은 인장에 저항하는 것을 기본으로 한다.

(1) 겹침이음은 표 8.3을 따른다.

(2) 용접이음이나 기계적 이음은 완전 용접이음, 완전 기계적 이음이어야 한다. 즉 이음강도가 125%를 확보해야 한다.

표 8.3 기둥의 겹침이음 특별 규정

조건[1]	겹침이음
모든 철근 압축 (I구간)	원칙적으로 압축철근 겹침이음 이용 다음에 해당되는 경우 완화 가능(단 300 mm 이상) - 띠철근 기둥 : 이음 구간 내 띠철근 단면적의 합이 $0.0015\,h\,s$[2] 이상인 경우$=0.83\times$(압축철근 이음) - 나선철근 기둥 : $0.75\times$(압축철근 이음)
철근 인장 ($0 \le f_s \le 0.5 f_y$) (II구간)	B급 이음[3] : (이음철근/전체철근)$\ge 1/2$ A급 이음 : (이음철근/전체철근)$< 1/2$
철근 인장 ($f_s > 0.5 f_y$) (III구간)	B급 이음

1) 조건

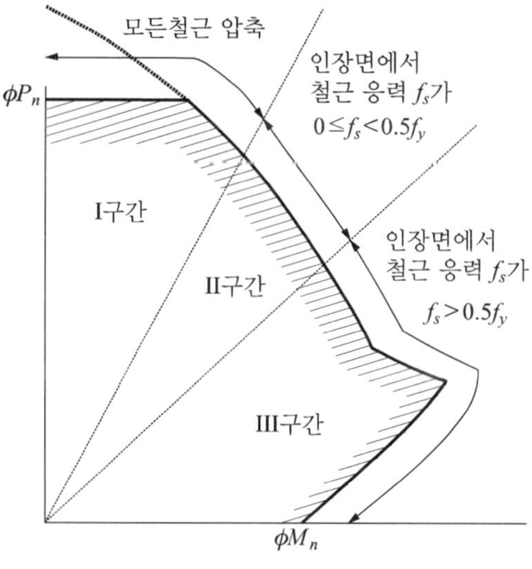

2) 각 방향에 수직인 띠철근의 가닥은 각각 별개로 계산하며 각 방향 모두 조건을 만족해야 한다. 예를 들어 그림에서, $4A_b \ge 0.0015\,h_1\,s$, $2A_b \ge 0.0015\,h_2\,s$를 모두 만족해야 한다. 여기서 $s=$띠철근 간격, $A_b=$띠철근 단면적

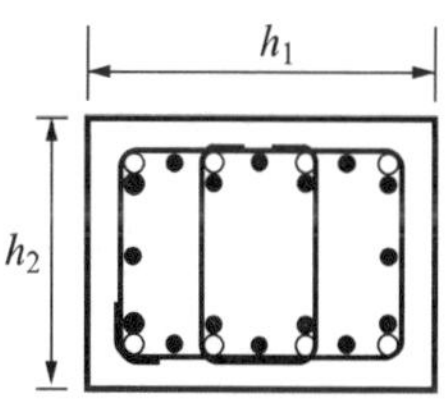

3) A급 이음$=1.0 l_d$, B급 이음$=1.3 l_d$

8-3-5. 단주 설계방법

단주 설계는 단면과 적절한 철근비를 가정하고 이에 대한 설계 강도 상관곡선을 작성한다. 다음으로 가해지는 소요 하중 P_u, M_u가 강도 상관곡선 내에 위치하는지를 확인한다. 이 때 (P_u, M_u)가 강도 상관곡선의 제한선에 근접할수록 보다 경제적인 설계가 된다.

단면 가정은 작용하는 휨모멘트에 따라 축하중 강도가 변하기 때문에 이를 손쉽게 가정할 방법은 없다. 그러나 일반적으로 기둥은 P_u의 영향이 M_u보다 크므

로 최대 축하중 강도를 받는 다고 가정해서 단면을 정한다. 즉 $P_u \le \phi P_n$과 식 (8.2)에서,

띠철근 기둥

$$A_g \ge \frac{P_u/0.80\phi}{0.85f_{ck}(1-\rho_g)+f_y\rho_g}, \quad \phi = 0.65 \tag{8.22a}$$

나선철근 기둥

$$A_g \ge \frac{P_u/0.85\phi}{0.85f_{ck}(1-\rho_g)+f_y\rho_g}, \quad \phi = 0.70 \tag{8.22b}$$

여기서 축방향 철근비 ρ_g는 1~8%의 범위이지만, 1~3% 정도로 가정하는 것이 경제적이며 시공성도 좋다.

강도상관곡선은 앞의 식을 이용해서 부록 8-1로 작성하거나, 부록 8-2, 8-3의 설계도표를 이용할 수도 있다. 여기서 설계도표는 강도 상관곡선을 재료 강도별, 휨 방향에 대한 철근의 위치 계수 $\gamma = (h-2d')/h$별로 정리한 것이다.

활용방법은,

(1) 활용방법 1

1) 단면 b, h를 가정하고, $\gamma = (h-2d')/h$를 구해서 도표를 선택한다.
2) P_u/A_g와 $M_u/(A_g h)$를 계산해서 도표로부터 ρ_g를 읽는다.
3) $A_{st} = \rho_g bh$를 계산하고 두 변에 $0.5A_{st}$를 배치한다.

(2) 활용방법 2

1) $\rho_g(=1\sim3\%)$와 h를 가정하고 e/h와 γ를 구해서 도표를 선택한다.
2) 해당 도표에서 e/h에 대한 P_u/A_g를 읽어 A_g를 구하고, 이를 이용해서 $b = A_g/h$를 계산한다.
3) $A_{st} = \rho_g bh$를 계산하고 두 변에 $0.5A_{st}$를 배치한다.

예제를 통해 단주의 설계방법을 살펴보자.

예제 8-4 단주 설계

예제 7-2의 X_3-Y_1열 1층, 2층, 3층 기둥을 설계도표를 이용해서 띠철근 기둥으로 설계하라. 단, 층고 3.7 m, 비지지 길이 3.2 m, 기둥 단면은 동일, $f_{ck}=24\,\text{MPa}$, $f_y=400\,\text{MPa}$, $f_{yt}=300\,\text{MPa}$,

계수 하중 (P_u, M_u, V_u)는 1층 $(3{,}137\,\text{kN},\ 200\,\text{kN·m},\ 150\,\text{kN})$,
2층 $(2{,}727\,\text{kN},\ 200\,\text{kN·m},\ 110\,\text{kN})$,
3층 $(2{,}317\,\text{kN},\ 200\,\text{kN·m},\ 90\,\text{kN})$.

풀이

단면 및 철근비 결정

$\rho_g=2.0\%$(가정)

$$A_g \geq \frac{P_u/0.80\phi}{0.85f_{ck}(1-\rho_g)+f_y\rho_g}=\frac{3{,}137\times10^3/(0.80\times0.65)}{0.85\times24(1-0.02)+400\times0.02}=2.155\times10^5\,\text{mm}^2$$

$b\times h=450\times500\ (=2.25\times10^5\,\text{mm}^2)$ 결정

기둥 축방향 철근량 계산(설계도표 이용)

1층 기둥

$d_b=25.4\,\text{mm}$(축방향 철근 D25), $d_{bs}=9.53\,\text{mm}$(띠철근 D10)

$c_{\text{cover}}=40\,\text{mm}$(피복두께)

$$\gamma=\frac{500-2(40+9.53+25.4/2)}{500}=0.751$$

$$\frac{P_u}{A_g}=\frac{3{,}137\times10^3}{450\times500}=13.94\,\text{MPa}$$

$$\frac{M_u}{A_gh}=\frac{200\times10^6}{(450\times500)\times500}=1.78\,\text{MPa}$$

설계도표에서

$\gamma=0.7$일 때 $\rho_g=0.022$, $\gamma=0.8$일 때 $\rho_g=0.02$

$\gamma=0.751$이므로 직선보간 하면,

$$\rho_g=0.022-\frac{(0.022-0.02)(0.8-0.751)}{0.8-0.7}=0.021$$

$$A_{st}=\rho_gA_g=0.021\times450\times500=4{,}725\,\text{mm}^2$$

$$n=\frac{A_{st}}{A_{s1}}=\frac{3{,}938}{506.1}=9.33\ \rightarrow\ \text{10-D25}(=5{,}067\,\text{mm}^2)\ \text{배근}$$

축방향 철근(5개) 순간격 검토

$b_r=2c_{\text{cover}}+2d_{bs}+nd_b+(n-1)_{\max}(1.5d_b,\ 40,\ (4/3)\text{굵은골재치수})$ 만족

$\quad=2\times40+2\times9.53+5\times25.4+(5-1)\times40=386\leq b\,(=450\,\text{mm})$

2층 기둥

$$\frac{P_u}{A_g} = \frac{2{,}727\times 10^3}{450\times 500} = 12.12\ \mathrm{MPa}$$

$$\frac{M_u}{A_g h} = \frac{200\times 10^6}{(450\times 500)\times 500} = 1.78\ \mathrm{MPa}$$

설계도표에서

$\gamma = 0.7$일 때 $\rho_g = 0.014$, $\gamma = 0.8$일 때 $\rho_g = 0.013$

$\gamma = 0.751$이므로 직선보간 하면,

$$\rho_g = 0.014 - \frac{(0.014-0.013)(0.8-0.751)}{0.8-0.7} = 0.0135$$

$$A_{st} = \rho_g A_g = 0.0135\times 450\times 500 = 3{,}037.5\ \mathrm{mm}^2$$

이므로

$$n = \frac{A_{st}}{A_{s1}} = \frac{3{,}037.5}{506.1} = 6.0 \rightarrow \text{6-D25}(=3{,}036.6\ \mathrm{mm}^2)\ \text{배근}$$

3층 기둥

$$\frac{P_u}{A_g} = \frac{2{,}317\times 10^3}{450\times 500} = 10.30\ \mathrm{MPa}$$

$$\frac{M_u}{A_g h} = \frac{200\times 10^6}{(450\times 500)\times 500} = 1.78\ \mathrm{MPa}$$

설계도표에서

$\gamma = 0.7$일 때 $\rho_g = 0.01$ 이하, $\gamma = 0.8$일 때 $\rho_g = 0.01$ 이하

철근비가 1% 이하인 경우, 유효단면적을 이용하면 철근량을 줄일 수 있으므로,

$$\frac{e}{h} = \frac{M_u/P_u}{h} = \frac{200/2{,}317}{500} = 0.1726$$

설계도표에서

$\gamma = 0.7$, $e/h = 0.1726$, $\rho_g = 0.01$일 때 $P_u/bh = 10.4$

$\gamma = 0.7$, $e/h = 0.1726$, $\rho_g = 0.01$일 때 $P_u/bh = 10.7$

$\gamma = 0.751$이므로 직선보간 하면,

$$\frac{P_u}{A_g} = 10.7 - \frac{(10.7-10.4)(0.8-0.751)}{0.8-0.7} = 10.553$$

$$A_g = 2{,}317\times 10^3/10.553 = 2.196\times 10^5\ \mathrm{mm}^2$$

$$A_{st} = \rho_g A_g = 0.01\times 2.196\times 10^5 = 2{,}196\ \mathrm{mm}^2$$

이므로

$$n = \frac{A_{st}}{A_{s1}} = \frac{2{,}196}{387.1} = 5.67 \rightarrow \text{6-D22}(=2{,}322.6\ \mathrm{mm}^2)\ \text{배근}$$

띠철근 간격 계산

1층 및 2층

$s = \min(16d_b,\ 48d_{bs},\ 450) = \min(16\times 25.4,\ 48\times 9.53,\ 450)$

$= 406\text{ mm} \ \rightarrow\ @400\text{ mm}$

3층

$s = \min(16d_b,\ 48d_{bs},\ 450) = \min(16\times 22.2,\ 48\times 9.53,\ 450)$

$= 355\text{ mm} \ \rightarrow\ @350\text{ mm}$

전단검토

1층

$d = 500-40-9.53-25.4/2 = 437.8\text{ mm},\quad \lambda = 1.0$(보통콘크리트)

$$\phi V_c = \phi\frac{1}{6}\left(1+\frac{N_u}{14A_g}\right)\lambda\sqrt{f_{ck}}b_w d$$

$$= 0.75\times\frac{1}{6}\left(1+\frac{3{,}137\times 10^3}{14\times 2.25\times 10^5}\right)\times 1.0\times\sqrt{24}\times 450\times 437.8\times 10^{-3} = 240.8\text{ kN}$$

$\phi V_c/2(=120.4) < V_u(=150\text{ kN}) < \phi V_c(=240.8)$이므로, 최소 스터럽량 배근

$A_v = 71.3\times 2 = 142.6\text{ mm}^2$

$$s_{\max} = {}_{\min}\left(\frac{A_v f_{yt}}{0.0625\sqrt{f_{ck}}b_w},\ \frac{A_v f_{yt}}{0.35b_w}\right) = {}_{\min}\left(\frac{142.6\times 300}{0.0625\sqrt{24}\times 450},\ \frac{142.6\times 300}{0.35\times 300}\right)$$

$$= 272\text{ mm}$$

$s = {}_{\min}(s_{\max},\ d/2,\ 600\text{ mm}) = {}_{\min}(272,\ 437.8/2,\ 600) = 219\text{ mm} \ \rightarrow\ @200\text{ mm}$

2층

$$\phi V_c = \phi\frac{1}{6}\left(1+\frac{N_u}{14A_g}\right)\lambda\sqrt{f_{ck}}b_w d$$

$$= 0.75\times\frac{1}{6}\left(1+\frac{2{,}727\times 10^3}{14\times 2.25\times 10^5}\right)\times 1.0\times\sqrt{24}\times 450\times 437.8\times 10^{-3} = 225.1\text{ kN}$$

$\phi V_c/2(=112.54) > V_u(=110\text{ kN})$이므로, 전단철근 필요 없음.

3층 - 2층과 마찬가지로 전단 철근 필요 없음

축방향 철근과 띠철근 배치

1층(그림 a)

축방향 철근 : 10-D29를 양면에 5-D29씩 배치하고 직각 방향으로 모멘트 작용을 고려해서 2-D29 추가 배치

띠철근 : 전단검토에 의해 결정된 간격으로 D10@200 mm 배치

보조띠철근 : 축방향 철근 횡지지 규정(모든 모서리에 있는 종방향 철근과 하나 건너 있는 철근이 135° 이하로 구부린 띠철근의 모서리에 의해 횡지지 되어야 함)에 맞추어 보조 띠철근 배치. 간격은 띠철근 간격이므로 D10@400 mm

2층(그림 b), 3층 (그림 c)

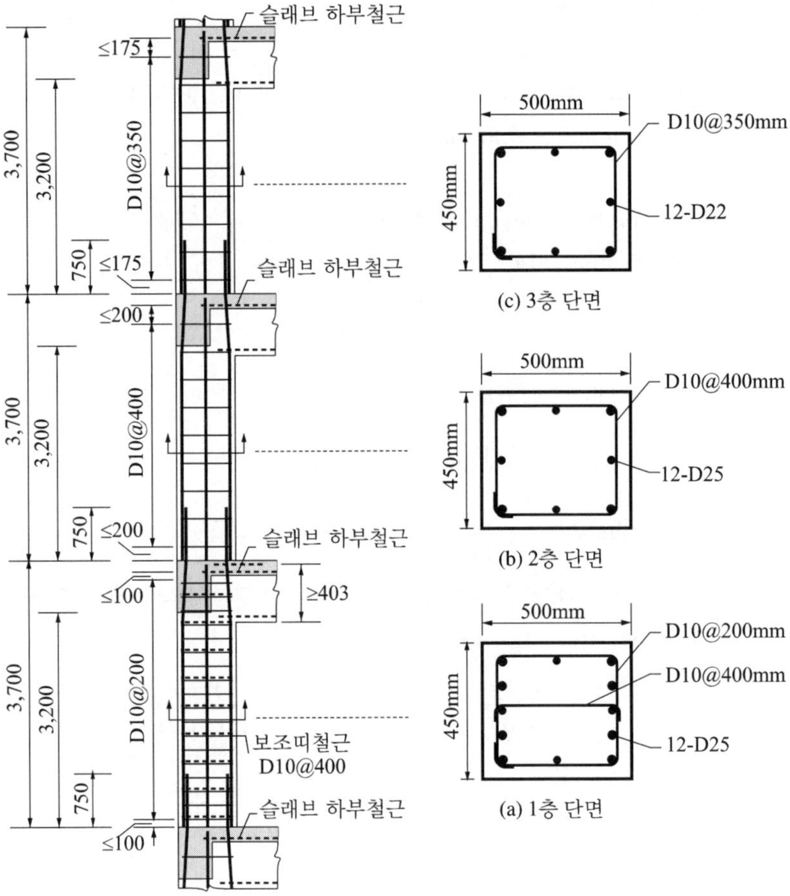

(c) 3층 단면

(b) 2층 단면

(a) 1층 단면

이음길이 검토

설계도표에서 1, 2, 3층 모두 $f_s < 0$이므로 압축이음

D25 철근은,

$$l_s = \left(\frac{1.4f_y}{\sqrt{f_{ck}}} - 52\right)d_b = \left(\frac{1.4 \times 400}{\sqrt{24}} - 52\right) \times 25.4 = 1{,}583\ \mathrm{mm}$$

$l_s = 0.072 f_y d_b = 0.072 \times 400 \times 25.4 = 732\ \mathrm{mm}$ → 750 mm

D25와 D22의 이음은 이음길이가 큰 쪽 기준이므로 750 mm

표 8.3의 기둥 겹침이음 완화규정 적용여부 검토

1층 $3A_b (= 3 \times 71.3 = 213.9) \geq 0.0015 h_1 s (= 0.0015 \times 450 \times 200 = 135)$

$2A_b (= 2 \times 71.3 = 142.6) \ngeq 0.0015 h_1 s (= 0.0015 \times 500 \times 200 = 150)$

2층 $2A_b (= 2 \times 71.3 = 142.6) \ngeq 0.0015 h_1 s (= 0.0015 \times 500 \times 400 = 300)$

3층 $2A_b (= 2 \times 71.3 = 142.6) \ngeq 0.0015 h_1 s (= 0.0015 \times 500 \times 350 = 262.5)$

이므로 0.83 계수는 적용할 수 없으며, 이음길이는 750 mm

압축철근 정착길이 검토

1층 D25 철근만 검토해 보면,

$$l_{db} = \frac{0.25\,d_b f_y}{\sqrt{f_{ck}}} = \frac{0.25 \times 25.4 \times 400}{\sqrt{24}} = 518\,\mathrm{mm}$$

보정계수 (소요 A_s)/(배근 A_s) $= 4{,}725/(12 \times 506.1) = 0.778$

$l_d = l_{db} \times$ 보정계수 $= 518 \times 0.778 = 403\,\mathrm{mm}$

8-4 장주 해석

8-4-1. 장주의 정의 및 거동특성

지금까지 다룬 단주의 해석과 설계에서는 기둥의 세장비 증가에 따른 좌굴과 횡방향 처짐으로 추가되는 휨모멘트를 고려하지 않았다. 그림 8.12와 같이 양단이 핀지지 된 편심하중을 받는 기둥의 세장비에 따른 거동을 살펴보자. 축하중 P가 작용하면 일정 편심 e에 따라 $M = Pe$가 발생한다(점선 O−A).

(1) 짧은 기둥의 경우 편심축하중에 의한 횡방향 처짐이 거의 발생하지 않기 때문에 실질적으로 $M = Pe$와 같다.

(2) 보통 길이 기둥에 편심축하중 P가 작용하면 그림과 같이 Δ만큼 수평으로 구부러진다. 힘의 평형조건을 생각하면 $M = Pe + P\Delta$가 되므로, $M = P\Delta$ 만큼 2차모멘트가 추가되는데 이를 **$P\Delta$ 효과** 또는 **휨모멘트 확대효과**라 한다. 이렇게 기둥의 세장비가 커져서 Δ가 무시할 수 없는 값이 되면, 모멘트를 증가시키고, 다시 증가된 모멘트는 추가 처짐을 발생시켜서 결과적으로 곡선 형태의 O-B가 된다. 만약 좌굴하지 않는다면 B점에서 재료파괴 한다.

(3) 기둥이 매우 세장한 경우는 O−C선과 같이 P 증가에 따라 발생하는 $M = Pe + P\Delta$ 증분 $\partial M/\partial P$가 ∞로 커지거나 음(−) 상태가 되고, 기둥은 불안정상태에 놓여 좌굴파괴한다.

여기서 상대적으로 길이가 길고 잘 휘어서 2차모멘트의 영향이 큰 기둥을 **장주**(long column)라 한다. 장주는 단주에 비해서 축하중에 의해 좌굴이 발생할 수 있고, 휨모멘트가 추가적으로 증가하여 내력이 감소하기 때문에 이와 같은 영향을 고려하여 설계한다.

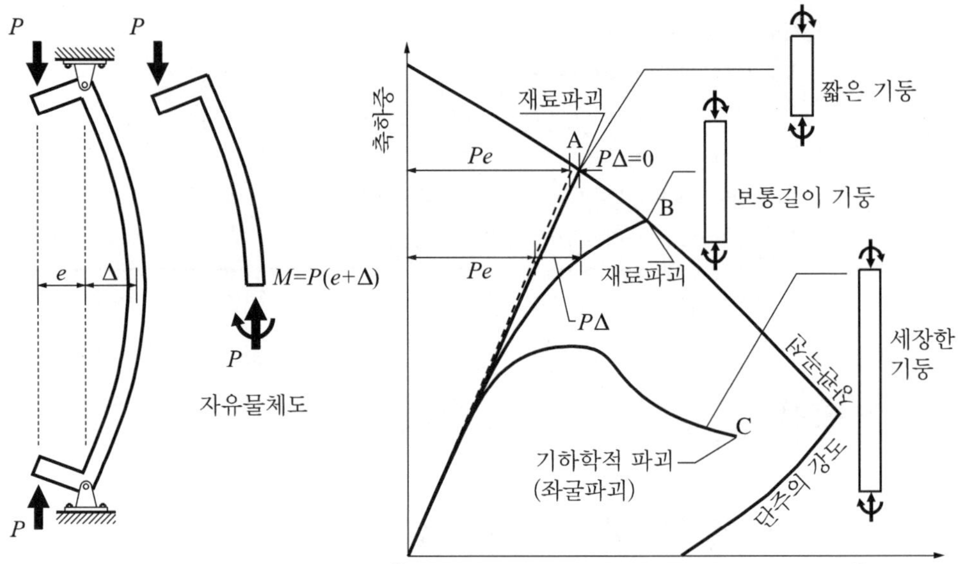

(a) 기둥 (b) 세장비에 따른 거동

그림 8.12 기둥의 세장비에 따른 거동특성 및 장주효과

8-4-2. 횡구속과 비횡구속 기둥

구조물의 절점이 강체나 브레이스로 구속되어 횡방향 변위가 일어나지 않을 때 **횡구속 골조**라고 하고 그렇지 않은 경우를 **비횡구속 골조**라 한다. 예를 들어 그림 8.13과 같이 골조에 전단벽이나 브레이스를 설치하면, 전체 골조는 횡구속 골조로 가정할 수 있다.

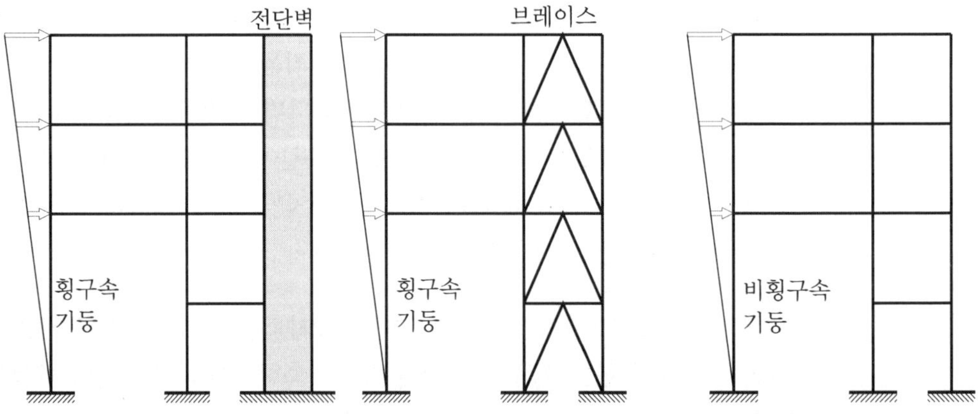

(a) 횡구속 골조 내 장주 (b) 비횡구속 골조 내 장주

그림 8.13 횡구속 골조와 비횡구속 골조에서의 장주

일반적으로 건축물 골조는 엘리베이터나 설비 공간인 코아를 가지고 있기 때문에 대부분 횡구속 골조이다. 또한 비횡구속 골조 내 기둥은 수평변위가 추가 되서 좌굴하중이 급격히 감소하고 $P\Delta$효과가 매우 크기 때문에 적절하게 강성이 큰 전단벽이나 채움벽을 이용해서 횡구속 골조를 형성하는 것이 안전하며 경제적이다.

골조의 횡구속 여부는 대부분 육안으로 쉽게 알 수 있지만, 그렇지 않은 경우 기준에서는 다음과 같은 방법을 제시하고 있다. 즉 $P\Delta$효과에 의해 발생하는 추가 모멘트와 횡하중에 의해 발생하는 모멘트의 비가 5% 이하일 때 횡구속 골조로 판단한다. 즉

$$Q = \frac{\sum P_u \Delta_0}{V_u l_c} \leq 0.05 \tag{8.23}$$

여기서 Q는 안정성지수, $\sum P_u$와 V_u는 해당 층의 전체 수직 축하중과 층 전단력, l_c는 기둥의 상하 접합부 중심간 거리이다. Δ_0는 V_u에 의한 해당 층의 탄성 1차 해석에 의한 층간변위이다.

Q를 계산하기 위한 부재의 단면 특성은 축하중, 부재 길이 방향의 균열, 지속하중에 대한 영향을 고려해야 한다. 기준에서는 표 8.4와 같이 단순화한 값을 이

표 8.4 EI 값 계산

탄성계수 E			식 (2.4)
단면2차모멘트 I[1)]	보		$I = 0.35 I_g$
	기둥		$I = 0.7 I_g$
	벽체	비균열	$I = 0.7 I_g$
		균열이 예상될 때[2)]	$I = 0.35 I_g$
	플랫 플레이트와 플랫 슬래브		$I = 0.25 I_g$
단면적			$1.0 A_g$

1) T형 보의 단면2차모멘트는 유효폭에 근거해서 구하면 되지만 복부 폭을 갖는 직사각형 보의 $2I_g$로 해도 된다.
2) 벽체에 "균열이 예상될 때"란 $0.7I_g$로 해석한 결과 계수휨모멘트와 전단력이 벽체에 휨 상태에서 휨인장강도 f_r을 초과하는 결과가 나올 때를 말하며, 이때는 균열 발생이 예상되는 층에 대하여 $I = 0.35I_g$를 다시 적용해서 반복 해석한다.
3) 매우 예외적인 경우지만, 횡방향 지속하중이 작용할 경우(예를 들어 지속적인 토압 등)에는 크리프를 고려해서 압축부재의 단면2차모멘트를 $(1+\beta_{ds})$로 나눈다. 여기서 β_{ds}는 1개 층 전체 최대 계수전단력에 대한 최대 계수 지속 전단력의 비로 1.0 이하 값을 사용한다.

용할 수 있도록 하고 있다. 표에서 기둥의 단면2차모멘트가 다른 부재에 비하여 큰 이유는 균열이 비교적 적게 발생하기 때문이다.

횡구속 여부는 구조해석 결과를 통해서도 확인할 수 있다. 예를 들어 탄성 2차 해석에 의한 기둥 단부 휨모멘트의 증가량이 탄성 1차 해석의 경우보다 5%를 초과하지 않으면 횡구속 골조로 간주한다.

한편 구조물 중량이 크고 횡방향 강성이 작은 경우에는 $P\Delta$ 효과가 과도하게 발생해서 구조물이 불안정상태가 될 수 있다. 그러므로 기준에서는 탄성 2차 해석에 의한 총 휨모멘트가 탄성 1차 해석에 의한 휨모멘트의 1.4배를 초과하지 않도록 설계를 제한하고 있다.

8-4-3. 장주의 좌굴과 유효길이

그림 8.14와 같이 양단 핀 지지된 중심축하중을 받는 장주의 좌굴하중을 구해 보자. 원점에서 거리 x에서 힘의 평형조건을 이용하면,

$$M = Py, \quad M = -EIy''$$

$$y'' + \eta^2 y = 0, \quad \eta^2 = \frac{P}{EI}$$

2계 선형 제차 미분방정식의 일반해는,

$$y = A\sin\eta x + B\cos\eta x$$

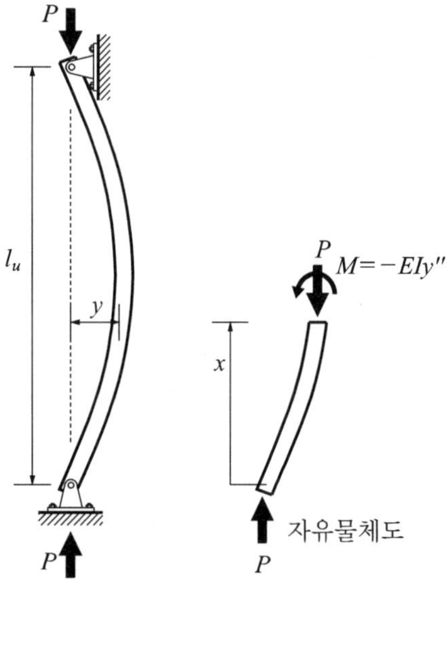

그림 8.14
양단 핀 지지된 중심축하중을 받는 장주의 좌굴

이고, 경계조건 $x = 0$, $y = 0$에서

$$y = A\sin\eta x$$

또한 $x = l_u$, $y = 0$에서

$$A\sin(\eta l_u) = 0$$

$A = 0$은 의미가 없으므로,

$$\sin(\eta l_u) = 0$$

이다. 그러므로

$$\eta l_u = n\pi \quad (n = 1, 2, 3, \cdots)$$

$$P = \frac{n^2\pi^2 EI}{l_u^2}$$

이고 $n = 1$일 때 좌굴한다. 즉 좌굴하중은,

$$P_c = \frac{\pi^2 EI}{l_u^2} \tag{8.24}$$

좌굴하중은 지점조건에 따라 다르다. 임의 지점 조건에 대한 좌굴하중은,

$$P_c = \frac{\pi^2 EI}{(kl_u)^2} \tag{8.25}$$

여기서 k는 **유효길이 계수**이다. 그림 8.15는 횡구속 여부 및 지점 조건별 유효길이를 나타낸 것이다. 횡구속 양단 힌지($k = 1.0$), 횡구속 양단 고정($k = 0.5$), 횡구속 안된 양단고정($k = 1.0$), 일단고정, 일단 자유($k = 2.0$) 등은 역학적으로 쉽게 알 수 있다. 그러나 실제 모멘트 골조에서는 완전 고정, 완전 핀은 없으며 접합된 부재의 강성에 따라 기둥 단부의 강성이 달라지므로 계산이 간단치 않다.

기둥 양 단부에서 보와 기둥의 상대적인 강성비 ψ는,

$$\psi = \frac{\sum(E_c I_c / l_c)}{\sum(E_b I_b / l_b)} = \frac{\sum K_c}{\sum K_b} \tag{8.26}$$

여기서 l_b, l_c = 보 및 기둥의 중심간 길이, $E_c I_c$, $E_b I_b$ = 기둥과 보의 휨강성으로 표 8.4를 이용해서 구한다.

유효길이 계수 k는 기둥 양 단부의 강성비 ψ를 이용해서 다음의 계산 방법을 이용한다.

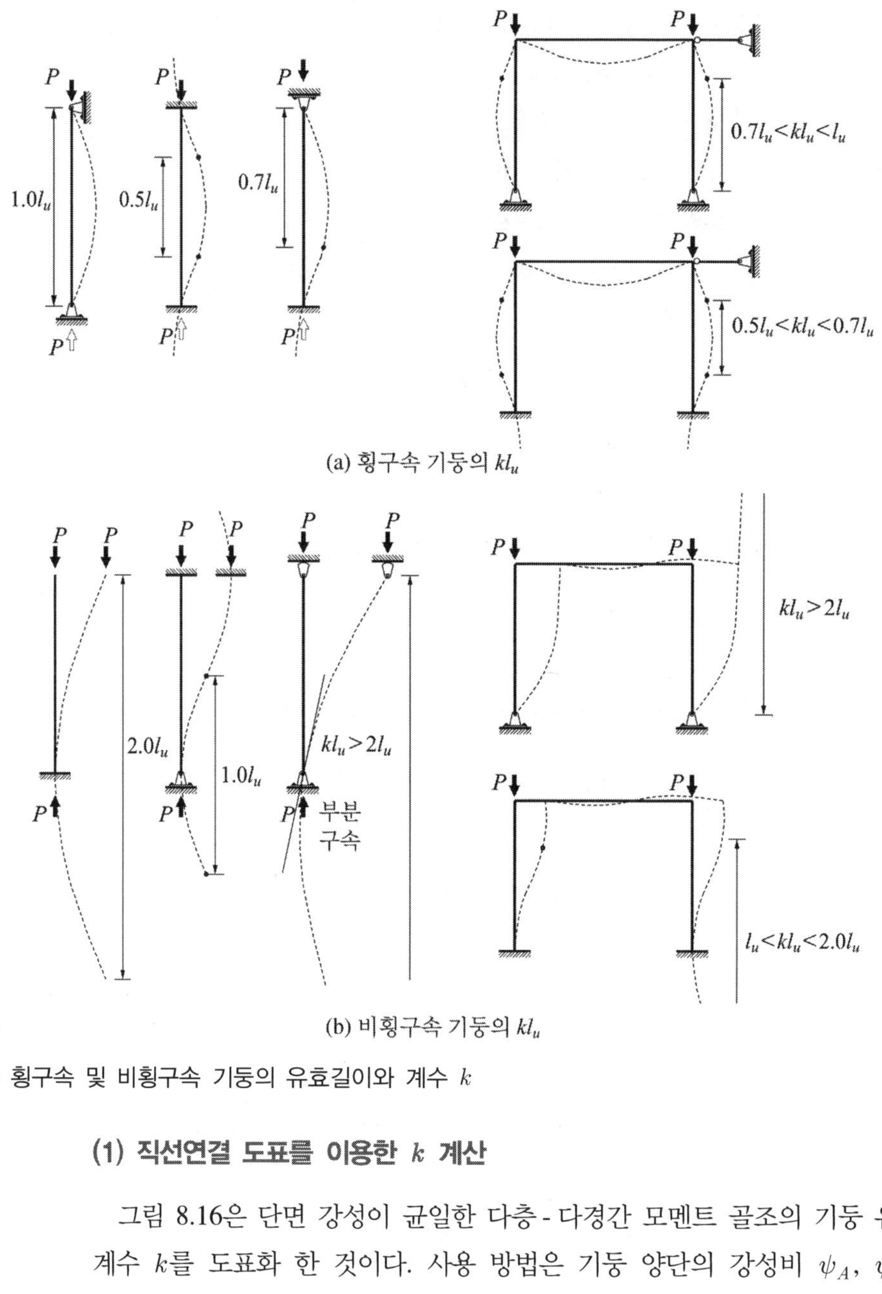

그림 8.15 횡구속 및 비횡구속 기둥의 유효길이와 계수 k

(1) 직선연결 도표를 이용한 k 계산

그림 8.16은 단면 강성이 균일한 다층-다경간 모멘트 골조의 기둥 유효길이 계수 k를 도표화 한 것이다. 사용 방법은 기둥 양단의 강성비 ψ_A, ψ_B를 식 (8.26)을 통해 계산하고, 그림에서 기둥 양단의 ψ값을 연결한 점선과 교차하는 중앙값을 읽으면 유효길이 계수 k이다.

그림에서 횡구속 골조 내 기둥의 유효길이 계수 $k = 0.5 \sim 1.0$ 범위이다. 기준에서는 해석에 의한 값의 타당성이 확실치 않다면 안전측으로 $k = 1.0$으로 할 수 있도록 하고 있다. 한편 비횡구속 골조 내 기둥은 $k \geq 1.0$이어야 한다.

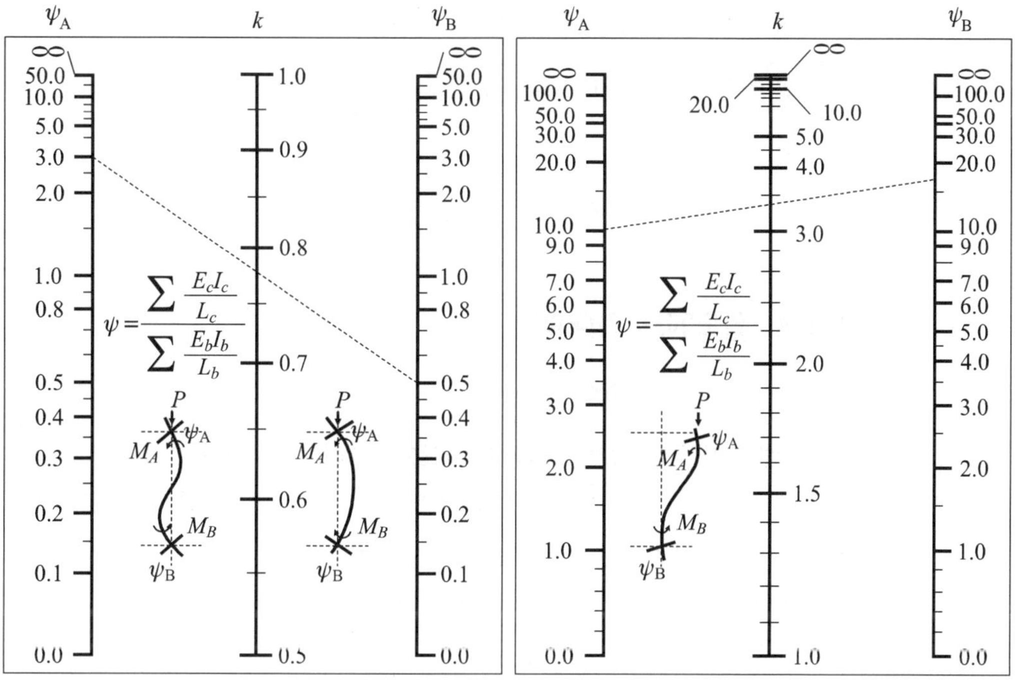

$$\frac{\psi_A\psi_B}{4}\left(\frac{\pi}{k}\right)^2+\frac{\psi_A+\psi_B}{2}\left(1-\frac{\frac{\pi}{k}}{\tan\left(\frac{\pi}{k}\right)}\right)+\frac{2\tan\left(\frac{\pi}{2k}\right)}{\frac{\pi}{k}}=1$$

$$\frac{\psi_A\psi_B\left(\frac{\pi}{k}\right)^2-36}{6(\psi_A+\psi_B)}=\frac{\frac{\pi}{k}}{\tan\left(\frac{\pi}{k}\right)}$$

(a) 횡구속 기둥 (b) 비횡구속 기둥

그림 8.16 유효길이와 계수 k를 구하는 직선연결도표

(2) 근사식을 이용한 k 계산

간편식으로서 횡구속 및 비횡구속 골조에서 기둥의 유효길이 계수는,

1) 횡구속 골조 기둥

$$k = {}_{\min}\left[0.7+0.05(\psi_A+\psi_B),\ 0.85+0.05\,\psi_{\min}\right] \leq 1.0 \tag{8.27}$$

여기서 $\psi_{\min} = {}_{\min}(\psi_A,\ \psi_B)$

2) 비횡구속 골조 기둥

양단 구속된 비횡구속 골조 기둥

$$k = \begin{cases} \dfrac{20-\psi_m}{20} & (\psi_m < 2) \\ 0.9\sqrt{1+\psi_m} & (\psi_m \geq 2) \end{cases} \tag{8.28a}$$

여기서 $\psi_m = (\psi_A + \psi_B)/2$

일단구속 타단힌지 비횡구속 골조 기둥

$$k = 2.0 + 0.3\psi \tag{8.28b}$$

여기서 ψ는 구속된 단부의 강성비

8-4-4. 휨모멘트 확대효과

(1) 횡구속된 기둥의 확대 휨모멘트

이번에는 장주의 휨모멘트 확대 효과를 검토해 보자. 먼저 그림 8.17과 같이 양단이 핀 지지되고 축하중 P와 양단 휨모멘트 M_0를 받는 기둥의 수평방향 처짐을 살펴본다. 이때 P는 좌굴하중 P_c보다 작다고 가정하자.

1) 만약 축하중 P가 작용하지 않는다면, 양단의 M_0에 의해 1차 처짐 y_0가 발생하고 중앙부 처짐은 Δ_0이다.
2) 이때 축하중 P가 작용하면, 임의점에서 Py_0만큼 모멘트가 더해지고, 더해진 모멘트에 의해 처짐이 증가한다. 중앙부 전체 처짐은 $\Delta = \Delta_0 + \Delta_a$이고 처짐 형태는 사인 곡선으로 접근한다. 8-4-3절에서 기둥의 처짐 형상을 다시 한 번 생각해 보자.

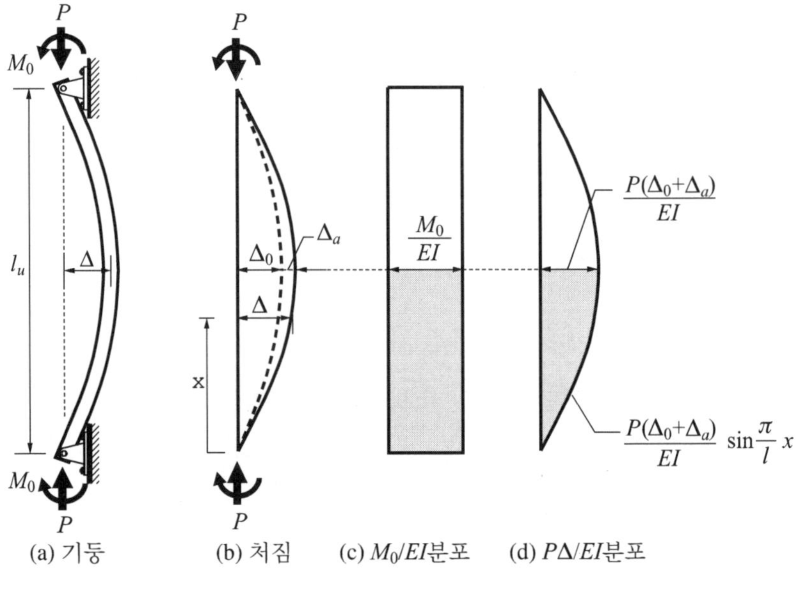

그림 8.17 핀 지지된 양단 모멘트를 받는 장주

3) 그러므로 M_0와 P가 동시에 작용할 때 중앙부에서 총 휨모멘트는

$$M = M_0 + P\Delta \tag{8.29}$$

이며 이를 $P\Delta$효과라 한다.

그림 (c), (d)에 M_0/EI도, $P\Delta/EI$도를 각각 나타냈다. 그림 (d)에서 처짐 형태와 모멘트는 비례하므로 $P\Delta/EI$도 또한 사인 곡선이다. 처짐을 구하기 위해 모멘트면적법을 이용한다. 즉 $l_u/2$점에서 처짐 Δ_0는 그림 (c)의 M_0/EI도 빗금 친 면적의 받침부에 대한 단면 1차모멘트이므로,

$$\Delta_0 = \left(\frac{M_0}{EI}\times\frac{l_u}{2}\right)\times\left[\frac{l_u}{4}\right] = \frac{M_0 l_u^2}{8EI} \tag{8.30}$$

같은 방법으로 처짐 Δ_a는 그림 (d)에서, 받침부에서 도심까지 거리는 l_u/π이므로,

$$\Delta_a = \left[\int_0^{\frac{l_u}{2}}\left(\frac{P(\Delta_0+\Delta_a)}{EI}\sin\frac{\pi}{l_u}x\,dx\right)\right]\times\frac{l_u}{\pi} = \frac{Pl_u^2}{\pi^2 EI}(\Delta_0+\Delta_a)$$

여기서 $\pi^2 EI/l_u^2 = P_c$, 즉 양단 힌지 기둥의 좌굴하중이므로,

$$\Delta_a = (\Delta_0+\Delta_a)\frac{P}{P_c},$$

$$\Delta_a = \Delta_0\left(\frac{P/P_c}{1-P/P_c}\right)$$

그러므로 전체 처짐 $\Delta = \Delta_0 + \Delta_a$는

$$\Delta = \Delta_0 + \Delta_0\left(\frac{P/P_c}{1-P/P_c}\right),$$

$$\Delta = \frac{\Delta_0}{1-P/P_c} \tag{8.31}$$

그러므로 총 휨모멘트 $M_{\max}$는

$$M_{\max} = M_0 + P\Delta = M_0 + \frac{P\Delta_0}{1-P/P_c}$$

이고, 식 (8.30)을 대입해서 정리하면,

$$M_{\max} = M_0 \frac{(1+0.23P/P_c)}{1-P/P_c} \tag{8.32}$$

여기서, 계수 0.23은 M_0/EI의 형상에 따른 것이다. 예를 들어 기둥 중앙에 수평 집중 하중이 작용해서 그림 (c)의 중앙부에서 M_0/EI이고 양 단부가 0이라면 -0.18, 포물선 수평 분포하중이 작용한다면 0이다. 식 (8.29)를 변형해서 쉽게 유도할 수 있으므로 각자 해 보자.

식 (8.32)에서 분자의 $0.23P/P_c$항은 1보다 매우 작으므로 무시해서 다음과 같이 일반화 할 수 있다.

$$M_{\max} = M_0 \frac{1}{1-P/P_c} = \delta M_0 \tag{8.33}$$

여기서, $\delta = 1/(1-P/P_c)$를 **모멘트확대계수**(moment magnification factor)라 하며, M_0가 축하중 P에 의해 δ만큼 확대된다는 것을 의미한다. 또한 세장비가 증가하면 P_c가 감소($=P/P_c$ 증가)하므로 증가한다.

식 (8.33)은 매우 특별한 경우이다. 실제 기둥에서는 양단 부휨모멘트의 크기나 부호가 다른 경우가 많다. 설계에서는 이렇게 최대 휨모멘트가 기둥 중앙에 발생하지 않는 경우 그림 8.18과 같이 등가 균일 휨모멘트로 치환하고 식 (8.33)을 수정한다. 즉

$$M_{\max} = M_0 \frac{C_m}{1-P/P_c} \tag{8.34}$$

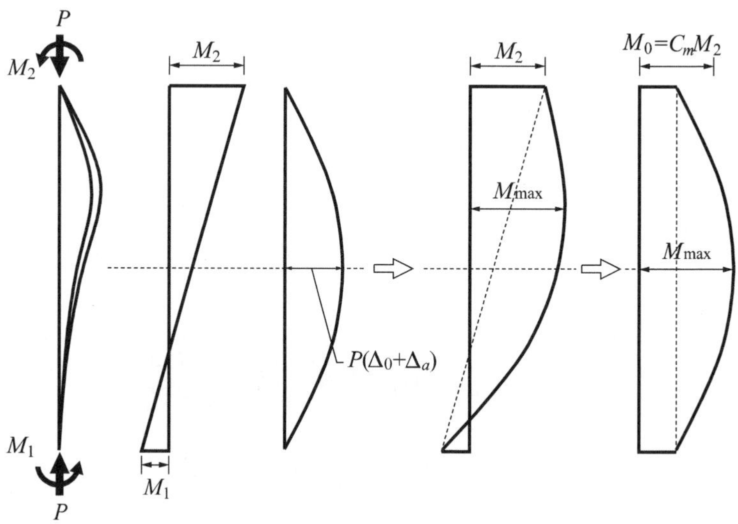

그림 8.18
양단 휨모멘트 크기가 다른 장주의 처짐

여기서, C_m은 실제 휨모멘트를 등가 균일분포 휨모멘트로 치환하는데 관련된 계수로,

$$C_m = 0.6 + 0.4\frac{M_1}{M_2} \geq 0.4 \tag{8.35}$$

식 (8.35)에서 M_2는 큰 값, M_1은 작은 값이며, $M_0 = M_2$이다. 또한 양단 휨모멘트가 단일곡률일 경우(양단 휨모멘트 방향이 다를 경우) M_2/M_1은 양수(+), 이중곡률일 경우 음수(−)이다. 물론 기둥 양단 사이에 수평하중이 있는 경우는 $C_m = 1.0$을 취해야 한다. 즉 식 (8.33)이다.

식 (8.34)은 횡구속된 골조 내 장주에만 적용한다는 사실에 유의하자.

(2) 비횡구속된 기둥의 확대 휨모멘트

횡구속되지 않은 골조의 기둥은 수평하중과 축하중에 의해 큰 횡 변위가 발생한다. 또한 골조 내 슬래브의 횡방향 강성이 매우 크기 때문에 층내 기둥의 횡 변위는 모두 같다. 즉 횡 변위는 골조를 구성하는 한 층 전체 부재의 강성과 길이에 영향을 받는다. 총 수평하중 V_u에 의한 수평방향 처짐 Δ_0는,

$$\Delta_0 = \frac{V_u}{K_s}$$

여기서 K_s는 골조의 횡강성이다.

1차로 Δ_0가 발생한 상태에서 수직하중의 총합 $\sum P_u$에 의한 모멘트는 $\sum P_u \Delta_0$이므로 횡하중 증가는,

$$(dV_u)_1 = \frac{\sum P_u \Delta_0}{l_c}$$

이다. 그러므로 V_u에서 $V_u + (dV_u)_1$에 의한 처짐 Δ_1은,

$$\Delta_1 = \frac{V_u + (dV_u)_1}{K_s} = \Delta_0\left(1 + \frac{\sum P_u \Delta_0}{V_u l_c}\right)$$

다시 증가한 처짐에 대응해서 횡하중이 또다시 증가하며 반복되므로, 비횡구속 골조의 전체 처짐 Δ는

$$\Delta = \Delta_0\left(1 + \frac{\sum P_u \Delta_0}{V_u l_c} + \left(\frac{\sum P_u \Delta_0}{V_u l_c}\right)^2 + \left(\frac{\sum P_u \Delta_0}{V_u l_c}\right)^3 + \cdots\right)$$

이다. 우측 항에서,

$$Q = \frac{\sum P_u \Delta_0}{V_u l_c} \tag{8.23}$$

이고, 등비수열이므로,

$$\Delta = \frac{\Delta_0}{1-Q}$$

그러므로 비횡구속 골조의 모멘트 확대계수 δ_s는

$$\delta_s = \frac{1}{1-Q} \tag{8.36}$$

비횡구속 장주의 휨모멘트 확대계수를 구하는 과정은 횡구속의 경우와 비교해서 다소 복잡하다. 그러므로 최근에는 휨모멘트 확대계수를 적용하는 대신 $P\Delta$ 해석 방법인 비선형 2차 해석을 컴퓨터를 이용해서 수행하는 방법이 보편화 되고 있다.

기준에서도 2계 비선형 해석을 사용할 수 있도록 허용한다. 물론 2계 비선형 해석은 재료의 비선형성, 균열, 부재 곡률, 횡방향 변위, 재하기간, 건조수축과 크리프, 지지 기초와의 상호작용 등을 고려해야 한다. 이밖에도 구조해석에 사용된 각 부재의 단면치수가 최종 도면 부재치수의 10% 이내에 있어야 하고, 해석프로그램은 부정정 형태의 철근콘크리트 기둥 실험결과에 15% 이하의 극한하중을 예측할 수 있어야 하는 등 적용조건이 매우 까다롭다. 그러나 2계 비선형 해석법은 상당히 합리적이며, 특히 비횡구속 골조의 경우 확대휨모멘트 방법보다 정확하다. 보다 상세한 해석 방법은 참고문헌을 통해 확인하자.

8-5 장주 설계

8-5-1. 장주 설계방법 일반

장주 설계 또한 단주와 동일하게 $\phi P_n - \phi M_n$의 강도 상관곡선을 이용한다. 다만 계수휨모멘트 M_u는 확대계수 휨모멘트 M_c이다.

먼저 기준에서 장주와 단주는 세장비 kL_u/r에 따라 다음 조건을 만족하는 경

우 단주로 생각한다.

횡구속 골조의 압축부재

$$\frac{kl_u}{r} \le 34 - 12\left(\frac{M_1}{M_2}\right) \tag{8.37a}$$

비횡구속 골조의 압축부재

$$\frac{kl_u}{r} \le 22 \tag{8.37b}$$

여기서, k =유효길이 계수

l_u =기둥의 휨지지가 가능한 슬래브나 보 사이의 순 길이이다. 바닥슬래브로부터 보, 기둥머리, 헌치 등과 같이 기둥을 횡방향으로 지지하는 부재 밑면까지의 순길이를 의미한다.

r =단면회전반경으로 직사각형 단면은 치수 h의 $r = 0.3h$, 원형 단면은 $r = 0.25h$로 할 수 있다

M_2는 단부모멘트 중 큰 값, M_1은 작은 값이며, 단일곡률일 경우(양단 휨모멘트 방향이 다를 경우) M_2/M_1은 양수(+), 이중곡률일 경우 음수(−)이다. 또한 $34-12(M_1/M_2) < 40$이다.

8-5-2. 횡구속 장주 설계

기준에서 확대계수 휨모멘트 M_c는 식 (8.34)의 개념에서,

$$M_c = \delta_{ns} M_2 \tag{8.38}$$

$$\delta_{ns} = \frac{C_m}{1 - \dfrac{P_u}{0.75P_c}} \ge 1.0 \tag{8.39}$$

식 (8.38)에서 M_2는 단부 휨모멘트 중 큰 값이다. 다만 중심축하중을 주로 받는 기둥도 장주가 되면 강도가 감소할 수 있으므로, 기준에서는 M_2의 최소값을 제시하고 있다. 즉,

$$M_{2,\min} = P_u(15 + 0.03h) \tag{8.40}$$

식 (8.39)에서 0.75는 강성감소계수로 P_c를 안전측으로 하기 위한 값이다. C_m은

$$C_m = 0.6 + 0.4\frac{M_1}{M_2} \geq 0.4 \tag{8.35}$$

이다. 여기서 $M_{2,\min} > M_2$인 부재는 $C_m = 1.0$을 취할 수 있다. 또한 이 경우 C_m을 계산할 때 $M_{2,\min}$를 M_2 대신 적용해서는 안 된다는 점에 유의하자. 좌굴하중 P_c는

$$P_c = \frac{\pi^2 EI}{(kl_u)^2} \tag{8.25}$$

여기서 EI는

$$EI = \frac{0.2E_cI_g + E_sI_{se}}{1+\beta_{dns}} \tag{8.41}$$

또는 약산식으로,

$$EI = \frac{0.4E_cI_g}{1+\beta_{dns}} \tag{a}$$

여기서, E_c, E_s =각각 콘크리트와 철근의 탄성계수

I_g =기둥 전체 단면에 대한 단면2차모멘트

I_{se} =부재 도심축에 대한 철근의 단면2차모멘트

β_{dns} =전체 계수 축하중에 대한 계수 지속 축하중 비(< 1.0)로 크리프 영향을 고려하기 위한 것이다.

개별 기둥에 대한 EI를 계산할 때 구조해석에 사용하는 표 8.4를 적용하지 않는 것에도 유의하자. 기둥의 좌굴은 매우 위험하기 때문에 보다 세심하고 안전하게 계산해야 한다. 콘크리트는 비탄성 재료로 크리프, 균열, 인장변형 등이 유효강성에 크게 영향을 미치기 때문에 실험과 해석 결과를 근거로 식 (8.41)을 제시한 것이다.

식 (8.41)은 식 (8.41a) 보다 정확하지만 철근을 선택하기 전에는 I_{se}를 모르기 때문에 사용하기가 어렵다. 또한 식 (8.41a)에 의한 EI 계산은 간편하나, 철근비가 1~3% 정도로 낮을 때 적합하다.

계수 축하중 P_u와 확대계수 휨모멘트 M_c가 구해지면, 단주와 마찬가지 방법으로 설계한다.

8-5-3. 비횡구속 장주 설계

비횡구속 장주의 설계과정은 횡구속 장주의 설계과정과 동일하다. 다만 횡변위를 발생시키지 않는 수직하중과, 횡변위를 발생시키는 횡하중을 분리해서 계산하는 조건이 추가된다. 즉,

$$M_1 = M_{1ns} + \delta_s M_{1s} \tag{8.42a}$$

$$M_2 = M_{2ns} + \delta_s M_{2s} \tag{8.42b}$$

여기서, M_1, M_2 =양단 휨모멘트 중 작은 값과 큰 값

M_{1ns}, M_{2ns} =계수 수직하중이 작용할 때 횡구속 상태에서 구한 기둥 단부 휨모멘트

M_{1s}, M_{2s} =횡하중만 작용할 때 비횡구속 상태에서 구한 기둥 단부 휨모멘트

δ_s =비횡구속 골조에 대한 휨모멘트 확대계수

비횡구속 골조에 대한 휨모멘트 확대계수 δ_s는,

$$\delta_s = \frac{1}{1-Q} \geq 1.0 \tag{8.36}$$

만일 식 (8.36)으로 계산된 δ_s가 1.5를 초과하면, 표 8.4를 고려한 탄성 2차 해석 또는 다음과 같이 계산한다.

$$\delta_s = \frac{1}{1 - \dfrac{\sum P_u}{0.75\sum P_c}} \geq 1.0 \tag{8.43}$$

여기서, $\sum P_u$ =한 층의 모든 계수 축하중 합

$\sum P_c$ =한 층의 횡방향 변위에 저항하는 모든 기둥의 좌굴축하중 합

이다. P_c 계산은 식 (8.25)를 이용한다. 다만 EI 계산은 식 (8.41)의 β_{dns} 대신 β_{ds}를 사용한다. 즉,

$$EI = \frac{0.2E_cI_g + E_sI_{se}}{1+\beta_{ds}} \tag{8.44a}$$

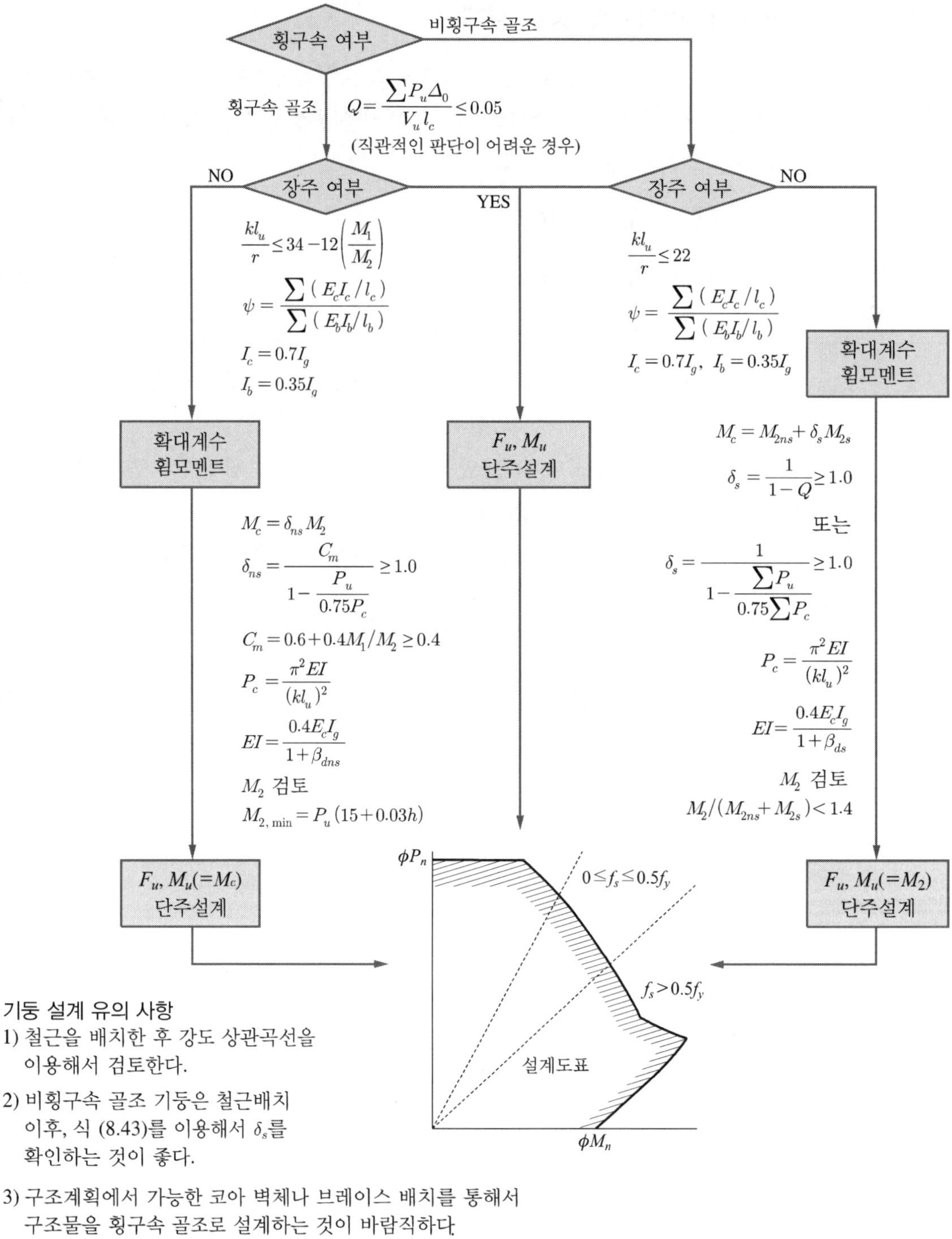

그림 8.19 장주 설계 순서

$$EI = \frac{0.4E_cI_g}{1+\beta_{ds}} \tag{8.44b}$$

여기서, β_{ds}는 1개 층 전체 최대 계수전단력에 대한 최대 계수 지속 전단력의 비로 표 8.4에서 설명했듯이 대부분 $\beta_{ds}=0$이다. 특별한 조건, 즉 경사진 곳에 위치한 구조물 한쪽 면에서만 토압이 지속적으로 작용하는 경우 등에서만 계산한 값을 적용한다.

비횡구속 장주의 설계에서는 8-4-2절의 안정성 최소 조건 또한 주의하자. 즉 $M_2/(M_{2ns}+M_{2s})<1.4$를 만족해야 한다. 너무 큰 확대 모멘트 효과는 구조물 자체가 불안정상태가 될 수 있기 때문이며 이때는 기둥 단면을 키운다. 계수 축하중 P_u와 계수 확대 휨모멘트 M_2가 구해지면, 단주와 마찬가지로 방법으로 설계한다.

이상과 같은 횡구속 및 비횡구속 장주의 설계방법을 그림 8.19에 정리하였다. 예제를 통해 확인해 보자.

예제 8-5 횡구속 장주 설계

다음 그림과 같은 1층 $_1C_1$을 설계도표를 이용해서 띠철근 기둥으로 설계하라.

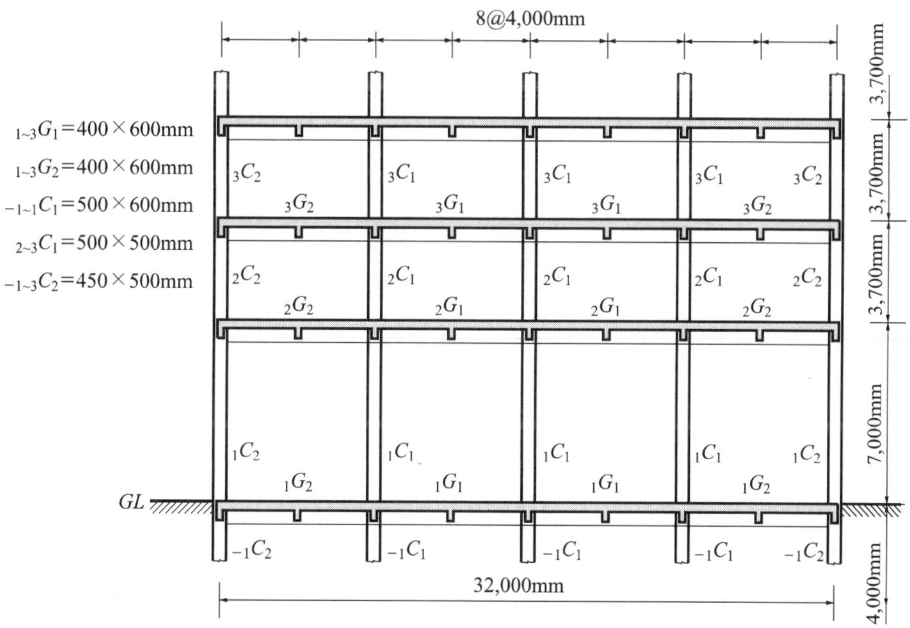

단, 코아 벽체로 횡지지 되어 있으며, $f_{ck}=27\text{ MPa}$, $f_y=400\text{ MPa}$, $f_{yt}=300\text{ MPa}$이고, 하중계수를 1.0으로 해석한 결과는 다음과 같다.

축하중	휨모멘트	
	기둥상부	기둥하부
$P_D = 2{,}000\text{ kN}$	$M_{D,\text{UP}} = 6\text{ kN}\cdot\text{m}$	$M_{L,\text{UP}} = 100\text{ kN}\cdot\text{m}$
$P_L = 1{,}500\text{ kN}$	$M_{D,\text{DN}} = -6\text{ kN}\cdot\text{m}$	$M_{L,\text{DN}} = 80\text{ kN}\cdot\text{m}$

풀이

횡지지 골조 여부 판단

횡지지 골조(코아벽으로 횡지지되어 있으므로)

장주 여부 판단

$$I_{-1cl} = I_{1cl} = 0.7I_g = 0.7\frac{500\times600^3}{12} = 6.3\times10^9\text{ mm}^4$$

$$I_{2cl} = 0.7I_g = 0.7\frac{500\times500^3}{12} = 3.6458\times10^9\text{ mm}^4$$

$$I_b = 0.35I_g = 0.35\times\left(\frac{400\times600^3}{12}\right)\times2 = 5.04\times10^9\text{ mm}^4$$

여기서, T형 보는 $2\times$직사각형 보로 볼 수 있으므로

$E_c = E_b = 8500\sqrt[3]{27+4} = 26{,}702\text{ MPa}$(일체 타설)

$$\psi_{\text{UP}} = \frac{\sum\frac{E_cI_c}{l_c}}{\sum\frac{E_bI_b}{l_b}} = \frac{\sum\frac{I_c}{l_c}}{\sum\frac{I_b}{l_b}} = \frac{\frac{6.3\times10^9}{7{,}000}+\frac{3.6458\times10^9}{3{,}700}}{2\times\frac{5.04\times10^9}{8{,}000}} = 1.496$$

$$\psi_{\text{DN}} = \frac{\sum\frac{E_cI_c}{l_c}}{\sum\frac{E_bI_b}{l_b}} = \frac{\sum\frac{I_c}{l_c}}{\sum\frac{I_b}{l_b}} = \frac{\frac{6.3\times10^9}{7{,}000}+\frac{6.3\times10^9}{4{,}000}}{2\times\frac{5.04\times10^9}{8{,}000}} = 1.964$$

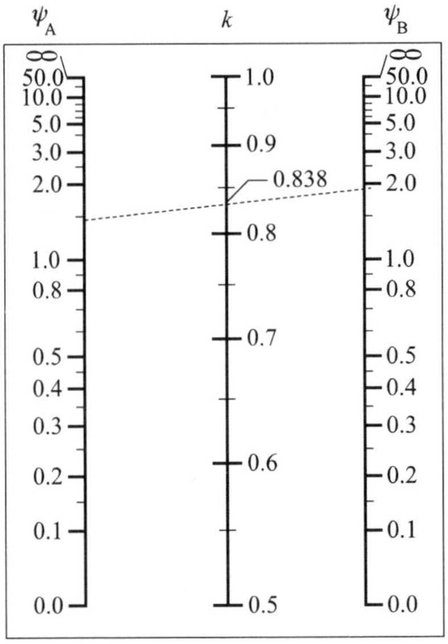

직선연결도표에서 $k = 0.838$를 얻는다.

한편

$l_u = 7{,}000 - 600 = 6{,}400\text{ mm}$

$r = 0.3h = 0.3 \times 600 = 180\ \text{mm}$

(직사각형 단면2차반경은 $0.3h$)

$$M_{\text{UP}} = 1.2M_{D.\text{UP}} + 1.6M_{L.\text{UP}}$$
$$= 1.2 \times 6 + 1.6 \times 100 = 167.2\ \text{kN·m}$$

$$M_{\text{DN}} = 1.2M_{D.\text{DN}} + 1.6M_{L.\text{DN}}$$
$$= 1.2 \times (-6) + 1.6 \times 80 = 120.8\ \text{kN·m}$$

이므로

$M_2 = 167.2\ \text{kN·m}, \quad M_1 = 120.8\ \text{kN·m}$

$\dfrac{kl_u}{r} \le 34 - 12\left(\dfrac{M_1}{M_2}\right)$에서

$$\frac{kl_u}{r} = \frac{0.838 \times 6{,}400}{180} = 29.8$$

$$_{\min}\left[34 - 12\left(\frac{M_1}{M_2}\right),\ 40\right] = {}_{\min}\left[34 - 12\left(\frac{120.8}{167.2}\right),\ 40\right] = 25.33$$

에서

$\dfrac{kl_u}{r}(= 29.8) \not\le 34 - 12\left(\dfrac{M_1}{M_2}\right)(= 25.33)$이므로 상주이다.

확대휨모멘트 계산

좌굴하중 P_c 계산

$$P_u = 1.2P_D + 1.6P_L = 1.2 \times 2{,}000 + 1.6 \times 1{,}500 = 4{,}800\ \text{kN}$$

$$\beta_{dns} = \frac{1.2P_D}{1.2P_D + 1.6P_L} = \frac{1.2 \times 2{,}000}{1.2 \times 2{,}000 + 1.6 \times 1{,}500} = 0.5$$

$$EI = \frac{0.4E_cI_g}{1 + \beta_{dns}} = \frac{0.4 \times 26{,}702 \times \dfrac{500 \times 600^3}{12}}{1 + 0.5} = 6.4084 \times 10^{13}\ \text{N·mm}^2$$

$$P_c = \frac{\pi^2 EI}{(kl_u)^2} = \frac{\pi^2 \times 6.4084 \times 10^{13}}{(0.838 \times 6{,}400)^2} \times 10^{-3} = 21{,}980\ \text{kN}$$

이다.

$$C_m = {}_{\max}\left(0.6 + 0.4\frac{M_1}{M_2},\ 0.4\right) = {}_{\max}\left(0.6 + 0.4\frac{120.8}{167.2},\ 0.4\right)_{\max} = 0.889$$

$$\delta_{ns} = \frac{C_m}{1 - \dfrac{P_u}{0.75P_c}} = \frac{0.889}{1 - \dfrac{4{,}800}{0.75 \times 21{,}980}} = 1.254$$

$$M_{2,\min} = 4{,}800(15 + 0.03 \times 600) \times 10^{-3} = 158\ \text{kN·m} < M_2(= 167.2)$$

이므로,

$M_c = \delta_{ns} \times_{\max}(M_2,\ M_{2,\min}) = 1.254 \times 167.2 = 209.7\ \mathrm{kN \cdot m}$

이다.

축방향 철근비 계산(설계도표 이용)

$d_b = 28.6\ \mathrm{mm}$(축방향 철근 D29), $d_{bs} = 9.53\ \mathrm{mm}$(띠철근 D10)

$c_{\mathrm{cover}} = 40\ \mathrm{mm}$(피복두께)

$$r = \frac{600 - 2(40 + 9.53 + 28.6/2)}{600} = 0.787$$

$$\frac{P_u}{A_g} = \frac{4{,}800 \times 10^3}{500 \times 600} = 16\ \mathrm{MPa}, \quad \frac{M_u}{A_g h} = \frac{209.7 \times 10^6}{(500 \times 600) \times 600} = 1.165\ \mathrm{MPa}$$

설계도표에서

$\gamma = 0.7$일 때 $\rho_g = 0.021$, $\gamma = 0.8$일 때 $\rho_g = 0.02$

$\gamma = 0.787$이므로 직선보간 하면,

$$\rho_g = 0.021 - \frac{(0.021 - 0.02)(0.8 - 0.787)}{0.8 - 0.7} = 0.0209$$

$A_{st} = \rho_g A_g = 0.0209 \times 500 \times 600 = 6{,}261\ \mathrm{mm}^2$

$n = \dfrac{A_{st}}{A_{s1}} = \dfrac{6{,}261}{642.4} = 9.74 \rightarrow$ 10-D29($= 6{,}424\ \mathrm{mm}^2$) 배근

축방향 철근(5개) 순간격 검토

$b_r = 2c_{\mathrm{cover}} + 2d_{bs} + nd_b + (n-1)_{\max}(1.5d_b,\ 40)$ 만족

$= 2 \times 40 + 2 \times 9.53 + 5 \times 28.6 + (5-1) \times 1.5 \times 28.6$

$= 414 \le b\,(= 500\ \mathrm{mm})$

띠철근 간격 계산

$s = \min(16d_b,\ 48d_{bs},\ 500)$

$= \min(16 \times 28.6,\ 48 \times 9.53,\ 500) = 457\ \mathrm{mm} \rightarrow$ @450 mm

축방향 철근과 띠철근 배치

직각 방향으로 모멘트 작용을 고려해서 2-D29 추가 배치

띠철근 배치 (@450 mm)

보조띠철근을 규정에 맞게 배치 (@450 mm)

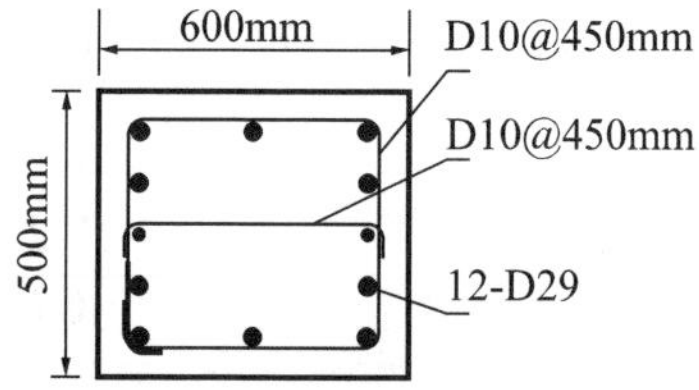

예제 8-6 비횡구속 장주 설계

예제 8-5의 구조물이 코아 벽체에 의해 횡구속 되지 않았다. 고정하중(D), 활하중(L), 풍하중(W)에 대해 하중계수 1.0을 적용해서 1차 탄성해석 한 결과가 아래와 같고, 풍하중에 의한 전체 전단력으로부터 2층 층간변위가 10 mm 발생하였을 때 2층 $_2C_1$을 설계도표를 이용해서 띠철근 기둥으로 설계하라.

구분	$_2C_2$	$_2C_1$
P_D, P_L, P_W	800, 600, ±400	1,600, 1,200, ±250
V_W	20	40
$M_{D,\mathrm{UP}}$, $M_{L,\mathrm{UP}}$, $M_{W,\mathrm{UP}}$	6, 100, ±140	6, 100, ±110
$M_{D,\mathrm{DN}}$, $M_{L,\mathrm{DN}}$, $M_{W,\mathrm{DN}}$	−6, 80, ±120	−6, 80, ±100

1) 하중계수 1.0 적용, 각 기둥별 해석 결과

풀이

하중 조합의 선택

골조에 고정하중(D), 활하중(L), 풍하중(W)이 작용할 때 가장 불리한 하중조합 식 (1.6c)으로 설계한다.

$U = 1.2D + 1.3W + 1.0L + 0.5(L_r \text{ or } S \text{ or } R)$

횡지지 골조 여부 판단

총 계수 축하중 계산

$_1C_1$: $P_u = 1.2P_D + 1.0P_L = 1.2 \times 1{,}600 + 1.0 \times 1{,}200 = 3{,}120$ kN

$_1C_2$: $P_u = 1.2P_D + 1.0P_L = 1.2 \times 800 + 1.0 \times 600 = 1{,}560$ kN

풍하중에 의한 P_W는 ±로 상쇄된다. 그러므로

$\sum P_u = {}_2C_1 \times 3\text{개소} + {}_2C_2 \times 2\text{개소} = 3{,}120 \times 3 + 1{,}560 \times 2 = 12{,}480$ kN

층 전단력 계산

$V_u = 1.3 \times \sum V_W = 1.3(20 \times 2\text{개소} + 40 \times 3\text{개소}) = 208$ kN

$\Delta_0 = 1.3 \times 10 = 13$ mm (계수전단력에 의한 변위)

$$Q = \frac{\sum P_u \Delta_0}{V_u l_c} = \frac{12{,}480 \times 13}{208 \times 3{,}700} = 0.211 > 0.05$$

비횡구속 골조이다.

장주 여부 판단

$$I_{1c1} = 0.7I_g = 0.7\frac{500 \times 600^3}{12} = 6.3 \times 10^9 \text{ mm}^4$$

$$I_{2c1}=I_{3c1}=0.7I_g=0.7\frac{500\times500^3}{12}$$

$$=3.6458\times10^9\ \text{mm}^4$$

(T형 보는 2×직사각형 보)

$$I_b=0.35I_g=0.35\times\left(\frac{400\times600^3}{12}\right)\times2$$

$$=5.04\times10^9\ \text{mm}^4$$

$$E_c=E_b=8500\sqrt[3]{27+4}=26{,}702\ \text{MPa}$$

탄성계수가 같으므로 약분한다.

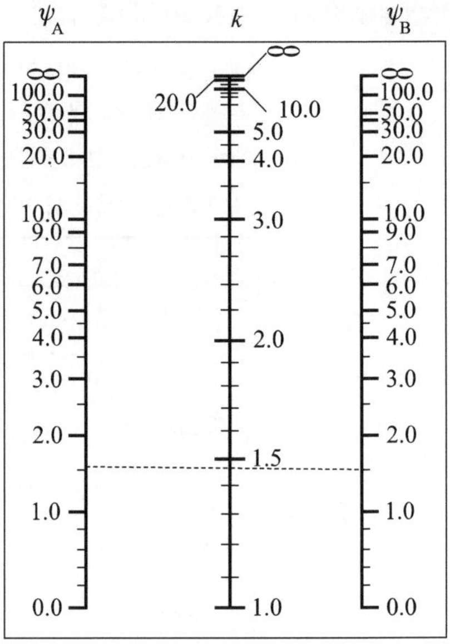

$$\psi_{UP}=\frac{\sum\frac{E_cI_c}{l_c}}{\sum\frac{E_bI_b}{l_b}}=\frac{\sum\frac{I_c}{l_c}}{\sum\frac{I_b}{l_b}}$$

$$=\frac{2\times\frac{3.6458\times10^9}{3{,}700}}{2\times\frac{5.04\times10^9}{8{,}000}}=1.56$$

$$\psi_{DN}=\frac{\sum\frac{E_cI_c}{l_c}}{\sum\frac{E_bI_b}{l_b}}=\frac{\sum\frac{I_c}{l_c}}{\sum\frac{I_b}{l_b}}=\frac{\frac{3.6458\times10^9}{3{,}700}+\frac{6.3\times10^9}{7{,}000}}{2\times\frac{5.04\times10^9}{8{,}000}}=1.5$$

직선연결도표에서 $k=1.47$

$l_u=3{,}700-600=3{,}100\ \text{mm}$

$r=0.3h=0.3\times500=150\ \text{mm}$

$\frac{kl_u}{r}=\frac{1.47\times3{,}100}{150}=30.4\not\leq22$이므로 장주

확대휨모멘트 계산

$M_{1ns}=1.2M_{D.DN}+1.0M_{L.DN}=1.2\times(-6)+1.0\times(80)=72.8\ \text{kN·m}$

$M_{2ns}=1.2M_{D.UP}+1.0M_{L.UP}=1.2\times(6)+1.0\times(100)=107.2\ \text{kN·m}$

$M_{1s}=1.3M_{W.DN}=1.3\times(\pm100)=\pm130\ \text{kN·m}$

$M_{2s}=1.3M_{W.UP}=1.3\times(\pm110)=\pm143\ \text{kN·m}$

$\delta_s=\frac{1}{1-Q}=\frac{1}{1-0.211}=1.267$

$M_1=M_{1ns}+\delta_sM_{1s}=72.8+1.267\times(\pm130)=-91.9,\quad 237.5\ \text{kN·m}$

$M_2=M_{2ns}+\delta_sM_{2s}=107.2+1.267\times(\pm143)=-74,\quad 288.4\ \text{kN·m}$ 에서

$M_2=288.4\ \text{kN·m}$ 선택

안정성 검토

탄성 2차 해석에 의한 총 휨모멘트가 탄성 1차 해석에 의한 휨모멘트의 1.4배를 초과하지 않아야 하므로,

$M_2/(M_{2ns}+M_{2s}) = 288.4/(107.2+143) = 1.15 < 1.4$ 만족

축방향 철근비 계산(설계도표 이용)

$P_u = 1.2P_D + 1.0P_L + 1.3P_W = 3{,}120 + 1.3 \times 250 = 3{,}445$ kN

$M_u = M_2 = 288.4$ kN·m

$d_b = 25.4$ mm(축방향 철근 D25), $d_{bs} = 9.53$ mm(띠철근 D10)

$c_{cover} = 40$ mm(피복두께)

$$r = \frac{500 - 2(40 + 9.53 + 25.4/2)}{500} = 0.751$$

$$\frac{P_u}{A_g} = \frac{3{,}445 \times 10^3}{500 \times 500} = 13.78 \text{ MPa}$$

$$\frac{M_u}{A_g h} = \frac{288.4 \times 10^6}{(500 \times 500) \times 500} = 2.31 \text{ MPa}$$

설계도표에서 $\gamma = 0.7$일 때 $\rho_g = 0.02$, $\gamma = 0.8$일 때 $\rho_g = 0.019$

$\gamma = 0.751$이므로 직선보간 하면,

$$\rho_g = 0.02 - \frac{(0.02 - 0.019)(0.8 - 0.751)}{0.8 - 0.7} = 0.0195$$

$A_{st} = \rho_g A_g = 0.0195 \times 500 \times 500 = 4{,}875 \text{ mm}^2$

$n = \frac{A_{st}}{A_{s1}} = \frac{4{,}875}{506.7} = 9.62 \rightarrow$ 10-D25($= 5{,}067 \text{ mm}^2$) 배근

띠철근 간격 계산

$s = \min(16d_b, 48d_{bs}, 450) \rightarrow$ @400 mm

$= \min(16 \times 25.4, 48 \times 9.53, 450)$

$= 406$ mm

축방향 철근과 띠철근 배치

직각 방향으로 모멘트 작용을 고려해서 2-D25 추가 배치

띠철근 배치 (@400 mm)

보조띠철근을 규정에 맞게 배치 (@400 mm)

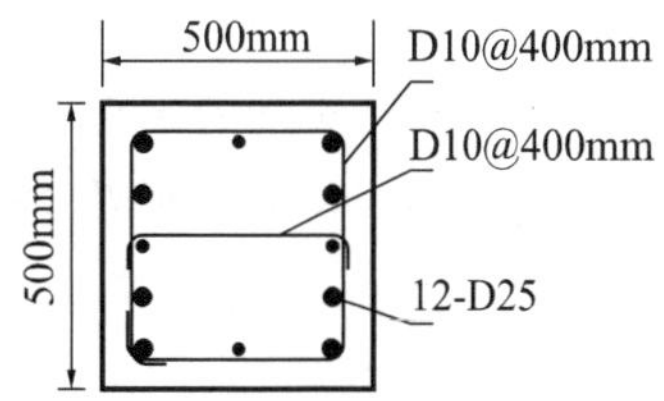

8-6 연습문제

[8-1절]

8-1.1 띠철근 또는 나선철근이 기둥의 연성능력과 거동에 미치는 영향을 설명하라.

8-1.2 압축지배단면일 때 띠철근과 나선철근 기둥의 ϕ는 각각 0.65와 0.70이다. 나선철근 기둥의 ϕ가 높은 이유를 설명하라.

[8-2절]

8-2.1 중심축하중을 받는 띠철근 단주의 ϕP_n을 유도하고 사용된 계수에 관하여 설명하라.

8-2.2 다음 단주의 설계 중심축하중 강도 ϕP_n를 구하라. 단, $f_{ck} = 27$ MPa, $f_y = 400$ MPa이다.

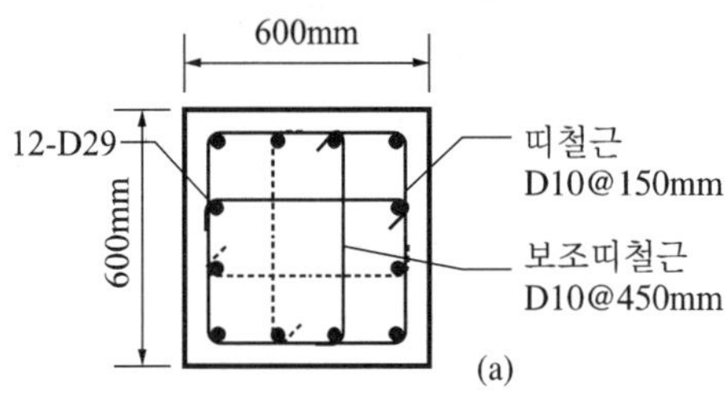

(a)

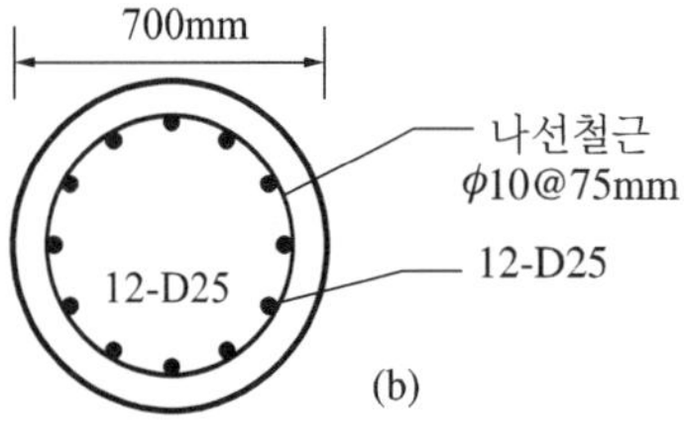

(b)

8-2.3 계수 중심축하중 $P_u = 6{,}000$ kN을 받는 600×600 mm 단주의 필요 철근량 A_{st}를 구하라. 단, $f_{ck} = 30$ MPa, $f_y = 400$ MPa이다.

8-2.4 다음 P_u, M_u를 받는 기둥 단면이 균형상태일 때(압축측 콘크리트 $\epsilon_c = 0.003$일 때 인장철근 $f_s = f_y$) 공칭강도 P_n, M_n를 구하라. 단, $f_{ck} = 30$ MPa, $f_y = 400$ MPa이다.

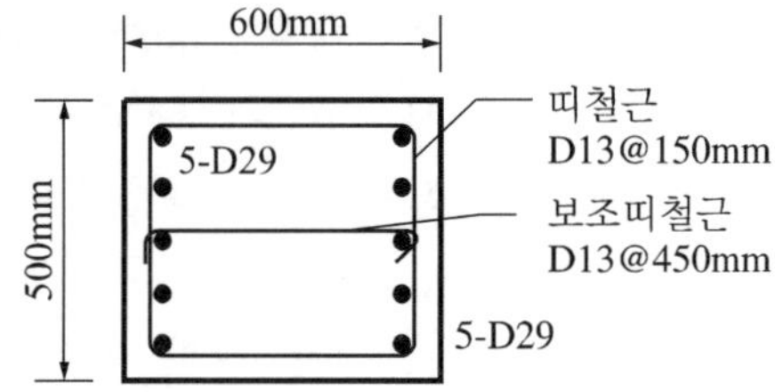

8-2.5 수치해석 프로그램(EXCEL, MathCAD, Math-Lab 등)을 이용해서 다음 단주의 강도 상관곡선을 그려라. 단, $d' = 60$ mm, $f_{ck} = 27$ MPa, $f_y = 400$ MPa이다.

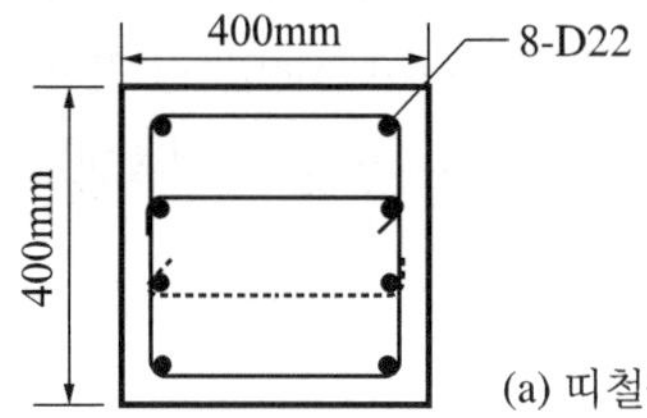

(a) 띠철근 기둥

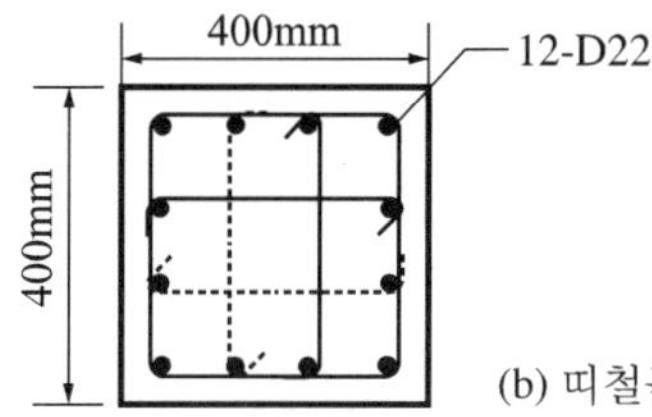

(b) 띠철근 기둥

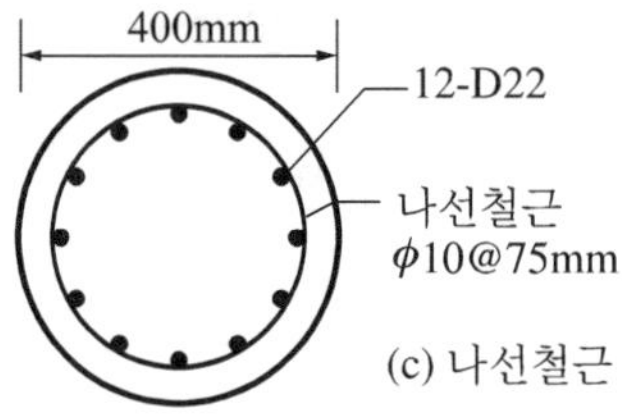

(c) 나선철근 기둥

[8-3절]

8-3.1 기둥에서 축방향 철근비 ρ_g의 최소, 최대값을 제시하고 규정 근거를 설명하라.

8-3.2 기둥 축방향 철근의 순간격 제한값을 제시하고, 휨부재 보다 순간격이 강화된 이유를 설명하라.

8-3.3 다음 기둥에서 띠철근(보조 띠철근)과 나선철근의 간격을 구하라. 단, 전단에 의해 계산한 스터럽 간격 $s = 200$ mm, $f_{ck} = 27$ MPa, $f_y = 400$ MPa이다.

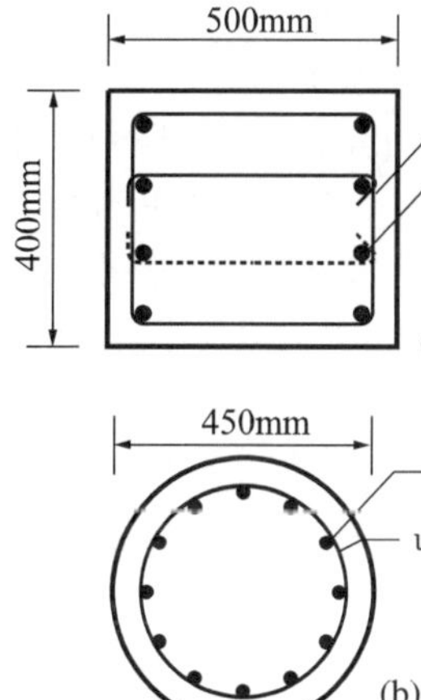

(a) 띠철근 기둥
(b) 나선철근 기둥

8-3.4 기둥이 다음과 같은 하중을 받을 때,
고정하중 $P_D = 2{,}000$ kN, $M_D = 120$ kN·m
활하중 $P_L = 1{,}500$ kN, $M_D = 80$ kN·m
(1) 띠철근 정사각형 단주
(2) 나선철근 원형 단주
로 주철근을 설계하라. 단, $f_{ck} = 30$ MPa, $f_y = 400$ MPa, $f_{yt} = 300$ MPa이고, 설계도표나 문제 8-2.5에서 구한 프로그램을 이용하라.

[8-4절]

8-4.1 다음 철근콘크리트 기둥의 횡구속 여부 및 지점 조건에 따른 좌굴하중 P_c를 구하라. 단, 지점은 완전구속되어 있다.

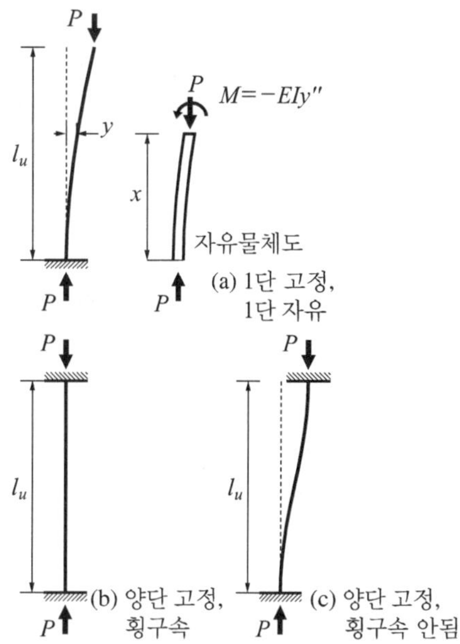

8-4.2 그림과 같이 양단이 핀지지 되고 축하중 P와 수평하중 F를 받는 장주가 있다. $P-\Delta$효과(모멘트 확대효과)를 고려한 최대 모멘트 M_{max}를 구하라. 단, F에 의한 중앙부 휨모멘트는 $M_0(=Fl_u/4)$라고 가정한다.

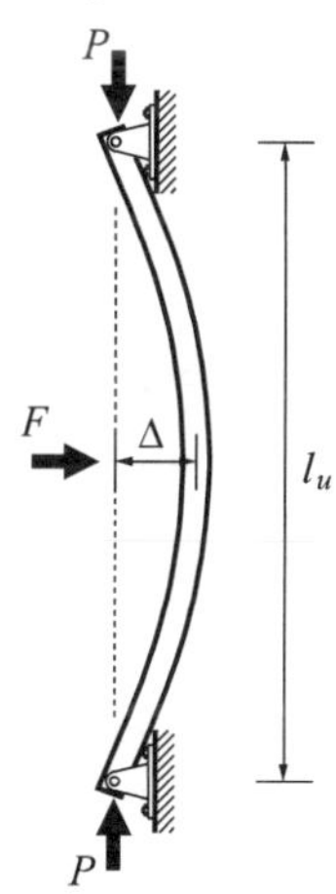

[8-5절]

8-5.1 400 mm×400 mm 단면의 띠철근 기둥이 일단고정, 일단힌지로 구속되어 있을 때 단주이기 위한 한계 높이를 구하라. 단, 이 기둥은 횡구속 골조 내에 있다.

8-5.2 다음 기둥 부재에 대하여 횡구속과 비횡구속 일 때 세장비를 구하고 장주여부를 판단하라. 단, 기둥 상하 휨모멘트는 각각 $M_u = 120$ kN·m, 114 kN·m 이다.

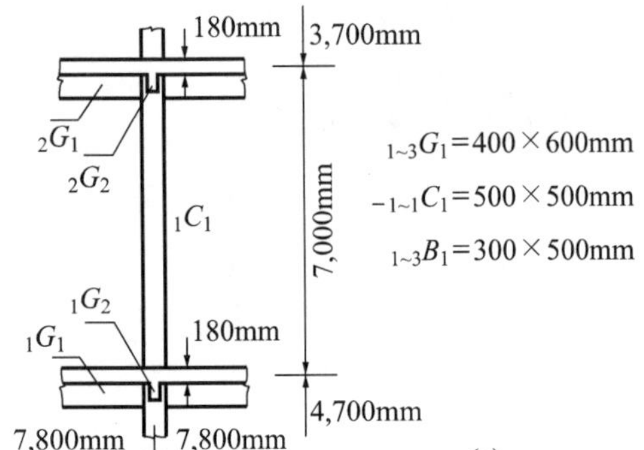

(a)

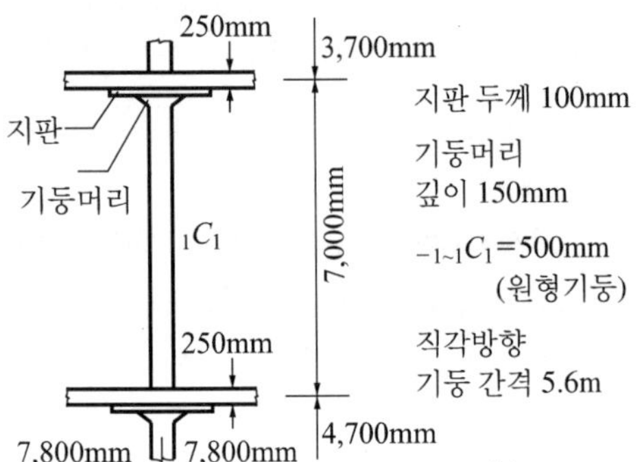

(b)

8-5.3 문제 8-5.2에서 횡구속 골조일 때, 기둥의 휨강성 EI, 좌굴하중 P_c를 구하라. 단, $\beta_{dns} = 0.5$, $f_{ck} = 30$ MPa이다.

8-5.4 예제 8-5의 조건에서 $_1C_2$기둥을 설계하라. 단, 하중계수를 1.0으로 해석한 결과는 다음과 같다.

연습문제 8-5.4 해석결과

축하중	$P_D = 1{,}200$ kN
	$P_L = 900$ kN
휨모멘트(기둥상부)	$M_{D,\mathrm{UP}} = 6$ kN·m
	$M_{D,\mathrm{DN}} = -6$ kN·m
휨모멘트(기둥하부)	$M_{L,\mathrm{UP}} = 100$ kN·m
	$M_{L,\mathrm{DN}} = 80$ kN·m

8-5.5 예제 8-5의 조건에서,
고정하중(D), 활하중(L), 풍하중(W)에 대해 하중계수 1.0을 적용해서 1차 탄성해석 한 결과가 다음과 같다. 또한 풍하중에 의한 전체 전단력으로부터 1층 층간변위가 17 mm 발생하였을 때,

(1) 1층 $_1C_1$을 띠철근 기둥으로 설계하라.

(2) 1층 $_1C_2$을 띠철근 기둥으로 설계하라. 단, 기둥 크기를 $b \times h = 450 \times 550$ mm로 변경하라.

연습문제 8-5.5 해석결과

$_1C_1$	
P_D, P_L, P_W	2,000, 1,500, ±450
V_W	60
$M_{D,\mathrm{UP}}$, $M_{L,\mathrm{UP}}$, $M_{W,\mathrm{UP}}$	6, 100, ±165
$M_{D,\mathrm{DN}}$, $M_{L,\mathrm{DN}}$, $M_{W,\mathrm{DN}}$	−6, 80, ±150

$_1C_2$	
P_D, P_L, P_W	1,000, 750, ±900
V_W	30
$M_{D,\mathrm{UP}}$, $M_{L,\mathrm{UP}}$, $M_{W,\mathrm{UP}}$	6, 100, ±154
$M_{D,\mathrm{DN}}$, $M_{L,\mathrm{DN}}$, $M_{W,\mathrm{DN}}$	−6, 80, ±132

1) 하중계수 1.0 적용, 각 기둥별 해석 결과

9장 2방향 슬래브

차례

주요개념

보 슬래브
플랫 슬래브
플랫 플레이트
주열대와 중간대
보와 슬래브의 강성비 α
2방향 슬래브 최소두께
직접설계법
전체 정적 계수휨모멘트 M_0
비틀림 변형 구속능력 β_t
1방향 전단
2방향 전단(뚫림전단)
플랫 슬래브와 플랫 플레이트의 전단보강

슬래브는 면적에 비하여 작은 두께를 갖는 평판구조로, 자중을 포함한 고정하중과 그 위에 작용하는 활하중을 부담한다. 슬래브는 일반적으로 보가 지지하지만 기둥이나 벽체가 직접 지지하기도 한다. 우리는 이미 7장에서 1방향 슬래브의 해석과 설계를 살펴보았다. 이 장은 단변에 대한 장변 비가 2보다 작은 2방향 슬래브를 다룬다.

앞으로 살펴보겠지만 2방향 슬래브는 양 방향 힘의 분배나 변형 특성이 매우 복잡하다. 그러므로 실무에서는 대부분 적절한 보 배치를 통해서 1방향 슬래브로 구조계획하고 있다. 그러나 최근 층 높이에서 유리한 보 없는 슬래브의 사용이 증가하면서 휨뿐만 아니라 1방향 전단, 2방향 전단(뚫림전단)에 대한 검토도 매우 중요해 졌다.

1방향 슬래브와 마찬가지로, 2방향 슬래브의 휨설계는 평형조건과 적합 조건에 맞추어 해석을 수행해서, 안전성과 사용성 기준을 만족하도록 설계한다면 어떤 방법이든 가능하다. 예를 들어 해석은 항복선 이론이나 유한요소해석을 이용할 수 있다. 그러나 실무적으로 이러한 해석 방법은 매우 복잡하기 때문에 기준에서는 근사해법인 직접설계법, 등가골조법, 슬래브 설계용 계수 이용법을 제시하고 있다. 이 책에서는 직접설계법을 위주로 2방향 슬래브를 해석하고 휨설계한다. 또한 보 없는 슬래브에 대한 전단 검토에 주안점을 두고 살펴보자.

9-1 2방향 슬래브 일반사항

9-1-1. 2방향 슬래브 종류

철근콘크리트 슬래브는 하중 분산과 지지 능력이 좋고, 내진동, 차음, 내화성이 우수하기 때문에 강구조나 다른 구조 시스템에서도 바닥구조로 널리 이용하고 있다. 슬래브는 구조형식에 따라 그림 9.1과 같이 분류할 수 있다.

(1) 보 슬래브(Beam Slab)

그림 (a)와 같이 슬래브를 보가 지지하는 구조로, 우리나라에서 가장 많이 사용하는 방식이다. 일반적으로 슬래브라 하면 보 슬래브를 말한다. 보 슬래브는 추가된 보만큼 층고가 높고 시공이 추가되지만, 수평하중에 대한 강성이 크며 앞으로 배울 2방향 전단에 유리하다.

(2) 플랫 슬래브(Flat Slab)

그림 (b)와 같이 슬래브를 지판이나 주두가 설치된 기둥이 직접 지지하는 구조

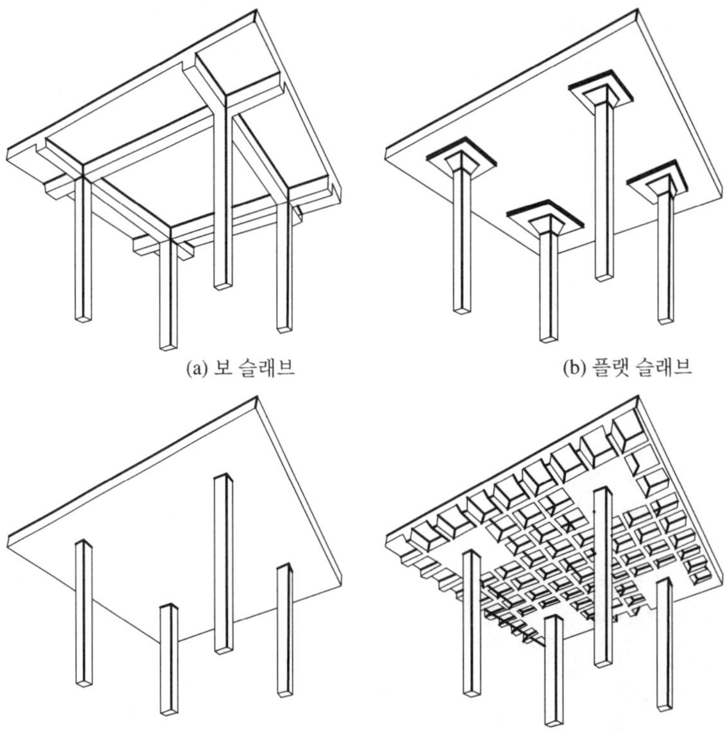

(a) 보 슬래브 (b) 플랫 슬래브

(c) 플랫 플레이트 (d) 워플 슬래브

그림 9.1
2방향 슬래브 종류

이다. 플랫 슬래브는 보가 없기 때문에 층고를 낮출 수 있고 시공성도 좋다. 그러나 강성이 작기 때문에 수평하중에 의한 층간변위가 크다. 또한 2방향 전단에 대한 추가적인 검토가 필요하다.

(3) 플랫 플레이트 슬래브(Flat Plate Slab)

그림 (c)와 같이 보 없이 일정 두께의 슬래브와 기둥만으로 구성한 바닥구조이다. 플랫 플레이트는 플랫 슬래브의 극단적인 형태로 지판이나 주두마저 없기 때문에 2방향 전단에 매우 취약하다. 그러므로 슬래브 두께가 커지며, 2방향 전단에 저항하기 위한 특별한 철근보강이 필요하다.

(4) 워플 슬래브(Waffle Slab)

그림 (d)와 같이 작은 크기의 장선이 2방향으로 설치된 보 슬래브 형식의 구조이다. 워플 형태의 빈 사각형 모양이 나타나며 넓은 바닥을 만드는데 사용한다.

9-1-2. 설계대 - 주열대와 중간대

슬래브의 계수휨모멘트 분포는 슬래브와 주변 부재의 강성비에 따라 기둥선 근처는 부(−)휨모멘트가, 중앙부는 정(+)휨모멘트가 발생한다. 또한 얇은 슬래브에 비해 지지 부재의 강성이 크기 때문에 기둥선에 집중하는 특징이 있다. 그

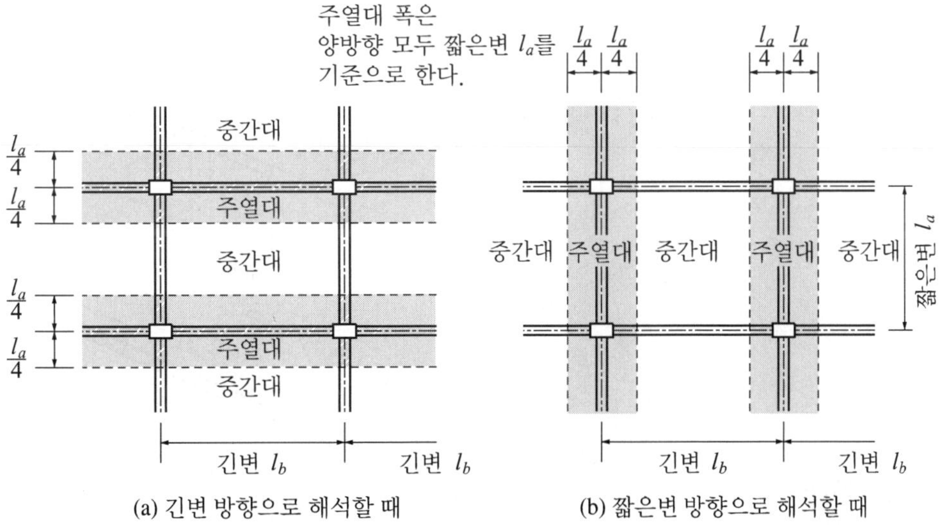

그림 9.2 슬래브 설계대(주열대와 중간대)

러므로 그림 9.2와 같이 슬래브를 주열대와 중간대로 나누어 해석한다.

1) **주열대**(column strip)는 양 변 중에서 짧은 변을 기준(그림에서 l_a)으로, 기둥 양쪽 각각 $l_a/4$의 합이다. 이때 l_a는 기둥 중심간 거리이다. 받침부 사이의 보는 주열대에 포함 된다는 것에 유의하자.
2) **중간대**(middle strip)는 두 주열대 사이의 슬래브 영역을 말한다.

주열대에는 주로 부(−)휨모멘트가, 중간대에는 정(+)휨모멘트가 작용한다.

9-1-3. 보와 2방향 슬래브의 강성비

슬래브는 지지하는 보의 구속 정도에 때라 휨모멘트 분포가 달라진다. 즉 구속 정도가 커지면 단부 부(−)휨모멘트가 증가하고, 상대적으로 정(+)휨모멘트가 감소할 것이다. 구속 정도는 두 부재의 상대 휨강성비에 따르므로,

$$\alpha = \frac{E_{cb}I_b}{E_{cs}I_s} \tag{9.1}$$

여기서, E_{cb}, E_{cs} =각각 보와 슬래브 콘크리트 탄성계수

I_b, I_s =각각 균열 발생 전 보와 슬래브의 단면2차모멘트

일반적으로 보와 슬래브는 일체로 타설하므로 $E_{cb} = E_{cs}$이다. 식 (9.1)에서 I_b와

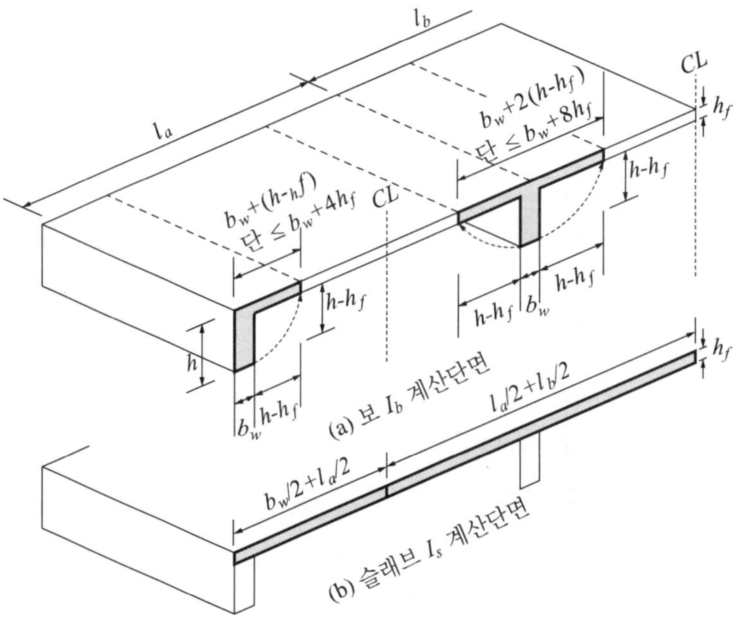

그림 9.3
단면2차모멘트 계산을 위한 보와 슬래브의 치수 결정

I_s는 그림 9.3과 같은 단면을 이용해서 계산한다. T형 보와 유사한 개념이다. 여기서 h_f =슬래브 두께, b_w =보의 폭, h =보의 깊이이다.

가장자리 보(테두리보)와 내부보에 대한 상대강성비(α)를 계산하기 위해서 부록 9-1절 부그림 9.1.1과 9.1.2를 이용할 수도 있다. 부그림에서 h/h_f와 b_w/h_f를 대입하여 f를 계산한 후에 그림 안의 식을 이용해서 α를 구한다.

물론 보가 없는 플랫 슬래브나 플랫 플레이트는 $\alpha = 0$이다.

9-1-4. 2방향 슬래브의 최소두께

기준에서는 실험과 탄성해석에 근거해서 2방향 슬래브의 최소두께를 규정하고 있다. 이것은 6-2-3절의 처짐 제한 규정 이유와 같다.

(1) 내부 보가 없는 슬래브(플랫 슬래브 또는 플랫 플레이트)

슬래브 주변에 보가 없는 2방향 슬래브의 최소두께는 표 9.1과 같다. 또한 다음 조건을 만족해야 한다.

지판이 없을 때 (플랫 플레이트) : 120 mm 이상

지판이 있을 때 (플랫 슬래브) : 100 mm 이상

여기서, **지판**은 그림 9.4와 같이 기둥 상부 주변에 작용하는 집중 하중을 분산하기 위해 설치하는 판으로 다음 조건을 만족해야 한다.

표 9.1 내부에 보가 없는 슬래브의 최소 두께

설계기준 항복강도 f_y (MPa)[1]	지판이 없는 경우[2]			지판이 있는 경우		
	외부 슬래브[3]		내부 슬래브	외부 슬래브		내부슬래브
	테두리보가 없는 경우[4]	테두리보가 있는 경우		테두리보가 없는 경우	테두리보가 있는 경우	
300	$l_n/32$	$l_n/35$	$l_n/35$	$l_n/35$	$l_n/39$	$l_n/39$
350	$l_n/31$	$l_n/34$	$l_n/34$	$l_n/34$	$l_n/37.5$	$l_n/37.5$
400	$l_n/30$	$l_n/33$	$l_n/33$	$l_n/33$	$l_n/36$	$l_n/36$
500	$l_n/28$	$l_n/31$	$l_n/31$	$l_n/31$	$l_n/33$	$l_n/33$
600	$l_n/26$	$l_n/29$	$l_n/29$	$l_n/29$	$l_n/31$	$l_n/31$

1) 항복강도가 큰 철근을 사용할수록 최소두께 제한이 강화된다. 즉 두꺼워진다.
2) 지판 유무 : 지판이 없을 때 두께가 두껍다.
3) 외부슬래브가 내부슬래브 보다 두껍다.
4) 테두리보 유무 : 테두리보가 없을 때 두께가 두껍다.

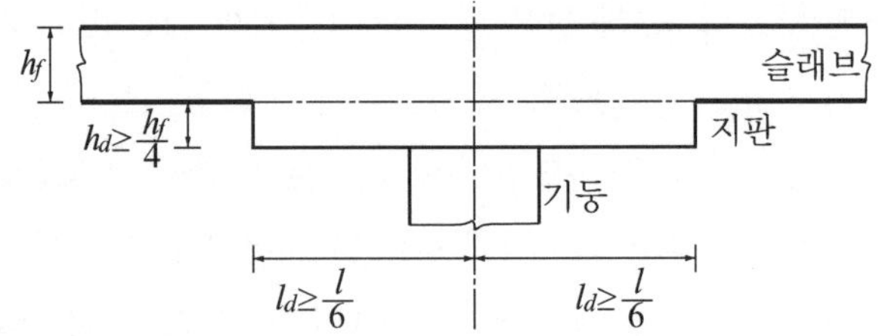

그림 9.4
지판 크기 규정

지판 두께 : $h_d \geq h_f/4$

지판 폭 : 중심에서 각 방향 바깥쪽으로 $l/6$ 이상

여기서, h_f =슬래브 두께, l =각 방향으로 받침부 중심간 길이이다.

(2) 내부 보가 있는 슬래브(보 슬래브)

슬래브 주변 모든 상대휨강성비 α의 평균을 α_m이라 할 때,

$$\alpha_m \leq 0.2 \ : \ \text{표 9.1 적용} \tag{9.2a}$$

$$0.2 < \alpha_m < 2.0 \ : \ h_f = \frac{l_n(800 + f_y/1.4)}{36{,}000 + 5{,}000\beta(\alpha_m - 0.2)} \geq 120 \text{ mm} \tag{b}$$

$$\alpha_m \geq 2.0 \ : \ h_f = \frac{l_n(800 + f_y/1.4)}{36{,}000 + 9{,}000\beta} \geq 90 \text{ mm} \tag{c}$$

여기서 l_n =슬래브 긴 변 순경간, β =슬래브 긴 변 순경간/짧은 변 순경간이다. 또한 슬래브 가장자리가 불연속인 경우에는 0.8 이상의 상대휨강성비 α를 갖는 테두리보를 배치하거나 식 (9.2)에 의해 계산한 최소두께를 적어도 10% 이상 증가시켜야 한다.

물론 정확한 처짐을 계산해서 표 6.5의 제한 값 이하가 확인된 경우는 최소두께보다 작은 슬래브가 가능하지만 실무적으로는 표 9.1과 식 (9.2)를 이용한다.

9-2 2방향 슬래브 해석 – 직접설계법

9-2-1. 직접설계법 적용 제한사항

직접설계법은 수직하중을 받는 전형적인 골조의 2방향 슬래브를 해석하기 위한 근사 해석 방법이다. 그러므로 다음의 제한조건을 모두 만족하는 경우에만 적용 가능하다.

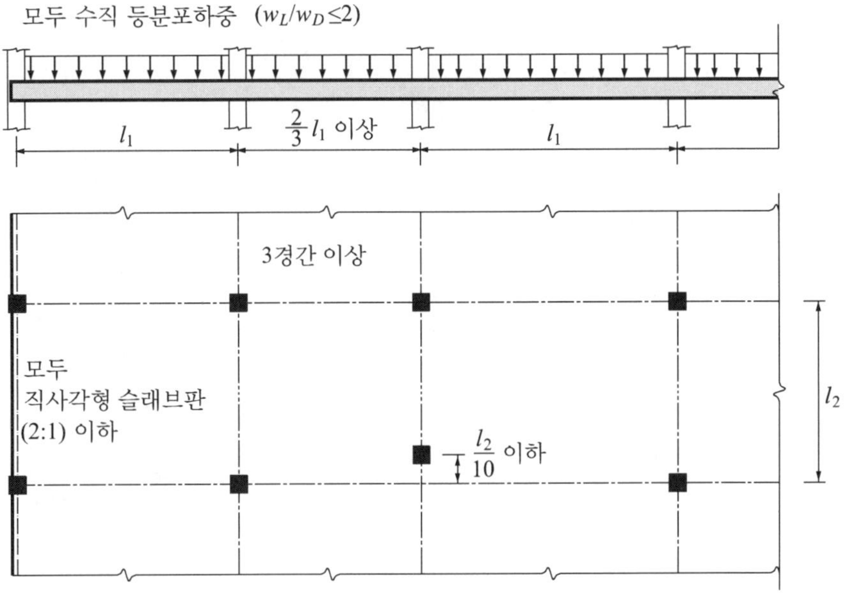

그림 9.5
직접설계법을 적용할 수 있는 조건

① 각 방향으로 3경간 이상이 연속(골조 연속성)
② 직사각형 형태의 2방향 슬래브
③ 각 방향으로 연속한 받침부 중심간 경간 차이가 긴 경간의 1/3 이하
④ 연속한 기둥 중심선을 기준으로 기둥 어긋남이 그 방향 경간의 10% 이하
⑤ 모든 하중은 슬래브 전체에 등분포 수직하중이며, 활하중은 고정하중의 2배 이하

그림 9.5는 위의 제한조건을 나타낸 것이다. 한편 보가 모든 변에서 슬래브를 지지하는 보 슬래브 경우는 직교하는 두 방향 보의 상대 강성이,

$$0.2 \leq \frac{\alpha_1 {l_2}^2}{\alpha_2 {l_1}^2} \leq 5.0 \tag{9.3}$$

을 만족해야 한다. 여기서 첨자 1, 2는 각각 휨모멘트를 계산하는 방향과 그 직각 방향을 의미한다. 또한 직접설계법으로 설계한 2방향 슬래브는 휨모멘트재분배를 적용할 수 없다는 것도 유의하자. 직접설계법은 근사해석 방법이다.

9-2-2. 설계휨모멘트

(1) 전체 정적 계수휨모멘트 M_0

등분포하중 $w_u\,(\mathrm{N/m^2})$을 받는 폭 1 m, 경간 l_n인 보는 지점의 고정도에 따라 휨모멘트 분포는 바뀌지만 양단 부(−)휨모멘트의 평균값과 중앙부 정(+)휨모멘

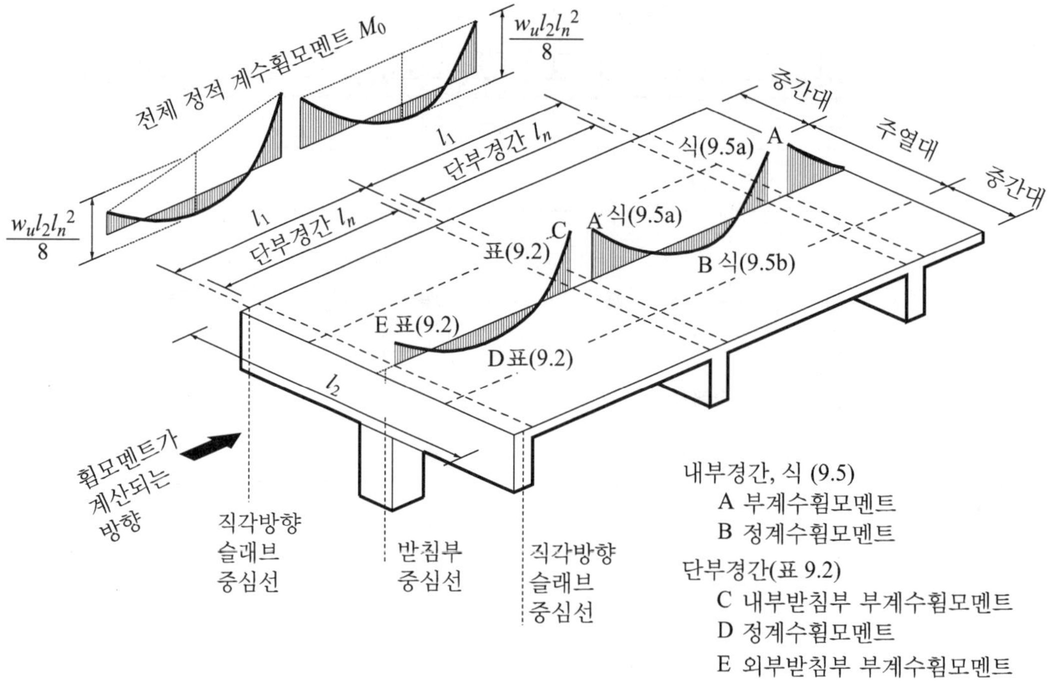

그림 9.6 전체 정적 계수휨모멘트 M_0의 크기와 분배

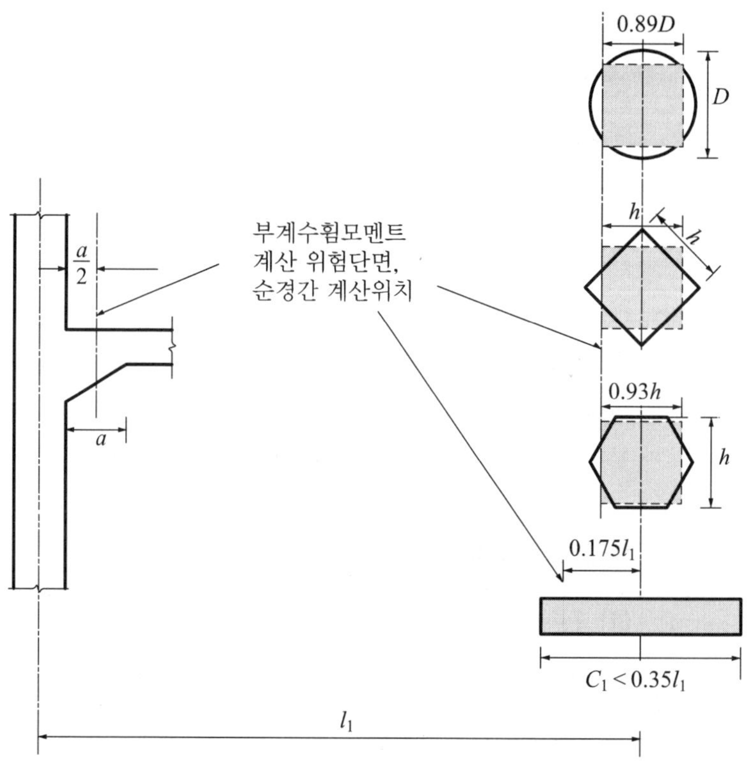

그림 9.7
경간, 순경간 정의 및 받침부를 등가 정사각형 단면으로 환산하는 예

트의 합은 항상 같다. 즉 단순보 중앙부의 $(w_u \times 1)l_n^2/8$이다. 그림 9.6과 같이 폭 l_2인 경우는,

$$M_0 = \frac{w_u l_2 l_n^2}{8} \tag{9.4}$$

이며 이 때 M_0를 **전체 정적 계수휨모멘트**라 한다. 여기서, l_n =휨모멘트가 계산되는 방향으로 기둥(또는 기둥머리, 벽체)의 내면 사이 순경간, w_u =등분포하중($\mathrm{N/m^2}$)이다. l_2는 만약 그림 9.6에서 받침부 중심선으로부터 양측 슬래브의 횡방향 길이가 서로 다른 경우는 두 길이의 평균값이며, 가장자리 부분은 단부에서 슬래브 중심까지의 거리이다.

l_n은 그림 9.7과 같이 결정한다. 여기서 받침부 형태가 다른 경우 같은 단면적을 갖는 정사각형 받침부로 치환한다. 또한 $l_n \geq 0.65 l_1$이어야 한다.

(2) 정 및 부 계수휨모멘트

그림 9.6에서 전체 정적 계수휨모멘트 M_0는 다시 단부의 고정 정도에 따라 정(+), 부(−) 계수휨모멘트로 분배한다. 먼저,
내부경간의 분배율은,

부계수휨모멘트(그림 9.6에서 A)	0.65	(9.5a)
정계수휨모멘트(그림 9.6에서 B)	0.35	(9.5b)

한편 외부 경간(가장자리 슬래브)의 M_0 분배는 가장자리 받침부의 고정 정도와 중심선 내 보의 유무에 따라 분배 비율이 달라진다. 기준에서는 표 9.2와 같이 5종류로 나누어 분배율을 제시하고 있다. 그림 9.8에 구분 방법을 예시하였다. 예를 들어

(1)은 슬래브 단부가 조적 벽체 위에 놓인 것과 같이 단부에 처짐은 발생하지 않지만 휨모멘트를 부담하지 못하는 경우에 적용한다.
(2)는 일반적인 보 슬래브,
(3)과 (4)는 플랫 슬래브 또는 플랫 플레이트에 적용한다.
(5)는 슬래브가 강성이 매우 큰 철근콘크리트 벽체로 고정되는 경우로 내부경간 분배율과 같다. 벽식 아파트나 지하벽으로 둘러싸인 슬래브가 이에 해당한다.

표 9.2 외부경간에서 정 및 부 계수휨모멘트의 분배율

구 분	(1)[1] 구속되지 않은 외부 받침부	(2) 모든 받침부 사이에 보가 있는 슬래브	(3) 내부 받침부 사이에 보가 없는 슬래브 테두리보가 없는 경우	(4) 내부 받침부 사이에 보가 없는 슬래브 테두리보가 있는 경우	(5) 완전 구속된 외부 받침부
내부 받침부의 부계수 휨모멘트 (그림 9.6 C)	0.75	0.70	0.70	0.70	0.65
정계수휨모멘트 (그림 9.6 D)	0.63	0.57	0.52	0.50	0.35
외부 받침부의 부계수 휨모멘트 (그림 9.6 E)	0	0.16	0.26	0.30	0.65

1) 그림 9.8에서 설명

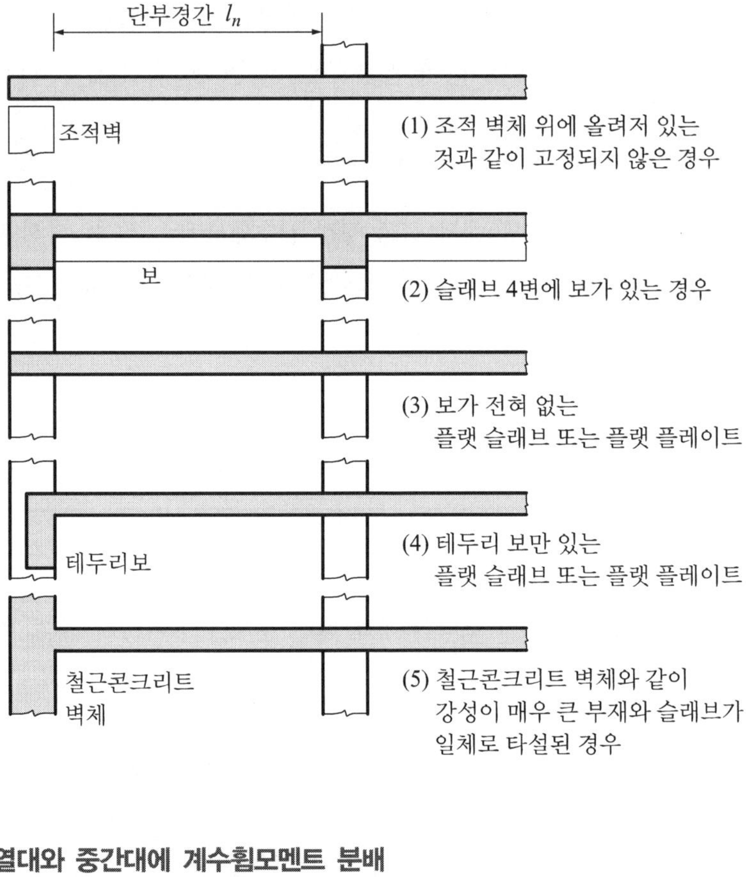

그림 9.8
표 9.2의 구분 조건

(3) 주열대와 중간대에 계수휨모멘트 분배

식 (9.5) 또는 표 9.2를 통해 분배한 정·부 계수휨모멘트는, 휨모멘트가 계산되는 방향과 수직으로 주열대와 중간대에 분배한다. 이 때 분배율은 l_2/l_1비, 보와 슬래브의 상대강성비 α_1, 테두리 보의 비틀림 변형 구속능력 β_t에 따라 달라진다.

1) 슬래브 길이의 비(l_2/l_1)가 작을수록, 즉 폭 l_2이 작으면 주열대의 휨모멘트 분담분이 증가한다.
2) 휨모멘트가 계산되는 l_1방향 보와 슬래브의 상대 휨강성비 α_1값이 커질수록 주열대의 휨모멘트 부담분이 커진다.
3) 휨모멘트가 계산되는 방향에 직각인 테두리보는 슬래브가 휨모멘트를 받아 회전할 때 비틀린다. 테두리보의 비틀림 강성이 작으면 슬래브의 회전을 구속하지 못하므로, 상대적으로 주열대의 휨모멘트 분담이 커진다. 테두리 보의 비틀림 변형 구속능력을 β_t라 하면,

$$\beta_t = \frac{E_{cb}C}{2E_{cs}I_s} \tag{9.6}$$

여기서 E_{cb}, E_{cs} =각각 테두리보와 슬래브의 탄성계수, I_s =폭 l_2인 슬래브의 단면2차모멘트, C=유효 횡방향 테두리 보의 비틀림강성에 관련된 상수로 약 극단면2차모멘트와 같다. C를 구하는 방법은 그림 9.9와 같이 가능한 여러 개의 사각형으로 나누어,

$$C = \sum\left(1 - 0.63\frac{x}{y}\right)\frac{x^3y}{3} \tag{9.7}$$

를 구하고, 최대값을 선택한다. 여기서, x =분리된 사각형 단면의 단변 길이, y =사각형 단면의 장변 길이이다.

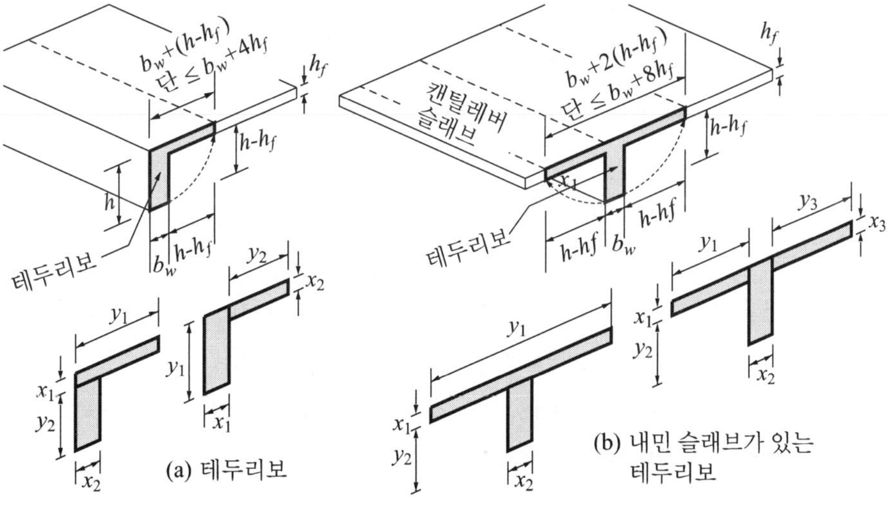

그림 9.9 C 계산을 위한 단면 분할 (각각 두 경우에 대해 값을 구해 큰 값 채택)

표 9.3 정 및 부 계수모멘트의 주열대 부분 분담 비율 (%)

구 분	조 건		l_2/l_1			
			0.5	1.0	2.0	직선보간식[1]
내부 받침부 부분 부계수휨모멘트	$(\alpha_1 l_2/l_1)=0$		75	75	75	$75+30\left(\alpha_1\dfrac{l_2}{l_1}\right)\left(1-\dfrac{l_2}{l_1}\right)$
	$(\alpha_1 l_2/l_1)\geq 1.0$		90	75	45	
외부 받침부 부분 부계수휨모멘트	$(\alpha_1 l_2/l_1)=0$	$\beta_t=0$	100	100	100	$100-10\beta_t+12\beta_t\left(\alpha_1\dfrac{l_2}{l_1}\right)\left(1-\dfrac{l_2}{l_1}\right)$
		$\beta_t\geq 2.5$	75	75	75	
	$(\alpha_1 l_2/l_1)\geq 1.0$	$\beta_t=0$	100	100	100	
		$\beta_t\geq 2.5$	90	75	45	
모든 중앙부 정계수휨모멘트	$(\alpha_1 l_2/l_1)=0$		60	60	60	$60+30\left(\alpha_1\dfrac{l_2}{l_1}\right)\left(1.5-\dfrac{l_2}{l_1}\right)$
	$(\alpha_1 l_2/l_1)\geq 1.0$		90	75	45	

1) 계산한 사이 값은 직선보간한다. 이 때 직선보간식에서 $\alpha_1 l_2/l_1 \geq 1.0$이면 1.0으로, $\beta_t \geq 2.5$이면 2.5를 적용한다.

기준에서는 표 9.3의 비율을 이용해서 주열대에 작용하는 휨모멘트를 계산하도록 하고 있다. 또한 표 내 사이 값은 직선보간한다. 표 9.3이 매우 복잡해 보인다. 그러나 아래의 예로 천천히 따라가 보자. 어렵지 않다.

플랫 슬래브나 플랫 플레이트의 경우 내부보가 없으므로 상대강성비 $\alpha_1=0$이다. 그러므로 내부 받침부 부분의 부계수휨모멘트는 주열대 부분이 75%를 부담한다. 외부 받침부는 테두리보가 없을 때 100%를 주열대 부분이 부담한다. 만약 테두리보가 있다면 $\beta_t \geq 2.5$일 때, 즉 비틀림 강성이 매우 큰 경우, 내부받침부와 동일하게 주열대 부분이 75%를 부담하고, 그렇지 않은 경우는 100% 부담한다. 또한 정계수휨모멘트는 주열대 부분이 60%를 부담한다.

보가 있는 슬래브에서는 조금 복잡하다. 내부 받침부 부분의 부계수휨모멘트는 l_2/l_1가 0.5~2.0에서 90~45% 비율을 주열대부분이 부담한다. 이때 부담률은 직선보간식을 이용한다. 한편 표 9.3에서 철근콘크리트 벽체가 지지하는 보 슬래브는 $I_b=\infty$, $\beta_t=2.5$로 가정할 수 있다. 또한 직선보간식을 이용할 때 $\alpha_1 l_2/l_1 \geq 1.0$이면 1.0으로, $\beta_t \geq 2.5$이면 2.5를 적용한다.

물론 표 9.3의 주열대가 부담하는 양 이외 나머지는 해당하는 1/2 중간대에 비례하여 할당하고, 각 중간대는 2개의 1/2 중간대에 할당된 모멘트들의 합에 견디도록 설계한다.

이렇게 M_0를 각 부분에 분배했을 때, 단부에서는 실제 분배된 슬래브의 평균 부계수휨모멘트와 중앙부 정계수휨모멘트의 합이 M_0보다 큰 경우가 있다. 테두리보의 비틀림에 대한 고려 때문이다. 이때는 M_0보다 작지 않은 범위에서 정·부 계수휨모멘트를 10%까지 줄일 수 있다. 이것은 7장의 휨모멘트 재분배를 허용하지 않는 대신 제한적으로 비탄성 거동과 연성능력을 고려한 것이다.

9-2-3. 보의 계수휨모멘트 부담

플랫 슬래브나 플랫 플레이트와는 다르게 보가 있는 슬래브는 주열대에 위치한 보가 휨모멘트를 대부분 부담한다. 그러므로 기준에서는 $\alpha_1 l_2/l_1 \geq 1.0$인 경우 주열대 휨모멘트의 85%를, $0 \leq \alpha_1 l_2/l_1 < 1.0$사이는 85%에서 0까지 직선보간하여 보에 분배한다. 실제 구조설계에서도 골조 해석에서 이미 슬래브의 수직 등분포하중이 보의 휨모멘트 해석에 포함되어 있다. 즉 보의 휨설계에서 이미 슬래브 주열대의 휨모멘트 대부분을 부담하고 있다.

그러므로 보가 있는 2방향 슬래브에서 주가 되는 정·부 계수휨모멘트는 중간대 부분이라는 사실을 유의하자.

9-2-4. 기둥이나 벽체에서 슬래브 불균형 휨모멘트 고려

양 슬래브의 경간이나 계수하중이 다른 경우, 이를 지지하는 기둥이나 벽체에도 불균형 휨모멘트의 일부가 전달된다. 플랫 슬래브나 플랫 플레이트는 보가 없기 때문에 슬래브에서 기둥으로 휨모멘트를 전달하기 위한 배근 상세 설계가 더욱 중요하다. 기준에서는 긴 경간 l에 전체 고정하중 w_d과 활하중 $w_l/2$을 가하고, 짧은 경간 l'에 w_d'만을 가한 상태에서 발생하는 휨모멘트 차를 기둥이나 벽체에 고려하도록 하고 있다. 즉,

$$M = 0.65\left[\frac{(w_d + 0.5w_l)l_2 l_n^2}{8} - \frac{w_d' l_2' (l_n')^2}{8}\right] \tag{9.8}$$

식 (9.8)에서 $0.65/8 = 0.0813$이고, 불균형모멘트 일부를 슬래브가 지지하는 것으로 생각해서 0.07로 단순화하면,

$$M = 0.07\left[(w_d + 0.5w_l)l_2 l_n^2 - w_d' l_2' (l_n')^2\right] \tag{9.9}$$

여기서 $'$표기는 짧은 경간에 대한 값이다.

예제 9-1 직접설계법에 의한 휨모멘트 분배

다음 그림과 같은 테두리보가 있는 3층 바닥 플랫 플레이트에 대하여 직접설계법을 이용하여 Y_2열의 계수휨모멘트를 해석하라. 단, 고정하중(자중+마감재료) $6\ \mathrm{kN/m^2}$, 활하중 $4\ \mathrm{kN/m^2}$이다.

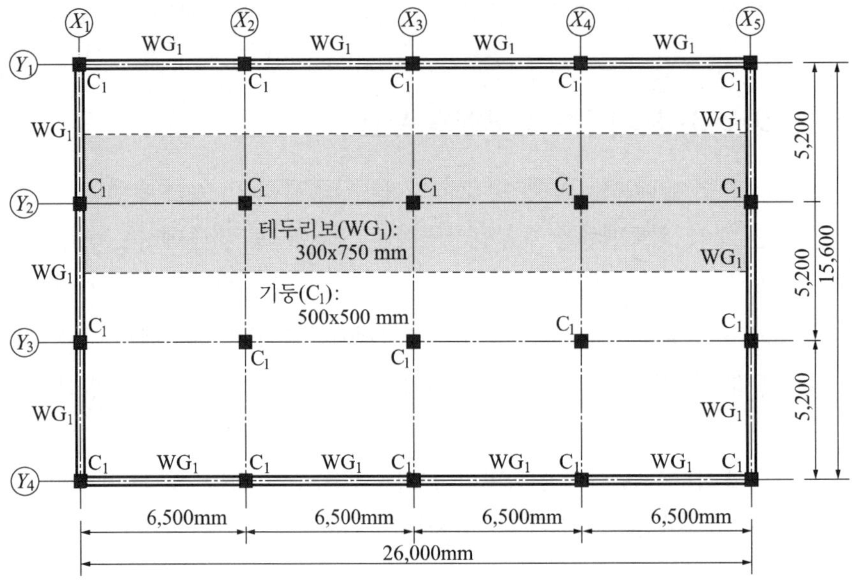

풀이

1) 슬래브 두께 결정

처짐을 고려하지 않아도 되는 플랫 플레이트의 최소두께는(표 9.1),

$$h = \frac{l_n}{33} = \frac{[6{,}500 - 500]}{33} = 181.8\ \mathrm{mm}\ \rightarrow\ h = 200\ \mathrm{mm}$$

2) 직접설계 적용가능 여부 판단

그림 9.5와 비교에서 만족

3) Y_2열 방향 설계모멘트 계산

3-1) 정적 계수휨모멘트 M_0

$$w_u = 1.2w_D + 1.6w_L = 1.2 \times 6 + 1.6 \times 4 = 13.6\ \mathrm{kN/m^2}$$

$$l_n = 6{,}500 - 500 = 6{,}000\ \mathrm{mm} = 6\ \mathrm{m}$$

$$l_2 = 5{,}200\ \mathrm{mm} = 5.2\ \mathrm{m}$$

$$M_0 = \frac{w_u l_2 l_n^2}{8} = \frac{13.6 \times 5.2 \times 6^2}{8} = 318.2\ \mathrm{kN \cdot m}$$

3-2) M_0의 정·부 계수휨모멘트 분배

내부경간

부계수휨모멘트 $M_u^- = 0.65M_0 = 0.65 \times 318.2 = 206.8$ kN·m

정계수휨모멘트 $M_u^+ = 0.35M_0 = 0.35 \times 318.2 = 111.4$ kN·m

단부경간 (표 9.2(4))

내단부 부계수휨모멘트 $M_{u,i}^- = 0.70M_0 = 0.70 \times 318.2 = 222.7$ kN·m

중앙부 정계수휨모멘트 $M_u^+ = 0.50M_0 = 0.50 \times 318.2 = 159.1$ kN·m

외단부 부계수휨모멘트 $M_{u,e}^- = 0.30M_0 = 0.30 \times 318.2 = 95.5$ kN·m

3-3) 정·부 계수휨모멘트의 주열대와 중간대 분배

내부경간 $\alpha_1 = 0$이므로, 표 9.3에서,

단부 부계수휨모멘트

주열대 $0.75M_u^- = 0.75 \times 206.8 = 155.1$ kN·m

중간대 $(1-0.75)M_u = (1-0.75) \times 206.8 = 51.7$ kN·m

중앙부 정계수휨모멘트

주열대 $0.60M_u^+ = 0.60 \times 111.4 = 66.8$ kN·m

중간대 $(1-0.60)M_u^+ = (1-0.60) \times 111.4 = 44.6$ kN·m

단부경간

내단부 부계수휨모멘트

주열대 $0.75M_{u,i}^- = 0.75 \times 222.7 = 167.0$ kN·m

중간대 $(1-0.75)M_{u,i}^- = (1-0.75) \times 222.7 = 55.7$ kN·m

중앙부 정계수휨모멘트

주열대 $0.60M_u^+ = 0.60 \times 159.1 = 95.5$ kN·m

중간대 $(1-0.60)M_u^+ = (1-0.60) \times 159.1 = 63.6$ kN·m

외단부 부계수휨모멘트

주열대 $0.91M_{u,e}^+ = 0.91 \times 95.5 = 86.9$ kN·m

중간대 $(1-0.91)M_{u,e}^+ = (1-0.91) \times 95.5 = 8.6$ kN·m

여기서 계수 0.91은 테두리보의 비틀림 구속능력을 고려해서 구한 분담률이다. 즉,

비틀림 상수 C 계산(그림에서)

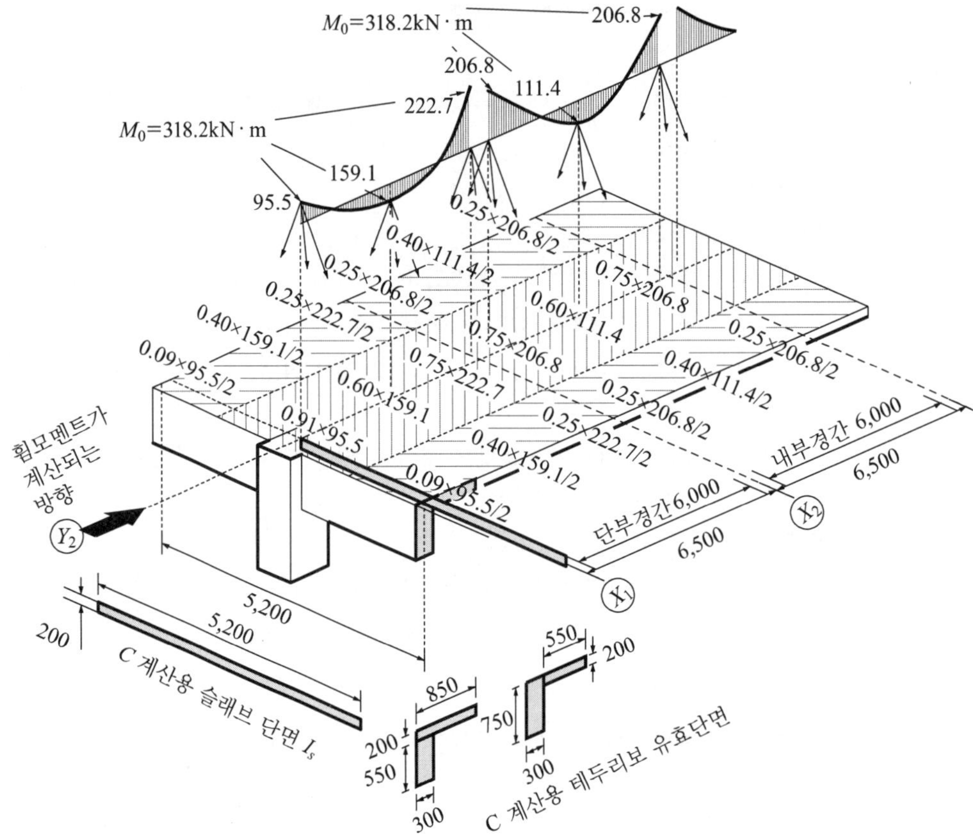

$[x_1 = 300\,\text{mm},\ y_1 = 550\,\text{mm}],\qquad [x_2 = 200\,\text{mm},\ y_2 = 850\,\text{mm}],$

$$C_1 = \sum\left(1-0.63\frac{x}{y}\right)\frac{x^3y}{3}$$

$$= \left(1-0.63\frac{300}{550}\right)\frac{300^3(550)}{3} + \left(1-0.63\frac{200}{850}\right)\frac{200^3(850)}{3}$$

$$= 5.1797\times10^9\,\text{mm}^4$$

또는

$[x_1 = 300\,\text{mm},\ y_1 = 750\,\text{mm}],\qquad [x_2 = 200\,\text{mm},\ y_2 = 550\,\text{mm}],$

$$C_2 = \sum\left(1-0.63\frac{x}{y}\right)\frac{x^3y}{3}$$

$$= \left(1-0.63\frac{300}{750}\right)\frac{300^3(750)}{3} + \left(1-0.63\frac{200}{550}\right)\frac{200^3(550)}{3}$$

$$= 6.1797\times10^9\,\text{mm}^4$$

이므로

$$C = {}_{\max}(C_1,\ C_2) = 9.1797\times10^9\,\text{mm}^4$$

슬래브의 단면2차모멘트 계산

$$I_s = \frac{5,200 \times 200^3}{12} = 3.4667 \times 10^9 \, \mathrm{mm}^4$$

$E_{cb} = E_{cs}$(같은 콘크리트 일체 타설)

$$\beta_t = \frac{E_{cb}C}{2E_{cs}I_s} = \frac{6.1797 \times 10^9}{2 \times 3.4667 \times 10^9} = 0.891$$

직선보간식을 이용하면(표 9.3)

$$100 - 10\beta_t + 12\beta_t\left(\alpha_1 \frac{l_2}{l_1}\right)\left(1 - \frac{l_2}{l_1}\right) = 100 - 10 \times (0.891) + 0 = 91\%$$

휨모멘트 분배결과

위 치			주열대 분배율 (%)	주열대 계수휨모멘트 (kN · m)	중간대 분배율 (%)	중간대 계수휨모멘트[1] (kN · m)
내부 경간	부계수휨모멘트	206.8	75	155.1	25	51.7
	정계수휨모멘트	111.4	60	66.8	40	44.6
단부 경간	내단부 부계수휨모멘트	222.7	75	167.0	25	55.7
	중앙부 정계수휨모멘트	159.1	60	95.5	40	63.6
	외단부 부계수휨모멘트	95.5	91	86.9	9	8.6

1) 주열대 부담분의 나머지가 양측 중간대로 50%씩 분배되고, 조건이 같은 Y_1열과 Y_3열에서도 50%가 분배되어 오므로 100%이다.

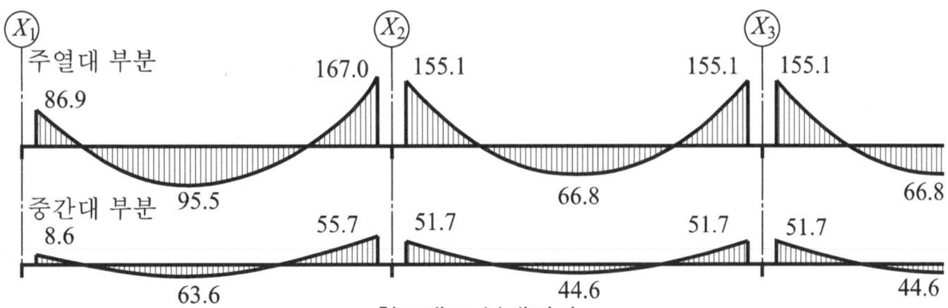

휨모멘트 분배결과

예제 9-2 보 슬래브 소요휨모멘트 해석

다음 그림과 같은 3층 바닥 보 슬래브에 대하여 직접설계법을 이용하여 S_1 슬래브의 설계모멘트를 해석하라. 단, $f_{ck} = 24$ MPa, $f_y = 400$ MPa, 고정하중(자중+마감재료) 5 kN/m^2, 활하중 3 kN/m^{2}이다.

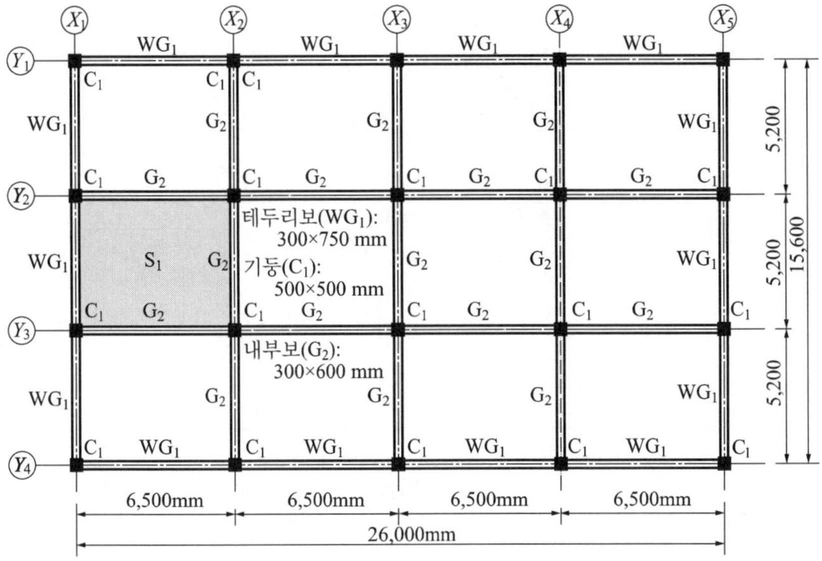

풀이

1) 강성 계산과 슬래브두께 검토

$h_f = 160\ \mathrm{mm}$ (가정)

테두리보(300 × 750 mm) (다음 그림과 같은 유효보)

$$y_1 = \frac{300(750)(750/2) + 160(590)(750-160/2)}{300(750) + 160(590)} = 462.2\ \mathrm{mm}$$

$$I_{b1} = \frac{300(750)^3}{12} + 300(750)(750/2 - y_1)^2 + \frac{590(160)^3}{12} + 590(160)(750 - 160/2 - y_1)^2 = 16.535 \times 10^9\ \mathrm{mm}^4$$

내부보(300 × 600 mm) (유효보)

$$y_2 = \frac{300(600)(600/2) + 880(160)(600-160/2)}{300(600) + 880(160)} = 396.6\ \mathrm{mm}$$

$$I_{b2} = \frac{300(600)^3}{12} + 300(600)(600/2 - y_2)^2 + \frac{880(160)^3}{12} + 880(160)(600 - 160/2 - y_2)^2 = 9.524 \times 10^9\ \mathrm{mm}^4$$

$I_{b3} = I_{b2}$ (단면 크기가 같으므로)

슬래브는

$$I_{s1} = \frac{(6{,}500/2 + 300/2)(160)^3}{12} = 1.161 \times 10^9\ \mathrm{mm}^4$$

$$I_{s2} = \frac{5{,}200(160)^3}{12} = 1.775 \times 10^9\ \mathrm{mm}^4$$

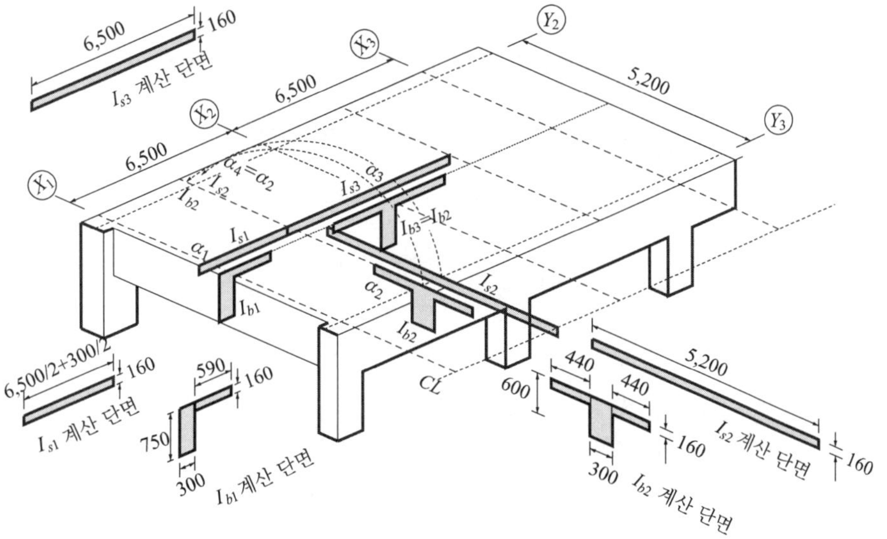

$$I_{s3}=\frac{6,500(160)^3}{12}=2.219\times10^9\ \mathrm{mm}^4$$

$E_{cb}=E_{cs}$ (보와 슬래브가 같은 강도 콘크리트로 일체 타설)

$$\alpha_1=\frac{E_{cb}I_{b1}}{E_{cs}I_{s1}}=\frac{16.535\times10^9}{1.161\times10^9}=14.248$$

$$\alpha_2=\frac{E_{cb}I_{b2}}{E_{cs}I_{s2}}=\frac{9.524\times10^9}{1.775\times10^9}=5.366=\alpha_4$$

$$\alpha_3=\frac{E_{cb}I_{b3}}{E_{cs}I_{s3}}=\frac{9.524\times10^9}{2.219\times10^9}=4.293$$

그러므로

$$\alpha_m=\frac{\sum\alpha}{4}=\frac{14.248+5.366+5.366+4.293}{4}=7.318$$

가정한 슬래브 두께 검토

$\beta=(6,500-300)/(5,200-300)=1.265$

$l_n=6,500-300=6,200\ \mathrm{mm}$

$\alpha_m>2.0$이므로,

$$h_f=\frac{l_n(800+f_y/1.4)}{36,000+9,000\beta}=\frac{6,200(800+400/1.4)}{36,000+9,000(1.265)}=159\ \mathrm{mm}\geq 90\ \mathrm{mm}\text{이므로,}$$

가정한 160 mm를 적용하면 사용성 처짐을 만족.

2) 직접설계법 적용가능 여부 판단

그림 9.6과 비교하면 조건 (1)~(5) 만족

조건 (6) 검토

Y_2열 방향

단부경간, $\alpha_1 = 5.366$, $l_1 = 6.5\ \mathrm{m}$, $\alpha_2 = 14.248$, $l_2 = 5.2\ \mathrm{m}$

$$0.2 \le \frac{\alpha_1 {l_2}^2}{\alpha_2 {l_1}^2}\left(= \frac{5.366 \times 5.2^2}{14.248 \times 6.5^2} = 0.241\right) \le 5.0 \text{ 만족}$$

내부경간, $\alpha_1 = 5.366$, $l_1 = 6.5\ \mathrm{m}$, $\alpha_2 = 4.293$, $l_2 = 5.2\ \mathrm{m}$

$$0.2 \le \frac{\alpha_1 {l_2}^2}{\alpha_2 {l_1}^2}\left(= \frac{5.366 \times 5.2^2}{4.293 \times 6.5^2} = 0.8\right) \le 5.0 \text{ 만족}$$

X방향 (만족) 각자 해보자.

3) Y_2열 방향 S_1 계수휨모멘트 계산

3-1) 정적 계수휨모멘트 M_0

$w_u = 1.2w_D + 1.6w_L = 1.2 \times 5 + 1.6 \times 3 = 10.8\ \mathrm{kN/m^2}$

$l_n = 6{,}500 - 300 = 6{,}200\ \mathrm{mm}\,(= 6.2\ \mathrm{m}) > 0.65\,l_1\,(= 4{,}225\ \mathrm{mm})$

$l_2 = 5{,}200\ \mathrm{mm} = 5.2\ \mathrm{m}$

$$M_0 = \frac{w_u l_2 l_n^2}{8} = \frac{10.8 \times 5.2 \times 6.2^2}{8} = 269.8\ \mathrm{kN \cdot m}$$

3-2) 외부경간 계수휨모멘트(표 9.2(2))

내단부 부계수휨모멘트 $M_{u,i}^- = 0.70M_0 = 0.70 \times 269.8 = 188.9\ \mathrm{kN \cdot m}$

중앙부 정계수휨모멘트 $M_u^+ = 0.57M_0 = 0.57 \times 269.8 = 153.8\ \mathrm{kN \cdot m}$

외단부 부계수휨모멘트 $M_{u,e}^- = 0.16M_0 = 0.16 \times 269.8 = 43.2\ \mathrm{kN \cdot m}$

3-3) 주열대와 중간대로 모멘트 분배(표 9.3)

주열대 폭 $\dfrac{l_1(\text{짧은 변})}{4} \times 2 = \dfrac{5{,}200}{4} \times 2 = 2{,}600\ \mathrm{mm}$

$\dfrac{l_2}{l_1} = \dfrac{5{,}200}{6{,}500} = 0.8$, $\alpha_1 = \dfrac{E_{cb} I_{b2}}{E_{cs} I_{s2}} = 5.366$, $\alpha_1 l_2/l_1 = 5.366 \times 0.8 = 4.293$

$\alpha_1 l_2/l_1 (= 4.293) \ge 1.0$이므로 직선보간식에 $\alpha_1 l_2/l_1 = 1.0$을 적용

내단부 부계수휨모멘트

분배율 : $75 + 30\left(\alpha_1 \dfrac{l_2}{l_1}\right)\left(1 - \dfrac{l_2}{l_1}\right) = 75 + 30(1)(1 - 0.8) = 81\%$

주열대 : $M_{u,i,c}^- = 0.81M_{u,i}^- = 0.81 \times 188.9 = 153.0\ \mathrm{kN \cdot m}$

중간대 : $M_{u,i,m}^- = (1 - 0.81)M_{u,i}^- = (1 - 0.81) \times 188.9 = 35.9\ \mathrm{kN \cdot m}$

중앙부 정계수휨모멘트

분배율 : $60+30\left(\alpha_1\dfrac{l_2}{l_1}\right)\left(1.5-\dfrac{l_2}{l_1}\right)=60+30(1.0)(1.5-0.8)=81\%$

주열대 : $M_{u,c}^{+}=0.81M_u^{+}=0.81\times153.8=124.6\ \mathrm{kN\cdot m}$

중간대 : $M_{u,c}^{+}=(1-0.81)M_u^{+}=(1-0.81)\times153.8=29.2\ \mathrm{kN\cdot m}$

외단부 부계수휨모멘트(테두리보의 비틀림 구속능력 고려)

비틀림 상수 C 계산(다음 그림에서)

$[x_1=300\ \mathrm{mm},\ y_1=590\ \mathrm{mm}],\quad [x_2=160\ \mathrm{mm},\ y_2=890\ \mathrm{mm}],$

$$C_1=\sum\left(1-0.63\frac{x}{y}\right)\frac{x^3y}{3}$$

$$=\left(1-0.63\frac{300}{590}\right)\frac{300^3(590)}{3}+\left(1-0.63\frac{160}{890}\right)\frac{160^3(890)}{3}=4.687\times10^9\ \mathrm{mm}^4$$

$[x_1=300\ \mathrm{mm},\ y_1=750\ \mathrm{mm}],\quad [x_2=160\ \mathrm{mm},\ y_2=590\ \mathrm{mm}],$

$$C_2=\sum\left(1-0.63\frac{x}{y}\right)\frac{x^3y}{3}$$

$$=\left(1-0.63\frac{300}{750}\right)\frac{300^3(750)}{3}+\left(1-0.63\frac{160}{590}\right)\frac{160^3(590)}{3}=5.717\times10^9\ \mathrm{mm}^4$$

이므로

$C={}_{\max}(C_1,\ C_2)=5.717\times10^9\ \mathrm{mm}^4$

$I_s=I_{s2}=1.775\times10^9\ \mathrm{mm}^4$

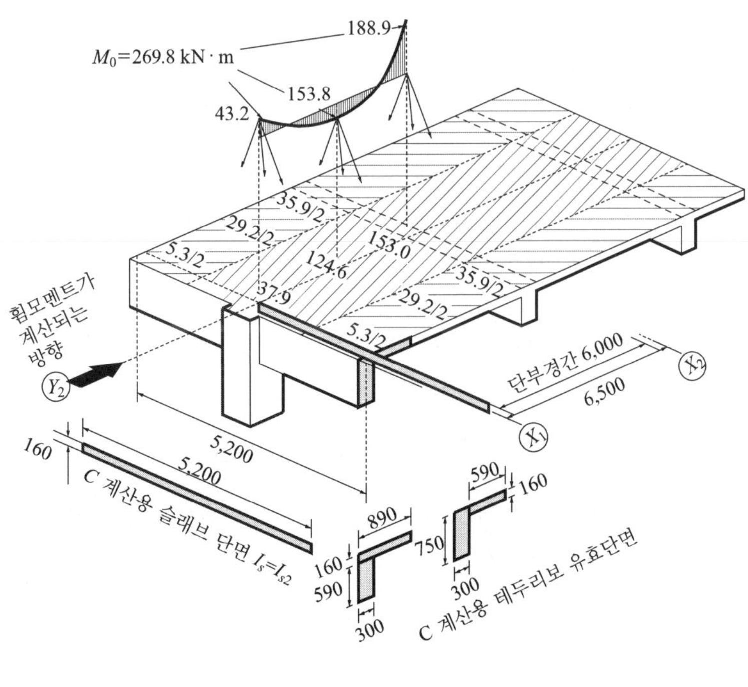

$E_{cb} = E_{cs}$ (같은 콘크리트 일체 타설)

$$\beta_t = \frac{E_{cb}C}{2E_{cs}I_s} = \frac{5.717\times10^9}{2\times1.775\times10^9} = 1.61$$

외단부 부계수휨모멘트

$$\text{분배율}:\ 100-10\beta_t+12\beta_t\left(\alpha_1\frac{l_2}{l_1}\right)\left(1-\frac{l_2}{l_1}\right)$$
$$= 100-10\times1.61+12\times1.61(1.0)(1-0.8) = 87.8\%$$

주열대 : $M^-_{u,e,c} = 0.878M^-_{u,e} = 0.878\times43.2 = 37.9\text{ kN·m}$

중간대 : $M^-_{u,e,m} = (1-0.878)M^-_{u,e} = (1-0.878)\times43.2 = 5.3\text{ kN·m}$

4) X_1열, X_2열 방향 S_1 계수휨모멘트 계산

보두 내부경간이며 아래 표 및 그림과 같다.

*X*열 방향 휨모멘트 분배

구 분	X_1열 방향	X_2열 방향
계수 등분포 하중	$w_u = 10.8\text{ kN/m}^2$	$w_u = 10.8\text{ kN/m}^2$
l_n	$l_n = 5{,}200-300 = 4{,}900\text{ mm}(=4.9\text{ m})$ $>0.65l_1(=3{,}380\text{ mm})$	$l_n = 4.9\text{ m}$
l_2	$l_2 = 6{,}500/2+300/2 = 3{,}400\text{ mm}$	$l_2 = 6{,}500\text{ mm}$
전체 정적 계수휨모멘트	$M_0 = \frac{w_u l_2 l_n^2}{8} = 110.2\text{ kN·m}$	$M_0 = \frac{w_u l_2 l_n^2}{8} = 210.7\text{ kN·m}$
내부경간 정·부 계수휨모멘트 분배	$M_u^- = 0.65M_0 = 71.6\text{ kN·m}$ $M_u^+ = 0.35M_0 = 38.6\text{ kN·m}$	$M_u^- = 0.65M_0 = 136.9\text{ kN·m}$ $M_u^+ = 0.35M_0 = 73.7\text{ kN·m}$
l_2/l_1	$l_2/l_1 = \frac{3{,}400}{5{,}200} = 0.654$	$l_2/l_1 = \frac{6{,}500}{5{,}200} = 1.25$
$\alpha_1 l_2/l_1$	$\alpha_1 l_2/l_1 = 14.248\times0.654 = 9.26$ $\alpha_1 l_2/l_1 \geq 1.0$이므로, $\alpha_1 l_2/l_1 = 1.0$	$\alpha_1 l_2/l_1 = 4.293\times1.25 = 5.366$ $\alpha_1 l_2/l_1 \geq 1.0$이므로, $\alpha_1 l_2/l_1 = 1.0$
부계수휨모멘트 분담률	$75+30(\alpha_1 l_2/l_1)(1-l_2/l_1)$ $=75+30(1)(1-1.25)= 85.4\%$	$75+30(\alpha_1 l_2/l_1)(1-l_2/l_1)$ $=75+30(1)(1-1.25)= 67.5\%$
주열대	$M^-_{u,c} = 0.854M_u^- = 61.2\text{ kN·m}$	$M^-_{u,c} = 0.675M_u^- = 92.4\text{ kN·m}$
중간대	$M^-_{u,m} = (1-0.854)M_u^- = 10.5\text{ kN·m}$	$M^-_{u,m} = (1-0.675)M_u^- = 44.5\text{ kN·m}$
정계수휨모멘트 분담률	$60+30(\alpha_1 l_2/l_1)(1.5-l_2/l_1)$ $=60+30(1.0)(1.5-1.25)= 85.4\%$	$60+30(\alpha_1 l_2/l_1)(1.5-l_2/l_1)$ $=60+30(1.0)(1.5-1.25)= 67.5\%$
주열대	$M^+_{u,c} = 0.854M_u^+ = 32.9\text{ kN·m}$	$M^+_{u,c} = 0.675M_u^+ = 49.8\text{ kN·m}$
중간대	$M^+_{u,m} = (1-0.854)M_u^+ = 5.6\text{ kN·m}$	$M^+_{u,m} = (1-0.675)M_u^+ = 24.0\text{ kN·m}$

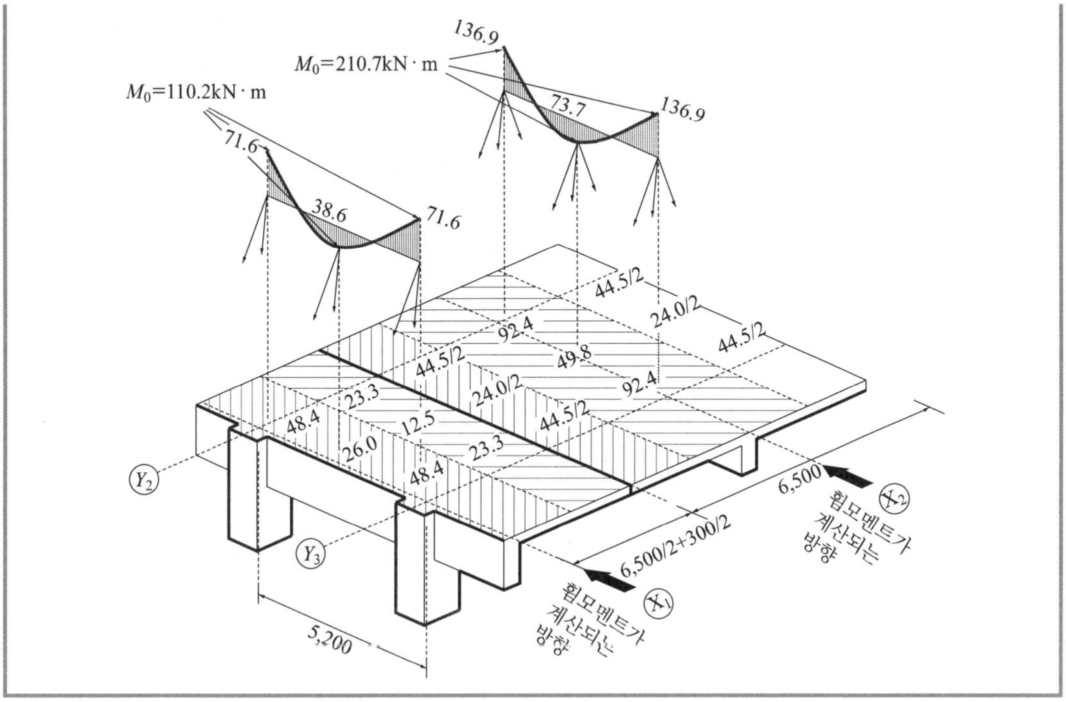

9-3 2방향 슬래브 휨설계

9-3-1. 휨철근량과 배치

(1) 소요 휨철근량과 최대간격

2방향 슬래브의 휨설계는 각 부분의 계수휨모멘트에 대하여 3장의 휨설계 방법으로 A_s를 계산하여 배치하면 된다. 또한 1방향 슬래브와 마찬가지로 다음 간편식을 이용하는 것이 편리하다.

$$A_s = \frac{M_u}{\phi f_y jd} \tag{7.4}$$

$$jd = 0.925d$$

휨철근 최대 간격은 슬래브 두께의 2배 이하, 300 mm 이하이다. 또한 계산한 휨철근 간격이 허용균열폭에 관한 식 (6.15)를 만족하는지 확인 한다. 일반적으로 SD400급 이하의 철근을 사용할 때는 최대간격 조건이 식 (6.15)를 대부분 만족하지만, SD500급 이상이거나 특수 환경에 노출되는 경우는 식 (6.15)로 간격이 결정되기도 한다.

휨철근을 양 방향으로 배치하기 때문에 어느 철근을 안쪽에 또는 바깥쪽에 위치시키는가도 중요하다. 원칙적으로 휨모멘트가 큰 쪽 방향의 철근을 상하 바깥쪽에 위치시킨다. 이를 통해 유효깊이 d가 증가하기 때문에 더 큰 휨에 저항 할 수 있다. 예를 들어 벽체나 강성이 큰 보로 둘러싸인 2방향 슬래브는 짧은 변 방향 철근을 상하 바깥쪽에 배치한다. 이것은 짧은 변 방향이 힘을 더 많이 부담하기 때문으로 표 7.1을 보면 쉽게 알 수 있다.

그러나 보가 없는 플랫 슬래브나 플랫 플레이트, 또는 2방향 슬래브로 볼 수 있는 토압을 받는 지하벽 등은 짧은 변 방향의 휨모멘트가 반드시 큰 것은 아니다. 그러므로 변의 길이만으로 쉽게 결정할 수 없으므로 주의해야 한다.

(2) 수축·온도철근 추가 배치

1방향 슬래브와 마찬가지로 2방향 슬래브에서도 모든 단면에 7-2-4(3)의 **수축·온도철근**비와 간격 제한값을 만족해야 한다.

9-3-2. 직접설계법에 의한 휨설계 순서

(1) 슬래브 두께 가정

기본적으로 최소두께는 플랫 슬래브(100 mm), 플랫 플레이트(120 mm), 보 슬래브(90 mm)이다. 플랫 슬래브와 플랫 플레이트의 두께는 표 9.1을 통해 가정한다. 보 슬래브의 두께는 일반적으로 90 mm~200 mm에서 가정하고 식 (9.2)를 통해 검토한다.

(2) 슬래브 주열대 및 중간대에 대한 계수휨모멘트 결정

전체 정적 계수휨모멘트 M_0를 계산하고, 이를 부계수휨모멘트와 정계수휨모멘트로 분배한다. 다음으로 각 계수휨모멘트를 주열대와 중간대로 다시 분배한다.

(3) 휨철근량 및 간격 계산

각 부분의 계수휨모멘트에 대하여 휨철근량 및 배근 간격을 계산한다. 여기서 기준의 휨철근 간격 제한과, 수축·온도철근을 고려한다.

예제 9-3 2방향 슬래브 휨설계

예제 9-2의 S_1 슬래브를 휨설계하라.

풀이

1) Y_2열 방향 휨설계

설계 결과는 다음 표와 같다. 표에서,

설계용 계수휨모멘트 M_u 결정

Y_2열에 분배된 모멘트의 총합이

$\sum(37.9+5.3+124.6+29.2+153+35.9)=385.9>M_0(269.8\text{ kN·m})$

이므로 10% 감할 수 있다. 또한 보 슬래브이고, $\alpha_1 l_2/l_1(=4.293)\geq 1.0$이므로 주열대 계수휨모멘트의 85%는 보가 부담한다.

휨철근량 A_s 계산

유효깊이 $d=160-30=130\text{ mm}$ (긴 변과 짧은 변의 평균)

휨철근량 A_s계산은 식 (7.4)를 이용한다.

예를 들어 내단 주열대 부분은,

$M_u=20.66\text{ kN·m},\ f_{ck}=24\text{ MPa},\ f_y=400\text{ MPa}$

$jd=0.925d$

$b=5{,}200/2=2{,}600\text{ mm},$

$$A_s^*=\frac{M_u}{\phi f_y jd}=\frac{20.66\times10^6}{0.85\times400\times0.925\times130}=505\text{ mm}^2$$

$$a^*=\frac{A_s^* f_y}{0.85 f_{ck} b}=\frac{505\times400}{0.85\times24\times2{,}600}=3.8\text{ mm}$$

$$jd^*=d-a^*/2=130-3.8/2=128.1\text{ mm}$$

$$A_s=\frac{M_u}{\phi f_y jd^*}=\frac{20.66\times10^6}{0.85\times400\times128.1}=474\text{ mm}^2$$

$A_b=71.3\text{ mm}^2$ (휨철근 D10 이용 가정)

$s=2{,}600A_b/A_s=2{,}600\times71.3/474=391\text{ mm}$

슬래브 간격 제한(기준)

휨모멘트 위험부분은 ④, ⑥ : $s_{\min}={}_{\min}(2h,\ 300\text{ mm})=300\text{ mm}$

나머지 단면 : $s_{\min}={}_{\min}(3h,\ 450\text{ mm})=450\text{ mm}$

Y_2열 방향(긴 변 방향) 휨설계 결과

	외단		중앙부		내단	
	① 주열대	② 중간대	③ 주열대	④ 중간대	⑤ 주열대	⑥ 중간대
해석 결과(예제 9-2)	37.9	5.3	124.6	29.2	153	35.9
10% 감소가능	34.1	4.8	112.1	26.3	137.7	32.3
보의 분담분(85%)	-29.0		-95.3		-117.0	
M_u(kN·m)	5.12	4.77	16.82	26.28	20.66	32.31
b(mm)	2,600	2,600	2,600	2,600	2,600	2,600
d	130	130	130	130	130	130
A_s^*	125	117	411	643	505	790
a^*(mm)	0.9	0.9	3.1	4.8	3.8	6.0
jd^*	129.5	129.6	128.4	127.6	128.1	127.0
A_s(mm^2)	116	108	385	606	474	748
철근선택	71.3(D10)	71.3(D10)	71.3(D10)	71.3(D10)	71.3(D10)	71.3(D10)
s 계산	1,596	1,712	481	306	391	248
기준 간격제한	450	450	450	300	450	300
균열폭 제한간격				315		315
간격선택	450	450	450	300	391	248
시공성 고려(mm)	D10@300	D10@400	D10@300	D10@300	D10@300	D10@200
배치철근 단면적	617.9	463.5	617.9	741.5	617.9	926.9
수축·온도철근 검토	832(NO)	832(NO)	832(NO)	832(NO)	832(NO)	832(OK)
수축·온도철근 추가배치	D10@300 하부	D10@300 하부	D10@300 상부	D10@400 상부	D10@300 하부	
재검토	1,236(OK)	1,081(OK)	1,236(OK)	1,081(OK)	1,236(OK)	

균열폭 제어를 위한 인장철근 최대간격

$\kappa_{cr} = 280$ (건물 내, 건조환경),

$c_c = 20\text{ mm}$

$f_s = (2/3)f_y = (2/3) \times 400 = 266.7\text{ MPa}$

$$s_1 = 375\left(\frac{\kappa_{cr}}{f_s}\right) - 2.5c_c = 375\left(\frac{280}{266.7}\right) - 2.5 \times 20 = 344\text{ mm}$$

$$s_2 = 300\left(\frac{\kappa_{cr}}{f_s}\right) = 300\left(\frac{280}{266.7}\right) = 315\text{ mm}$$

$s = {}_{\min}(344,\ 315) = 315\text{ mm}$이고 ④와 ⑥이 이 조건을 만족해야 한다.

수축·온도철근 검토

기준 요구량은 $A_{s,\min} = 0.002bh = 0.002 \times 2{,}600 \times 160 = 832\text{ mm}^2$, 간격제한은 $s_{\min} = {}_{\min}(5h,\ 450\text{ mm})$이다. 예를 들어, 내단 주열대 부분을 시공조건에 따라 D10@

300 mm로 배치해도,

$A_s = (2{,}600/300) \times 71.3 = 617.9\ \mathrm{mm}^2$ (간격 @300 mm)

$A_s(=617.9) \not\geq A_{s\min}(=832)$이므로 수축·온도철근을 추가 설치해야 한다. 시공성을 고려해서 D10@300 mm를 하단에 추가 설치하면,

$A_s(=617.9+617.9) \geq A_{s\min}(=832)$ 만족

2) X_1, X_2열 방향 휨설계

설계 결과는 아래 표와 같다. 표에서,

설계용 계수휨모멘트 M_u 결정

X_1, X_2열은 모두 내부경간이므로 분배된 모멘트의 합과 M_0가 같다. 그러므로 10% 저감할 수 없다. 한편 보 슬래브이고, X_1열 $\alpha_1 l_2/l_1(=17.81) \geq 1.0$, X_2열 $\alpha_1 l_2/l_1(=5.366) \geq 1.0$이므로 주열대 계수휨모멘트의 85%는 보가 부담한다.

X_1, X_2열 방향(짧은 변 방향) 휨설계 결과

	X_1열 부분		X_2열 부분		X_2열 부분	
	ⓐ 양단 주열대	ⓑ 중앙부 주열대	ⓒ 양단 주열대	ⓓ 양단 중간대	ⓔ 중앙부 주열대	ⓕ 중앙부 중간대
해석결과(예제 9-2)	61.2	32.9	46.2[1)]	32.75[2)]	24.9[3)]	17.60[4)]
보의 분담분(85%)	-52.0	-28.0	-39.3		-21.2	
M_u	9.18	4.94	6.93	32.75	3.74	17.60
b	1,450[5)]	1,450	1,300	3,900[6)]	1,300	3,900
d	130	130	130	130	130	130
A_s*	225	121	169	801	91	430
a*	3.0	1.6	2.6	4.0	1.4	2.2
jd*	128.5	129.2	128.7	128.0	129.3	128.9
A_s	210	112	158	753	85	402
철근선택	71.3(D10)	71.3(D10)	71.3(D10)	71.3(D10)	71.3(D10)	71.3(D10)
s 계산	492	920	585	369	1091	693
기준 간격제한	450	450	450	300	450	300
균열폭 제한간격				315		315
간격선택	450	450	450	300	450	300
시공성고려	@300	@300	@300	@300	@300	@300
배치철근 단면적	344.6	344.6	309.0	926.9	309.0	926.9
수축·온도철근 검토	464.0(NO)	464.0(NO)	416.0(NO)	1248.0(NO)	416.0(NO)	1,248(NO)
추가배치	D10@300 하단	D10@300 상단	D10@300 하단	D10@300 하단	D10@300 상단	D10@400 상단
재검토	689(OK)	689(OK)	618(OK)	1,854(OK)	618(OK)	1,854(OK)

1) $46.2 = 92.4/2$, 2) $32.75 = 10.5 + 44.5/2$ (양단 중간대 $X_1 + X_2/2$)

3) $24.9 = 49.8/2$, 4) $17.6 = 5.6 + 24.0/2$ (중앙부 중간대 $X_1 + X_2/2$)

5) $5{,}200/4 + 150$(보 폭/2), 6) $5{,}200/4 + 5{,}200/2$

X_1열과 X_2의 중간대는 같이 묶어서 계산하는 것이 편리하다. 즉 (X_1열 계산 값+ X_2열 계산값 / 2)로 묶어서 계산한다. 표를 참고하자.

3) S_1배근상세(그림)

짧은 변의 1/4(5,200/4 = 1,300 mm)를 기준으로 각 방향에 주열대와 중간대를 나눈다. 그림에서 긴 변 방향 1,450 mm는 테두리보의 1/2를 포함한 것이다.

짧은 변 방향 철근 배치

중간대 철근 배치

ⓓ의 설계 결과는 양단 상부에 D10@300 mm, ⓕ는 중앙 하부에 D10@300 mm이므로 수축·온도철근을 함께 고려해서 절단하지 않고 연속 배치한다.

주열대 철근배치

ⓐ, ⓑ, ⓒ, ⓔ의 해석결과와 수축·온도철근을 함께 고려해서 절단하지 않고 연속 배치한다.

긴 변 방향 철근 배치

중간대 철근 배치

⑥의 해석결과는 D10@200 mm이고 ②는 수축·온도철근만 필요하다. 그러므로 D10@400 mm으로 전체를 배치하고 내단에서는 1개 걸러 절단한다.

④의 해석결과 중간대 하부에 D10@300 mm를 배치한다. 또한 수축·온도철근을 고려해서 절단하지 않고 양단으로 연장한다.

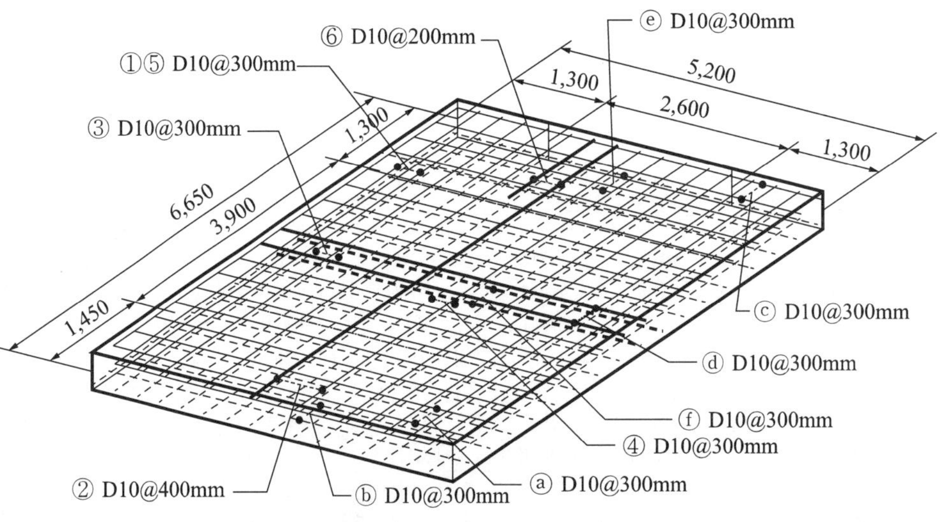

2방향 슬래브 철근배치 상세

주열대 철근배치

①, ⑤는 같으므로 D10@300 mm로 절단하지 않고 양단으로 연장한다. 또한 수축·온도철근을 고려해서 하단에 D10@300 mm을 추가 배치한다. 이 결과를 통해서 ③은 자연스럽게 만족한다.

9-3-3. 설계용 계수(도표)법에 의한 휨설계

직접설계법을 적용할 수 없는(9-2-1절의 제한사항) 슬래브의 휨해석은 등가골조법, 유한요소법, 항복선 이론 해석법 등 다양한 방법을 이용한다. 슬래브 설계는 평형조건과 적합 조건에 맞추어 해석을 수행해서, 안전성과 사용성 기준을 만족하도록 설계한다면 어떤 방법이든 가능하다. 그러나 2방향 슬래브의 휨모멘트 분포를 정확하게 결정하는 방법은 매우 어렵다. 앞서 살펴본 직접설계법 또한 근사해석임에도 불구하고 해석에 대한 접근방법이 매우 복잡하다. 보다 간편하게 2방향 슬래브를 휨설계하는 방법은 없을까?

설계용 계수(도표)법은 2방향 슬래브를 보다 간편하게 설계하기 위한 방법 중 하나로 기준에서도 채택하고 있다. 이 방법은 2방향으로 전달되는 휨모멘트에 대한 분담률(계수)을 도표화한 한 것으로 부록 9-2절에 나타냈다. 마르코(Marcus)가 개발한 설계용 계수법은 1963년에 기준(ACI 318-63)화 되었고 현재(KDS 14 20 70 : 2021 부록 장방형 슬래브 설계용 계수)에도 널리 사용하고 있다. 다만 다음과 같은 제한사항에 유의하자.

1) 설계용 계수법은 4변이 지지되고 있는 2방향 슬래브 설계에만 적용할 수 있다. 즉, 벽체, 강재, 또는 보가 일체형으로 지지하는 2방향 슬래브가 설계 대상이다. 1방향 슬래브, 플랫 슬래브, 플랫 플레이트는 대상이 아니다. 일반적으로 대부분의 철근콘크리트 2방향 슬래브는 보나 기둥에 의해 4변이 지지되어 있는 경우가 많다.
2) 이 방법에서 주열대와 중간대 구분은 다음과 같다. 각 방향으로 슬래브를 4등분(짧은 변(a)과 긴 변(b) 방향 각각의 길이 l_a, l_b에 대한 $l_a/4$, $l_b/4$) 해서,
   - 중간대 : 판 넓이의 중앙 1/2(중앙부에서 $l_a/2$, $l_b/2$)
   - 주열대 : 두 받침부 양쪽으로 판 넓이의 각각 1/4에 해당하는 영역

   으로 정의한다. 9-1-2절과 다르다는 것에 유의하자.

3) 슬래브에서 불연속 단의 부(−)휨모멘트는 같은 방향 정(+)휨모멘트 의 1/3과 같다고 가정한다. 즉 불연속단은 정(+)휨모멘트의 1/3 크기를 이용해서 휨설계해야 한다.

설계용 계수법의 특징은 정(+)휨모멘트를 계산하는 계수가 고정하중과 활하중을 구분하고 있다는 것이다. 왜 그럴까? 7-2-2절에서 힌트를 얻을 수 있다. 즉 고정하중과는 다르게 활하중에 의한 최대 정모멘트는 활하중이 해당 슬래브에만 작용하고 인접 슬래브에는 작용하지 않을 때 구한 값이다. 이 때 모든 연속 단부에서 얼마간의 각변형이 발생하며, 근사적으로 활하중에 의한 휨모멘트 값의 50% 정도가 구속되어 있다고 가정한 결과이다.

중간대에서 짧은 변 방향(a)과 긴 변 방향(b)의 휨모멘트는 부표 9.2.1~9.2.3을 사용하여,

$$M_a = C_a w_u l_a^2 \tag{9.10}$$

$$M_b = C_b w_u l_b^2$$

계산한다. 주열대의 휨모멘트는 중간대와 주열대의 경계까지 M_a(또는 M_b)가 작용하고, 이후부터 단부로 가면서 1/3까지 직선적으로 감소하는 것으로 본다. 한편 불연속 단부에서의 부모멘트 값은 정모멘트 값의 1/3을 고려하는 사실도 잊지 말자. 더불어 받침점의 한쪽 부모멘트가 다른 쪽 값의 80%보다 작을 때는 그 차이를 슬래브의 상대강도에 비례하여 재분배해야 한다.

예제 9-4 설계용 계수법을 이용한 2방향 슬래브 휨설계

예제 9-2의 S_1 슬래브를 설계용 계수법을 이용하여 휨설계하라.

풀이

보 슬래브이므로 설계용 계수법 적용가능

휨모멘트 계수 결정

$l_a = 5{,}200 - 300 = 4{,}900\ \text{mm} = 4.9\ \text{m}$,

$l_b = 6{,}500 - 300 = 6{,}200\ \text{mm} = 6.2\ \text{m}$

$$m = \frac{4.9}{6.2} = 0.79$$

3변 고정 슬래브

부표 9.2.1~9.2.3의 Case9에서 $m=0.8$, $m=0.75$일 때 계수를 찾아 직선보간하면,

계 수			부모멘트	정모멘트 고정하중	정모멘트 활하중
휨모멘트 계수	C_a	$m=0.8$	0.075	0.029	0.042
		$m=0.79$	0.0756	0.0294	0.0424
		$m=0.75$	0.078	0.031	0.046
	C_b	$m=0.8$	0.017	0.010	0.017
		$m=0.8$	0.0164	0.0094	0.0162
		$m=0.75$	0.014	0.007	0.013

휨모멘트 계산

$w_{DL}=5\ \text{kN/m}^2$, $w_{LL}=3\ \text{kN/m}^2$에서

짧은 변(a) 방향

중앙부 정(+)휨모멘트

$$M_a = [C_a(1.2w_{DL})+C_a(1.6w_{LL})]l_a^2$$
$$= [0.0294(1.2\times5)+0.0424(1.6\times3)]\times4.9^2 = 9.12\ \text{kN}\cdot\text{m/m}$$

양 단부 부(−)휨모멘트

$$M_{a(-)} = -C_a(1.2w_{DL}+1.6w_{LL})l_a^2$$
$$= -0.0756(1.2\times5+1.6\times3)\times4.9^2 = -19.6\ \text{kN}\cdot\text{m/m}$$

긴 변(b) 방향

중앙부 정(+)휨모멘트

$$M_b = [C_b(1.2w_{DL})+C_b(1.6w_{LL})]l_b^2$$
$$= [0.0094(1.2\times5)+0.0162(1.6\times3)]\times6.2^2 = 5.16\ \text{kN}\cdot\text{m/m}$$

단부 내측 부(−)휨모멘트

$$M_{b(-)\text{내측}} = -C_b(1.2w_{DL}+1.6w_{LL})l_b^2$$
$$= -0.0164(1.2\times5+1.6\times3)\times6.2^2 = -6.81\ \text{kN}\cdot\text{m/m}$$

단부 외측 부(−)휨모멘트

단순 지지로 $M=0$이지만 정(+) 휨모멘트의 1/3이 작용한다고 보므로,

$$M_{b(-)\text{외측}} = -M_b/3 = -5.16/3 = -1.72\ \text{kN}\cdot\text{m/m}$$

휨철근 계산결과

	짧은 변(a) 방향		긴 변(b) 방향		
	① 중간대	② 주열대	③ 중간대	④ 내측 주열대	⑤ 외측 주열대
M_u	9.12	19.60	5.16	6.81	1.72
b	1,000	1,000	1000	1000	1000
d	135.2	135.2	125.7	125.7	125.7
A_s^*	214	461	131	172	44
a^*	4.2	9.0	2.6	3.4	0.9
jd^*	133.1	130.7	124.4	124.0	125.3
A_s	201.5	441.1	122.0	161.5	40.4
철근선택	71.3(D10)	71.3(D10+D13)	71.3(D10)	71.3(D10)	71.3(D10)
s 계산	353.8	224.4	584.5	441.5	1765.6
기준 간격제한	300.0	300.0	300.0	300.0	300.0
균열폭 제한간격	315.0	315.0	315.0	315.0	315.0
간격선택	315.0	224.4	315.0	300.0	300.0
시공성고려	@300	@200	@300	@300	@300
배치철근 단면적	237.7	495.0	237.7	237.7	237.7
수축·온도철근 검토	360(NO)	360(OK)	360(NO)	360(NO)	360(NO)
추가배치	D10@400 상부		D10@300 상부	D10@300 하부	D10@300 하부
재검토	416(OK)		475(OK)	475(OK)	475(OK)

휨설계 (표)

짧은 변 방향 $d = 160 - 20 - 9.53/2 = 135.2\text{ mm}$

긴 변 방향 $d = 160 - 20 - 9.53 - 9.53/2 = 125.7\text{ mm}$

3) S_1배근상세

아래 그림에서,

각 방향 l_a, l_b를 4등분 해서 주열대와 중간대로 구분한다.

① 짧은 변 방향 중간대 하부는 D13@300 mm로 배치하고, 시공 편의를 위해 양 단부까지 연장한다.

② 짧은 변 방향 주열대 상부는 D10+D13@200 mm로 배치하고, 이 중에서 D10@400은 절단하지 않고 연장한다. 이를 통해 중간대에 부족했던 수축·온도철근량을 만족시킨다.

③ 긴 변 방향 중간대 하부는 D13@300 mm로 배치하고, 시공 편의를 위해 양 단부까지 연장한다.

④ 긴 변 방향 내측 주열대 상부는 D10@300 mm로 배치하고 시공 편의를 위해 외측까지 연장한다. 수축·온도철근량은 ③에서 시공편의를 위해 연장된 철근과 합쳐져 만족한다. 또한 ③의 부족한 수축·온도철근량도 이를 통해 만족한다.

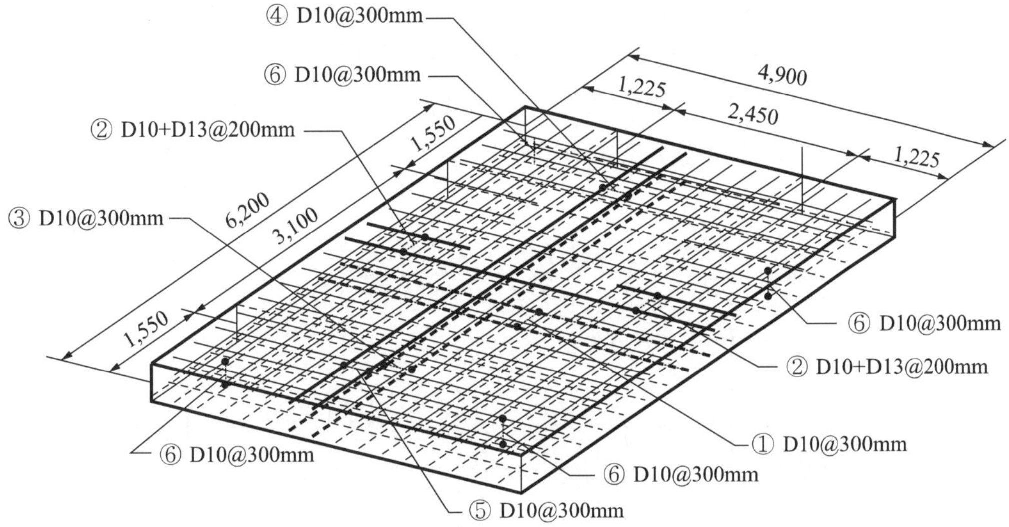

⑤ 긴 변 방향 외측 주열대 상부는 D10@300 mm가 필요하다. ④에서 연장된 철근에 의해 만족한다. 수축·온도철근량은 ③에서 시공편의를 위해 연장된 철근과 합쳐져 만족한다.

⑥ 나머지 부분은 철근량을 직선적으로 감소시킬 수 있다. 그러나 수축·온도철근량은 만족해야 하므로 상·하부에 D10@300mm를 추가 배치한다.

9-3-4. 2방향 슬래브 배근상세

(1) 보가 지지하는 2방향 슬래브

그림 9.10은 보가 있는 2방향 슬래브의 전형적인 배근 상세를 나타낸 것이다. 그림 (a)는 휨모멘트의 분포에 맞게 철근을 절곡한 것으로 전통적인 철근배치 방법이며 그림 (b)는 현재 많이 사용하는 방법으로 상부철근을 절곡하지 않고 절단한 것이다. 물론 간편한 시공을 위해 상하 철근을 절단하지 않고 연속해서 배치하기도 한다.

짧은변 방향에 배치하는 휨철근은 짧은 변 순경간 L_x를 4등분하여 상부철근과 하부철근을 배치한다. 상부철근 절단 위치는 $L_x/4$점에서 $_{\max}(d, 12d_b)$만큼 여장을 두거나 5-3-3절을 따를 수 있다. 즉, 그림 5.16, 5.17과 같이 $0.3L_x$에서 절단한다.

긴변 방향 휨철근 배치는 직접설계법(9-3-2절)과 설계용계수법(9-3-3절)의 주열대/중간대 구분이 다르다. 실무에서는 그림과 같이 L_y(긴 변)를 4등분하여 상부철근과 하부철근을 배치한다. 상부철근 절단위치는 보통 $L_y/4$점에서 $_{\max}(d,\ 12d_b)$만큼 여장을 두면 안전하다. 한편 모든 방향에서 수축·온도철근량을 검토

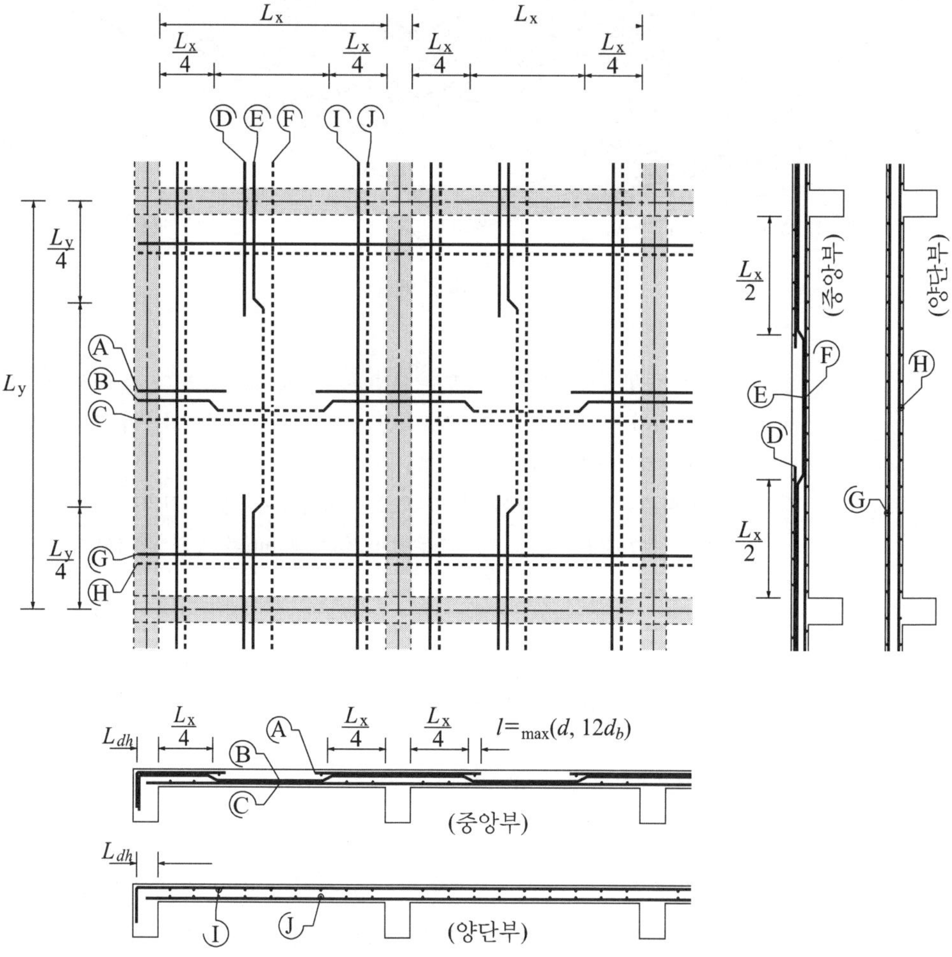

Ⓐ~Ⓕ 최대휨모멘트가 일어나는 단면 $s_{max}=(2h_f,\ 300\text{mm})$
균열제어를 위한 인장철근 간격 식 (6.15)를 만족해야 함

Ⓖ~Ⓙ 기타단면 $s_{max}=(3h_f,\ 450\text{mm})$
수축·온도철근 제한규정을 만족해야 함. 또한, $s_{max}=(5h_f,\ 450\text{mm})$

(a) 철근을 절곡해서 배치한 경우

그림 9.10 보가 있는 2방향 슬래브의 전형적인 배근 상세

해서 필요한 철근을 추가 배치한다. 불연속 단부의 철근 정착은, 정휨모멘트에 대한 철근은 슬래브 끝까지 연장해서 직선 또는 갈고리로 150 mm 이상 테두리 보나 벽체에 정착한다. 부휨모멘트 또한 계산한 정착길이로 받침부 면에 표준갈고리로 정착한다.

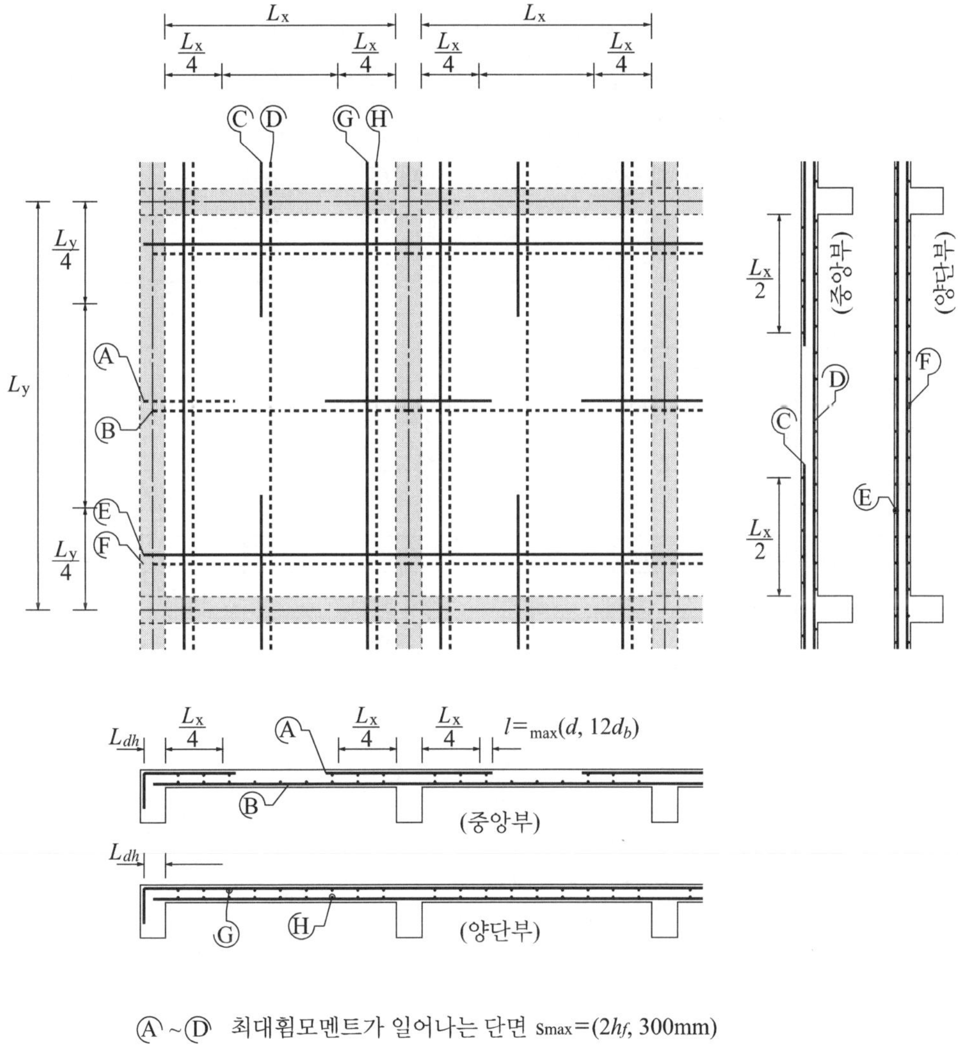

Ⓐ ~ Ⓓ 최대휨모멘트가 일어나는 단면 $s_{max}=(2h_f, 300\text{mm})$
균열제어를 위한 인장철근 간격 식 (6.15)를 만족해야 함

Ⓔ ~ Ⓗ 기타단면 $s_{max}=(3h_f, 450\text{mm})$
수축 온도철근 제한규정을 만족해야 함. 또한, $s_{max}=(5h_f, 450\text{mm})$

(b) 철근을 절단하거나 연속해서 배치한 경우

그림 9.10(계속) 보가 있는 2방향 슬래브의 전형적인 배근 상세

(2) 플랫 슬래브 및 플랫 플레이트

보가 없는 플랫 슬래브나 플랫 플레이트는 슬래브 하중을 기둥에 직접 전달해야 하고, 2방향 전단에 취약하므로 철근 배치에 세심한 주의가 필요하다. 그러므로 기준에서는 그림 9.11과 같이 최소 연장길이를 확보하도록 하고 있다. 또한 주열대 내의 모든 하부 철근은 연속이거나 A급 겹침이음이어야 하며, 각 방향으로 적어도 2개의 주열대 하부 철근이 기둥 위를 지나서 외부 받침부에 정착하도록 하고 있다. 이것은 어느 한 곳의 받침부에서 2방향 전단, 뚫림전단 파괴가 일어날 때, 철근이 마치 현수작용처럼 인접 받침부로 하중을 전달해 주기 위한 것이다. 이를 통해 슬래브는 더 큰 저항능력을 갖게 된다.

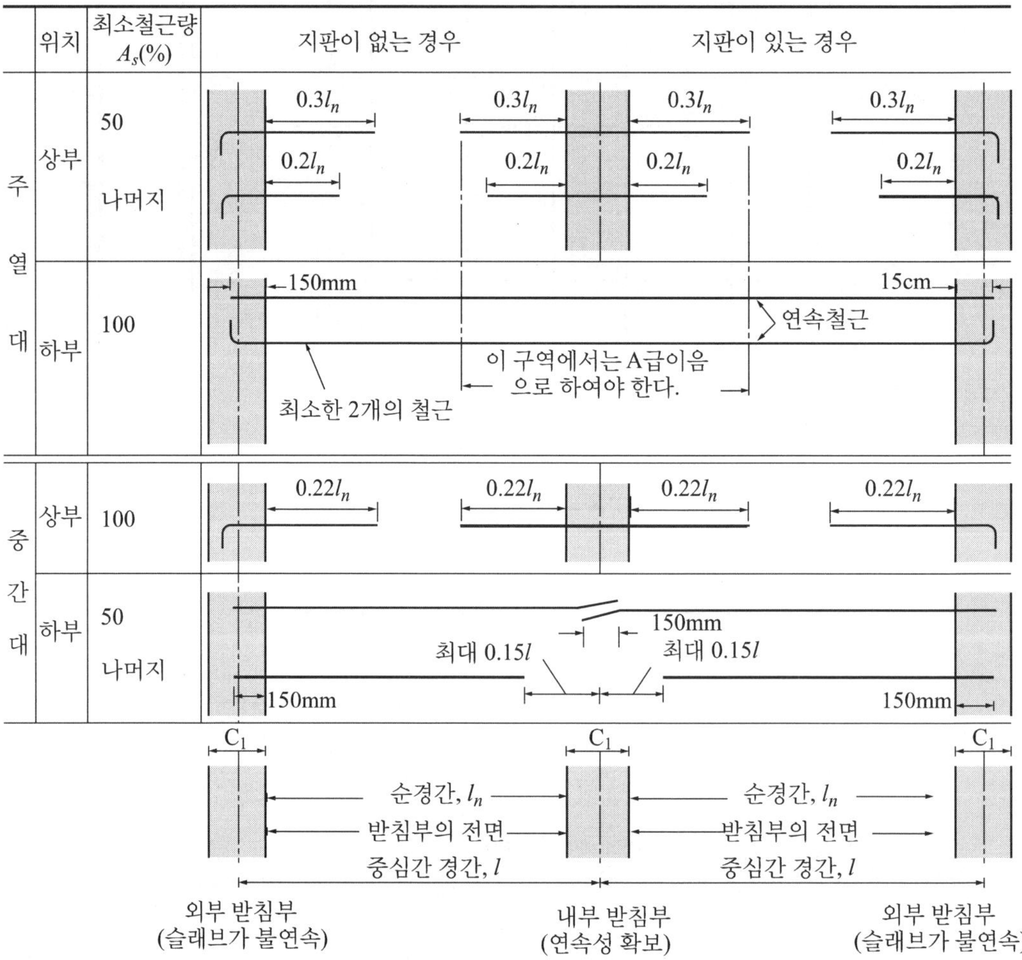

그림 9.11 보 없는 슬래브에서 철근 최소 정착길이

(3) 철근배치 기준점

그림 9.12는 2방향 슬래브 철근배치에서 첫 번째 철근의 위치를 나타낸 것이다. 철근 배치의 시작은 주열대, 중간대 혹은 테두리 보의 단부로부터 계산한 간격의 1/2로 시작해서 전체에 배치한다. 한편 플랫 슬래브나 플랫 플레이트는 구조 도면에 등간격으로 배치할 철근과 기둥 주위(주열대 부분)에 집중시킬 철근 수량을 따로 명시할 때가 많다. 이때는 주열대 단부의 1/2 간격에서 등간격으로 철근배치를 시작한다.

(4) 시공 성능 고려

슬래브 철근배치에서 반드시 고려해야 할 사항은 시공 성능이다. 구조물 시공에서 슬래브의 철근 배치 작업은 큰 비율을 차지하기 때문에 되도록 단순한 간격으로 배치하는 것이 경제적이다.

일반적으로 철근 간격은 @300mm로 조정하는 것이 좋다. 이러한 과정에서 설계보다 다소 많은 철근이 추가되더라도 전체 공사비를 절감할 수 있다. 또한 이러한 철근 배치 조정은 슬래브의 안전성 측면에서도 유리하다. 2방향 슬래브는 양방향 힘의 분배나 변형 특성이 매우 복잡하다는 사실을 잊지 말자.

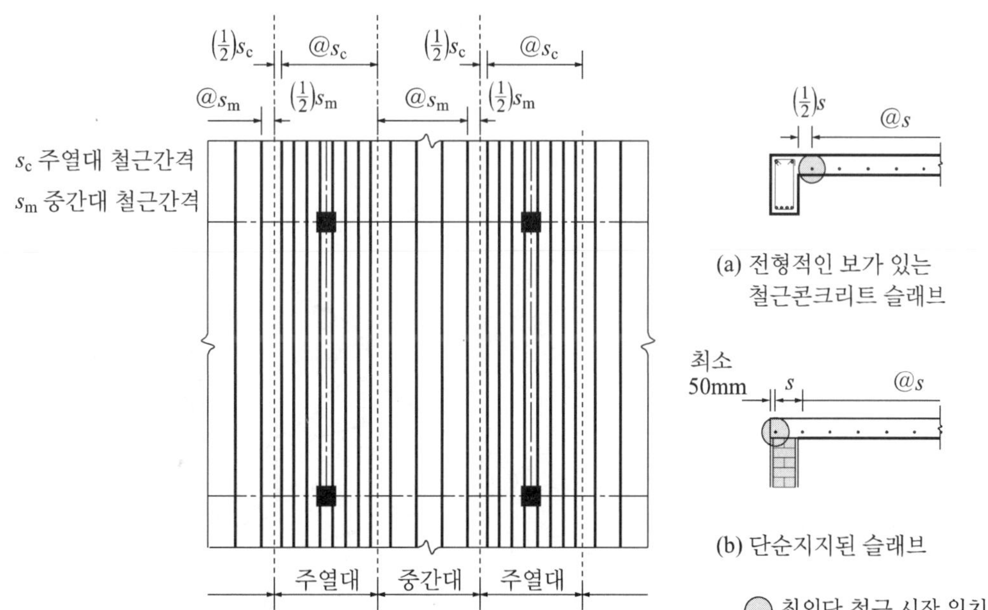

그림 9.12 2방향 슬래브 철근 배치 시작 위치와 최외단 철근

9-4 플랫 슬래브와 플랫 플레이트 전단설계

9-4-1. 2방향 슬래브의 전단거동

플랫 슬래브나 플랫 플레이트와 같이 슬래브를 기둥이 직접 지지하고 있을 때는 기둥 주위가 전단에 매우 취약하며, 하중 저항능력은 대부분 전단이 지배한다. 이러한 거동 특성은 기둥과 기초판 사이에서도 나타난다.

우리는 4장에서 1방향 전단을 받는 휨부재의 거동과 전단설계방법을 살펴보았다. 플랫 슬래브, 플랫 플레이트, 또는 기초판과 같이 2방향 거동을 하는 부재는 앞서 살펴본 1방향 전단에 추가하여 2방향 전단을 고려해야 한다.

즉 그림 9.13(b)와 같이 집중하중에 의해, 기둥 주위에 슬래브의 하부로부터 경사지게 균열이 발생하여 구멍이 뚫리는 형태로 전단파괴 하는 경우로, 이런 형태의 전단을 2방향 전단 또는 **뚫림전단**이라 한다.

9-4-2. 1방향 전단 검토

플랫 슬래브나 플랫 플레이트에서 1방향 전단은 슬래브가 폭 l_2, 유효깊이 d인 보라고 생각한다. 그림 9.14에서 V_u는 슬래브의 유효깊이 d만큼 떨어진 위험단면 외측의 계수하중 합이고, V_n은 콘크리트 전단강도이다. 즉,

$$\phi V_n (= \phi V_c) \geq V_u$$

$$V_c = \frac{1}{6}\lambda\sqrt{f_{ck}}\, l_2 d \tag{9.11}$$

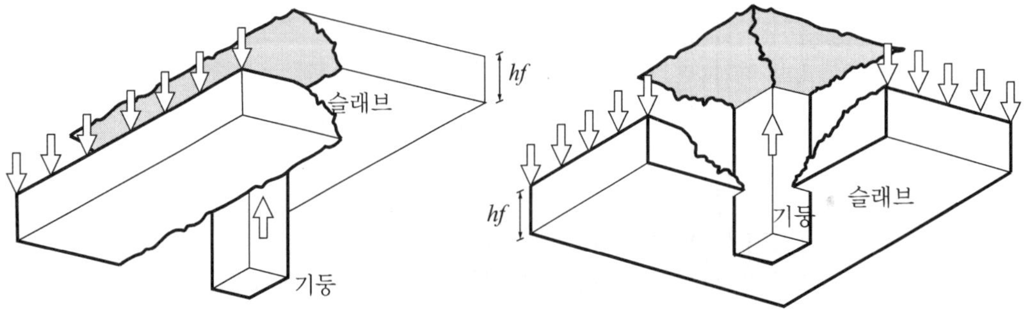

(a) 1방향 전단　　(b) 2방향 전단, 뚫림전단

그림 9.13 보 없는 슬래브에서 전단파괴 거동

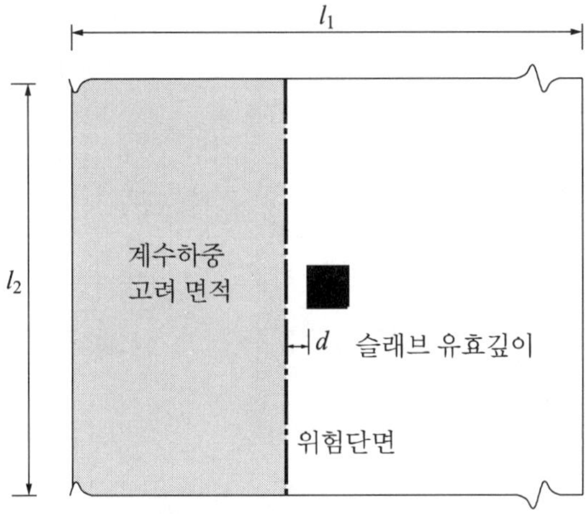

그림 9.14
슬래브 1방향 전단에서 위험단면

9-4-3. 2방향 전단 검토 - 뚫림전단

뚫림전단에 의한 파괴는 그림 9.13(b)와 같이 기둥에 접한 슬래브 밑면에 파괴면이 형성되어 위 방향으로 경사지게 발전하며, 파괴면의 수평에 대한 경사각 θ는 콘크리트 강도나 철근보강에 따라 20°~45°이다.

뚫림전단에 대한 설계는 먼저 콘크리트(ϕV_c) 만으로 충분한지를 검토하고 불충분할 경우 단면 두께를 키우거나 별도의 전단보강재를 이용하여 전단내력을 증가시킨다. 이때 강도감소계수 $\phi = 0.75$이다.

(1) 위험단면 둘레길이 b_0와 계수전단력 V_u

뚫림전단의 설계 위험단면은 슬래브 면에 직각이고 그림 9.15와 같이 받침부 표면에서 $d/2$ 거리의 둘레이다. 예를 들어 내부 기둥 $c_1 \times c_2$의 경우 $b_0 = 2(c_1 + d) + 2(c_2 + d)$이다. 플랫 슬래브의 경우는 그림 (c)와 같이 지판이 있는 부분과 없는 부분의 위험단면 둘레길이에서 검토한다. 개구부가 있는 경우는 그림 (d)와 같이 유효길이에서 개구부 영향부분을 제외한 길이로 한다.

계수전단력 V_u는 슬래브 중심선으로 둘러싸인 전체 계수하중에서 위험단면 둘레 내에 작용하는 계수하중 만큼 뺀 값이다.

(2) 콘크리트의 뚫림전단에 대한 전단강도 ϕV_c

받침부 근처에서 단면내 주응력은 4-1절에서,

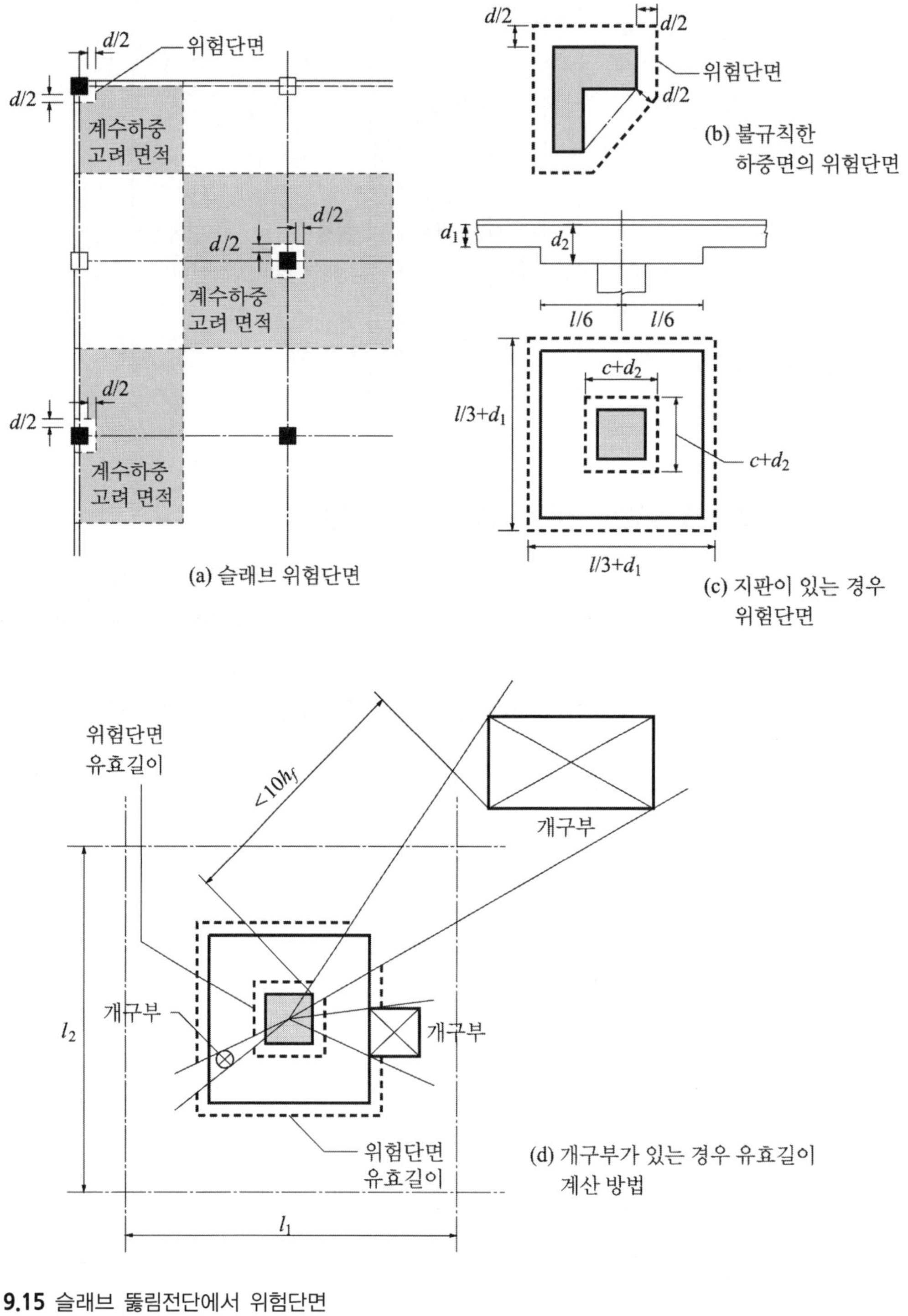

그림 9.15 슬래브 뚫림전단에서 위험단면

$$f_{1,2} = \frac{f_x}{2} \pm \sqrt{\left(\frac{f_x}{2}\right)^2 + v^2} \tag{4.1}$$

2방향 전단파괴는 주인장응력 f_1에 의한 균열에 의해 발생하고, 식 (4.1)에서 v에 대해 정리하면,

$$v = \sqrt{f_1(f_1 - f_x)} \tag{9.12}$$

이다. 식 (9.12)은 다소 차이는 있지만 랭킨의 콘크리트 인장파괴 기준과 유사하다. 즉, $\sqrt{f_1(f_1 - f_x)} \approx \sqrt{f_{te}(f_{te} + f_{cc})} = f_{te}\cot\psi$이다.

기준에서는,

1) 전단내력은 압축대에서만 저항하고, c_u/d비율

2) 압축대에 발생하는 콘크리트 평균응력 $f_{cc}(=2/3f_{ck})$로,

3) $f_{te}(=1/3f_r = 0.21\sqrt{f_{ck}})$로,

4) 크기효과 계수 k_s와 형상비 계수 k_{b0}를 고려해서,

다음과 같이 콘크리트의 전단강도를 고려하고 있다.

$$V_c = v_c b_0 d \tag{9.13}$$

$$v_c = \lambda k_s k_{b0} f_{te} \cot\psi \frac{c_u}{d} \tag{9.14}$$

여기서, λ =경량콘크리트 계수

k_s =슬래브 크기효과 계수, $k_s = (300/d)^{0.25} \le 1.0$

k_{b0} =형상비 계수, $k_{b0} = 4/\sqrt{\alpha_s(b_0/d)} \le 1.25$,

α_s는 내부기둥 1.0,

측면 외부기둥 1.33,

모서리기둥 2.0

f_{te} =압축대 콘크리트 인장강도, $f_{te} = 0.21\sqrt{f_{ck}}$

$\cot\psi = \sqrt{f_{te}(f_{te} + f_{cc})}/f_{te}$, $f_{cc} = (2/3)f_{ck}$

c_u =압축철근 영향을 무시하고 계산한 접합부 주위 슬래브 압축대 깊이의 평균값, $c_u = d\left[25\sqrt{\rho/f_{ck}} - 300(\rho/f_{ck})\right]$이다. 여기서 주철근비 ρ는 $\rho \le 0.03$ 범위에서 사용할 수 있으며, $\rho \le 0.005$인 경우 $\rho = 0.005$를 적용한다.

예제 9-5 플랫 플레이트의 전단검토

예제 9-1의 내부기둥에서 전단을 검토하라. 단, 슬래브 주철근비는 0.5% 이하이다.

풀이

1) 1방향 전단 검토

$w_u = 13.6\ \mathrm{kN/m^2}$

$d = 200 - 20 - 12.7/2 = 173.7\ \mathrm{mm}$(휨철근 D13 가정)

$f_{ck} = 24\ \mathrm{MPa},\ \lambda = 1.0$(보통콘크리트)

$l_1 = 6{,}500\ \mathrm{mm},\ l_2 = 5{,}200\ \mathrm{mm}$

$\phi = 0.75$(전단에 대한 강도감소계수)

x, y방향에 대하여 각각 검토한다.

x방향 검토

$$V_u = 13.6 \times 5.2 \times [6.5/2 - (0.5/2 + 0.1737)] = 199.9\ \mathrm{kN}$$

$$\phi V_c = \phi \frac{1}{6} \lambda \sqrt{f_{ck}}\, l_2 d = 0.75 \times \frac{1}{6} \times 1.0 \sqrt{24} \times 5.2 \times 173.7 = 553.1\ \mathrm{kN}$$

$\phi V_n (= 553.1) \geq V_u (= 199.9)$ 만족

y방향 검토

$$V_u = 13.6 \times 6.5 \times [5.2/2 - (0.5/2 + 0.1737)] = 192.4\ \mathrm{kN}$$

$$\phi V_c = \phi \frac{1}{6} \lambda \sqrt{f_{ck}}\, l_1 d = 0.75 \times \frac{1}{6} \times 1.0 \sqrt{24} \times 6.5 \times 173.7 = 691.4\ \mathrm{kN}$$

$\phi V_n (= 691.4) \geq V_u (= 192.4)$ 만족

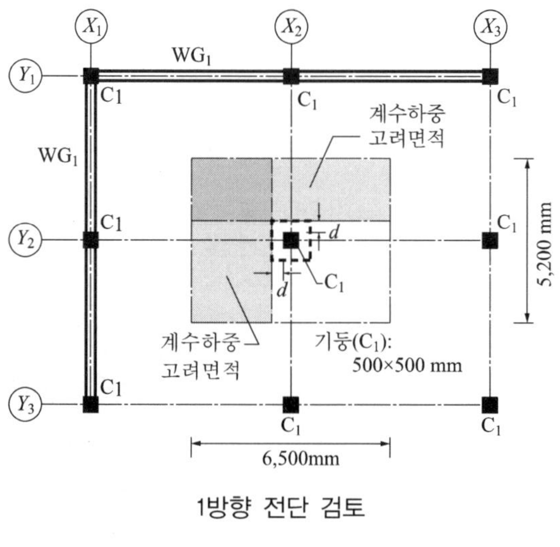

1방향 전단 검토

2) 2방향 전단 검토

b_0 계산

$b_0 = (c+d) \times 4 = (500+173.7) \times 4 = 2{,}694.8\ \text{mm}$

V_u 계산

$V_u = 13.6 \times [(6.5 \times 5.2) - (0.5+0.1737)(0.5+0.1737)] = 453.5\ \text{kN}$ (아래 그림)

$\phi V_n = \phi V_c$ 계산

$V_c = v_c b_0 d$

$v_c = \lambda k_s k_{b0} f_{te} \cot\psi \dfrac{c_u}{d}$

에서,

$\lambda = 1.0$(보통콘크리트)

$k_s = (300/d)^{0.25} = (300/173.7)^{0.25} = 1.1464(\leq 1.0)$이므로 $k_s = 1.0$

$\alpha_s = 1.0$(내부기둥)

$k_{b0} = 4/\sqrt{\alpha_s(b_0/d)} = 4/\sqrt{1.0(2{,}694.8/173.7)} = 1.016(\leq 1.25)$

$f_{cc} = (2/3)f_{ck} = (2/3) \times 24 = 16\ \text{MPa}$

$\rho = 0.005$(슬래브 주철근 비는 0.5% 이하이므로 0.005 적용).

$c_u = d\left[25\sqrt{\rho/f_{ck}} - 300(\rho/f_{ck})\right]$

$= 173.7\left[25\sqrt{0.005/24} - 300(0.005/24)\right] = 51.8\ \text{mm}$

$f_{te} = 0.21\sqrt{f_{ck}} = 0.21\sqrt{24} = 1.03$

$\cot\psi = \sqrt{f_{te}(f_{te}+f_{cc})}/f_{te} = \sqrt{1.03(1.03+16)}/1.03 = 4.07$

를 대입하면,

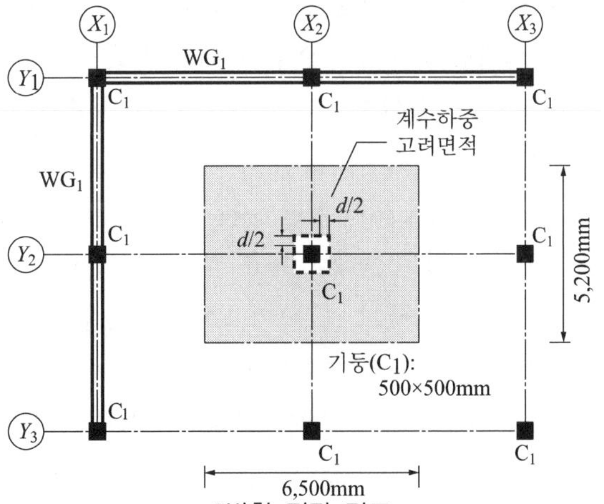

2방향 전단 검토

$$v_c = \lambda k_s k_{b0} f_{te} \cot\psi \frac{c_u}{d} = 1.0 \times 1.0 \times 1.016 \times 1.03 \times 4.07 \times \frac{51.8}{173.7} = 1.27\ \text{MPa}$$

$$V_c = v_c b_0 d = 1.27 \times 2{,}694.8 \times 173.7 \times 10^{-3} = 594.5\ \text{kN}$$

이므로,

$$\phi V_c = 0.75 \times 594.5 = 445.9\ \text{kN}$$

검토

$\phi V_n (= 445.9) \not\geq V_u (= 453.9)$ 이므로 2방향 전단에 대하여 안전하지 않다. 어떻게 해야 할까? 다음 절을 살펴보자.

9-4-4. 전단보강

플랫 슬래브나 플랫 플레이트에서 기둥 주변이 콘크리트 ϕV_c만으로 2방향 전단력 V_u을 저항할 수 없는 경우는,

1) 지판을 설치하거나 지판 두께를 증가시켜서 ϕV_c를 증가시키거나,
2) 그림 9.16과 같이 전단보강재를 이용해서 $\phi(V_c + V_s)$을 키우는

방법을 고려한다. 여기서 전단보강재는 그림 (a), (b)와 같은 수직 스터럽, 그림 (c)와 같이 I형강 또는 C채널 형강을 기둥에 얹히는 **전단머리**(shear head), 그리고 그림 (d)와 같이 **전단연결재**(shear connector)를 많이 이용한다.

여기서는 수직 스터럽을 이용한 전단보강 만을 살펴보자. 일반적으로 스터럽을 이용한 전단보강은 슬래브 두께가 250 mm 이상일 때 유효하다. 이 이하에서는 스터럽의 정착이 어렵기 때문에 전단머리나 전단연결재를 이용하는 것이 좋다. 수식으로 설치한 스터럽은 그림 (a), (b)와 같이 기둥 주변에 배치해서 슬래브의 상·하부 휨철근을 구속하는 역할을 한다.

1) 스터럽에 의한 전단보강은 위험단면 중심을 기준으로 대칭으로 배근해야 한다.
2) 스터럽은 슬래브 유효 깊이 d가 150 mm 이상이고, 스터럽 지름의 16배 이상인 슬래브 또는 기초판에 적용할 수 있다.
3) 기둥면과 기둥 주변을 감싸는 첫 번째 열 스터럽 사이의 간격은 $d/2$ 이하로 한다. 또한 첫 번째 열에서 기둥면 평행방향의 스터럽 다리 사이의 간격은 $2d$ 이하로, 스터럽 열 사이의 간격은 기둥면에 직각방향으로 $d/2$ 이하로 한다. 그림 (b)를 참고하자.

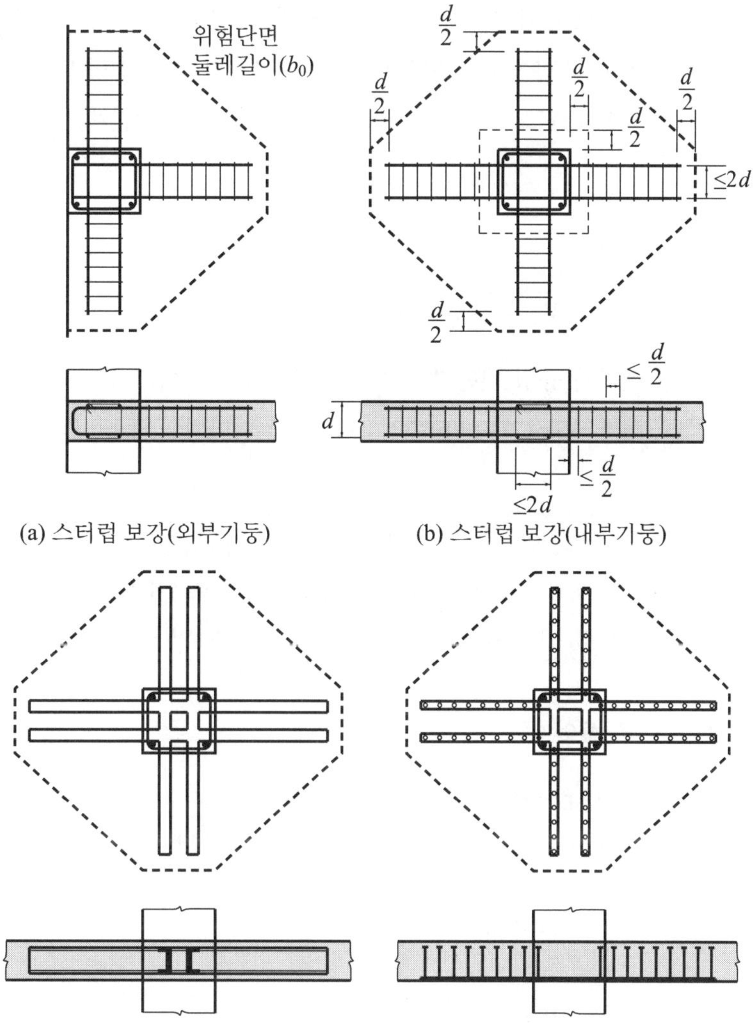

(a) 스터럽 보강(외부기둥) (b) 스터럽 보강(내부기둥)

(c) 전단머리(shear head) 보강 (d) 전단연결재(shear stud) 보강

그림 9.16
슬래브의
전단보강 방법

4) 스터럽은 단면 상·하부에 충분히 정착해야 한다. 5-3-2절을 다시 확인하자. 또한 길이방향 휨철근을 둘러싸야 하다. 일반적으로 스터럽에 의한 전단보강은 폐쇄스터럽을 사용하는 것이 좋다. 이것은 접합부의 비틀림 저항능력을 향상시켜 예기치 않은 전단에 대한 안전성을 향상시킨다.

수직 스터럽에 의한 전단력은,

$$V_s = \frac{0.5 A_v f_{yt} d}{s} \tag{9.15}$$

로 계산한다. 여기서 A_v는 전단위험단면에 따라 배치된 모든 전단철근의 단면적이다. 또한 $f_{yt} \leqq 400\,\mathrm{MPa}$이다. 식 (9.15)를 식 (4.13)과 비교해 보자. 스터럽에 의한 전단보강 효과를 50%만 고려한다. 전단설계는,

$$V_u \leqq \phi V_n \tag{1.5}$$

이고,

$$\phi V_n = \phi(V_c + V_s) \leq \phi 0.34 f_{ck} b_o c_u \tag{9.16}$$

여기서 공칭 전단강도 V_n은 $0.34 f_{ck} b_o c_u$ 이하이다. 또한 V_c는 식 (9.13)로 계산하며 b_0는 그림 (b)에서 정의한 위험단면의 둘레 길이다.

예제 9-6 플랫 플레이트의 전단설계

예제 9-5의 내부기둥에서 2방향 전단에 대하여 수직 스터럽으로 전단설계하라. 단, 스터럽은 D10 $A_{v1} = 71.3\,\mathrm{mm}^2$, $f_{yt} = 300\,\mathrm{MPa}$이다.

풀이

수직스터럽으로 전단보강할 수 있는지 검토

$V_u = 453.5\,\mathrm{kN}$(2방향 전단에 대한 소요전단력)

이고,

$f_{ck} = 24\,\mathrm{MPa}$,

$b_0 = 2{,}694.8\,\mathrm{mm}$,

$c_u = 51.8\,\mathrm{mm}$

$\phi 0.34 f_{ck} b_o c_u = 0.75 \times 0.34 \times 24 \times 2{,}694.8 \times 51.8 \times 10^{-3} = 854.3\,\mathrm{kN} > V_u$

이므로 전단설계가 가능하다.

$w_u = 13.6\,\mathrm{kN/m^2}$

$d = 200 - 20 - 12.7/2 = 173.7\,\mathrm{mm}$(휨철근 D13 가정)

수직스터럽에 의한 전단설계

$V_c = 594.5\,\mathrm{kN}$

$$V_s = \frac{V_u}{\phi} - V_c = \frac{453.5}{0.75} - 594.5 = 10.17\,\mathrm{kN}$$

스터럽 D10 이용 $A_{v1} = 71.3\,\mathrm{mm}^2$, $f_{yt} = 300\,\mathrm{MPa}$,

4면에 대칭으로 배열하면 총 8곳이고,

$$V_s = \frac{0.5A_v f_{yt} d}{s} \text{에서}$$

$$s = \frac{0.5A_v f_{yt} d}{V_s} = \frac{0.5 \times 8 \times 71.3 \times 300 \times 173.7}{10.17 \times 10^3} = 1{,}461.3 \text{ mm}$$

또한 스터럽 간격은 $< d/2 (= 173.7/2 = 86.9 \text{ mm})$이므로 @80 mm로 배치한다.

보강할 면적 결정

$\phi V_c \geq V_u$의 개념에서 슬래브 외부의 스터럽 위험단면 $b_{0,\text{req}}$를 구한다. 즉,

$$\phi V_c = \phi(v_c\, b_{0,\text{req}}\, d)$$

$$= \phi\left[\lambda k_s k_{b0} f_{te} \cot\psi \frac{c_u}{d}\right] b_{0,\text{req}} d$$

$$= \phi\left[\lambda k_s \left(\frac{4}{\sqrt{\alpha_s \dfrac{b_{0,\text{req}}}{d}}}\right) f_{te} \cot\psi \frac{c_u}{d}\right] b_{0,\text{req}} d = V_u$$

에서,

$\lambda = 1.0,$ $k_s = 1.0,$

$\alpha_s = 1.0,$ $f_{te} = 1.03 \text{ MPa},$

$\cot\psi = 4.07,$ $c_u = 51.8 \text{ mm},$

$d = 173.7 \text{ mm}$

를 대입하여 $b_{0,\text{req}}$를 구하면, 위험단면 둘레길이 $b_{0,\text{req}} = 2{,}798.7 \text{ mm}$

기둥 외면에서 스터럽이 배치되는 곳까지의 거리 x는,

$$b_{0,\text{req}} = d(\text{기둥 폭} + \text{기둥 깊이}) + 4(\sqrt{2}x)$$

에서

$$x = \frac{1}{4\sqrt{2}}[b_{0,\text{req}} - 2(\text{기둥 폭} + \text{기둥 깊이})]$$

$$= \frac{1}{4\sqrt{2}}[2{,}798.7 - 2(500 + 500)] = 141.2 \text{ mm} \rightarrow 145 \text{ mm}$$

이므로,

그림 (a)와 같이 $x = 145$ mm까지 스터럽을 @80 mm간격으로 배치한다.

스터럽의 형태는 그림 (b)와 같다.

종종 시공의 편의를 위해서 그림 (c)와 같은 스터럽을 사용할 수 있다. 이때에는 스터럽이 휨철근을 둘러싸고 있어야 한다는 기준에 유의하자. 슬래브의 전단보강을 위한 스터럽은 폐쇄스터럽으로 하는 것이 좋다.

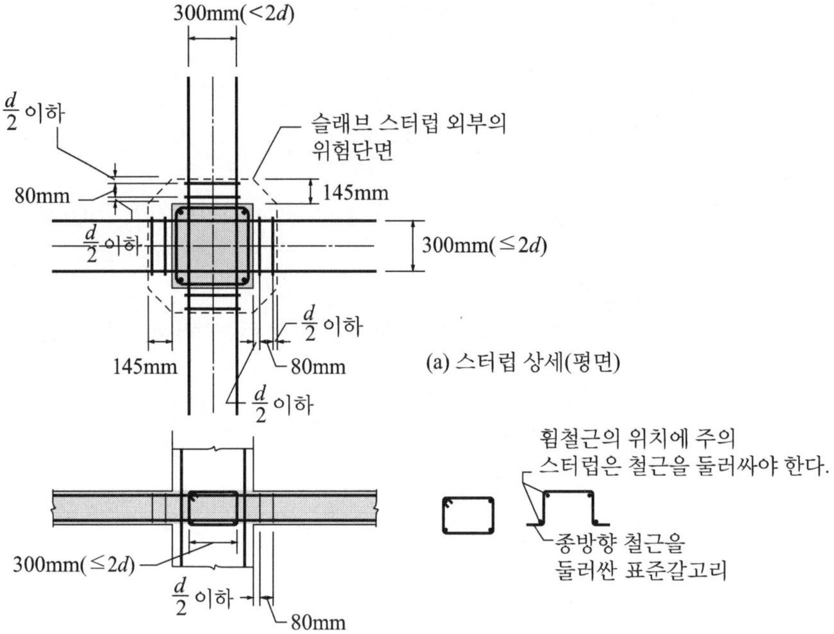

(a) 스터럽 상세(평면)

(b) 스터럽 상세(입면)

(c) 스터럽 형태(폐쇄스터럽 권장)

실제로 전단보강을 위한 스터럽의 가공과 시공은 매우 어렵다. 그러므로 위의 예제와 같이 2방향 전단이 조금 부족한 경우는 슬래브 두께를 키우는 방법이 보다 합리적이다. 스터럽이나 전단머리 또는 전단 연결재에 의한 전단보강은 현저히 2방향 전단이 부족한 경우에 고려하도록 하자.

9-5 연습문제

[9-1절]

9-1.1 슬래브의 종류를 예시하고 각각의 특징을 설명하라.

9-1.2 다음 2방향 슬래브 구조에서 보와 슬래브의 강성비 α를 구하라.

(1) 외부 테두리 보와 2방향 슬래브의 α

(2) 내부 보와 2방향 슬래브의 α

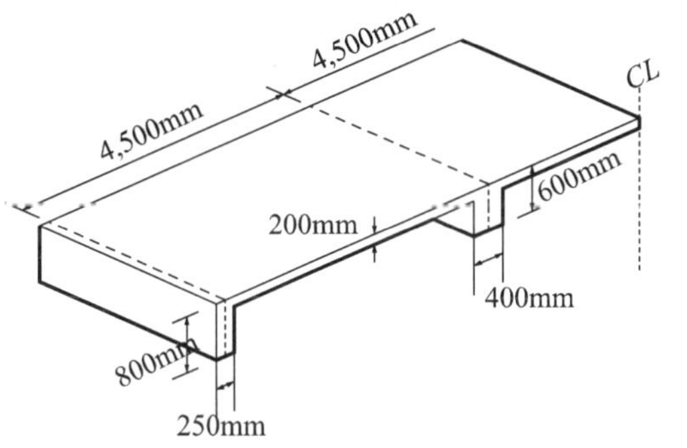

9-1.3 아래 문제 그림 1과 같은 슬래브의 최소 두께를 결정하라.

9-1.4 문제 그림 2와 같은 슬래브의 두께를 $h_f = 200\,\text{mm}$로 결정했다. 최소두께 규정에 만족하는지 검토하라. 단, $f_y = 400\,\text{MPa}$이다.

[9-2절]

9-2.1 직접설계법의 적용범위에 대하여 설명하라.

9-2.2 예제 9-1에서 X_3열의 계수휨모멘트를 직접설계법을 이용해서 해석하라.
단 $h_f = 200\,\text{mm}$이다.

9-2.3 문제 그림 1에서, $f_{ck} = 27\,\text{MPa}$, $f_y = 400\,\text{MPa}$, w_D(자중+마감재료)$= 7\,\text{kN/m}^2$, $w_L = 4\,\text{kN/m}^2$, $h_f = 250\,\text{mm}$일 때,

(1) Y_2열의 계수휨모멘트

(2) X_3열의 계수휨모멘트

를 직접설계법을 이용해서 해석하라.

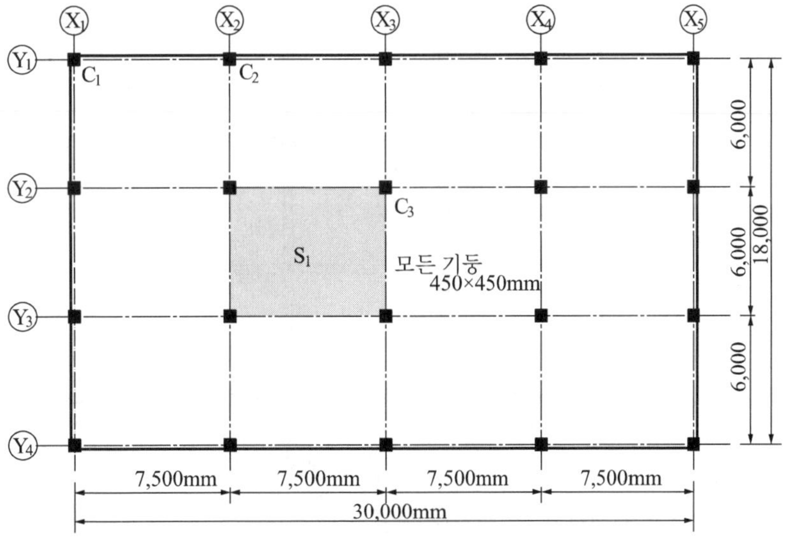

문제 그림 1.
테두리보 없는 플랫 플레이트 평면

9-2.4 문제 그림 2에서, $f_{ck} = 27\,\text{MPa}$, $f_y = 400\,\text{MPa}$, w_D(자중+마감재료)$=7\,\text{kN/m}^2$, $w_L = 4\,\text{kN/m}^2$일 때,

(1) Y_2열의 S_1부분 계수휨모멘트

(2) X_1열의 S_1부분 계수휨모멘트

(3) X_2열의 $S_1 \sim S_2$부분 계수휨모멘트

를 직접설계법을 이용해서 해석하라.

[9-3절]

9-3.1 다음 그림에서 슬래브의 A−A방향, B−B방향에 대하여 휨모멘트 분포와 휨철근을 정성적으로 도시하라.

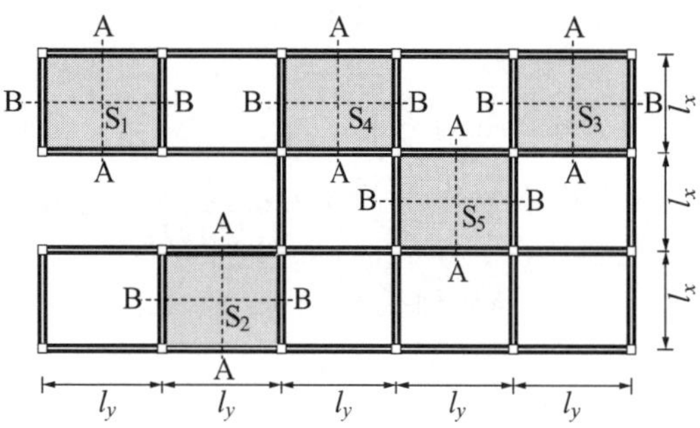

9-3.2 예제 9-1의 내부 슬래브를 직접설계법으로 휨설계하라.
단, $f_{ck} = 24\,\text{MPa}$, $f_y = 400\,\text{MPa}$다.

9-3.3 예제 9-2의 내부 슬래브를 직접설계법으로 휨설계하라.

9-3.4 문제 그림 2의 S_2를 직접설계법으로 휨설계하라. 단, $h_f = 200\,\text{mm}$, 재료 및 하중조건은 문제 9-2.4와 같다.

9-3.5 다음에 대하여 설계용 계수법을 이용하여 휨설계하라.

(1) 예제 9-2의 내부 슬래브

(2) 문제 그림 2의 S_1, S_2, S_3 슬래브

[9-4절]

9.4-1 문제 그림 1에서 C_1, C_2, C_3 기둥 주위 슬래브의 전단을 검토하라. 단, 재료 및 하중조건은 문제 9-2.3과 같으며 슬래브 주철근비는 0.5% 이하다.

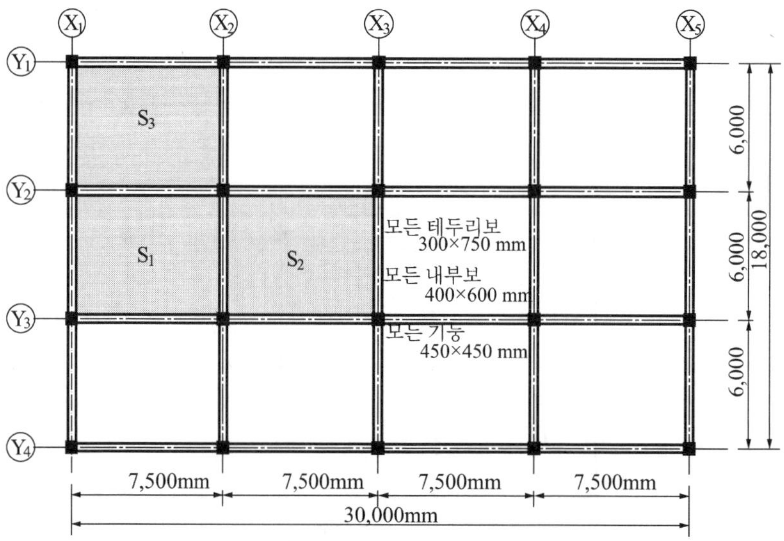

문제 그림 2. 보 슬래브 평면

10장 벽체

차례

주요개념

벽체의 정의
벽체 최소철근비
집중하중 작용시 유효수평길이
실용설계법
대체설계법
전단벽의 휨강성
전단설계법
벽체에서
  콘크리트 전단강도 ϕV_c
  최소 전단철근비 ρ_h, ρ_l
  최대 전단철근 간격
휨설계법
  축하중과 휨모멘트를 받는 벽체의 간편 설계 휨강도 ϕM_n

벽체란 기둥과 유사하게 상부 하중을 수직으로 전달하는 구조부재로 축력, 휨모멘트, 전단력을 지지한다. 다만 벽체는 단면 형태가 기둥과 다르게 두께 대비 길이가 매우 크다. 이로 인해 벽체 길이방향으로 강성이 매우 큰 특징이 있다. 벽체는 하중지지 유무에 따라 내력벽(bearing wall)과 비내력벽(칸막이벽, curtain wall)으로 구분한다. 내력벽은 다시,

1) 수직하중을 주로 지지하는 내력벽
   기둥과 유사하게 축압축력과 휨모멘트를 주로 지지하는 벽체이다. 이때 상부하중은 벽체 단면에 고르게 분산된다.
2) 수평하중을 주로 지지하는 내력벽
   지진이나 풍하중과 같은 수평하중을 지지하는 벽으로 전단벽(shear wall)이라 한다.

비내력벽(칸막이 벽)은 외부 하중에 직접 저항하지 않고, 공간을 구획하기 위해 사용하는 벽이다. 일반적으로 벽돌, 프리캐스트 패널, 석고보드, 기포콘크리트(ALC) 등을 사용한다. 비내력벽은 구조부재가 아니며 구조물에 자중으로 작용한다.

이 장은 축하중과 면내 전단력 및 휨모멘트를 받는 내력벽의 설계를 다룬다. 다만 지하벽은 12장에 분리하였다. 하중 지지방식이 다르며, 먼저 토압에 대한 충분한 이해가 필요하기 때문이다.

10–1 벽체 설계 기본사항

10-1-1. 벽체의 정의

구조적으로 벽체와 기둥은 모두 큰 축하중에 저항하는 수직부재이다. 다만 벽체 단면은 두께가 작고 길이가 커서 기둥과 같이 띠철근이나 나선철근을 배치하기 어렵다. 띠철근 역할을 8장에서 다시 확인해 보자. 그러므로 벽체를 다음과 같이 기둥과 구분한다.

벽체의 정의
계수 축하중이 $0.4A_g f_{ck}$ 이하이고, 총 수직철근량이 단면적의 1% 이하인 부재

이외의 부재는, 벽체 형태라도 기둥처럼 압축부재의 설계와 배근 원칙을 따라야 한다. 즉, 높은 계수 축하중($> 0.4A_g f_{ck}$)과 1% 이상의 수직철근량이 배치된 벽체가 띠철근이나 나선철근 상세를 갖지 않으면, 취성적인 압축파괴를 억제할 수 없음에 유의하자.

10-1-2. 최소철근비

벽체 전체 단면적에 대한 최소 수직·수평철근비는 다음 값 이상이다.

최소 수직철근비		
① 설계기준 항복강도 400 MPa 이상이며, D16 이하의 이형철근	⇨	0.0012
② 기타 이형철근		0.0015
③ 지름 16 mm 이하의 용접철망		0.0012

최소 수평철근비		
① 설계기준 항복강도 400 MPa 이상이며, D16 이하의 이형철근	⇨	$0.0020(400/f_y)$ $f_y \le 500$ MPa
② 기타 이형철근		0.0025
③ 지름 16 mm 이하의 용접철망		0.0020

물론 이 값은 최소값이다. 여기서 수평철근비가 수직철근비보다 크다는 것에 유의하자. 실무에서 가장 혼동하기 쉬운 사항이다.

10-1-3. 벽체 철근 배치 상세

전형적인 벽체 철근 배치 상세를 그림 10.1에 나타냈다.

(1) 벽체의 수직·수평철근 간격은 벽두께 h의 3배 이하 또한 450 mm 이하로 해야 한다. 수직철근의 시작 위치는 벽체 양 단부에서 피복두께를 확보한 부분이다. 수평철근은 상하 단부에서 $s/2$ 이하이다.

(2) 벽체 두께가 250 mm 이상인 경우는 수직·수평철근을 벽면에 평행하게 양면으로 배치한다(2열 배치).

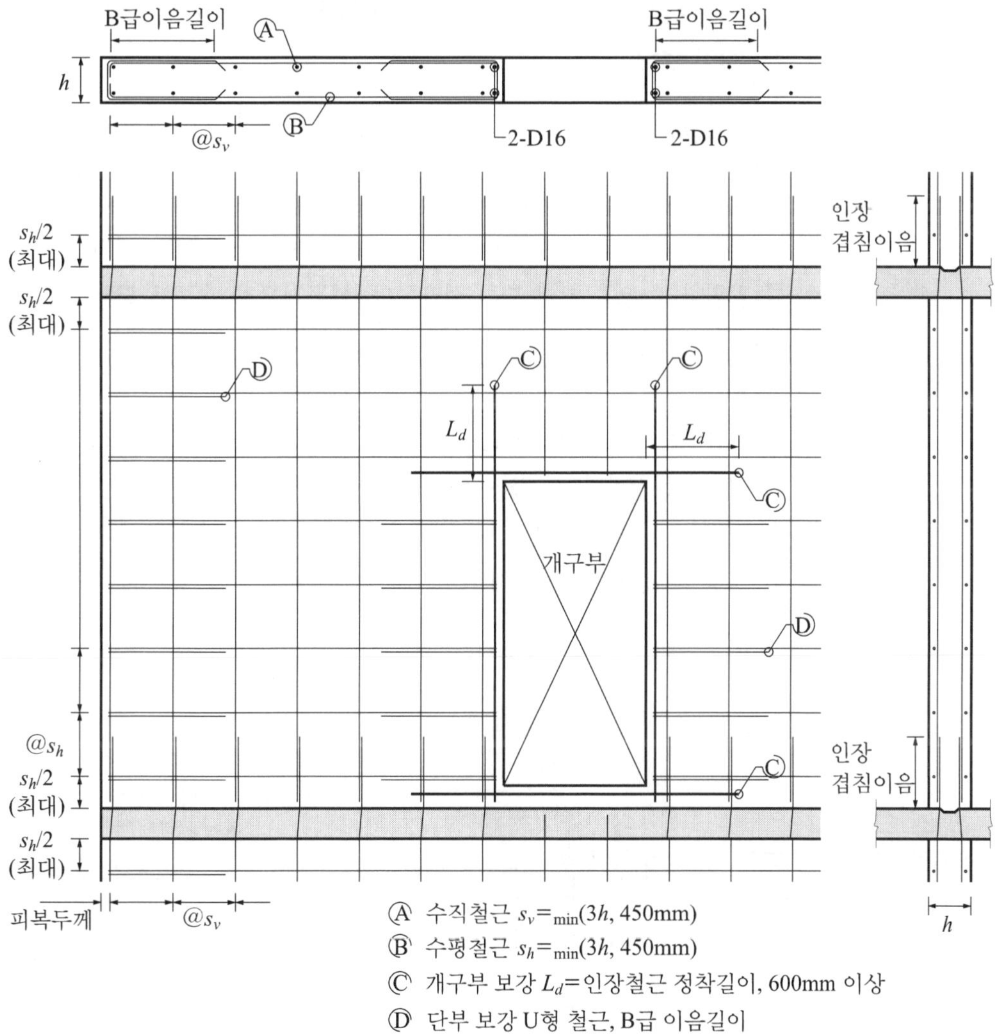

그림 10.1 전형적인 벽체 철근 배치 상세

일반적으로 양면에 균등하게 배치하면 되지만 외벽의 경우만 주의하자. 피복두께와 수축·온도철근으로의 역할을 할 수 있도록, 외벽의 외측면의 수직·수평철근은 전체 소요철근량의 1/2 이상, 3/2 이하를 외측으로부터 50 mm 이상, 벽두께의 1/3내에 배치한다. 내측면의 경우는 소요철근량의 잔여분을 내측으로부터 20 mm 이상 벽두께의 1/3에 배치한다.
다만 지하실 벽체는 수축과 온도의 영향이 작기 때문에 이 규정을 적용하지 않는다.

(3) 벽체 내의 창이나 출입구 등 개구부 주위에는 최소철근량 이외에도 응력집중에 의한 모서리 균열을 방지하기 위해서 추가 철근을 배치해야 한다. 즉, 수직·수평 방향으로,

1열 배근된 벽체(두께 250 mm 미만 벽체)	⇨	D16 1개 이상
2열 배근된 벽체(두께 250 mm 이상 벽체)		D16 2개 이상

의 철근을 개구부 주변에 배치한다. 또한 배치한 철근이 설계기준항복강도를 발휘할 수 있도록 충분히 정착한다. 실무적으로 개구부 모서리에서 600 mm 이상 연장한다.

(4) 벽체 단부는 그림 10.2와 같이 U형 철근을 수평철근 위치에 B급 이음길이 이상으로 설치한다. 이 철근은 벽체 철근이 원활하게 휨과 전단에 저항할 수 있도록 도와줄 뿐만 아니라 모서리 콘크리트의 파손을 방지한다. 이러한 보강 철근 배치를 통해 구조물의 일체성을 더욱 향상시킬 수 있다.

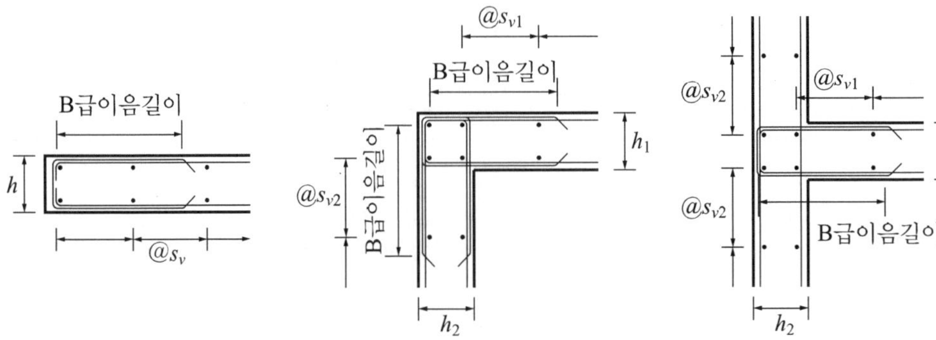

그림 10.2 벽체 단부보강

10-2 수직하중을 지지하는 내력벽 설계

대부분의 벽체는 축압축력, 휨모멘트, 전단력에 저항하며, 기본적으로 각 부재력에 대해서는 앞에서 배운 방법으로 해석과 설계할 수 있다. 예를 들어 축압축력과 휨모멘트를 받을 때는 8장의 기둥설계 방법을 이용하면 된다. 다만 벽체가 일정 조건을 만족할 경우는, 계산의 단순화를 위해 다음과 같은 간편한 실용설계법이나 대체설계법을 이용할 수 있다.

10-2-1. 집중하중 작용시 유효수평길이

벽체에 집중하중 작용시 각 집중하중에 대한 벽체의 유효수평길이 b_e를 구하고 이 유효수평길이에서 작용하중에 대한 안전성을 고려한다. 유효수평길이는 다음에 따른다.

하중사이의 중심거리와 하중 지지폭에 대한 벽체 두께의 4배를 더한 길이 중 작은 값 이하

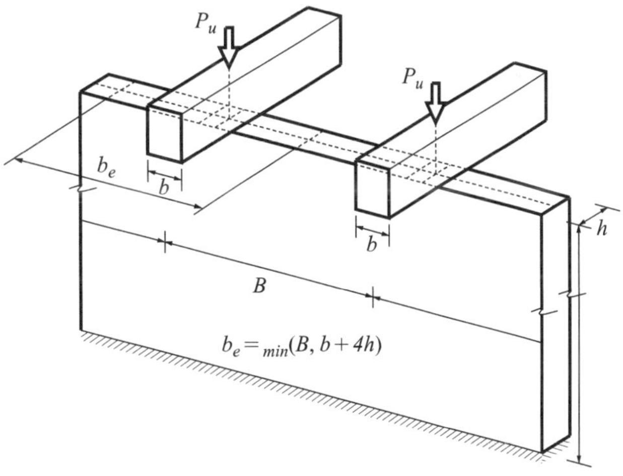

10-2-2. 실용설계법

수직하중을 지지하는 내력벽 설계에서 간편한 실용설계법을 이용하기 위해서는 벽체가 다음 조건을 모두 만족해야 한다.

① 벽체 단면 :
중앙 부분이 채워져 있는 직사각형
② 계수하중 합력이 벽 두께의
중앙 1/3 이내에 작용 (그림)
③ 벽체 최소 수직·수평철근비 만족
④ 벽 두께

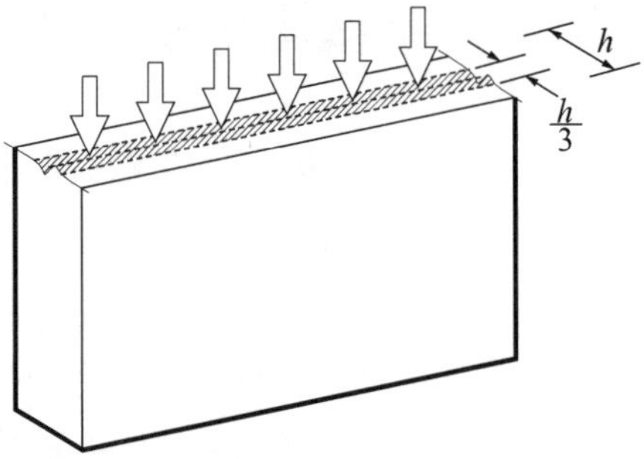

- 수직 또는 수평 받침점 간 거리 중에서 작은 값의 1/25 이상, 또한 100 mm 이상
- 지하실 외벽 및 기초 벽체는 200 mm 이상

조건 ②는 축하중이 단면의 핵 안에 있어야 한다는 조건으로, 이를 만족하면 벽체 단면 전체가 압축응력상태에 놓인다. 그러므로 계산상 철근은 필요치 않기 때문에 조건 ③의 철근만을 배치한다.

벽체의 설계 축하중 강도 ϕP_{nw}는,

$$\phi P_{nw} = 0.55\phi f_{ck} A_g \left[1 - \left(\frac{kl_c}{32h}\right)^2\right] \tag{10.1}$$

여기서, ϕ = 0.65 (강도감소계수)

A_g = 유효단면적 ($A_g = h \times b_e$)

h = 벽체 두게

b_e = 벽체 유효수평 길이로 $b+4h$ 또는 하중 중심간 거리 중 작은 값,

b = 하중이 작용하는 받침부 폭

l_c = 지점간 수직길이

k = 좌굴에 대한 유효길이계수

식 (10.1)에서 계수 0.55는 예상치 못한 모멘트와 편심거리 $h/6$에 따른 모멘트를 고려해서 벽체에 적용한 값이다. 식 (8.1)의 0.8에 해당하는 값이라고 이해하자.

좌굴에 대한 유효길이계수 k는,

조건		k
① 벽체의 상·하단이 횡구속된 벽체로서,		
- 벽체의 상·하 양단 중 한쪽 또는 양쪽의 회전이 구속된 경우	⇨	0.8
- 벽체의 상·하 양단 모두 구속되지 않은 경우		1.0
② 비횡구속 벽체		2.0

이다. 위의 유효길이계수 k를 만족시킬 수 있는 추가적인 조치가 조건 ④의 벽 두께 제한 값이다.

실용설계법은 단면 전체가 압축상태에 있고, 콘크리트만으로 하중을 지지할 수 있도록 만든 간편식이라는 사실을 다시 한 번 강조한다. 이 방법으로 설계한 벽체의 철근은 단순히 수축·온도철근의 개념으로 사용한 것이다. 부재 설계에 철근의 축압축 저항 효과를 고려하면 안 된다.

예제를 통해 실용설계법의 적용방법을 살펴보자.

예제 10-1 실용설계법을 이용한 내력벽 설계

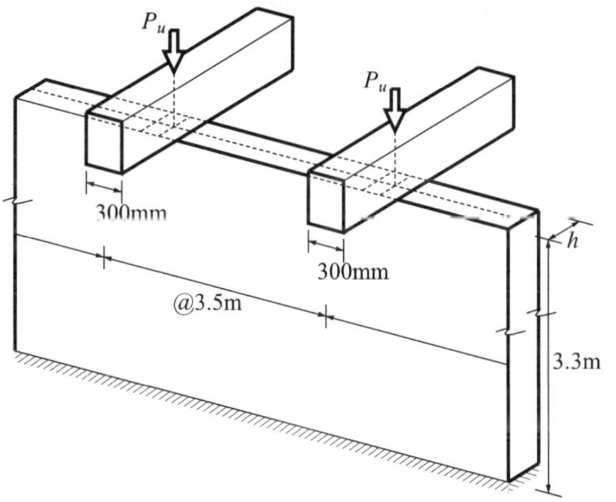

그림과 같이 간격 $s = 3.5\ \mathrm{m}$씩 떨어져 있는, 폭 $b = 300\ \mathrm{mm}$인 보로 부터 각각 계수축하중 $P_u = 992\ \mathrm{kN}$이 작용한다. 실용설계법으로 내력벽을 설계하라.

단, 콘크리트 $f_{ck} = 24\ \mathrm{MPa}$,

철근 D10 $f_y = 400\ \mathrm{MPa}$이며,

벽체는 횡구속 되어 있다.

풀이

벽체 두께 결정

문제에서 조건 ①, ②를 만족한다.

조건 ④를 만족하기 위한 벽체 두께는,

$$h_{\min} \geq {}_{\min}(l_c/25,\ 100\ \mathrm{mm}) = {}_{\min}(3{,}300/25,\ 100) = 132\ \mathrm{mm}$$

보 하부의 지압검토

$\phi P_n = \phi(0.85 f_{ck} bh) \geq P_u$ 조건에서,

$$h \geq \frac{P_u}{\phi(0.85 f_{ck} b)} = \frac{992 \times 10^3}{0.65(0.85 \times 24 \times 300)} = 249.4\ \mathrm{mm}$$

이다. 이 벽체는 보 하부의 지압으로 두께가 결정된다.

$h = 250\text{ mm}$로 결정하고

벽체이기 위한 조건($0.4f_{ck}A_g \geq P_u$)임을 확인하면,

$0.4f_{ck}A_g = 0.4 \times 24 \times 3.5 \times 0.25 \times 10^3 = 8{,}400\text{ kN} \geq P_u = 992\text{ kN}$

이므로 벽체가 맞고, 실용설계법을 적용할 수 있다.

실용설계법에 의한 ϕP_{nw} 계산

$P_u = 992\text{ kN}$ (계수 축하중)

$\phi P_{nw} = 0.55\phi f_{ck}A_g\left[1-\left(\dfrac{kl_c}{32h}\right)^2\right] \geq P_u$에서

$\phi = 0.65$ (강도감소계수)

$b_e = {}_{\min}(B,\ b+4h) = {}_{\min}(3{,}500,\ 300+4\times 250) = 1{,}300\text{ mm}$

$A_g = b_e h = 1{,}300 \times 250 = 325{,}000\text{ mm}^2$

$l_c = 3.3\text{ m}$

$k = 0.8$ (벽체는 횡구속되어 있고, 그림에서 하단부가 구속되어 있으므로)

이므로,

$$\phi P_{nw} = 0.55(0.65)(24)(325{,}000)\left[1-\left(\frac{0.8\times 3{,}300}{32\times 250}\right)^2\right]\times 10^{-3}$$

$$= 2{,}484.8\text{ kN} \geq P_u$$

축하중에 대하여 벽체 콘크리트의 단면이 적합하다.

철근량 계산

콘크리트가 모든 축하중을 부담하므로 최소철근비만 배근하면 된다.

D10($f_y = 400\text{ MPa}$)을 사용하고,

$h \geq 250\text{ mm}$이므로 2열 배근($A_{s1} = 71.3 \times 2 = 142.6\text{ mm}^2$)

단위 폭 1 m에 대하여 계산하면,

수직철근

$A_{sv} = 0.0012bh = 0.0012 \times 1{,}000 \times 250 = 300\text{ mm}^2$

$s = 1{,}000\dfrac{A_{s1}}{A_{sv}} = 1{,}000\dfrac{142.6}{300} = 475.3\text{ mm}$이고,

$s = {}_{\min}(s,\ 3h,\ 450\text{ mm}) = {}_{\min}(475.3,\ 3\times 250,\ 450) = 450\text{ mm} \rightarrow$ @450 mm

수평철근

$A_{sh} = 0.0020bh = 0.0020 \times 1{,}000 \times 250 = 500\text{ mm}^2$

$s = 1{,}000\dfrac{A_{s1}}{A_{sh}} = 1{,}000\dfrac{142.6}{500} = 285.2\text{ mm}$이고,

$s = {}_{\min}(s,\ 3h,\ 450\text{ mm}) = {}_{\min}(285.2,\ 3\times 250,\ 450) = 285.2\text{ mm} \rightarrow$ @250 mm

철근 배치 상세

그림과 같다.

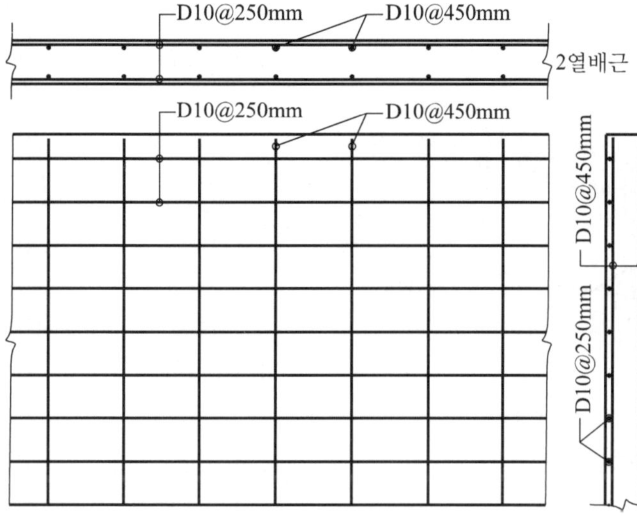

철근 배치 상세

10-2-3. 세장한 벽체의 대체설계법

축하중을 받는 세장한 벽체는 8-4절(장주 설계)과 같은 방법으로 설계한다. 다만, 다음과 같은 조건을 만족하는 내력벽은 간편한 대체설계법을 이용할 수 있다.

① 휨인장이 면외방향 설계를 지배(그림)

② 벽체의 단면 :
개구부 없이 전 높이에 대하여 일정

③ 벽체 최소 수직·수평철근비 이상

④ 벽체는 인장지배단면

⑤ 배치된 철근에 의한 설계 휨강도는
$\phi M_n \geq M_{cr}$

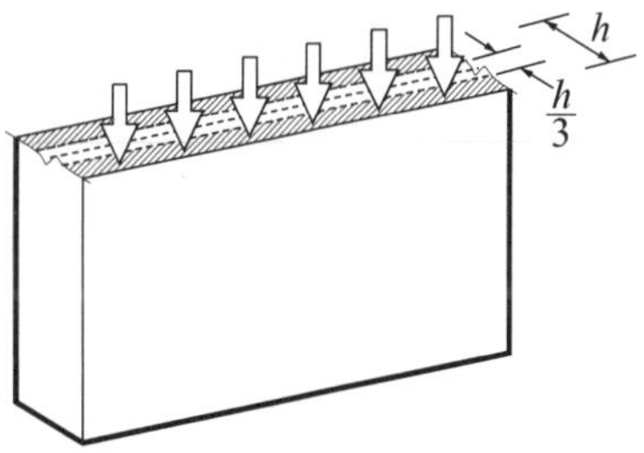

⑥ 벽체 높이의 중앙 부분에서 수직응력은 $P_u/A_g < 0.06 f_{ck}$

⑦ 벽체의 설계 휨단면 상부에 작용하는 집중 수직하중은,
- 지압폭+지압면 양측에서 수직으로 2, 수평으로 1의 비율로 확대한 폭
- 집중하중 간격 중 작은 폭으로 분포한다고 가정

⑧ 벽체를 양단 단순지지, 벽체 중앙에서 최대 모멘트 및 최대 처짐이 발생하는 면외 균등한 횡하중을 받는 압축부재로 가정할 수 있는 경우

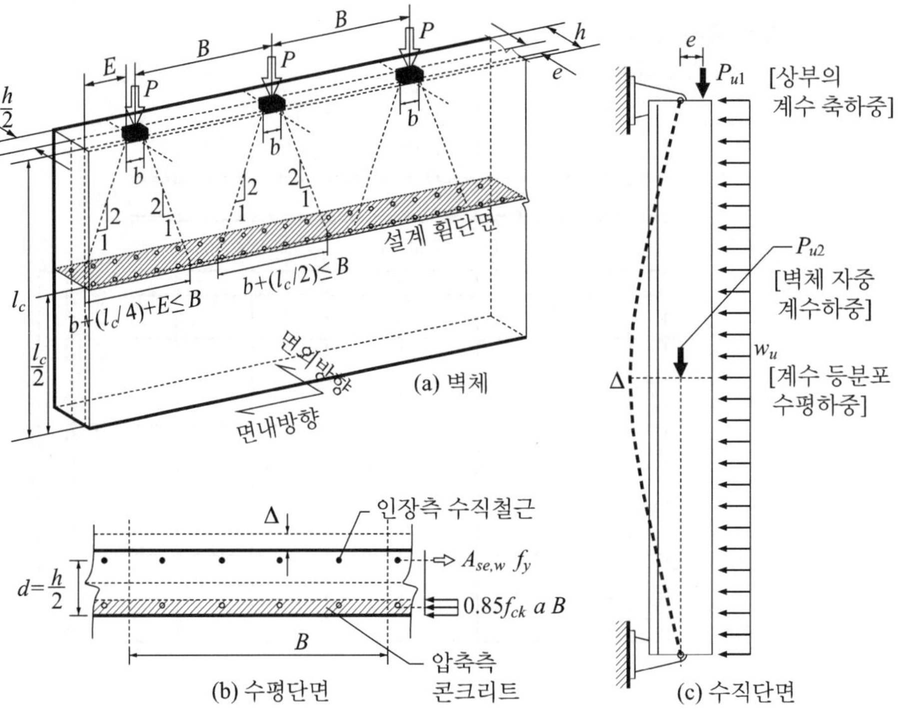

그림 10.3 세장한 벽체의 대체설계법 적용

여기서 조건 ⑦의 가정이 성립하려면, 그림 10.3(a)를 만족해야 한다. 대체설계법은 전도하지 않는 벽판의 면외 좌굴하중에 대하여 압축부재의 장주 설계(8-4절)를 대체한 간편식이다.

즉, 조건 ①과 같이 계수 축하중의 합력 P_u가 벽두께의 1/3 지점 밖 e만큼 편심하중으로 작용하면, 면외방향으로 휨모멘트 $M_u(=P_u e)$가 발생하고, 이 때 M_u가 단면을 결정한다는 개념이다. 여기서 면외방향 휨모멘트라는 사실을 잊지 말자. 앞으로 다룰 전단벽에서의 면내 휨모멘트가 아니다.

이제 그림 10.3과 같이 조건 ①~⑧을 만족하는 벽체를 가정하자. 최대 휨모멘트는 벽체 높이 중앙부에서 발생하므로, 이 지점에서의 설계휨강도 ϕM_n이,

$$\phi M_n \geq M_u \tag{10.2}$$

를 만족하도록 단면과 철근을 결정하면 된다. 만약 벽체가 세장하다면 M_u는 장주 효과에 의해,

$$M_u = M_{ua} + P_u \Delta_u \tag{10.3}$$

여기서, M_{ua} = 계수 수평하중과 편심 수직하중에 의한 벽체 높이 중앙부의 최대 계수휨모멘트로 $P-\Delta$효과를 고려하지 않는 값

P_u = 계수 축하중

Δ_u = 계수하중에 의한 중앙부 수평방향 처짐$\left(= \dfrac{5M_u l_c^2}{(0.75)48E_c I_{cr}}\right)$

이다. 예를 들어 그림 (c)에서,

$$M_{ua} = \frac{P_{u1}e}{2} + \frac{w_u l_c^2}{8}, \qquad P_u = P_{u1} + \frac{P_{u2}}{2}$$

이다. 식 (10.3)에 대입하여 정리하면,

$$M_u = \frac{P_{u1}e}{2} + \frac{w_u l_c^2}{8} + \left(P_{u1} + \frac{P_{u2}}{2}\right)\Delta_u \tag{10.4}$$

식 (10.4)에서 M_u는 Δ_u를 반복적으로 대입하여 계산할 수 있다. 또는 식 Δ_u를 식 (10.3)에 대입하여 M_u에 대해 정리한 다음 식을 이용하여 구할 수 있다.

$$M_u = \frac{M_{ua}}{1 - \dfrac{5P_u l_c^2}{(0.75)48E_c I_{cr}}} \tag{10.5}$$

식 (10.5)에서 I_{cr}은 식 (6.6)과 유사하게,

$$I_{cr} = \frac{l_w c^3}{3} + nA_{se,w}(d-c)^2 \tag{10.6}$$

여기서, l_w=벽체 길이, n=탄성계수비($E_s/E_c \geq 6$), d=그림 (b)와 같이 벽체의 인장측 수직철근 중심에서 압축측 콘크리트 연단까지 거리이다. 1단 배근된 경우는 당연히 $d=h/2$이다. 한편 $A_{se,w}$=그림 (b)의 인장측 수직철근 A_s에 축력 기여분을 고려한 유효 단면적으로,

$$A_{se,w} = A_s + \frac{P_u}{f_y}\left(\frac{h/2}{d}\right) \tag{10.7}$$

이다. 위 식에서 $(h/2)/d$는 2단 배열 벽체에서 축력의 기여분이 과대평가된다는 실험결과를 반영한 것이다. c는 $A_{se,w}$에 대한 중립축 깊이로,

$$c = \frac{a}{\beta_1} = \frac{1}{\beta_1}\frac{A_{se,w}f_y}{0.85f_{ck}l_w}$$

식 (10.6)을 다시 정리하면,

$$I_{cr} = \frac{l_w c^3}{3} + \frac{E_s}{E_c}\left(A_s + \frac{P_u}{f_y}\frac{h}{2d}\right)(d-c)^2 \tag{10.8}$$

이다. 한편 식 (10.2)에서 벽체 단면의 설계휨모멘트 강도 ϕM_n은,

$$\phi M_n = \phi A_{se,w} f_y \left(d - \frac{a}{2}\right) \tag{10.9}$$

세장한 벽체를 대체설계법으로 설계할 때, 또 하나 검토해야 할 사항이 사용하중에서 중앙부의 면외방향 처짐 Δ_s이다. 즉, $\Delta_s < l_c/150$을 만족해야 한다. 사용하중은 예를 들어,

고정하중과 활하중을 조합할 때	풍하중이나 지진하중을 추가 조합할 때
$D+L$	$D+0.5L+0.7W$ $D+0.5L+0.7E$

을 사용한다. 만약 사용하중과 $P-\Delta$효과를 고려해서 구한 M_a가 상대적으로 작은 경우, 즉 $M_a \leq (2/3)M_{cr}$일 때는 전단면이 유효하므로 I_g를 이용해서 쉽게 구할 수 있다. 식 (6.10)으로 돌아가 처짐을 살펴보자.

$$\Delta_s = \frac{5 M_a l_c^2}{48 E_c I_g} \tag{10.10}$$

이다. 그러나 M_a가 상대적으로 큰 경우, 즉 $M_a > (2/3)M_{cr}$일 때는 횡방향 변위가 급격하게 증가할 수 있다. 이론적으로는 M_a가 M_{cr}까지는 전단면이 유효(I_g)하고, M_{cr}을 넘어서면 식 (6.11)의 I_e를 따를 것이다. 그러나 설계를 단순하게 위해, 각각 M_{cr}, M_n일 때의 처짐 Δ_{cr}, Δ_n를 계산하고, 사이를 직선보간한다. 즉,

$$\Delta_s = \left(\frac{2}{3}\right)\Delta_{cr} + \frac{M_a - (2/3)M_{cr}}{M_n - (2/3)M_{cr}}\left[\Delta_n - \left(\frac{2}{3}\right)\Delta_{cr}\right] \tag{10.11}$$

식에서 Δ_{cr}과 Δ_n은,

$$\Delta_{cr} = \frac{5 M_{cr} l_c^2}{48 E_c I_g}, \qquad \Delta_n = \frac{5 M_n l_c^2}{48 E_c I_{cr}}$$

이다. 사용하중에 대한 M_a는 어떻게 구할까? 예제를 통해 확인해 보자.

예제 10-2 대체설계법을 이용한 세장한 내력벽 설계

그림과 같이 외벽에 간격 $s = 3.5\text{ m}$씩 떨어져 있는 보(받침부 폭 100 mm)에 고정하중 D, 지붕활하중 L_r이, 벽체 단면 중심에서 편심거리 $e = 75\text{ mm}$만큼 떨어져 작용하고 있다. 대체설계법을 이용해서 벽체를 설계하라. 단, 콘크리트 $f_{ck} = 27\text{ MPa}$, 철근 SD 400급 D10, 철근콘크리트 무게 24 kN/m^3, 보 하부 받침부의 지압검토는 무시한다.

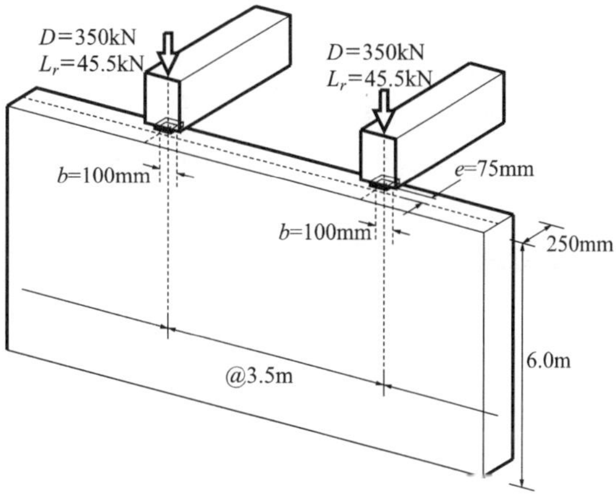

풀이

벽체 수직철근 가정

우선 문제에서 조건 ①, ②, ⑧을 만족한다. 조건 ⑦을 검토하면,

$b + l_c/2 = 100 + 6{,}000/2 = 3{,}100 \leq 3{,}500\text{ mm}$이므로 충족한다. 즉 전 단면에 균일하게 응력이 발생하므로 단위길이 1 m에 대해 검토한다.

이제 조건 ③을 만족하기 위한 단위 폭 1 m당 최소 수직철근량은,

SD 400급 D10철근(2열 배근 $A_{s1} = 2 \times 71.3 = 142.6\text{ mm}^2$)

$$A_{sv} = 0.0012\,bh = 0.0012 \times 1{,}000 \times 250 = 300\text{ mm}^2$$

$$s = 1{,}000\frac{A_{s1}}{A_{sv}} = 1{,}000\frac{142.6}{300} = 475.3\text{ mm}$$

이다. 이제 면외방향으로 휨인장이 설계를 지배하므로, 철근을 추가해서

SD 400급 D10철근 2열 배근 @250 mm를 가정하면,

휨인장에 저항하는 A_s는,

$$A_s = 1{,}000\frac{A_{s1}}{s} = 1{,}000\frac{71.3}{250} = 285.2\text{ mm}^2$$

2열 배근이므로 배치된 수직철근량의 1/2만이 휨인장에 저항한다. 유의하자.

단위폭 1 m에 대한 하중 계산

$P_D = 350/3.5 = 100\text{ kN/m}$

$P_{Lr} = 45.5/3.5 = 13\ \text{kN/m}$

$P_{Dw} = 0.25 \times 6 \times 24\ \text{kN/m}^3 = 36\ \text{kN/m}$ (벽체 자중)

$w_u = 0$ (문제에서 분포 횡하중은 없다)

계수하중 계산

상부 보로부터 작용하는 계수하중

$P_{u1} = 1.2P_D + 1.6P_L + 0.5P_{Lr} = 1.2 \times 100 + 1.6 \times 0 + 0.5 \times 13 = 126.5\ \text{kN/m}$

전체 계수하중(자중의 1/2 포함)

$P_u = P_{u1} + 1.2(P_{Dw}/2) = 126.5 + 1.2 \times 36/2 = 148.1\ \text{kN/m}$

소요 휨모멘트 M_u 계산

$$M_u = \frac{M_{ua}}{1 - \dfrac{5P_u l_c^2}{(0.75)48E_c I_{cr}}}$$ 에서

$$M_{ua} = \frac{P_{u1}e}{2} + \frac{w_u l_c^2}{8} = \frac{126.5 \times 75 \times 10^{-3}}{2} + 0 = 4.744\ \text{kN·m}$$

$E_c = 8{,}500\sqrt[3]{f_{ck} + \Delta f} = 8{,}500\sqrt[3]{27+4} = 26{,}702\ \text{MPa}$

$E_s = 200{,}000\ \text{MPa}$

$$n = \frac{E_s}{E_c} = \frac{200{,}000}{26{,}702} = 7.49\ (\text{탄성계수 비} \geq 6)$$

$h = 250\ \text{mm},$

$d = h - 50 = 200\ \text{mm}$(외벽이므로 피복과 철근을 약 50 mm 가정)

$A_s = 285.2\ \text{mm}^2$(D10@250 mm 배치 시 휨인장 측 철근량)

$$A_{se,w} = A_s + \frac{P_u}{f_y}\left(\frac{h/2}{d}\right) = 285.2 + \frac{148.1 \times 10^3}{400}\left(\frac{250/2}{200}\right) = 516.6\ \text{mm}^2$$

$$a = \frac{A_{se,w} f_y}{0.85 f_{ck} b} = \frac{516.6 \times 400}{0.85 \times 27 \times 1{,}000} = 9\ \text{mm}$$

$$c = \frac{a}{\beta_1} = \frac{9}{0.85} = 10.6\ \text{mm}$$

에서

$$I_{cr} = \frac{l_w c^3}{3} + nA_{se,w}(d-c)^2$$

$$= \frac{1{,}000 \times 10.6^3}{3} + 7.49 \times 516.6(200 - 10.6)^2 = 1.392 \times 10^8\ \text{mm}^4$$

대입하여 계산하면,

$$M_u = \frac{M_{ua}}{1-\dfrac{5P_u l_c^2}{(0.75)48E_cI_{cr}}} = \frac{4.744}{1-\dfrac{5\times 148.1\times 10^3\times 6{,}000^2}{(0.75)48\times 26{,}702\times 1.392\times 10^8}} = 5.92\ \text{kN}\cdot\text{m/m}$$

이다. 또한 변형률 적합조건을 검토하면,

$d_t = d = 200\ \text{mm}$

$\epsilon_t = 0.003\dfrac{d_t - c}{c} = 0.003\dfrac{200-10.6}{10.6} = 0.0536 \geqq (0.005,\ 2.5\epsilon_y)$ 인장지배단면이므로

조건 ④ 만족

균열모멘트 M_{cr} 계산

$$I_g = \frac{bh^3}{12} = \frac{1{,}000\times 250^3}{12} = 13.02\times 10^8\ \text{mm}^4$$

$$f_r = 0.63\sqrt{f_{ck}} = 0.63\sqrt{27} = 3.27\ \text{MPa}$$

$$M_{cr} = \frac{f_r I_g}{y_t} = \frac{3.27\times 13.02\times 10^8}{250/2}\times 10^{-6} = 34.1\ \text{kN}\cdot\text{m/m}$$

벽체 단면의 설계 휨강도 ϕM_n 계산

$$\phi M_n = \phi A_{se,w} f_y\left(d-\frac{a}{2}\right) = 0.85\times 516.6\times 400\left(200-\frac{9}{2}\right)\times 10^{-6} = 34.3\ \text{kN}\cdot\text{m/m}$$

검토

$\phi M_n(34.3\ \text{kN}\cdot\text{m/m}) \geqq M_u(5.92\ \text{kN}\cdot\text{m/m})$ 안전

$\phi M_n(34.3\ \text{kN}\cdot\text{m/m}) \geqq M_{cr}(34.1\ \text{kN}\cdot\text{m/m})$ 조건 ⑤ 만족

$A_g = bh = 1{,}000\times 250 = 250\times 10^3\ \text{mm}^2$이고,

$\dfrac{P_u}{A_g} = \dfrac{148.1\times 10^3}{1{,}000\times 250} = 0.59 < 0.06f_{ck}$이므로 조건 ⑥ 만족

벽체 높이 중간부에서 변위량 Δ_s 검토($\Delta_s \leqq l_c/150$)

사용하중 계산

상부 보로부터 작용하는 사용하중

$$P_{s1} = P_D + P_L + P_{Lr} = 100 + 0 + 13 = 113\ \text{kN/m}$$

전체 계수하중(자중의 1/2 포함)

$$P_s = P_{s1} + (P_{Dw}/2) = 113 + 36/2 = 131\ \text{kN/m}$$

$P\Delta$를 고려한 M_a를 구한다.

$M_a = M_{sa} + P_s\Delta_s$에서,

$$M_{sa} = \frac{P_{s1}e}{2} + \frac{wl_c^2}{8} = \frac{113\times 75\times 10^{-3}}{2} + 0 = 4.238\ \text{kN}\cdot\text{m}\ \text{(분포 횡하중 없음)}$$

Δ_s는 M_a의 함수이므로 직접 구할 수 없다. 그러므로 반복해서 푼다. 먼저 변위 제한값 $l_c/150 = 6{,}000/150 = 40\ \text{mm}$만큼 변형했다고 가정하면, 즉

$\Delta_s = 40\ \text{mm}$일 때,

$M_a = M_{sa} + P_s\Delta_s = 4.238 + 131 \times 40 \times 10^{-3} = 9.5\ \text{kN·m}$

앞에서,

$(2/3)M_{cr} = (2/3)(34.1) = 22.7\ \text{kN·m/m} > M_a$이므로 모든 단면이 유효. 즉,

$I = I_g = 13.02 \times 10^8\ \text{mm}^4$이다.

그러므로 M_a를 다시 구하면,

$$M_a = \frac{M_{sa}}{1 - \dfrac{5P_s l_c^2}{48E_cI_g}} = \frac{4.238}{1 - \dfrac{5 \times 131 \times 10^3 \times 6{,}000^2}{48 \times 26{,}702 \times 13.02 \times 10^8}} = 4.3\ \text{kN·m/m}$$

$$\Delta_s = \frac{5M_a l_c^2}{48E_cI_g} = \frac{5 \times (4.3 \times 10^6) \times 6{,}000^2}{48 \times 26{,}702 \times 13.02 \times 10^8} = 0.46\ \text{mm} < 40\ \text{mm}\quad(\text{안전})$$

철근 배치(그림)

수직철근

대체설계법을 사용할 수 있는 조건 ①~⑧이 모두 적합하고, $\phi M_n \geq M_u$이며, 면외 방향 변위 $\Delta_s \leq l_c/150$를 만족하므로 가정한 (수직철근 2열 D10@250 mm)로 배치

수평철근

최소철근비 이상이어야 하므로,

$A_{sh} = 0.0020bh = 0.0020 \times 1{,}000 \times 250 = 500\ \text{mm}^2$

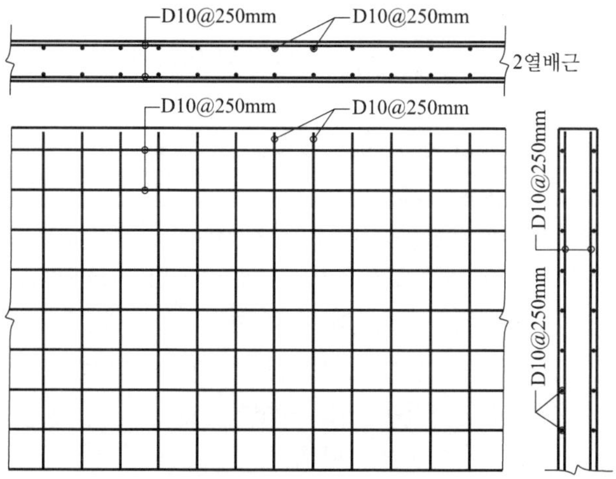

철근 배치 상세

D10 2열 배근($A_{s1} = 2 \times 71.3 = 142.6\,\text{mm}^2$)하면

$s = 1{,}000 \dfrac{A_{s1}}{A_{sh}} = 1{,}000 \dfrac{142.6}{500} = 285.2\,\text{mm}$ 이고,

$s = {}_{\min}(s,\ 3h,\ 450\,\text{mm}) = {}_{\min}(285.2,\ 3 \times 300,\ 450) = 285.2\,\text{mm} \rightarrow @250\,\text{mm}$

10-3 수평하중을 주로 지지하는 전단벽 설계

10-3-1. 전단벽

벽체는 강성이 크기 때문에 지진이나 풍하중과 같은 수평하중을 저항하는데 매우 효과적이다. 예를 들어 저층 구조물에서는 골조만으로 설계가 가능하지만, 층수가 높아지면, 바람이나 지신에 의한 수평하중의 영향이 커져 골조만으로 횡방향 변위를 제어할 수 없다. 이때 평면 내에(특히 코아 부분이 효과적이다) 내력벽을 배치하면 구조물 전체의 휨강성을 증가시킬 수 있다. 이렇게 수평하중을 주로 지지하는 내력벽을 **전단벽**(shear wall)이라고 부른다. 벽식 아파트는 대표적인 전단벽 시스템이다. 단위세대간 벽과 같이 용도가 고정되고 개구부가 없는 벽을 전단벽으로 설계하면 수평하중에 대한 저항력이 높아진다.

벽체는 평면에서 다양하게 배치할 수 있다. 다만 그림 10.4(a)와 같이 전단벽과 골조 배치를 대칭으로 해야 경제적이다. 즉 벽체의 강성 중심과 질량 중심을 일치시켜 구조물에 발생하는 비틀림을 최소화하는 것이 좋다.

그림 10.5와 같이 전단벽에 수평하중이 작용하면 전단력, 휨모멘트, 축하중을 받는 캔틸레버와 같이 거동한다. 이때 밑변 대 높이 비(h_w/l_w)가 큰 벽체는 휨모멘트의 영향이 상대적으로 큰 반면, 작은 경우는 전단력의 영향이 커진다는 것을 쉽게 알 수 있다.

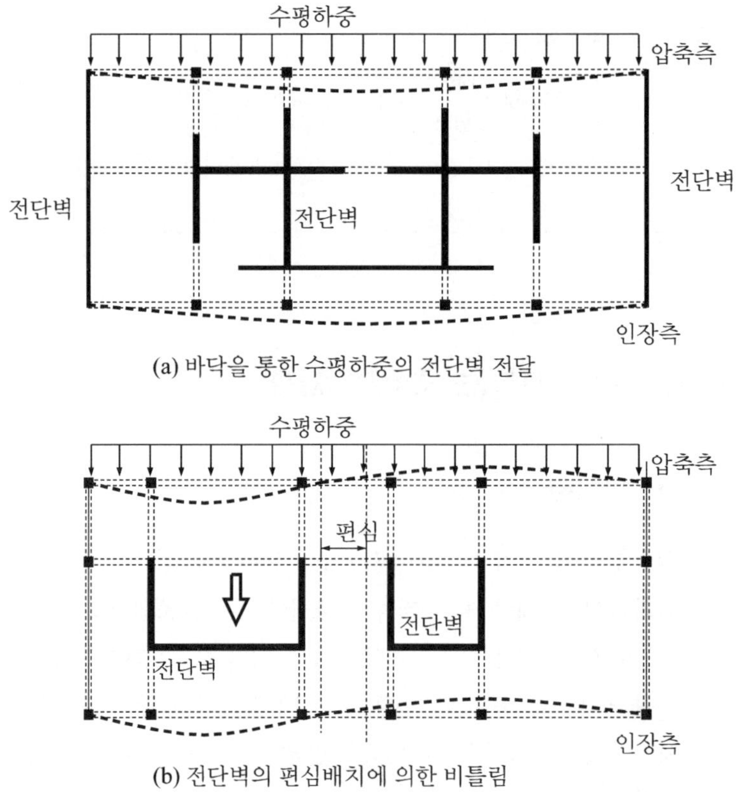

그림 10.4 비대칭 전단벽의 배치에 따른 비틀림

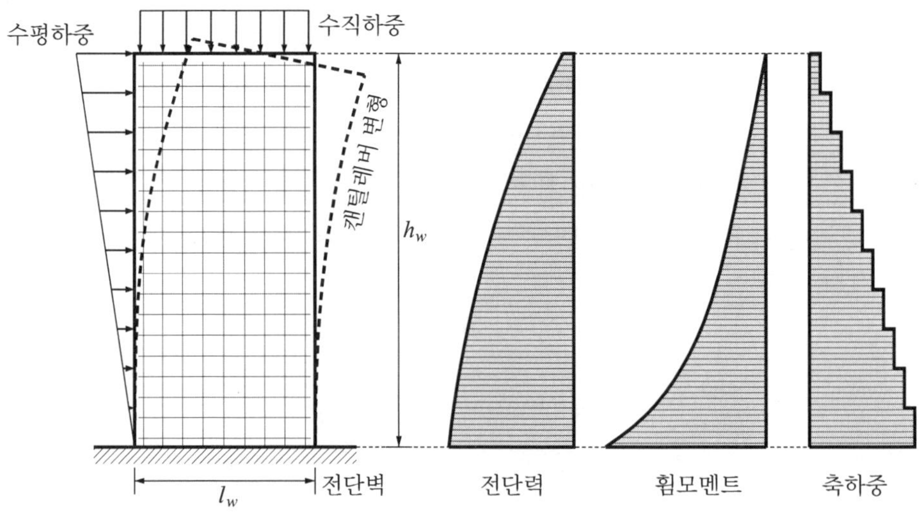

그림 10.5 수평하중을 받는 전단벽의 부재력 분포

10-3-2. 전단설계법

벽체의 수평 전단력에 대한 설계 개념은 기본적으로 축하중과 휨모멘트, 전단력을 받는 기둥의 경우와 같다. 즉,

$$\phi V_n \geq V_u \tag{1.5}$$

이다. 여기서 V_u 계산을 위한 위험단면은 그림 10.6과 같이 벽체 밑면으로부터 $l_w/2$ 또는 $h_w/2$ 중 더 작은 거리로 결정한다. 공칭전단강도 V_n은,

$$V_n = V_c + V_s \tag{4.5}$$

이다. 다만 벽체 단면에서 콘크리트만의 공칭전단강도 V_n을 다음과 같이 제한한다.

$$V_n \leqq \frac{5}{6}\lambda\sqrt{f_{ck}}\,h\,d \tag{10.12}$$

여기서 h는 벽체 두께, d는 전단벽의 유효깊이$(=0.8\,l_w)$, l_w는 전단벽의 수평길이, λ는 경량콘크리트 계수로 보통콘크리트는 1.0이다. 실제로 h가 l_w의 1/25이고 밑변 대 높이 비가 4를 넘지 않는 전단벽에 대한 많은 실험 결과는 전단응력이 $1.0\sqrt{f_{ck}}$까지도 도달하지만 안전을 고려한 식이다.

(1) 콘크리트 전단강도 V_c

전단벽의 콘크리트 전단강도 V_c 또한 기둥과 마찬가지로,
벽체에 압축력 N_u가 작용할 때,

$$V_c \leqq \frac{1}{6}\lambda\sqrt{f_{ck}}\,h\,d \tag{10.13}$$

벽체에 인장력 N_u가 작용할 때,

$$V_c \leqq \frac{1}{6}\left(1+\frac{N_u}{3.5A_g}\right)\lambda\sqrt{f_{ck}}\,h\,d \tag{10.14}$$

또한, V_c는 다음 두 식 중, 작은 값으로 할 수 있다.

$$V_c = 0.28\lambda\sqrt{f_{ck}}\,h\,d + \frac{N_u\,d}{4\,l_w} \tag{10.15a}$$

$$V_c = \left[0.05\lambda\sqrt{f_{ck}} + \frac{l_w\left(0.1\lambda\sqrt{f_{ck}}+0.2\dfrac{N_u}{l_w h}\right)}{\dfrac{M_u}{V_u}-\dfrac{l_w}{2}}\right]h\,d \tag{b}$$

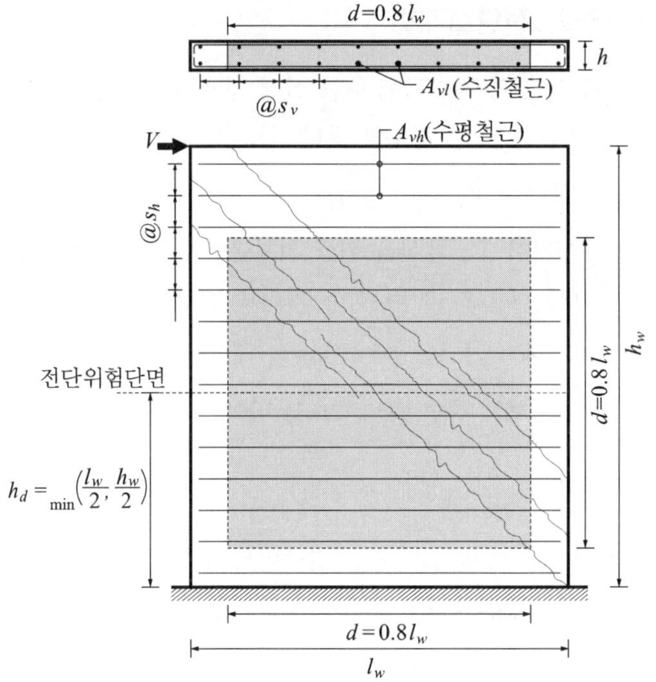

그림 10.6
수평철근에 의한 전단강도 V_s

여기서 N_u는 인장력일 때 음(−)이다. 그리고 $\dfrac{M_u}{V_u} - \dfrac{l_w}{2}$ 값이 음(−)일 때는 식 (10.15b)를 적용할 수 없으며 식 (10.15a)만으로 계산한다.

식 (10.15)는 벽체 임의 단면에서 일어날 경사균열 강도를 나타낸다. 즉 식 (a)는 약 $(1/3)\sqrt{f_{ck}}$ 의 주인장응력이 단면 중심에서 발생하는 것에 상당한다. 또한 식 (b)는 검토하는 단면 위로 $l_w/2$ 떨어진 단면에서 약 $0.5\sqrt{f_{ck}}$ 이 휨인장응력이 발생하는 것에 상당하는 값이다.

일반적으로 벽체의 전단경간비는 보에 비해 작기 때문에 식 (10.15)로 계산하는 것이 보다 큰 V_c를 얻을 수 있다. 다만 전단경간비가 커지면 식 (10.13)을 함께 검토해서 큰 값을 선택하는 것이 경제적이다.

(2) 철근의 전단강도

계수전단력 V_u가 콘크리트 설계전단강도 ϕV_c를 초과하면 그림 10.6과 같이 수평 전단 철근을 배치해야 한다. 이러한 수평 전단철근의 공칭 전단강도 V_s는 휨부재 스터럽의 식 (4.13)과 같이,

$$V_s = \frac{A_{vh} f_y d}{s_h} \tag{10.16}$$

표 10.1 벽체 최소 수평·수직 전단철근량 및 간격제한

조　　건	$V_u \leq (1/2)\phi V_c$	$V_u > (1/2)\phi V_c$
최소 수평전단철근비 ρ_h	$\rho_h \geqq$ 최소 수평철근비 (10-1-2절)	$\rho_h \geqq 0.0025$
수평전단철근 최대간격 s_h	$s_h \leqq {}_{\min}(l_w/3,\ 3h,\ 450\ \mathrm{mm})$	
최소 수직전단철근비 ρ_l	$\rho_l \geqq$ 최소 수직철근비 (10-1-2절)	$\rho_l \geqq 0.0025 + 0.5\left(2.5 - \dfrac{h_w}{l_w}\right)(\rho_h - 0.0025)$ 여기서 ρ_l은 ρ_h보다 클 필요는 없음
수평전단철근 최대간격 s_v	$s_v \leqq {}_{\min}(l_w/3,\ 3h,\ 450\ \mathrm{mm})$	

여기서, A_{vh}는 수평철근 간격(s_h) 내 수평 전단보강 철근의 단면적, d는 $0.8l_w$이다. 식 (10.16)을 식 (4.5)와 식 (1.5)에 대입하여 A_{vh}에 대해 정리하면,

$$A_{vh} = \frac{(V_u - \phi V_c)s_h}{\phi f_y d} \tag{10.17}$$

이며, 이를 통해 수평전단 철근량과 간격을 결정할 수 있다.

철근에 의한 전단 저항은 간격 또한 중요하며 최소한의 전단보강이 필요하다는 사실을 4장에서 이미 살펴보았다. 벽체에 대한 전단철근 제한 값을 표 10.1에 정리하였다. 특히 벽체에서 $\phi V_c/2$를 초과하는 소요전단력을 지지하기 위해서는 충분한 수평전단철근이 필요하다. 한편 계산에 고려하고 있지는 않지만 수직철근도 필요하다. 실제 두께가 얇은 전단벽에는 수직방향 전단철근이 중요한 역할을 한다. 그러므로 표 10.1과 같이 수직철근 배치도 함께 고려해야 한다.

예제 10-3　전단설계법을 이용한 벽체 설계

그림과 같이 계수전단력을 받는 전단벽을 전단설계법을 이용해서 설계하라. 단, 콘크리트 $f_{ck} = 27$ MPa(보통콘크리트), $f_y = 400$ MPa, 수직·수평 전단철근은 D10 2열 배근, 휨철근은 D25를 사용한다. 이 벽체는 면외방향으로 횡구속되어 있다.

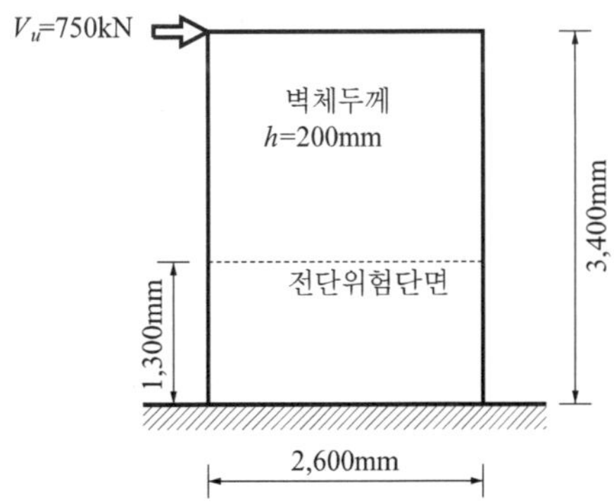

풀이

전단설계 가능 여부 검토

조건 $V_u \leqq \phi V_n \left(=\phi \frac{5}{6}\lambda\sqrt{f_{ck}}\,h\,d\right)$에서,

$V_u = 750\text{ kN}$

$h = 200\text{ mm}$(벽체 두께), $\quad d = 0.8\,l_w = 0.8 \times 2{,}600 = 2{,}080\text{ mm}$

$f_{ck} = 27\text{ MPa}$ (보통콘크리트, $\lambda = 1.0$)이므로,

$$\phi V_n = \phi\frac{5}{6}\lambda\sqrt{f_{ck}}hd = 0.75 \times \frac{5}{6} \times 1 \times \sqrt{27} \times 200 \times 2{,}080 \times 10^{-3} = 1{,}351\text{ kN}$$

$V_u \leqq \phi V_n$이므로 적합

콘크리트 전단강도 V_c 계산

전단 위험단면 위치 결정

$h_d = {}_{\min}(l_w/2,\ h_w/2) = {}_{\min}(2{,}600/2,\ 3{,}400/2) = 1{,}300\text{ mm}$

식 (10.15)를 이용한다.

$$V_c = 0.28\lambda\sqrt{f_{ck}}hd + \frac{N_u d}{4l_w}$$

$$= 0.28 \times 1 \times \sqrt{27} \times 200 \times 2{,}080 \times 10^{-3} + \frac{0 \times 2{,}080}{4 \times 2{,}600} \times 10^{-3} = 605.2\text{ kN}$$

(여기서 축하중이 없으므로 $N_u = 0$)

$$V_c = \left[0.05\lambda\sqrt{f_{ck}} + \frac{l_w\left(0.1\lambda\sqrt{f_{ck}} + 0.2\dfrac{N_u}{l_w h}\right)}{\dfrac{M_u}{V_u} - \dfrac{l_w}{2}}\right] h\,d$$

$$= \left[0.05(1)\sqrt{27} + \frac{2{,}600\left(0.1(1)\sqrt{27} + 0.2\dfrac{0 \times 10^{-3}}{2{,}600 \times 200}\right)}{\dfrac{1{,}575}{750} \times 10^3 - \dfrac{2{,}600}{2}}\right] \times 200 \times 2{,}080 \times 10^{-3}$$

$= 810.6\text{ kN}$

여기서, $M_u = V_u(h_w - h_d) = 750(3{,}400 - 1{,}300) \times 10^{-3} = 1{,}575\text{ kN}\cdot\text{m}$

(위험단면에서의 M_u)

위 두식 중 작은 값이므로,

$V_c = 605.2\text{ kN}$

수평 전단철근 설계

$\phi V_c = 0.75 \times 605.2 = 453.9\text{ kN}$

$$\frac{\phi V_c}{2} = \frac{453.9}{2} = 227\ \text{kN}$$이므로 $V_u > (1/2)\phi V_c$이고,

$$V_u \leq \phi V_n, \quad \phi V_n = \phi(V_c + V_s) = \phi V_c + \phi \frac{A_{vh} f_y d}{s_h}$$에서

$$\frac{A_{vh}}{s_h} = \frac{V_u - \phi V_c}{\phi f_y d} = \frac{(750 - 453.9) \times 10^3}{0.75 \times 400 \times 2{,}080} = 0.4745$$

D10 2열 배근($A_{vh} = 2 \times 71.3 = 142.6\ \text{mm}^2$)이므로,

$$s_h = \frac{142.6}{0.4745} = 300.5\ \text{mm}$$

최소 수평 전단철근비 검토

$V_u > (1/2)\phi V_c$이므로 $\rho_h \geqq 0.0025$

$$s_h \leqq \frac{A_{vh}}{h\rho_h} = \frac{142.6}{200 \times 0.0025} = 285.2\ \text{mm}$$

수평 전단철근 간격 제한

$$s_h \leqq {}_{\min}(l_w/3,\ 3h,\ 450\ \text{mm}) = {}_{\min}(2{,}600/3,\ 3 \times 200,\ 450\ \text{mm}) = 450\ \text{mm}$$

이므로 $s_h = 285.2\ \text{mm} \rightarrow$ @280 mm 배치한다.

실제 배치된 수평 전단철근비 ρ_h를 다시 구하면,

$$\rho_h = \frac{A_{vh}}{h s_h} = \frac{142.6}{200 \times 280} = 0.00255$$

수직 전단철근 설계

$V_u > (1/2)\phi V_c$이므로

$$\rho_l \geqq 0.0025 + 0.5\left(2.5 - \frac{h_w}{l_w}\right)(\rho_h - 0.0025)$$

$$\geqq 0.0025 + 0.5\left(2.5 - \frac{3{,}400}{2{,}600}\right)(0.00255 - 0.0025) = 0.00253$$

이므로 $\rho_l \leqq \rho_h(0.00255)$를 만족한다.

D10 2열 배근($A_{vl} = 2 \times 71.3 = 142.6\ \text{mm}^2$)이므로,

$$s_v \leqq \frac{A_{vl}}{h\rho_l} = \frac{142.6}{200 \times 0.00253} = 281.8\ \text{mm}$$

수직 전단철근 간격 제한

$$s_v \leqq {}_{\min}(l_w/3,\ 3h,\ 450\ \text{mm}) = {}_{\min}(2{,}600/3,\ 3 \times 200,\ 450\ \text{mm}) = 450\ \text{mm}$$

이므로 $s_v = 281.8\ \text{mm} \rightarrow$ @280 mm 배치한다.

벽체 휨설계

위험단면은 벽체 밑면이므로,

$$M_u = V_u \times h_u = 750 \times 3{,}400 \times 10^{-3} = 2{,}550\ \text{kN·m}$$

$$b = 200\ \text{mm}, \quad d = 2{,}080\ \text{mm}$$

$$M_n = \frac{M_u}{\phi} = \frac{2{,}550}{0.85} = 3{,}000 \text{ kN·m}$$

$$R_n = \frac{M_n}{bd^2} = \frac{3{,}000 \times 10^6}{200 \times 2{,}080^2} = 3.467 \text{ MPa}$$

$$\rho = 0.85\frac{f_{ck}}{f_y}\left(1-\sqrt{1-2\frac{R_n}{0.85 f_{ck}}}\right) = 0.85\frac{27}{400}\left(1-\sqrt{1-2\frac{3.467}{0.85\times 27}}\right) = 0.00944$$

$$\rho_{\min} = {}_{\max}\left(\frac{0.25\sqrt{f_{ck}}}{f_y},\ \frac{1.4}{f_y}\right) = {}_{\max}\left(\frac{0.25\sqrt{27}}{400},\ \frac{1.4}{400}\right) = 0.0035$$

$$A_s = {}_{\max}(\rho,\ \rho_{\min})\, bd = 0.00944 \times 200 \times 2{,}080 = 3{,}927 \text{ mm}^2$$

이므로,

D25($A_{s1} = 506.7\ \text{mm}^2$)을 사용하면 철근개수는,

$$n = \frac{A_s}{A_{s1}} = \frac{3{,}927}{506.7} = 7.75\text{개} \rightarrow 8\text{개}$$

벽체 길이방향 양 측면에 8개씩 배치(V_u가 반대방향으로 작용할 가능성 고려)

철근 배치 상세(그림)

그림에서 벽체 양 단부는 U형 철근(B급 이음길이 이상)을 보강한다.

그림과 같이 휨철근을 배치하면 d가 계산 값($d = 0.8l_w$) 보다 크기 때문에 보다 적은 휨철근 설계가 가능하다. 위의 단면 상세에서 휨철근을 얼마나 줄일 수 있는지는 각자 3장을 참고해서 해보자. 결과는 D25-7개가 가능하며 이때 안전율 FS = 0.919이다. 독자의 능력을 믿는다.

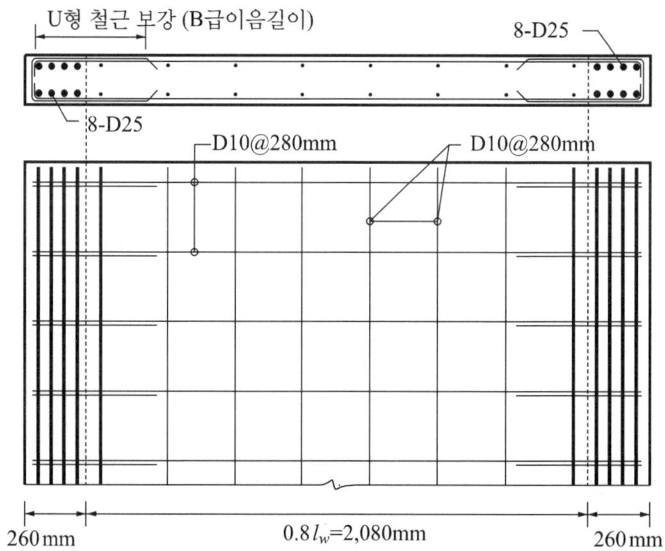

철근 배치 상세

10-3-3. 휨설계법

앞의 전단설계법에서는 벽체에 축하중이 작용하지 않았다. 전단벽에 휨모멘트 M와 축하중 P가 작용하는 경우는 기둥과 동일한 방법으로 설계할 수 있다. 즉 강도상관곡선을 이용해서 필요한 철근량을 계산한다. 다만 벽체는 철근을 같은 간격으로 배치하기 때문에, 많은 철근이 단면에 분포한다고 가정해서 유도하면 보다 간편한 식을 얻을 수 있다.

(1) 축하중과 휨모멘트를 받는 전단벽의 단면해석

그림 10.7과 같이 축하중 P_n과 $M_n = P_n e$를 받는 직사각형 벽체 단면에서 힘의 평형조건에 의해,

$\sum Y = 0$에서,

$$C_c + C_s = T_s + P_n \tag{10.18}$$

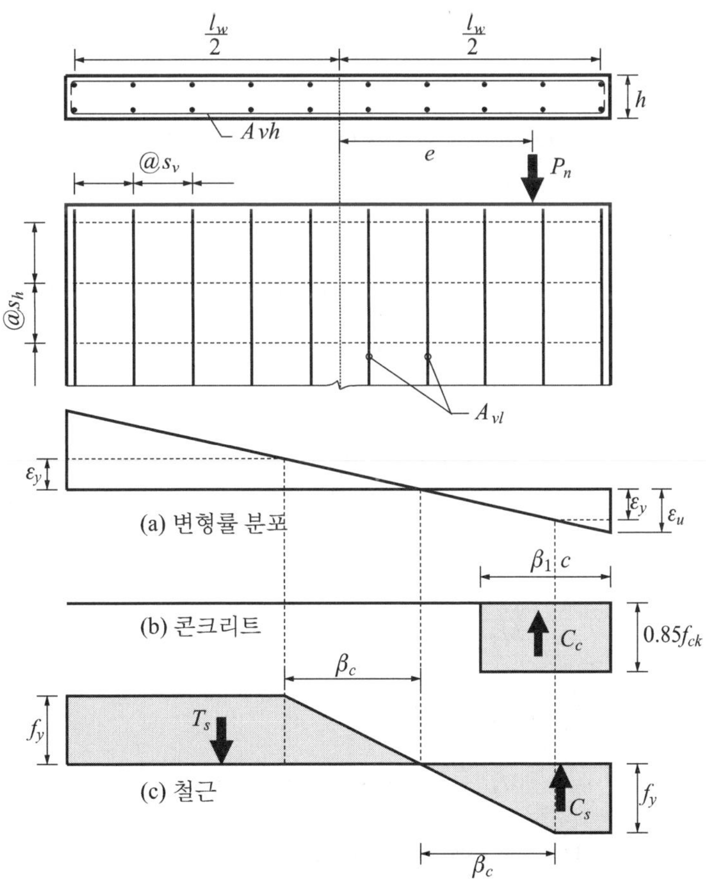

그림 10.7
편심 축하중 P_n을 받는 전단벽의 변형률과 응력분포

콘크리트의 압축력 C_c는,

$$C_c = 0.85 f_{ck} ab = 0.85 f_{ck} (\beta_1 c) b \tag{a}$$

철근의 압축력 C_s와 인장력 T_s는 각각,

$$C_s = \sum_{i=1}^{n} A_{si} f_{si}, \quad T_s = \sum_{i=1}^{n} A_{si} f_{si}$$

이다. 그림에서 철근의 배열이 많기 때문에 각 열의 f_{si}를 구하기 번거로우므로 철근비를 이용한다. 즉, 그림 (c)와 같이 철근의 변형률 ϵ_i가 ϵ_y보다 큰 경우는 f_y, 작은 경우는 f_s가 변형률에 선형으로 분포하고 $\beta = \epsilon_y / \epsilon_u$이다.

철근 전체 면적 A_{st}을 철근비 $\rho_{st} = A_{st}/(l_w h)$로 표현하여 위 식을 정리하면,

$$C_s = \sum_{i=1}^{n} A_{si}(\text{철근 응력분포}) = \sum_{i=1}^{n} A_{si}\left(\frac{c - \frac{\beta c}{2}}{l_w} f_y\right) = \rho_{st} h \left(c - \frac{\beta c}{2}\right) f_y \tag{b}$$

$$T_s = \sum_{i=1}^{n} A_{si} f_{si} = \rho_{st}\left(l_w - c - \frac{\beta c}{2}\right) f_y \tag{c}$$

식 (a)~(c)를 식 (10.18)에 대입하여 정리하면,

$$\frac{c}{l_w} = \frac{A_{st} f_y + P_n}{2A_{st} f_y + 0.85 \beta_1 l_w h f_{ck}} \tag{10.19}$$

P_n, C_c, C_s, T_s의 중립축에 대한 모멘트는 각각,

$$M_{P_n} = P_n \left[\left(\frac{l_w}{2} - e\right) - c\right]$$

$$M_{C_c} = 0.85 f_{ck} \beta_1 c\, h \left(c - \frac{\beta_1 c}{2}\right)$$

$$M_{C_s} = \rho_{st} h f_y \left[\frac{(\beta c)^2}{3} + (c - \beta c)\left(\frac{c + \beta c}{2}\right)\right]$$

$$M_{T_s} = \rho_{st} h f_y \left[\frac{(\beta c)^2}{3} + (l_w - c - \beta c)\left(\frac{l_w - c + \beta c}{2}\right)\right]$$

$\sum M = 0$이므로,

$$M_{P_n} + M_{C_c} + M_{C_s} + M_{T_s} = 0$$

$M_n = P_n e$에 대해 정리하면,

$$M_n = P_n e = A_{st} f_y l_w \left[\frac{1}{2}\left(1 + \frac{P_n}{A_{st} f_y}\right)\left(1 - \frac{\beta_1 c}{l_w}\right) - \frac{c^2}{l_w^2}\left(1 + \frac{1}{3}\beta^2 - \beta_1\right) \right] \quad \text{(a)}$$

벽체에 편심이 큰 경우는 위 식의 c가 작아지므로 $c^2/l_w^2 \approx 0$이고, $\beta_1 \approx 1$로 볼 수 있다. 이렇게 식 (a)를 간단히 하면,

$$M_n = 0.5 A_{st} f_y l_w \left[\left(1 + \frac{P_n}{A_{st} f_y}\right)\left(1 - \frac{c}{l_w}\right) \right] \tag{10.20}$$

이다. 즉, P_n과 M_n의 상관관계를 얻을 수 있다.

(2) 축하중과 휨모멘트를 받는 전단벽 설계

축하중과 휨모멘트를 받는 벽체의 설계순서를 생각해 보자. 먼저 전단설계법을 이용하여 벽체를 설계한다. 다음으로 배치한 철근에 대하여 단면해석을 통해,

$$\phi M_n \geq M_u \tag{1.5}$$

를 확인한다. 여기서 ϕM_n은, 식 (10.20)과 식 (10.19)에서,

$$\phi M_n = \phi 0.5 A_{st} f_y l_w \left[\left(1 + \frac{P_u}{A_{st} f_y}\right)\left(1 - \frac{c}{l_w}\right) \right] \tag{10.21}$$

$$\frac{c}{l_w} = \frac{A_{st} f_y + P_u}{2A_{st} f_y + 0.85 \beta_1 l_w h f_{ck}} \tag{10.22}$$

이다.

만약 만족하지 못하는 경우는 휨철근 추가를 고려한다. 이때 추가 철근은 가능한 벽체 양측에 배치하는 것이 유리하다. 양측에 추가로 배치한 철근의 떨어진 거리를 z라 하면,

$$M_u - \phi M_n = \phi A_s{}^* f_y z$$

즉 부족한 휨모멘트와 z만큼 떨어진 $\phi A_s{}^* f_y$의 우력 설계 휨모멘트가 같아야 한다. 그러므로

$$A_s{}^* = \frac{M_u - \phi M_n}{\phi f_y z} \tag{10.23}$$

이다. $A_s{}^*$는 한쪽에 필요한 추가철근 양이라는 사실에 유의하자. 양측에 각각 $A_s{}^*$만큼 추가철근을 배치한다. 예제를 통해 확인해 보자.

예제 10-4 휨설계법을 이용한 벽체 설계

그림과 같이 계수풍하중 P_f를 받는 전단벽을 휨설계법을 이용해서 설계하라. 단,
$f_{ck}=27$ MPa(보통콘크리트),
$f_y=400$ MPa,
수직·수평 전단철근 D13 2열 배근,
휨철근은 D25 사용
이 벽체는 면외방향으로 횡구속되어 있다.

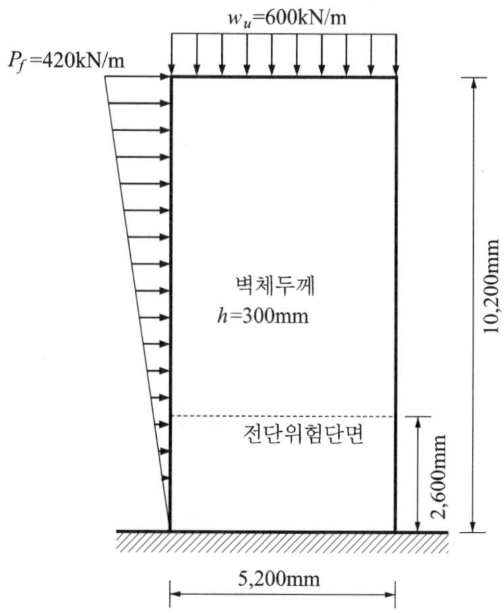

풀이

전단위험단면 위치와 V_u 계산

$$h_d = {}_{\min}(l_w/2,\ h_w/2)$$
$$= {}_{\min}(5{,}200/2,\ 10{,}200/2) = 2{,}600\ \text{mm}$$
$$P_f = 420\ \text{kN/m}$$

비례식에 의해 전단위험단면의 P_{fd}는,

$$P_{fd} = P_f\frac{h_d}{h_w} = 420\frac{2{,}600}{10{,}200} = 107.1\ \text{kN/m}$$

이므로,

$$V_u = \frac{P_f h_w}{2} - \frac{P_{fd} h_d}{2} = \left(\frac{420\times 10{,}200}{2} - \frac{107.1\times 2{,}600}{2}\right)\times 10^{-3} = 2{,}002.8\ \text{kN}$$

전단설계가능 여부 검토

조건 $V_u \leq \phi V_n \left(=\phi\frac{5}{6}\lambda\sqrt{f_{ck}}\,h\,d\right)$에서,

$V_u = 2{,}002.8$ kN

$h = 300$ mm(벽체 두께)

$d = 0.8\,l_w = 0.8\times 5{,}200 = 4{,}160$ mm

$f_{ck} = 27$ MPa(보통콘크리트, $\lambda = 1.0$)이므로,

$$\phi V_n = \phi \frac{5}{6}\sqrt{f_{ck}}\,hd = 0.75 \times \frac{5}{6} \times 1 \times \sqrt{27} \times 300 \times 4{,}160 \times 10^{-3} = 4{,}053\text{ kN}$$

$V_u \leq \phi V_n$이므로 적합

콘크리트 전단강도 V_c 계산

식 (10.15)를 이용한다.

$$V_c = 0.28\lambda\sqrt{f_{ck}}\,hd + \frac{N_u d}{4 l_w}$$

$$= 0.28(1)\sqrt{27} \times 300 \times 4{,}160 \times 10^{-3} + \frac{3{,}120 \times 4{,}160}{4 \times 5{,}200} \times 10^{-3} = 1{,}816.4\text{ kN}$$

여기서 축하중 $N_u = w_u l_w = 600 \times 5{,}200 \times 10^{-3} = 3{,}120\text{ kN}$

$$V_c = \left[0.05\lambda\sqrt{f_{ck}} + \frac{l_w\left(0.1\lambda\sqrt{f_{ck}} + 0.2\dfrac{N_u}{l_w h}\right)}{\dfrac{M_u}{V_u} - \dfrac{l_w}{2}}\right] hd$$

$$= \left[0.05(1)\sqrt{27} + \frac{5{,}200\left(0.1(1)\sqrt{27} + 0.2\dfrac{3{,}120 \times 10^3}{5{,}200 \times 300}\right)}{\dfrac{9{,}117}{2{,}002.8} \times 10^3 - \dfrac{5{,}200}{2}}\right] \times 300 \times 4{,}160 \times 10^{-3}$$

$$= 3{,}381\text{ kN}$$

여기서 전단위험단면의 M_u는,

$$M_u = \frac{P_f h_w}{2}\left(\frac{2}{3}h_w\right) + \frac{P_{fd} h_d}{2}\left(\frac{1}{3}h_d\right) - \frac{P_f h_w}{2} h_d$$

$$= \frac{420 \times 10.2}{2}\left(\frac{2}{3} \times 10.2\right) + \frac{107.1 \times 2.6}{2}\left(\frac{1}{3} \times 2.6\right) - \frac{420 \times 10.2}{2} \times 2.6$$

$$= 9{,}117\text{ kN·m}$$

위 두식 중 작은 값이므로,

$V_c = 1{,}816.4\text{ kN}$

수평 전단철근 설계

$\phi V_c = 0.75 \times 1{,}816.4 = 1{,}362.3\text{ kN}$

$\dfrac{\phi V_c}{2} = \dfrac{1{,}362.3}{2} = 681.2\text{ kN}$이므로 $V_u > (1/2)\phi V_c$

이고,

$V_u \leq \phi V_n, \quad \phi V_n = \phi(V_c + V_s) = \phi V_c + \phi\dfrac{A_{vh} f_y d}{s_h}$에서

$$\frac{A_{vh}}{s_h} = \frac{V_u - \phi V_c}{\phi f_y d} = \frac{(2{,}002.8 - 1{,}362.3) \times 10^3}{0.75 \times 400 \times 4{,}160} = 0.5132$$

D13 2열 배근($A_{vh} = 2 \times 126.7 = 253.4\ \text{mm}^2$)이므로,

$$s_h = \frac{253.4}{0.5132} = 494\ \text{mm}$$

최소 수평 전단철근비 검토

$V_u > (1/2)\phi V_c$이므로 $\rho_h \geqq 0.0025$

$$s_h \leqq \frac{A_{vh}}{h\rho_h} = \frac{253.4}{300 \times 0.0025} = 338\ \text{mm}$$

수평 전단철근 간격 제한

$s_h \leqq {}_{\min}(l_w/3,\ 3h,\ 450\ \text{mm}) = {}_{\min}(5{,}200/3,\ 3 \times 300,\ 450\ \text{mm}) = 450\ \text{mm}$

이므로 $s_h = 338\ \text{mm}$ → @300 mm 배치한다.

실제 배치된 수평 전단철근비 ρ_h를 다시 구하면,

$$\rho_h = \frac{A_{vh}}{h\,s_h} = \frac{253.4}{300 \times 300} = 0.00282$$

수직 전단철근 설계

$V_u > (1/2)\phi V_c$이므로

$$\rho_l \geqq 0.0025 + 0.5\left(2.5 - \frac{h_w}{l_w}\right)(\rho_h - 0.0025)$$

$$\geqq 0.0025 + 0.5\left(2.5 - \frac{10{,}200}{5{,}200}\right)(0.00282 - 0.0025) = 0.00259$$

이므로 $\rho_l \leqq \rho_h(0.00282)$를 만족한다.

D13 2열 배근($A_{vh} = 2 \times 126.7 = 253.4\ \text{mm}^2$)이므로,

$$s_v \leqq \frac{A_{vl}}{h\rho_l} = \frac{253.4}{300 \times 0.00259} = 326\ \text{mm}$$

수직 전단철근 간격 제한

$s_v \leqq {}_{\min}(l_w/3,\ 3h,\ 450\ \text{mm}) = {}_{\min}(5{,}200/3,\ 3 \times 300,\ 450\ \text{mm}) = 450\ \text{mm}$

이므로 $s_v = 326\ \text{mm}$ → @300 mm 배치한다.

벽체 휨설계

위험단면은 벽체 밑면이므로,

$$M_u = \frac{P_f h_w}{2} \times \frac{2}{3} h_w = \frac{420 \times 10{,}200 \times 10^{-3}}{2} \times \frac{2}{3}(10{,}200 \times 10^{-3}) = 14{,}565.6\ \text{kN}\cdot\text{m}$$

이고, 총 A_{st}를 계산하면,

$$A_{st} = A_{s1}\frac{l_w}{s_v} = 253.4\frac{5{,}200}{300} = 4{,}392.3\ \text{mm}^2$$ (수직 철근 2열 D13@300 mm)

$$\phi M_n = \phi 0.5 A_{st} f_y l_w \left[\left(1+\frac{P_u}{A_{st}f_y}\right)\left(1-\frac{c}{l_w}\right)\right]$$

$$= 0.85\times 0.5\times 4{,}392.3\times 400\times 5{,}200\left[\left(1+\frac{3{,}120\times 10^3}{4{,}392.3\times 400}\right)(1-0.1437)\right]\times 10^{-6}$$

$$= 9{,}229.2\ \text{kN}\cdot\text{m}$$

여기서

$$\frac{c}{l_w} = \frac{A_{st}f_y + P_u}{2A_{st}f_y + 0.85\beta_1 l_w h f_{ck}}$$

$$= \frac{4{,}392.3\times 400 + 3{,}120\times 10^3}{2\times 4{,}392.3\times 400 + 0.85\times 0.85\times 5{,}200\times 300\times 27} = 0.1437$$

이다.

$\phi M_n(9{,}229.2) \ngeq M_u(14{,}565.6)$ 이므로,

추가 철근(D25, $A_{s1} = 506.7\ \text{mm}^2$, $f_y = 400\ \text{MPa}$)을 고려

추가 철근 떨어진 거리 $z = 0.9 l_w$ 가정

$$A_s{}^* = \frac{M_u - \phi M_n}{\phi f_y z} = \frac{(14{,}565.6 - 9{,}229.2)\times 10^6}{0.85\times 400\times 0.9\times 5{,}200} = 3{,}354\ \text{mm}^2$$

철근개수는,

$$n = \frac{A_s}{A_{s1}} = \frac{3{,}354}{506.7} = 6.6\text{개} \rightarrow 7\text{개(벽체 길이방향 양 측면에 7개씩 배치)}$$

철근 배치 상세(그림)

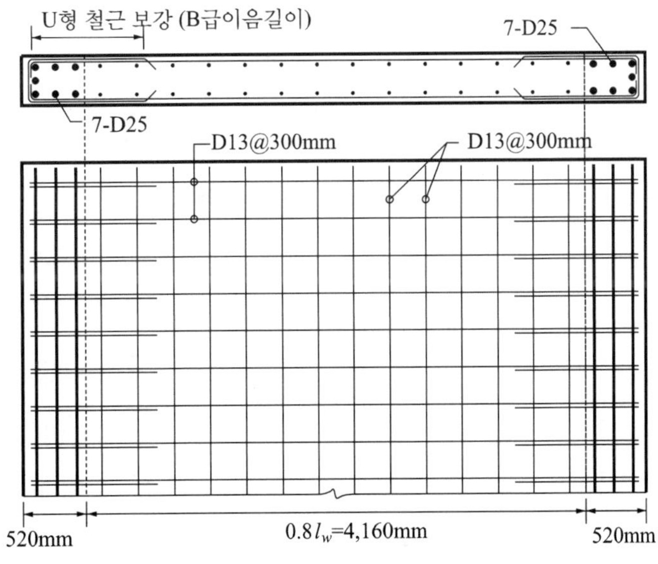

철근 배치 상세

10-4 연습문제

[10-1절]

10-1.1 벽체의 종류를 구별하고, 각 벽체의 특징을 설명하라.

10-1.2 구조적 관점에서 벽체를 정의하고 그 이유를 설명하라.

10-1.3 벽체에 개구부가 있는 경우 요구되는 추가철근을 문, 창호를 예로 도시하고 그 이유를 설명하라.

[10-2절]

10-2.1 축하중을 지지하는 내력벽 설계방법 중 실용설계법에서 축하중 강도는,

$$\phi P_{nw} = 0.55\phi f_{ck} A_g \left[1 - \left(\frac{kl_c}{32h}\right)^2\right]$$

이다. 식에서 0.55의 의미를 설명하라.

10-2.2 간격 $s = 3.0\,\mathrm{m}$이고 폭 $b = 400\,\mathrm{mm}$인 보로부터 계수 축하중 $P_u = 1{,}200\,\mathrm{kN}$/개소가 작용하는 높이 $h_w = 3.5\,\mathrm{m}$, 두께 $h = 200\,\mathrm{mm}$인 내력벽을 실용설계법을 이용하여 설계하라. 단, $f_{ck} = 30\,\mathrm{MPa}$, 사용 철근 SD400급 D10 2열 배근, $k = 1.0$, 면외방향 횡구속되어 있다.

10-2.3 아래 그림과 같이 외벽에, 강재보(받침부 폭 100 mm)로부터 고정하중 D과, 지붕활하중 L_r, 풍하중 P_f가 작용하고 있다.
수직하중이 벽체 단면 중심에서 편심거리 $e = 80\,\mathrm{mm}$만큼 떨어져 작용할 때, 대체설계법을 이용해서 벽체를 설계하라.
단, 콘크리트 $f_{ck} = 30\,\mathrm{MPa}$, 수직방향 철근 SD 400급 D16, 수평방향 철근 SD 400급 D10, 철근콘크리트 무게 $24\,\mathrm{kN/m^3}$, 보 하부 받침부의 지압검토는 무시한다.
또한 여러 가능한 하중조합 중에서 $U = 1.2D + 1.3W + 0.5L_r$만을 고려한다.

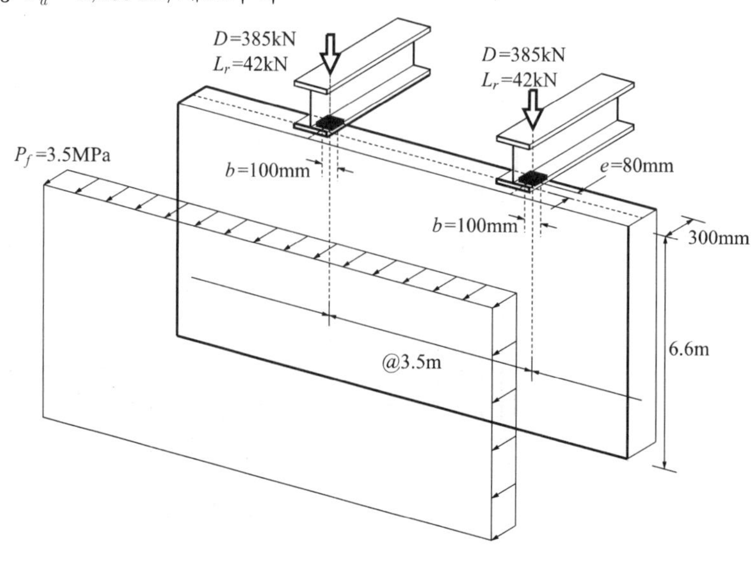

문제 10-2.3 그림

[10-3절]

10-3.1 아래 그림과 같이 계수 수평하중을 받는 전단벽이 있다. h_w/l_w가 각각 1.0, 1.5, 2.0, 3.0인 경우,

(1) h_w/l_w별 콘크리트의 전단강도를 식 (10.13~15)를 이용해서 결정하라. 또한 어떤 식에 의해 결정되었는지를 밝혀라.

(2) 식 (10.15)에 따라 계산한 V_c 값의 변화 원인을 분석하라.

단, $f_{ck} = 27$ MPa(보통콘크리트)이며, 면외방향으로 횡구속 되어 있다.

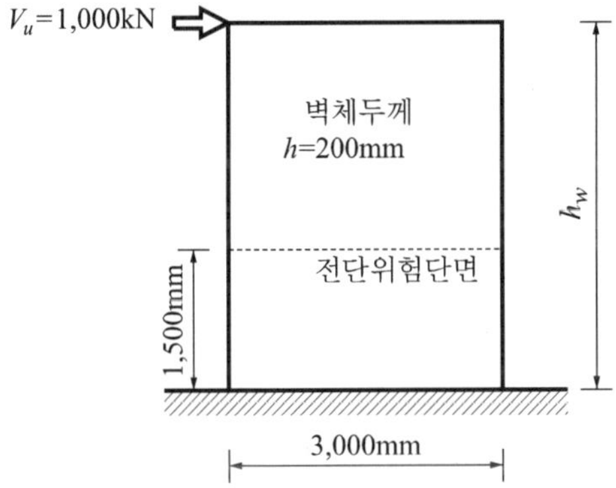

10-3.2 그림과 같이 수평 분포 계수하중을 받는 벽체를 전단설계법을 이용해서 설계하라.

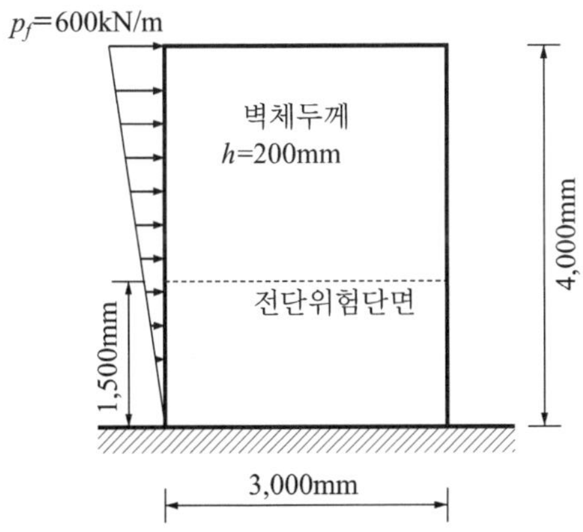

단, 콘크리트 $f_{ck} = 27$ MPa(보통콘크리트), $f_y = 400$ MPa, 수직·수평 전단철근은 D13 2열 배근, 휨철근은 D25를 사용한다. 이 벽체는 면외방향으로 횡구속되어 있다.

[10-4절]

10-4.1 그림과 같은 계수하중을 받는 전단벽을 휨설계법을 이용해서 설계하라. 단, 콘크리트 $f_{ck} = 30$ MPa(보통콘크리트), $f_y = 400$ MPa, 수직·수평 전단철근은 D13 2열 배근, 휨철근은 D25를 사용한다. 이 벽체는 면외방향으로 횡구속되어 있다.

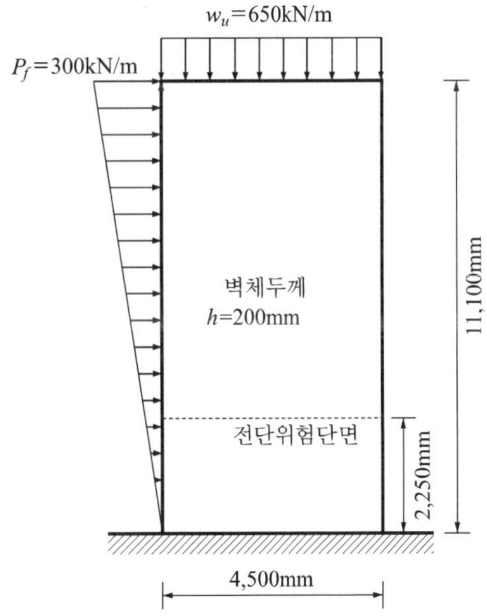

11장 기초

차례

주요개념

허용지내력 q_a
유효허용지내력 q_e
기초 설계용 토압 q_u
다월철근
1방향 전단
2방향 전단(뚫림전단)
연결보(지중보)
말뚝 허용지지력 R_a
설계용 말뚝 반력 R_u

기초는 구조물의 하중을 지반으로 전달하는 부재이다. 이 때 지반이 지지할 수 있는 지내력 이하가 되도록 하중을 분산시키기 위해 설치하는 넓은 판을 기초판(footing)이라 한다. 마치 사람의 발바닥(foot)과 같은 것이다. 또한 이러한 방식의 기초를 확대기초(spread footing, 얕은 기초, 직접기초)라 한다.

안전하게 설계한 확대기초라도 준공 후 하중이 작용하면 얼마간 지반의 침하를 피할 수 없다. 따라서 기초판을 설계할 때 우선 고려해야 하는 것은, 전체 침하량을 가급적 작게 하고, 침하가 발생해도 건물에 부동침하(구조물이 불균등하게 침하하는 현상)가 일어나지 않도록 해야 한다. 특히 부동침하는 구조물에 추가응력을 일으키고 균열과 같은 심각한 문제를 발생시키기 때문에, 전체 침하량을 제어하는 것보다 더욱 중요하다. 부동침하를 막기 위해서는 기본적으로,

1) 구조물에 여러 형식의 기초를 혼용하는 바람직하지 않다.
2) 연약 지반에서는 전체 구조물이 하나로 거동하도록 전면기초를 사용하거나 지정 공사를 통해 토질의 성질을 바꾸는 방법도 고려한다.
3) 균질하지 않은 지반인 경우 말뚝을 사용하여 암반까지 하중을 전달시킨다.

확대 기초는 기본적으로 설계가 가능하도록 충분한 지내력을 갖는 토층이 있어야 한다. 지반 가까이 적합한 토층이 없는 경우는 말뚝이나 케이슨과 같은 깊은 기초(deep foundation)를 고려한다.

이 장은 확대 기초판을 중심으로 설계 방법을 살펴본다.

11-1 기초판 해석 일반사항

11-1-1. 기초 종류

(1) 독립기초

독립기초(isolated footing)는 기초판 위에 하나의 기둥이 놓이는 방식으로 기둥 사이의 거리가 멀고 지내력이 양호한 경우 사용하는 가장 대표적인 확대기초이다. 여기서 기초판 형태는 정사각형 또는 직사각형이다.

(2) 연속기초

벽체와 같이 길이방향으로 연속된 받침부를 지지하기 위해서 기초판도 길게 이어진 기초를 연속기초(continuous footing) 또는 줄기초라 한다. 일반 기둥에서도 여러 개의 기둥을 하나의 연속기초 위에 놓을 수 있는데 이때에는 기둥사이 거리가 가까워야 효과적이다.

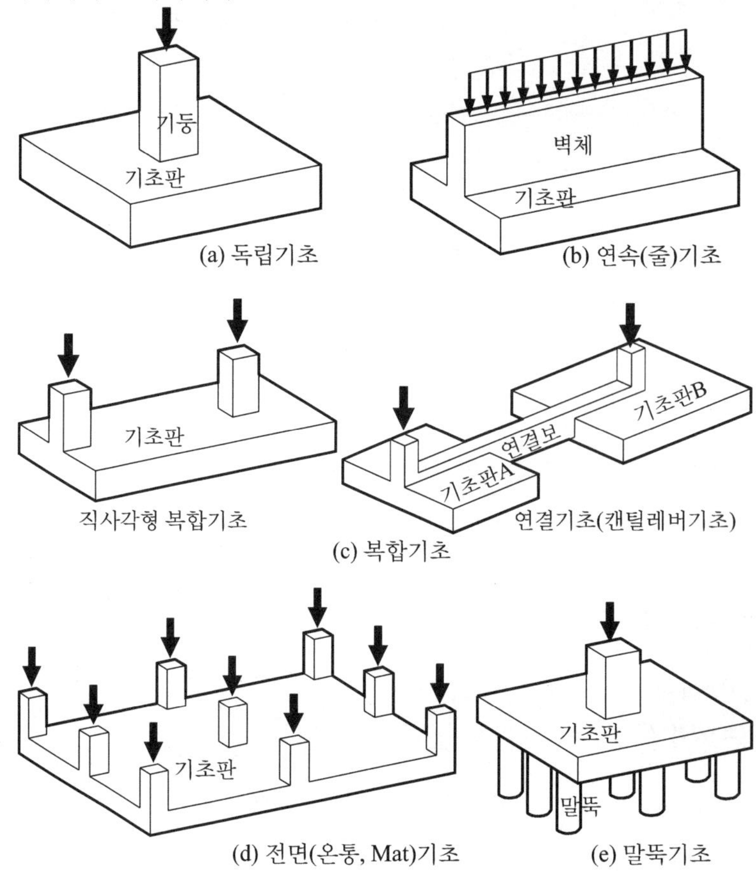

그림 11.1
기초 종류

(3) 복합기초

비교적 두 기둥 사이가 가깝거나, 지내력이 작아서 독립기초로 하기가 어려운 경우 복합기초(combined footing)를 사용한다. 이때 그림 (c)와 같이 두 기둥의 기초판을 하나로 만들거나, 두 기초판을 연결보(지중보)로 결합하는 형식이다. 복합기초는 기초판 밑면에 등분포 토압이 발생하도록 두 기둥의 합력과 기초판의 도심을 일치시키는 방법을 고려한다. 기초가 기우는 것을 방지하기 위함이다.

(4) 전면기초(온통기초)

전면기초(mat foundation)는 하나의 기초판으로 건물 전체 기둥을 지지하는 기초이다. 바다 위의 배를 생각하자. 이 기초는 작은 지내력 때문에 개별 기초판 면적이 너무 커져 전체 바닥면적의 1/2 이상이 되거나, 토질 조건상 말뚝기초를 사용하기가 어려운 경우에 사용한다. 전면기초는 전체 바닥에 하중을 분포시키고 저항하는 일종의 2방향 슬래브(플랫 플레이트를 거꾸로 놓은 형태)와 같다. 이 기초는 기초판 자체의 강성이 크고 균등하므로 부동침하를 줄일 수 있다.

(5) 말뚝기초

연약지반이거나 지반이 불균질해서 기초의 부동침하가 예상되는 경우 말뚝기초(pile cap footing)를 고려할 수 있다. 말뚝기초는 대표적인 깊은 기초이다. 이 때 하중은 말뚝을 통해 암반층에 전달되거나, 흙과 말뚝 사이의 마찰력으로 지지된다.

11-1-2. 흙의 토압 분포와 허용지내력

기초판은 구조물의 하중을 지반에 수직으로 전달한다. 이 때 기초가 평형(정지)을 이루기 위해 상부 방향으로 수직토압이 발생한다. 수직토압 분포는 지반의 형질이나 기초와 지반의 상대강성에 따라 다르게 나타난다. 예를 들어 그림 11.2와 같이,

1) 모래와 같이 굵은 입자가 많이 포함된 사질토에서는, 그림 (a)와 같이 기초 중심에는 토압이 크고 주변으로 갈수록 감소한다. 이것은 하중이 작용할 때 기초판 주위의 흙이 바깥쪽으로 조금씩 이동하여 토압이 감소하기 때문이다.
2) 한편 점토질 지반에서는, 그림 (b)와 같이 기초 중심부가 토압이 작고 주변부가 토압이 크게 발생한다. 이러한 원인은 점토질 지반의 강한 점착력으로 인하여 지반이 하중을 받더라도 이동하지 않기 때문이다.

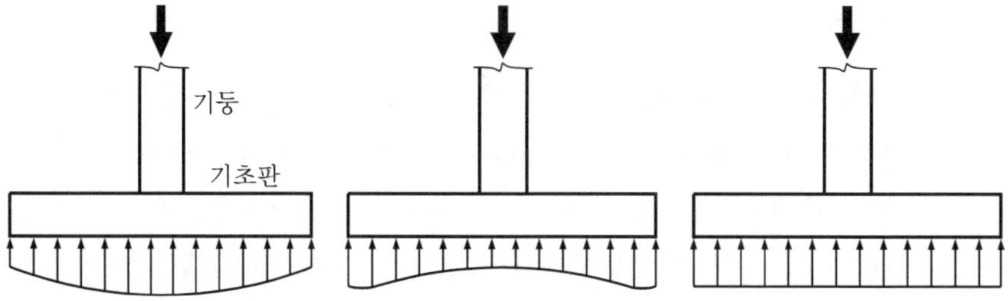

(a) 모래지반 토압분포 (b) 점토지반 토압분포 (c) 설계에서 가정하는 토압분포

그림 11.2 토질별 기초판 하부의 토압분포

실제로 기초에 작용하는 수직토압을 정확하게 계산하는 것은 매우 어렵다. 이것은 지반의 토질 분포가 깊이 별로 다양하고, 기초판에 인접해 있는 지반도 토압에 영향을 주기 때문이다. 그러므로 기준에서는 그림 (c)와 같이 균등하게 분포하는 것으로 가정하고 적절한 안전율(FS)을 통해 안전을 확보하고 있다. 이를 **허용지내력** q_a라 한다. 즉,

$$q_a = \frac{q_{\text{ult}}}{\text{FS}}$$

여기서 q_{ult}는 한계상태의 극한 토압이며, FS는 안전율이다. 허용지내력에 사용하는 안전율은 침하를 허용한계 이내로 유지하기 위한 값으로 2.5~3.0이다.

기초의 허용지내력 q_a는 토질 기술자가 지반조사와 지내력 시험을 통해 결정하는 것이 일반적이다. 이 때 토질의 깊이별 상태나 지하수위 등도 함께 조사한다. 표 11.1은 다양한 지반의 허용지내력 예를 나타낸 것이다. 기준에서는 만약 지반조사가 이루어지지 않은 경우 이 값을 이용할 수 있도록 하고 있다.

표 11.1 지반 특성별 허용지내력

지	반	허용지내력(q_a, kN/m^2)
경암반	화강암, 섬록암, 편마암, 안산암 등의 화성암 및 굳은 역암 등의 암반	4,000
연암반	판암, 편암 등의 수성암의 암반	2,000
	혈암, 토단반 등의 암반	1,000
자갈		300
자갈과 모래의 혼합물		200
모래 섞인 점토 또는 로옴		150
모래 또는 점토		100

11-1-3. 기초판에서 토압의 탄성 분포

그림 11.3과 같이 기둥으로부터 기초판 중심에 축하중 P와 휨모멘트 M이 작용하는 경우 토압 분포를 생각해 보자. 토압은 압축력에 대하여 선형탄성으로 거동한다고 가정하면, 기초판 최외단의 토압 $q_{\max,\min}$은,

$$q_{\max,\min} = \frac{P}{A} \pm \frac{M}{Z} \tag{11.1}$$

여기서, $A=$기초판 면적$(=BH)$

$Z=$기초판의 단면계수$(=BL^2/6)$

이다. 휨모멘트 M은 중심축에서 축하중 P가 작용하는 지점까지의 편심거리 e의 곱$(=Pe)$로 표현할 수 있다. 그러므로 편심거리 e는,

$$e = \frac{M}{P} \tag{11.2}$$

이다. 모든 단면이 압축응력상태일 때의 편심거리 e_k는,

$$e_k = \frac{L}{6} \tag{11.3}$$

이고, 이 조건을 만족하는 편심거리 내부의 면적을 **단면의 핵**이라고 한다. 그림 11.4에 편심거리별 기초판의 토압 분포를 나타냈다.

(1) 그림 (a)와 같이 하중이 중심축에 작용하면, 토압 $q=P/A$이 균등하게 분포한다.

(2) 휨모멘트가 작용하면, 즉 축하중이 편심거리 e만큼 떨어져 작용하면 그림 (b)와 같이 인장측에 $q<P/A$, 압축측에 $q>P/A$이다. 이 때 그림 (c)와

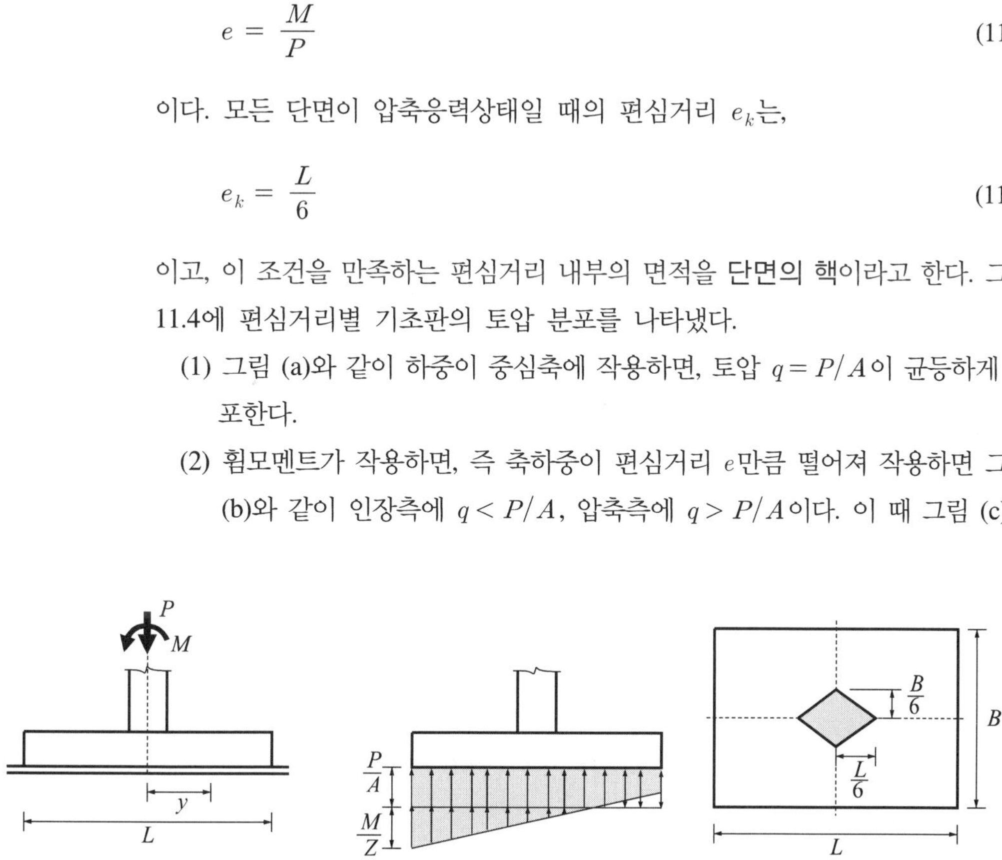

(a) 기초판에 작용하는 하중 (b) 토압분포 (b) 단면의 핵

그림 11.3 축하중과 휨모멘트를 받는 기초판에서 토압 분포 및 핵 반경

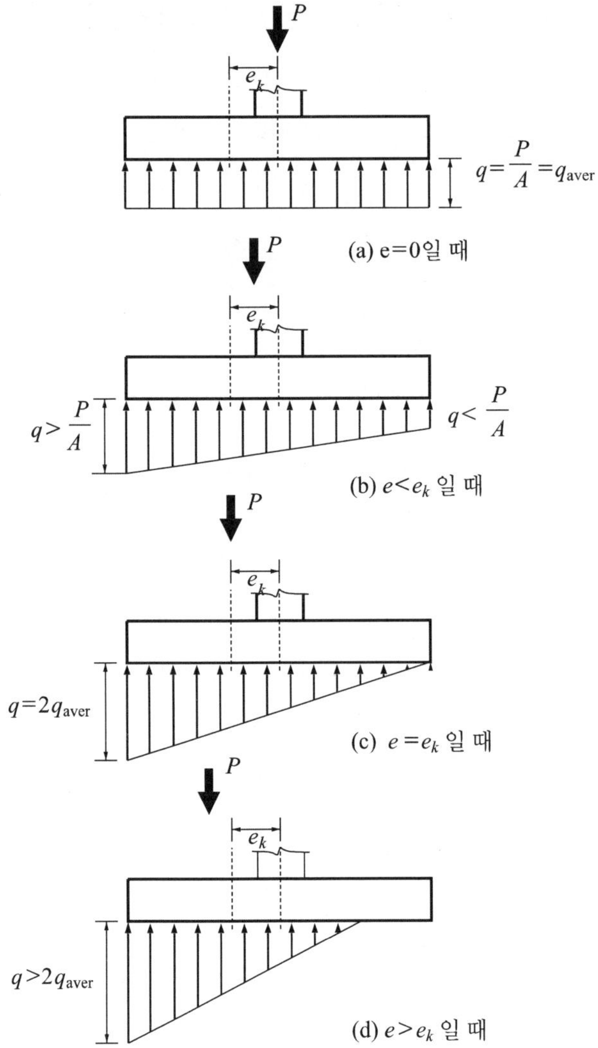

그림 11.4
축하중 P의 편심거리 e에 따른 토압 분포

같이 $e=L/6$가 기초판에 압축응력만 발생하는 한계이다. 즉 한쪽은 $q=0$이고 다른 쪽은 $q=2q_{\text{aver}}$이다.

(3) 편심거리가 $e>L/6$일 경우는 단면 일부에 인장응력이 발생해야 한다. 그러나 기초판과 흙의 접촉면에서는 인장응력에 대한 저항 능력이 없다. 그러므로 그림 (d)와 같이 단면의 일부분만이 압축응력에 저항한다. 이 때 $q>2q_{\text{aver}}$이다.

11-1-4. 기초판 크기 결정

기초판의 크기는 상부 하중에 의한 응력이 지반의 허용지내력 q_a 이하라는 조건으로 결정할 수 있다. 이 때 지반 응력이 허용지내력이라는 점에 유의하자. 상부하중에 하중계수를 적용해서는 안 된다. 이것은 현재 지반공학 설계방법과 일관성을 유지하기 위한 것이다. 그림 11.5는 기초에 가해지는 하중과 허용지내력의 평형상태를 나타낸 것이다. 지반은 그림 (a)와 같이 기둥에서 전달되는 축하중($D+L$), 기초 상부에 있는 흙의 무게(D_s), 기초 자중(D_b)을 부담한다. 그러므로 중심 축하중을 받는 기초의 면적 A는,

$$A = \frac{D+(D_b+D_s)+L}{q_a} \tag{11.4}$$

한편 단기하중인 풍하중(W)이나 지진하중(E)이 포함되는 경우는, 단기하중 효과 0.75를 고려해서,

$$A = \frac{0.75[D+(D_b+D_s)+L+W(\text{또는 } E)]}{q_a} \tag{a}$$

기초 크기 A를 구하는 방법으로 **유효허용지내력** q_e를 이용하는 경우도 있다. 유효허용지내력 q_e은 상부 구조물에서 전달된 순수한 하중에 대한 순 허용지내력으로 정의한다. 즉, 허용지내력 q_a 중에서 기초의 무게(D_b) 와 그 위에 채워지는 흙의 하중(D_s)에 의한 응력을 뺀 값이다.

$$q_e = q_a - \frac{(D_b+D_s)}{A}$$

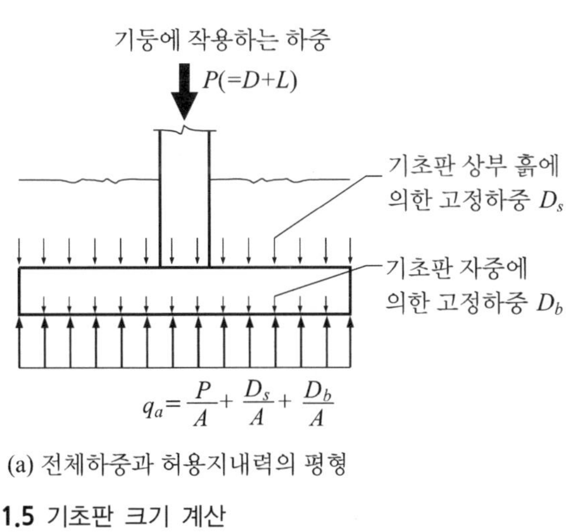

(a) 전체하중과 허용지내력의 평형

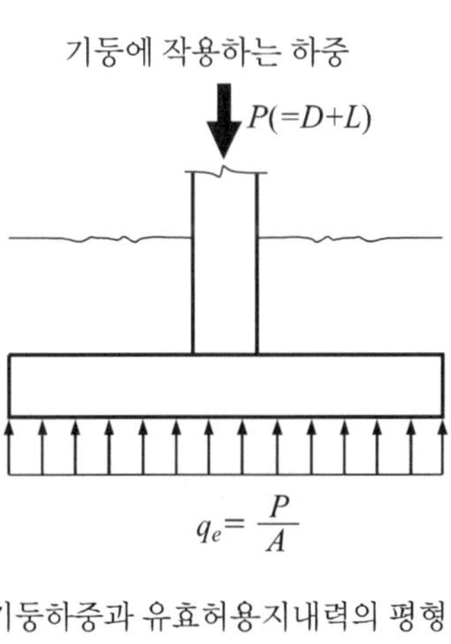

(b) 기둥하중과 유효허용지내력의 평형

그림 11.5 기초판 크기 계산

따라서 유효허용지내력 q_e를 이용한 기초판 면적의 계산은,

$$A = \frac{D+L}{q_e} \quad \text{또는} \quad A = \frac{0.75[D+L+W(\text{또는 } E)]}{q_e} \tag{11.5}$$

11-1-5. 기초 설계용 토압 q_u

기초판 면적을 결정하고 나면, 기초판에 발생하는 소요 휨모멘트와 전단력 해석을 위해 설계용 토압 q_u를 계산한다. 이때는 하중계수를 고려한다는 것을 잊지 말자. 가운데 기둥이 누르고 기초판 밑면에서 q_u가 위로 작용하면, 기초판을 위로 휘게 만들며 계수휨모멘트와 전단력을 일으킨다. 마치 변형이 우산을 거꾸로 놓은 것과 같다. 이 때 기초판의 자중(D_b)과 상부 흙(D_s)은 기초판의 변형과 부재력에 어떤 영향도 끼치지 않기 때문에 고려하지 않는다. 예를 들어 중심 축하중 P_u만을 받는 기초판의 q_u는 다음과 같은 여러 하중 조합 중에서 가장 큰 값을 선택한다.

$$q_u = \frac{P_u}{A} = \frac{1.2D+1.6L}{A} \tag{11.6a}$$

$$q_u = \frac{P_u}{A} = \frac{1.2D+1.0L+1.3W(\text{또는 } 1.0E)}{A} \tag{11.6b}$$

중심축하중 P_u와 휨모멘트 M_u를 동시에 받는 경우는 식 (11.1)에서,

$$q_u = \frac{P_u}{A} \pm \frac{M_u}{Z} \tag{11.7}$$

기초 설계용 토압 q_u는 계수하중을 고려한 것이기 때문에 허용지내력 q_a보다 클 수 있다. 그러나 이것은 단지 두 값의 안전율 차이에 의한 것일 뿐이다. 계수하중의 안전율은 사용하중의 약 1.2~1.6배이고, 허용지내력은 2.5~3.0이다. 그러므로 기초는 안전하다.

11-2 기초 설계방법

기초의 설계는 휨, 전단, 철근의 정착 및 받침부재가 닿는 부분에서의 지압 등을 검토해야 한다. 일반적인 기초 설계의 순서는,

1) 허용지내력 q_a을 이용해서 기초판의 형태와 크기 결정
2) 전단력 검토를 통한 기초판 깊이 결정
3) 기초판 휨설계 및 철근 배치
4) 기둥과 기초판의 지압 검토와 다월철근 추가 배치

로 진행한다. 중심축하중을 받는 독립기초판을 예로 설계 과정을 살펴보자.

11-2-1. 기초판의 형태와 크기 결정

기초가 안전하게 건물을 지지할 수 있도록 지내력을 증가시키거나 지반을 개량하는 것을 **지정**이라 한다. 토목 기술자는 지반조사를 통해 지반의 토질 상태를 파악하고, 토질 역학의 원리에 따라 지지력과 침하량을 함께 고려하여 허용지내력 q_a를 결정한다. 특히 지반 침하는 부동침하가 발생하지 않도록 주의해야 한다.

기초판의 크기 A는 식 (11.4) 또는 식 (11.5)를 이용하여 계산한다. 다음으로 기초 설계용 토압 q_u를 계산한다. q_u는 축하중을 받는 경우 식 (11.6)에 따라 등분포하중으로, 편심하중에 대해서는 식 (11.7)에 의해 선형 분포의 토압으로 가정한다.

기초판의 유효 깊이(기초판 상단에서 하단 철근까지의 깊이) d는 대부분 뚫림전단(2방향 전단)에 의해 결정된다. 그러므로 전단에 대한 검토를 병행하면서 유효깊이 d를 결정한다.

또한 기준에서는,

1) 흙에 놓이는 기초판의 유효깊이 150 mm 이상
2) 말뚝기초의 유효깊이 300 mm 이상

으로 기초판의 최소 두께를 제한하고 있다. 한편 기초의 피복두께는 흙에 접하는 경우 75 mm 이상이다.

예제 11-1 기초판 면적 결정

그림과 같은 중심 축하중을 받는 정사각형 모양의 기초판을 설계할 때 판의 소요면적 A와 기초 설계용 토압 q_u를 구하라.

사용 고정하중 $P_D = 1{,}400$ kN, 사용 활하중 $P_L = 1{,}150$ kN, 사용 표면재하 = 4.5 kN/m^2

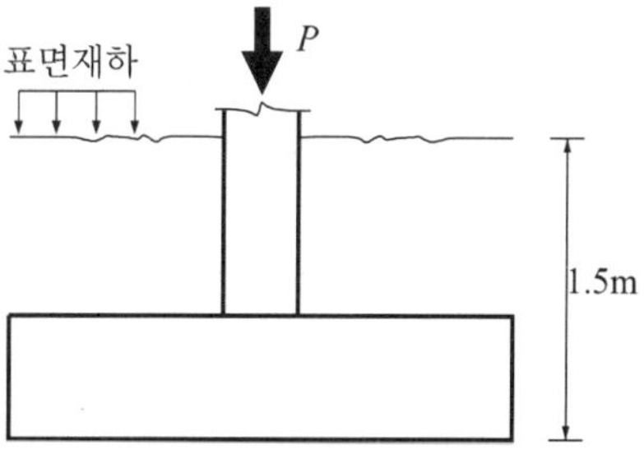

단, 흙과 기초판 콘크리트의 평균무게

$21\,\text{kN/m}^3$, 허용지내력 $q_a = 200\,\text{kN/m}^2$, 기둥 단면 크기는 $500 \times 500\,\text{mm}$ 이다.

풀이

유효허용지내력 q_e 결정

$$q_e = \text{허용지내력} - (\text{흙과 콘크리트의 무게} + \text{표면재하})$$
$$= 200 - (4.5 + 21 \times 1.5) = 164\,\text{kN/m}^2$$

기초판 면적 계산

$$A = \frac{P_D + P_L}{q_e} = \frac{1{,}400 + 1{,}150}{164} = 15.55\,\text{m}^2$$

따라서 $4\,\text{m} \times 4\,\text{m}$ 정사각형 기초($A = 16\,\text{m}^2$)로 한다.

설계용 토압 q_u 계산 (KDS 14 20 70 4.2)

설계용 토압 계산은 계수하중 이용

$$P_u = 1.2P_D + 1.6P_L = 1.2(1{,}400) + 1.6(1{,}150) = 3{,}520\,\text{kN}$$

$$q_u = \frac{P_u}{A} = \frac{3{,}520}{16} = 220\,\text{kN/m}^2$$

11-2-2. 기초판의 전단에 대한 검토

기초판의 전단 파괴는 그림 11.6과 같이 1방향 전단 또는 2방향 전단(뚫림전단)에 의해 파괴되는 경우를 생각할 수 있다. 이러한 전단에 대한 검토는 9장에서 다루었던 슬래브의 경우와 유사하다. 즉 모든 전단력은 콘크리트 ϕV_c가 부담하고 스터럽은 없다.

(1) 1방향 전단 검토

기초판에서 1방향 전단은 그림 (a)와 같이 기둥면에서 유효깊이 d 만큼 떨어진 위험단면에 발생하는 소요전단력 V_u에 대하여 검토한다. 즉,

$$\phi V_n (= \phi V_c) \geq V_u$$

이고,

$$V_u = q_u \times (\text{빗금친 부분의 면적})$$

$$V_u = q_u\left(\frac{l_1 - c_1}{2} - d\right) \times l_2 \tag{11.8}$$

콘크리트의 설계전단강도 ϕV_c는,

$$\phi V_c = \phi \frac{1}{6} \lambda \sqrt{f_{ck}}\, l_2\, d \tag{11.9}$$

여기서 감도감소계수 $\phi = 0.75$이다.

(2) 2방향 전단(뚫림전단) 검토

기초판은 그림 (b)와 같이 기둥에서 직접 기초판에 큰 집중하중이 작용해서 기둥 주변 4면이 뚫리는 전단파괴가 발생할 수 있다. 2방향 전단 검토는 1방향 전단과 마찬가지로,

$$\phi V_n (= \phi V_c) \geq V_u$$

2방향 전단의 위험단면은 슬래브와 유사하게 기둥면에서 $d/2$ 떨어진 부분이다. 소요전단력 V_u은 그림 (b)에서,

$$V_u = q_u \times (\text{빗금친 부분의 면적})$$
$$V_u = q_u\left[\, l_1 \times l_2 - (c_1 + 1.5d)(c_2 + 1.5d)\right] \tag{11.10}$$

콘크리트의 설계전단강도 ϕV_c는 슬래브와 유사하게,

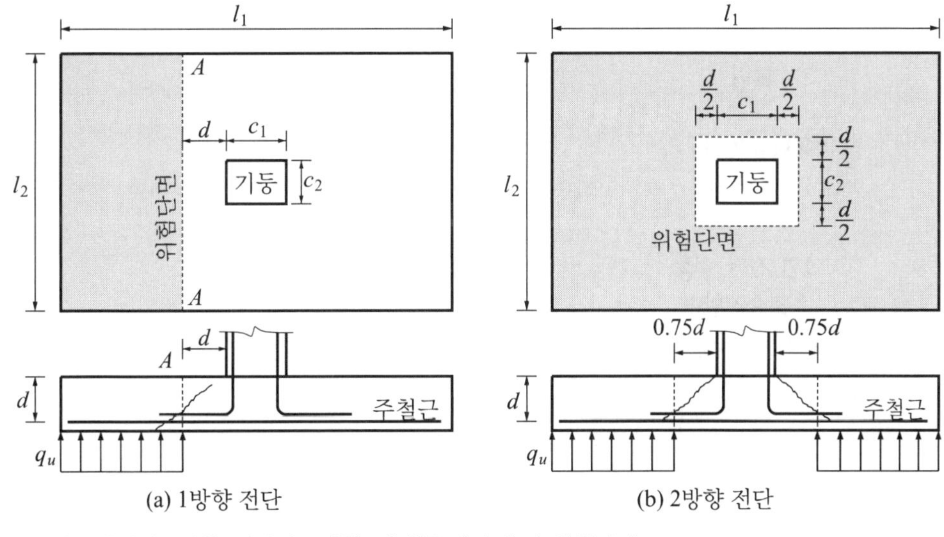

그림 11.6 기초판에서 1방향 전단과 2방향 전단(뚫림전단)의 위험단면

$$V_c = v_c b_0 d \tag{11.11}$$

$$v_c = \lambda k_s k_{b0} f_{te} \cot\psi \frac{c_u}{d} \tag{11.12}$$

여기서, b_0 =기초판 주변 길이[$b_0 = 2(c_1 + 1.0d) + 2(c_2 + 1.0d)$]

λ =경량콘크리트 계수

k_s =기초판의 크기효과 계수, $0.75 \le k_s = (300/d)^{0.25} \le 1.1$

k_{b0} =형상비 계수, $k_{b0} = 4/\sqrt{\alpha_s(b_0/d)} \le 1.25$

α_s =내부기둥 1.0, 측면 외부기둥 1.33, 모서리기둥 2.0

f_{te} =압축대 콘크리트 인장강도, $f_{te} = 0.20\sqrt{f_{ck}}$

$\cot\psi = \sqrt{f_{te}(f_{te} + f_{cc})}/f_{te}$, $f_{cc} = (2/3)f_{ck}$

c_u =압축철근 영향을 무시하고 계산한 접합부 주위 슬래브 압축대 깊이의 평균값, $c_u = d\left[25\sqrt{\rho/f_{ck}} - 300(\rho/f_{ck})\right]$이다. 여기서 주철근비 $\rho \le 0.03$ 범위에서 사용할 수 있으며, $\rho \le 0.005$인 경우 $\rho = 0.005$를 적용한다.

강도감소계수 $\phi = 0.75$이다.

예제 11-2 전단 검토

예제 11-1에서 기초 깊이를 850 mm로 가정하는 경우 전단을 검토하라. 단, $f_{ck} = 24\text{ MPa}$, 보통콘크리트이다.

풀이

유효깊이 d

$$d = 850 - \text{피복두께}(80\text{ mm}) - \text{철근직경}(\text{약 } 20\text{ mm}) = 750\text{ mm}$$

1면 전단 검토

소요전단력

$$V_u = q_u \times (\text{빗금친 부분의 면적})$$

$$V_u = q_u\left(\frac{l_1 - c_1}{2} - d\right) \times l_2$$

$$= 220\left(\frac{4 - 0.5}{2} - 0.75\right) \times 4 = 880\text{ kN}$$

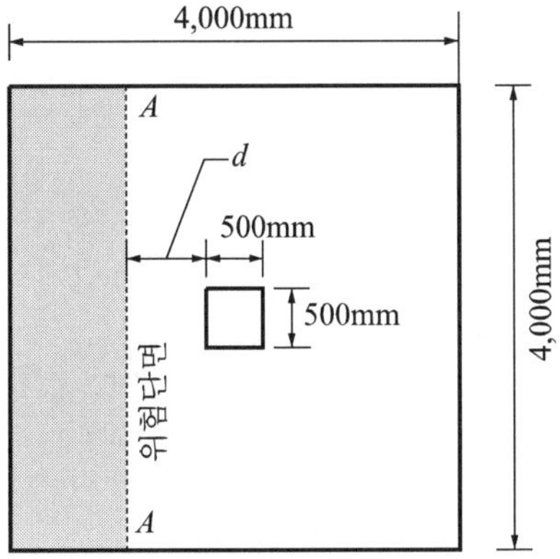

콘크리트 전단강도 (KDS 14 20 22 4.2.1)

$\lambda = 1.0$(보통콘크리트)

$$\phi V_c = \phi \frac{1}{6} \lambda \sqrt{f_{ck}} l_2 d$$

$$= 0.75 \times \frac{1}{6}(1.0)\sqrt{24} \times 4{,}000 \times 750 \times 10^{-3}$$

$$= 1{,}837.1 \text{ kN} > V_u$$

이므로 적합

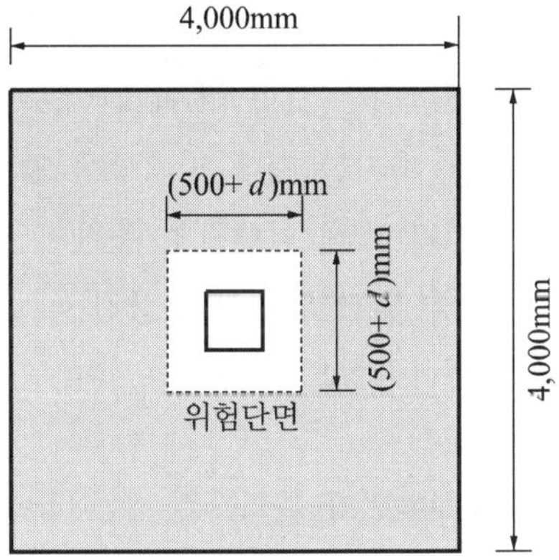

2방향 전단 검토 (KDS 14 20 22 4.11.2)

소요전단력

$$V_u = q_u \times (\text{빗금친 부분의 면적})$$

$$= q_u[l_1 \times l_2 - (c_1 + 1.5d)(c_2 + 1.5d)]$$

$$= 220[16 - (0.5 + 1.5 \times 0.75)(0.5 + 1.5 \times 0.75)]$$

$$= 2939.1 \text{ kN}$$

콘크리트 전단강도

$\lambda = 1.0$(보통콘크리트)

$$b_0 = 2(c_1 + 1.0d) + 2(c_2 + 1.0d)$$

$$= 2(0.5 + 1.0 \times 0.75) + 2(0.5 + 1.0 \times 0.75) = 5 \text{ m}$$

$$0.75 \le k_s = (300/d)^{0.25} = (300/750)^{0.25} = 0.76 \le 1.1$$

$\alpha_s = 1.0$(내부기둥)

$$k_{b0} = \frac{4}{\sqrt{\alpha_s(b_0/d)}} = \frac{4}{\sqrt{1.0(5/0.75)}} = 1.549(\le 1.25)\text{이므로 } k_{b0} = 1.25$$

$$f_{te} = 0.20\sqrt{f_{ck}} = 0.20\sqrt{24} = 0.98 \text{ MPa}$$

$$f_{cc} = \frac{2}{3} f_{ck} = \frac{2}{3}(24) = 16 \text{ MPa}$$

$$\cot\psi = \frac{\sqrt{f_{te}(f_{te} + f_{cc})}}{f_{te}} = \frac{\sqrt{0.98(0.98 + 16)}}{0.98} = 4.163$$

$\rho = 0.005$ (가정)

$$c_u = d\left[25\sqrt{\rho/f_{ck}} - 300(\rho/f_{ck})\right] = 750\left[25\sqrt{\frac{0.005}{24}} - 300\left(\frac{0.005}{24}\right)\right] = 223.8 \text{ mm}$$

이므로

$$v_c = \lambda k_s k_{b0} f_{te} \cot\psi \frac{c_u}{d} = 1.0(0.76)(1.25)(0.98)(4.163)\left(\frac{223.8}{750}\right) = 1.21 \text{ MPa}$$

$$V_c = v_c b_0 d = 1.21 \times (5{,}000) \times (750) \times (10^{-3}) = 5898.75 \text{ kN}$$

에서

$$\phi V_c = 0.75 \times 5898.75 = 4424.06 \text{ kN} > V_u \text{ (적합)}$$

11-2-3. 기초판의 휨모멘트에 대한 설계

기초판의 휨모멘트에 대한 설계 기본 개념은,

$$\phi M_n \geq M_u \tag{1.5}$$

기초에 작용하는 소요휨모멘트 M_u는 그림 11.7과 같이 받침부인 기둥면에서 최대이다. 즉 그림 (c)에서 캔틸레버 보로 생각할 수 있으므로,

$$M_u|_{A-A} = \frac{q_u l_2}{2}\left(\frac{l_1 - c_1}{2}\right)^2$$

$$M_u|_{B-B} = \frac{q_u l_1}{2}\left(\frac{l_2 - c_2}{2}\right)^2$$

여기서 소요휨모멘트를 계산하는 기초판의 위험단면은 그림 (d)와 같이,

(1) 철근콘크리트로 된 기둥, 받침대, 벽체를 지지할 경우 지지부재 앞면

(2) 조적 벽체를 지지할 경우 조직벽체 중심과 벽체 앞면과의 중간

(3) 기둥 밑판이 있는 경우 기둥 앞면과 기둥 밑판 앞면사이 중간

(4) 원형 단면기둥인 경우 같은 등면적의 정사각형으로 환산

해서 위험단면을 결정한다.

이상과 같은 M_u에 대한 휨설계는 3장의 설계방법과 같다. 즉,

$$\rho = \eta 0.85 \frac{f_{ck}}{f_y}\left(1 \times 1 - \sqrt{1 - 2\frac{R_n}{0.85 f_{ck}}}\right) \tag{3.41}$$

$$R_n = \frac{M_n}{bd^2} = \frac{M_u}{\phi bd^2} \tag{3.42}$$

(1) 최소철근비 $\rho_{\min}$

휨부재에서 최소철근비 규정은 사용하중 상태에서 콘크리트 단면이 급작스럽게 휨파괴하지 않도록 하기 위한 것이다.

다만 슬래브의 경우는 초과하중에 대하여 힘의 수평 분배가 일어난다고 보아 특별한 최소철근비를 규정하지 않고, 수축·온도철근과 철근 간격 제한을 두고 있다. 기초판에서도, 휨에 의해 축하중을 지면에 전달하는 기초판의 주방향에 대한 최소철근비는 휨부재의 규정을 적용한다. 즉,

$$\rho_{\min} = 1.2 \frac{f_r I_g}{\phi f_y j d y_t} \times \frac{1}{bd} \tag{3.28}$$

이거나 해석결과 철근량 ρ보다 1/3 이상 인장철근을 더 배치한다.

$$\rho_{\min} = \frac{4}{3}\rho \tag{11.13}$$

그러므로 최소철근비 $\rho_{\min}$은 두 식 중에서 작은 값이다.

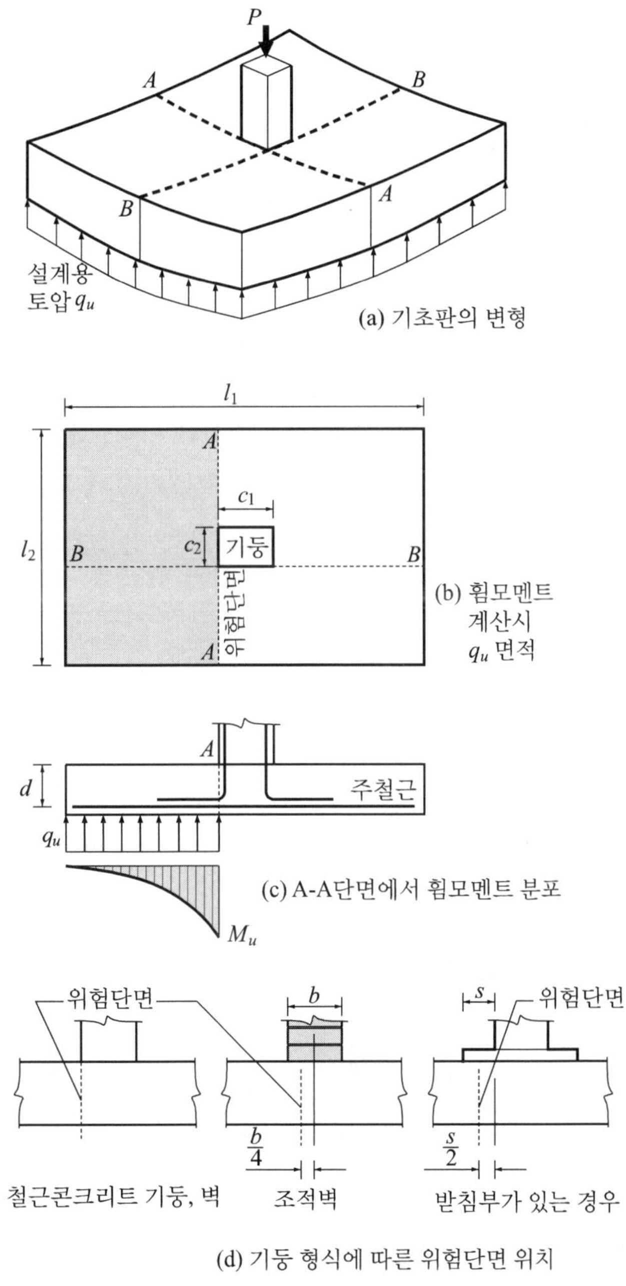

그림 11.7
기초판에서 M_u의 계산시 q_u 면적과 위험단면 위치

한편 주방향의 직각방향은 계산상 휨철근이 필요하지 않거나 매우 작다. 이 경우는 슬래브와 같이 수축·온도철근을 배치하거나 계산된 철근비의 1/3만큼을 추가해서 배근한다.

이를 통해 계산한 철근량 A_s는,

$$A_s = \max(\rho,\ \rho_{\min})bd \tag{3.43}$$

(2) 휨철근의 배치

식 (3.43)으로 계산한 철근량을 철근 개수 또는 간격으로 환산한 후 그림 11.8과 같이 기초판에 배치한다.

1) 정사각형 독립기초판이나 연속기초판은 그림 (a)와 같이 기초판 전체에 걸쳐 균등하게 배치한다.
2) 그림 (b)와 같이 직사각형 독립기초판의 짧은 변 방향은 기둥면에 가까울수록 휨모멘트가 급격히 증가한다. 이에 대처하기 위해서 긴 변을 3구간으로 나누고, 식 (11.14)에서 계산한 비율만큼 유효폭 내에 균등하게 배치한 후, 나머지 철근량을 이 유효폭 이외의 부분에 균등히 배치한다. 즉,

$$\frac{\text{유효폭 내부에 배근하는 철근량}}{\text{짧은 변 방향의 전체 철근량}} = \frac{2}{\beta+1} \tag{11.14}$$

여기서, 유효폭은 기둥을 중심으로 하여 기초판의 짧은 변 길이이며, β는 기초판 긴 변의 짧은 변에 대한 비이다.

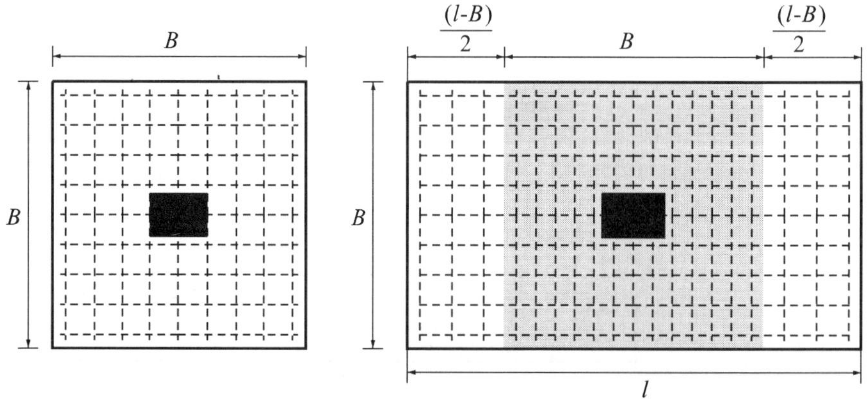

(a) 정사각형 기초판 (b) 직사각형 기초판

그림 11.8 독립기초의 휨철근 배치

(3) 휨철근의 정착

기초판의 휨철근도 5장에서 살펴보았듯이 충분한 인장철근 정착길이를 확보해야 한다. 기초판에서 정착길이의 판단은 최대모멘트가 발생하는 위험단면에서 밖으로 뻗은 철근의 길이가 인장철근 정착길이 l_d 이상이 되는지를 확인하는 것이다. 만약 l_d 안 되는 경우는 표준 갈고리를 고려한다.

예제 11-3 기초판의 휨설계

예제 11-1과 11-2에서 기초판을 휨설계하라. 단 철근은 SD400급 D25를 이용한다.
$f_y = 400\text{ MPa}$

풀이

소요 휨모멘트 계산

휨모멘트에 대한 위험단면은 기둥면이므로,

$$M_u|_{A-A} = \frac{q_u l_2}{2}\left(\frac{l_1 - c_1}{2}\right)^2 = \frac{220(4)}{2}\left(\frac{4-0.5}{2}\right)^2 = 1{,}347.5\text{ kN}\cdot\text{m}$$

철근량 계산

$\phi = 0.85$ (가정)

$$R_n = \frac{M_u}{\phi bd^2} = \frac{1{,}347.5\times 10^6}{0.85\times 4{,}000\times 750^2} = 0.705\text{ MPa}$$

$$\rho = \eta 0.85\frac{f_{ck}}{f_y}\left(1-\sqrt{1-2\frac{R_n}{\eta 0.85 f_{ck}}}\right) = 1\times 0.85\frac{24}{400}\left(1-\sqrt{1-2\frac{0.799}{1\times 0.85\times 24}}\right)$$

$$= 0.00204$$

$\eta = 1(\because\ f_{ck} \le 40\text{ MPa})$

휨부재의 최소 철근량 (KDS 14 20 20 4.2.2)
(3) 조건에 만족하므로 적합

최소 철근비는 (KDS 14 20 50 4.6.2)
$\rho_{\min} = 0.002 < 0.00204$, 따라서 0.00204 사용
그러므로

$$A_s = \rho_{\min} bd = 0.00204\times 4{,}000\times 750 = 6{,}000\text{ mm}^2$$

철근 개수 계산 및 배치

D25 철근의 단면적 $A_{s1} = 506.7\,\mathrm{mm}^2$이고 균등히 배치하면 간격은,

$$s = (\text{기초판 폭}) \times \frac{A_{s1}}{A_s} = 4{,}000\left(\frac{506.7}{6{,}000}\right) = 337.8\,\mathrm{mm}$$

이므로 @300 mm를 선택한다.

휨설계 결과 검토

$$A_s = (\text{기초판 폭}) \times \frac{A_{s1}}{s} = 4{,}000\left(\frac{506.7}{300}\right) = 6{,}756\,\mathrm{mm}^2$$

$$a = \frac{A_s f_y}{\eta 0.85 f_{ck} b} = \frac{6{,}756 \times 400}{1 \times 0.85 \times 24 \times 4{,}000} = 33.1\,\mathrm{mm}$$

$$c = \frac{a}{\beta_1} = \frac{33.1}{0.80} = 41.4\,\mathrm{mm}$$

$$\epsilon_t = \epsilon_c\left(\frac{d_t - c}{c}\right) = 0.0033\left(\frac{750 - 41.4}{41.4}\right) = 0.565$$

$\epsilon_t = 0.0565 \geq \epsilon_{ta}(0.004)$ 변형률적합조건 만족

$\epsilon_t = 0.0565 \geq \epsilon_{tt}(0.005)$ 인장지배단면이므로 가정한 $\phi = 0.85$는 적합

2방향 전단 검토시 $\rho(0.005)$ 가정의 적절성 검토

$\rho = 0.00204 < 0.005$이므로 $\rho = 0.005$ 가정은 적절

정착 검토 (KDS 14 20 52 4.1.2)

$$l_d = \frac{0.9 d_b f_y}{\lambda\sqrt{f_{ck}}} \frac{\alpha\beta\gamma}{\left(\frac{c + K_{tr}}{d_b}\right)} \geq 300\,\mathrm{mm} \qquad \text{단, } \left(\frac{c + K_{tr}}{d_b}\right) \leq 2.5\text{에서}$$

$\alpha = 1.0$ (하부 수평철근)

$\beta = 1.0$ (도막처리 안 된 일반철근이므로)

$\gamma = 1.0$ (D22 이상 철근이므로)

$d_b = 25.4\,\mathrm{mm}$ (D25)

$c = \min$(철근 중심과 표면까지의 최단거리, 철근 중심간 거리/2)

$= \min(25.4/2 + 80,\ 320/2) = 92.7\,\mathrm{mm}$

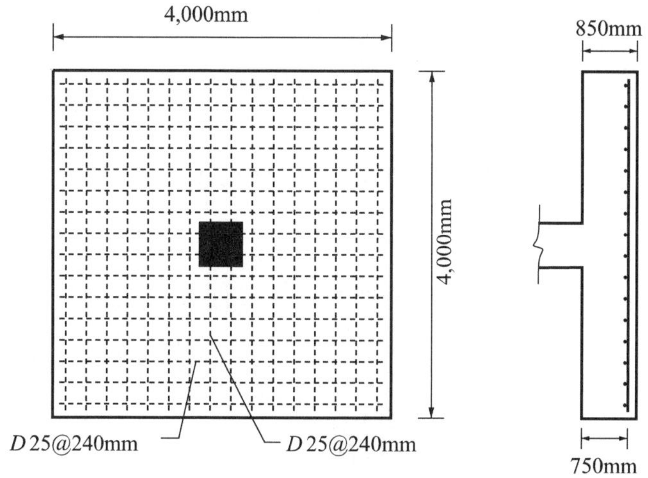

철근 배치 상세

$K_{tr} = 0$

$\left(\dfrac{c+K_{tr}}{d_b}\right) = \dfrac{92.7+0}{25.4} = 3.65 \le 2.5$이므로 2.5

이므로,

$$l_d = \frac{0.9\,d_b f_y}{\sqrt{f_{ck}}}\frac{\alpha\beta\gamma}{\left(\dfrac{c+K_{tr}}{d_b}\right)} = \frac{0.9\times 25.4\times 400}{\sqrt{24}}\times\frac{1\times 1\times 1}{2.5} = 746.6\,\mathrm{mm} \ge 300\,\mathrm{mm}$$

기초 단부까지 철근을 연장해서 배치($2{,}000-250-80=1{,}670\,\mathrm{mm}$)하면 정착길이($746.6\,\mathrm{mm}$)를 만족한다.

다른 변 방향은 기둥면에서 기초판까지 거리가 같으므로 동일하게 철근을 배치하며 그림과 같다.

예제 11-4 직사각형 독립기초 설계

예제 11-1에서 지반 조건상 기초판 폭이 3 m로 제한되는 경우 설계하라.

풀이

기초판 크기 결정

$A = 15.55\ \mathrm{m}^2$에서 직사각형 $5.4\ \mathrm{m}\times 3\ \mathrm{m}$ 직사각형 기초($A = 16.2\ \mathrm{m}^2$)로 결정

설계용 토압 q_u 계산 (KDS 14 20 70 4.2)

$$q_u = \frac{P_u}{A} = \frac{3{,}520}{16.2} = 217.3\ \text{kN/m}^2$$

1면 전단 검토 (KDS 14 20 22 4.2.1)

긴 변 방향

소요전단력

$V_u = q_u \times$(빗금친 부분의 면적)

$$V_u = q_u\left(\frac{l_1 - c_1}{2} - d\right) \times l_2 = 217.3\left(\frac{5.4 - 0.5}{2} - 0.75\right) \times 3 = 1{,}108.2\ \text{kN}$$

콘크리트 전단강도

$\lambda = 1.0$(보통콘크리트)

$$\phi V_c = \phi \frac{1}{6} \lambda \sqrt{f_{ck}}\, l_2 d = 0.75 \times \frac{1}{6}(1.0)\sqrt{24} \times 3{,}000 \times 750 \times 10^{-3} = 1{,}377.8\ \text{kN} > V_u$$

짧은 변 방향

소요전단력

$V_u = q_u \times$(빗금친 부분의 면적)

$$V_u = q_u\left(\frac{l_1 - c_1}{2} - d\right) \times l_2 = 217.3\left(\frac{3 - 0.5}{2} - 0.75\right) \times 5.4 = 586.7\ \text{kN}$$

콘크리트 전단강도

$\lambda = 1.0$(보통콘크리트)

$$\phi V_c = \phi \frac{1}{6} \lambda \sqrt{f_{ck}}\, l_2 d = 0.75 \times \frac{1}{6}(1.0)\sqrt{24} \times 5{,}400 \times 750 \times 10^{-3} = 2{,}480.1\ \text{kN} > V_u$$

2방향 전단 검토 (KDS 14 20 22 4.11.2)

소요전단력

$V_u = q_u \times$(빗금친 부분의 면적)

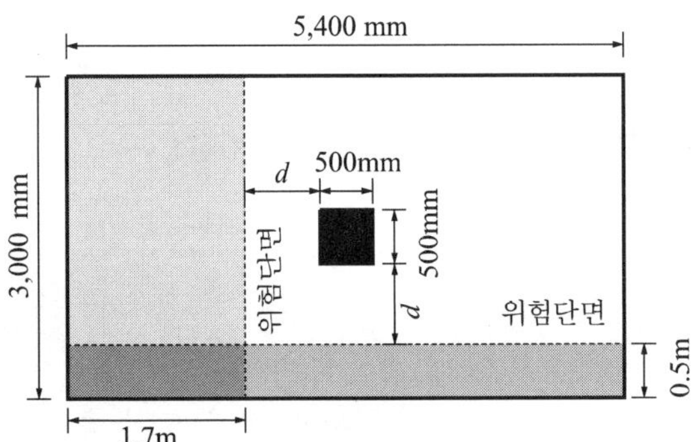

1방향 전단 검토

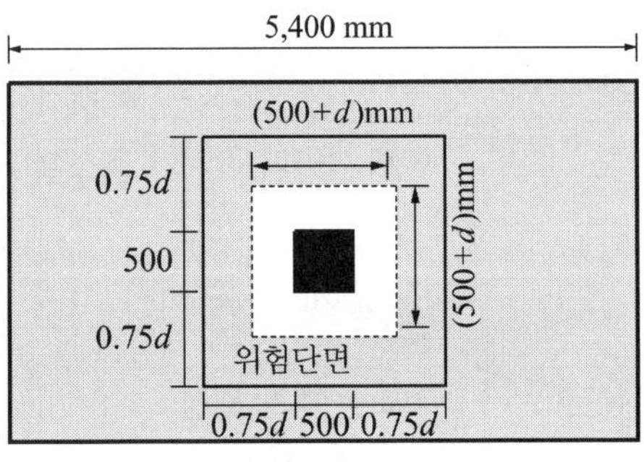

2방향 전단 검토

$$V_u = q_u[l_1 \times l_2 - (c_1 + 1.5d)(c_2 + 1.5d)]$$
$$= 217.3[16.2 - (0.5 + 1.5 \times 0.75)(0.5 + 1.5 \times 0.75)]$$
$$= 2946.2 \text{ kN}$$

콘크리트 전단강도

$\lambda = 1.0$(보통콘크리트)

$$b_0 = 2(c_1 + 1.0d) + 2(c_2 + 1.0d)$$
$$= 2(0.5 + 1.0 \times 0.75) + 2(0.5 + 1.0 \times 0.75) = 5 \text{ m}$$

$$0.75 \le k_s = (300/d)^{0.25} = (300/750)^{0.25} = 0.795 \le 1.1$$

$\alpha_s = 1.0$(내부기둥)

$k_{b0} = \dfrac{4}{\sqrt{\alpha_s(b_0/d)}} = \dfrac{4}{\sqrt{1.0(5/0.75)}} = 1.549 (\le 1.25)$이므로 $k_{b0} = 1.25$

$$f_{te} = 0.20\sqrt{f_{ck}} = 0.20\sqrt{24} = 0.98 \text{ MPa}$$

$$f_{cc} = \frac{2}{3}f_{ck} = \frac{2}{3}(24) = 16 \text{ MPa}$$

$$\cot\psi = \frac{\sqrt{f_{te}(f_{te} + f_{cc})}}{f_{te}} = \frac{\sqrt{0.98(0.98 + 16)}}{0.98} = 4.163$$

$\rho = 0.005$ (가정)

$$c_u = d[25\sqrt{\rho/f_{ck}} - 300(\rho/f_{ck})] = 750\left[25\sqrt{\frac{0.005}{24}} - 300\left(\frac{0.005}{24}\right)\right] = 223.8 \text{ mm}$$

이므로

$$v_c = \lambda k_s k_{b0} f_{te} \cot\psi \frac{c_u}{d} = 1.0(0.795)(1.25)(0.98)(4.163)\left(\frac{223.8}{750}\right) = 1.21 \text{ MPa}$$

$$V_c = v_c b_0 d = 1.21 \times (5{,}000) \times (750) \times (10^{-3}) = 3061.9 \text{ kN}$$

에서

$\phi V_c = 0.75 \times 3061.9 = 2296.4 \text{ kN} > V_u$ (만족)

휨설계

긴 변 방향

소요휨모멘트

$$M_u|_{A-A} = \frac{q_u l_2}{2}\left(\frac{l_1 - c_1}{2}\right)^2 = \frac{217.3(3)}{2}\left(\frac{5.4 - 0.5}{2}\right)^2 = 1{,}956.5 \text{ kN·m}$$

철근량 계산

$\phi = 0.85$ (가정)

$$R_n = \frac{M_n}{\phi b d^2} = \frac{1{,}956.5 \times 10^6}{0.85 \times 3{,}000 \times 750^2} = 1.364 \text{ MPa}$$

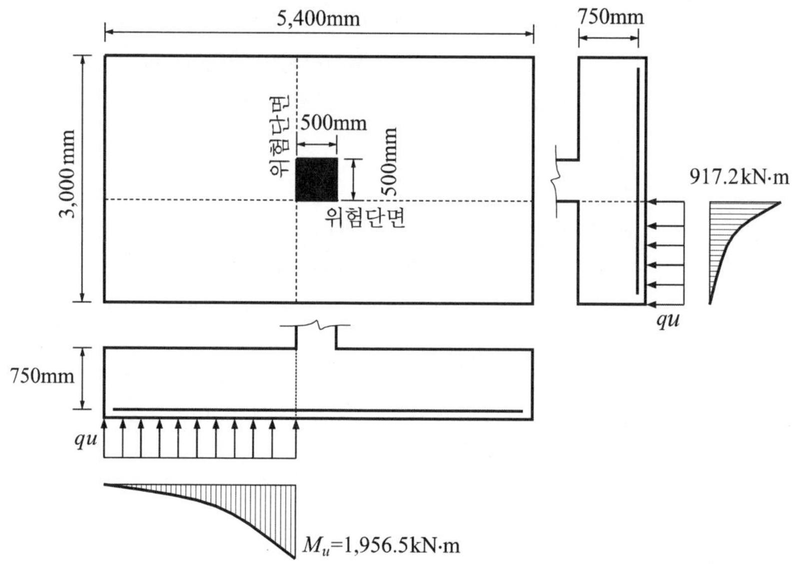

기초판 내 휨모멘트 분포

$$\rho = \eta 0.85 \frac{f_{ck}}{f_y}\left(1-\sqrt{1-2\frac{R_n}{\eta 0.85 f_{ck}}}\right) = 1\times 0.85\frac{24}{400}\left(1-\sqrt{1-2\frac{1.364}{1\times 0.85\times 24}}\right)$$

$= 0.00353$

$\eta = 1(\because\ f_{ck} \le 40\,\text{MPa})$

휨부재의 최소 철근량 (KDS 14 20 20 4.2.2)

휨부재의 최소 철근량은 $\phi M_n \ge 1.2 M_{cr}$ 이어야 한다.

$$\text{균열휨강도 } M_{cr} = \frac{f_r I_g}{y_t} = \frac{0.63\lambda\sqrt{f_{ck}}\times bh^3/12}{h/2}$$

$$= \frac{(0.63\times 1\times \sqrt{24})\times(5{,}400\times 850^3/12)}{850/2} = 2006.9\ \text{kN·m}$$

$$\text{설계휨강도 } \phi M_n = \phi\rho f_y b d^2\left(1-\frac{\rho f_y}{1.7\eta f_{ck}}\right)$$

$$= 0.85\times 0.00353\times 400\times 5{,}400\times 750^2\left(1-\frac{0.00353\times 400}{1.7\times 1\times 24}\right)$$

$$= 3519.4\ \text{kN·m}$$

$\phi M_n \ge 1.2 M_{cr}$ 이므로 적합

최소 철근비는 (KDS 14 20 50 4.6.2)

$\rho_{\min} = 0.002 < 0.00353$, 따라서 0.00353 사용

그러므로

$A_s = \rho_{\min} bd = 0.00353 \times 3{,}000 \times 750 = 7{,}942.5\ \mathrm{mm}^2$

철근 배치

D25 철근의 단면적 $A_{s1} = 506.7\ \mathrm{mm}^2$이고 균등히 배치하면 간격은,

$$s = (\text{기초판 폭}) \times \frac{A_{s1}}{A_s} = 3{,}000\left(\frac{506.7}{7942.5}\right) = 191.4\ \mathrm{mm} \rightarrow @190\ \mathrm{mm}$$

정착 검토 (KDS 14 20 52 4.1.2)

$l_d = 746.6\ \mathrm{mm}$

단부까지 철근 연장 배치($5{,}400/2 - 250 - 80 = 2{,}370\ \mathrm{mm} > 746.6\mathrm{mm}$) 만족

짧은 변 방향

소요휨모멘트

$$M_u|_{A-A} = \frac{q_u l_2}{2}\left(\frac{l_1 - c_1}{2}\right)^2 = \frac{217.3(5.4)}{2}\left(\frac{3-0.5}{2}\right)^2 = 917.2\ \mathrm{kN{\cdot}m}$$

철근량 계산

$\phi = 0.85$ (가정)

$$R_n = \frac{M_u}{\phi b d^2} = \frac{917.2 \times 10^6}{0.85 \times 5{,}400 \times 750^2} = 0.758\ \mathrm{MPa}$$

$$\rho = \eta 0.85 \frac{f_{ck}}{f_y}\left(1 - \sqrt{1 - 2\frac{R_n}{\eta 0.85 f_{ck}}}\right) = 1 \times 0.85 \frac{24}{400}\left(1 - \sqrt{1 - 2\frac{0.758}{1 \times 0.85 \times 24}}\right)$$

$$= 0.00193$$

$\eta = 1(\because\ f_{ck} \le 40\ \mathrm{MPa})$

휨부재의 최소 철근량 (KDS 14 20 20 4.2.2)

휨부재의 최소 철근량은 $\phi M_n \ge \frac{4}{3} M_u$이어야 한다.

$$\text{설계휨강도 } \phi M_n = \phi \rho f_y b d^2\left(1 - \frac{\rho f_y}{1.7\eta f_{ck}}\right)$$

$$= 0.85 \times 0.00353 \times 400 \times 5{,}400 \times 750^2\left(1 - \frac{0.00353 \times 400}{1.7 \times 1 \times 24}\right)$$

$$= 3519.4\ \mathrm{kN{\cdot}m}$$

$\phi M_n \ge \frac{4}{3} M_u$이므로 적합

이므로,

최소 철근비는 (KDS 14 20 50 4.6.2)

$\rho_{\min} = 0.002 > 0.00193$, 따라서 0.002 사용

그러므로

$A_s = \rho_{\min} bd = 0.002 \times 5{,}400 \times 750 = 8100\ \text{mm}^2$

철근 배치

$\beta = l_x / l_y = 5.4/3 = 1.8$이고, $\dfrac{2}{\beta+1} = \dfrac{2}{1.8+1} = 0.714$이므로,

$0.714 A_s = 0.714 \times 4{,}819.5 = 3{,}441.1\ \text{mm}^2$을 유효폭(3,000 mm) 내에 배치하고 나머지를 균등히 배치한다. 즉, 유효폭 내에는

D22 철근 이용($A_{s1} = 387.1\ \text{mm}^2$)

$$s = (\text{기초판 폭}) \times \frac{A_{s1}}{A_s} = 3{,}000\left(\frac{387.1}{3{,}441.1}\right) = 337.4\ \text{mm} \rightarrow @300\ \text{mm}$$

유효폭 외에는

$$s = (\text{기초판 폭}) \times \frac{A_{s1}}{A_s} = (5{,}400 - 3{,}000)\left(\frac{387.1}{(4{,}819.5 - 3{,}441.1)}\right)$$

$$= 659.6\ \text{mm} \rightarrow @600\ \text{mm}$$

정착 검토 (KDS 14 20 52 4.1.2)

$l_d = 652.5\ \text{mm}$(각자 해 보자)

단부까지 철근 연장 배치($3{,}000/2 - 250 - 80 = 1{,}170\ \text{mm} > 652.5\text{mm}$) 만족

이상의 결과는 그림과 같다.

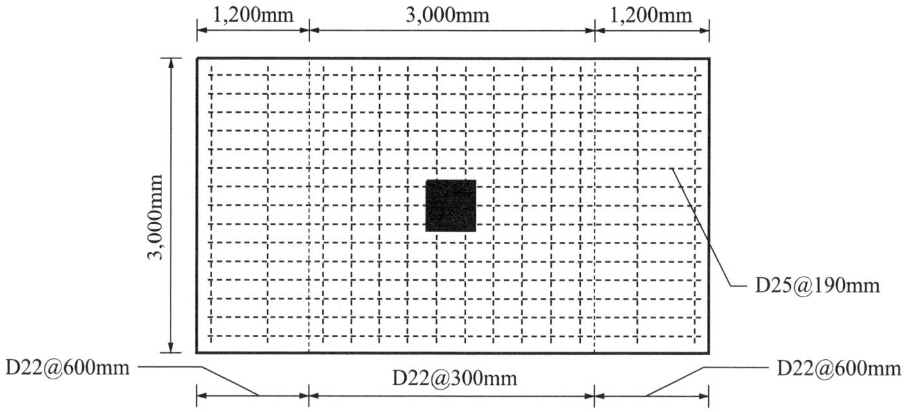

철근 배치 상세

11-2-4. 축하중과 휨모멘트를 받는 기초판의 설계

축하중과 휨모멘트를 받는 기초판 설계는 앞의 경우와 유사하지만 조합응력이 작용하므로 다음에 유의해야 한다.

1) 기초판 A에서 사용하중 상태의 응력이 지반의 허용지지력 q_a 또는 유효허용지지력 q_e 이하임을 확인한다. 즉,

$$q_{\max,\,\min} = \frac{P}{A} \pm \frac{M}{Z} \leq q_a(\text{또는 } q_e) \tag{11.15}$$

2) 설계용 토압 q_u는 다음과 같이 선형분포한다.

$$q_u = \frac{P_u}{A} \pm \frac{M_u}{Z} \tag{11.7}$$

3) 전단 검토와 휨설계는 식 (11.7)을 이용하며 방법은 같다.

물론 위와 같이 기초가 e만큼 편심을 받는 경우(축하중 P와 휨모멘트 $M=Pe$)는 기초판을 경제적으로 설계하기 어려운 경우가 많다. 그러므로 기초판이 단독으로 큰 편심하중을 받지 않도록 하는 것이 바람직하다. 기초판의 적절한 배치와 지중보를 고려해 보는 것은 어떨까?

11-2-5. 기둥 밑면에서 힘의 전달

기둥, 벽체 등 기초판에 접하는 받침부재에서 축하중과 휨모멘트는 그림 11.9와 같이 기초판의 지압과 받침부재를 관통하는 다월(dowel)철근 또는 기계적 연결장치를 통해 기초로 전달된다.

이러한 받침부재에서 힘의 전달을 검토해야 하는 이유는,

(1) 일반적으로 콘크리트 타설 공정상 기초와 기둥의 콘크리트가 일체로 타설되지 않기 때문에 힘이 연속적으로 전달되지 않을 가능성이 있다.

(2) 기초와 기둥의 콘크리트 강도가 다르면 공정상 두 부재를 일체로 타설하지 못한다. 예를 들어 기둥에 고강도콘크리트를 사용할 때 기초는 보다 낮은 강도의 콘크리트를 사용하는 사례가 많다.

그러므로 기초 위의 여러 받침부재로부터 전달되는 소요 축하중 P_u는 기초판과 연결부의 지압에 의하여 지지해야 하고, 이 때 지압력은 기초판의 지압강도를 초과해서는 안 된다. 또한 받침부재와 지지된 부재를 연결하는 철근, 다월철근 또

는 기계적 연결장치는 다음과 같은 힘을 충분히 전달할 수 있어야 한다.

(1) 어느 한쪽 부재의 콘크리트 지압강도를 초과하는 모든 압축력

(2) 접촉면 사이의 인장력

기준에서는 콘크리트의 설계지압강도 ϕP_n이 $\phi(0.85 f_{ck} A_1)$를 초과할 수 없도록 하고 있다. 그러나 기초판과 같이 지지면이 재하면 보다 모두 큰 경우는 이 값을 완화할 수 있다. 하중을 직접 받지 않는 콘크리트 부분이 주변을 에워싸고 있어서 횡방향으로 구속하고, 이로 인해 하중을 직접 받는 콘크리트는 3축 응력상태가 되어 콘크리트 압축강도가 증가하기 때문이다. 즉,

$$P_u \leqq \phi P_n \tag{1.5}$$

$$\phi P_n = \phi\left(0.85 f_{ck} A_1 \sqrt{\frac{A_2}{A_1}}\right), \qquad \sqrt{A_2/A_1} \leqq 2.0 \tag{11.16}$$

여기서, 강도감소계수 $\phi = 0.65$, A_1는 하중을 받는 면적, A_2는 그림 (a)와 같이 상부를 A_1으로 하고, 측면 경사를 1 : 2로 하여 어느 한 면이 경계면에 닿았을 때 계산된 값이다. 식 (11.16)에서 $\sqrt{A_2/A_1} \leqq 2.0$이다. 즉 콘크리트 지압강도의 2배까지만 완화를 허용한다.

기둥의 지압력이 지압강도를 초과하는 경우 축방향 주철근을 기초판 하부까지 연장시키거나 다월철근을 이용하여 초과하중을 기초판에 전달해야 한다. 이 때 소요 다월철근량은,

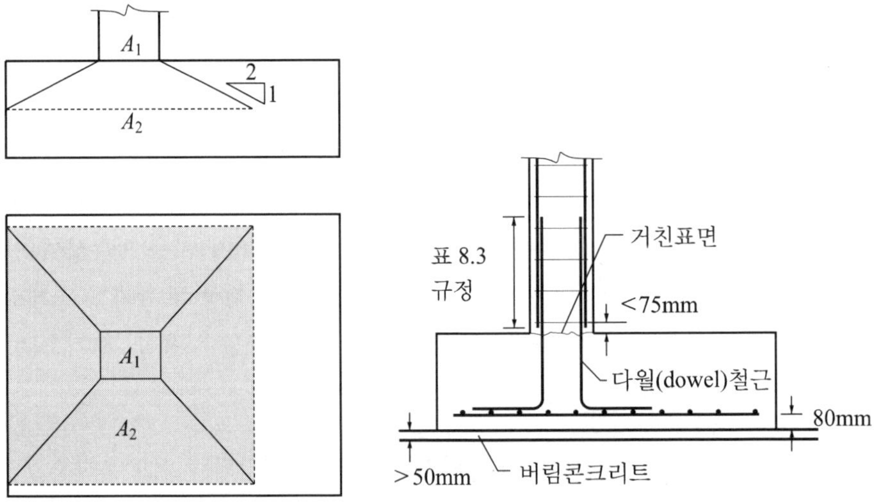

(a) 지압면적 (b) 기초-기둥 접합부(다월철근)

그림 11.9 기초판의 지압면적 및 다월철근

$$A_{s(req)} = \frac{(P_u - \phi P_n)}{\phi f_y} \tag{11.17}$$

여기서, $\phi = 0.65$이다.

실제 기초판과 기둥 사이에서 콘크리트의 지압강도가 충분한 경우에도 4개 이상의 다월철근을 배근한다. 이것은 힘의 전달을 원활하게 할 뿐만 아니라 구조물의 일체성 확보라는 측면에서 매우 중요하다. 기준에서도 이러한 일체성 확보를 위해서 다월철근의 최소량을 제시하고 있다. 즉,

1) 기초판과 현장타설 기둥 사이 : 기둥 단면적의 0.5% 이상
2) 기초판과 현장타설 벽체 사이 : 벽체 최소 수칙철근량 이상

이다. 그림 (b)는 다월철근의 배근 상세를 나타낸 것이다. 다월철근은 D35 이하이어야 한다. 다월철근의 상부 기둥 또는 벽체로의 정착길이는 5-4-3절의 압축정착길이 또는 상부 주철근과의 이음길이(표 8.3)로 결정한다. 또한 하부 기초판으로의 다월철근 정착은 압축정착길이 이상으로 연장한다. 만약 기초판의 깊이가 작아 정착길이가 부족한 경우는 표준갈고리를 고려한다.

예제 11-5 기둥 하단의 지압력 검토

예제 11-1~11-3의 설계조건에서 기둥과 기초판 사이의 지압을 검토하라. 또한 다월철근을 설계하라. 단, 기둥에 사용한 콘크리트 $f_{ck} = 35$ MPa이다.

풀이

기둥의 지압강도 검토

$P_u = 3{,}520$ kN (기둥 축하중)

$f_{ck} = 35$ MPa (기둥)

$\phi = 0.65$ (지압력에 대한 강도감소계수)

$A_1 = 0.5 \times 0.5 = 0.25\ \text{m}^2$

콘크리트 설계지압강도

$\phi P_n = \phi(0.85 f_{ck} A_1) = 0.65(0.85 \times 35 \times 0.25) \times 10^3 = 4{,}834.4\ \text{kN} \geq P_u$

기초의 지압강도 검토 (KDS 14 20 20 4.7)

$f_{ck} = 24$ MPa (기초판)

그림에서

$A_1 = 0.5 \times 0.5 = 0.25\ \text{m}^2$

$A_2 = (0.5+1.7+1.7) \times (0.5+1.7+1.7) = 15.21\ \text{m}^2$

$\sqrt{\dfrac{A_2}{A_1}} = \sqrt{\dfrac{15.21}{0.25}} = 7.8\ (\leqq 2.0)$이므로 2.0

콘크리트 설계지압강도

$\phi P_n = 2 \times \phi(0.85 f_{ck} A_1) = 2 \times 0.65(0.85 \times 24 \times 0.5 \times 0.5) \times 10^3 = 6{,}630\ \text{kN} \geqq P_u$

만족

다월철근 설계

기둥과 기초의 콘크리트 지압강도가 하중을 전달하는데 충분하다 하더라도, 다월철근을 기둥 면적의 0.5% 이상 경계면에 관통하여 배치해야 하므로,

$A_s = 0.005 \times \text{기둥면적}(A_1) = 0.005 \times 0.25 \times 10^6 = 1{,}250\ \text{mm}^2$

D22 사용($A_{s1} = 387.1\ \text{mm}^2$, $f_y = 400\ \text{MPa}$)

$n = \dfrac{A_s}{A_{s1}} = \dfrac{1{,}250}{387.1} = 3.23 \rightarrow$ 4개 모서리에 배치(그림)

기둥 쪽으로의 정착길이 계산(압축이형철근 정착) (KDS 14 20 52 4.1.3)

$d_b = 22.2\ \text{mm}, \quad \lambda = 1.0$(보통콘크리트)

압축을 받는 이형철근의 정착길이는

$l_{db} = \dfrac{0.25\, d_b f_y}{\lambda\sqrt{f_{ck}}} = \dfrac{0.25(22.2)(400)}{1.0\sqrt{35}} = 375.2\ \text{mm}$

$l_d \geqq 0.043 d_b f_y = 0.042 \times 22.2 \times 400 = 381.8\ \text{mm}$ (사용)

기초판 쪽으로의 정착길이 계산(압축이형철근 정착) (KDS 14 20 52 4.1.3)

$d_b = 22.2\ \text{mm}, \quad \lambda = 1.0$(보통콘크리트)

$l_{db} = \dfrac{0.25\, d_b f_y}{\lambda\sqrt{f_{ck}}} = \dfrac{0.25(22.2)(400)}{1.0\sqrt{24}} = 453.2\ \text{mm}$ (사용)

$l_d \geqq 0.043 d_b f_y = 0.042 \times 22.2 \times 400 = 381.8\ \text{mm}$

기초판에서 가능한 정착길이(기초판 철근 상부까지 정착거리 사용)

정착거리 $= 850 - 80$(피복)$- 2 \times 25.4 = 719.2\ \text{mm} > 453.2\ \text{mm}$

이므로 다월철근을 기초판에 충분히 정착할 수 있다.

또한 안전성과 시공 편의를 위해 그림과 같이 아래 면에 갈고리를 둔다.

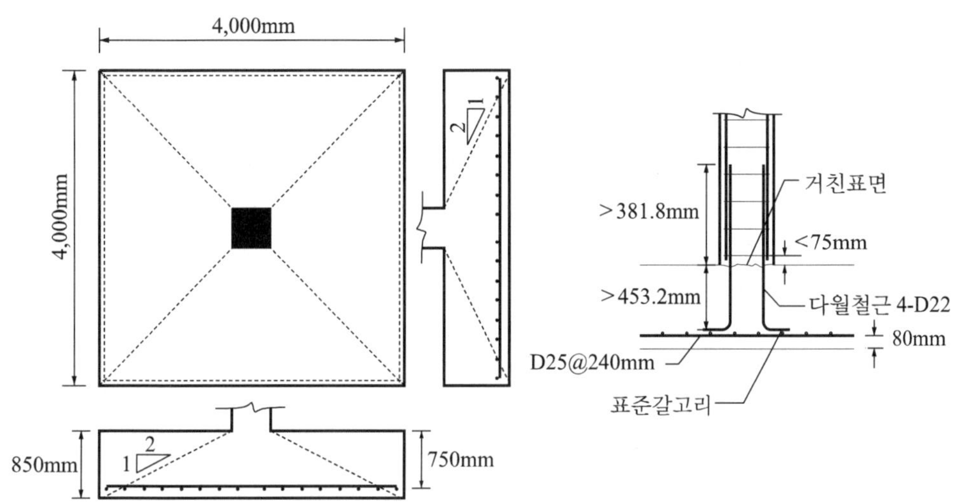

11-3 연속기초 설계

내력벽이나 조적벽 아래 기초판을 길이 방향으로 연속시켜서 상부하중을 양쪽으로 뻗은 기초판에 전달시키는 방식을 **연속기초**(줄기초, continuous footing)라 한다. 그림 11.10에 전형적인 연속기초를 나타냈다. 연속기초는 기초판이 마치 단위 폭을 갖는 캔틸레버로 거동하므로 단위길이 1 m에 대하여 설계하고 이를 기초판 전체에 적용한다. 1방향 슬래브의 설계방법을 생각해 보자. 설계순서는,

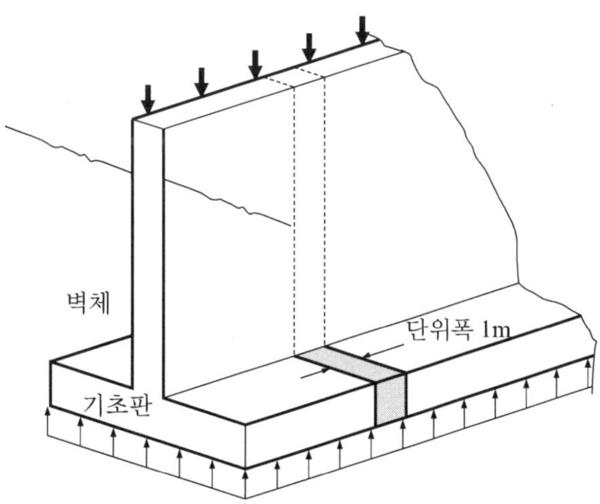

그림 11.10
연속기초(줄기초)

(1) 단위 길이 1 m에 대한 1방향 전단 검토를 통해 기초판 두께를 결정한다. 연속기초판은 벽체 길이에 맞추어 길게 연속되므로 2방향 전단(뚫림전단)을 검토할 필요가 없다.

(2) 단위 길이 1 m에 대하여 소요휨모멘트를 계산하고 휨설계한다. 소요휨모멘트 계산에서 위험단면은, 내력벽에서는 벽면 전면이고, 조적벽에서는 벽체 중심과 벽체 전면과의 중앙부이다. 또한 휨철근의 정착길이를 검토한다.

(3) 단위 길이 1 m에 대한 설계 결과를 기초판 전체에 적용한다. 또한 벽체 길이방향(긴 변)으로는 수축·온도철근 규정에 따라 철근을 배치한다. 벽체와 기초판의 일체성 확보를 위한 다월철근은 벽체의 최소 수직철근비 이상으로 배치한다.

예제 11-6 연속기초 설계

그림과 같은 두께 200 mm의 내력벽이 고정하중 330 kN/m, 활하중 180 kN/m를 지지할 때, 이 내력벽의 기초판을 연속기초로 설계하라. 단,

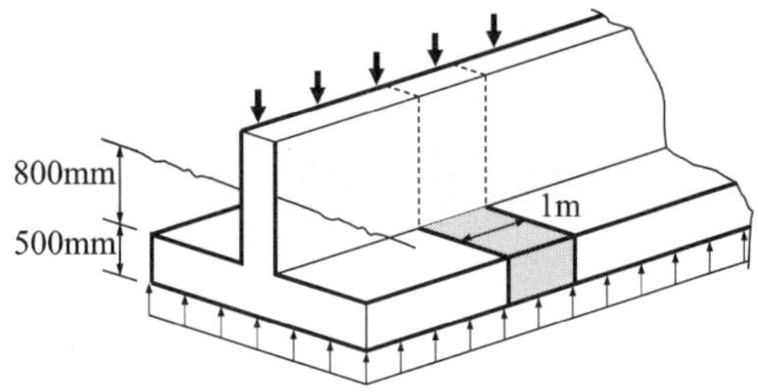

허용지내력 $q_a = 300\ \text{kN/m}^2$,

기초판 두께 500 mm,

기초위에 채워지는 흙 높이 800 mm,

흙의 무게 $18\ \text{kN/m}^3$,

철근콘크리트 무게 $24\ \text{kN/m}^3$이고, 재료강도는 $f_{ck} = 24\ \text{MPa}$, $f_y = 400\ \text{MPa}$이다.

풀이

유효허용지내력 q_e 결정

$$q_e = \text{허용지내력} - (\text{흙의 무게} + \text{콘크리트의 무게})$$
$$= 300 - (18 \times 0.8 + 24 \times 0.5) = 273.6\ \text{kN/m}^2$$

기초판 면적 계산

$$A = \frac{P_D + P_L}{q_e} = \frac{330 + 180}{273.6} = 1.864\ \text{m}^2$$

따라서 단위 폭 $1\ \text{m} \times 2\ \text{m}\ (A = 2\ \text{m}^2)$으로 결정

설계용 토압 q_u 계산 (KDS 14 20 70 4.2)

$$P_u = 1.2P_D + 1.6P_L = 1.2(330) + 1.6(180) = 684\ \text{kN/m}$$

$$q_u = \frac{P_u}{A} = \frac{684}{2} = 342\ \text{kN/m}^2$$

1방향 전단 검토 (KDS 14 20 22 4.2.1)

$d = D -$ 피복두께 $-$ 주철근 직경 $= 500 - 80 - 20 = 400\ \text{mm}$

소요전단력

$l_1 = 1\ \text{m},\quad l_2 = 2\ \text{m},\quad c_1 = 200\ \text{mm}$

$V_u = q_u \times$(빗금친 부분의 면적)

$$V_u = q_u\left(\frac{l_2 - c_1}{2} - d\right)\times l_1 = 342\left(\frac{2-0.2}{2} - 0.4\right)\times 1 = 171\ \text{kN}$$

콘크리트 전단강도

$\lambda = 1.0$(보통콘크리트)

$$\phi V_c = \phi\frac{1}{6}\lambda\sqrt{f_{ck}}\,l_1 d = 0.75\times\frac{1}{6}(1.0)\sqrt{24}\times 1{,}000\times 400\times 10^{-3}$$

$= 244.95\ \text{kN} > V_u$ 적합

2방향 전단은 검토 필요 없음(연속기초이므로)

휨설계

소요휨모멘트

$$M_u|_{A-A} = \frac{q_u l_1}{2}\left(\frac{l_2 - c_1}{2}\right)^2 = \frac{342(1)}{2}\left(\frac{2-0.2}{2}\right)^2 = 138.51\ \text{kN·m}$$

철근량 계산

$\phi = 0.85$ (가정)

$$R_n = \frac{M_u}{\phi b d^2} = \frac{138.51\times 10^6}{0.85\times 1{,}000\times 750^2} = 1.018\ \text{MPa}$$

$$\rho = \eta 0.85\frac{f_{ck}}{f_y}\left(1 - \sqrt{1 - 2\frac{R_n}{\eta 0.85 f_{ck}}}\right) = 1\times 0.85\frac{24}{400}\left(1 - \sqrt{1 - 2\frac{1.018}{1\times 0.85\times 24}}\right)$$

$= 0.00261$

$\eta = 1(\because f_{ck} \le 40\ \text{MPa})$

최소 철근비는 (KDS 14 20 50 4.6.2)

$\rho_{\min} = 0.002 < 0.00261$, 따라서 0.00261 사용

$b = 1{,}000\ \text{mm}$(단위 폭 1 m)

$$A_s = \rho_{\min} b d = 0.00261\times 1{,}000\times 400 = 1{,}044\ \text{mm}^2$$

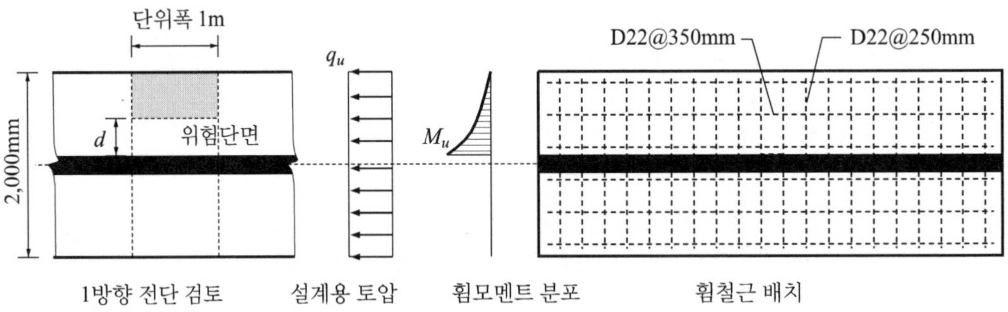

철근 배치

D22 철근의 단면적 $A_{s1} = 387.1\,\mathrm{mm}^2$이고 균등히 배치하면 간격은,

$$s = (\text{기초판 폭}) \times \frac{A_{s1}}{A_s} = 1{,}000\left(\frac{387.1}{1{,}044}\right) = 370.79\,\mathrm{mm} \rightarrow @350\,\mathrm{mm}$$

정착검토 (KDS 14 20 52 4.1.2)

$l_d = 652.5\,\mathrm{mm}$

단부까지 철근 연장 배치($2{,}000/2 - 200/2 - 80 = 792\,\mathrm{mm} > 652.5\,\mathrm{mm}$) 만족

길이방향 수축·온도철근 배치 (KDS 14 20 50 4.6.2)

길이방향은 계산상 철근이 필요 없지만 최소철근비의 개념으로 수축·온도철근을 배치한다. 즉,

$A_s = 0.002bh = 0.002 \times 2{,}000 \times 500 = 2{,}000\,\mathrm{mm}^2$

철근간격

$$s = (\text{기초판 폭}) \times \frac{A_{s1}}{A_s} = 2{,}000\left(\frac{387.1}{2{,}000}\right) = 387.1\,\mathrm{mm} \rightarrow @350\,\mathrm{mm}$$

11-4 복합기초 설계

복합기초는 그림 11.11과 같이 가까이 있는 2개 이상의 기둥이나 벽체를 하나의 기초판으로 지지하는 방식이다. 이러한 기초가 필요한 경우는,

1) 그림 (a)와 같이 기초면적이 커서 각각의 기둥에 대한 독립기초로 설계하지 못하거나, 각각의 독립기초 시공이 비경제적인 경우,
2) 그림 (b)와 같이 대지 경계선에 가까이 있어서 외부기둥을 독립기초로 설계할 경우 편심하중에 의해 기초판 설계가 어려운 경우

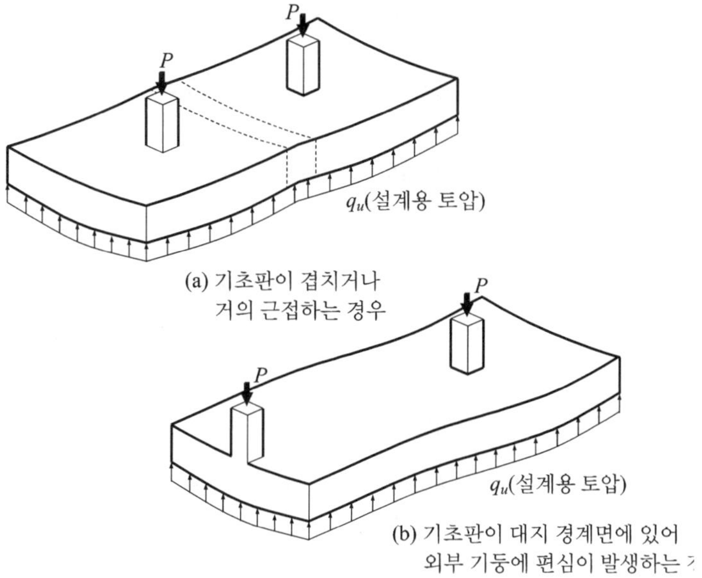

그림 11.11
복합기초의 거동

이다. 이때 두 기초판의 연결 방식에 따라 직사각형 복합기초와 연결보(지중보)로 결합하는 연결기초로 구분한다.

그림 11.12는 복합기초의 구조 거동을 나타낸 것이다. 그림을 잘 살펴보면 복합기초는 등분포 하중을 받는 단순보를 거꾸로 한 것 같다. 즉 설계용 토압 q_u는 등분포하중으로, 두 기둥으로부터 작용하는 축하중은 반력이다. 그러므로 기둥 사이의 기초판은 일반적인 보의 배근과 반대가 된다는 것에 주의하자. 즉, 보에서는 중앙부에 정모멘트가 발생하여 하단에 휨철근을 배근하였지만, 복합기초판은 그림 (b)와 같이 반대로 철근을 배치한다. 이러한 휨철근 배치 형태는 연결보(지중보)나 전면기초에서도 같게 나타난다는 것을 다시 한 번 강조한다. 두 복합기초별로 설계방법을 살펴보자.

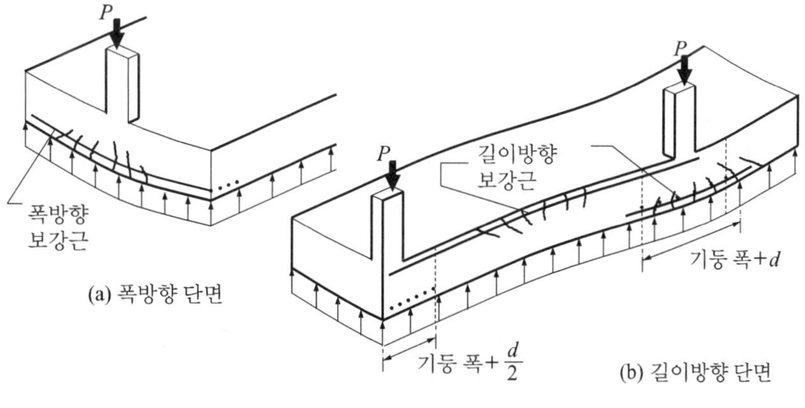

그림 11.12
복합기초의
거동과
기초판
휨철근의 배치

11-4-1. 직사각형 복합기초

직사각형 복합기초의 설계 순서는 다음과 같다.

(1) 기초판 면적 결정과 설계용 토압 q_u

그림 11.13을 보자. 먼저 두 기둥에 작용하는 하중의 합력과 작용점이 기초판의 도심을 지나도록 해서 편심이 발생하지 않도록 한다. 이렇게 기초판의 길이를 결정하면 지반의 토압이 기초에 등분포하며 회전하지 않는다.

(2) 기초판 두께 가정과 전단 검토

두께를 가정하고 전단을 검토한다. 전단 검토는 기본적으로 앞의 독립기초와 같다. 예를 들어 1방향 전단은, 두 기둥 중 전단력이 큰 쪽에 대하여 기둥면에서 d만큼 떨어진 거리에서의 소요전단력을 V_u로 하여 검토한다. 2방향 전단의 위험단면은 기둥에서 각 방향에 $d/2$만큼 떨어진 부분이다. 일반적으로 외부 기둥이 2방향 전단에 더 취약하다.

(3) 기초판의 휨설계

기초판 길이 방향으로의 휨설계는 휨철근 배치가 반대가 된다는 것 이외에 보의 휨설계와 같다. 즉 계산된 단부의 정(+)휨모멘트와 중앙부의 부(−)휨모멘트에 대해서 길이방향으로 철근량을 계산하고 배치한다.

기초판 폭 방향에 대해서는 기둥 축하중이 수평과 수직으로 1 : 2로 확산된다고 가정한다. 즉, 기둥 계수 축하중을 기초판 폭으로 나눈 분포하중이 캔틸레버에 작용할 때를 상정해서 휨설계한다. 이때 계산된 휨철근은 기둥 치수에 기둥 양면으로 $d/2$만큼 더한 넓이에 배치한다. 그림 11.12를 참고하자.

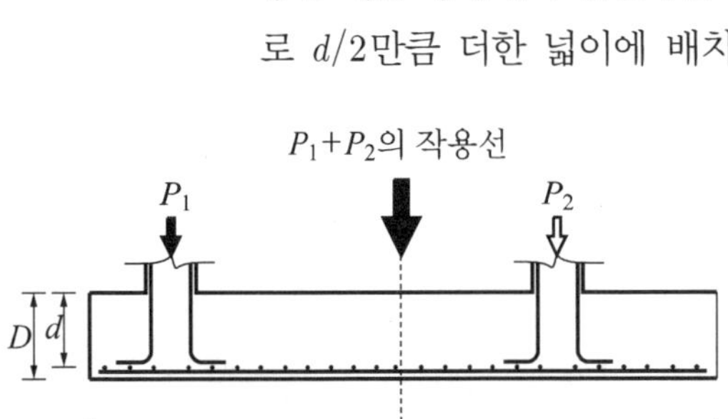

(a) 기둥과 기둥이 가까운 경우

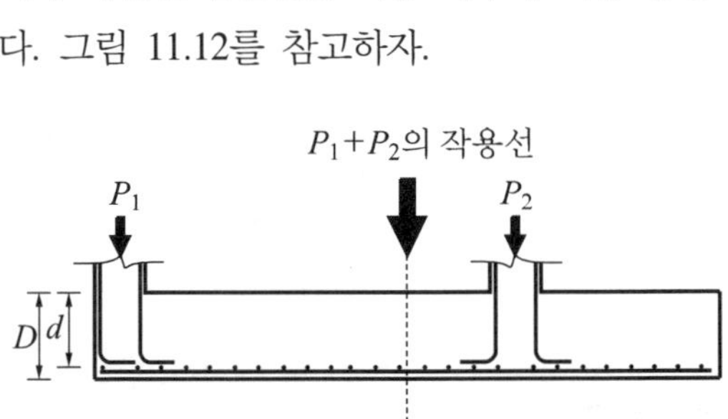

(b) 외부기둥에 편심이 발생하는 경우

그림 11.13 복합기초판의 면적 결정

예제 11-7 직사각형 복합기초

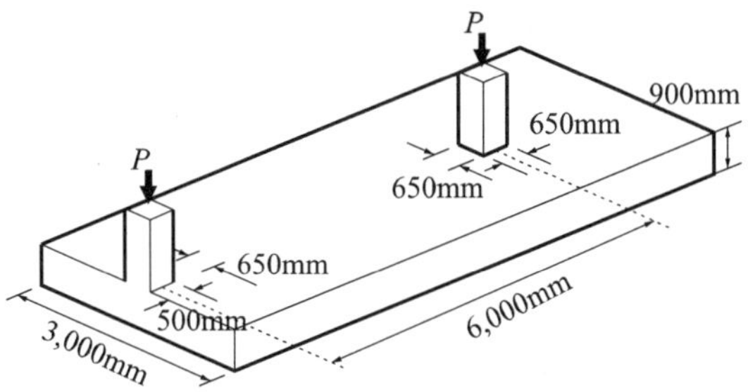

다음 그림과 같은 복합기초에서 설계조건은,

- 외부기둥 : 고정하중 $P_D = 850\ \mathrm{kN}$, 활하중 $P_L = 700\ \mathrm{kN}$
- 내부기둥 : 고정하중 $P_D = 1{,}300\ \mathrm{kN}$, 활하중 $P_L = 1{,}000\ \mathrm{kN}$
- 표면재하 = $5\ \mathrm{kN/m^2}$

이다. 기초판 폭 = $3\ \mathrm{m}$, 두께는 $D = 0.9\ \mathrm{m}$ 이고, 기초판 아래 면이 지표로부터 −2 m에 위치해 있다. 흙과 철근콘크리트의 평균무게는 $21\ \mathrm{kN/m^3}$ 이고 허용지내력은 $q_a = 300\ \mathrm{kN/m^2}$ 이다. 이 때,

(1) 복합기초판의 크기 및 설계용 토압 q_u

(2) 1방향 전단 검토에 필요한 소요전단력 V_u

(3) 2방향 전단 검토에 필요한 소요전단력 V_u

(4) 길이방향 기초판의 소요휨모멘트 M_u

(5) 기초판 폭방향 보강철근을 계산하기 위한 소요휨모멘트 M_u

를 구하라. $f_{ck} = 24\ \mathrm{MPa}$, $f_y = 400\ \mathrm{MPa}$ 이다.

풀이

(1) 복합기초판의 크기와 형태 및 설계용 토압 q_u

유효허용지내력 q_e 결정

$$q_e = \text{허용지내력} - (\text{흙과 콘크리트 평균 무게} + \text{표면재하})$$
$$= 300 - (21 \times 2 + 5) = 253\ \mathrm{kN/m^2}$$

기초판 결정

필요한 기초판 면적은,

$$A = \frac{(P_{D1} + P_{L1}) + (P_{D1} + P_{L1})}{q_e} = \frac{(850 + 700) + (1{,}300 + 1{,}000)}{253} = 15.22\ \mathrm{m^2}$$

외부기둥 중심에서 합력의 작용점 L_G은,

외부기둥 $P_1 = 1.2P_{D1} + 1.6P_{L1} = 1.2 \times 850 + 1.6 \times 700 = 2{,}140\ \mathrm{kN}$

내부기둥 $P_2 = 1.2P_{D2} + 1.6P_{L2} = 1.2 \times 1{,}300 + 1.6 \times 1{,}000 = 3{,}160\ \mathrm{kN}$

따라서

$$L_G = \frac{P_1(0) + P_2(6)}{P_1 + P_2} = \frac{2{,}140(0) + 3{,}160(6)}{2{,}140 + 3{,}160} = 3.577\ \mathrm{m}$$

기초 길이

$$L = 2\left(L_G + \frac{\text{외부기둥 폭}}{2}\right) = 2\left(3.577 + \frac{0.5}{2}\right) = 7.654\ \text{m} \rightarrow 7.7\ \text{m} \ \text{결정}$$

기초 크기와 형태는 $7.7 \times 3.0\ \text{m}\ (A = 23.1\ \text{m}^2)$

설계용 토압 q_u 계산 (KDS 14 20 70 4.2)

$$P_u = P_1 + P_2 = 2{,}140 + 3{,}160 = 5{,}300\ \text{kN/m}$$

$$q_u = \frac{P_u}{A} = \frac{5{,}300}{23.1} = 229.44\ \text{kN/m}^2 \ (\text{등분포})$$

(2) 1방향 전단 검토에 필요한 소요전단력 V_u

길이방향 단위길이당 설계토압은

$q_{ux} = q_u \times \text{기초 폭} = 229.44 \times 3.0 = 688.32\ \text{kN/m}$ 이고,

$d = 900 - 80 - 20 = 800\ \text{mm} = 0.8\ \text{m}$ (기초판 유효깊이)

외부기둥 1방향 검토

외부기둥의 오른쪽 면

$V_{u\text{외부기둥}r} = -P_1 + q_{ux} \times \text{외부기둥 깊이} = -2{,}140 + 688.32 \times 0.5 = -1{,}795.8\ \text{kN}$

이므로,

외부기둥 전단위험단면의 V_u는 그림 (a)와 같이,

$V_u = V_{u\text{외부기둥}r} + q_{ux} \times d = -1{,}795.8 + 688.32 \times 0.8 = -1{,}245.1\ \text{kN}$

내부기둥 1방향 검토

내부기둥의 왼쪽 면

$$\begin{aligned} V_{u\text{내부기둥}l} &= -P_2 + q_{ux} \times (\text{기둥사이 거리} + \text{외부기둥 깊이}/2 - \text{내부기둥 깊이}/2) \\ &= -3{,}160 + 688.32(6 + 0.65/2 - 0.65/2) = 969.87\ \text{kN} \end{aligned}$$

이므로, 내부기둥 전단위험단면의 V_u는,

$V_u = V_{u\text{내부기둥}l} - q_{ux} \times d = 969.87 - 688.32 \times 0.8 = 419.22\ \text{kN}$

(3) 2방향 전단 검토에 필요한 소요전단력 V_u

소요전단력 V_u는 계수 축하중에서 그림 (a)와 같은 기둥면에서 $0.75d$ 떨어진 둘레 내부 면적의 설계용 토압 q_u 크기를 뺀 값이다. 그러므로

외부기둥 2방향 검토

$$\begin{aligned} V_u &= P_1 - q_u(\text{외부기둥 깊이} + 0.75d)(\text{외부기둥 폭} + 1.5d) \\ &= 2{,}140 - 229.44(0.5 + 0.75 \times 0.8)(0.65 + 1.5 \times 0.8) = 1{,}673.1\ \text{kN} \end{aligned}$$

내부기둥 2방향 검토

$$V_u = P_2 - q_u(\text{내부기둥 깊이} + 1.5d)(\text{내부기둥 폭} + 1.5d)$$
$$= 3{,}160 - 229.44(0.65 + 1.5 \times 0.8)(0.65 + 1.5 \times 0.8) = 2{,}374.7\ \text{kN}$$

(4) 길이방향 기초판의 최대 소요휨모멘트

최대 부(-) 소요휨모멘트 M_u

최대휨모멘트는 $V_u = 0$인 위치이므로, $P_1 - q_{ux}x = 0$에서,

$x = P_1/q_{ux} = 2{,}140/688.32 = 3.109\ \text{m}$(그림에서 기둥 사이 기초판)

이므로

$$M_u = q_{ux}\frac{x^2}{2} - P_1\left(x - \frac{\text{외부기둥 깊이}}{2}\right) = 688.32 \times \frac{3.109^2}{2} - 2{,}140\left(3.109 - \frac{0.5}{2}\right)$$
$$= -2{,}791.65\ \text{kN·m}$$

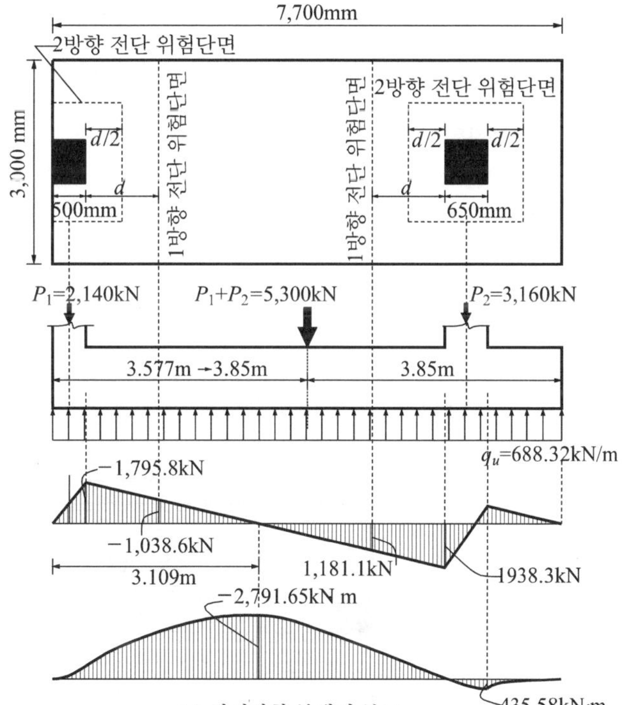

(a) 길이방향 부재력 분포

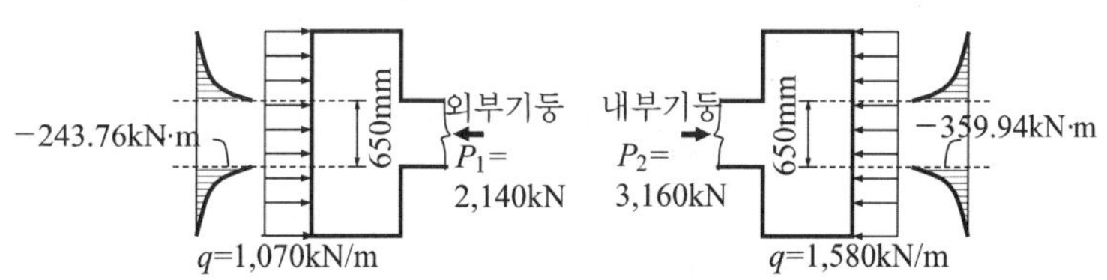

(b) 폭방향 부재력 분포

최대 정(+) 소요휨모멘트 M_u

그림 (a)와 같이 정(+) 소요휨모멘트의 최대값은 내부기둥 오른쪽 단부에서 발생하므로,

$L' = 7.7 - 6 - 0.5/2 - 0.65/2 = 1.125 \text{ m}$

$$M_u = q_{ux}\frac{L'^2}{2} = 688.32 \times \frac{1.125^2}{2} = 435.58 \text{ kN·m}$$

(5) 기초판 폭방향 보강철근을 계산하기 위한 소요휨모멘트 M_u

기둥 하중이 기초판 폭방향으로 확산된다고 가정하므로,

외부기둥

외부기둥에 작용하는 하중 분포

$$q = \frac{P_1}{B} = \frac{2{,}140}{2} = 1{,}070 \text{ kN/m}$$

M_u는 그림 (b)와 같이 기둥 측면에서 최대이고 캔틸레버이므로,

$$M_u = -q\frac{[(B - \text{외부기둥 폭})/2]^2}{2} = -1{,}070\frac{[(2-0.65)/2]^2}{2} = -243.76 \text{ kN·m}$$

내부기둥

같은 방법으로

$$q = \frac{P_2}{B} = \frac{3{,}160}{2} = 1{,}580 \text{ kN/m}$$

$$M_u = -q\frac{[(B - \text{내부기둥 폭})/2]^2}{2} = -1{,}580\frac{[(2-0.65)/2]^2}{2} = -359.94 \text{ kN·m}$$

이다.

기초판의 전단 검토 및 휨설계는 각자 해보자. 결과는 아래 그림과 같다.

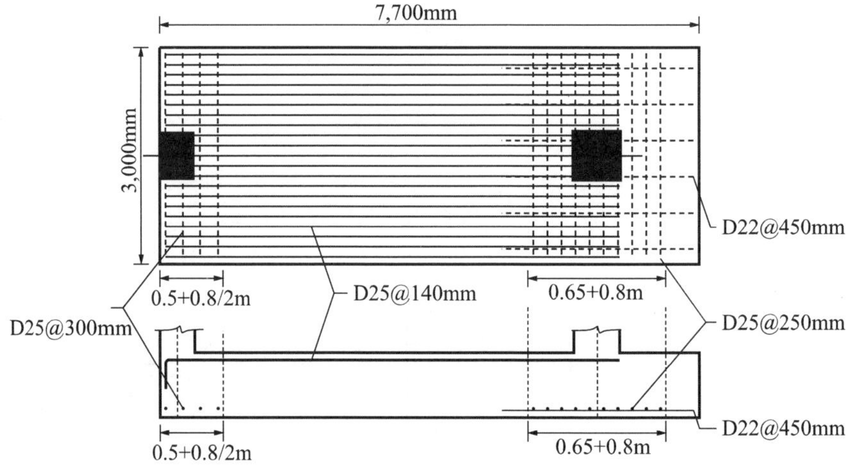

철근 배치 상세

11-4-2. 연결기초

복합기초에서 받침부재 사이가 떨어져 있어 직사각형 복합기초로 시공하기에는 경제적이지 않은 경우가 있다. **연결기초**(strap footing)는 위의 문제에 대하여 두 개의 독립기초를 연결보(지중보)로 연결하는 방식을 말하며, 캔틸레버형 복합기초(cantilever footing)라 부르기도 한다. 그림 11.14와 같이 편심을 받는 외부 기초를 내부 기초에 지중보로 연결하면, 외부 기초의 편심효과를 줄이고 안정성을 높일 수 있다. 연결기초에서는 기초판과 지중보가 내부기둥에서 단순 지지되고, 외부기둥 기초판의 토압은 균등하게 분포한다고 가정한다. 즉, 반력은 그림 (c)와 같이 기초판의 중심이다. 기초판의 반력을 각각 R_A, R_B라 하면, 힘의 평형조건에 따라,

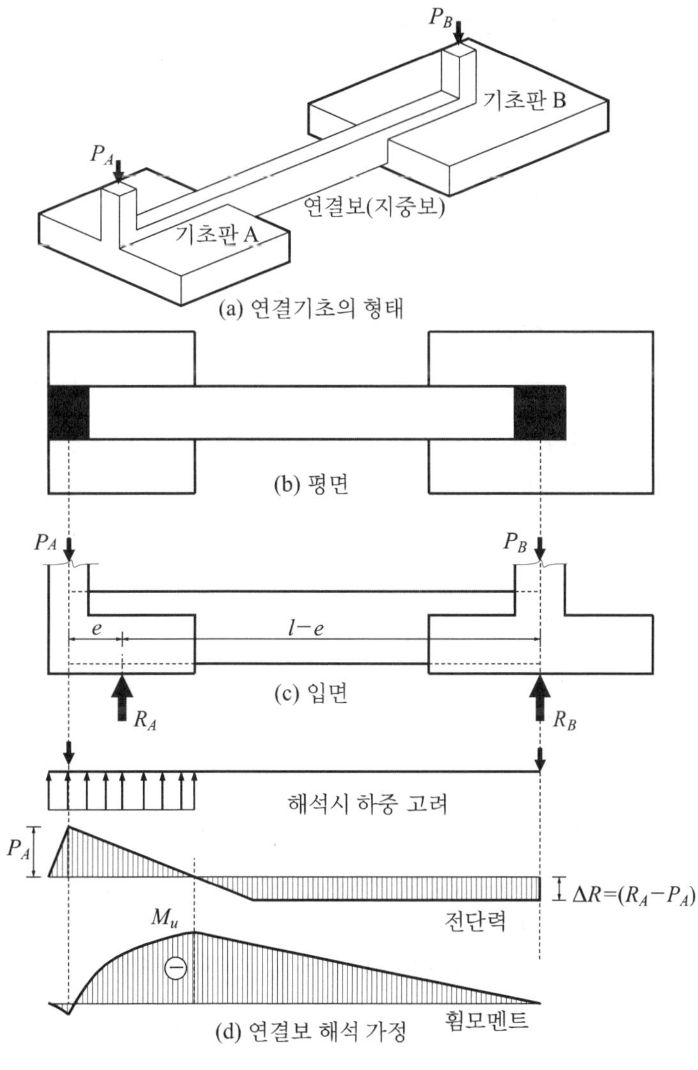

그림 11.14
연결기초 형태와 지중보의 부재력 분포

$$\curvearrowleft + \sum M_B = 0, \quad P_A \times l + R_A(l-e) = 0, \quad R_A = \frac{l}{(l-e)} P_A \tag{11.18}$$

$$\uparrow + \sum Y = 0, \quad R_B = P_A + P_B - R_A$$

위와 같이 외부기둥의 기초판에는 반력 R_A가 P_A보다 $l/(l-e)$비만큼 증가한다. 연결기초의 설계방법은,

(1) 내부기둥 기초판

연결보에 의해 하중을 분담하고 있으나 P_B를 받는 정사각형 독립기초 설계하는 것이 안전하다. 다만 뚫림전단 검토에서 연결보의 부담분(유효깊이 d 증가)을 고려하면 보다 경제적인 설계가 가능하다.

(2) 외부기둥 기초판

연결보의 작용에 의해 등분포 지반 반력 R_A가 발생하므로 외부기둥과 연결보를 잇는 받침부재에 대한 연속기초(줄기초)로 설계할 수 있다.

(3) 연결보

그림 (d)를 보자. 내부기둥 기초판은 연결보가 없다고 생각하고 기초판 자체가 전체 지지력에 저항하도록 설계했기 때문에, 반대로 연결보로써도 영향을 받지 않는다. 반면 외부기둥 기초판은 연결보가 상향 지지력에 저항해야 한다. 한편 그림과 같이 연결보를 지반에 닿지 않도록 함으로써 지반으로부터 직접 전달되는 지지력의 영향을 제거한다.

위와 같은 조건으로 단순화 하면, 그림 (d)와 같은 하중 분포와 양 기둥을 지점으로 하는 단순보로 생각할 수 있다. 휨설계와 전단설계는 보의 경우와 같다. 다만 휨철근 배치가 반대가 된다는 사실에 유의하자.

예제 11-8 연결기초의 설계

예제 11-7의 조건에 대하여 연결기초로 설계할 때 기초판의 크기 결정과 연결보를 설계하라. 단, $f_{ck} = 24\,\mathrm{MPa}$, $f_y = 400\,\mathrm{MPa}$, 스터럽 SD300급 D13, 기초판 깊이 $D = 700\,\mathrm{mm}$, 외부 기초판 길이 $1.8\,\mathrm{m}$, 연결보 $b \times h = 700 \times 1{,}000\,\mathrm{mm}$이다.

풀이

$q_e = 253\,\text{kN/m}^2$ (연결보로 인한 자중 추가 무시)

1) 연결기초판의 크기와 형태 및 설계용 토압 q_u

$e = (\text{외부 기초판 길이} - \text{외부기둥 깊이})/2 = (1.8 - 0.5)/2 = 0.65\,\text{m}$

$$R_A = (P_{D1} + P_{L1})\frac{l}{l-e} = (850 + 700)\frac{6}{(6-0.65)} = 1{,}738.3\,\text{kN}$$

$$R_B = (P_{D1} + P_{L1}) + (P_{D2} + P_{L2}) - R_A$$

$$= (850 + 700) + (1{,}300 + 1{,}000) - 1{,}738.3 = 2{,}111.7\,\text{kN}$$

이므로,

외측 기초판 면적

$$A = \frac{R_A}{q_e} = \frac{1{,}738.3}{253} = 6.87\,\text{m}^2$$ 이므로, $1.8\,\text{m} \times 4.0\,\text{m} = 7.2\,\text{m}^2$ 결정

내측 기초판 면적

$$A = \frac{R_B}{q_e} = \frac{2{,}111.7}{253} = 8.35\,\text{m}^2$$ 이므로, $3.0\,\text{m} \times 3.0\,\text{m} = 9.0\,\text{m}^2$ 결정

2) 외측 기초판 설계(연속기초) (KDS 14 20 70 4.2)

$A = 7.2\,\text{m}^2$

$P_u = 1.2P_{D1} + 1.6P_{L1} = 1.2 \times 850 + 1.6 \times 700 = 2{,}140\,\text{kN}$

$$q_u = \frac{P_u}{A} = \frac{2{,}140}{7.2} = 297.2\,\text{kN/m}^2$$

1방향 전단 검토 (KDS 14 20 22 4.2.1)

$d = D - \text{피복두께} - \text{주철근 직경} = 700 - 80 - 20 = 600\,\text{mm}$

$$V_u = q_u\left(\frac{l_y - c_1}{2} - d\right) \times l_1 = 297.2\left(\frac{4-0.65}{2} - 0.6\right) \times 1 = 319.5\,\text{kN/m}$$

$$\phi V_c = \phi\frac{1}{6}\lambda\sqrt{f_{ck}}\,l_1 d = 0.75 \times \frac{1}{6}(1.0)\sqrt{24}(1{,}000)(600) \times 10^{-3} = 367.4\,\text{kN/m}$$

$\phi V_c \geq V_u$ 적합

2방향 전단은 검토 필요 없음(연속기초)

휨설계

소요휨모멘트

$$M_u|_{A-A} = \frac{q_u l_1}{2}\left(\frac{l_y - c_1}{2}\right)^2 = \frac{297.2(1)}{2}\left(\frac{4-0.65}{2}\right)^2 = 416.9\,\text{kN}\cdot\text{m/m}$$

$$R_n = \frac{M_u}{\phi b d^2} = \frac{416.9\times 10^6}{0.85\times 1{,}000\times 750^2} = 1.363\ \mathrm{MPa}$$

$$\rho = \eta 0.85\frac{f_{ck}}{f_y}\left(1-\sqrt{1-2\frac{R_n}{\eta 0.85 f_{ck}}}\right) = 1\times 0.85\frac{24}{400}\left(1-\sqrt{1-2\frac{1.363}{1\times 0.85\times 24}}\right)$$

$$= 0.00353$$

$\eta = 1(\because\ f_{ck} \le 40\ \mathrm{MPa})$

휨부재의 최소 철근량 (KDS 14 20 20 4.2.2)

휨부재의 최소 철근량은 $\phi M_n \ge 1.2 M_{cr}$이어야 한다.

균열휨강도 $M_{cr} = \dfrac{f_r I_g}{y_t} = \dfrac{0.63\lambda\sqrt{f_{ck}}\times bh^3/12}{h/2}$

$$= \frac{(0.63\times 1\times\sqrt{24})\times(1{,}800\times 700^3/12)}{700/2} = 453.69\ \mathrm{kN\cdot m}$$

설계휨강도 $\phi M_n = \phi\rho f_y b d^2\left(1-\dfrac{\rho f_y}{1.7\eta f_{ck}}\right)$

$$= 0.85\times 0.00353\times 400\times 1{,}800\times 700^2\left(1-\frac{0.00353\times 400}{1.7\times 1\times 24}\right)$$

$$= 750.81\ \mathrm{kN\cdot m}$$

$\phi M_n \ge 1.2 M_{cr}$이므로 적합

최소 철근비는 (KDS 14 20 50 4.6.2)

$\rho_{\min} = 0.002 < 0.00353$, 따라서 0.00353 사용

$A_s = \max(\rho,\ \rho_{\min})\, bd = 0.00353\times 1{,}000\times 600 = 2{,}118\ \mathrm{mm}^2$

단위폭 1 m에 대한 철근 배치(D25 철근 이용)

$$s = (\text{단위폭 } 1\ \mathrm{m})\times\frac{A_{s1}}{A_s} = 1{,}000\left(\frac{506.7}{2{,}118}\right) = 239.2\ \mathrm{mm} \rightarrow @200\ \mathrm{mm}$$

장변방향 철근(수축·온도철근 D25)

$A_s = 0.002\, bD = 0.002\times 4000\times 700 = 5{,}600\ \mathrm{mm}$

$$s = (\text{기초판 폭})\times\frac{A_{s1}}{A_s} = 4{,}000\left(\frac{506.7}{5{,}600}\right) = 361.9\ \mathrm{mm} \rightarrow @350\ \mathrm{mm}$$

3) 내측 기초판 설계(독립기초) (KDS 14 20 70 4.2)

$A = 9.0\ \mathrm{m}^2$

$P_u = 1.2 P_{D2} + 1.6 P_{L2} = 1.2\times 1{,}300 + 1.6\times 1{,}000 = 3{,}160\ \mathrm{kN}$

$$q_u = \frac{P_u}{A} = \frac{3{,}160}{9.0} = 351.1\ \mathrm{kN/m^2}$$

1방향 전단 검토 (KDS 14 20 22 4.2.1)

$$V_u = q_u\left(\frac{l_y - c_1}{2} - d\right) \times l_x = 351.1\left(\frac{3-0.65}{2} - 0.6\right) \times 3 = 605.6 \text{ kN}$$

$$\phi V_c = \phi \frac{1}{6}\lambda\sqrt{f_{ck}}\, l_1 d = 0.75 \times \frac{1}{6}(1.0)\sqrt{24}(3{,}000)(600)\times 10^{-3} = 1{,}102.3 \text{ kN}$$

$\phi V_c \geq V_u$ 적합

2방향 전단 검토 (KDS 14 20 22 4.11.2)

$$V_u = q_u[l_1 \times l_2 - (c_1 + 1.5d)(c_2 + 1.5d)]$$

$$= 351.1[9 - (0.65 + 1.5\times 0.6)(0.65 + 1.5 \times 0.6)] = 2398.1 \text{ kN}$$

콘크리트 전단강도

$$b_0 = 2(c_1 + 1.0d) + 2(c_2 + 1.0d) = 2(0.65 + 1.0\times 0.6) + 2(0.65 + 1.0 \times 0.6) = 5 \text{ m}$$

$0.75 \leq k_s = (300/d)^{0.25} = (300/600)^{0.25} = 0.841 \leq 1.1,\quad \alpha_s = 1.0$(내부기둥)

$k_{b0} = \dfrac{4}{\sqrt{\alpha_s(b_0/d)}} = \dfrac{4}{\sqrt{1.0(5/0.6)}} = 1.386(\geq 1.25)$이므로 $k_{b0} = 1.25$

$$f_{te} = 0.20\sqrt{f_{ck}} = 0.20\sqrt{24} = 0.98 \text{ MPa}$$

$$f_{cc} = \frac{2}{3}f_{ck} = \frac{2}{3}(24) = 16 \text{ MPa}$$

$$\cot\psi = \frac{\sqrt{f_{te}(f_{te}+f_{cc})}}{f_{te}} = \frac{\sqrt{0.98(0.98+16)}}{0.98} = 4.163$$

$\rho = 0.005$ (가정)

$$c_u = d\left[25\sqrt{\rho/f_{ck}} - 300(\rho/f_{ck})\right] = 600\left[25\sqrt{\frac{0.005}{24}} - 300\left(\frac{0.005}{24}\right)\right] = 179 \text{ mm}$$

에서

$$v_c = \lambda k_s k_{b0} f_{te}\cot\psi\frac{c_u}{d} = 1.0(0.841)(1.25)(0.98)(4.068)\left(\frac{179}{600}\right) = 1.28 \text{ MPa}$$

$$\phi V_c = \phi v_c b_0 d = 0.75 \times 1.28 \times (5{,}000)\times(600)\times(10^{-3}) = 3{,}543.3 \text{ kN}$$

$\phi V_c \geq V_u$ 적합

휨설계

$$M_u|_{A-A} = \frac{q_u l_2}{2}\left(\frac{l_1 - c_1}{2}\right)^2 = \frac{351.1(3)}{2}\left(\frac{3-0.65}{2}\right)^2 = 727.1 \text{ kN·m}$$

$$R_n = \frac{M_u}{\phi b d^2} = \frac{727.13\times 10^6}{0.85\times 3{,}000 \times 750^2} = 0.792 \text{ MPa}$$

$$\rho = \eta 0.85\frac{f_{ck}}{f_y}\left(1 - \sqrt{1 - 2\frac{R_n}{\eta 0.85 f_{ck}}}\right) = 1\times 0.85\frac{24}{400}\left(1 - \sqrt{1 - 2\frac{0.792}{1\times 0.85\times 24}}\right)$$

$$= 0.00269$$

$\eta = 1(\because f_{ck} \leq 40\,\text{MPa})$

휨부재의 최소 철근량 (KDS 14 20 20 4.2.2)
휨부재의 최소 철근량은 $\phi M_n \geq 1.2 M_{cr}$이어야 한다.

$$균열휨강도\ M_{cr} = \frac{f_r I_g}{y_t} = \frac{0.63\lambda\sqrt{f_{ck}} \times bh^3/12}{h/2}$$

$$= \frac{(0.63 \times 1 \times \sqrt{24}) \times (3{,}000 \times 700^3/12)}{700/2} = 756.16\ \text{kN}\cdot\text{m}$$

$$설계휨강도\ \phi M_n = \phi \rho f_y b d^2 \left(1 - \frac{\rho f_y}{1.7\eta f_{ck}}\right)$$

$$= 0.85 \times 0.00269 \times 400 \times 3{,}000 \times 700^2 \left(1 - \frac{0.00269 \times 400}{1.7 \times 1 \times 24}\right)$$

$$= 962.88\ \text{kN}\cdot\text{m}$$

$\phi M_n \geq 1.2 M_{cr}$이므로 적합

최소 철근비는 (KDS 14 20 50 4.6.2)
$\rho_{\min} = 0.002 < 0.0269$, 따라서 0.00269 사용
에서

$$A_s = \rho_{\min} b d = 0.00269 \times 3{,}000 \times 600 = 4{,}842\ \text{mm}^2$$

$$s = (기초판\ 폭) \times \frac{A_{s1}}{A_s} = 3{,}000\left(\frac{506.7}{4{,}842}\right) = 313.9\ \text{mm} \rightarrow @300\ \text{mm}$$

4) 연결보 설계
휨설계
연결보의 최대 휨모멘트($V=0$)가 발생하는 위치 x는,

$$V_u = (q_u l_2)x - P_u = 0에서,\ x = \frac{P_u}{q_u l_2} = \frac{2{,}140}{297.2 \times 4} = 1.8\ \text{m}이므로,$$

$$M_u = -q_u l_2 \frac{x^2}{2} + P_u\left(x - \frac{c_1}{2}\right) = -297.2 \times 4 \frac{1.8^2}{2} + 2{,}140\left(1.8 - \frac{0.5}{2}\right) = 1{,}391\ \text{kN}\cdot\text{m}$$

이고,

$$b = 700\ \text{mm},\ d = 1000 - 80 - 20 = 900\ \text{mm}$$

$$R_n = \frac{M_u}{\phi b d^2} = \frac{727.13 \times 10^6}{0.85 \times 700 \times 750^2} = 2.886\ \text{MPa}$$

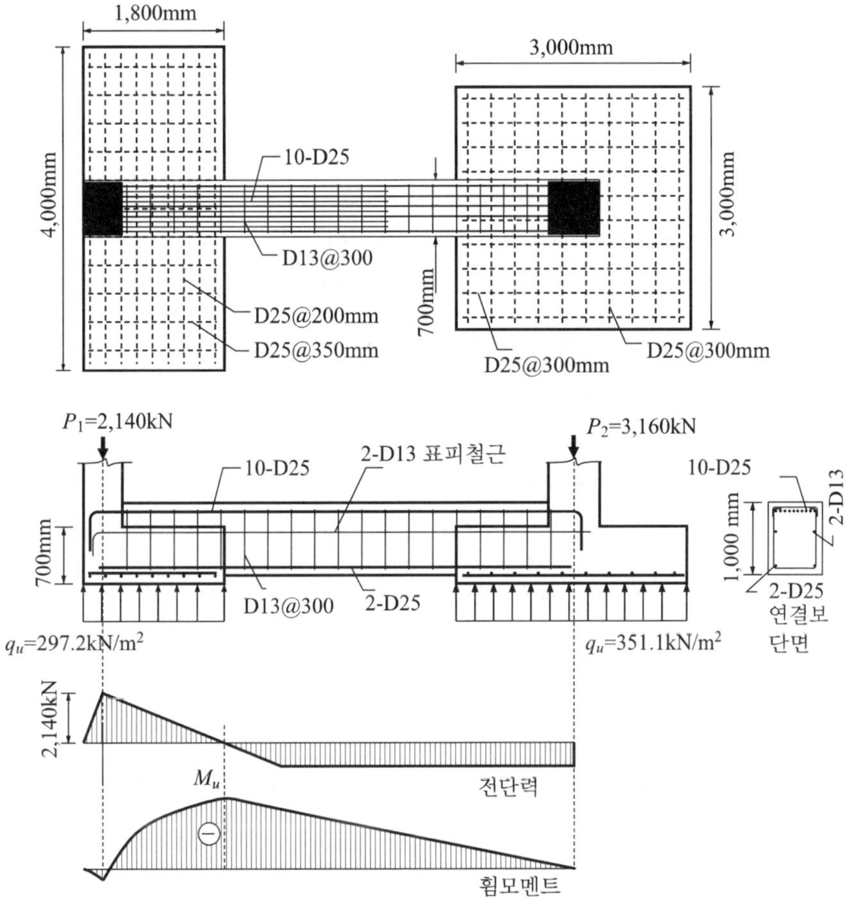

부재력 분포와 철근 배치 상세

$$\rho = \eta 0.85\frac{f_{ck}}{f_y}\left(1-\sqrt{1-2\frac{R_n}{\eta 0.85 f_{ck}}}\right) = 1\times 0.85\frac{24}{400}\left(1-\sqrt{1-2\frac{2.886}{1\times 0.85\times 24}}\right)$$

$$= 0.00781$$

$\eta = 1(\because\ f_{ck} \le 40\ \mathrm{MPa})$

휨부재의 최소 철근량 (KDS 14 20 20 4.2.2)

휨부재의 최소 철근량은 $\phi M_n \ge 1.2M_{cr}$ 이어야 한다.

균열휨강도 $M_{cr} = \dfrac{f_r I_g}{y_t} = \dfrac{0.63\lambda\sqrt{f_{ck}}\times bh^3/12}{h/2}$

$$= \frac{(0.63\times 1\times \sqrt{24})\times(700\times 900^3/12)}{900/2} = 349.99\ \mathrm{kN\cdot m}$$

설계휨강도 $\phi M_n = \phi \rho f_y bd^2\left(1-\dfrac{\rho f_y}{1.7\eta f_{ck}}\right)$

$$= 0.85 \times 0.00781 \times 400 \times 700 \times 700^2 \left(1 - \frac{0.00781 \times 400}{1.7 \times 1 \times 24}\right)$$

$$= 1390.33\ \text{kN·m}$$

$\phi M_n \geq 1.2 M_{cr}$이므로 적합

최소 철근비는 (KDS 14 20 50 4.6.2)

$\rho_{\min} = 0.002 < 0.00781$, 따라서 0.00781 사용

$A_s = \max(\rho,\ \rho_{\min})\, bd = 0.00781 \times 700 \times 900 = 4{,}920.3\ \text{mm}^2$

$n = \dfrac{A_s}{A_{s1}} = \dfrac{4{,}920.3}{506.7} = 9.71\ \rightarrow$ 10개 (D25)

전단설계

전단 위험단면에서의 V_{ud}는,

$V_{ud} = P_u - q_u l_2 (c_1 + d) = 2{,}140 - 297.2 \times 4(0.5 + 0.9) = 475.7\ \text{kN}$

$\phi V_c = \phi \dfrac{1}{6} \lambda \sqrt{f_{ck}}\, b_w d = 0.75 \times \dfrac{1}{6}(1.0)\sqrt{24}(700)(900) \times 10^{-3} = 385.8\ \text{kN}$

$\phi V_c \geq V_{ud}$이고, $\phi(1/2\, V_c) \leq V_{ud}$이므로 최소스터럽 배치

D13 U자형 스터럽으로 설계하면,

$A_{v1} = 126.7\ \text{mm}^2$, 2열이므로 $A_v = 126.7 \times 2 = 253.4\ \text{mm}^2$

$$s_{\max} = \min\left(\frac{A_v f_{yt}}{0.0625\sqrt{f_{ck}}\, b_w},\ \frac{A_v f_{yt}}{0.35 b_w}\right) = \min\left(\frac{253.4 \times 300}{0.0625\sqrt{24} \times 700},\ \frac{253.4 \times 300}{0.35 \times 700}\right)$$
$$= 310\ \text{mm}$$

$$s = \min\left(s_{\max},\ \frac{d}{2},\ 600\ \text{mm}\right) = \min\left(310,\ \frac{900}{2},\ 600\right) = 310\ \text{mm}\ \rightarrow\ @300\ \text{mm}$$

11-5 말뚝기초 설계

기초판 아래에 소요지내력을 확보할 수 있는 지하 암반층까지 말뚝을 사용하여 상부 하중을 암반에 직접 전달하는 기초 방식을 **말뚝기초**(pile cap footing)라 한다. 말뚝기초는 기둥의 하중을 분산시켜 말뚝에 전달하고 말뚝으로부터의 반력에 의하여 전단력과 휨모멘트를 지지한다.

말뚝의 허용지지력 R_a는 재하시험이나 지내력 계산에서 얻은 극한 지내력을 안전율 3으로 나눈 값이다. 말뚝의 필요 개수 n은 식 (11.4)와 유사하게,

$$n = \frac{D + (D_b + D_s) + L}{R_a} \tag{11.19}$$

$$n = \frac{0.75[D + (D_b + D_s) + L + W(\text{또는 } E)]}{R_a} \tag{a}$$

의 값 중 큰 것으로 한다.

말뚝 수는 기초 안정을 위해 3개 이상으로 하며, 최소 중심 간격은

(1) 기성콘크리트말뚝 : 말뚝머리 지름의 2.5배 이상 또는 750 mm 이상,

(2) 제자리 콘크리트말뚝 : 말뚝머리 지름의 2.5배 이상 또는 900 mm 이상,

(3) 강재말뚝 : 말뚝머리 지름의 2.5배 이상 또는 900 mm 이상

이다. 다만 기초 단부에서는 위 간격의 1/2 이상이다.

말뚝기초의 면적은 위의 간격을 고려한 말뚝의 배치를 통해 결정한다. 또한 말뚝의 반력에 의해 발생하는 전단력과 휨모멘트에 대하여 1방향 전단, 2방향 전단을 검토하고 휨설계한다. 여기서 설계용 말뚝의 반력은 기둥에 작용하는 계수하중을 말뚝 수 n으로 나누면 되며, 식 (11.6)과 유사하게,

$$R_u = \frac{1.2D + 1.6L}{n} \tag{11.20}$$

$$R_u = \frac{1.2D + 1.0L + 1.3W(\text{또는 } 1.0E)}{n} \tag{a}$$

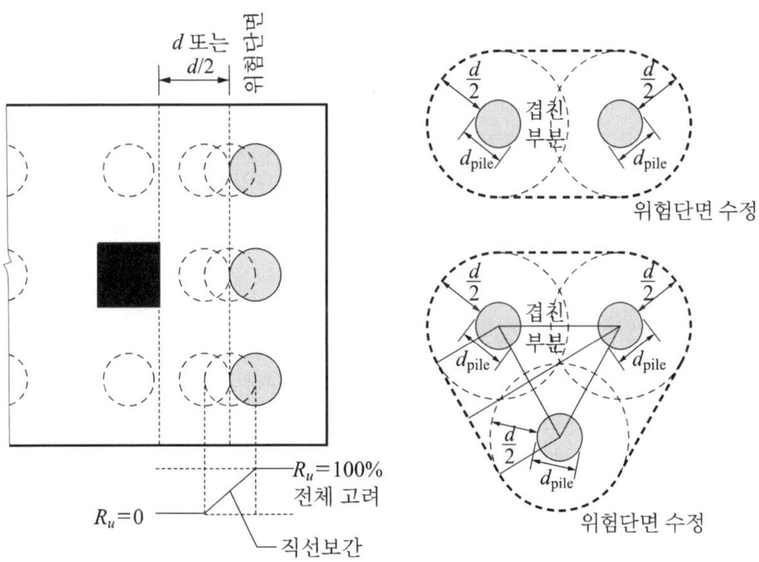

그림 11.15 말뚝기초 설계 시 유의사항

(a) 위험단면에 근접한 말뚝의 R_u 계산 방법

(b) 조밀하게 배치된 말뚝 자체의 뚫림전단 검토 방법

이다. 말뚝기초가 축하중과 휨모멘트를 받는 경우는 어떨까? 식 (11.15)를 생각할 수 있다면 지금까지 내용을 잘 이해한 것이다. 기초 중심에 대한 등가 단면2차모멘트를 이용한다. 이에 대한 예제는 연습문제에 수록하였다. 교수님의 지혜에 도움을 얻자. 정리하면 독립기초는 분포 지반 반력이 작용하고 있는 반면, 말뚝기초는 말뚝의 집중 반력이 작용하고 있다는 차이가 있다. 그러므로 말뚝기초의 설계는 독립기초와 유사하지만 다음에 유의해야 한다.

그림 11.15를 보자. 그림 (a)에서 말뚝직경을 d_{pile}이라 할 때 위험단면에서 전단력은,

1) 말뚝 중심이 그 단면에서 d 거리 밖에 있는 경우는 R_u 전체가 단면에 전단력으로 작용한다고 본다.
2) 말뚝 중심이 그 단면에서 d 거리 내에 있는 경우는 R_u가 전단력으로 작용하지 않는다고 본다.
3) 위의 조건 사이에 있는 경우는 직선보간으로 말뚝 중심에서 계산한 반력이 작용한다고 본다.

개개의 말뚝 주변에서도 뚫림전단이 발생할 수 있으므로, 말뚝 면에서 기초판 유효깊이 $d/2$ 떨어진 부분에서 검토한다. 즉,

$$b_0 = \pi(d_{\text{pile}} + d) \tag{11.21}$$

기초판의 두께가 크거나 말뚝이 조밀하게 배치된 경우 그림 (b)와 같이 위험단면이 겹칠 수 있다. 이 경우는 그림과 같이 위험둘레 길이를 수정한다.

말뚝 기초판의 휨설계에서 위험단면은 기둥면이며, 기둥면 밖에 있는 말뚝의 설계용 반력을 집중하중으로 생각해서 거리를 곱하여 계수휨모멘트를 구한다. 휨설계 시 유효깊이 d의 계산에 주의하자. 말뚝 머리를 기초에 100 mm 이상 묻어 일체화해야 하고, 묻힌 면으로부터 피복두께 이상을 확보해야 한다.

예제 11-9 말뚝기초의 설계

다음 조건에 대하여 말뚝기초로 설계하라.

기둥 단면 $400 \times 400\,\text{mm}$, 고정하중 1,500 kN, 활하중 700 kN

기성콘크리트 말뚝 지름 400 mm, 말뚝 허용지내력 $R_a = 620\,\text{kN}$, 기초 깊이 0.8 m, 기초와 그 위에 채워지는 흙의 무게는 200 kN, $f_{ck} = 27\,\text{MPa}$, $f_y = 400\,\text{MPa}$이다.

풀이

말뚝 개수와 배치 결정 및 R_u 계산

$$n = \frac{D + (D_b + D_s) + L}{R_a} = \frac{1{,}500 + 200 + 700}{620} = 3.87 \rightarrow 5\text{개}$$

말뚝은 아래 그림과 같이 배치하면,

기초크기는 2.6×2.6 m 결정

설계용 말뚝 반력은,

$$R_u = \frac{1.2 \times 1{,}500 + 1.6 \times 700}{5} = 584\ \text{kN}$$

1방향 전단 검토 (KDS 14 20 22 4.2.1)

기초판 유효깊이 d는 말뚝머리 묻힘 100 mm와 피복두께 80 mm를 고려해서,

$d = 800 - 100 - 80 - 20 = 600$ mm

그림에서 위험단면 밖의 말뚝은 2개이고,

$d_{\text{pile}}/2$내 있으므로 직선보간하면 50%이다. 그러므로

$V_u = 2R_u \times 0.5 = 2 \times 584 \times 0.5 = 584$ kN

$\phi V_c = \phi \frac{1}{6} \lambda \sqrt{f_{ck}}\, l_1 d = 0.75 \times \frac{1}{6}(1.0)\sqrt{27}(2{,}600)(600) \times 10^{-3} = 1{,}013.2$ kN

$\phi V_c \geq V_u$ 적합

2방향 전단 검토 (KDS 14 20 22 4.11.2)

위험단면 밖의 말뚝은 4개이고 모두 $d_{\text{pile}}/2$ 거리 밖에 있으므로 100%이다.

$V_u = 4R_u = 4 \times 584 = 2{,}336$ kN

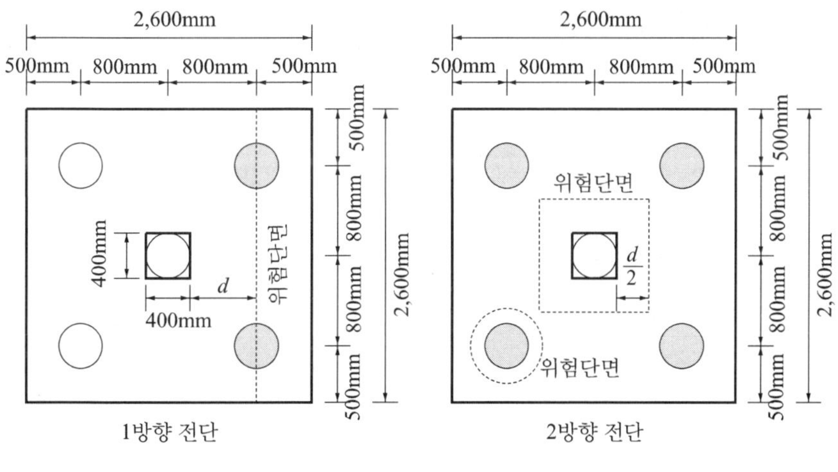

콘크리트 전단강도

$b_0 = 2(c_1 + 1.0d) + 2(c_2 + 1.0d)$

$= 2(0.4 + 1.0 \times 0.6) + 2(0.4 + 1.0 \times 0.6) = 4\ \text{m}$

$0.75 \leq k_s = (300/d)^{0.25} = (300/600)^{0.25} = 0.841 \leq 1.1$

$\alpha_s = 1.0$(내부기둥)

$k_{b0} = \dfrac{4}{\sqrt{\alpha_s (b_0/d)}} = \dfrac{4}{\sqrt{1.0(4/0.6)}} = 1.549(\geq 1.25)$이므로 $k_{b0} = 1.25$

$f_{te} = 0.20\sqrt{f_{ck}} = 0.20\sqrt{27} = 1.039\ \text{MPa}$

$f_{cc} = \dfrac{2}{3} f_{ck} = \dfrac{2}{3}(27) = 18\ \text{MPa}$

$\cot\psi = \dfrac{\sqrt{f_{te}(f_{te} + f_{cc})}}{f_{te}} = \dfrac{\sqrt{1.039(1.039 + 18)}}{1.039} = 4.281$

$\rho = 0.005$ (가정)

$c_u = d\left[25\sqrt{\rho/f_{ck}} - 300(\rho/f_{ck})\right] = 600\left[25\sqrt{\dfrac{0.005}{27}} - 300\left(\dfrac{0.005}{27}\right)\right] = 170.8\ \text{mm}$

$v_c = \lambda k_s k_{b0} f_{te} \cot\psi \dfrac{c_u}{d} = 1.0(0.841)(1.25)(1.039)(4.281)\left(\dfrac{170.8}{600}\right) = 1.33\ \text{MPa}$

$\phi V_c = \phi v_c b_0 d = 0.75 \times 1.33 \times (4{,}000) \times (600) \times 10^{-3} = 2394\ \text{kN}$

$\phi V_c \geqq V_u$ 적합

말뚝 1개 2방향 전단 검토

각자 해보자. 결과는

$\phi V_c(1{,}930.6) \geqq V_u(584)$ 적합

기초판 휨설계

위험단면은 기둥면이고, 기둥면에서 2개 말뚝 중심까지 거리는 0.6 m이므로,

$M_u = 2R_u \times 0.6 = 2 \times 584 \times 0.6 = 700.8\ \text{kN}\cdot\text{m}$

$b = 2{,}600\ \text{mm}, \quad d = 600\ \text{mm}$

$R_n = \dfrac{M_u}{\phi b d^2} = \dfrac{700.8 \times 10^6}{0.85 \times 2{,}600 \times 750^2} = 0.564\ \text{MPa}$

$\rho = \eta 0.85 \dfrac{f_{ck}}{f_y}\left(1 - \sqrt{1 - 2\dfrac{R_n}{\eta 0.85 f_{ck}}}\right) = 1 \times 0.85 \dfrac{27}{400}\left(1 - \sqrt{1 - 2\dfrac{0.564}{1 \times 0.85 \times 27}}\right)$

$= 0.00143$

$\eta = 1(\because f_{ck} \leq 40\ \text{MPa})$

최소 철근비는 (KDS 14 20 50 4.6.2)

$\rho_{\min} = 0.002 > 0.00143$, 따라서 0.002 사용

$$A_s = \rho_{\min} b d = 0.002 \times 2{,}600 \times 600 = 3{,}120\ \mathrm{mm}^2$$

$$s = (\text{기초판 폭}) \times \frac{A_{s1}}{A_s} = 2{,}600\left(\frac{387.1}{3{,}120}\right) = 322.58\ \mathrm{mm} \rightarrow @300\ \mathrm{mm}$$

철근 배치 상세는 아래 그림과 같다.

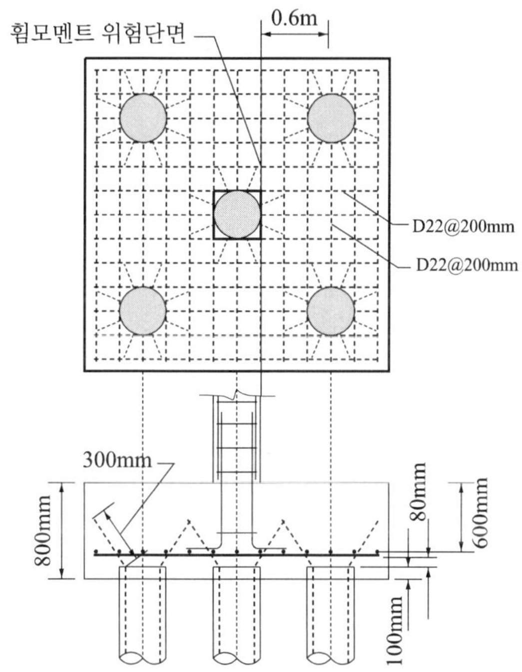

11–6 연습문제

[11-1절]

11-1.1 기초의 종류별 특징을 비교하여 설명하라.

11-1.2 기초판 면적을 계산할 때 계수하중을 이용하지 않는 이유는 무엇인가?

11-1.3 허용지내력 q_a, 유효허용지내력 q_e, 기초 설계용 토압 q_u에 대하여 설명하라.

[11-2절]

11-2.1 크기 600 mm의 정사각형 기둥이 고정하중 2,800 kN과 활하중 1,500 kN을 지지할 때, 정사각형 기초판의 크기와 기초설계용 토압 q_u를 구하라. 단, $q_a = 300\ \text{kN/m}^2$, 기초판과 그 위 흙의 무게는 전체 하중의 10%로 가정한다.

11-2.2 문제 11-2.1에서 기초판 크기를 $4\,\text{m} \times 4\,\text{m} \times 1\,\text{m}$로 가정하는 경우 전단을 검토하라. 단, $f_{ck} = 30$ MPa(보통콘크리트)이다.

11-2.3 문제 11-2.1~2의 조건에서 기초판을 휨설계하라. 단, 철근은 SD 400급 D25를 이용한다.

11-2.4 문제 11-2.1~3의 조건에서 구조물 평면 형태의 문제로 기초판 한쪽 폭이 3 m로 제한되는 경우 직사각형 독립기초로 설계하라.

11-2.5 문제 11-2.1~3의 조건에서 기둥과 기초판 사이의 지압을 검토하고 다월철근을 설계하라. 단, 기둥에 사용한 콘크리트 $f_{ck} = 40$ MPa이다.

11-2.6 아래 그림과 같은 직사각형 독립기초가,

- 고정하중 $P_D = 1{,}800$ kN, $M_D = 200$ kN·m
- 활하중 $P_L = 1{,}200$ kN, $M_L = 150$ kN·m
- 표면재하 $5\,\text{kN/m}^2$

를 지지하고 있다. 흙과 콘크리트의 평균 무게는 $21\,\text{kN/m}^2$, $q_a = 350\ \text{kN/m}^2$일 때, 기초판 아래면에 발생하는 최대, 최소 응력을 계산하고, 기초판 크기의 적절성을 검증하라.

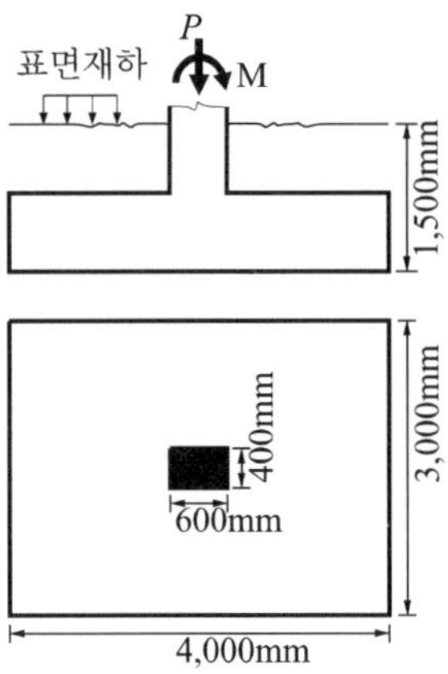

11-2.7 문제 11-2.6 조건에서 설계용 토압 q_u를 구하라.

11-2.8 문제 11-2.6~7의 조건에서 장변방향, 단변방향 1방향 전단과 2방향 전단을 검토하라. 단, $f_{ck} = 24$ MPa, 기초깊이 $D = 0.9$ m이다.

11-2.9 문제 11-2.6~8의 조건에서 직사각형 기초판을 휨설계하라.

[11-3절]

11-3.1 두께 200 mm의 내력벽이 고정하중 $P_D = 300$ kN/m와 활하중 230 kN/m를 지지할 때, 내력벽의 기초를 설계하라. 단, 기초깊이

$D = 0.5\text{ m}$, $q_a = 300\text{ kN/m}^2$, 기초판과 그 위에 채워지는 흙의 무게는 사용하중의 10%이다. 재료는 $f_{ck} = 27\text{ MPa}$(보통콘크리트), SD 400급 D22철근을 사용한다.

11-3.2 고정하중 200 kN/m(벽 자중 포함), 활하중 150 kN/m을 받는 300 mm 두께의 조적벽을 지지하는 철근콘크리트 연속기초를 설계하라. 단, 기초깊이 $D = 0.4\text{ m}$, $q_a = 200\text{ kN/m}^2$, 기초판과 그 위에 채워지는 흙의 무게는 사용하중의 10%이다. 재료는 $f_{ck} = 24\text{ MPa}$, SD400급 D22철근이다.

[11-4절]

11-4.1 예제 11-7에서 전단 검토와 기초판을 휨설계하라.

11-4.2 다음 그림과 같은 복합기초에서,

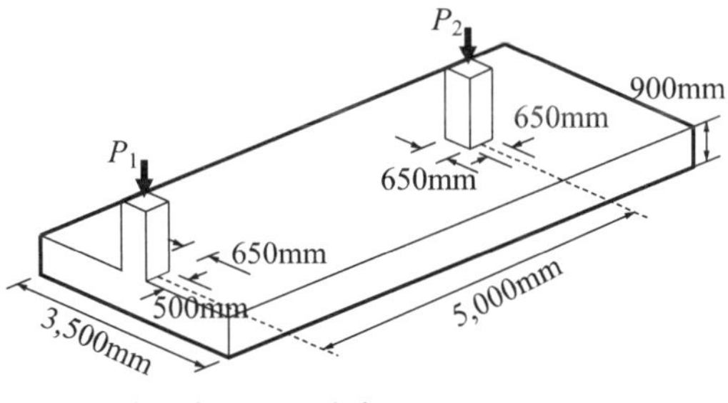

- 외부기둥 : 고정하중 $P_D = 1{,}200\text{ kN}$,
  활하중 $P_L = 1{,}000\text{ kN}$
- 내부기둥 : 고정하중 $P_D = 2{,}000\text{ kN}$,
  활하중 $P_L = 1{,}300\text{ kN}$

표면재하 $= 5\text{ kN/m}^2$, 기초판 폭 $= 3.5\text{ m}$, 두께는 $D = 0.9\text{ m}$이고, 기초판 아래 면이 지표로부터 -2.5 m에 위치해 있다. 흙과 철근콘크리트의 평균무게 21 kN/m^3, 허용지내력 $q_a = 300\text{ kN/m}^2$일 때, 복합기초로 설계하라.
단, 재료는 $f_{ck} = 27\text{ MPa}$(보통콘크리트), $f_y = 400\text{ MPa}$이다.

11-4.3 문제 11.4-2를 연결기초로 설계하라.
단, 스터럽 SD300급 D13, 기초판 깊이 $D = 900\text{ mm}$, 외부 기초판 길이 2.2 m, 연결보 $b \times h = 650 \times 1{,}200\text{ mm}$이다.

[11-5절]

11-5.1 그림에서 위험단면의 소요 전단력 V_u를 구하라. 단, 말뚝 반력 $R_u = 680\text{ kN}$이다.

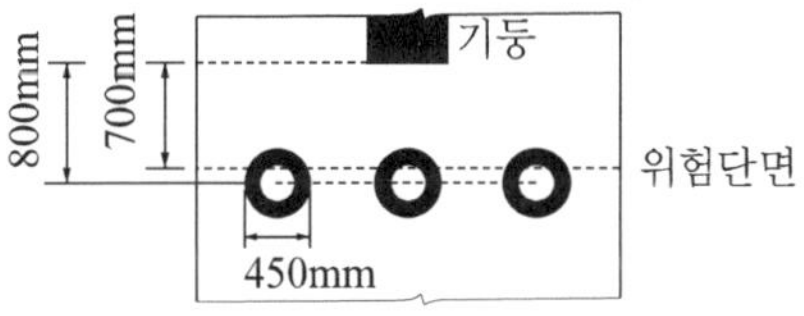

12장 옹벽과 지하벽

차례

주요개념

흙의 내부마찰각 ϕ
흙의 점착력 c
모어-쿨롱 기준
주동토압 P_A
수동토압 P_P
랭킨식에 의한 토압계산
옹벽의 안정
침하
미끄러짐(활동)
활동방지벽
전도
정지토압 P_0

옹벽은 흙의 붕괴를 방지할 목적으로 설치하는 흙막이 구조물로 수평토압이 작용한다.
옹벽은 독립 구조물이다. 즉 다른 구조물에 구속되어 있지 못하다. 이 이유로 수평토압은 하중으로 작용하는 동시에, 전체 옹벽을 전도시키거나 미끄러지게(활동) 할 수 있다. 또한 기초와 마찬가지로 흙의 지지력이 약하면 침하한다. 그러므로 옹벽은 부재 설계를 통해 안전성을 확보하기 이전에 안정한지를 우선 검토해야 한다. 수평 토압에 저항하는 구조부재 중에는 지하벽도 있다. 다만 지하벽이 옹벽과 다른 점은 보나 슬래브에 의해 횡방향 이동이 구속되어 있다는 것이다.
이 장은 옹벽과 지하벽의 설계를 다룬다. 특히 전반부에서 개략적으로 살펴볼 수평토압의 성질과 특징은 지반공학의 기초가 될 뿐만 아니라 실무적으로도 매우 중요하다. 구조설계는 종합적인 학문이다.

12-1 옹벽에 작용하는 토압 기본사항

12-1-1. 옹벽의 종류

옹벽(retaining wall)은 토압 크기, 옹벽 높이, 하중 저항 방식, 시공이나 경제성에 따라 그림 12.1과 같이 분류한다.

(1) 중력식 옹벽

중력(gravity)식 옹벽은 수평토압을 옹벽 자체의 자중으로 저항하도록 설계한 방식이다. 따라서 작은 수평토압, 낮은 높이(3 m 이하), 양호한 지반에 사용하며, 일반적으로 무근콘크리트, 조적 또는 돌망태 등을 이용한다. 이 방식은 시공성이 좋지만 기초 지반의 지지력이 부족한 경우, 부동침하나 전도가 발생할 수 있으므로 등 옹벽 전체의 안정에 주의해야 한다.

(2) 반중력식 옹벽

반중력식(semi-gravity) 옹벽은 중력식 옹벽과 유사하지만 안정을 위해 아래

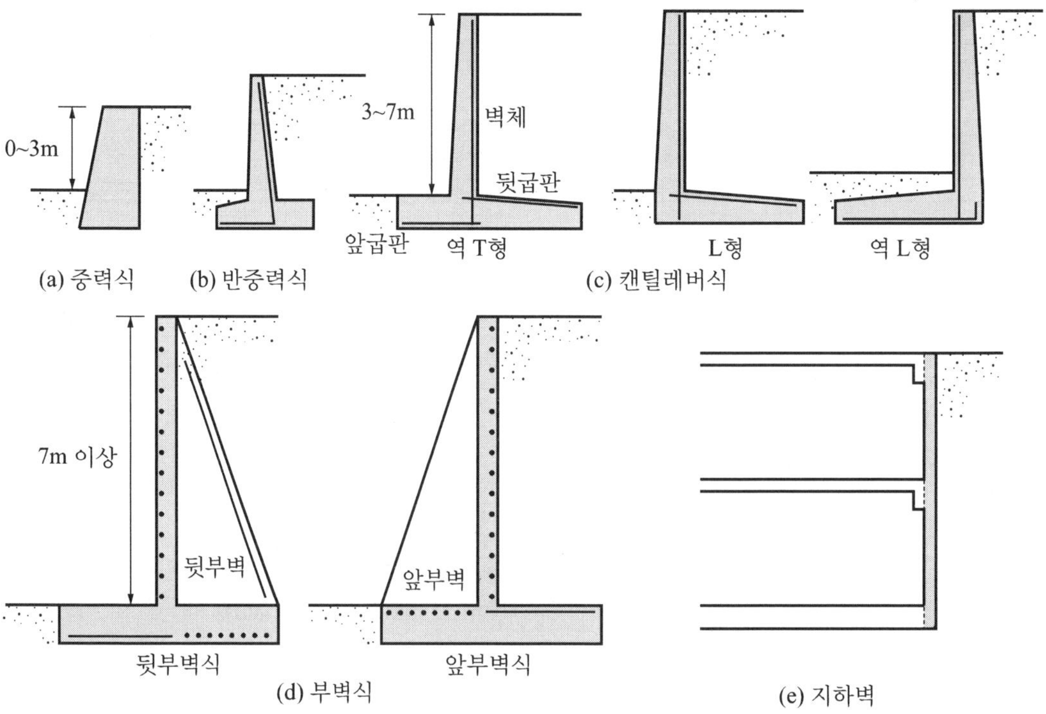

그림 12.1 옹벽의 종류와 지하벽

기초판의 폭을 키운 것이다. 이때 아래 기초판에는 인장응력이 발생하지 않도록 하며, 적은 양의 철근을 배치한다.

(3) 캔틸레버식 옹벽

캔틸레버(cantilever)식 옹벽은 3~7 m의 높이일 때 가장 보편적으로 사용하는 옹벽으로 그림 (c)와 같은 역 T형 옹벽이 대표적이다. 이때 옹벽의 벽체(stem), 뒷굽판(heel) 및 앞굽판(toe)은 각각 캔틸레버 보와 같이 거동하는 것으로 가정해서 설계한다. 캔틸레버식 옹벽 중에는 기초판 단부에 벽체를 설치하는 L형, 역 L형이 있지만 역 T형 옹벽이 구조적으로 유리하다.

(4) 부벽식 옹벽

높이가 7 m 이상 되면 옹벽 두께가 커져 비경제적일 때 그림 (d)와 같이 부벽을 설치하는 방식이다. 부벽식 옹벽에는 뒷부벽식(counterfort) 옹벽과 앞부벽식(buttress) 옹벽이 있다. 부벽 간격은 벽체 높이의 1/2~1배 정도이다. 이 때 뒷부벽은 인장력을, 앞부벽은 압축력을 받는다. 그러므로 구조적 관점에서는 앞부벽이 뒷부벽보다 효율적이다. 하지만 앞부벽은 공간을 많이 차지하므로 뒷부벽식을 주로 이용한다.

이 밖에 그림 (e)와 같이 지중에 설치한 구조물의 외벽 또한 수평토압에 저항하며 이를 일반 벽체와 구분하기 위해 **지하벽**(basement wall)이라 한다.

12-1-2. 옹벽에 작용하는 수평토압 기초

(1) 왜 토압이 발생하는가?

물을 담아 놓은 수족관의 측면 유리판을 생각해 보자. 물 양이 많을수록, 수심이 깊을수록 더 크고 두꺼운 유리판이 필요하다. 수평방향으로 수압이 세지기 때문이다. 즉, 수조의 단면적을 A, 체적을 V, 물의 수심을 h, 단위 중량을 γ_w $(= 9.81\ \mathrm{kN/m^3})$라 하면, 수평수압 P는,

$$P = \frac{W}{A} = \frac{\gamma_w V}{A} = \frac{\gamma_w (A h)}{A} = 1.0\,\gamma_w h \tag{12.1}$$

식에서 수압은 수면으로 부터 수직 거리 h에 비례하고 분포는 삼각형 형태이다.

같은 개념으로 이번에는 흙을 지지하는 벽판(옹벽)이다. 만약 흙이 고체처럼 스스로 형태를 유지한다면 벽판 자체가 필요 없다. 반면 흙이 물과 같이 액체라

면 벽판은 수족관의 유리판과 같다. 실제 흙은 액체와 고체의 중간 형태라고 볼 수 있다. 예를 들어 모래는 바위처럼 고체도, 물처럼 액체도 아닌 중간 어디쯤이다. 점토는 내부 점착력 c가 커서 고체처럼 보이기도 하지만, 물이 섞여 버리면 점착력이 크게 감소해서 거의 $c=0$이 된다.

그러므로 흙에 의한 수평토압 P는 식 (12.1)과 유사하지만, 깊이 h에 어떤 비율로 비례할 것이다. 즉,

$$P = K\gamma h \tag{12.2}$$

여기서 γ는 흙의 단위중량($\mathrm{kN/m^3}$)이고 K는 흙의 토압계수라 한다. 흙은 고체와 액체 사이 흙의 K는 0~1.0사이 값일 것이다. 이 값을 어떻게 결정할 수 있을까? 흙의 성질을 좀 더 이해해 보자.

(2) 흙의 안식각과 전단강도

흙이 자체로 안정된 경사면을 이루고 있을 때, 경사면이 이루는 각을 **안식각**(angle of repose)이라 한다. 안식각은 흙의 내부 입자간 마찰저항에 의해 형성되므로 내부 마찰각 ϕ와 비슷하다.

흙이 어떤 형태를 잃어버리는, 즉 파괴되는 기준을 생각해 보자. 지반에서 흙은 그림 12.2와 같이 전단응력 τ와 직응력 σ_n이 동시에 작용한다. 이 경우 파괴 조건으로 **모어-쿨롱**(Mohr-Coulomb) 기준이 있다. 이 기준은 전단응력과 직응력×마찰계수가 같다는 개념으로,

$$\tau = c + \sigma_n \tan\phi$$

이다. c는 흙의 점착력, $\tan\phi$는 마찰계수이다. 즉 그림 (c)에서 포락선 위쪽은 흙의 전단강도와 같거나 더 큰 전단응력에 해당하므로 전단파괴하고, 아래 면은 안전하다. τ와 σ_n의 관계를 통해 흙이 전단파괴할 때 최대 또는 최소 주응력을 구할 수 있다. 즉 그림 (c)의 모어원에서,

$$\frac{\overline{\mathrm{ad}}}{\overline{\mathrm{fa}}} = \sin\phi,$$

$$\overline{\mathrm{fa}} = \overline{\mathrm{fo}} + \overline{\mathrm{oa}} = c\cot\phi + \frac{\sigma_1 + \sigma_3}{2}, \quad \overline{\mathrm{ad}} = \frac{\sigma_1 - \sigma_3}{2}$$

이므로

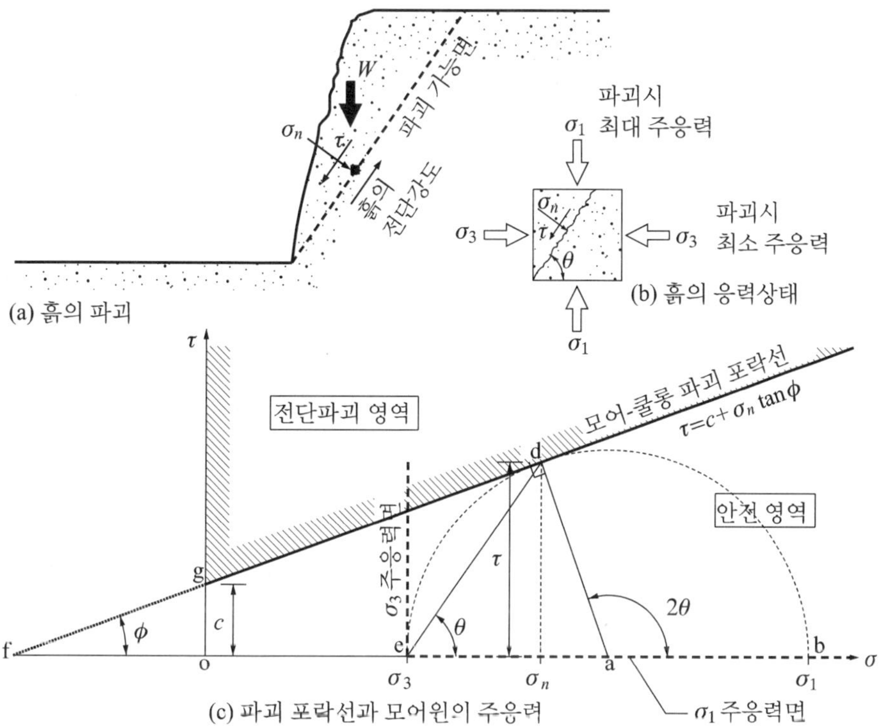

그림 12.2 모어-쿨롱 파괴 포락선에서 흙의 전단강도 τ

$$\sin\phi = \frac{\dfrac{\sigma_1 - \sigma_3}{2}}{c\cot\phi + \dfrac{\sigma_1 + \sigma_3}{2}}$$

정리하면, 흙이 파괴할 때 최대주응력과 최소주응력의 관계는,

$$\begin{aligned}\sigma_1 &= \sigma_3\left(\frac{1+\sin\phi}{1-\sin\phi}\right) + 2c\left(\frac{\cos\phi}{1-\sin\phi}\right) \\ &= \sigma_3\tan^2\left(45° + \frac{\phi}{2}\right) + 2c\tan\left(45° + \frac{\phi}{2}\right)\end{aligned} \tag{12.3}$$

또는

$$\begin{aligned}\sigma_3 &= \sigma_1\left(\frac{1-\sin\phi}{1+\sin\phi}\right) - 2c\left(\frac{\cos\phi}{1+\sin\phi}\right) \\ &= \sigma_1\tan^2\left(45° - \frac{\phi}{2}\right) - 2c\tan\left(45° - \frac{\phi}{2}\right)\end{aligned} \tag{a}$$

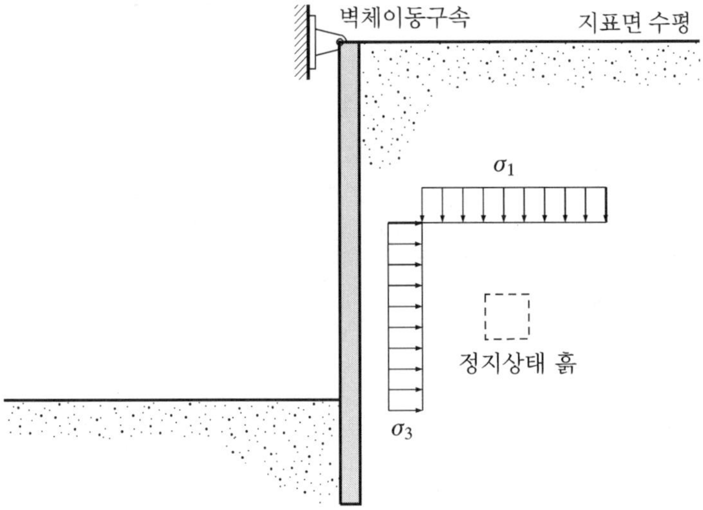

그림 12.3
벽체 이동이 구속된 상태에서 토압

(3) 정지 상태 흙의 토압

식 (12.2)의 토압계수 K를 결정해 보자. 그림 12.3과 같이 이동이 없는 이상적인 벽체 뒤 흙은 수조 안의 물이 그러하듯이 움직이지 않고 자체로 평형을 이루고 있다. 이때 K는 수직응력에 대한 수평응력의 비율이라고 할 수 있다. 즉 식 (12.3)에서 σ_3/σ_1이다. 이렇게 흙이 내부평형을 이루며 발생하는 수평토압을 **정지토압**(at rest earth pressure)이라 하며, 비율을 정지토압계수 K_0라 한다. 이론적으로 두 응력 사이의 관계는 식 (12.3)과 같고, 흙의 푸아송비를 ν라 하면 $K_0 = \nu/(1-\nu)$이다. 또한 K_0는 3축압축시험을 통해 실험적으로 구할 수도 있다. 그러나 일반적으로 재키(Jaky) 경험식을 많이 이용한다. 즉,

$$K_0 = 1 - \sin\phi \tag{12.4}$$

여기서 ϕ는 흙의 내부마찰각이다. 모래나 자갈과 같이 비다짐성, 비점착성 흙의 K_0는 0.4~0.5 범위에 있다.

정지토압은 벽체의 이동이 없는 이상적인 상태이다. 그러나 옹벽은 이상적이지 않다.

(4) 벽체 이동이 만들어 내는 토압의 변화

옹벽은 독립적인 구조물이어서 횡방향 구속이 없다. 실제로 옹벽은 그림 12.4와 같이 뒷면 흙에 의해 벽체 높이의 0.5~1% 정도가 이동(회전)한다. 벽체가 밀

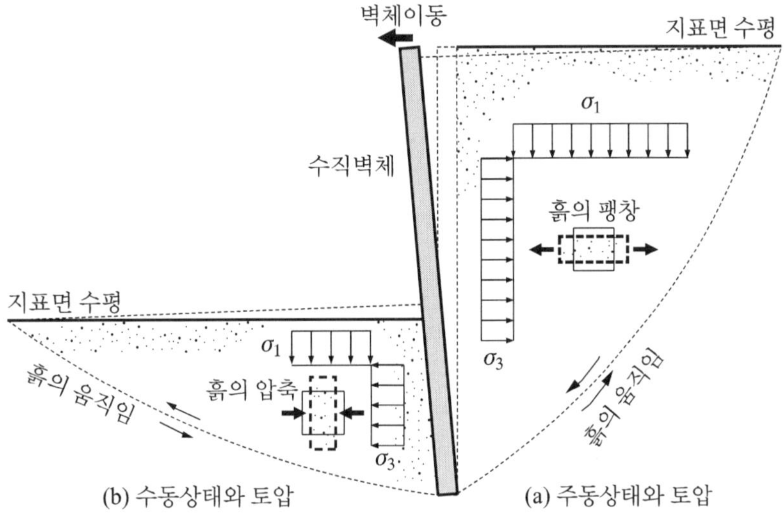

그림 12.4
벽체의 이동(회전)에 따른 흙의 상태 변화와 토압

려 나오면 뒷면 흙(그림에서 오른쪽)은 미끄러져 내려오면서 정지토압에 변화가 발생한다. 이렇게 벽체가 앞으로 변형하려고 할 때, 뒷면의 흙이 팽창하면서 감소하는 압력을 **주동토압**(active earth pressure)이라 한다. 이와는 반대(그림의 왼쪽)로 흙이 수평압력에 의해 압축되어 떠밀려 올라가면서 증가하는 압력을 **수동토압**(passive earth pressure)이라 한다. 또한 흙의 토압계수 K를 각각 주동토압계수 K_A, 수동토압계수 K_P라 한다. 이러한 토압계수를 구하는 다양한 방법 중에서 랭킨(Rankine)식과 쿨롱(Coulomb)식을 많이 이용한다. 이 중에서 랭킨식을 살펴보자.

그림 12.4의 오른쪽에서 주동토압계수 K_A는 식 (12.3)의 σ_3/σ_1이다. 앞의 정지토압계수 경우를 상기하자. 또한 수직응력 $\sigma_1 = \gamma h$이므로 정리하면,

$$K_A = \frac{\sigma_3}{\sigma_1} = \frac{1-\sin\phi}{1+\sin\phi} - \frac{2c}{\gamma h}\left(\frac{\cos\phi}{1+\sin\phi}\right) \tag{12.5}$$

$$= \tan^2\left(45° - \frac{\phi}{2}\right) - \frac{2c}{\gamma h}\tan\left(45° - \frac{\phi}{2}\right)$$

점착력이 없는 흙은 $c=0$이므로,

$$K_A = \frac{1-\sin\phi}{1+\sin\phi} = \tan^2\left(45° - \frac{\phi}{2}\right) \tag{a}$$

마찬가지로 그림 12.4의 왼쪽에서 수동토압계수 K_P는 식 (12.3)의 수평응력에 대한 수직응력의 비율 σ_1/σ_3이다. 그러므로

$$K_P = \frac{\sigma_1}{\sigma_3} = \frac{1+\sin\phi}{1-\sin\phi} + \frac{2c}{\gamma h}\left(\frac{\cos\phi}{1-\sin\phi}\right) \tag{12.6}$$

$$= \tan^2\left(45° + \frac{\phi}{2}\right) + \frac{2c}{\gamma h}\tan\left(45° + \frac{\phi}{2}\right)$$

점착력이 없는 흙은 $c = 0$이므로,

$$K_P = \frac{1+\sin\phi}{1-\sin\phi} = \tan^2\left(45° + \frac{\phi}{2}\right) \tag{a}$$

두 토압계수는 역수 관계가 있음을 알 수 있다. 즉,

$$K_P = \frac{1}{K_A} \tag{12.7}$$

이다. 물론 식 (12.5)과 (12.6)는 지표면이 수평이고 벽체가 수직인 경우이다. 흙이 경사진 경우는 다음 식을 이용해서 계산한다. 식의 유도는 이 책의 범위 밖이다. 관심 있는 독자는 지반공학을 참고하자.

$$K_A = \left(\frac{\cos\delta - \sqrt{\cos^2\delta - \cos^2\phi}}{\cos\delta + \sqrt{\cos^2\delta - \cos^2\phi}}\right)\cos\delta \tag{12.8}$$

$$K_P = \left(\frac{\cos\delta + \sqrt{\cos^2\delta - \cos^2\phi}}{\cos\delta - \sqrt{\cos^2\delta - \cos^2\phi}}\right)\cos\delta \tag{12.9}$$

표 12.1 랭킨식에 의한 주동 및 수동토압계수 K_A, K_P

주동토압계수 K_A		내부마찰각, ϕ						
		28°	30°	32°	34°	36°	38°	40°
지표경사각, δ	0°	0.361	0.333	0.307	0.283	0.260	0.238	0.217
	10°	0.380	0.350	0.321	0.294	0.270	0.246	0.225
	20°	0.461	0.414	0.374	0.338	0.306	0.277	0.250
	25°	0.573	0.494	0.434	0.385	0.343	0.307	0.275
	30°	0	0.866	0.574	0.478	0.411	0.358	0.315

수동토압계수 K_P		내부마찰각, ϕ						
		28°	30°	32°	34°	36°	38°	40°
지표경사각, δ	0°	2.77	3.00	3.25	3.54	3.85	4.20	4.60
	10°	2.55	2.78	3.02	3.30	3.60	3.94	4.32
	20°	1.92	2.13	2.36	2.61	2.89	3.19	3.53
	25°	1.43	1.66	1.90	2.14	2.40	2.68	3.00
	30°	0	0.87	1.31	1.57	1.83	2.10	2.38

여기서, δ는 지표면의 수평면에 대한 각이다. 랭킨식에 의한 주동토압계수 K_A와 수동토압계수 K_P를 표 12.1에 예시했다.

12-1-3. 옹벽에 작용하는 수평토압 계산

옹벽에 작용하는 토압은 대부분 지표면이 수평인 경우, 옹벽 뒤의 흙이 경사진 경우, 옹벽 뒤 흙 위에 표면재하가 있는 경우이다. 각각에 대하여 토압을 계산하는 방법을 생각해 보자.

(1) 지표면이 수평인 경우

그림 12.5와 같이 지표면이 수평인 옹벽에서 점착력이 없는($c=0$) 흙에 의한 토압은 식 (12.2)와 유사하게 삼각형 분포형태이다. 즉,

① 주동토압

주동토압은

$$P_A = K_A \gamma h \tag{12.10}$$

주동토압의 합력은,

$$H_A = K_A \frac{\gamma h^2}{2} \tag{12.11}$$

여기서 K_A는 $c=0$이므로 식 (12.5a)이고, 합력의 작용점은 밑면에서 $h/3$이다.

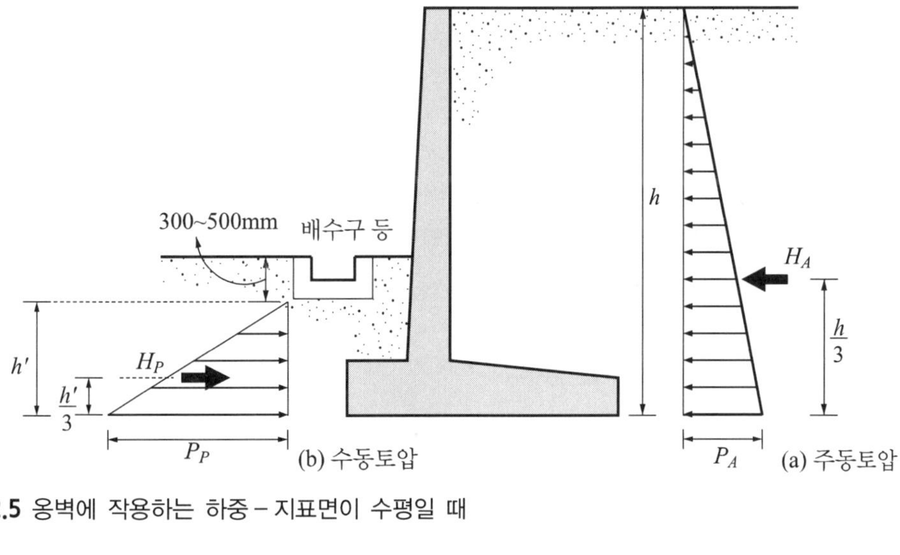

그림 12.5 옹벽에 작용하는 하중 – 지표면이 수평일 때

참고로 점성토와 같이 $c \neq 0$인 흙은 자체 점착력에 의해 부(−)방향 토압이 발생해서 주동토압을 감소시킨다. 결과적으로 이 영향을 제외한 옹벽 높이($h_{유효높이}$)에서만 수평토압에 저항한다. 즉, $P_A = 0$일 때의 깊이를 h_0라 하면 식 (12.10)에서 $P_A = K_A \gamma h_0 = 0$이고 식 (12.5)을 대입하여 정리하면,

$$P_A = K_A \gamma h_0 = \tan^2\left(45° - \frac{\phi}{2}\right)\gamma h_0 - 2c\tan\left(45° - \frac{\phi}{2}\right) = 0$$

$$h_0 = \frac{2c}{\gamma}\tan\left(45° + \frac{\phi}{2}\right)$$

이다. 그러므로

$$h_{유효높이} = h - h_0 = h - \frac{2c}{\gamma}\tan\left(45° + \frac{\phi}{2}\right)$$

로 생각하면 된다. 그러나 점착력이 큰 점토라도 수분을 포함하면 c은 급격하게 사라져 0에 근접한다. 그러므로 실무에서는 안전한 설계를 위해 $c = 0$을 가정한다. 즉 c를 0으로 보면 수평토압은 증가하고 상대적으로 안전율이 높아진다. 앞으로 유도하는 식은 특별한 주기가 없는 한 $c = 0$ 상태의 흙이다.

② 수동토압

수동토압

$$P_P = K_P \gamma h' \tag{12.12}$$

수동토압의 합력은,

$$H_P = K_P \frac{\gamma h'^2}{2} \tag{12.13}$$

이다. 여기서 K_P는 식 (12.6)이다. 수동토압 계산에서 주의 할 점은 깊이 h'이다. 시간이 지남에 따라 흙이 유실되거나 그림과 같은 배수구가 설치될 수도 있다. 즉 수동토압을 계산할 때는 흙 전체 깊이가 아닌 상황에 따라 적절한 깊이를 결정해야 한다. 일반적으로 중력식 옹벽의 경우 300~500 mm가 유실된다고 가정한다.

(2) 지표면이 경사진 경우

그림 12.6과 같이 지표면이 경사 δ인 경우 주동토압은,

$$P_A = K_A \gamma h \tag{12.14}$$

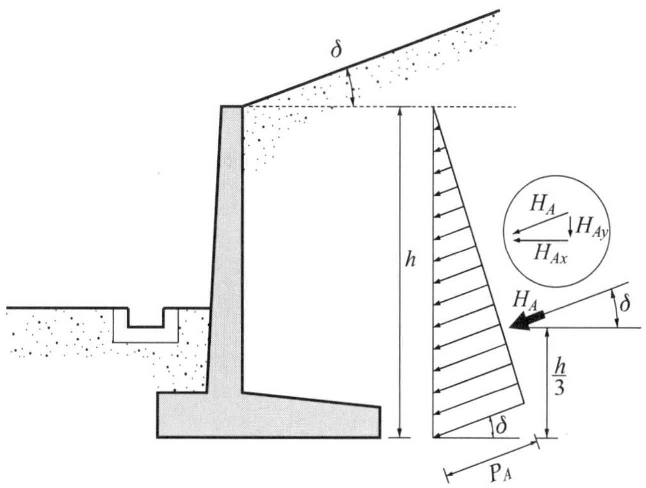

그림 12.6
옹벽에 작용하는 하중 – 지표면이 δ만큼 경사졌을 때

여기서 주동토압계수 K_A는,

$$K_A = \left(\frac{\cos\delta - \sqrt{\cos^2\delta - \cos^2\phi}}{\cos\delta + \sqrt{\cos^2\delta - \cos^2\phi}} \right) \cos\delta \tag{12.8}$$

이다. 합력 H_A는

$$H_A = K_A \frac{\gamma h^2}{2} \tag{12.15}$$

이고 작용선은 지표면 경사 δ와 같다. 이 때 주동토압의 수평분력 $H_{Ax}(= H_A \cos\delta)$가 옹벽에 수평하중으로 작용하고 작용거리는 $h/3$이다.

(3) 지표면에 표면재하가 있는 경우

그림 12.7과 같이 수평 지표면에 표면재하가 있을 수 있다. 표면재하는 흙 위에 화단, 주차장, 적재 화물, 또는 통행하는 차량 등이 있는 경우를 말한다. 이 경우는 표면재하로 인한 토압을 추가한다. 추가 방법은 그림과 같이 표면재하 w_s가 작용할 때 환산 높이 h_s로 옹벽에 작용한다고 가정하며 지표면 아래서 일정하다. 즉,

$$h_s = \frac{w_s}{\gamma} \tag{12.16}$$

$$P_s = K_A \gamma h_s \quad \text{또는} \quad P_s = K_A w_s$$

이다. 단순히 표면재하에 주동토압계수 K_A를 곱한 것과 같다. 또한

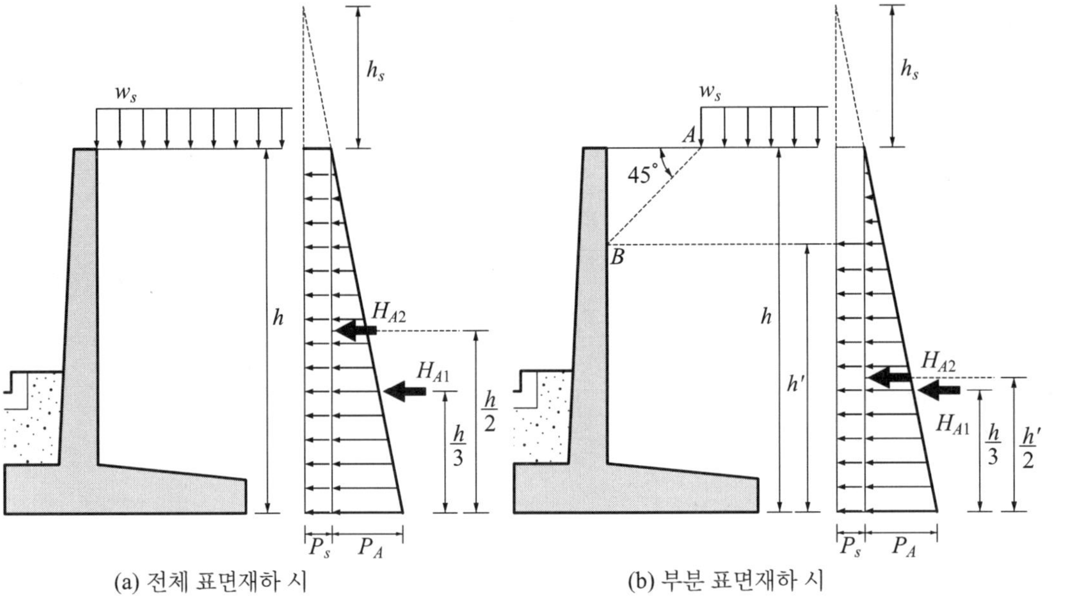

그림 12.7 옹벽에 작용하는 하중 – 지표면이 수평이고 표면재하가 있을 때

$$P_A = K_A \gamma h$$

이다. 합력은 그림 (a)에서 P_A는 삼각형, P_s는 직사각형이므로,

$$H_A = H_{A1} + H_{A2} = K_A \gamma \left(\frac{h^2}{2} + h_s h \right) \tag{12.17}$$

또는

$$H_A = K_A \gamma \frac{h^2}{2} + K_A w_s h \tag{a}$$

이고, 작용점은 각각 $h/3$, $h/2$이다.

만약 그림 (b)와 같이 표면재하가 일정 거리만큼 떨어져 작용한다면, 토압에 미치는 영향은 그림의 B점부터라고 할 수 있다. 이때의 각도는 45°이다.

(4) 기타 조건의 고려

만약 뒷채움 흙이 각기 다른 지층으로 이루어진 경우는, 위층의 흙은 앞의 계산방법으로 구하고 다음 층부터 상부층의 토압을 표면재하한다고 생각해서 계산한다. 즉 흙의 아래층부터 상부층 흙은 깊이에 관계없이 일정하다.

또한 지하수위(water level table)를 고려해야 할 경우도 있다. 배수가 충분치 않은 옹벽에서 일시적으로 폭우가 내릴 때 지하수위가 상승할 수 있다. 지하수위 윗면은 앞의 일반적인 방법으로 계산한다. 지하수위 아래 면은 지하수위 상부 흙(표면재하로 가정)의 토압과 지하수위 아래 수압+토압을 받는다. 수압은 식 (12.1)로 계산한다. 토압은 흙의 단위중량 γ 대신, $\gamma'(=\gamma_{\rm sat}-\gamma_w)$로 대체한다. 여기서 $\gamma_{\rm sat}$는 포화상태 흙의 단위중량, γ_w는 물의 단위중량($=9.81\ {\rm kN/m^3}$)이다. 이 이유는 부력의 영향으로 흙의 중량이 감소하기 때문이다. 물론 옹벽 뒤 지하수위를 고려하면 토압이 크게 증가하므로 주의해야 한다.

12-1-4. 옹벽설계 유의사항

앞의 옹벽 수평토압 계산과정을 살펴보면 토압은 성토각 δ, 흙의 단위중량 γ, 내부마찰각 ϕ만 알면 간단하게 구할 수 있다. 그러나 흙은 단순하지 않다. 사질토의 거동에 관한 랭킨식은 그런대로 맞는다고 볼 수 있지만, 점토나 실트와 같이 물의 포화상태에 따라 점착력과 내부마찰각이 급격하게 변하는 흙은 그렇지 않다. 더구나 지반조사의 불확실성도 매우 크다. 면적과 깊이별로 모든 흙을 분류할 수는 없다. 그럼에도 불구하고 기존 설계방식에 큰 문제가 나타나지 않는 이유는 높은 안전율을 적용하기 때문이다. 그러므로 다음에 유의하자.

(1) 점토와 실트는 물이 포화되어 완전한 액체($\phi=0$)가 될 수 있다고 가정하는 것이 안전하다. 표 12.2는 실무에서 사용하는 벽체 뒷면 흙의 설계값으로 상당한 안전율을 가지고 있다. 표에서 4와 5 흙은 완전한 액체($\phi=0$)가 될 수도 있다. 그러므로 만약 옹벽 시공 이후 뒷면 흙을 채운다면(성토) 1과 2의 흙을 사용하자.

(2) 옹벽 뒷면에 발생하는 실제 토압을 감소시키는 가장 효과적인 방법은 배수시설을 설치하는 것이다. 예를 들어 지름 65 mm 이상의 배수구멍을 최소한

표 12.2 벽체 뒷면 흙의 설계값

흙의 종류	내부마찰각, ϕ (도, °)	점착력, c ${\rm kN/m^2}$	단위체적중량, γ ${\rm kN/m^3}$
1. 미세입자를 포함하지 않고, 투수성이 좋은 모래 또는 자갈	35	–	18
2. 실트 또는 점토를 포함한 투수성 사질토	30	–	18
3. 점토를 다량 포함한 사질토	24	–	17.5
4. 연질의 유기질 실트 또는 실트질 점토	0	–	16
5. 사질점토	0	12	17

4.5 m 간격으로 설치하는 것이 좋다. 물론 옹벽의 뒷면에 배수 구멍으로 물이 잘 모이도록 배수층을 두어야 한다.

(3) 배수 시설이 잘되어 있더라도 집중 강우기(장마) 때는, 옹벽 뒷면 흙에 물의 유입량이 배수량보다 많을 수 있다. 이 조건에서는 일시적으로 지하수위가 올라가고 토압 또한 증가한다. 그러므로 흙의 종류가 모호 할 때는 되도록 낮은 ϕ값을 선택하는 것이 안전하다. 더구나 필요에 따라 지하수위 상승이 문제가 된다고 판단될 경우에는 수압에도 견디도록 설계해야 한다.

(4) 동결 또한 뒷면 흙의 토압을 증가시킨다는 사실도 기억하자. 겨울에 흙 내부의 간극수가 얼면 부피가 팽창하면서 토압이 증가한다. 표 12.2는 간극수, 누수, 동결 등의 영향을 고려하지 않는 값이다.

실제로 앞의 여러 영향을 소홀히 한 많은 옹벽이 자리 이탈이나 균열이 발생한다. 그러므로 앞에서 간단한 과정을 통해 얻은 토압계산 결과가 실제 토압이라고 너무 확신하지 말자. 또한 보다 정밀한 토압이론을 적용해서 경제적인 설계가 가능하다는 생각은 실질적인 의미가 없다. 옹벽은 독립적인 구조물이다. 도와 줄 친구가 없다.

예제 12-1 옹벽의 수평토압 계산

그림과 같은 역 T형 옹벽에 대하여 수평 주동 및 수동토압의 분포, 합력, 작용점 위치를 구하라. 단,

표면재하 : $w_s = 6\ \text{kN/m}^2$ 옹벽 면에서 900 mm 이격

흙의 종류 : 실트 또는 점토를 포함한 투수성 사질토,

단위중량 $\gamma = 17\ \text{kN/m}^3$,

내부마찰각 $\phi = 30°$,

점착력 $c = 0$

앞굽판 흙의 손실 : 300 mm 가정

이다. 단, 충분한 배수시설로 옹벽 뒷면에 수압이 작용하지 않는다.

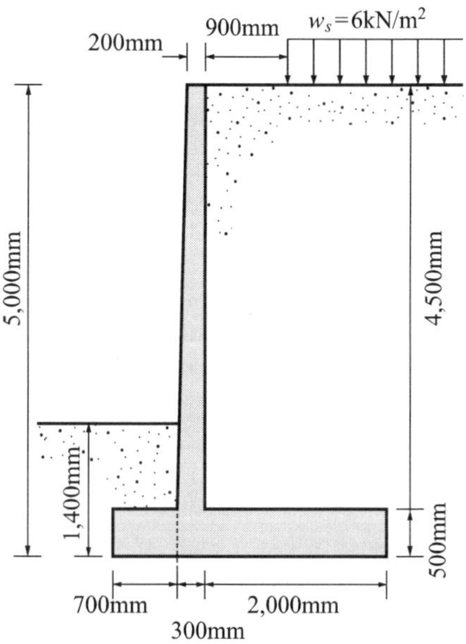

풀이

단위길이(1 m)당 토압을 계산한다.

주동토압 계산

$\phi = 30°$

$c = 0$이므로 주동토압계수는,

$$K_a = \frac{1-\sin\phi}{1+\sin\phi} = \frac{1-\sin 30°}{1+\sin 30°} = 0.333$$

$h = 5$ m일 때 주동토압은,

$$P_A = K_A \gamma h = 0.333 \times 17 \times 5 = 28.3 \text{ kN/m}^2$$

주동토압 분포는 삼각형이고, 합력은

$$H_{A1} = \frac{P_A h}{2} = \frac{28.3 \times 5}{2} = 70.8 \text{ kN/m}$$

작용점 위치는 밑면으로부터 $h/3$이므로,

$$y_1 = \frac{h}{3} = \frac{5}{3} = 1.667 \text{ m}$$

표면재하에 의해 추가되는 토압을 계산한다.

$$h_s = \frac{w_s}{\gamma} = \frac{6}{17} = 0.353 \text{ mm}$$

$$P_s = K_A \gamma h_s = 0.333 \times 17 \times 0.353 = 2 \text{ kN/m}^2$$

또는

$$P_s = K_A w_s = 0.333 \times 6 = 2 \text{ kN/m}^2$$

합력은 직사각형 면적이므로,

$$H_{A2} = P_s(h - l_s) = 2 \times (5 - 0.9) = 8.2 \text{ kN/m}$$

여기서 l_s은 표면재하 이격 거리 0.9 m와 같다. 45°이므로,

작용점 위치는 밑면으로부터 $h/2$이므로,

$$y_2 = \frac{h - l_s}{2} = \frac{5 - 0.9}{2} = 2.05 \text{ m}$$

그러므로

$$H_{A1} + H_{A2} = 70.8 + 8.2 = 79 \text{ kN/m}$$

$$y = \frac{H_{A1} y_1 + H_{A2} y2}{\sum H_A} = \frac{70.8 \times 1.667 + 8.2 \times 2.05}{79} = 1.71 \text{ m} \ \ (\text{기초판 밑면으로부터})$$

수동토압 계산

$\phi = 30°$

$c = 0$이므로 수동토압계수는,

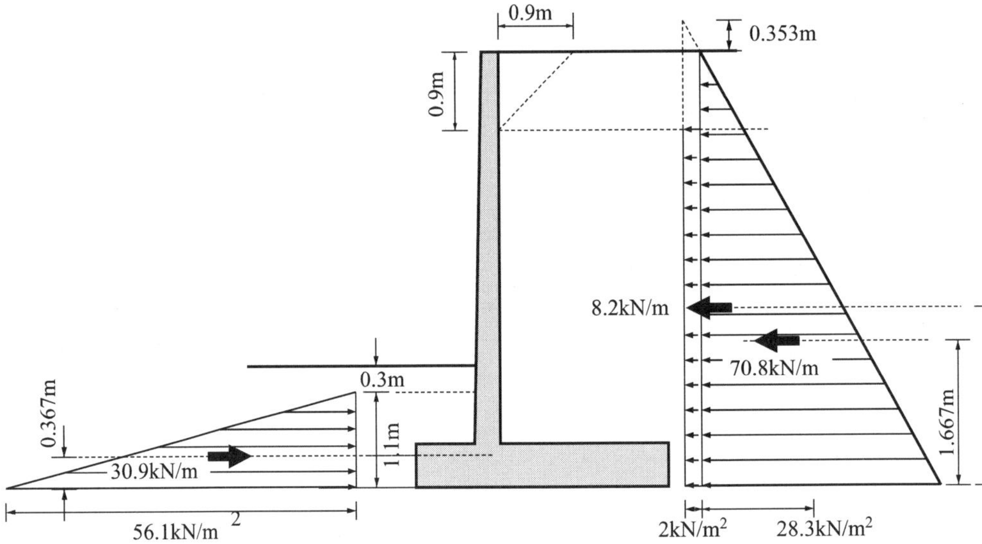

주동토압과 수동토압 분포

$$K_P = \frac{1+\sin\phi}{1-\sin\phi} = \frac{1+\sin 30°}{1-\sin 30°} = 3$$ (주동토압계수 K_A의 역수와 같다.)

$$P_P = K_P \gamma h' = 3 \times 17 \times (1.4-0.3) = 56.1\ \mathrm{kN/m^2}$$

여기서 h'는 전체 깊이에서 흙의 손실량 300 mm를 뺀 값

수동토압 분포는 삼각형이고, 합력은

$$H_P = \frac{P_P h'}{2} = \frac{56.1 \times (1.4-0.3)}{2} = 30.9\ \mathrm{kN/m}$$

작용점 위치는 밑면으로부터 $h/3$이므로,

$$y_3 = \frac{h'}{3} = \frac{(1.4-0.3)}{3} = 0.367\ \mathrm{m}$$

12-2 옹벽 안정 검토

옹벽은 독립 구조물이기 때문에 스스로 **안정**(stability)해야 한다. 옹벽이 안정을 잃어버리는 유형은 그림 12.8과 같다. 그림 (a)와 같이 약한 지반의 지내력 때문에 침하하거나, 뒷면 흙을 이기지 못하고 그림 (b)처럼 밀리거나(미끄러짐, 활동), 그림 (c)와 같이 전도 할 수 있다. 이에 대하여 옹벽은 안정을 잃지 않는지 검토해야 한다.

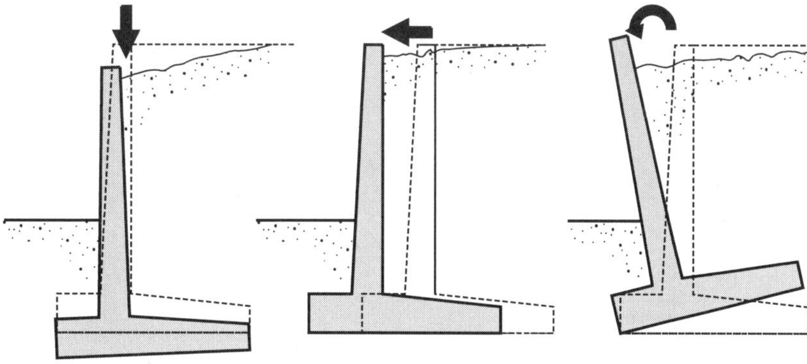

그림 12.8 옹벽이 안정을 잃어버리는 유형

안정 검토는 하중계수를 고려하지 않은 사용하중과 실제 토압을 바탕으로 계산한다. 현재의 지반공학 설계와 일관성을 유지하기 위한 것으로 11장 기초의 경우와 같다. 그림 12.9의 역 T형 옹벽을 대상으로 안정 검토 방법을 살펴보자.

12-2-1. 침하에 대한 검토

옹벽의 기초판 밑면에 발생하는 지반반력이 흙의 허용지내력 q_a보다 작아야 침하하지 않는다. 이때 기초판 밑면에 분포한 지반반력을 **접지압**이라 한다. 우리는 11-1-3절에서 축하중과 휨모멘트를 받는 기초판의 최대 최소 접지압 분포를 살펴보았다. 즉

$$q_{\max,\min} = \frac{P}{A} \pm \frac{M}{Z} \tag{11.1}$$

$$e = \frac{M}{P} \tag{11.2}$$

그림 12.9에서 전체 합력 R의 수직분력을 R_v, 기초판 길이를 l, 편심거리를 e라 하면, 기초판 단위 폭 1 m에 대해서는,

$$P = R_v, \qquad M = R_v \times e$$

$$A = 1 \times l, \qquad Z = 1 \times l^2/6$$

이고 식 (11.1)에 대입하면,

$$q_{\max,\min} = \frac{R_v}{l} \pm \frac{6[R_v \times e]}{l^2} \tag{12.18}$$

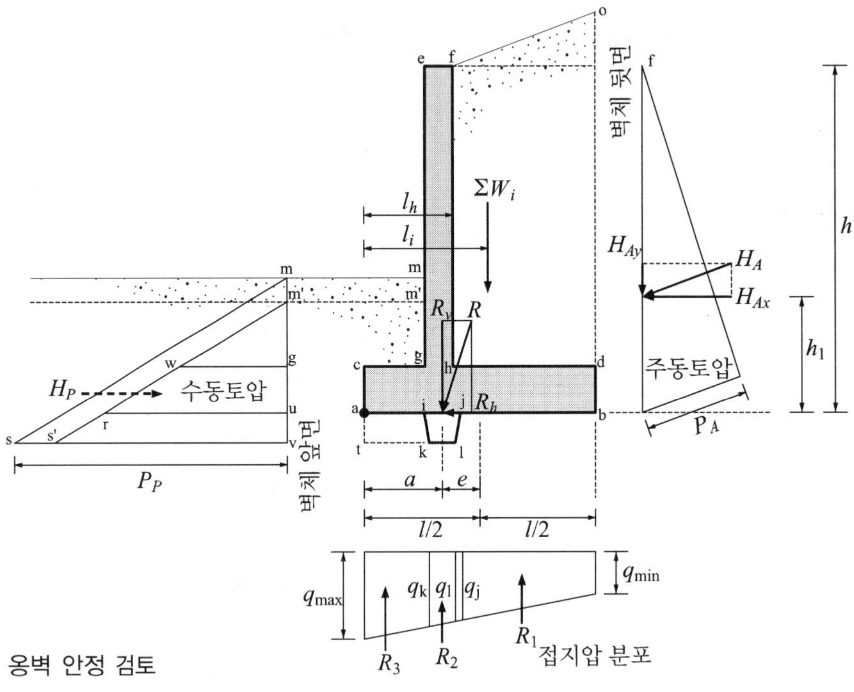

그림 12.9 옹벽 안정 검토

이다. 그림에서,

$$q_{\max} = (4l - 6a)\frac{R_v}{l^2}, \qquad q_{\min} = (6a - 2l)\frac{R_v}{l^2} \tag{12.19}$$

이 값은 전 단면이 압축상태일 때, 즉 R_v가 기초판(길이 l) 중심에서 $l/3$ 범위에 있을 때이다. R_v가 중심에서 $l/3$을 벗어나는 경우 접지압 q는 어떻게 될까? 11장으로 돌아가 그림 11.4를 다시 한 번 살펴보길 바란다.

여기서 구한 최대 접지압 $q_{\max}$가,

$$q_a \geqq q_{\max} \tag{12.20}$$

이면 침하에 대해 안정이다.

옹벽을 설계할 때 합력의 작용점이 기초판 중앙에서 $l/3$ 범위에 있도록 하는 것이 좋다. 이것은 $q_{\max}$ 값을 줄일 수 있을 뿐만 아니라 접지압 q의 심한 등변분포를 막을 수 있기 때문이다. 실제로 옹벽 기초판 아래가 점토와 같이 심한 압축성 토질이고 편심 e가 크면 앞굽판이 뒷굽판에 비해 더 많이 침하할 수 있다. 어떻게 될까? 옹벽이 부동침하와 함께 회전해서 안정을 잃어버릴지도 모른다. 물론 기초판이 바위나 잘 다져진 자갈과 같은 비압축성 흙이라면 상관없다.

12-2-2. 미끄러짐(활동)에 대한 검토

옹벽이 수평토압 때문에 밖으로 밀리는 현상을 **미끄러짐**(활동, sliding)이라 한다. 활동에 대한 옹벽의 저항은 밑판 콘크리트와 흙의 마찰력이다. 그림 12.9를 보자.

옹벽을 밀어내려는 힘은 전체 주동토압 H_A의 수평 분력 H_{Ax}이다. 이에 저항하는 힘은 기초판 밑면과 지반사이의 마찰력 μR_v이다. 여기서 μ는 콘크리트와 지반 사이의 마찰계수로 표 12.3에 나타냈다. R_v는 전체 합력 R의 수직분력으로,

$$R_v = \sum W_i + H_{Ay}$$

여기서 $\sum W_i$는 벽체 자중과 기초판 위 흙의 자중, H_{Ay}는 주동토압 H_A의 수직 분력이다. 그러므로 $\mu R_v \geq H_{Ax}$를 만족하면 되지만 안전율을 1.5로 보아,

$$\mu R_v \geq 1.5 H_{Ax}$$

$$\mu\left(\sum W_i + H_{Ay}\right) \geq 1.5 H_{Ax} \tag{12.21}$$

를 만족하면 활동에 안정하다고 판단한다. 식 (12.21)에서 왼쪽 흙의 수동토압을 고려하지 않았다. 실제로 옹벽이 미끄러지기 시작하면 앞굽판쪽 흙에 $\triangle vsm$의 수동토압 H_P가 발생해서 미끄러짐에 저항하므로 식의 왼편에 추가할 수 있다. 그러나 이 저항력은 신뢰하기 어렵다. 예를 들어 뒷굽판 위 흙 $\square ofhd$을 성토하고 나서 앞굽판 흙을 채우면 아무런 의미가 없다(이미 활동이 시작될 수 있으므로). 또는 앞굽판 흙은 옹벽 사용기간 동안 없어질지도 모른다(용도가 변할 수 있으므로). 그러므로 수동토압 H_P는 활동에 대한 안정 검토시 고려하지 않는다.

만약 기초판 밑면의 마찰력이 충분하지 않을 때는 $\square iklj$와 같은 **활동방지벽**(shear key)을 설치해서 수평 저항력을 증가시킨다. 활동방지벽의 형태는 그림과 같이 역 사다리꼴 형태를 만들면 굴착시 지반이 느슨해지는 것을 최소화 시켜 방지벽의 효과를 극대화 할 수 있다.

표 12.3 콘크리트에 대한 흙의 마찰계수 μ값

	마찰계수 μ			
	점 토	모 래	자 갈	콘크리트
습윤 상태	0.2	0.2~0.30	0.5	0.65
건조 상태	0.5	0.5	0.5	0.65

표 12.4 흙의 마찰계수(μ_s) 최대값

실트 또는 점토를 포함하지 않는 조립토	$0.55(\phi \approx 29°)$
실트를 포함한 조립토	$0.45(\phi \approx 24°)$
실트 또는 점토 (기초판 밑에 두께 약 100 mm의 흙을 굵은 모래 또는 자갈 층으로 바꾼 것)	$0.35(\phi \approx 19°)$

이때 $\overline{\mathrm{kl}}$과 $\overline{\mathrm{jb}}$ 면은 마찰계수 μ를 적용한 마찰력이다. 즉 그림에서 $\mu(R_1 + R_2)$이고 R은 접지압의 합력이다. $\overline{\mathrm{kt}}$ 면은 표 12.4와 같은 흙 자체의 마찰계수 μ_s나 $\tan\phi$ 값(여기서 ϕ는 내부마찰각)을 사용한다. 즉 그림에서 $\tan\phi \times R_3$이다. 또한 수동토압을 고려할 수 있다. $\triangle \mathrm{vsm}$의 수동토압 H_P는 기대할 수 없으므로, 상황에 따라 흙의 손실분 300~500 mm를 제외한 $\triangle \mathrm{vs'm'}$, 또는 $\square \mathrm{vs'wg}$, 또는 $\square \mathrm{vs'ru}$를 고려한다. 만약 여러분이 활동방지벽을 설계한다면 어떤 수동토압을 선택하겠는가? 무엇을 선택하든 합리적인 타당성이 있어야 하고, 최대한 안전값을 따르는 것이 좋다.

한편 중력식 옹벽에서는 기초판에 실리는 흙의 무게에 대한 마찰저항을 기대할 수 없고 콘크리트의 자체 자중만으로 저항하게 되므로 옹벽을 적당한 깊이에 파묻히게 하여 수동토압에 의해 미끄러짐에 저항하도록 하는 것이 경제적이다. 이때 300~500 mm 정도의 표토 층은 수동토압을 기대할 수 없으므로 계산에 포함시키지 않는다는 사실을 기억하자.

12-2-3. 전도에 대한 검토

전도(overturning)는 옹벽 전체가 토압에 의해 회전하는 현상이다. 그림 12.9에서 앞굽판 a를 기준으로 H_{Ax}가 전도모멘트 $M_0 = H_{Ax} \times h_1$를 일으킨다. 이에 저항하는 모멘트는 $M_R = \sum(W_i \times l_i) + H_{Ay} \times l_h$이다. 여기서 H_{Ay}가 떨어진 수직거리는 l_h이다. 그림이 복잡해서 주동토압을 오른쪽으로 옮겨 놓은 것으로 실제 벽체 뒷면에 수직으로 작용한다. 안전율을 2.0으로 하면,

$$M_R \geq 2.0 M_0$$

$$\sum(W_i \times l_i) + H_{Ay} \times l_h \geq 2.0(H_{Ax} \times h_1) \tag{12.22}$$

를 만족하면 전도에 안정하다고 판단한다. 전도에 대한 검토에서 수동토압 합력 H_P는 무시한다. 이유는 앞 절과 같다.

예제 12-2 옹벽의 안정 검토

예제 12-1의 옹벽에 대하여 안정을 검토하고 필요시 활동방지벽을 설계하라. 단,

흙의 허용지지력 $q_a = 200\ \mathrm{kN/m^2}$

흙의 단위 중량 $\gamma = 17\ \mathrm{kN/m^3}$, 내부마찰각 $\phi = 30°$,

콘크리트와 지반 사이 마찰계수 $\mu = 0.5$

철근콘크리트 무게 $= 24\ \mathrm{kN/m^3}$

옹벽 시공 순서 : 기초판 하부까지 굴토 → 옹벽시공 → 벽체 앞면 성토
→ 벽체 뒷면 성토

풀이

수직하중과 이에 의한 모멘트 계산

부분별로 단위길이(1 m)당 W_i, a점에서 떨어진 거리 y_i, a점에 대한 모멘트 M_i를 구한다. 예를 들어 그림에서

① 부분(콘크리트)

$W_1 = (0.3-0.2) \times 4.5 \times 24/2 = 5.4\ \mathrm{kN/m}$

$y_1 = 3-2-0.2-(0.3-0.2)/3 = 0.767\ \mathrm{m}$

$M_1 = 5.4 \times 0.767 = 4.14\ \mathrm{kN \cdot m/m}$

이고 나머지는 표와 같다.

수평 주동토압에 의한 모멘트 계산

수평 주동토압

$H_{A1} = 70.8\ \mathrm{kN/m}$, 작용점 위치 $y_1 = 1.667\ \mathrm{m}$

표면재하에 의해 추가된 토압

$H_{A2} = 8.2\ \mathrm{kN/m}$, 작용점 위치 $y_2 = 2.05\ \mathrm{m}$

이므로

a점에서 수평 토압에 의한 모멘트 M_O는,

$M_O = 70.8 \times 1.667 + 8.2 \times 2.05 = 134.8\ \mathrm{kN \cdot m/m}$

침하검토

수직하중 합력 위치(a점으로부터 수평거리) a는

$$a = \frac{\sum M - M_O}{\sum R} = \frac{383.6 - 134.8}{216} = 1.152\ \mathrm{m}$$

이므로, 편심 거리 e는,

$$e = \frac{l}{2} - a = \frac{3}{2} - 1.152 = 0.348\ \mathrm{m}\ \leq\ \frac{l}{6}(=0.5\ \mathrm{m})$$

수직하중과 이에 의한 모멘트 계산 결과

	수직하중 W_i (kN/m)	a점에서 떨어진 거리 (m)	a점에 대한 모멘트 M_i (kN·m/m)
①	$W_1 = 5.4$ kN/m	$l_1 = 0.767$ m	$M_1 = 4.14$ kN·m/m
②	$W_2 = 0.2 \times 4.5 \times 24 = 21.6$ kN/m	$l_2 = 3 - 2 - 0.2/2 = 0.9$ m	$M_2 = 21.6 \times 0.9 = 19.44$ kN·m/m
③	$W_3 = 3 \times 0.5 \times 24 = 36$ kN/m	$l_3 = 3/2 = 1.5$ m	$M_3 = 36 \times 1.5 = 54$ kN·m/m
④	$W_4 = 2 \times 4.5 \times 17 = 153$ kN/m	$l_4 = 3 - 2/2 = 2$ m	$M_4 = 153 \times 2 = 306$ kN·m/m
	$\sum W = 216$ kN/m		$\sum M = 383.6$ kN·m/m

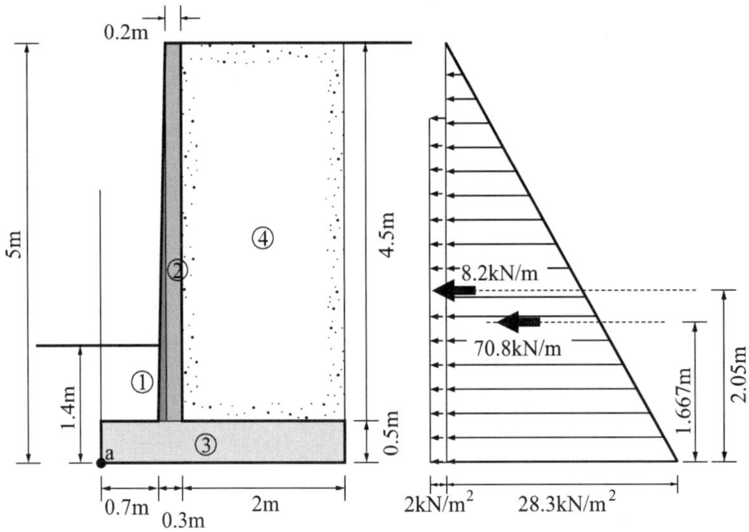

수직하중과 수평토압계산 그림

이므로 접지압 모두 압축상태이다.

기초판 양단에 발생하는 최대·최소 접지압은,

$$q_{\max,\min} = \frac{\sum R}{l} \pm \frac{6\sum R \times e}{l^2} = \frac{216}{3} \pm \frac{6 \times 216 \times 0.348}{3^2}$$

$$= 122.1 \text{ kN/m}^2/\text{m}, \quad 21.9 \text{ kN/m}^2/\text{m} \le q_a (200 \text{ kN/m}^2)$$

침하에 대해 안정이다.

미끄러짐(활동) 검토

$H_{total} = H_{A1} + H_{A2} = 70.8 + 8.2 = 79$ kN/m (활동을 일으키는 수평토압 합력)

$F = \mu \sum R = 0.5 \times 216 = 108$ kN/m (활동에 저항하는 총 수직하중의 마찰력)

$$\frac{F}{H_{total}} = \frac{108}{79} = 1.367 \not\geq 1.5 \text{ (불안정)}$$

이므로 활동방지벽을 고려한다.

활동 방지벽 설계

그림과 같이 a점에서 0.9 m에 $\overline{ij} = 400$ mm, $\overline{kl} = 200$ mm 크기의 활동방지벽을 설치한다. 이때 a, k, l, j, b에서 접지압은 각각,

$$q_a = q_{max} = 122.1 \text{ kN/m}^2/\text{m}$$

$$q_k = q_{max} - (q_{max} - q_{min})\frac{l_x}{l} = 122.1 - (122.1 - 21.9)\frac{0.8}{3} = 95.4 \text{ kN/m}^2/\text{m}$$

$$q_l = 122.1 - (122.1 - 21.9)\frac{1}{3} = 88.7 \text{ kN/m}^2/\text{m}$$

$$q_j = 122.1 - (122.1 - 21.9)\frac{1.1}{3} = 85.4 \text{ kN/m}^2/\text{m}$$

$$q_b = q_{min} = 21.9 \text{ kN/m}^2/\text{m}$$

이고, 다음과 같이 활동에 저항하는 힘 3가지를 구한다.

① 흙과 콘크리트가 만나는 부분($\overline{kl}$, $\overline{jb}$)의 마찰력

$\mu = 0.5$ (콘크리트와 지반사이 마찰계수)

$$F_1 = \mu(R_1 \times 0.2 + R_2 \times 1.9) = 0.5\left(\frac{95.4 + 88.7}{2} \times 0.2 + \frac{85.4 + 21.9}{2} \times 1.9\right)$$

$$= 60.2 \text{ kN/m}$$

② 흙 사이($\overline{tk}$)의 마찰력

$\phi = 30°$

$$F_2 = \tan\phi \, R_3 \times 0.8 = \tan 30\left(\frac{122.1 + 95.4}{2}\right)(0.8) = 50.2 \text{ kN/m} \text{ (접지압 합력)}$$

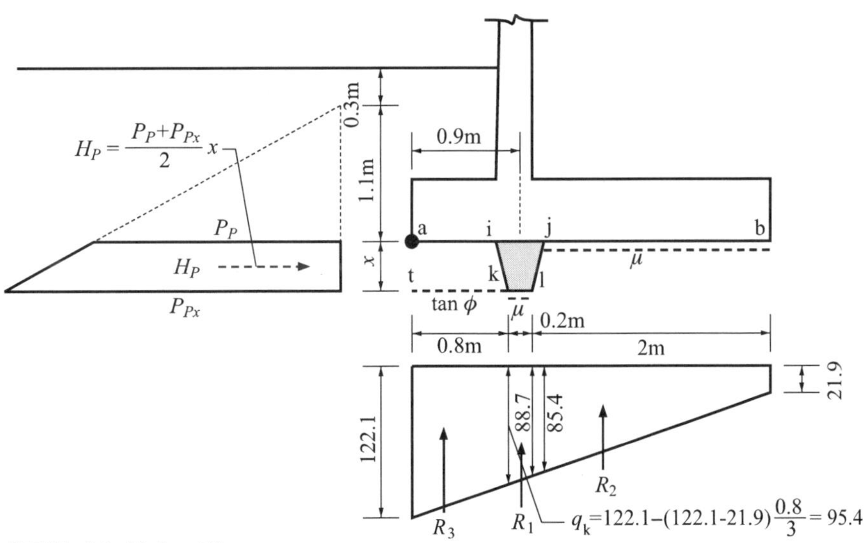

활동방지벽 설계 그림

③ 수동토압에 의한 저항

옹벽 시공 순서상 앞굽판 밑면까지 굴토하므로 활동방지벽 앞면에 발생하는 수동토압만 유효한 것으로 판단한다. (그림)

$K_p = 3$(수동토압계수), $\gamma = 17\ \text{kN/m}^3$(흙의 단위중량)이므로,

$P_P = 56.1\ \text{kN/m}^2$ (예제 12-1)

$P_{Px} = K_P\gamma(1.1+x) = 3\times17(1.1+x) = 51(1.1+x)\ \text{kN/m}^2$

수동토압의 합력 H_P는,

$$H_P = \frac{P_P + P_{Px}}{2}x = \frac{56.1+51(1.1+x)}{2}x = 56.1x + 25.5x^2\ \text{kN/m}$$

$\dfrac{F}{H_{total}} \geq 1.5$ 조건에서

$F = ①+②+③ = F_1 + F_2 + H_P = 60.2 + 50.2 + 56.1x + 25.5x^2\ \text{kN/m}$

$H_{\text{total}} = 79\ \text{kN/m}$

이므로 대입하여 정리하면,

$25.5x^2 + 56.1x - 8.1 \geq 0$을 만족해야 한다. 풀면 x는,

$x = 0.14\ \text{m} \rightarrow 0.2\ \text{m}$ 결정

활동방지벽에 의한 미끄러짐 안정을 확인한다. 즉,

$F = ①+②+③ = 60.2 + 50.2 + 56.1\times0.2 + 25.5\times0.2^2 = 122.6\ \text{kN/m}$

$$\frac{F}{H_{total}} = \frac{122.6}{79} = 1.55 \geq 1.5 \text{ (안정)}$$

그러므로 기초판 아래 폭 400 mm 깊이 200 mm인 활동방지벽을 설치한다.

전도 검토

a점을 기준으로 전도모멘트는 M_O이고, 저항모멘트는 $\sum M$이다.

$\dfrac{\sum M}{M_O} \geq 2.0$ 조건에서

$$\frac{\sum M}{M_O} = \frac{383.6}{134.8} = 2.85 \geq 2.0 \text{ (전도에 대해 안정이다.)}$$

12-3 옹벽 설계

12-3-1. 예비설계 - 옹벽크기 가정

옹벽의 안정을 확인하면 위치별로 소요하중에 대한 단면력을 계산해서 부재를 설계한다. 즉

$$\phi M_n \geq M_u, \quad \phi V_n \geq V_u \tag{1.5}$$

을 만족하도록 필요한 철근량을 계산하고 배치한다. 그런데 독자도 궁금했겠지만 안정 검토에 사용했던 옹벽 크기, 예를 들어 앞굽판, 뒷굽판의 크기, 벽체의 두께는 누가 결정해 준 것일까? 결론적으로 옹벽 설계는 경험과 기존 자료를 바탕으로 적당한 옹벽 크기를 가정하고, 이에 대한 안정 검토와 부재 설계를 반복하면서 최적의 결과를 도출하는 과정이다. 그러므로 예비 설계로부터 출발한다.

설계 초기 대략적인 옹벽 크기를 결정하기 위한 아이디어는 다양하다. 예를 들어 중력식 옹벽은 식 (12.22)의 안정 조건 $\sum M/M_O > 2.0$을 만족하는 크기를 선택할 수 있고, 캔틸레버식 옹벽은 이에 추가하여 벽체 하단에 작용하는 수평토압에 의한 계수휨모멘트를 이용해서 벽체 두께를 결정할 수 있다. 그러나 기존 자료나 경험을 바탕으로 하는 것이 반복횟수를 줄이는 최고의 아이디어다. 공학은 경험이 올바른 판단과 직관능력을 만든다. 그림 12.10에 일반적으로 가정하는 캔틸레버식 옹벽의 크기를 나타냈다.

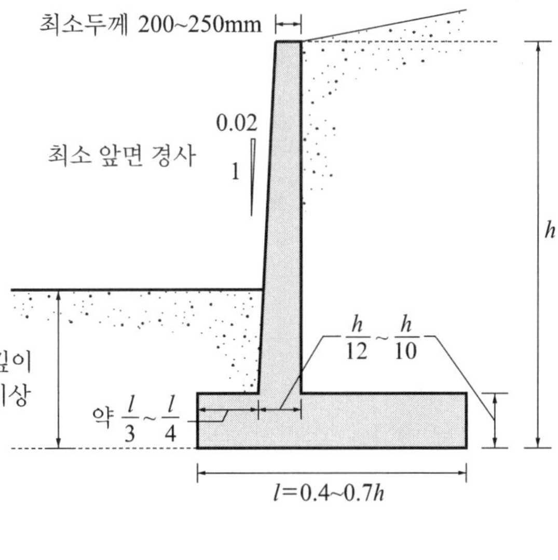

그림 12.10
캔틸레버형 옹벽
예비설계 시 단면가정

12-3-2. 안정 검토

예비 설계에서 결정한 옹벽 크기를 이용해서 수직하중과 수평토압을 계산하고 침하, 미끄러짐(활동), 전도에 대하여 안정을 검토한다. 이때 계수하중이 아닌 사용하중을 이용한다는 점을 잊지 말자.

(1) 침하에 대해 만족하지 못하는 경우는 하중 합력의 작용점이 기초판 중심에서 $l/3$(l은 기초판 길이) 이내에 들도록 기초판을 조정해서 최대, 최소 접지압의 차를 줄인다. 그럼에도 불구하고 지내력이 작은 경우는 지정을 통해 지반을 개량하거나 기초판을 다시 가정해서 반복 설계한다.

(2) 미끄러짐(활동)의 검토에서는 수동토압의 선택에 매우 신중해야 한다. 또한 활동에 대해 안정을 확인했더라도 활동방지벽을 설치해서 예기치 않은 활동 파괴에 대비하는 것이 좋다.

(3) 전도는 하중 합력의 작용점이 기초판 중심에서 $l/3$(l은 기초판 길이) 이내에 있으면 대부분 만족한다. 옹벽을 설계할 때 합력의 작용점이 중앙 $l/3$ 영역에 있도록 하는 것이 좋다. 12-2-1절을 다시 한 번 살펴보자.

12-3-3. 옹벽 위치별 부재 설계

계수하중을 이용해서 위치별로 소요강도를 해석하고 부재를 설계한다. 즉 부재의 안전을 검토하는 단계이다. 예를 들어 역 T형 옹벽은 그림 12.11과 같이 벽체, 앞굽판, 뒷굽판이 모두 캔틸레버 보라고 생각하고 휨설계와 전단설계한다.

(1) 벽체 설계

벽체는 주동토압에 대하여 캔틸레버 보로 거동한다고 가정해서 설계한다. 수동토압은 휨모멘트를 감소시키는 역할을 하지만 안전설계를 위해서 무시한다. 설계에 사용하는 계수하중 조합은 표 1.3의 식 (1.6)을 참고하자. 이 중 가장 불리한 경우를 고려해서 소요강도를 계산한다. 벽체의 경우는 수평토압(주동토압) H_h만을 고려하므로,

$$U = 1.6H_h$$

이다. 휨 위험단면은 벽체 밑면(기초판 위)이며 전단위험단면은 벽체 밑면에서 d 떨어진 면이다. 여기서 d는 벽체 하단의 유효깊이이다.

옹벽의 안전은 캔틸레버로 거동하는 벽체가 절대적이다. 이것은 벽체의 수직철근

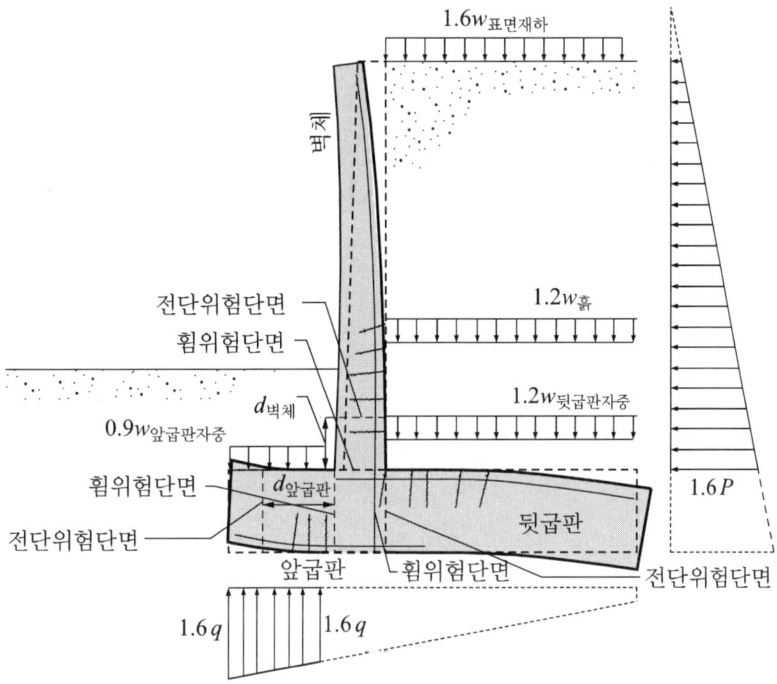

그림 12.11
옹벽의 변형, 각 부재 적용 하중계수, 휨 및 전단 위험단면

(휨모멘트에 저항)과 기초판과의 일체성(고정지점)이 매우 중요하다는 의미이다.

수직철근 배치에서, 경제적인 설계를 위해 수직철근을 절단(일반적으로 기초판 위에서 1.4 m 지점에서 50% 절단)할 때에는 5-3절을 충족해야 하고, 이음이 필요한 경우는 B급 이음과 5-4절을 만족해야 한다. 또한 기초판 안으로 인장철근 정착길이를 확보하고 있는지 검토하자.

기초판과 벽체의 일체성 확보 또한 중요하다. 기초 설계에서 살펴보았듯이 일반적으로 옹벽을 건설할 때 기초판과 벽체를 분리해서 타설하기 때문이다. 다월철근을 이용해서 이를 해결할 수 있다. 11-2-5절을 다시 한 번 확인해 보자.

벽체의 수평방향(길이방향)은 수축·온도철근을 배치한다. 이때 벽체 앞면에 2/3, 뒷면에 1/3을 배치하는 것이 좋다. 피복두께는 표 3.4를 따른다.

(2) 뒷굽판 설계

뒷굽판은 그림 12.11과 같이 표면재하, 벽체 뒷면에 채워진 흙의 무게, 뒷굽판 자중, 주동토압의 수직분력이 작용해서 아래쪽으로 처짐이 발생하는 캔틸레보 보로 생각하고 설계한다. 설계에 사용하는 계수하중은 표 1.3 식 (1.6)의 조합에서 가장 불리한 경우를 택한다. 예를 들어 고정하중 D, 활하중 L, 토압 H만을 고려

한다면, 식 1.6(b)에서,

$$U = 1.2D + 1.6(L + \alpha_H H_v)$$

이다. 여기서 D는 벽체 뒷면에 채워진 흙의 무게와 뒷굽판 자중, L은 표면재하가 될 수 있다. 토압 H_v는 주동토압의 수직분력으로 옹벽 뒷면이 경사져 있는 경우 작용한다. α_H는 흙의 두께(h)에 따른 보정계수로,

$h \leq 2\text{ m}$일 때

$$\alpha_H = 1.0 \tag{1.7a}$$

$h > 2\text{ m}$일 때

$$\alpha_H = 1.05 - 0.025h \geq 0.875 \tag{b}$$

이다. 이 계수는 흙의 두께에 따라 주동토압 수직분력의 분산 정도를 고려한 것이다. 예를 들어 아파트 지하주차장과 같이 흙의 두께가 비교적 작은 곳은 모든 수직분력이 작용한다. 그러나 지하철 구조물과 같이 흙의 두께가 상대적으로 크면 분산정도가 작아진다. α_H를 H_v에 적용하면, 흙 두께가 2 m 이하인 경우는 하중계수 $\alpha = 1.6$, 흙 두께가 7 m 이상인 경우는 $\alpha = 1.4$이고 2~7 m 사이는 $\alpha = 1.6 \sim 1.4$를 직선보간한 값이다.

뒷굽판에 작용하는 하중 중에서, 반대방향으로 작용해서 소요휨모멘트와 전단력을 감소시키는 접지압은 무시한다. 이것은 그림과 같이 뒷굽판의 접지압은 상대적으로 작고(대부분 앞굽판 쪽에 집중), 보다 안전한 설계를 위한 고려이다.

뒷굽판에서 위험단면의 선택에 신중하자. 뒷굽판의 전단위험단면은 그림과 같이 벽체 뒷면이다. 벽체 뒷면에서 d만큼 떨어진 위치가 아니다. 벽체와 뒷굽판 접합에서 휨과 인장을 받기 때문이다. 마찬가지 이유로 휨위험단면 또한 그림과 같이 벽체 수직철근 중심이다.

계산한 휨철근은 정착길이 이상 앞굽판에 연장한다. 이때 앞굽판의 수축·온도철근 배치를 위해 절단하지 않고 끝단까지 연장하는 것이 좋다. 뒷굽판의 폭방향(길이방향)은 수축·온도철근을 배치한다. 피복두께는 75 mm 이상이다.

(3) 앞굽판 설계

앞굽판은 그림과 같이 접지압이 위쪽으로 작용하고 압굽판 자중이 아래로 작용하는 캔틸레버 보로 설계한다. 물론 앞굽판 위 흙 또한 아래로 작용하지만 사용 중 유실될 수도 있으므로 안전한 설계를 위해 무시한다.

하중조합에서 가장 불리한 조건은, 식 (1.6g) 또는 식 (1.6h)이다. 즉, 앞굽판 자중(D)의 하중계수를 1.2로 보는 것 보다 0.9로 보는 것이 더 불리하다. 잘 생각해 보자. 즉,

$$U = 0.9D + 1.6H_h$$

또한 계산을 단순화시키기 위해 사용하중 상태에서 계산한 접지압 분포에 1.6을 곱해서 계수하중으로 본다. 실제로 접지압 분포에는 고정하중(D)를 포함하고 있다. 그러나 하중계수 1.6을 고려하므로 보다 안전율을 높여주는 역할이다.

위험단면은 벽체와 마찬가지로 휨은 벽체 앞면, 전단은 벽체 앞면에서 d 떨어진 면이다. 여기서 d는 앞굽판의 유효깊이이다. 계산한 휨철근은 정착길이 이상 뒷굽판에 연장하고 뒷굽판의 수축·온도철근 배치를 돕기 위해 끝단까지 연장하는 것이 좋다. 피복두께는 모든 면이 흙에 영구히 묻히므로 75 mm 이상이다.

12-3-4. 기타 상세 설계

(1) 옹벽 뒤의 배수는 12-1-4절을 다시 한 번 깊이 있게 읽어 보길 바란다. 토압을 다루는 구조설계는 안정, 안전에 대한 계산 결과와 실제 사이에 큰 차이가 날 수 있다. 계산과정에 함몰되어 우를 범하지 말자.

(2) 옹벽이 긴 경우는 온도변화와 건조수축에 의한 손상을 방지하는 대책을 마련해야 한다. 이때 많이 사용하는 방법이 신축이음이다. 일반적으로 30 m 이하 간격으로 수직으로 설치해서 균열을 유도한다.

(3) 기초판 아래 흙이 동결과 해동을 반복하면 토질이 부실해져 침하의 원인이 된다. 그러므로 기초판은 최소한 동결 깊이 아래에 있어야 한다.

예제 12-3 옹벽 부재 설계

예제 12-1의 옹벽에 대하여 각 위치의 부재를 설계하라. 단, $f_{ck} = 27\ \text{MPa}$(보통콘크리트, $\eta = 1.0$, $\lambda = 1.0$), $f_y = 400\ \text{MPa}$, 철근은 D22와 D13을 이용한다.

풀이

[벽체 설계]

소요강도 계산

벽체는 주동토압 $1.6H_h$를 받는 캔틸레버 보로 설계한다. 단위 폭(1 m)에 대하여 벽

체 밑면에서 x_1 떨어진 부분의 계수휨모멘트 M_{u,x_1}과 계수전단력 V_{u,x_1}는,

$$M_{u,x_1} = 1.6\left[\left\{P_A\left(\frac{(4.5-x_1)}{5}\right)(4.5-x_1)\frac{1}{2}\right\}\left\{(4.5-x_1)\frac{1}{3}\right\}\right] + 1.6P_s\frac{(4.5-x_1-l_s)^2}{2}$$

$$V_{u,x_1} = 1.6P_A\left(\frac{(4.5-x_1)}{5}\right)(4.5-x_1)\frac{1}{2} + 1.6P_s(4.5-x_1-l_s)$$

전단검토

위험단면은 벽체 밑면에서 $d = 300-80-10 = 210\text{ mm}$ 떨어진 위치

$x_1 = 0.21\text{ m}$

$P_A = 28.3\text{ kN/m}^2, \qquad P_s = 2\text{ kN/m}^2$

$l_s = 0.9\text{ m}$(표면재하 이격 거리)이고,

위험단면에서 계수전단력 $V_{u,d}$는 위 식에서,

$$V_{u,d} = 1.6\times 28.3\left(\frac{(4.5-0.21)}{5}\right)(4.5-0.21)\frac{1}{2} + 1.6\times 2(4.5-0.21-0.9) = 94.2\text{ kN/m}$$

이고,

$$\phi V_c = \phi\frac{1}{6}\lambda\sqrt{f_{ck}}\,b_w d = 0.75\,\frac{1}{6}(1.0)\sqrt{27}\,(1{,}000)(210)\times 10^{-3} = 136.4\text{ kN/m}$$

$\phi V_c \geqq V_{u,d}$이므로 전단에 대하여 안전

휨철근량 계산

벽체 밑면에서 계수휨모멘트 $M_{u,0}$는 위 식에서,

$$M_{u,0} = 1.6\left[\left\{28.3\left(\frac{4.5-0}{5}\right)(4.5-0)\frac{1}{2}\right\}\left\{(4.5-0)\frac{1}{3}\right\}\right] + 1.6\times 2\frac{(4.5-0-0.9)^2}{2} = 158.3\text{ kN}\cdot\text{m/m}$$

D22 철근 이용($A_{s1} = 387.1\text{ mm}^2$, $d_b = 22.2\text{ mm}$, $f_y = 400\text{ MPa}$)

$$M_n = \frac{M_u}{\phi} = \frac{158.3}{0.85} = 186.24\text{ kN}\cdot\text{m}$$

$$R_n = \frac{M_n}{bd^2} = \frac{186.2\times 10^6}{1{,}000\times 210^2} = 4.223\text{ MPa}$$

$$\rho = \eta\frac{0.85f_{ck}}{f_y}\left(1-\sqrt{1-\frac{2}{\eta}\frac{R_n}{0.85f_{ck}}}\right) = 0.85\frac{27}{400}\left(1-\sqrt{1-2\frac{4.223}{0.85\times 27}}\right) = 0.0118$$

$$\rho_{\min} = \frac{0.178\lambda\sqrt{f_{ck}}}{\phi f_y} = \frac{0.178\sqrt{27}}{0.85\times 400} = 0.0028$$

(단, 단면의 압축력과 인장력의 중심 간 거리 $jd \fallingdotseq \frac{7}{8}d$ 가정)

$$A_s = {}_{\max}(\rho,\ \rho_{\min})\,bd = 0.0118 \times 1{,}000 \times 210 = 2{,}478\ \mathrm{mm}^2$$

$$s = 1{,}000 \times \frac{A_{s1}}{A_s} = 1{,}000\left(\frac{387.1}{2{,}478}\right) = 156\ \mathrm{mm} \ \rightarrow\ @150\ \mathrm{mm}\ (\text{결정})$$

휨철근 절단과 위치 검토

경제적인 설계를 위해 휨철근의 1/2 절단을 고려한다. $x_1 = 0.95$ m일 때,

$$M_{u,1} = 1.6\left[\left\{28.3\left(\frac{4.5-0.95}{5}\right)(4.5-0.95)\frac{1}{2}\right\}\left\{(4.5-0.95)\frac{1}{3}\right\}\right]$$
$$+1.6 \times 2\frac{(4.5-0.95-0.9)^2}{2} = 78.8\ \mathrm{kN \cdot m/m}$$

$$\frac{M_{u,1}}{M_{u,0}} = \frac{78.8}{158.3} \approx 0.5\text{이고,}$$

절단위치는 $12d_b$나 d만큼 더 연장해야 하므로,

$$_{\max}(x_1 + 12d_b,\ x_1 + d) = {}_{\max}(0.95 + 12 \times 22.2 \times 10^{-3},\ 0.95 + 0.21)$$
$$= 1.22\ \mathrm{m} \ \rightarrow\ 1.4\ \mathrm{m}$$

벽체 밑면에서 1.4 m 떨어진 위치에서 휨철근의 1/2 절단한다. 인장영역이므로 5-3-1절을 다시 한 번 살펴보길 바란다. 휨철근은 한 곳에서 1/2 이상 절단할 수 없고, 인장영역에서는 절단할 수 없지만, 절단점에서 V_u가 $(2/3)\phi V_n$을 초과하지 않는 경우 가능하다. 예제에서 이 조건을 확인해 보면,

절단점 계수전단력 $V_{u,1.4}$는

$$V_{u,1.4} = 1.6 \times 28.3\left(\frac{(4.5-1.4)}{5}\right)(4.5-1.4)\frac{1}{2} + 1.6 \times 2(4.5-1.4-0.9)$$
$$= 50.6\ \mathrm{kN/m}$$

$$d_{1.4} = 300 - (300-200)\frac{1.4}{4.5} - 80 - 10 = 179\ \mathrm{mm}$$

$$\phi V_c = \phi\frac{1}{6}\lambda\sqrt{f_{ck}}\,b_w d = 0.75\frac{1}{6}(1.0)\sqrt{27}(1{,}000)(179) \times 10^{-3} = 116.3\ \mathrm{kN/m}$$

이고

$$V_u \leqq \frac{2}{3}\phi V_c (= 77.5\ \mathrm{kN/m})\ \text{(만족)이므로 절단이 가능하다.}$$

휨철근 기초판으로의 정착길이 검토

$l_d = 615$ mm (각자 해보자. 정밀식 (5.4)를 이용했다.)

길이방향 철근 배치(수축·온도철근)

수축·온도철근은 단면적의 0.002이고,

벽체 평균 두께 $h = \dfrac{200+300}{2} = 250$ mm이므로,

$$A_s = 0.002\,bh = 0.002 \times 1{,}000 \times 250 = 500\ \mathrm{mm}^2$$

D13($A_{s1}=126.7\,\mathrm{mm}^2$) 사용, 벽체 앞면에 2/3, 뒷면에 1/3을 배치한다.

앞면 철근간격

$$s=1{,}000\times\frac{A_{s1}}{(2/3)A_s}=1{,}000\left(\frac{126.7}{(2/3)\times500}\right)=380.1\,\mathrm{mm}\rightarrow @350\,\mathrm{mm}$$

뒷면 철근간격

$$s=1{,}000\times\frac{A_{s1}}{(1/3)A_s}=1{,}000\left(\frac{126.7}{(1/3)\times500}\right)=760.2\,\mathrm{mm}\rightarrow @450\,\mathrm{mm}$$

여기서 수축·온도철근 최대간격 $s=_{\min}(5h,\ 450)=450\,\mathrm{mm}$로 결정

[뒷굽판 설계]

소요강도 계산

뒷굽판은 수직하중을 받는 캔틸레버 보로 생각한다.

또한 하중계수는,

$U=1.2D+1.6(L+\alpha_H H_v+H_h)$에서

고정하중(D)	흙 : $1.2\times17\times(5-0.5)=91.8\,\mathrm{kN/m^2/m}$
	뒷굽판 자중 : $1.2\times24\times0.5=14.4\,\mathrm{kN/m^2/m}$
활하중(L)	표면재하 : $1.6\times6=9.6\,\mathrm{kN/m^2/m}$

전단검토

$d=500-80-10=410\,\mathrm{mm}$ (뒷굽판의 유효깊이)

뒷굽판의 전단위험단면은 벽체 면이므로, 계수전단력은

$V_u=(91.8+14.4)\times2+9.6\times(2-0.9)=223.1\,\mathrm{kN/m}$

이고,

$$\phi V_c=\phi\frac{1}{6}\lambda\sqrt{f_{ck}}\,b_w d=0.75\frac{1}{6}(1.0)\sqrt{27}\,(1{,}000)(410)\times10^{-3}=266.3\,\mathrm{kN/m}$$

$\phi V_c\geq V_u$이므로 전단에 대하여 안전

휨철근량 계산

휨에 대한 위험단면은 벽체 철근 중심이므로,

$l=$ 뒷굽판 길이 + 피복두께 + 벽체 주철근/2 $=2{,}000+80+10=2{,}090\,\mathrm{mm}$

위험단면에서 계수휨모멘트 M_u는

$$M_u=(91.8+14.4)\frac{2.09^2}{2}+9.6\left(2.09-0.9-\frac{2-0.9}{2}\right)=238.1\,\mathrm{kN\cdot m/m}$$

D22 철근 이용($A_{s1}=387.1\,\mathrm{mm}^2$, $d_b=22.2\,\mathrm{mm}$, $f_y=400\,\mathrm{MPa}$)

$$M_n=\frac{M_u}{\phi}=\frac{238.1}{0.85}=280.1\,\mathrm{kN\cdot m}$$

$$R_n = \frac{M_n}{bd^2} = \frac{280.1 \times 10^6}{1{,}000 \times 410^2} = 1.667\,\text{MPa}$$

$$\rho = \eta \frac{0.85 f_{ck}}{f_y}\left(1 - \sqrt{1 - \frac{2}{\eta}\frac{R_n}{0.85 f_{ck}}}\right) = 0.85\frac{27}{400}\left(1 - \sqrt{1 - 2\frac{1.667}{0.85 \times 27}}\right) = 0.0043$$

$$\rho_{\min} = \frac{0.178\lambda\sqrt{f_{ck}}}{\phi f_y} = \frac{0.178\sqrt{27}}{0.85 \times 400} = 0.0028 \ (\text{단, } jd \fallingdotseq \frac{7}{8}d \text{ 가정})$$

$$A_s = {}_{\max}(\rho,\ \rho_{\min})\,bd = 0.0043 \times 1{,}000 \times 410 = 1{,}763\,\text{mm}^2$$

에서

$$s = 1{,}000 \times \frac{A_{s1}}{A_s} = 1{,}000\left(\frac{387.1}{1{,}763}\right) = 220\,\text{mm} \ \rightarrow \ @200\,\text{mm (결정)}$$

길이방향 철근 배치(수축·온도철근)

$$A_s = 0.002\,bh = 0.002 \times 1{,}000 \times 500 = 1{,}000\,\text{mm}^2$$

D13 상하 2열 배치 ($A_{s1} = 126.7 \times 2\,\text{mm}^2$)

$$s = 1{,}000 \times \frac{A_{s1}}{A_s} = 1{,}000\left(\frac{126.7 \times 2}{1{,}000}\right) = 253.4\,\text{mm} \rightarrow @250\,\text{mm}$$

[앞굽판 설계]

소요강도 계산

앞굽판은 분포 접지압이 아래에서 위로(하중계수 1.6), 앞굽판 자중이 위에서 아래로 작용(하중계수 0.9)하는 캔틸레버 보로 설계한다. 앞굽판 상부 흙의 무게는 무시하므로,

분포 계수 접지압은,

앞굽판 바깥쪽 $\quad q_{u1} = 1.6\,q_{\max} = 195.4\,\text{kN/m}^2/\text{m}$

앞굽판 안쪽 $\quad q_{u2} = 1.6\left(122.1 - (122.1 - 21.9)\dfrac{0.7}{3}\right) = 158\,\text{kN/m}^2/\text{m}$

앞굽판 자중(D)은,

앞굽판 자중 : $-0.9 \times 24 \times 0.5 = -10.8\,\text{kN/m}^2/\text{m}$

전단 검토

$d = 500 - 80 - 10 = 410\,\text{mm}$ (앞굽판 유효깊이)

위험단면은 벽체 앞면에서 $d(=410\,\text{mm})$ 떨어진 곳(앞굽판 바깥쪽에서 $700 - 410 = 290\,\text{mm}$)이고 이 면에서 계수접지압 q_{u3}는,

$$q_{u3} = 1.6\left(122.1 - (122.1 - 21.9)\frac{0.29}{3}\right) = 179.9\,\text{kN/m}^2/\text{m}$$

$$V_{ud} = (195.4 + 179.9) \times 0.29 \times \frac{1}{2} - 10.8 \times 0.29 = 51.3\,\text{kN/m}$$

이고,

$$\phi V_c = \phi \frac{1}{6}\lambda\sqrt{f_{ck}}\,b_w d = 0.75\frac{1}{6}(1.0)\sqrt{27}\,(1{,}000)(410)\times 10^{-3} = 266.3\text{ kN/m}$$

$\phi V_c \geq V_u$이므로 전단에 대하여 안전

휨철근량 계산

휨에 대한 위험단면은 벽체 앞면

$l = 0.7\text{ m}$

위험단면에서 계수휨모멘트 M_u는

$$M_u = 158\frac{0.7^2}{2} + (195.4-158)0.7\times\frac{1}{2}\times\left(0.7\times\frac{2}{3}\right) - 10.8\frac{0.7^2}{2} = 42.2\text{ kN·m/m}$$

D13 철근 이용 ($A_{s1} = 126.7\text{ mm}^2$, $f_y = 400\text{ MPa}$)

$$M_n = \frac{M_u}{\phi} = \frac{42.2}{0.85} = 49.6\text{ kN·m}$$

$$R_n = \frac{M_n}{bd^2} = \frac{49.6\times10^6}{1{,}000\times410^2} = 0.295\text{ MPa}$$

$$\rho = \eta\frac{0.85f_{ck}}{f_y}\left(1-\sqrt{1-\frac{2}{\eta}\frac{R_n}{0.85f_{ck}}}\right) = 0.85\frac{27}{400}\left(1-\sqrt{1-2\frac{0.295}{0.85\times27}}\right) = 0.00074$$

$$\rho_{\min} = \frac{4}{3}\rho = \frac{4}{3}\times0.00074 = 0.001$$

($\because$ $\rho_{\min} = 0.001$ 적용으로 모든 단면에서 해석에 의해 필요한 철근량보다 $\frac{1}{3}$ 이상 인장철근이 더 배치되어 $\phi M_n \geq \frac{4}{3}M_u$ 조건을 만족하므로)

$$A_s = {}_{\max}(\rho,\ \rho_{\min})\,bd = 0.001\times1{,}000\times410 = 410\text{ mm}^2$$

$$s = 1{,}000\times\frac{A_{s1}}{A_s} = 1{,}000\left(\frac{126.7}{410}\right) = 309\text{ mm} \rightarrow @300\text{ mm (결정)}$$

길이방향 철근 배치(수축·온도철근)

$$A_s = 0.002bh = 0.002\times1{,}000\times500 = 1{,}000\text{ mm}^2$$

D13 상하 2열 배치 ($A_{s1} = 126.7\times2\text{ mm}^2$)

$$s = 1{,}000\times\frac{A_{s1}}{A_s} = 1{,}000\left(\frac{126.7\times2}{1{,}000}\right) = 253.4\text{ mm} \rightarrow @250\text{ mm}$$

[철근배치(그림)]

벽체 철근 배치

그림과 같이 벽체 휨철근 D22@150 mm을 기초판으로 정착한다. 정착길이는 $l_d =$ 615 mm이고, 기초판 두께는 500 mm이므로 정착길이를 확보할 수 없다. 그러므로 활동방지벽까지 D22@150 mm를 연장한다. 또한 활동방지벽도 휨을 받을 수 있으므로 갈고리를 설치한다. 이 철근은 벽체 위 1.4 m에서 절단하고 D22@300 mm를 위쪽

에 배치한다. 철근 이음은 B급 겹침이음($1.3l_d \approx 800$ mm) 한다. 활동방지벽에서 기초판 위 1.4 m까지 절단한 철근 D22@150 mm는 다월철근 역할을 동시에 한다. 다월철근 배치 규정은 벽체의 최소수직철근량 이상(10-1-2절 벽체의 최소철근비)이므로 만족한다. 벽체 수평철근은 그림과 같이 안쪽에 배치한다. 또한 수평철근을 배치하기 위해 벽체 바깥쪽에 수직철근 D13@600 mm를 추가 배치한다.

뒷굽판과 앞굽판의 철근 배치

뒷굽판 위쪽에 D22@200 mm를 배치하고 앞굽판쪽으로 정착길이만큼 연장한다. 정착길이는 각자 해보자. $l_d = 615$ mm의 약 1.3배인 800 mm 이상이다. 또한 앞굽판 수축·온도철근 배치를 위해 단부까지 연장하는 것이 좋다.

앞굽판은 아래쪽에 D13@300 mm를 배치하고 뒷굽판쪽으로 정착길이만큼 연장한다. 뒷굽판과 마찬가지로 단부까지 연장하는 것이 좋다.

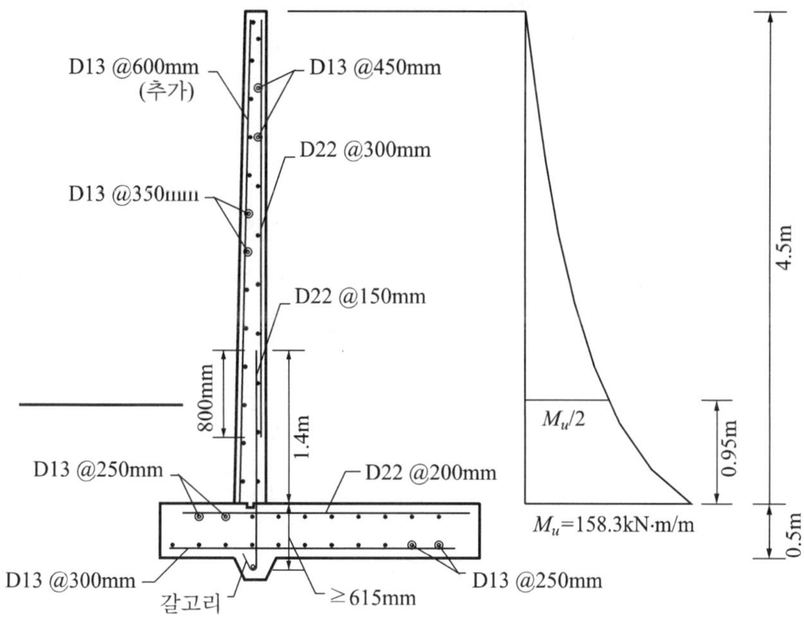

철근 배치 상세

12-4 지하벽 설계

12-4-1. 지하벽에 작용하는 수평토압

지하벽(basement wall)은 그림 12.12와 같이 구조물 외부의 흙이나 지하수 유입을 방지하는 부재이다.

지하벽이 옹벽과 다른 점은 바닥이나 보에 의해 횡방향 이동이 구속되어 있다는 것이다. 즉 흙으로 인한 변위가 없으므로 정지토압을 적용한다. 정지토압계수 K_0는,

$$K_0 = 1 - \sin\phi \tag{12.4}$$

여기서, ϕ는 흙의 내부 마찰각이다.

계수하중은 표면재하(L)와 수평토압(H)을 고려하므로, 식 (1.6)에서

$$U = 1.6L + 1.6H$$

이다. 표면재하(L)는 일반적으로 차량의 주차나 통행이 있는 경우 12~16 kN/m^{2}을, 그렇지 않은 경우 5~6 kN/m^{2}을 반영하는 것이 좋다.

수평토압(H)은 지하수위를 고려해야 한다. 고려방법은 12-1-3(4)절과 같다. 예를 들어 그림 12.12에서 깊이별 수평토압은,

지표면 $P_0 = 1.6\,K_0\,w_s$

지하수위면 $P_{h_0} = P_0 + 1.6\,K_0\,\gamma\,h_1$

지하벽 밑면 $P_h = P_{h0} + 1.6\,K_0\gamma'\,(h - h_1) + 1.6\,\gamma_w\,(h - h_1)$

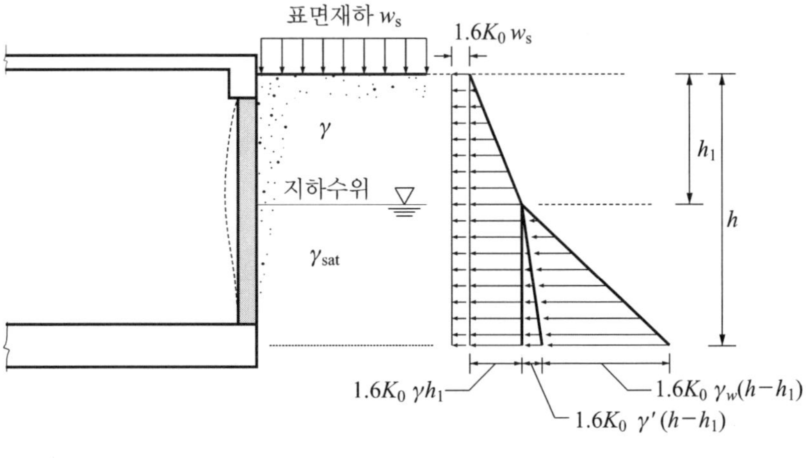

그림 12.12
토압 및 지하수압을 받는 지하벽의 하중계산

여기서, γ =흙의 단위중량(kN/m^3)

γ' =흙의 수중 단위중량(= $\gamma_{sat} - \gamma_w$)

γ_{sat} =흙의 포화 단위중량

γ_w =물 단위중량(= 9.81 kN/m^3)

h_1 =지표면에서 지하수위 깊이

이고, P의 아래 첨자는 지표면에서 계산 위치를 나타낸다.

예제 12-4 지하벽 수평토압 계산

그림과 같은 지하벽에 대하여 계수 수평토압을 계산하라. 단, 표면재하 6 kN/m^2, 지하수위는 지표면에서 6 m(GL−6 m)이고, 흙의 물성값은,

지하수위 상부 : 단위중량(습윤) $\gamma = 17$ kN/m^2, $\phi = 30°$

지하수위 하부 : 단위중량(포화) $\gamma_{sat} = 20$ kN/m^2, $\phi = 30°$

지하수 : 단위중량 $\gamma_w = 9.81$ kN/m^2

풀이

단위 폭(1 m)에 대하여 수평토압을 계산한다. 먼저,

[정지토압계수]

$$\phi = 1 - \sin\phi = 1 - \sin 30° = 0.5$$

[깊이 x별 수평토압 P_x 계산]

지표면(−0.3 m)

$$P_{-0.3m} = 1.6\,K_0 w_s = 1.6(0.5 \times 6) = 4.8 \text{ kN/m/m}$$

지하 1층 바닥(−3.1 m)

$$P_{-3.1m} = P_{-0.3m} + 1.6K_0\gamma h = 4.8 + 1.6(0.5 \times 17 \times 3.1) = 47.0 \text{ kN/m}^2\text{/m}$$

지하수위 면(−6.0 m)

$$P_{-6m} = P_{-3.1m} + 1.6\,K_0\gamma h = 47 + 1.6(0.5 \times 17 \times 2.9) = 86.4 \text{ kN/m}^2\text{/m}$$

지하벽 밑면(−6.9 m)

$$\begin{aligned} P_{-6.9m} &= P_{-6m} + 1.6\,K_0\gamma'(h - h_1) + 1.6\gamma_w(h - h_1) \\ &= 86.4 + 1.6(0.5 \times (20 - 9.81) \times 0.9) + 1.6(9.81 \times 0.9) \\ &= 102.6 \text{ kN/m}^2\text{/m} \end{aligned}$$

여기서 $\gamma' = \gamma_{sat} - \gamma_w$

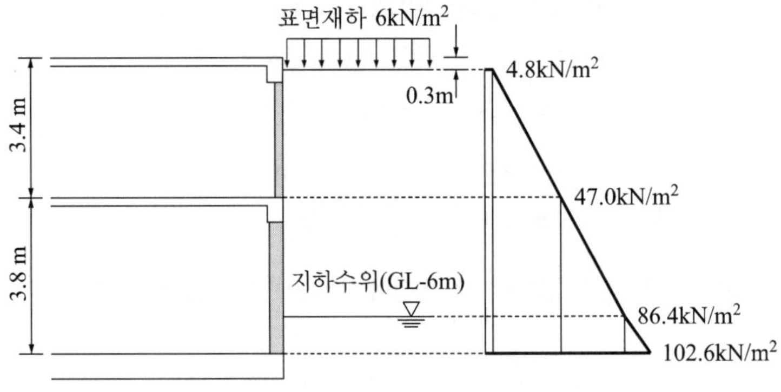

예제 그림 및 수평토압 분포

12-4-2. 지하벽 해석과 설계

지하벽은 일반적으로 각 층 바닥에서 지지하는 1방향 슬래브로 설계한다. 즉 주철근은 수직철근이며 수평방향은 수축·온도철근을 배치한다. 그러나 토압이 크거나 벽두께 제약으로 인해 기둥을 좁게 배치하는 경우 2방향 슬래브로 설계할 필요도 있다. 물론 이때 설치하는 기둥에는 수평토압을 추가 고려해야 한다.

지하벽 해석은 상하 연속된 지하벽의 경우, 기초를 고정지점으로 보고 각 층 바닥이 회전지점인 연속보로 가정할 수 있다. 이를 모멘트 분배법이나 전산해석한다. 실무에서는 전산해석을 많이 이용하는데 지상층 바닥 또한 회전지점 대신 단부고정률 0.2 정도를 주어 전단력과 휨모멘트 발생을 고려한다.

이때 하중은 외부의 수평토압 및 수압이 지배적이며, 외벽의 자중이나 축하중은 단면에 비해 작기 때문에 무시한다. 그러나 큰 축하중을 받는 지하벽은 휨압축부재로 설계해야 한다.

지하벽의 설계조건은 대부분 10장의 벽체와 같다. 즉, 수직 및 수평철근 배근 간격은 벽두께의 3배 이하, 450 mm 이하이고 최소철근비는 10-1-2절과 같다. 다만 지하벽의 두께는 200 mm 이상이라는 점만 확인하자. 설계는 여러분께 맡긴다.

12-5 연습문제

[12-1절]

12-1.1 옹벽의 종류와 특징을 설명하라.

12-1.2 주동토압, 수동토압, 정지토압에 관하여 설명하라.

12-1.3 다음 옹벽의 주동토압과 수동토압의 합력과 작용점을 구하라. 단 모든 흙은 같으며, 수동토압은 흙의 손실량 500 mm를 고려한다.

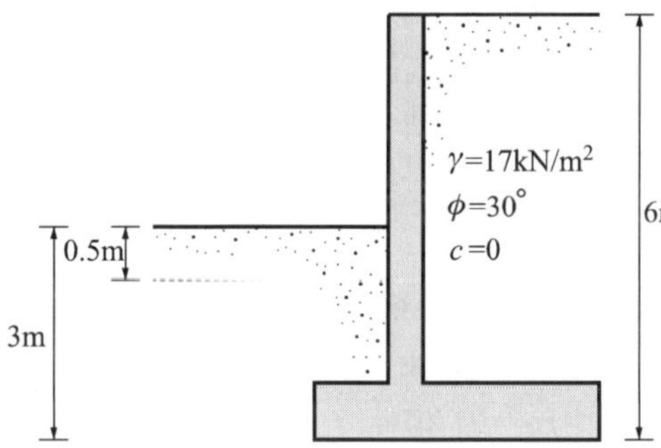

12-1.4 다음 중력식 옹벽의 주동토압과 수동토압의 합력과 작용점을 구하라. 단, 수동토압은 흙의 손실량 400 mm를 고려한다.

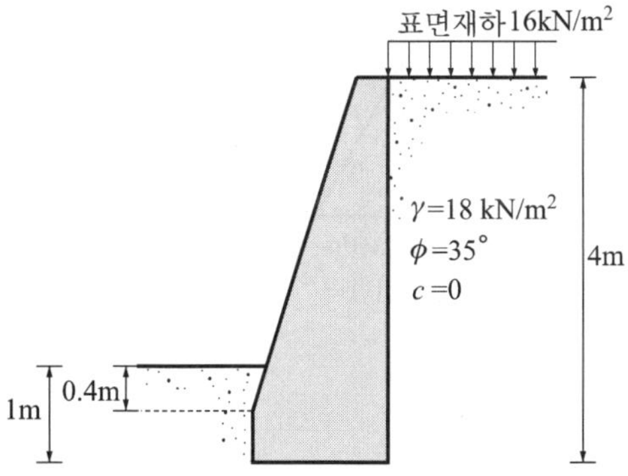

12-1.5 다음 옹벽에서 주동토압의 분포, 합력, 합력의 작용점을 구하라. 단,

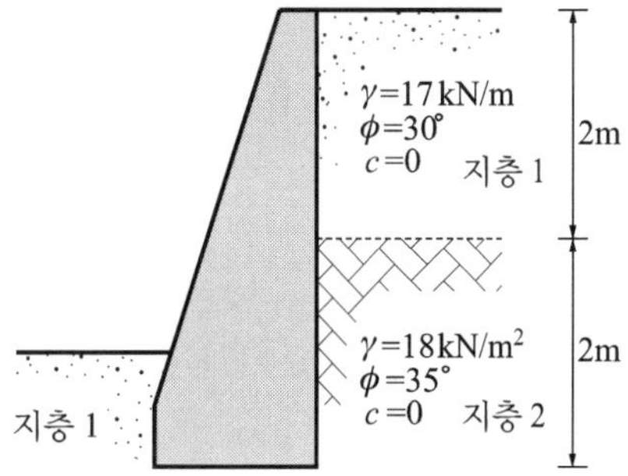

12-1.6 다음 옹벽의 주동토압 합력과 작용방향을 구하라. 단, 랭킨식을 이용한다.

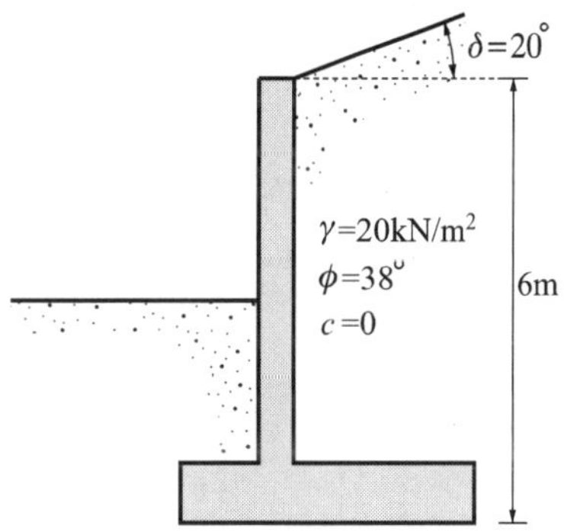

12-1.7 다음 옹벽에 지하수위 GL − 1.5m 가 발생했다.

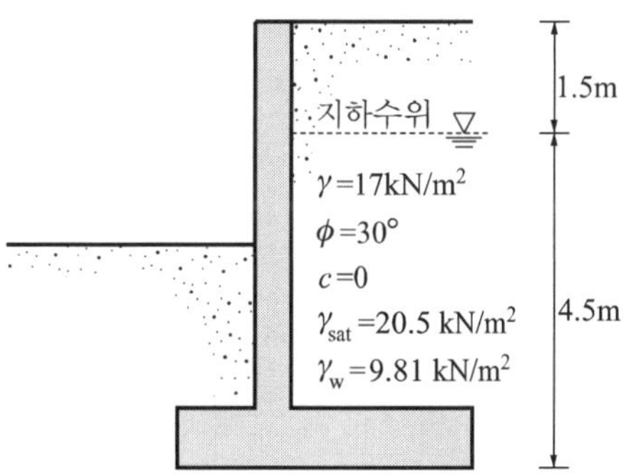

주동토압의 분포, 합력, 작용점을 구하고 문제 12-1.3과 비교하라.

[12-2절]

12-2.1 그림과 같은 중력식 옹벽의 안정(침하, 활동, 전도)을 검토하라. 단, 허용지내력 $q_a = 200$ kN/m^{2}이며 앞굽판 흙의 손실은 500mm로 가정한다.

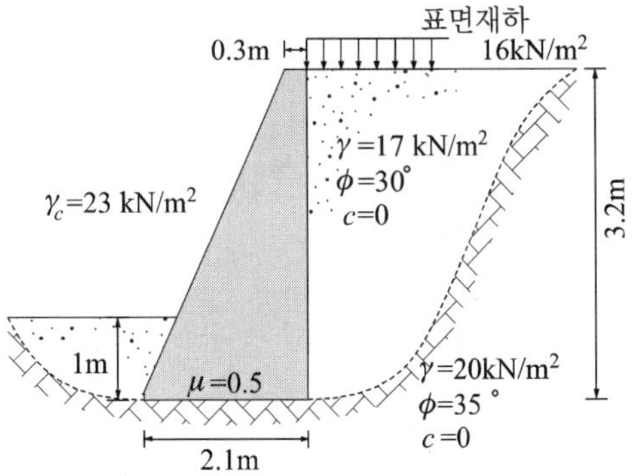

12-2.2 예제 12-2의 옹벽 뒷면에 장마의 영향으로 지하수위(GL − 0.9m)가 예상된다. 옹벽의 안정을 검토하고 필요시 활동방지벽을 보완 설계하라.

[12-3절]

12-3.1 역 T형 보를 설계할 때 위치 별(벽체, 뒷굽판, 앞굽판)로 다음에 답하라.

(1) 적용 계수하중과 무시하는 하중, 그리고 그 근거

(2) 휨 위험단면과 전단위험단면, 그리고 결정 이유

(3) 설계 시 중요하게 살펴보아야 할 세목

[12-4절]

12-4.1 옹벽과 지하벽의 차이점과 적용 토압에 대하여 비교하고 이유를 설명하라.

12-4.2 다음 지하벽의 계수 수평토압을 분포를 계산하라.

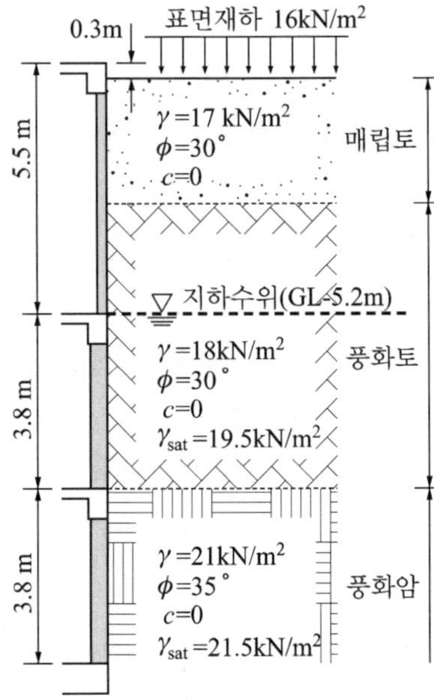

12-4.3 다음은 지하벽의 계수 수평토압에 대한 해석결과이다. 지하벽을 설계하라. 단, $f_{ck} = 27$ MPa, $f_y = 400$ MPa이다.

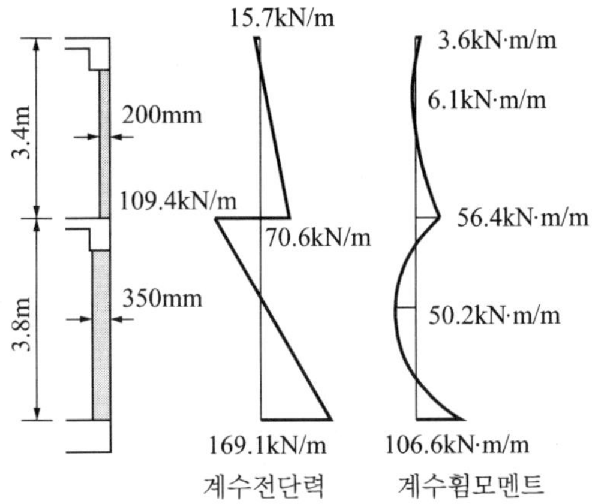

참고문헌

1장 서론

1.1 한국콘크리트학회, "콘크리트구조기준 해설", 2012.

1.2 한국콘크리트학회, "콘크리트 표준시방서 해설", 2021.

1.3 대한건축학회, "건축구조기준 및 해설", 2009.

1.4 대한건축학회, "건축물 하중기준 및 해설", 2000.

1.5 ACI Committee 318, "Building Code Requirements for Reinforced Concrete(ACI 318-08) and Commentary, American Concrete Institute, Detroit, 2008.

1.6 International Code Council, "Internation Building Code, Building Officials and Code Administrators International, INC., 2006.

1.7 ASCE/SEI 7-10, "Minimum Design Loads for Buildings and Other Structures", ASCE, 2010.

1.8 AIJ, "建築基礎構造設計指針, 日本建築學會, 2002.

1.9 AIJ, "鐵筋コンクリート構造計算規準·同解說", 日本建築學會, 2010.

1.10 정수영, "강도설계법에 의한 철근콘크리트 구조", 2판, 기문당, 2001.

1.11 김정동, "한국 근대건축의 재조명(6)-(10)," 건축사, 1987, 12-1988, 4.

2장 재료

2.1 한국콘크리트학회, "콘크리트구조기준 해설", 2012.

2.2 한국콘크리트학회, "콘크리드구조기준 예제집", 2012.

2.3 한국콘크리트학회, "콘크리트 표준시방 해설", 2009.

2.4 CEB-FIP, "CED-FIP Model Code 1990 for Concrete Structures, Committee Euro-International Du Beton, 1993.

2.5 CEN/TC 250, "Eurocode 2-Design of concrete structures", CEN, 2004.

2.6 정수영, "강도설계법에 의한 철근콘크리트 구조", 2판, 기문당, 2001.

2.7 한국콘크리트학회, "최신철근콘크리트공학", 기문당, 1999.

2.8 최완철, "콘크리트공학", 동화기술, 2014.

2.9 R. Park and T. Paulay, "Reinforced Concrete Structures," JOHN WILEY & SONS, New York, 1981.

P. Kumar Mehta, Paulo J. M. Monteriro, "Concrete Structures, Properties, and Materials", 2nd Edition, Prentice Hall, 1993

2.10 K. Newman and J. B. Newman, "Failure Theories and Design Criteria for Plain Concrete," Part 2 in M. Te'eni(ed), Solid

Mechanics and Engineering Design, Wiley-Interscience, New York, 1972, pp. 83/1-83/33.

2.11 F. E. Richart, A. Brandtzaeg, and R. L. Brown, A Study of the Failure of Concrete under Combined Compressive Stress, Bulltin 185, University of Illinois Engineering Experiment Station, Urbana, Ill., November 1928, pp. 104.

3장 휨 해석과 설계

3.1 한국콘크리트학회, "콘크리트구조기준 해설", 2012.

3.2 김상식, "철근콘크리트 구조설계", 4판, 문운당, 2008.

3.3 정수영, "강도설계법에 의한 철근콘크리트 구조", 2판, 기문당, 2001.

3.4 안주옥, "철근콘크리트 공학", 3판, 사이텍미디어, 2008.

3.5 R. Park and T. Paulay, "Reinforced Concrete Structures," JOHN WILEY & SONS, New York, 1981.

3.6 MaGregor, J. G. and White, J. K., "Reinforced Concrete Mechanics and Design", 4th Edition, Prentice Hall, 2005.

3.7 Edward G. Nawy, "Reinforced Concrete : A Fundamental Approach", 4th Edition, Prentice Hall, 2000.

3.8 한국콘크리트학회, "콘크리트 구조물에 대한 고장력 철근의 적용성 연구", 연구보고서, 2010.

3.9 ACI Committee 340, Design Handbook, Vol. 1, Beams, One-Way Slabs, Brackets, Footings, and Pile Caps, in Accordance with the Strength Design Method of ACI318-91 4th ed., ACI Publication SP-17(91), American Concrete Institute, Detroit 1991,pp. 374.

3.10 A.H. Mattock, L.B.Kriz, and E. Hogenstad, "Rectangular Concrete Stress Distribution in Ultimate Strength Design", J. ACI, vol.32, No. 8, 1961, pp875-928.

4장 전단설계

4.1 한국콘크리트학회, "콘크리트구조기준 해설", 2012.

4.2 PCA, "Notes on ACI 318-08 Building Code Requirements for Structural Concrete with Design Application", Portland Cement Association, 2008.

4.3 김상식, "철근콘크리트 구조설계", 4판, 문운당, 2008.

4.4 정수영, "강도설계법에 의한 철근콘크리트 구조", 2판, 기문당, 2001.

4.5 R. Park and T. Paulay, "Reinforced Concrete Structures," JOHN WILEY & SONS, New York, 1981.

4.6 Edward G. Nawy, "Reinforced Concrete : A Fundamental Approach", 4th Edition, Prentice Hall, 2000.

4.7 ACI-ASCE Committee 426, "The Shear Strength of Reinforced Concrete Member-Chapters 1 to 14," Proceedings ASCE, Journal of the Structural Division, Vol. 99, No.ST6, June 1973, pp. 1901-1187.

5장 정착과 이음

5.1 한국콘크리트학회, "콘크리트구조기준 해설", 2012.

5.2 대한건축학회, "건축구조기준 및 해설", 2009.

5.3 한국콘크리트학회, "콘크리트 표준시방 해설", 2009.

5.4 김진근, "콘크리트구조설계", 14판, 동화기술, 2012.

5.5 M. Nadim Hassoun, "Structural Concrete : Theory and Design", Addison-Wesley, 1997.

5.6 Edward G. Nawy, "Reinforced Concrete : A Fundamental Approach", 4th Edition, Prentice Hall, 2000.

5.7 Black, W. C., "Field Corrections to Partially Embedded Reinforcing Bars", ACI Journal,

Proceedings, V.70, No.10., Oct. 1973, pp. 690-691.

5.8 Joint ACI-ASCE Committee 352, "Recommendations for Design of Beam-Column Connections in Monolithic Reinforced Concrete Structures (ACI 352R-02)", ACI, Farmington Hills, MI, 20 02, 37.

5.9 천성철, 이성호, 오보환, "40~70MPa 콘크리트에서의 철근 압축이음 길이", 한국콘크리트학회 논문집. Vol. 21. No. 4, 2009, pp. 401-408.

5.10 (사)한국건축구조기술사회, "철근콘크리트 배근상세", 2010.

6장 사용성 및 내구성

6.1 한국콘크리트학회, "콘크리트구조기준 해설", 2012.

6.2 한국콘크리트학회, "콘크리트구조기준 예제집", 2012.

6.3 한국콘크리트학회, "콘크리트 표순시방 해설", 2009.

6.4 대한건축학회, "건축구조기준 및 해설", 2009.

6.5 AIJ, "建築基礎構造設計指針, 日本建築學會, 2002.

6.6 AIJ, "鐵筋コンクリート構造計算規準·同解說", 日本建築學會, 2010.

6.7 김상식, "철근콘크리트 구조설계", 4판, 문운당, 2008.

6.8 R. Park and T. Paulay, "Reinforced Concrete Structures," JOHN WILEY & SONS, New York, 1981.

6.9 ACI Committee 435, "Deflections of Reinforced Concrete Flexural Members." ACI Journal, Proceedings, Vol. 68, No. 6, June 1966, pp. 637-674.

6.10 ACI committee 224, "Control of Cracking in Concrete Structures"(ACI 224R-90), ACI Manual of Concrete Practice, American Concrete Institute, Detroit, 1991 and later editions, pp. 214.1R-1 to 224.1R-1 to 43.

6.11 ACI Committee 224, "Causes, Evaluation, and Repair of Cracks in Concrete Structures"(ACI 224.1R-90) ACI Manual of Concrete Practice, American Concrete Institute, Detroit, 1991 and later editions, pp. 214.1R-1 to 224.1R-1 to 20.

7장 1방향 슬래브와 연속보

7.1 한국콘크리트학회, "콘크리트구조기준 해설", 2012.

7.2 대한건축학회, "건축구조기준 및 해설", 2009.

7.3 정수영, "강도설계법에 의한 철근콘크리트 구조", 2판, 기문당, 2001.

7.4 (사)한국건축구조기술사회, "철근콘크리트 배근상세", 2010.

7.5 MaGregor, J. G. and White, J. K., "Reinforced Concrete Mechanics and Design", 4th Edition, Prentice Hall, 2005.

7.6 Edward G. Nawy, "Reinforced Concrete : A Fundamental Approach", 4th Edition, Prentice Hall, 2000.

7.7 Alan H. Mattock, "Redistribution of Design Bending Moments in Reinforced Continuous Beams." Proceedings, Institution of Civil Engineers, London, Vol. 13, 1959, pp. 35-46.

8장 기둥

8.1 이정윤, "철근콘크리트 구조", 동화기술, 2020.

8.2 한국콘크리트학회, "콘크리트구조 설계기준 해설", 2021.

8.3 PCA, "Notes on ACI 318-08 Building Code Requirements for Structural Concrete with Design Application", Portland Cement Association, 2008.

8.4 김상식, "철근콘크리트 구조설계", 7판, 문운당, 2021.

8.5 정수영, "강도설계법에 의한 철근콘크리트 구조", 2판, 기문당, 2001.

8.6 (사)한국건축구조기술사회, "철근콘크리트 배

근상세", 3판, 2020.

8.7 R. Park and T. Paulay, "Reinforced Concrete Structures," JOHN WILEY & SONS, New York, 1981.

8.8 MaGregor, J. G. and White, J. K., "Reinforced Concrete Mechanics and Design", 4th Edition, Prentice Hall, 2005.

8.9 ACI Committee 340, Design Handbook, Vol. 1, Beams, One-Way Slabs, Brackets, Footings, and Pile Caps, in Accordance with the Strength Design Method of ACI318-91 4th ed., ACI Publication SP-17(91), American Concrete Institute, Detroit 1991,pp. 374.

8.10 James G. MacGregor, John E. Breen, and Edward O. Pfrang, "Design of Slender Columns," ACI Journal, Proceedings, Vol. 67, No. 1, January 1970, pp. 6-28.

8.11 Sher Ali Mirza, P. M. Lee, and D. L. Morgan, "ACI Stability Resistance Factor for RC Columns," ASCE Structure Engineering, Vol. 113, No.9, September 1987, pp. 1963-1976.

8.12 Thomas C. Kavenagh, "Effective Length of Framed Columns," Transactions ASCE, Vol. 127, Part 2, 1962, pp. 81-101.

8.13 Saatcioglu, M. and Razvi, S. R., "Displacement-Based Design of Reinforced concrete Columns for Confinement", ACI Structural Journal, V.99, No.1, 2002, pp.3-11.

8.14 MacGregor, J. G., "Design of Slender Concrete Columns", Revisited, ACI Structural Journal, V.90, No. 3, 1993, pp. 302-309.

8.15 Ford, J. S., Chang, D. C., Breen, J. E., "Design Indications from Tests of Unbraced Multipanel Concrete Frames", Concrete International : Design and Construction, V. 3, No. 3, 1981, pp.37-47.

9장 2방향 슬래브

9.1 한국콘크리트학회, "콘크리트구조기준 해설", 2012.

9.2 대한건축학회, "건축구조기준 및 해설", 2009.

9.3 PCA, "Notes on ACI 318-08 Building Code Requirements for Structural Concrete with Design Application", Portland Cement Association, 2008.

9.4 FIP 12, "Punching of structural Slabs", CEB-FIP task group, Lausanne, Switzerland, 2001.

9.5 이정윤, "철근콘크리트구조", 동화기술, 2012.

9.6 (사)한국건축구조기술사회, "철근콘크리트 배근상세", 2010

9.7 R. Park and T. Paulay, "Reinforced Concrete Structures," JOHN WILEY & SONS, New York, 1981.

9.8 M. Nadim Hassoun, "Structural Concrete : Theory and Design", Addison-Wesley, 1997.

9.9 John a. Sbarounis, "Multistory Flat Plate buildings," Concrete International: Design and Constriction, Vol. 81, No. 2, February 1984, pp. 70; No. 4, April 1984, pp. 62-70; No. 8, August 1984, pp. 31-35.

9.10 최경규, 박홍근, "무량판 슬래브 - 기둥 내부 접합부에 대한 전단강도 모델", 콘크리트학회논문집, V.22, No.3, 2010, pp. 345-356.

9.11 천성철, 이성호, "외부 보 - 기둥 접합부에 정착된 확대머리 철근의 파괴유형과 강도", 대한건축학회논문집 구조계, 제25권, 제5호, 2009, pp.47-54.

10장 벽체

10.1 한국콘크리트학회, "콘크리트구조기준 해설", 2012.

10.2 대한건축학회, "건축구조기준 및 해설", 2009.

10.3 PCA, "Notes on ACI 318-08 Building Code Requirements for Structural Concrete with Design Application", Portland Cement Association, 2008.

10.4 이정윤, "철근콘크리트구조", 동화기술, 2012.

10.5 (사)한국건축구조기술사회, "철근콘크리트 배

근상세", 2010.

10.6 ACI Committee 442, "Response of Building To Lateral Forces," Journal ACI, Vol. 68, No. 2, February 1971, pp. 81-106.

10.7 A. E. Cardenas. J. M. Hanson, W. G. Corley, and E. Hognestad, "design Provisions for shear Walls," J. ACI. Vol. 70, No. 3, Mar. 1973, pp. 221-230.

11장 기초

11.1 한국콘크리트학회, "콘크리트구조기준 해설", 2012.

11.2 한국콘크리트학회, "콘크리트구조기준 예제집", 2012.

11.3 한국콘크리트학회, "콘크리트 표준시방 해설", 2009.

11.4 김상식, "철근콘크리트 구조설계", 4판, 문운당, 2008.

11.5 김진근, "콘크리트구조설계", 14판, 동화기술, 2012.

11.6 (사)한국건축구조기술사회, "철근콘크리트 배근상세", 2010.

11.7 Joseph E. Bowles, Foundation Analysis and Design, 3rd ed, McGraw-hill, New York, 1982, pp. 816.

11.8 ACI Committee 436, "Suggested Design Procedures For Combined Footings and Mats," ACI Journal, Proceedings, Vol. 63, No. 10, October 1966, pp. 1041-1058.

11.9 F. Kramrisch and P. Rogers, "Simplified Design of Combined Footings," Proceedings ASCE, Journal of the Soil Mechanics Division, Vol. 87, No. SM5, October 1961, pp. 19-44.

12장 옹벽과 지하벽

12.1 한국콘크리트학회, "콘크리트구조기준 해설", 2012.

12.2 한국콘크리트학회, "콘크리트구조기준 예제집", 2012.

12.3 대한건축학회, "건축구조기준 및 해설", 2009.

12.4 건설교통부, "도로설계기준", 2005.

12.5 김진근, "콘크리트구조설계", 14판, 동화기술, 2012.

12.6 인주옥, "철근콘크리트 공학", 3판, 사이덱미디어, 2008.

12.7 K. Terzaghi and R. B. Peck. Soil Mechanics in Engineering Practice. New York: John Wiley, 1968.

12.8 J. E. Bowles. Foundation Analysis and Design. New York: McGraw-Hill, 1980.

연습문제 해답

1장 서론

[1-1절]

1-1.1 1-1-1절

1-1.2 표 1.2

[1-2절]

1-2.1 그림 1.3

1-2.2 1-2-3절

1-2.3 1-2-3절

1-2.4 사용성 한계에서 부재의 변형, 처짐, 진동은 재료 초기응력상태와 밀접한 관계가 있음 (응력레벨이 낮음)

[1-3절]

1-3.1 1-3-3절

1-3.2 $U = 1.2D + 1.6L$ 중 큰 값 선택
$U = 1.2D + 1.0L + 1.3W$
$U = 0.9D + 1.3W$

1-3.3 $U = 1.2D + 1.6L$ 중 큰 값 선택
$U = 1.2D + 1.0L + 1.0E$
$U = 0.9D + 1.0E$

1-3.4 $\dfrac{1}{100{,}000}$

[1-4절]

1-4.1 1-4절

1-4.2 $360\ \text{kN/m}$

1-4.3 $w_u = 72\ \text{kN/m}$,
$V_u = 252\ \text{kN}$, $M_u = 441\ \text{kN·m}$

1-4.4 $w_D = 5.52\ \text{kN/m}$, $w_L = 5\ \text{kN/m}$,
$w_u = 14.6\ \text{kN/m}$

2장 재료

[2-1절]

2-1.1 $\bar{x} = 27.08\ \text{MPa}$, $s = 1.92$, $s_{보정} = 2.22$
$f_{cr} = 30\ \text{MPa}$

2-1.2 12회 공시체 36개

2-1.3 5회 공시체 15개

2-1.4 2-1-2절(2)(3)

2-1.5 $f_{cu} = 27.0\ \text{MPa}$

2-1.6 개별 압축강도 실험값 20.5 MPa 이상(만족)
3번 연속 평균 f_{cu}
$f_{cu}(=25.1, 24.3, 24.3) \geq 24\ \text{MPa}$(만족)

2-1.7 $f_{cu} = 25\ \text{MPa}$, $\beta_{cc}(t) = 1.359$,
$f_{cu}(t) = 34\ \text{MPa}$

2-1.8 2-1-3절

2-1.9 $\lambda = 0.925$

[2-2절]

2-2.1 $f_{cu} = 31\ \text{MPa}$, $E_c = 20{,}350\ \text{MPa}$

2-2.2 $f_{cu} = 49.5\ \text{MPa}$, $E_c = 31{,}210\ \text{MPa}$

2-2.3 $f_{sp} = 3.04\ \text{MPa}$

2-2.4 $f_r = 3.27\ \text{MPa}$

[2-3절]

2-3.1 2-3-1절

2-3.2 $\epsilon_{sh0} = -6.374 \times 10^{-4}$, $\beta_s(t-t_s) = 0.584$,
$\epsilon_{sh}(t,t_s) = -3.72 \times 10^{-4}$, $\delta = -1.12$ mm

2-3.3 슬래브 $\epsilon_{sh}(t,t_s) = -3.534 \times 10^{-4}$
벽체 $\epsilon_{sh}(t,t_s) = -2.201 \times 10^{-4}$
상대 변형량 $\delta = -0.67$ mm

2-3.4 2-3-2절

2-3.5 $\phi_0 = 3.407$, $\phi(t,t') = 3.054$,
$\epsilon_{c\sigma}(t,t') = 6.799 \times 10^{-4}$, $\Delta_L = 2.04$ mm

2-3.6 $\sigma_{cT} = 10.4$ MPa

[2-4절]

2-4.1 $f_y = 400$ MPa, 이형철근, $d_b = 25.4$ mm

2-4.2 $f_s = 300$ MPa

2-4.3 2-4-2절과 웹 검색

2-4.4 2-4-3절과 웹 검색

3장 휨 해석과 설계

[3-1절]

3-1.1 3-1-1절

3-1.2 3-1-2절

3-1.3 $C = 816$ kN

[3-2절]

3-2.1 3-2-1절

3-2.2 3-2-2절

3-2.3 3-2-3절

3-2.4 $A_{s.\min} = 577.5\ \text{mm}^2$, $A_{s.\max} = 3{,}065.5\ \text{mm}^2$

3-2.5 (1) $\epsilon_t = 0.0106$, $\phi = 0.85$
(2) $\epsilon_t = 0.0043$, $\phi = 0.804$

[3-3절]

3-3.1 $\epsilon_t = 0.0138$, $\phi = 0.85$, $\phi M_n = 182.4$ kN·m

3-3.2 (1)$\epsilon_t = 0.0197$, $\phi M_n = 205.2$ kN·m
(2)$\epsilon_t = 0.014$, $\phi M_n = 268.2$ kN·m
(3)$\epsilon_t = 0.0106$, $\phi M_n = 328.6$ kN·m
(4)$\epsilon_t = 0.0084$, $\phi M_n = 386.4$ kN·m

3-3.3 $d_t = 489$ mm, $d = 470$ mm, $\epsilon_t = 0.00577$,
$\phi = 0.824$, $\phi M_n = 381.7$ kN·m

3-3.4 $a = 153$ mm, $A_s = 478\ \text{mm}^2$

3-3.5 $a = 174$ mm, $\epsilon_t = 0.005$, $jd = 454$ mm,
$\phi = 0.85$, $\phi M_n = 312.6$ kN·m

3-3.6 (1) $c = 274$ mm, $A_s = 1{,}559\ \text{mm}^2$,
$jd = 485$ mm, $\phi = 0.783$,
$\phi M_n = 236.8$ kN·m
(2) $c = 240$ mm, $A_s = 1{,}194\ \text{mm}^2$,
$jd = 504$ mm, $\phi = 0.85$,
$\phi M_n = 204.6$ kN·m

3-3.7 $R_n = 4.706$ MPa, $A_s = 2{,}714\ \text{mm}^2$

3-3.8 D25-10개(2단 배근), $d = 749$ mm,
$\epsilon_t = 0.0059$, FS = 0.999

3-3.9 $M_u = 1{,}294.4$ kN·m, $\epsilon_t = 0.008$(가정),
단면 결정 $b \times D = 500 \times 800$ mm,
SD500 D25-10개(2단 배근),
$\phi M_n = 1{,}321$ kN·m, FS = 0.98

[3-4절]

3-4.1 3-4-1절

3-4.2 (1) $\epsilon'_s = 0.0024$ (2) $f'_s = 400$ MPa

3-4.3 $c = 236$ mm, $A_s = 4{,}591\ \text{mm}^2$, $\epsilon_t = 0.004$,
압축철근 항복($f_s' = 400$ MPa), M_{n1} 계산에서 응력중심거리 $jd = 443$ mm,
$M_{n1} = 633.4$ kN·m, $M_{n2} = 198.6$ kN·m,
$\phi = 0.783$, $\phi M_n = 651.8$ kN·m

3-4.4 (1) 압축철근 항복 안함, $f_s' = 226.7$ MPa
(2) $M_{n1} = 307$ kN·m, $M_{n2} = 151.6$ kN·m
$\phi = 0.85$, $\phi M_n = 389.8$ kN·m

3-4.5 복철근 직사각형 보로 설계, 필요 $A_s = 5{,}359\ \text{mm}^2$, 철근 선택(인장철근 SD500 D25-11개, 압축철근 SD500 D25-5개),
$f_s' = 381$ MPa, FS = 1.0

[3-5절]

3-5.1 $b = 2{,}100$ mm

3-5.2 $b = 800$ mm

3-5.3 (1) T형 보 $a = 114\ \text{mm} > h_f$

(2) $A_f = 2{,}040\ \mathrm{mm}^2$, $M_{nf} = 424.3\ \mathrm{kN \cdot m}$, $M_{nw} = 406.1\ \mathrm{kN \cdot m}$, $\epsilon_t = 0.008$, $\phi M_n = 705.9\ \mathrm{kN \cdot m}$

3-5.4 $b = 1{,}000\ \mathrm{mm}$, $A_{sf} = 2{,}754\ \mathrm{mm}^2$, SD500 10-D25선택(2단배근), $M_{nf} = 643.8\ \mathrm{kN \cdot m}$, $M_{nw} = 527.2\ \mathrm{kN \cdot m}$, $\epsilon_t = 0.0089$, $\phi M_n = 995\ \mathrm{kN \cdot m}$, FS = 0.99

4장 전단설계

[4-1절]

4-1.1 4-1-2절

4-1.2 $V_{u0} = 324\ \mathrm{kN}$, $V_{u,d} = 267.8\ \mathrm{kN}$, $v = 1.72\ \mathrm{MPa}$

4-1.3 $C = M/y$이어야 하므로 미분하면,

$$dC = \frac{y\,dM \pm M\,dy}{y^2}$$ 또한,

$C_1 - C_2 = dC = v\,b\,dx$ 이므로 대입하면,

$$v = \frac{1}{yb}\left(\frac{dM}{dx}\right) \pm \frac{M}{b\,y^2}\left(\frac{dy}{dx}\right)$$

$y = jd,\ dM/dx = V,\ d(jd)/dx = \tan\alpha$

$$v = \frac{V}{b(jd)} \pm \frac{M}{b(jd)^2}\tan\alpha$$

$jd \approx d$이므로,

$$v = \frac{V}{bd} \pm \frac{M}{bd^2}\tan\alpha$$

부호 : 모멘트 증가, 단면 감소일 때 (+)
모멘트 증가, 단면 증가일 때 (−)

4-1.4 $\tan\alpha = 0.125$, $d_d = 472.5\ \mathrm{mm}$, $v_A = 0.92\ \mathrm{MPa}$, $v_d = 0.74\ \mathrm{MPa}$, $v_B = 1.39\ \mathrm{MPa}$

4-1.5 4-1-3절

[4-2절]

4-2.1 4-2-1절

4-2.2 4-2-2절

[4-3절]

4-3.1 연구자료가 부족하기 때문

4-3.2 (1) $d = 616\ \mathrm{mm}$, $V_c = 213.3\ \mathrm{kN}$, $V_s = 263.4\ \mathrm{kN}$, $V_n = 476.7\ \mathrm{kN}$

(2) $d = 700\ \mathrm{mm}$, $V_c = 121.2\ \mathrm{kN}$, $V_s = 174.7\ \mathrm{kN}$, $V_n = 295.9\ \mathrm{kN}$

(3) $b_w = 800\ \mathrm{mm}$, $d = 640\ \mathrm{mm}$, $V_c = 443.4\ \mathrm{kN}$, $V_s = 182.5\ \mathrm{kN}$, $V_n = 625.9\ \mathrm{kN}$

4-3.3 $\rho_w = 0.005$, $V_c = 500.7\ \mathrm{kN}$(참고, 간편식을 이용한 $V_c = 495.4\ \mathrm{kN}$), $V_s = 713.7\ \mathrm{kN}$, $\phi = 0.75$, $\phi V_n = 906.8\ \mathrm{kN}$

[4-4절]

4-4.1 4-4-2(2)절

4-4.2 4-4-2(2)절

4-4.3 4-4-2(3)절

4-4.4 $A_{c\min} = 2.001 \times 10^5\ \mathrm{mm}^2$, $D = 559\ \mathrm{mm}$(직경)

4-4.5 (1) $d = 1{,}690\ \mathrm{mm}$
(2) $d = 563\ \mathrm{mm}$
(3) $d = 169\ \mathrm{mm}$

4-4.6 $\phi V_c = 169.8\ \mathrm{kN}$, $s = 110\ \mathrm{mm}$(시공성을 고려하여 @100 mm)

4-4.7 $\phi V_c = 151.9\ \mathrm{kN}$, 스터럽이 필요 없는 구간(양 단부에서 3.74 m부터 중앙까지), 전단위험단면 $V_u = 388\mathrm{kN}$, 스터럽 간격 $s = 175\ \mathrm{mm}$, 시공성 고려 @150 mm), $L/4$지점(양단부에서 2.25 m) $V_u = 225\ \mathrm{kN}$, 스터럽 간격 $s = 310\ \mathrm{mm}$, 시공성 고려 @300 mm)

4-4.8 $V_c = 148.1\ \mathrm{kN}$, $V_s = 91.9\ \mathrm{kN}$, $s_{\mathrm{req.}} = 272\ \mathrm{mm}$($V_s$를 통한 계산), $s = 407\ \mathrm{mm}$(최소스터럽량에 의한 간격), $s = 219\ \mathrm{mm}$(스터럽 간격 제한값) 모두 $\le 200\ \mathrm{mm}$이므로 안전

4-4.9 (1) $V_c = 0$ 가정할 때, $V_s = 250.7\ \mathrm{kN}$, $s = 106\ \mathrm{mm}$ 시공성 고려 @100 mm
(2) V_c를 고려할 때, $\phi V_c = 124.7\ \mathrm{kN}$, $s = 300\ \mathrm{mm}$, @300 mm

4-4.10 $v_c = 0.76\ \mathrm{MPa}$, $v_{uA} = 0.71\ \mathrm{MPa}$, $v_{ud} = 0.63\ \mathrm{MPa}$, $v_{uB} = 0.84\ \mathrm{MPa}$
설계(단부에서 1.2 m까지 D10@170 mm, 1.2 m~2.4 m D10@120 mm)

5장 정착과 이음

[5-1절]

5-1.1 5-1-1(3)절

5-1.2 5-1-1(3)절

[5-2절]

5-2.1 (1) $l_{db} = 936\,\mathrm{mm}$, $l_d = 749\,\mathrm{mm}$

(2) $l_{db} = 587\,\mathrm{mm}$, $l_d = 469\,\mathrm{mm}$

5-2.2 (1) $\lambda = 0.85$, $l_d = 470\,\mathrm{mm}$

(2) $\lambda = 0.85$, $l_d = 1{,}663\,\mathrm{mm}$

5-2.3 (1) $l_{db} = 1{,}088\,\mathrm{mm}$, $l_d = 1{,}414\,\mathrm{mm}$

(2) $K_{tr} = 4.75$, $c = 28\,\mathrm{mm}$, $l_d = 1{,}443\,\mathrm{mm}$

초과철근비 0.92, $l_d = 1{,}328\,\mathrm{mm}$

5-2.4 (1) $l_{db} = 1{,}088\,\mathrm{mm}$, $l_d = 1{,}088\,\mathrm{mm}$

(2) $K_{tr} = 7.13$, $c = 46\,\mathrm{mm}$, $l_d = 676\,\mathrm{mm}$

초과철근비 0.88, $l_d = 595\,\mathrm{mm}$

5-2.5 (1) $l_{db} = 518\,\mathrm{mm}$, $l_d = 518\,\mathrm{mm}$

(2) $l_d = 533\,\mathrm{mm}$

5-2.6 (1) $d_b = 38.5\,\mathrm{mm}$, $l_{db} = 1{,}884\,\mathrm{mm}$,

$l_b = 2{,}261\,\mathrm{mm}$(20% 증가 - 3다발철근)

(2) $l_{db} = 785\,\mathrm{mm}$, $l_b = 942\,\mathrm{mm}$

5-2.7 $l_{hd} = 469\,\mathrm{mm}$

5-2.8 $l_{hd} = 445\,\mathrm{mm}$, 조건I 만족 0.7, $l_{dh} = 312\,\mathrm{mm}$

[5-3절]

5-3.1 단부 휨설계, 단철근 6-D22(FS = 0.919),

중앙부 휨설계, 단철근 4-D22(FS = 0.883),

전단설계, 단부~$L/4$ D10@150 mm,

$L/4$~중앙부, D10@250 mm

정철근 검토

철근 절단위치: 중앙부에서 2.2 m

인장정착길이 2.2 ≥ ($l_d = 950\,\mathrm{mm}$)(만족)

인장구역내 정철근 절단가능 여부(만족)

변곡점 검토(만족)

상부철근 검토

철근 절단위치 결정: $l_d = 1{,}285\,\mathrm{mm}$,

$l_d + {}_{\max}(d, 12d_b) = 1{,}805\,\mathrm{mm}$

변곡점 검토시 절단위치 1,990 mm(만족)

[5-4절]

5-4.1 표 5.7

6장 사용성 및 내구성

[6-1절]

6-1.1 (1) $y_t = 300\,\mathrm{mm}$, $M_{cr} = 82.8\,\mathrm{kN \cdot m}$,

$f_c = 3.45\,\mathrm{MPa}$, $f_s = 18.38\,\mathrm{MPa}$

(2) 균열전 단면은 철근을 무시하므로 (1)과 같다. 즉, $y_t = 300\,\mathrm{mm}$, $M_{cr} = 82.8\,\mathrm{kN \cdot m}$, $f_c = 3.45\,\mathrm{MPa}$, $f_s = 18.38\,\mathrm{MPa}$

(3) $y_t = 388\,\mathrm{mm}$, $M_{cr} = 78.8\,\mathrm{kN \cdot m}$,

$f_c = 2.78\,\mathrm{MPa}$, $f_s = 19.89\,\mathrm{MPa}$

6-1.2 $f_c = 1.59\,\mathrm{MPa}$, $f_s = 11.52\,\mathrm{MPa}$

6-1.3 $f_{ct} = 2.95\,\mathrm{MPa}$(인장), $f_s = 98.59\,\mathrm{MPa}$

6-1.4 (1) $M_a = 249.8\,\mathrm{kN \cdot m}$, $kd = 171\,\mathrm{mm}$,

$I_{cr} = 2.7214 \times 10^9\,\mathrm{mm}^4$,

$f_c = 15.74\,\mathrm{MPa}$, $f_s = 232.35\,\mathrm{MPa}$

(2) $M_a = 428.5\,\mathrm{kN \cdot m}$, $kd = 197\,\mathrm{mm}$,

$I_{cr} = 4.3292 \times 10^9\,\mathrm{mm}^4$,

$f_c = 19.51\,\mathrm{MPa}$, $f_s = 232.15\,\mathrm{MPa}$

(3) $M_a = 651.2\,\mathrm{kN \cdot m}$, $kd = 210\,\mathrm{mm}$,

$I_{cr} = 8.417 \times 10^9\,\mathrm{mm}^4$,

$f_c = 16.23\,\mathrm{MPa}$, $f_s = 230.52\,\mathrm{MPa}$

[6-2절]

6-2.1 (1) $I_e = 2.8846 \times 10^9\,\mathrm{mm}^4$

(2) $I_e = 4.35 \times 10^9\,\mathrm{mm}^4$

(3) $I_e = 8.4174 \times 10^9\,\mathrm{mm}^4$

6-2.2 $M_a = 202.5\,\mathrm{kN \cdot m}$, $I_e = 2.809 \times 10^9\,\mathrm{mm}^4$

$\Delta = 23.6\,\mathrm{mm}$

6-2.3 $I_{e1} = I_{e2} = 7.2573 \times 10^9\,\mathrm{mm}^4$

$I_{em} = 5.9292 \times 10^9\,\mathrm{mm}^4$

평균 $I_e = 0.7I_{em} + 0.15(I_{e1} + I_{e2})$

$= 6.328 \times 10^9\,\mathrm{mm}^4$

(1) $\Delta_{i,D+L} = 16.2\,\mathrm{mm}$

(2) $\lambda_\Delta = 1.596$

D에 의한 장기처짐 $\Delta_{sus,D} = 16.4\,\mathrm{mm}$

0.2L에 의한 장기처짐 $\Delta_{sus,0.2L} = 3.3\,\text{mm}$
0.8L에 의한 순간처짐 $\Delta_{i,0.8L} = 8.2\,\text{mm}$
전체처짐 $\Delta_{sus} = \Delta_{sus,D} + \Delta_{sus,0.2L} + \Delta_{i,0.8L} = 27.8\,\text{mm}$

6-2.4 $h_{\min} = 324\,\text{mm}$

[6-3절]

6-3.1 (1) 6-3-1절 및 웹 검색
(2) 기준의 균열제어방법 6-3-2(1)절

6-3.2 $\kappa_{cr} = 280$(옥내),
$s_{\text{req.}} = 270\,\text{mm}$, $s = 269\,\text{mm}$, 만족

7장 1방향 슬래브와 연속보

[7-1절]

7-1.1 7-1-2절

[7-2절]

7-2.1 7-2-1절

7-2.2 (1) $w_u = 12.5\,\text{kN/m}^2$
$w_x = 0.941 \times w_u = 11.76\,\text{kN/m}^2$
$\therefore\ w = w_x \times 4 = 47.05\,\text{kN/m}$
(2) $w_u = 10\,\text{kN/m}^2$
$w_x = 0.941 \times w_u = 9.41\,\text{kN/m}^2$
$\therefore\ w = w_x \times 4 = 37.64\,\text{kN/m}$
(3) KDS 14 20 10 4.3.1

$$M_u = -\frac{w_u \times l_n^2}{24} = -13.3\,\text{kN}\cdot\text{m}$$

7-2.3 수평철근(D13)
외측외단 $d = 214\,\text{mm}$, $s = 269 \rightarrow @300\,\text{mm}$
외측중앙 $d = 274\,\text{mm}$, $s = 201 \rightarrow @200\,\text{mm}$
외측내단 $d = 214\,\text{mm}$, $s = 109 \rightarrow @100\,\text{mm}$
내측중앙 $d = 274\,\text{mm}$, $s = 230 \rightarrow @200\,\text{mm}$
내측내단 $d = 214\,\text{mm}$, $s = 120 \rightarrow @100\,\text{mm}$
수직철근(D13-2열배치)
수축·온도철근 $s = 422 \rightarrow @400\,\text{mm}$

7-2.4 서고 활하중 $7.5\,\text{kN/m}^2$
수평철근
외측외단 D10, $s = 300 \rightarrow @300\,\text{mm}$
외측중앙 D10, $s = 203 \rightarrow @200\,\text{mm}$
외측내단 D13, $s = 252 \rightarrow @250\,\text{mm}$
내측중앙 D10, $s = 233 \rightarrow @200\,\text{mm}$
내측내단 D13, $s = 278 \rightarrow @250\,\text{mm}$
수직철근(D10-2열배치)
수축·온도철근 $s = 395 \rightarrow @350\,\text{mm}$

[7-3절]

7-3.1 예제 7-3

8장 기둥

[8-1절]

8-1.1 8-1-2절
8-2.2 8-1-3절

[8-2절]

8-2.1 8-2-1절

8-2.2 (1) $\phi P_n = 5{,}807.7\,\text{kN}$
(2) $\phi P_n = 6{,}619.3\,\text{kN}$

8-2.3 $A_{st} = 6{,}298\,\text{mm}^2$

8-2.4 $P_n = 3{,}310.9\,\text{kN}$, $M_n = 1{,}145.7\,\text{kN}\cdot\text{m}$

8-2.5 부록 참고

[8-3절]

8-3.1 8-3-1(1)절
8-3.2 8-3-1(3)절

8-3.3 (1) 띠철근 $s = 200\,\text{mm}$,
보조띠철근 $s' = 400\,\text{mm}$
(2) $s \leqq 123\,\text{mm} \rightarrow @120\,\text{mm}$(시공성 고려)

8-3.4 (1) $P_u = 4{,}800\,\text{kN}$, $M_u = 272\,\text{kN}\cdot\text{m}$,
$b \times h = 550 \times 550\,\text{mm}$, 10-D25
(2) $D = 600\,\text{mm}$, 15-D22

[8-4절]

8-4.1 (1) $P_c = \pi^2 EI/(2l_u)^2$
(2) $P_c = \pi^2 EI/(0.5l_u)^2$
(3) $P_c = \pi^2 EI/l_u^2$

8-4.2 $M_{\max} = M_0 \dfrac{(1 - 0.18P/P_c)}{1 - P/P_c}$

[8-5절]

8-5.1 $k=0.7$, $l_u=3{,}771\,\text{mm}$

8-5.2 (1) 횡구속골조일 때, $l_u=6{,}400\,\text{mm}$,
$\psi_{UP}=1.166$, $\psi_{DN}=1.003$, $k=0.784$
$kl_u/r=33.4>22.6$, 장주
비횡구속골조일 때,
$k=1.342$, $kl_u/r=57.2>22$, 장주

(2) 횡구속골조일 때, $l_u=6{,}500\,\text{mm}$,
$\psi_{UP}=1.898$, $\psi_{DN}=1.634$, $k=0.842$
$kl_u/r=43.8>22.6$, 장주
비횡구속골조일 때,
$k=1.529$, $kl_u/r=79.5>22$, 장주

8-5.3 (1) $k=0.784$, $EI=3.8245\times10^{13}\,\text{N·mm}^2$
$P_c=14{,}994\,\text{kN}$

(2) $k=0.842$, $EI=2.2528\times10^{13}\,\text{N·mm}^2$
$P_c=7{,}431\,\text{kN}$

8-5.4 $k=0.86$, $kl_u/r=36.7>25.8$, 장주,
$\beta_{dns}=0.5$, $EI=3.3377\times10^{13}\,\text{N·mm}^2$
$P_c=10{,}870\,\text{kN}$, $C_m=0.875$, $\delta_{ns}=1.353$,
$M_c=269.4\,\text{kN·m}$, $b\times h=450\times500\,\text{mm}$,
10-D25(한쪽 5-D25)

8-5.5 (1) $Q=0.158$, $k=1.393$,
$kl_u/r=49.5>22$, 장주, $\delta_s=1.187$,
$P_u=4{,}485\,\text{kN}$, $M_2=361.9\,\text{kN·m}$,
$\rho_g=0.0178$, 12-D25(한쪽 6-D25)

(2) $Q=0.158$, $k=1.621$,
$b\times d=450\times550\,\text{mm}$,
$kl_u/r=62.9>22$, 장주, $\delta_s=1.187$,
$P_u=3{,}120\,\text{kN}$, $M_2=344.9\,\text{kN·m}$,
$\rho_g=0.0232$, 12-D25(한쪽 6-D25)

9장 2방향 슬래브

[9-1절]

9-1.1 9-1-1절 및 웹검색

9-1.2 (1) $I_b=1.7817\times10^{10}\,\text{mm}^4$,
$I_s=1.583\times10^{9}\,\text{mm}^4$, $\alpha=11.3$

(2) $I_b=1.1573\times10^{10}\,\text{mm}^4$,
$I_s=3\times10^{9}\,\text{mm}^4$, $\alpha=3.9$

9-1.3 $h\geq l_n/30$
(테두리보가 없는 플랫 플레이트),
$l_n=7{,}050\,\text{mm}$, $h\geq235\,\text{mm}$

9-1.4 $h\geq181\,\text{mm}$이므로 만족

[9-2절]

9-2.1 9-2-1절

9-2.2 $M_0=244.1\,\text{kN·m}$,

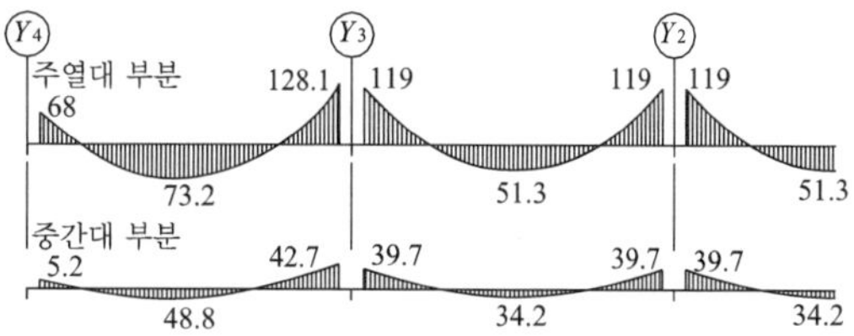

외부 단부쪽 $\beta_t=0.713$, 분담률=92.9%

9-2.3 (1) $M_0=551.7\,\text{kN·m}$

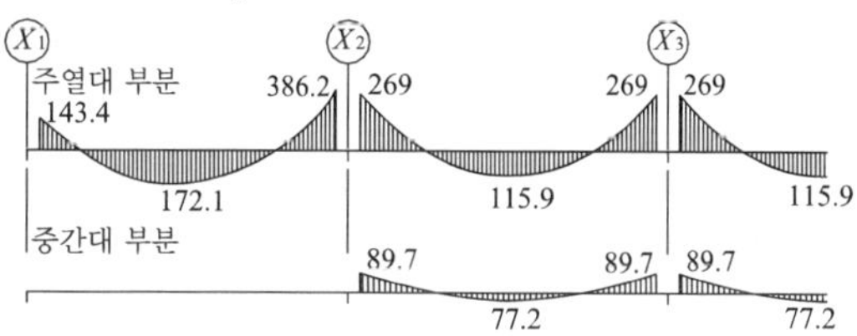

(2) $M_0=427.4\,\text{kN·m}$

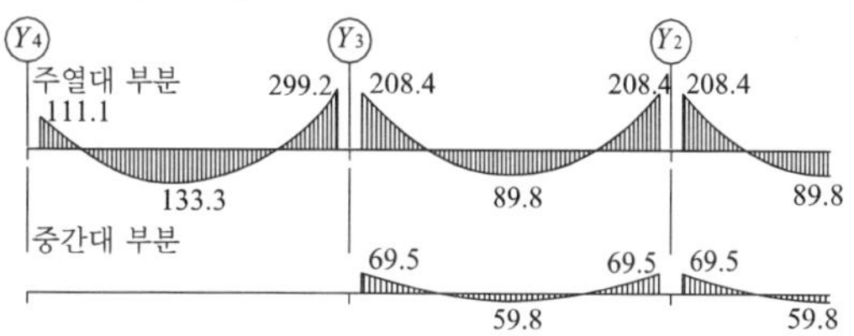

9-2.4 (1) $M_0=559.6\,\text{kN·m}$,

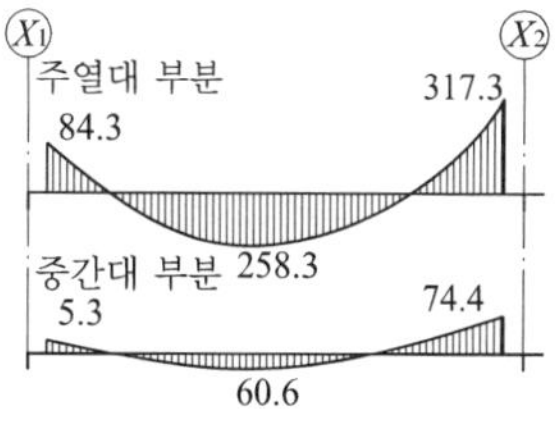

주열대 부분 분담률 : 내부단부 81%,
중앙부 81%, 외부단부 94.1%

(2) $M_0 = 234.4\,\text{kN}\cdot\text{m}$,

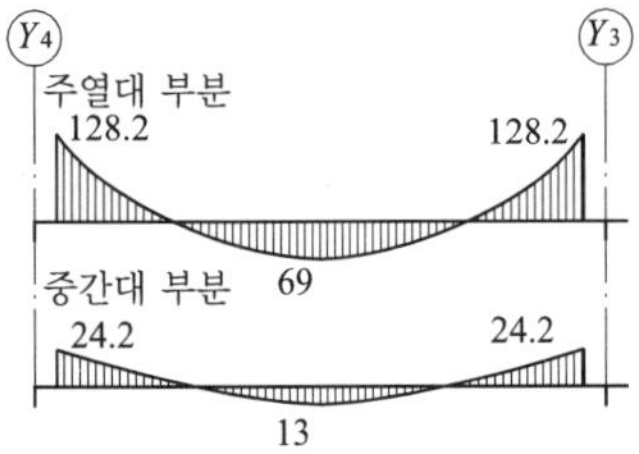

주열대 부분 분담률 : 양단부 84.1%, 중앙부 84.1%

(3) $M_0 = 435.1\,\text{kN}\cdot\text{m}$,

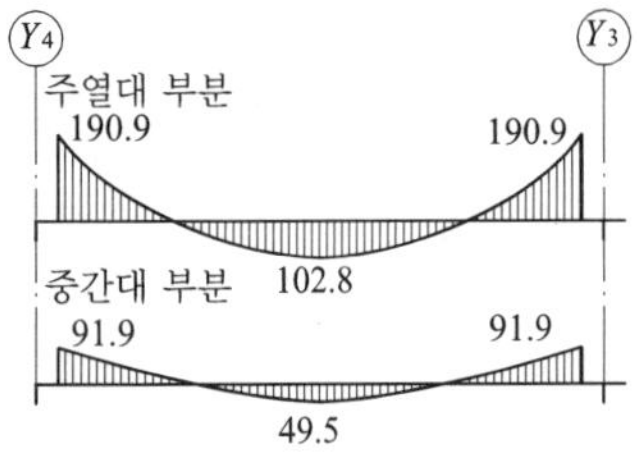

주열대 부분 분담률 : 양단부 67.5%, 중앙부 67.5%

[9-3절]

9-3.1

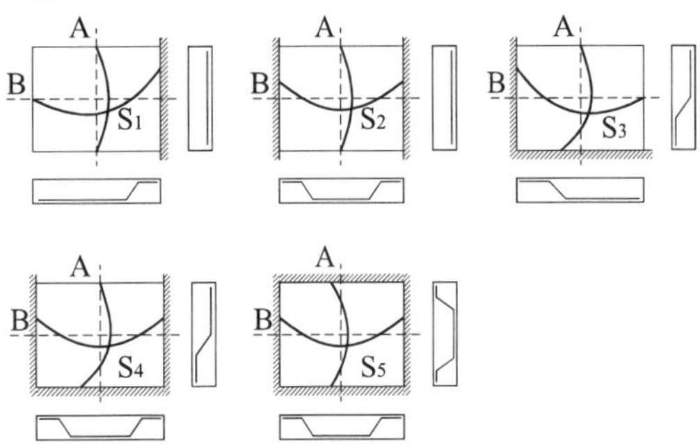

9-3.2 긴 변 방향 양단부 주열대 부분(D16) $s=180$ mm→@180 mm, 중간대 부분(D13) $s=360$ mm→@360 mm, 중앙부 주열대 부분(D16) $s=434$ mm→@300 mm, 중간대 부분(D13) $s=419$ mm→@300 mm
짧은 변 방향 양단부 주열대 부분(D16) $s=301$ mm→@300 mm, 중간대 부분(D13) $s=592$ mm→@450 mm, 중앙부 주열대 부분(D13) $s=456$ mm→@300 mm, 중간대 부분(D13) $s=689$ mm→@300 mm, (이 답은 수축·온도철근과 시공성을 고려하지 않음)

9-3.3 긴 변 방향 양단부 주열대 부분(D10) $s=379$ mm→@350 mm, 중간대 부분(D13) $s=427$ mm→@300 mm, 중앙부 주열대 부분(D10) $s=3{,}038$ mm→@450 mm, 중간대 부분(D10) $s=451$ mm→@300 mm
짧은 변 방향 양단부 주열대 부분(D10) $s=962$ mm→@450 mm, 중간대 부분(D13) $s=420$ mm→@300 mm, 중앙부 주열대 부분(D13) $s=1{,}789$ mm→@450 mm, 중간대 부분(D10) $s=554$ mm→@300 mm, (이 답은 수축·온도철근과 시공성을 고려하지 않음)

9-3.4 긴 변 방향 양단부 주열대 부분(D13) $s=490$ mm→@450 mm, 중간대 부분(D13) $s=232$ mm→@200 mm, 중앙부 주열대 부분(D10) $s=2{,}211$ mm→@450 mm, 중간대 부분(D10) $s=328$ mm→@300 mm
짧은 변 방향 양단부 주열대 부분(D10) $s=536$ mm→@450 mm, 중간대 부분(D13) $s=232$ mm→@200 mm, 중앙부 주열대 부분(D13) $s=998$ mm→@450 mm, 중간대 부분(D10) $s=308$ mm→@300 mm, (이 답은 수축·온도철근과 시공성을 고려하지 않음)

9-3.5 부록 참고

[9-4절]

9-4.1 C_1기둥
1방향전단 $V_u(141.6) \le \phi V_c(544.7\,\text{kN})$
$V_u(146.6) \le \phi V_c(435.8\,\text{kN})$ 만족
뚫림전단 $V_u(164.8) \le \phi V_c(183.5\,\text{kN})$만족
C_2기둥
1방향전단 $V_u(283.2) \le \phi V_c(1{,}089.5\,\text{kN})$
$V_u(146.6) \le \phi V_c(435.8\,\text{kN})$ 만족
뚫림전단 $V_u(329.6) \le \phi V_c(367\,\text{kN})$만족
C_3기둥
1방향전단 $V_u(283.2) \le \phi V_c(1{,}089.5\,\text{kN})$
$V_u(293.2) \le \phi V_c(871.6\,\text{kN})$ 만족
뚫림전단 $V_u(659.3) \le \phi V_c(676.7\,\text{kN})$만족

10장 벽체

[10-1절]

10-1.1 내력벽과 비내력벽(일반사항)
10-1.2 10-1-1 절($P_u \leqq 0.4A_g f_{ck}$)
10-1.3 10-1-3(3)절

[10-2절]

10-2.1 예상치 못한 모멘트와 편심거리 $h/6$ 따른 모멘트 고려
10-2.2 $\phi P_{nw} = 1{,}804.2$ kN $\leqq P_u$
수직철근 D10@450 mm(2열 배치)
수평철근 D10@350 mm(2열 배치)
10-2.3 $P_u = 166.5$ kN/m, $M_{ua} = 92.2$ kN·m/m,
$A_{se,w} = 1{,}243$ mm^2, $\epsilon_t = 0.0292$(인장지배 단면), $M_u = 100.1$ kN·m/m,
$M_{cr} = 51.8$ kN·m/m,
$\phi M_n = 101.5$ kN·m/m,
$M_a = 71.6$ kN·m/m, $\Delta_s = 25.2$ mm,
수직철근 D16@200 mm(2열 배치),
수평철근 D10@200 mm(2열 배치)

[10-3절]

10-3.1 (1) h_w/l_w별 V_c
$h_w/l_w = 1.0$, $V_c = 698.4$ kN(식 10.15a)
$h_w/l_w = 1.5$, $V_c = 623.5$ kN(식 10.15b)
$h_w/l_w = 2.0$, $V_c = 415.7$ kN(식 10.13)
$h_w/l_w = 3.0$, $V_c = 415.7$ kN(식 10.13)
(2) (1) 분석
10-3.2 $V_u = 1{,}031.3$ kN, $V_c = 698.4$ kN,
$\rho_h = 0.0025$,
$s_h = 360$ mm→D13@350 mm(2열배치)
$\rho_l = 0.00315$,
$s_v = 402$ mm→D13@400 mm(2열배치)
휨철근 7-D25(벽체 양 측면에 각각)

[10-4절]

10-4.1 $V_c = 1{,}104.8$ kN,
$\rho_h = 0.0025$,
$s_h = 356$ mm→D13@350 mm(2열배치)
$\rho_l = 0.00252$,
$s_v = 450$ mm→D13@450 mm(2열배치)
휨설계
$M_u = 12{,}321$ kN·m, $\phi M_n = 6{,}134$ kN·m
추가철근량 $A_s = 4{,}493$ mm^2, 9-D25

11장 기초

[11-1절]

11-1.1 11-1-1절
11-1.2 11-1-4절
11-1.3 11-1-2절, 11-1-5절

[11-2절]

11-2.1 $A_f = 18.61$ m^2, $l \times B = 4.4$ m $\times 4.4$ m,
$q_u = 309$ kN/m^2
11-2.2 $d = 900$ mm
1면 전단
$V_u(990.18$ kN$) \leq \phi V_c(2{,}204.5$ kN$)$
2면 전단
$V_u(3{,}774.3$ kN$) \leq \phi V_c(5{,}062.5$ kN$)$
만족
11-2.3 $M_u = 1{,}788.5$ kN·m
인장지배 가정($\phi = 0.85$)
$\rho = 0.00131$, $A_s = 7{,}200$ mm^2
각 방향 15-D25 철근 사용
($A_s = 7{,}600.5$ mm^2)
철근 정착길이(KDS 14 20 52 4.1.2)
$l_b = 835$ mm
11-2.4 $q_u = 300$ kN/m^2, $d = 900$ mm
1면 전단(긴 변)
$V_u = 1{,}800$ kN, $\phi V_c = 1{,}848.6$ kN
$\phi V_c \geq V_u$ ··· O.K
1면 전단(짧은 변)
$V_u = 576$ kN, $\phi V_c = 3{,}943.6$ kN
$\phi V_c \geq V_u$ ··· O.K
2면 전단
$V_u = 4{,}619.25$ kN, $\phi V_c = 5{,}042.25$ kN

$\phi V_c \geq V_u \cdots$ O.K

휨설계 검토(긴 변 방향)

$M_u = 3{,}784.5\,\mathrm{kN \cdot m}$,

$A_s = \rho_{\min} bd = 10{,}287\,\mathrm{mm}^2$

각 방향 21-D25 철근 사용

$(A_s = 10{,}640.7\,\mathrm{mm}^2)$

철근 정착길이(KDS 14 20 52 4.1.2)

$l_b = 835\,\mathrm{mm}$

휨설계 검토(짧은 변 방향)

$M_u = 1{,}382.4\,\mathrm{kN \cdot m}$,

$A_s = \rho_{\min} bd = 11{,}520\,\mathrm{mm}^2$

각 방향 23-D25 철근 사용

$(A_s = 11{,}654.1\,\mathrm{mm}^2)$

철근 정착길이(KDS 14 20 52 4.1.2)

$l_b = 835\,\mathrm{mm}$

11-2.5 기둥의 지압강도

$\phi P_{nd}(= 7{,}956\,\mathrm{kN}) > P_u(= 5{,}760\,\mathrm{kN})$

$\cdots$ O.K

기둥과 기초판 사이에 요구되는 연결철근 계산 $A_s(\min) = 1{,}800\,\mathrm{mm}^2$

$\therefore$ 5-D22 사용($A_s = 1{,}935.5\,\mathrm{mm}^2$)

기초판에서 가능한 정착길이

$913.6\,\mathrm{mm} > 405.31\,\mathrm{mm} \cdots$ O.K

11-2.6 $q_e = q_a - (4.5 + 21 \times 1.5) = 314\,\mathrm{kN/m^2}$

최소 기초판 면적 $A_f = \dfrac{P_D + P_L}{q_e} = 9.83\,\mathrm{m}^2$

기초판 면적 $A = 3 \times 4 = 12\,\mathrm{m}^2 \cdots$ O.K

11-2.7 소요강도 $P_u = 1.2P_D + 1.6P_W = 4{,}200\,\mathrm{kN}$

설계용 토압 $q_u = \dfrac{P_u}{A} = 350\,\mathrm{kN/m^2}$

11-2.8 1면 전단 검토(긴 변)

$d = 800\,\mathrm{mm}$

$V_u = 945\,\mathrm{kN}$, $\phi V_c = 1{,}959.6\,\mathrm{kN}$

$\phi V_c \geq V_u \cdots$ O.K

1면 전단 검토(짧은 변)

$d = 800\,\mathrm{mm}$

$V_u = 700\,\mathrm{kN}$, $\phi V_c = 1{,}469.7\,\mathrm{kN}$

$\phi V_c \geq V_u \cdots$ O.K

2면 전단 검토

$\phi V_c(= 3{,}712.8\,\mathrm{kN}) \geq V_u(= 3{,}192\,\mathrm{kN})$

$\cdots$ O.K

11-2.9 $M_u = 1{,}517.25\,\mathrm{kN \cdot m}$

$A_s = \rho_{\min} bd = 6{,}400\,\mathrm{mm}^2$

각 방향 13-D25 철근 사용

$(A_s = 6{,}587.1\,\mathrm{mm}^2)$

철근 정착길이(KDS 14 20 52 4.1.2)

$l_b = 933\,\mathrm{mm}$

[11-3절]

11-3.1 $q_e = 265.7\,\mathrm{kN/m^2}$

기초판 면적 $A = 1 \times 2 = 2\,\mathrm{m}^2 \cdots$ O.K

설계용 토압 $q_u = 364\,\mathrm{kN/m^2}$

1면 전단 검토

$d = 400\,\mathrm{mm}$

$V_u = 182\,\mathrm{kN}$, $\phi V_c = 259.8\,\mathrm{kN}$

$\phi V_c \geq V_u \cdots$ O.K

휨설계 검토

$M_u = 147.42\,\mathrm{kN \cdot m}$, $\rho = 0.00278$,

$A_s = \rho_{\min} bd = 1{,}112\,\mathrm{mm}^2$

각 방향 3-D22 철근 사용

$(A_s = 1{,}161.3\,\mathrm{mm}^2)$

철근 정착길이(KDS 14 20 52 4.1.2)

$l_b = 615\,\mathrm{mm}$

11-3.2 $q_e = 183.2\,\mathrm{kN/m^2}$

기초판 면적 $A = 1 \times 2 = 2\,\mathrm{m}^2 \cdots$ O.K

설계용 토압 $q_u = 240\,\mathrm{kN/m^2}$

1면 전단 검토

$d = 300\,\mathrm{mm}$

$V_u = 132\,\mathrm{kN}$, $\phi V_c = 183.7\,\mathrm{kN}$

$\phi V_c \geq V_u \cdots$ O.K

휨설계 검토

$M_u = 86.7\,\mathrm{kN \cdot m}$, $\rho = 0.00292$,

$A_s = \rho_{\min} bd = 876\,\mathrm{mm}^2$

각 방향 3-D22 철근 사용

$(A_s = 1{,}161.3\,\mathrm{mm}^2)$

철근 정착길이(KDS 14 20 52 4.1.2)

$l_b = 653\,\mathrm{mm}$

[11-4절]

11-4.1 $q_e = 253\text{ kN/m}^2$

기초판 면적 $A = 7.7 \times 3 = 23.1\text{ m}^2$ … O.K

설계용 토압 $q_u = 229.44\text{ kN/m}^2$

1면 전단 검토

$q_{ux} = q_u \times$ 기초 폭 $= 688.3\text{ kN/m}$

$d = 800\text{ mm}$

(외부기둥 1방향 검토)

$V_u = -1{,}245\text{ kN},\ \phi V_c = 1{,}469.7\text{ kN}$

$\phi V_c \geq V_u$ … O.K

(내부기둥 1방향 검토)

$V_u = 470.8\text{ kN},\ \phi V_c = 1{,}469.7\text{ kN}$

$\phi V_c \geq V_u$ … O.K

2면 전단 검토

(외부기둥 2방향 검토)

$\phi V_c (= 2{,}859.4\text{ kN}) \geq V_u (= 1{,}840.6\text{ kN})$

… O.K

(내부기둥 2방향 검토)

$\phi V_c (= 4{,}146.2\text{ kN}) \geq V_u (= 2{,}677.6\text{ kN})$

… O.K

휨설계 검토

1. 최대 부(−) $M_u = -2{,}791.7\text{ kN·m}$
2. 최대 부(+) $M_u = 435.6\text{ kN·m}$

(외부기둥 휨 검토)

$\rho = 0.00037$

$\phi M_n (= 1{,}405.18\text{ kN·m})$

$\geq 4/3 M_u (= 325\text{ kN·m})$ … O.K

$A_s = \rho_{\min} bd = 4{,}800\text{ mm}^2$

각 방향 10-D25 철근 사용

… D25@300 mm

철근 정착길이(KDS 14 20 52 4.1.2)

$l_b = 747\text{ mm}$

(내부기둥 휨 검토)

$\rho = 0.00022$

$\phi M_n (= 3{,}606.6\text{ kN·m})$

$\geq 1.2 M_{cr} (= 1{,}499.97\text{ kN·m})$ … O.K

$A_s = 2{,}960\text{ mm}^2$

각 방향 6-D25 철근 사용

… D25@290 mm

철근 정착길이(KDS 14 20 52 4.1.2)

$l_b = 747\text{ mm}$

11-4.2 $q_e = 242.5\text{ kN/m}^2$

기초판 면적 $A = 6.5 \times 3.5 = 22.75\text{ m}^2$

… O.K

설계용 토압 $q_u = 330.5\text{ kN/m}^2$

1면 전단 검토

$q_{ux} = 1{,}156.92\text{ kN/m},\ d = 800\text{ mm}$

(외부기둥 1방향 검토)

$V_u = -1{,}536\text{ kN},\ \phi V_c = 1{,}714.6\text{ kN}$

$\phi V_c \geq V_u$ … O.K

(내부기둥 1방향 검토)

$V_u = 465.8\text{ kN},\ \phi V_c = 1{,}714.6\text{ kN}$

$\phi V_c \geq V_u$ … O.K

2면 전단 검토

(외부기둥 2방향 검토)

$\phi V_c (= 3{,}345.6\text{ kN}) \geq V_u (-2{,}608.6\text{ kN})$

… O.K

(내부기둥 2방향 검토)

$\phi V_c (= 4{,}312\text{ kN}) \geq V_u (= 3{,}785\text{ kN})$

… O.K

휨설계 검토

1. 최대 부(−) $M_u = -3{,}234.04\text{ kN·m}$
2. 최대 부(+) $M_u = 494.95\text{ kN·m}$

(외부기둥 휨 검토)

$\rho = 0.00046$

$\phi M_n (= 1{,}643.4\text{ kN·m})$

$\geq 4/3 M_u (= 461.7\text{ kN·m})$ … O.K

$A_s = \rho_{\min} bd = 5{,}600\text{ mm}^2$

각 방향 12-D25 철근 사용

… D25@300 mm

철근 정착길이(KDS 14 20 52 4.1.2)

$l_b = 704\text{ mm}$

(내부기둥 휨 검토)

$\rho = 0.00036$

$\phi M_n (= 3{,}052\text{ kN·m})$

$\geq 1.2 M_{cr} (= 1{,}856\text{ kN·m})$ … O.K

$A_s = 2{,}320\text{ mm}^2$

각 방향 5-D25 철근 사용

… D25@350 mm
철근 정착길이(KDS 14 20 52 4.1.2)
$l_b = 704\ \mathrm{mm}$

11-4.3 $q_e = 242.5\ \mathrm{kN/m^2}$
외측 기초판 면적
$A = 10.9\ \mathrm{m^2} \cdots 2.2\ \mathrm{m} \times 5\ \mathrm{m} = 11\ \mathrm{m^2}$
내측 기초판 면적
$A = 11.75\ \mathrm{m^2} \cdots 4\ \mathrm{m} \times 4\ \mathrm{m} = 16\ \mathrm{m^2}$

1. 외측 기초판 설계(연속기초)
외측 기초판 설계용 토압
$q_u = 276.4\ \mathrm{kN/m^2}$
1면 전단 검토(연속기초)
$d = 800\ \mathrm{mm}$
$V_u = 836\ \mathrm{kN}$, $\phi V_c = 1{,}143.2\ \mathrm{kN}$
$\phi V_c \geq V_u \cdots$ O.K
휨설계 검토(연속기초)
$M_u = 1{,}438.11\ \mathrm{kN \cdot m}$
$\rho = 0.00309$, $A_s = 5{,}438.4\ \mathrm{mm^2}$
단방향 11-D25 철근 사용 … D25@200 mm
장방향 18-D25 철근 사용 … D25@250 mm

2. 내측 기초판 설계(독립기초)
내측 기초판 설계용 토압
$q_u = 280\ \mathrm{kN/m^2}$
1면 전단 검토(독립기초)
$d = 800\ \mathrm{mm}$
$V_u = 980\ \mathrm{kN}$, $\phi V_c = 2{,}078.5\ \mathrm{kN}$
$\phi V_c \geq V_u \cdots$ O.K
2면 전단 검토(독립기초)
$\phi V_c (= 5{,}282.4\ \mathrm{kN}) \geq V_u (= 3{,}599.4\ \mathrm{kN})$
… O.K
$M_u = 1{,}571.15\ \mathrm{kN \cdot m}$
$\rho = 0.00244$, $A_s = 7{,}808\ \mathrm{mm^2}$
각 방향 16-D25 철근 사용 … D25@200 mm

3. 연결보 설계
1면 전단 검토
$d = 1{,}100\ \mathrm{mm}$
$V_{ud} = 829.1\ \mathrm{kN}$, $\phi V_c = 464.4\ \mathrm{kN}$
$\phi V_c \geq V_u$
$\phi (1/2) V_c \geq V_u$ 최소 스터럽 배치
$A_v = 126.7\ \mathrm{mm^2}$ 2열 배치
$\rightarrow A_v = 126.7 \times 2 = 253.4\ \mathrm{mm^2}$
$s = 334\ \mathrm{mm} \cdots$ D13@300 mm
휨설계 검토
최대 소요휨모멘트 $M_u = 2{,}584\ \mathrm{kN \cdot m}$
$\rho = 0.01065$
$\phi M_n (= 2{,}583.6\ \mathrm{kN \cdot m})$
$\geq 4/3 M_u (= 514.9\ \mathrm{kN \cdot m}) \cdots$ O.K
$A_s = \rho_{\min} bd = 7{,}614.75\ \mathrm{mm^2}$
각 방향 16-D25 철근 사용

[11-5절]

11-5.1 $V_u = 3 \times R_u \times 27.89\% = 569\ \mathrm{kN}$

12장 옹벽과 지하벽

[12-1절]

12-1.1 12-1-1절, 웹검색
12-1.2 12-1-2(3), (4)절
12-1.3 주동토압, $K_A = 0.333$, $P_A = 34\ \mathrm{kN/m^2}$,
$H_A = 102\ \mathrm{kN/m}$, $y = 2\ \mathrm{m}$
수동토압, $K_P = 3$, $P_P = 127.5\ \mathrm{kN/m^2}$,
$H_P = 159.4\ \mathrm{kN/m}$, $y = 0.833\ \mathrm{m}$
12-1.4 주동토압, $K_A = 0.271$, $P_s = 4.3\ \mathrm{kN/m^2}$,
$P_A = 18.4\ \mathrm{kN/m^2}$, $H_{A1} = 36.9\ \mathrm{kN/m}$(주동토압 합력), $y_1 = 1.33\ \mathrm{m}$, $H_{A2} = 17.3\ \mathrm{kN/m}$
(표면재하에 의한 수평토압 합력), $y_2 = 2\ \mathrm{m}$,
$\Sigma H_A = 54.2\ \mathrm{kN/m}$, $y = 1{,}55\ \mathrm{mm}$
수동토압, $K_P = 3.69$, $P_P = 37.6\ \mathrm{kN/m^2}$,
$H_P = 11.3\ \mathrm{kN/m}$, $y = 0.2\ \mathrm{m}$
12-1.5 주동토압, $K_{A1} = 0.333$, $K_{A2} = 0.271$
$P_{A-2\mathrm{m}} = 11.3\ \mathrm{kN/m^2}$, $P_{s-2\mathrm{m}} = 9.2\ \mathrm{kN/m^2}$
$P_{A-4\mathrm{m}} = 19\ \mathrm{kN/m^2}$,
$H_{A1} = 11.3\ \mathrm{kN/m}$, $y_1 = 2.67\ \mathrm{m}$
$H_{A2} = 18.4\ \mathrm{kN/m}$, $y_1 = 1.0\ \mathrm{m}$
$H_{A3} = 9.8\ \mathrm{kN/m}$, $y_1 = 0.67\ \mathrm{m}$
$\Sigma H = 39.5\ \mathrm{kN/m}$, $y = 1.4\ \mathrm{m}$
12-1.6 $K_A = 0.277$, $P_A = 33.2\ \mathrm{kN/m^2}$,

$H_A = 99.7\ \text{kN/m}$, $y = 2\,\text{m}$

12-1.7 $K_A = 0.333$,

$P_{A-1.5\text{m}} = 8.5\ \text{kN/m}^2$

$P_{s-1.5\text{m}} = 8.5\ \text{kN/m}^2$

$P_{A-6\text{m}} = 24.5\ \text{kN/m}^2$,

$P_{w-6\text{m}} = 44.1\ \text{kN/m}^2$

$H_{A1} = 6.4\ \text{kN/m}$(지하수위 위 토압 합력), $y_1 = 5\ \text{m}$, $H_{A2} = 38.3\ \text{kN/m}$(지하수위 위를 표면재하로 치환한 토압 합력), $y_2 = 2.25\ \text{m}$, $H_{A3} = 36.1\ \text{kN/m}^2$(지하수위 아래 흙의 토압 합력), $y_3 = 1.5\ \text{m}$, $H_{A4} = 99.3\ \text{kN/m}^2$(수합의 합력), $y_3 = 1.5\ \text{m}$, $\Sigma H_A = 180\ \text{kN/m}$, $y = 1{,}78\ \text{mm}$, 문제 12-1.3과 비교해보자. 지하수위 상승이 수평토압을 얼마나 증가시키는지를)

[12-2절]

12-2.1 침하검토 $e = 0.322\ \text{m}$, 전단면 모두 압축, $q_{\max}(80.8\,\text{kN/m}^2) < q_a$ (안정)

활동검토

$\mu R_v + H_P(=50.5) \ngeq 1.5H_{Ax}(1.5 \times 46.1\text{kN})$

이므로 활동방지벽 설계, 설치 위치 a점에서 1.5 m위치, 크기 상부 400 mm, 하부 200 mm, 높이($>315\ \text{mm}$) → 400 mm,

$\mu R_v + H_P(=72.8) \geqq 1.5H_{Ax}$ (안정)

전도검토 $\Sigma M/M_0 = 2.1$(안정)

12-2.2 $\Sigma H_A = 126.2\ \text{kN/m}$, $\Sigma R = 296\ \text{kN}$, $\Sigma M = 543.3\ \text{kN}\cdot\text{m}$, $M_0 = 189.9\ \text{kN}\cdot\text{m}$

침하검토 $e = 0.306\ \text{m}$, 전단면 모두 압축, $q_{\max}(158.9\,\text{kN/m}^2) < q_a$ (안정)

활동검토

$\mu R_v(147.9) \ngeq 1.5\Sigma H_A(1.5 \times 126.2\text{kN})$

이므로 활동방지벽 설계, 설치 위치 a점에서 1.5 m 위치, 크기 상부 400 mm, 하부 200 mm, 높이($>548\ \text{mm}$)→600 mm,

$\mu R_v(=193.8) \geqq 1.5H_{Ax}$ (안정)

전도검토 $\Sigma M/M_0 = 2.86$(안정).

[12-3절]

12-3.1 12-3-3절

[12-4절]

12-4.1 12-4-1절

12-4.2

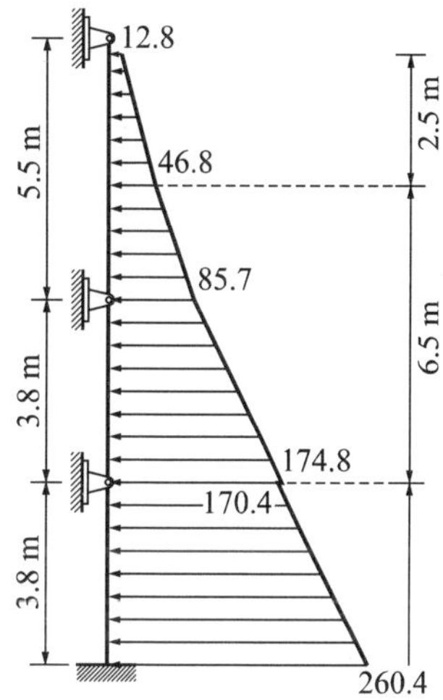

12-4.3

위치		소요철근량	소요배근간격	설계간격
-1층	상부	71	300	D10@300 mm
	중앙	121	300	D10@300 mm
	하부	1,188	167	D16@150 mm
	수평철근(D10@350mm 2열 배치)			
-2층	상부	681	292	D16@250 mm
	중앙	604	329	D16@300 mm
	하부	1,316	151	D16@150 mm
	수평철근(D10@350 mm 2열 배치)			

찾아보기

• **윤현도** 충남대학교 건축공학과
• **조창근** 조선대학교 건축공학과
• **김윤용** 충남대학교 토목공학과
• **권성준** 한남대학교 토목환경공학전공
• **한병찬** 충남대학교 산학협력단
• **나창순** 국민대학교 건축학부
• **서수연** 한국교통대학교 건축학부
• **최경규** 숭실대학교 건축학부
• **김승훈** 한밭대학교 건축공학과
• **김선우** 충남대학교 건설공학교육과

KDS-14 개정판
철근콘크리트구조 정가 35,000원

발 행 2022년 3월 10일 2판 1쇄
저 자 윤현도 · 조창근 · 김윤용 · 권성준 · 한병찬
나창순 · 서수연 · 최경규 · 김승훈 · 김선우
발행인 정우용
발행처 도서출판 **동화기술**
경기도 파주시 광인사길 201(문발동, 파주출판도시)
Tel (031)955-4211~6 donghwapub@nate.com
Fax (031)955-4217 www.donghwapub.co.kr
(등록) 1977년 12월 19일/9-16호

Printed in Korea

ISBN 978-89-425-9367-5